H3C网络学院系列教程

路由交换技术

详解与实践 第2卷

新华三大学 / 编著

清華大學出版社
北京

内容简介

H3C网络学院《路由交换技术详解与实践 第2卷》教材详细讨论了建设高性能园区网络所需的网络技术，包括园区网模型和体系结构，VLAN/802.1Q，STP/RSTP/MSTP，链路聚合/Smart Link/RRPP/VRRP/IRF等高可靠性技术，以及园区网安全和管理维护技术等。本书的最大特点是理论与实践紧密结合，依托H3C路由器和交换机等网络设备精心设计了大量实验，有助于读者迅速、全面地掌握相关的知识和技能。

本书是为网络技术领域的深入学习者编写的。对于大中专院校在校学生，本书是深入计算机网络技术领域的好教材；对于专业技术人员，本书是掌握计算机网络工程技术的好向导；对于普通网络技术爱好者，本书亦不失为学习和了解网络技术的优秀参考书籍。

图书在版编目(CIP)数据

路由交换技术详解与实践. 第2卷/新华三大学编著. —北京：清华大学出版社，2018(2025.1重印)
(H3C网络学院系列教程)
ISBN 978-7-302-50517-4

Ⅰ. ①路… Ⅱ. ①新… Ⅲ. ①计算机网络—路由选择—高等学校—教材 ②计算机网络—信息交换机—高等学校—教材 Ⅳ. ①TN915.05

中国版本图书馆CIP数据核字(2018)第138928号

责任编辑：田在儒
封面设计：王跃宇
责任校对：李　梅
责任印制：宋　林

出版发行：清华大学出版社
网　　址：https://www.tup.com.cn，https://www.wqxuetang.com
地　　址：北京清华大学学研大厦A座　　**邮　　编**：100084
社 总 机：010-83470000　　**邮　　购**：010-62786544
投稿与读者服务：010-62776969，c-service@tup.tsinghua.edu.cn
质量反馈：010-62772015，zhiliang@tup.tsinghua.edu.cn
印 装 者：大厂回族自治县彩虹印刷有限公司
经　　销：全国新华书店
开　　本：185mm×260mm　　**印　　张**：30.75　　**字　　数**：804千字
版　　次：2018年7月第1版　　**印　　次**：2025年1月第12次印刷
定　　价：79.00元

产品编号：078672-01

本书编审人员

主　　编　张东亮
参编人员　张　磊　关　萌　赵国卫　费　腾

版权声明

H3C 网络学院系列教程

路由交换技术详解与实践 第2卷

新华三大学　编著

2018年7月印刷

出版说明

伴随着时代的快速发展，IT 技术已经与人们的日常生活密不可分，在越来越多的人依托网络进行沟通的同时，IT 技术本身也演变成了服务、需求的创造和消费平台，这种新的平台逐渐创造了一种新的生产力和一股新的力量。

新华三是全球领先的新 IT 解决方案领导者，致力于新 IT 解决方案和产品的研发、生产、咨询、销售及服务，拥有 H3C® 品牌的全系列服务器、存储、网络、安全、超融合系统和 IT 管理系统等产品，能够提供大互联、大安全、云计算、大数据和 IT 咨询服务在内的一站式、全方位 IT 解决方案。同时，新华三也是 HPE® 品牌的服务器、存储和技术服务的中国独家提供商。

以技术创新为核心引擎，新华三 50% 的员工为研发人员，专利申请总量超过 7200 件，其中 90% 以上是发明专利。2016 年新华三申请专利超过 800 件，平均每个工作日超过 3 件。

2004 年 10 月，新华三的前身——杭州华三通信技术有限公司（简称华三）出版了自己的第一本网络学院教材，开创了业界相关培训教材正式出版的先河，极大地推动了 IT 技术在业界的普及；在后续的几年间，华三陆续出版了《路由交换技术 第 1 卷》《路由交换技术 第 2 卷》《路由交换技术 第 3 卷》《路由交换技术 第 4 卷》等网络学院教材系列书籍，以及《H3C 以太网交换机典型配置指导》《H3C 路由器典型配置指导》《根叔的云图——网络故障大排查》等网络学院参考书系列书籍。

作为 H3C 网络学院技术和认证的继承者，新华三会适时推出新的 H3C 网络学院系列教程，以继续回馈广大 IT 技术爱好者。《路由交换技术详解与实践 第 2 卷》是新华三所推出的 H3C 网络学院系列教程的新版本。

相较于以前的 H3C 网络学院系列教程，本次新华三推出的教材进行了内容更新，以更加贴近业界潮流和技术趋势；另外，本教材中的所有实验、案例都可以在新华三所开发的功能强大的图形化全真网络设备模拟软件（HCL）上配置和实践。

新华三希望通过这种形式，探索出一条理论和实践相结合的教育方法，顺应国家提倡的"学以致用，工学结合"教育方向，培养更多实用型的 IT 技术人员。

希望在 IT 技术领域，这一系列教材能成为一股新的力量，回馈广大 IT 技术爱好者，为推进中国 IT 技术发展尽绵薄之力，同时也希望读者对我们提出宝贵的意见。

新华三大学

培训开发委员会认证培训编委会

2018 年 1 月

H3C认证简介

H3C 认证培训体系是中国第一家建立国际规范的完整的网络技术认证体系，H3C 认证是中国第一个走向国际市场的 IT 厂商认证。H3C 致力于行业的长期增长，通过培训实现知识转移，着力培养高业绩的缔造者。目前 H3C 在全国拥有 20 余家授权培训中心和 450 余家网络学院，已有 40 多个国家和地区的 25 万人接受过培训，13 万多人获得各类认证证书。H3C 认证曾获得“十大影响力认证品牌”“最具价值课程”“高校网络技术教育杰出贡献奖”“校企合作奖”等数项专业奖项。H3C 认证将秉承“专业务实，学以致用”的理念，快速响应客户需求的变化，提供丰富的标准化培训认证方案及定制化培训解决方案，帮助您实现梦想、制胜未来。

按照技术应用场合的不同，同时充分考虑客户不同层次的需求，H3C 为客户提供了从工程师到架构官的四级数字化技术认证体系和更轻、更快、更专的数字化专题认证体系。

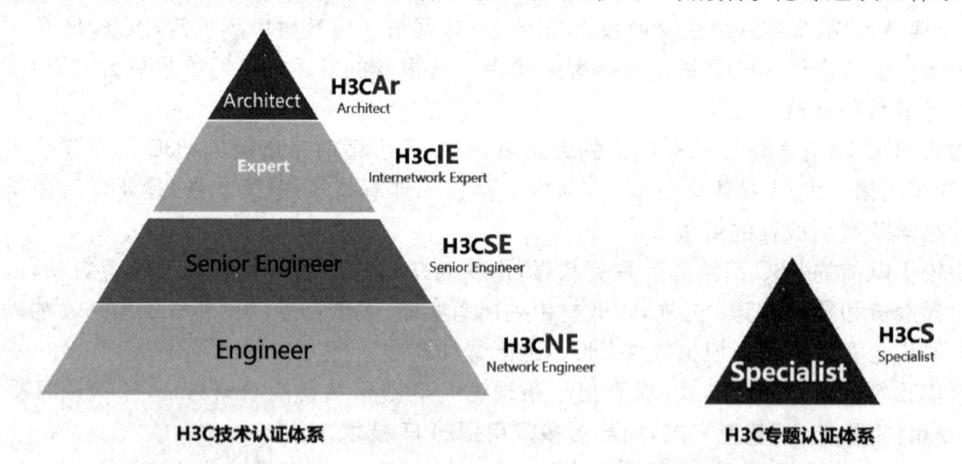

H3C 将积极推动与各行各业建立更紧密的合作关系，认真研究各类客户不同层次的需求，不断完善认证体系，提升认证的含金量，使 H3C 认证能有效证明您所具备的网络技术知识和实践技能，帮助您在竞争激烈的职业生涯中保持强有力的竞争实力！

前 言

随着互联网技术的广泛普及和应用，通信及电子信息产业在全球迅猛发展起来，从而也带来了网络技术人才需求量的不断增加，网络技术教育和人才培养成为高等院校一项重要的战略任务。

H3C 网络学院(HNC)主要面向高校在校学生开展网络技术培训，培训使用 H3C 网络学院系列培训教程。H3C 网络学院培训教程根据技术方向和课时分为多卷，高度强调实用性和提高学生动手操作的能力。

H3C 网络学院路由交换技术详解与实践第 2、3、4 卷教程在 H3CSE-Routing & Switching 认证培训课程内容基础上进行了丰富和加强，内容覆盖面广，讲解由浅入深，包括大量与实践相关的内容，学员学习后可具备 H3CSE-Routing & Switching 的备考能力。

本书适合以下几类读者。

- 大中专院校在校生：本教材既可作为 H3C 网络学院的教科书，也可作为计算机通信相关专业学生的参考书。
- 公司职员：本教材能够用于公司进行网络技术的培训，帮助员工理解和熟悉各类网络应用，提升工作效率。
- 网络技术爱好者：本教材可以作为所有对网络技术感兴趣的爱好者学习网络技术的自学书籍。

本书内容涵盖当前构建高性能园区网络所使用的主流技术，不但重视理论讲解，而且精心设计了相关实验，充分凸显了 H3C 网络学院教程的特点——专业务实，学以致用。通过对本书的学习，学员能够充分理解高性能园区网络的主要需求和常用技术，掌握如何运用这些技术设计和构建高速、可靠、安全的园区网络。本课程经过精心设计，结构合理，重点突出，图文并茂，有利于学员快速完成全部内容的学习。

依托新华三集团强大的研发和生产能力，教材涉及的技术都有其对应的产品支撑，能够帮助学员更好地理解和掌握知识和技能。教材技术内容都遵循国际标准，从而保证了良好的开放性和兼容性。

本书包括 6 篇共 25 章，并附 16 个实验。各章及附录内容简介如下。

第 1 篇　园区网概述

本篇共 2 章，从最初的小型局域网入手，介绍了局域网和园区网的发展历程，以及各阶段网络的典型结构，综述了园区网的常见业务，以及园区网中常见的网络协议、冗余备份、安全接入、网络管理和维护等技术。

第2篇　VLAN技术

本篇共3章，讲解了VLAN的划分方式及其配置方法，适应特殊应用场景的Private VLAN、Super VLAN等扩展VLAN技术，以及在多VLAN交换环境下的VLAN间路由技术、交换机转发机制和转发流程。

第3篇　生成树协议

本篇共4章，首先讲解了用于避免交换网络环路的STP协议；随后讲解了适应高性能交换网络环路避免需求的RSTP协议，以及适应复杂交换网络的MSTP协议；最后讲解了用于提高交换网络生成树协议稳定性的BPDU保护、根桥保护、环路保护和TC保护等STP保护技术。

第4篇　高可靠性技术

本篇共6章，首先给出了园区网高可靠性技术的概览，随后逐一讲解了确保高性能园区网络运行可靠性的链路聚合、Smart Link、Monitor Link、RRPP、VRRP和IRF等的原理和配置应用。

第5篇　园区网安全技术

本篇共5章，首先概述了园区网常见安全威胁及相关防范措施，随后着重讲解了网络安全的AAA架构，用于AAA的RADIUS/TACACS+协议，用于在端口上控制用户接入的IEEE 802.1x、MAC地址认证和端口安全认证技术，用于网络访问控制的EAD、Portal和以太网访问控制技术，以及用于保证对设备本身进行安全访问的SSH技术等。

第6篇　园区网管理维护

本篇共5章，在介绍园区网管理维护需求的基础上，讲解了用于网络管理的SNMP和日志管理，用于拓扑发现和链路状态监控的LLDP，用于实现流量和内容分析的镜像技术，以及用于提供准确时钟的NTP技术等。

附录实验

实验1　VLAN
实验2　Private VLAN
实验3　VLAN静态路由
实验4　RSTP
实验5　MSTP
实验6　链路聚合
实验7　Smart Link&Monitor Link
实验8　RRPP
实验9　VRRP
实验10　IRF
实验11　端口接入控制
实验12　网络访问控制
实验13　SSH
实验14　SNMP
实验15　镜像技术
实验16　NTP

为启发读者思考，加强学习效果，本教材所附实验为任务式实验。

各型设备和各版本软件的命令、操作、信息输出等均可能有所差别。若读者采用的设备型号、软件版本等与本书不同，可参考所用设备和版本的相关手册。

新华三大学

培训开发委员会认证培训编委会

目 录

第1篇 园区网概述

第2篇 VLAN技术

第3篇 生成树协议

第4篇 高可靠性技术

第5篇　园区网安全技术

第 6 篇 园区网管理维护

附录 课程实践

第1篇

园区网概述

第1章

园区网的网络模型发展历程

如同认识一个新生事物一样，对网络的认识也需要按照一定的认知方法，循序渐进地学习、掌握直至精通。本章将从园区网的发展历史入手，对网络的宏观面貌进行简要介绍，以便在掌握网络整体概况的基础上继续进行后续知识的学习。

1.1 本章目标

学习本课程，应该能够：

- 了解园区网发展历程；
- 了解扁平网络的缺点；
- 了解分层网络的优缺点；
- 掌握网络结构的核心层、汇聚层和接入层的功能和业务部署情况；
- 掌握局域网在园区网络中的应用。

1.2 小型局域网

局域网的典型代表以太网最初的发展实际上局限于在近距离的主机之间进行报文交付。而在其发展初期的典型网络设备则是目前已经淘汰的集线器。在此类网络中，所有网络主机在同一个冲突域内工作，冲突域内仅能同时允许一台主机发送报文。而今可见的典型小型局域网结构则如图 1-1 所示，主机之间的报文交互已经不再受冲突域的限制，从而可以同时进行。这也是交换网络带来的优势。

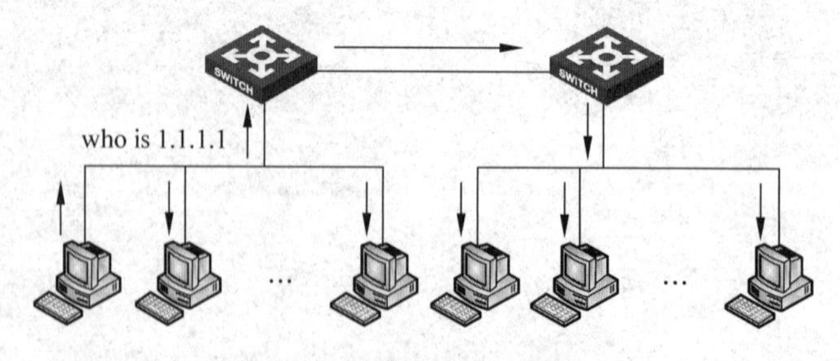

图 1-1 典型小型局域网

但是上述典型小型局域网仍然存在广播泛滥的问题。因为在此类网络中，主机发送的广播报文都将传播到整个网络的每个角落。而广播又是目前 IP 通信必不可少的手段之一，为了能够保证网络的效率，网络规模就必须限定在一定的范围内，而不是无止境的扩展。所以在小型局域网中，主机数量较少，只能适用于工作组应用。而且在交换网络产生的初期，网络本身没有安全机制，无法保障网络安全可靠地运行。

1.3　中型局域网

在小型局域网的基础上，如果用户数量进一步增加势必导致网络中的广播流量比例加大，网络传输效率降低，因此在如图 1-2 所示的较大规模的局域网中将面临广播泛滥的问题。不得不采取有效的措施以限制广播流量的传播范围。现今广泛应用的 VLAN（虚拟局域网）技术正好在不需要额外增添网络设备的基础上可以很好地解决此问题。

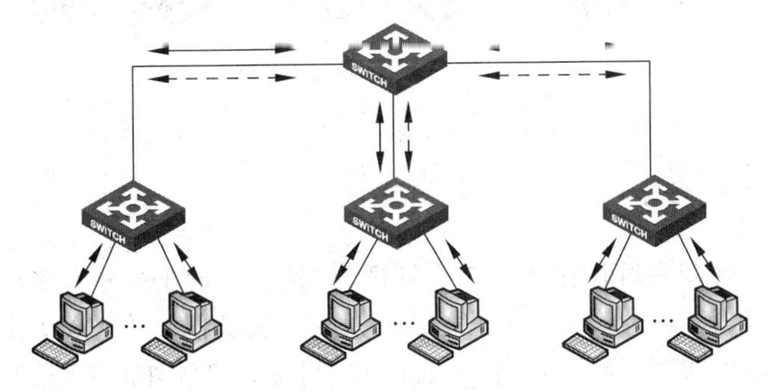

图 1-2　典型中性局域网

VLAN 利用特殊的报文头部特征对用户数据报文进行标识，从而可以将物理连接在一起的大型网络分割成逻辑上相互独立的多个小型局域网，这样在局域网上泛滥的广播流量将被限定在逻辑上相互独立的小型局域网内部。另一方面，VLAN 的 Trunk（干道）链路则给多个逻辑小型局域网带来了共享相同物理链路的便利性，降低了网络建设成本。

为了降低数据报文转发的开销，星形结构目前被广泛应用于中型网络中。网络以具有高转发性能的设备通过 Trunk 链路互连各个接入层二层交换设备，满足不同 VLAN 的用户分布于不同物理位置的需求，也满足多个 VLAN 共享同一物理链路的需求。

VLAN 的应用尽管解决了物理链路的共享、广播流量的泛滥等问题，但同时带来了一个新的问题，即各个 VLAN 之间的用户无法很好地互通。在 VLAN 应用初期，路由器被用来实现 VLAN 之间的互通，可是路由器的软件转发机制导致要么网络建设成本剧增，要么在路由器的转发上面形成瓶颈。

三层交换机的诞生解决了性能瓶颈的难题。三层交换机实现了基于硬件快速转发的三层路由功能，既降低了成本又提升了三层转发性能。因此在应用三层交换机的情况下，网络结构变得更加清晰，网络也变得更加健壮。首先，可以从逻辑上将三层交换机所在的中心网络划分为核心层，而二层交换机所在的边缘网络为接入层。接入层的二层交换机利用已有的 VLAN 划分、安全接入认证等成熟技术保证网络的高效、安全运转。核心层的三层交换机在满足各 VLAN 的互通的情况下，还可以采用 ACL 包过滤等机制实现 VLAN 之间的受控互访，增强安全性。由此可以形成新的局域网模型，如图 1-3 所示，中型局域网中的核心互联交换机升级为三层交换机并形成界限分明的核心层和接入层是当前中小规模三层交换机网络的典型应用。

但在应用三层交换机时，单个三层交换机处理的事务非常繁重，在网络规模增大的情况下，核心设备的性能可能会降低。另一方面，此类星形网络连接存在一个致命的故障风险，即核心设备的单点故障。一旦核心设备发生故障，整个网络将形成多个孤岛而无法互通。

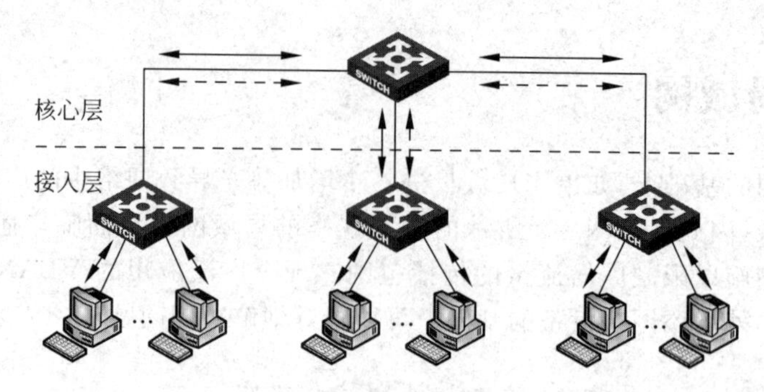

图 1-3 三层交换机局域网

1.4 大型局域网

大型企业从行政管理来看往往存在多级管理，首先整个企业被分为多个一级部门，如研发部、市场部、服务部等，而各一级部门会进一步划分成二级部门。中型局域网则仅仅适合大型企业的某个一级部门的管理结构。而各一级部门之间还需要额外的网络设备或网络来实现互连互通。因此最容易想到的是对中型局域网的结构进行扩展，在现有一级部门的星形结构的基础上，仍然采用星形结构将各一级部门进行互连。这样就形成了如图 1-4 所示的三级树形网络结构。

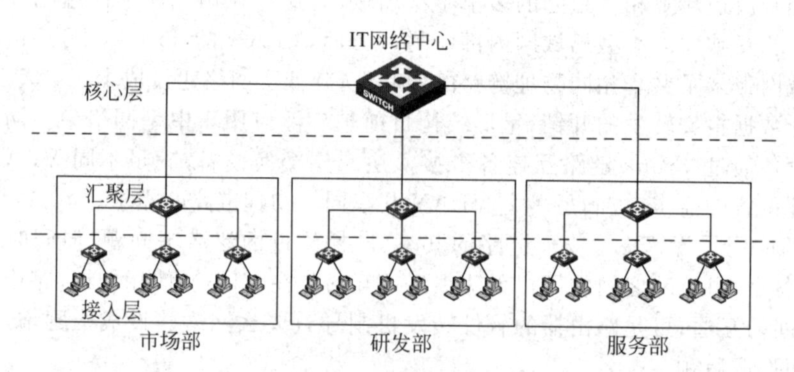

图 1-4 大型局域网雏形

如果将上述实际组网进行抽象形成一个简化模型，则可以表示为如图 1-5 所示的三层结构。这种三层结构是目前大型局域网的典型应用，各层次之间界线相对分明，功能相互独立。三个层次的网络位置和部署简述如下。

(1) 核心层处在网络的最核心位置，为来自汇聚层设备的数据提供高速转发，在某些情况下还直接接入服务器集群等核心资源。通常并不在核心层部署复杂的控制策略。

(2) 汇聚层处在网络的中间位置，对来自接入层的数据进行汇聚，以降低核心设备的压力。汇聚层设备往往作为网关存在，而且需要实施一定的控制策略以保证网络安全高效地运行。

(3) 接入层处在网络的边缘，其主要目的是实现业务的接入。可以在接入层部署安全认证等措施保证合法用户的正确接入，防范非法用户对网络资源的占用或者攻击网络。

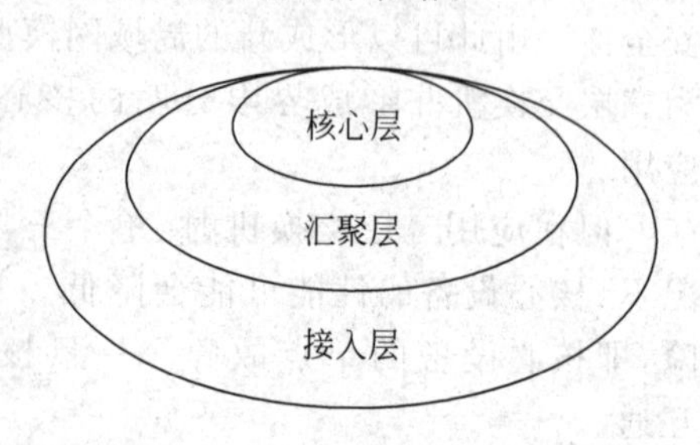

图 1-5 大型局域网分层结构

大型局域网的核心层一旦发生故障将导致全网故障，因此保证核心层的健康稳定运行成为重中之重。因此核心层网络通常不采用存在单点故障的单核心网络，而常用双机主备互连、多机环网互连和多机 Full-Mesh 互连等具有冗余备份功能的组网。

双机主备互连是核心层建设最为主流和经济的方案之一。在核心层架设两个高性能的核心路由器或核心三层交换机，两个核心设备之间采用高速链路互连，汇聚层设备则采用常规的双归属接入方案同时接入核心层的主机和备机。

多机环网互连也是核心层建设的主流方案之一，它主要应用在规模巨大，核心设备数量较多的网络中。多机环网互连仅需要较少数量的高速链路即可在核心层设备间建立起备份路径，因此可以在不增加成本的情况下，实现一定的核心层设备和链路的冗余备份。多机环网互连拓扑如图 1-6 所示。

多机 Full-Mesh 互连是一种高可靠性的方案，它主要应用在网络规模巨大，核心设备数量较多且对可靠性要求很高的网络中。但此方案需要在核心设备间采用更多的高速链路进行直连，大幅增加了核心层网络的成本。多机 Full-Mesh 互连拓扑如图 1-7 所示。

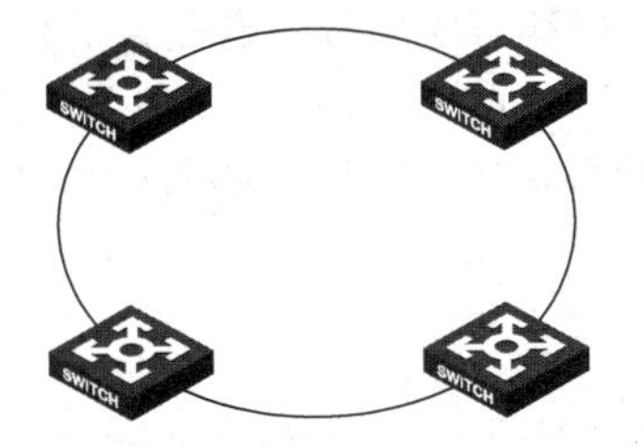

图 1-6　核心层互连之环网

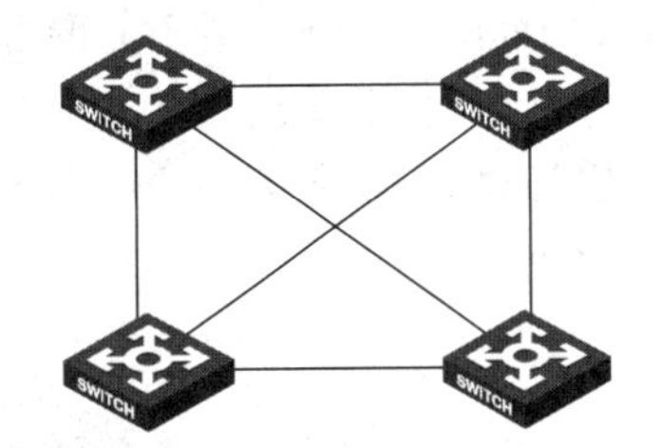

图 1-7　核心层互连之 Full-Mesh

为了实现核心层无单点故障，汇聚层也必须保证主备链路双归属接入核心层的两个不同的设备，防止核心层单个设备的故障导致业务中断。如图 1-8 所示，在核心层双机主备互连的情况下，汇聚层设备分别采用两条链路连接到核心层。当主机出现故障时可以快速切换到备机转发而不中断业务。在业务流量较大的网络中还可以实现主备链路的负载分担。

汇聚层与核心层之间的链路负载分担或主备备份既可以采取二层方案也可以采取三层方案。但为了降低核心设备的压力，通常采用三层方案，即将网关置于汇聚层，核心层和汇聚层设备运行动态路由协议，既可以实现负载分担，也可以实现冗余备份。

在互连接入层设备的基础上，汇聚层同时还实施复杂的控制策略，例如采用包过滤和策略路由等技术实现的访问控制、路由控制和流量控制。

接入层作为网络的边缘，主要任务是实现多业务的安全接入。根据接入业务的重要性，可以采用单链路上行或者双链路上行，如图 1-9 所示。

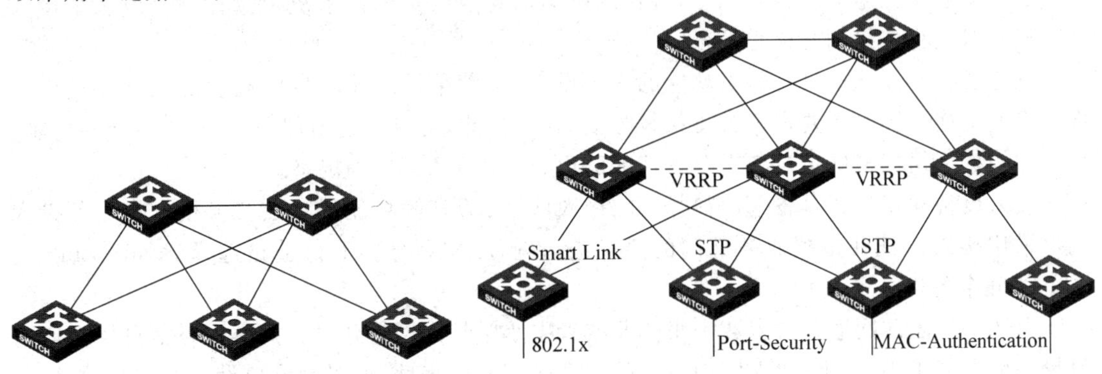

图 1-8　汇聚层网络连接

图 1-9　接入层网络连接

采用双链路上行时,需要根据实际情况选择恰当的负载分担和冗余备份技术。目前常用的备份技术有 VRRP、STP、Smart Link 等。VRRP 的真正实施在汇聚层网关上,接入层终端用户可以以 VRRP 的虚拟 IP 为网关,实现网关的备份。STP 可以选择单生成树实现链路的冗余备份,也可以选择多生成树实现链路的负载分担。Smart Link 则是双归属网络中针对 STP 的优化技术,可以实现更快的倒换收敛速度。

接入层根据接入用户的安全性选择不同的接入认证方式,如 IEEE 802.1x 认证、端口安全等。IEEE 802.1x 认证是目前以太网中应用最为广泛的接入认证技术,而 MAC 认证则是 IEEE 802.1x 认证的一种变化,简化了客户端的操作。端口安全则是综合接入认证的典型代表,它是 IEEE 802.1x 认证、MAC 认证以及 Voice VLAN 等应用的综合体,可以在同一端口实现多种认证方式的组合。

1.5 局域网应用

如图 1-10 所示为一个中型企业的办公楼。每个楼层都需要部署一定数量的信息接入点,整个大楼有将近 1000 个信息接入点。网络中心在大楼一层的 IT 机房。要求各业务部门之间的二层网络相互独立,业务部门之间的信息接入点互访必须通过网络中心的核心设备,在核心设备实施流量控制。

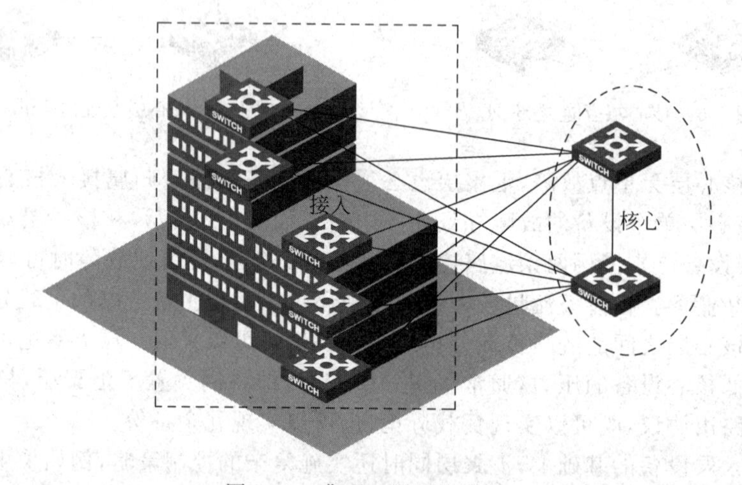

图 1-10 典型二层网络结构

针对上述需求,可以采用典型的中型局域网的拓扑结构来部署该企业的办公网络。在网络中心采用双机互连形成核心网络,各楼层根据信息点数量的需求决定选择一个或多个接入层交换机双上行连接到两核心设备。

核心设备必须选择具有路由功能的三层设备,推荐采用线速转发的高性能三层交换机实现无阻塞交换。同时还要求设备支持较强的 ACL 功能,可以灵活地部署 ACL 进行访问控制。另外需根据网络规模确定设备需要支持的路由、ARP 和 MAC 等规格。

接入设备建议选择具备 VLAN 划分、接入认证、STP 等功能的二层交换机。在业务接入端口采用接入认证并根据业务部门的要求进行 VLAN 划分。上行链路选择 Smart Link 或 STP 等冗余备份技术。

上述中型园区网适合大多数中小企业或者中小学校的网络建设。此类网络信息接入点的数量一般不多于 1000 个,要求实现一定的安全防范和可靠性,但对网络建设成本较为敏感。

与中小型企业网不同，大型企业园区办公网和高校校园网物理位置分布更加广泛，一般都分布在同一园区的多栋大楼内。图 1-11 所示即为一个典型的大型企业在一个园区内的网络分布情况。

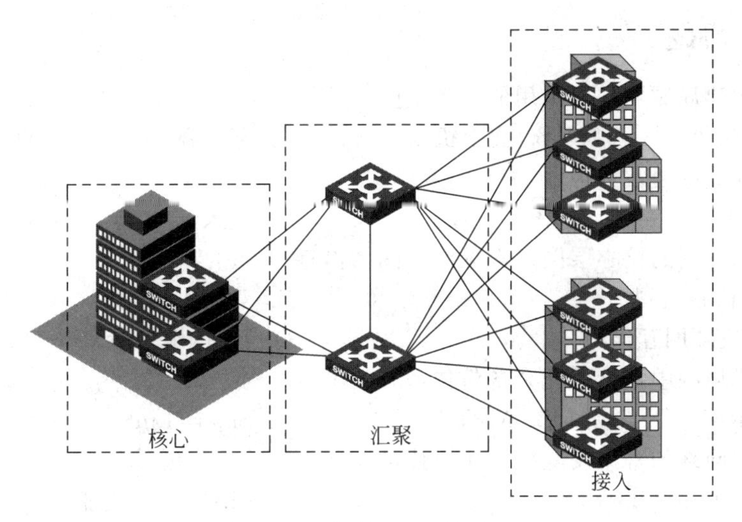

图 1-11　典型三层网络结构

按照办公楼的分布情况，将物理位置相对处于中心的大楼选为网络核心所在地，可以更大程度地降低传输线路的建设成本。而在网络核心层，根据企业对网络可靠性的要求选择核心网常见组网结构中的恰当类型，如最为常见的双机主备互连。在网络核心所在大楼和其他办公大楼再以双机热备的形式组建汇聚层网络，最后将接入层设备按照双归属或者单上行的方案就近接入本大楼的汇聚设备，从而形成典型的三层网络结构。

核心设备作为全网核心和高速交换中心，必须保证设备自身具备高可靠性，关键部件具备冗余备份功能。设备转发性能具备可扩展性，网络建设初期其实际被耗用的性能占其当前最大性能的 50%为宜，便于后期网络的扩容改造。

汇聚层设备与中小型网络的核心设备相当，因此同样具备一定的设备级可靠性和相应的硬件性能规格，如 ARP 表项、MAC 地址表项、路由表项等规格应该能够满足当前及后期网络扩容需求。除此之外还必须具备各种冗余备份技术的能力，对上和核心层设备实现三层的冗余备份。对下和接入层设备实现二层的冗余备份。

接入层设备则与中小型网络的接入层设备要求相当，或者根据企业的安全性和可靠性要求适当提升设备性能和业务支撑能力。但冗余备份和安全接入等基本技术采取相同的策略和部署原则。

1.6　本章总结

(1) 局域网的发展历史和典型的扁平、星形和树形结构。

(2) 局域网的核心层、汇聚层和接入层的划分和功能。

(3) 典型二层网络结构的应用。

(4) 典型三层网络结构的应用。

1.7 习题和答案

1.7.1 习题

（1）当前构建局域网主要采用的设备是（　　）。

A. 集线器　　B. 交换机　　C. 路由器　　D. 服务器

（2）大型局域网通常分为（　　）。

A. 核心层　　B. 汇聚层　　C. 接入层　　D. 网络层

（3）大型局域网的核心层网络常见的组网结构有（　　）。

A. 单核心组网　　B. 双机主备互连

C. 多机环网互连　　D. Full-Mesh 互连

（4）大型局域网中常见的冗余备份技术有（　　）。

A. VRRP　　B. MSTP　　C. Smart Link　　D. 动态路由协议

（5）接入层网络的常用安全接入认证技术有（　　）。

A. IEEE 802.1x 认证　　B. MAC 集中认证

C. 端口安全　　D. Voice VLAN

（6）大型园区网的网络结构必须采用常见的树形结构。（　　）

A. 正确　　B. 错误

1.7.2 习题答案

（1）B　（2）ABC　（3）BCD　（4）ABCD　（5）ABC　（6）B

第2章

典型园区网的业务部署

在网络的各层次采取何种技术来满足网络需求，需要细致地分析才能得出最佳的解决方案。

本章从网络的业务需求、可靠性需求以及管理需求等多方面阐述各种网络技术的应用场景和应用优势，以利于对园区网内主要业务类型的部署形成整体认识。

2.1 本章目标

学习本课程，应该能够：

- 熟悉园区网的集中常见业务；
- 了解园区网常见的冗余备份技术；
- 了解组网业务的相关技术和协议类型；
- 了解常见的安全接入认证技术；
- 连接常见的网络管理和维护技术。

2.2 高可靠冗余网络

如图 2-1 所示的树形拓扑网络中，如果核心设备宕机或者掉电，将导致全网故障。因为各汇聚层设备被分割开来，相互独立而无法互通。这是星形和树形网络存在的典型缺陷——单点故障。显而易见，一个需要 7×24h 不间断服务的网络是不允许存在单点故障缺陷的。因此对于高可靠性网络的建设首先需要考虑的是避免单点故障或者降低单点故障发生时网络业务受影响的范围和程度。

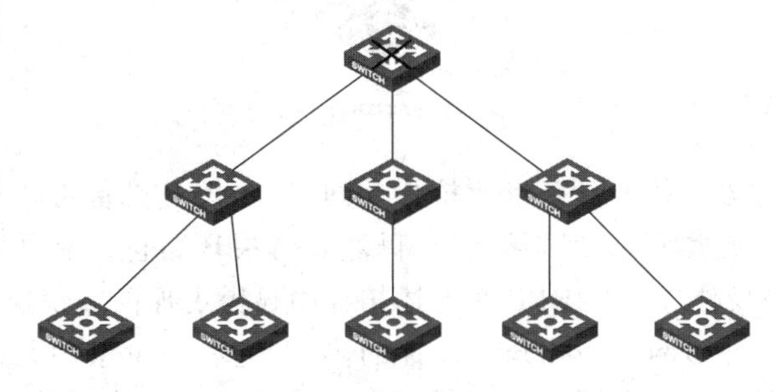

图 2-1　树形拓扑网络

避免单点故障最常见的方法就是在各设备之间采用更多的冗余物理链路进行连接。如图 2-2 所示，在核心层采用多台设备进行全互连防止单点故障，而在汇聚层和接入层则采用双归属甚至环形连接来达到上行链路的负载分担和冗余备份。不过在此类网络中，一个数据报文从一个终端转发到另一个终端可能有多条路径，如果每条路径都转发一份报文，则目的终端将收到大量重复的报文。广播报文也会在网络中被不断复制，最终形成广播风暴。因此不得不采用一定的算法来计算并选择终端之间的唯一转发路径。最先被开发设计来解决此问题的当属 STP(Spanning Tree Protocol，生成树协议)。

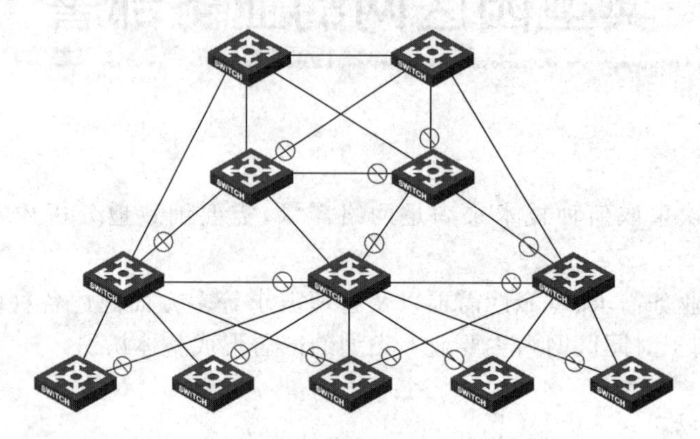

图 2-2 网状网络

STP 的计算将错综复杂的物理网络整理成一棵逻辑转发树，将那些当前没有必要使用的链路进行逻辑阻塞，从而避免网络环路。而当某些当前在用的链路故障时，STP 又可以快速启用那些曾经被阻塞的链路来代替它，从而恢复网络的连通性。

全网状或半网状的网络采用大量的冗余物理链路来实现网络的不间断转发或者快速恢复，其建设成本则相对高昂。在一定的条件下，网络对可靠性和快速自愈能力的要求可以适当降低，因此可以根据需要适当裁剪部分冗余链路而形成更为简洁经济的网络拓扑。如图 2-3 所示的环形网络就是典型代表之一。

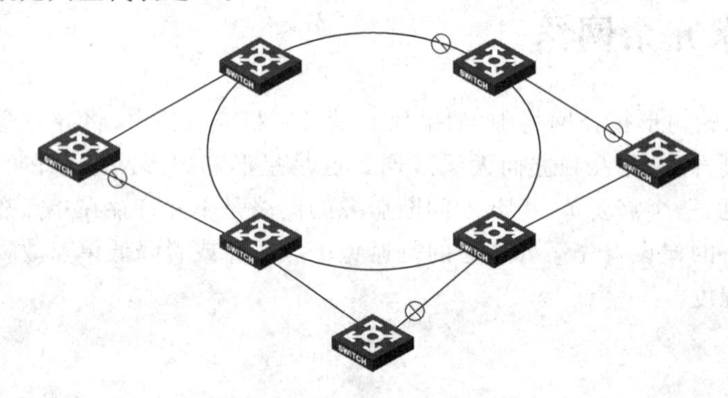

图 2-3 环形网络

环形网络常常通过多个核心设备形成核心环网，每个核心设备再根据需要单链路或双链路接入接入层网络。在此类网络中部署 STP 仍然是解决环路行之有效的方法之一。但在环形网络中，STP 并不是最佳选择，RRPP 在上述拓扑中显得更加高效快捷。

RRPP 是专门针对环形网络拓扑开发设计的协议，它利用少量的冗余链路来完成环网上的冗余备份。RRPP 的核心思想是在正常情况下阻塞环上的某个链路，并通过协议报文的交互来监控其余链路的工作状态，一旦发现某链路发生故障，将快速恢复被阻塞的链路。相对于 STP，RRPP 具有更小的资源开销和更快的收敛速度。但由于实际物理冗余链路的匮乏，其可靠性在一定程度上有所损失，若环上同时发生了两个链路的故障，将导致网络被分割。

根据实际情况，边缘接入层则可以继续选择 RRPP 协议运行子环，或者选择其他针对性的冗余备份协议。

针对网状网络的拓扑优化，除环形网络之外，还有另一种应用更为广泛的网络拓扑。如图2-4所示，所有接入层设备都采用双上行链路分别接入上一级的两个设备，因此称为双归属网络。

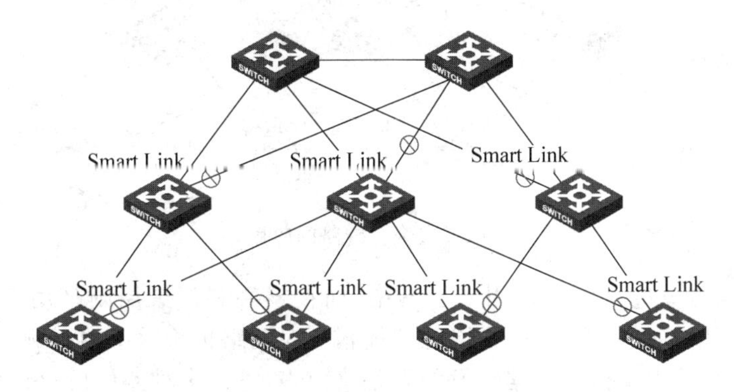

图2-4 双归属网络

在双归属网络中，如果运行STP来实现冗余备份，网络的倒换收敛时间在秒级；而采用另一种更为高效的冗余备份协议——Smart Link(智能链路)来实现冗余备份，网络倒换收敛时间则降低到毫秒级。Smart Link之所以能够达到如此高效的倒换性能，归因于此网络中任何一条链路的故障倒换都只需要直接相连的交换机一次动作即可完成，而不需要像STP那样等待协议报文的交互和再计算。

Smart Link设备将上行的两条链路作为一个备份组来考虑，在任何时刻都保持其中一条链路工作，而阻塞另一条链路。当工作链路发生故障并被检测到时，Smart Link设备立即启用阻塞链路而恢复网络连通。

在某些特殊情况下，Smart Link也可能失去作用。例如当上一级交换机的所有上行链路都出现故障时，下一级交换机并不能够感知这种网络拓扑的变化。为了弥补Smart Link的缺陷，Monitor Link应运而生。

Monitor Link专门负责对上行链路的监控。一旦发现上行链路全部故障，设备可以立即关闭下行链路而触发Smart Link的倒换。Smart Link与Monitor Link配合，可以实现网络链路快速高效的冗余备份。

在冗余备份网络中，无论采用网状链接、环形链接还是双归属结构，一旦某条当前在用的链路发生故障，必然导致网络路径的改变，也必然引起网络连通性的中断，其不同之处仅在于中断时间的长短。然而另一链路级备份协议则可以更好地完成链路的冗余备份，它就是链路聚合(Link Aggregation)。

链路聚合采用多条物理链路捆绑形成逻辑链路聚合组，只要链路聚合组内的任何一条物理链路保持连通状态，则整个逻辑链路仍然保持连通状态。因此当某条物理链路发生故障而失去连通性时，并不影响整个逻辑聚合组的连通状态，从而保证了网络的不间断连通性。如图2-5所示，在核心设备之间采用聚合链路互连，即使某条物理链路故障时，聚合链路的状态仍然保持UP而不用倒换逻辑转发路径。

除此之外，链路聚合技术还可以实现链路带宽的扩容。当多个物理链路聚合形成聚合链路时，其聚合链路的实际传输带宽为这些物理链路的传输带宽之和。链路上的实际流量将根据一定的算法自动分配到各物理链路上传输。

STP、RRPP、Smart Link等技术基本上都针对二层网络而设计，但实际的大型网络并非

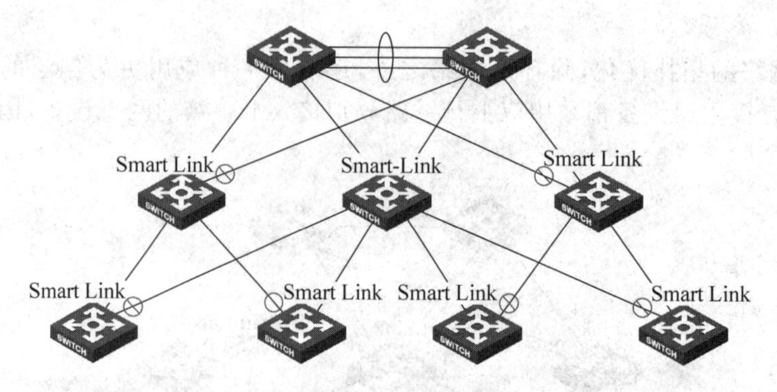

图 2-5 聚合链路的应用

纯二层网络。其在边缘接入层多采用二层网络,而在核心和汇聚层则采用三层网络,以便将二层网络控制在可以接受的范围内,来降低广播报文对网络传输效率的影响。

在三层网络中,常用于指导数据转发的则是路由表,它由多种路由协议计算生成或手动配置完成。在网状或半网状链接的三层网络中,利用路由协议的自动选路则很容易实现链路的冗余备份和倒换,如图 2-6 所示。值得一提的是,除了实现动态选路的冗余备份之外,大多数动态路由协议还可以实现 ECMP(Equal Cost Multiple Path,等价多路径)。ECMP 可以为同一目的地同时选择多条路径完成报文传送,从而提高链路利用率。

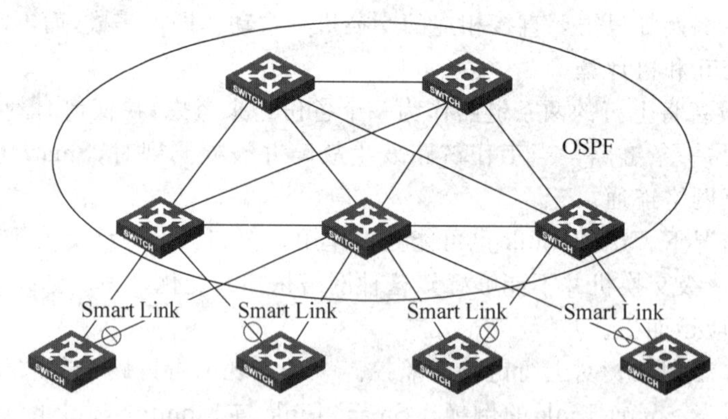

图 2-6 路由备份的应用

在常见的网络中,主机通常通过自己的网关将报文传送到远端目的地。但在主机上往往只能指定一个三层设备(以 IP 为标识)作为自己的网关。当网关发生故障时,不得不重新指定新的三层设备作为主机的网关。因此网关的不间断服务变得尤为重要。为了实现网关的不间断服务,就必须采用相应的备份手段来确保网关的可靠性,其中 VRRP(Virtual Router Redundancy Protocol)则是专门为此设计。采用 VRRP 实现网关备份的网络如图 2-7 所示。

VRRP 将多个物理三层设备融合起来形成一个虚拟三层设备——虚拟路由器(Virtual Router),在这些物理三层设备之间通过选举的机制选举出一个 Master(主设备)来担当实际的三层网关,而其余三层设备则监控 Master 的工作状态,当 Master 一旦发生故障,将重新选择产生新的 Master 而恢复实现网关的不间断服务。在三层网关下面的主机则以虚拟路由器为自己的网关,由哪台物理设备担负实际的网关工作其并不关心。

在网络设计时需要保证在 VRRP 发生主备倒换之后,主机仍然能够与新的 Master 保持连通。通常用 VRRP 与 STP 配合完成,并在主备设备之间采用物理链路保证协议报文的正常交互以及部分业务报文的转发。如果需要更加充分地利用当前物理链路的传输能力,还可

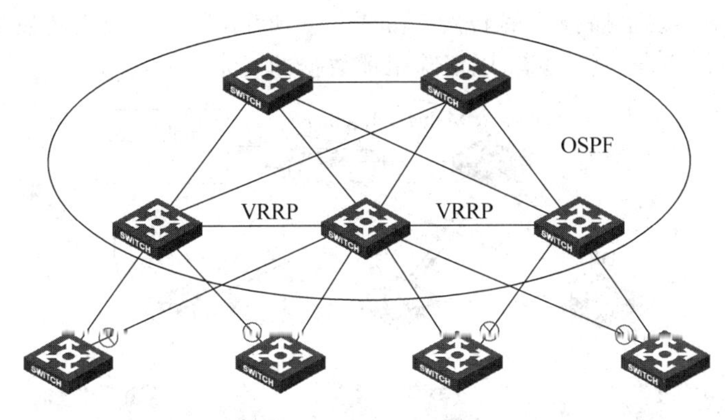

图 2-7 VRRP 的应用

以采用 VRRP 多备份组和 MSTP 来实现流量的负载分担。

在实际网络中，核心设备常常采用关键部件冗余的框架式设备来提高核心层的可靠性，如主控板进行主备备份，电源实现 1+1 冗余备份等。但相对来说，成本高昂，利用率较低。如果采用如图 2-8 所示的堆叠技术将多个设备堆叠形成一个设备并组网时，则既可以满足高可靠性的要求，又可以充分利用设备的性能，同时降低成本。

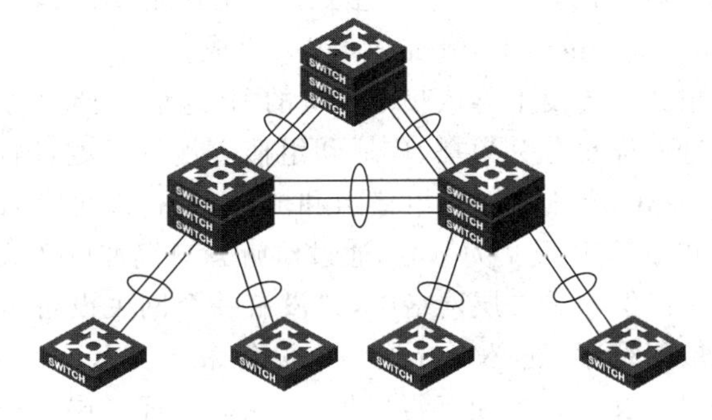

图 2-8 IRF 的应用

IRF(Intelligent Resilient Framework，智能弹性架构)通过堆叠链路将多个设备联合起来形成一个联合体，多个设备之间相互备份实现 $N+1$ 的冗余备份，大幅提高联合体的可靠性，保证不间断服务。同时还将普通的链路聚合组扩展到多个设备之间，形成跨设备链路聚合，让流量在多个设备之间实现负载分担。因此 IRF 既实现了链路级的冗余备份，也实现了设备级的冗余备份，是一种比较全面的冗余备份技术。

2.3 组播业务的快速开展

在 IP 网络不断发展壮大的情况下，多网合一的需求逐步形成。首先集成应用到 IP 网络中的则属广播电视等媒体传播应用。不同于传统的 C/S 应用，此类应用客户端数量巨大，如果客户端都与服务器建立一对一的连接，将导致服务器不堪重负。简单的广播虽然可以传递这些媒体数据，但将导致网络流量的大幅增加。因此在 IP 网络中出现了相对于单播和广播都不同的组播技术。

单播转发依靠报文中的目的 IP 地址实现报文的逐跳转发，最终传送到目的地。而组播并没有唯一标识接收者的目的 IP，在组播报文中携带的目的 IP 是表示一组接收者的组播 IP 地址。因此组播的转发机制也完全不同于单播转发。它依靠 RPF(Reverse Path Forwarding，逆向路径转发)技术来实现组播报文的转发。如图 2-9 所示,在路由域内转发组播数据报文时,将根据单播路由表做逆向路径检查,以消除组播数据的冗余。

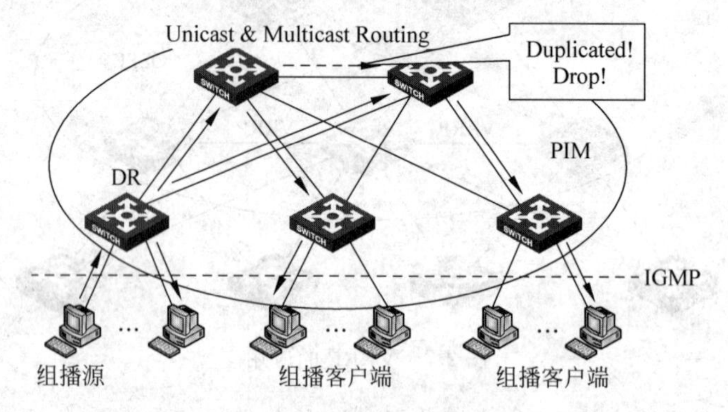

图 2-9 三层组播的部署

PIM(Protocol Independent Multicast)即是采用 RPF 技术转发组播报文的组播路由协议代表之一。它依靠单播路由信息检查组播报文的合法性,再根据自己维护的组播组出接口列表转发组播报文。而在三层网络的边缘,网关设备负责将组播报文发送给最终客户端,因此网关必须维护组播客户端在本地的连接情况。此项维护工作则交由运行在主机和网关之间的 IGMP(Internet Group Management Protocol)协议来完成。

在二层网络中业务报文的转发不再依赖于报文的 IP 地址,而完全依赖于报文的 MAC 地址。MAC 地址和 IP 地址一样也分为单播、广播和组播等地址类型,因此在二层网络中,二层交换机只需要根据组播 MAC 地址维护好组播组和成员关系,即可有效地进行组播数据帧的转发。IGMP Snooping 以 IGMP 报文为基础,通过监听客户端和网关设备之间的交互来完成组播组与成员关系的维护。但在纯二层网络中,并没有一个网关设备运行 IGMP 来完成协议报文的交互。因此在二层网络中,还必须寻找一个设备来充当 IGMP 中的查询器,使得客户端和查询器之间的 IGMP 报文的正常交互得以进行,从而保证二层交换机可以正确维护成员关系。如图 2-10 所示,选择其中的某台二层交换机作为组播查询器以满足组播成员关系维护。

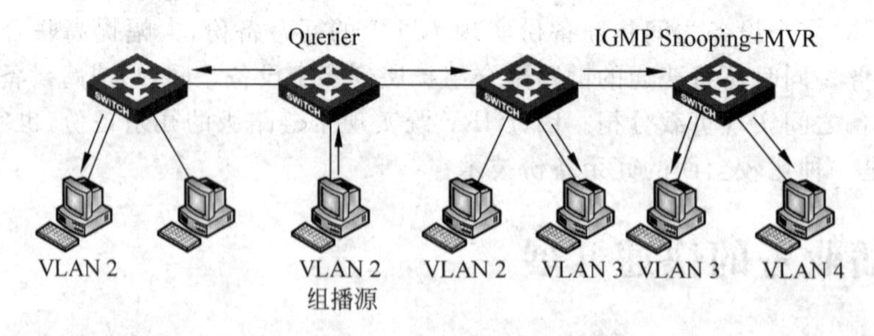

图 2-10 二层组播应用部署

IGMP Snooping 的监控和组播成员维护都是基于 VLAN 实现的。如果客户端在不同的 VLAN 中,则需要在不同的 VLAN 内维护,而且需要在不同的 VLAN 内转发相同的数据报文。这样将导致部分链路出现相同的两份组播数据报文(仅仅 VLAN ID 不同)而浪费网络带宽。为了解决这一问题,MVR(Multicast VLAN Register)提出了将组播数据流集中在同一 VLAN 传送的思想。

MVR通过在特性的组播 VLAN 内维护组播成员关系。当客户端位于其他不同的VLAN时，交换机可以通过复制机制将组播报文从组播 VLAN 复制到客户端所在 VLAN，而避免组播报文的重复转发；或者利用 Hybrid 链路的特性将客户端所在链路都加入组播 VLAN 中，组播报文仅在组播 VLAN 内转发。前者被称为基于 VLAN 的 MVR，后者被称为基于端口的 MVR。

2.4 网络安全的部署

IP 网络最基本的功能是完成所有 IP 报文的正确传送，保证业务的正常运行。但这一切都基于网络的健康运行。如果网络发生故障或者受到攻击，正常的业务势必受到影响甚至导致业务中断。所以网络安全成为网络建设和维护考虑的重点。

确保网络安全的基本思想是正确地接入合法用户，防止非法用户的接入和攻击；控制流量沿正确的路径转发。针对合法用户和非法用户的判断区分，可以采用常用的各种身份认证和授权技术。针对流量控制则可以采用包过滤技术。

如图 2-11 所示，在网络的接入边缘应尽可能地采取恰当的身份认证和授权技术，如 IEEE 802.1x 认证、集中 MAC 地址认证、Portal 认证以及综合 IEEE 802.1x 认证的端口安全。它们基本上都依赖于 RADIUS 或 TACACS 协议完成身份认证和授权。而在接入层或汇聚层则应根据业务开展情况部署包过滤以拒绝非法流量进入网络，保护重要资源不被随意访问。

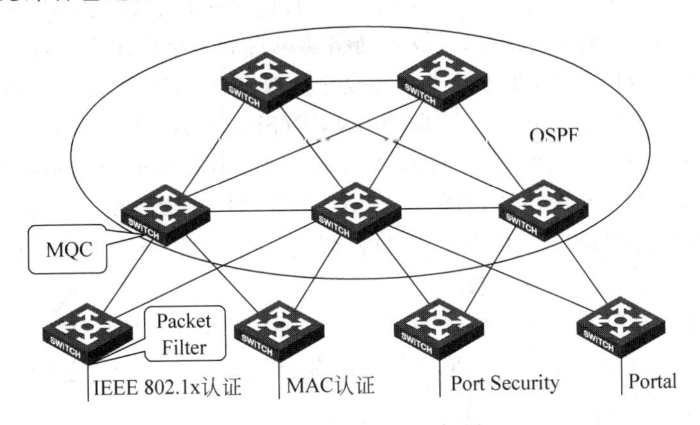

图 2-11 网络安全的部署

网络安全的部署从更广泛的意义来看，不能仅限于网络设备的安全技术，而应该采用立体式综合防御。它涉及网络设备、终端用户以及管理网络设备和终端用户的一系列服务器。H3C 推出的 EAD(Endpoint Access Defense)综合解决方案综合了多种安全技术，全方位实施安全防御。如图 2-12 所示，EAD 解决方案采用服务器、客户端和网络设备联动的方案实现用户的身份认证、业务授权和行为控制。在终端用户安装客户端软件对主机进行身份认证和一系列的健康检查，并报告检查结果给服务器。服务器则根据检查结果通知网络设备执行相应的隔离或授权行为。对于被隔离用户通过客户端软件进行健康检查恢复，如更新防病毒软件的病毒库，下载操作系统补丁软件等。健康检查成功后即可接入网络。

上述 EAD 立体防御可确保接入网络中的终端用户都是安全可靠的，从而从根源上保证了网络的安全。

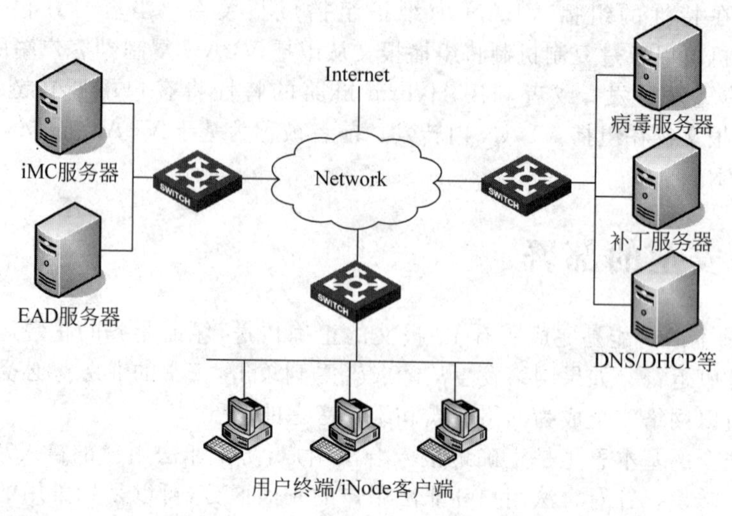

图 2-12 EAD 综合防御

2.5 网络管理和维护应用

网络的健康运行离不开有效的管理,网络故障的快速定位和恢复离不开有效的维护措施和维护技能。所以网络管理和维护同样成为网络建设者和网络使用者关注的焦点。

网络规模的进一步扩大化,业务的进一步复杂化使得网络管理员无法继续采用单台设备独立管理的模式。用于网络设备通用管理的 SNMP(Simple Network Management Protocol)协议发展起来。被管理设备上的标准 MIB(Management Information Base,管理信息库)实现了设备的工作状态记录。网管系统则通过 SNMP 协议对网络设备的工作状态进行查询,据此描绘网络拓扑,对参数进行设定,并接收来自网络设备的主动告警。这大大提高了网络管理的工作效率,加快了对网络故障的反应速度。

网络设备的日志是反映设备工作状态的另一重要信息,对网络设备日志信息的有效管理也犹如对告警信息的管理一样重要。采用日志服务器集中收集并处理各网络设备的日志信息也是常用的网络管理手段之一。

网络设备的急剧增长使得网管工作站的任务也变得非常繁重。网络设备和网络自身的简化也成为网络建设和管理关注的内容。由此应运而生的集群(Cluster)和堆叠(Stack)技术在简化网络管理方面也起到了重要作用。集群和堆叠都可以将多个设备联合起来形成一个管理单元,使得网管系统所见的管理单元大幅减少。

网络管理的另一重要任务是对网络健康状况进行检查和监控,并对网络的未来建设提出正确的方案。因此网络当前流量的分布和网络资源的占用状况也是网络管理员关注的内容。镜像技术是当前采用最多,部署最为简单的网络监控方法之一。除此之外,镜像技术也是网络故障定位的必要手段之一。通过特定的镜像技术可以将指定的流量(如协议报文)镜像到指定服务器并对其进行详细分析而定位问题。

当网络管理员检查日志信息和设备告警信息时,会发现记录的时间信息变得杂乱无序,其原因在于各网络设备的时钟没有同步。NTP(Network Time Protocol)的部署即可很好地实现各网络设备的时间同步。

综上所述,一个健康的网络必须是具备良好的网络架构和有效的管理手段的网络,如

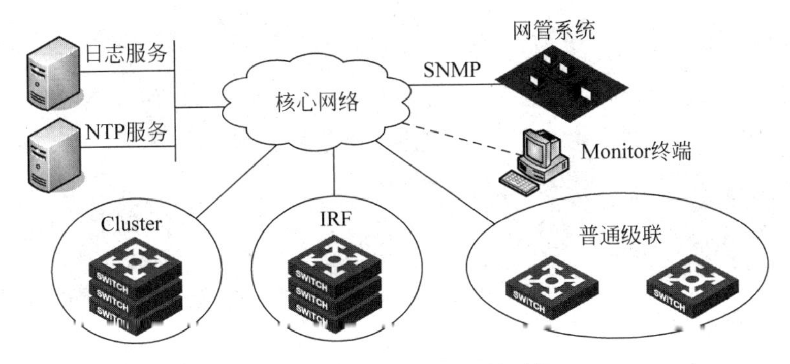

图 2-13 可管理可维护的网络

图 2-13 所示。

2.6 本章总结

(1) 拓扑、链路以及设备备份的应用部署和相关备份技术的优缺点。

(2) 二层和三层组播业务的应用部署和相关技术 PIM、IGMP 及 MVR。

(3) 身份认证授权、包过滤以及 EAD 综合防御等网络安全技术的应用部署。

(4) 各种网络管理方法的应用，以提高网络可维护性。

2.7 习题和答案

2.7.1 习题

(1) 最适合于双归属网络的冗余备份协议是(　　)。

A. STP　　B. RRPP　　C. Smart Link　　D. VRRP

(2) IRF 冗余备份技术不仅实现了链路级的备份，也实现了设备级的备份。(　　)

A. 正确　　B. 错误

(3) IP 网络中组播业务的部署包含(　　)重要协议。

A. PIM　　B. RPF　　C. IGMP　　D. GMRP

(4) 常见的网络管理措施有(　　)。

A. SNMP 集中管理　　B. 镜像　　C. 集群和堆叠　　D. NTP

2.7.2 习题答案

(1) C　(2) A　(3) AC　(4) ABCD

第2篇

VLAN技术

第3章

VLAN的配置

在了解了 VLAN 交换机的转发处理机制后，还需要掌握各种 VLAN 划分方式的基本配置，才能组建基本的局域网。

本章首先介绍各种 VLAN 划分方式的基本配置任务和配置命令，再通过介绍一些详细的配置示例，来进一步讲解各种 VLAN 划分方式的配置和组网应用。

3.1 本章目标

学习完本课程，应该能够：

- 应用 VLAN 交换机组建基本的局域网；
- 配置各种 VLAN 划分方式的交换机。

3.2 VLAN 的划分方式

VLAN 根据划分方式不同可以分为不同类型，最常见的 VLAN 类型为基于端口的 VLAN、基于协议的 VLAN 和基于 IP 子网的 VLAN。

基于端口的 VLAN 是最常用的 VLAN 划分方法。它按照设备端口来定义 VLAN 成员。将指定端口加入指定 VLAN 中之后，该端口就可以转发指定 VLAN 的数据帧。

基于协议的 VLAN 是根据端口接收到的帧所属的协议(簇)类型及封装格式来给帧分配不同的 VLAN ID。可用来划分 VLAN 的协议簇有 IP、IPX、AppleTalk 等，封装格式有 Ethernet Ⅱ、IEEE 802.3、IEEE 802.3/802.2 LLC、IEEE 802.3/802.2 SNAP 等。交换机从端口接收到以太网帧后，通过识别帧中的协议类型和封装格式来确定帧所属的 VLAN，然后将数据帧自动划分到指定的 VLAN 中传输。

基于 IP 子网的 VLAN 是以帧中 IP 包的源 IP 地址作为依据来进行划分的。设备从端口接收到帧后，根据帧中 IP 包的源 IP 地址，找到与现有 VLAN 的对应关系，然后自动划分到指定 VLAN 中转发。

如果交换机的某个端口下同时开启以上 3 种 VLAN，则默认情况下，VLAN 将按照基于 IP 子网的 VLAN、基于协议的 VLAN、基于端口的 VLAN 的先后顺序进行匹配。

图 3-1 所示为 VLAN 的匹配顺序流程图。图中，当交换机的以太网端口收到数据帧时，将采用以下方法处理。

(1) 当收到的帧为 Tagged 帧时，如果端口允许携带该 VLAN 标记的帧通过，则正常转发；如果不允许，则丢弃该帧。

(2) 当收到的帧为 Untagged 帧时，会按 IP 子网 VLAN 匹配方式进行匹配，依据帧的源地址来确定帧所属的 VLAN，如果匹配成功，将帧自动划分到指定 VLAN 中进行转发；如果

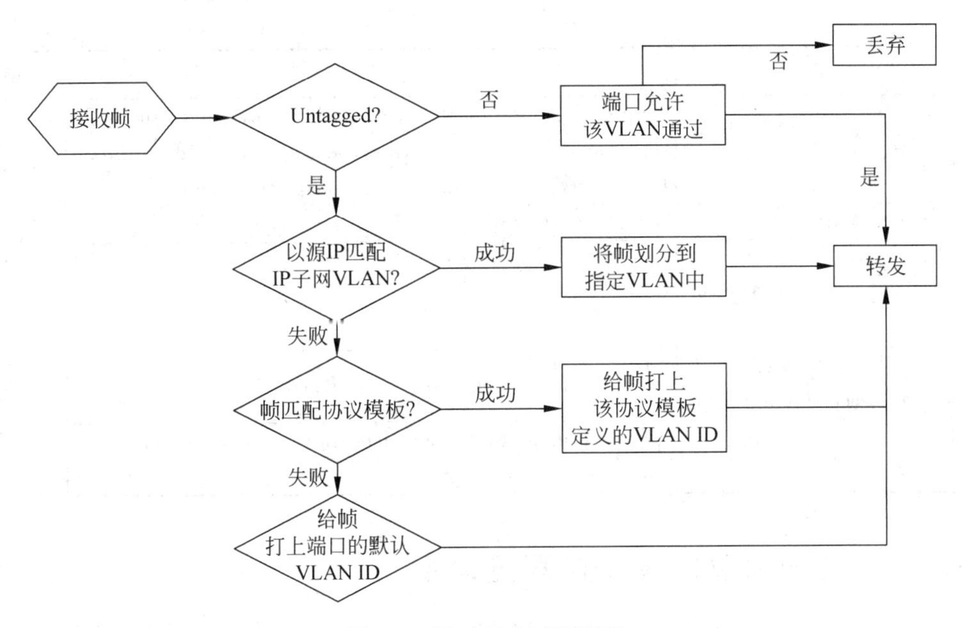

图 3-1 VLAN 的匹配顺序

匹配失败，则进行下一步处理。

(3) 按协议 VLAN 匹配方式进行匹配，如果帧匹配协议模板，则给帧打上由该协议模板定义的协议 VLAN 的 VLAN ID 进行转发；如果帧没有匹配协议模板，则给帧打上端口的默认 VLAN ID 进行转发。

3.3 基于协议的 VLAN 基本配置

3.3.1 基于协议的 VLAN 配置任务

基于协议的 VLAN 是交换机可以对端口上收到的未携带 VLAN Tag 的报文进行分析，根据报文所属的协议(族)类型及封装格式将报文与用户设定的协议模板相匹配，为匹配成功的报文分配不同的 VLAN ID，实现将属于指定协议的数据自动分发到特定的 VLAN 中传输的功能。

可用来划分 VLAN 的协议有 IP、IPX、AppleTalk(AT)，封装格式有 Ethernet Ⅱ、IEEE 802.3 raw、IEEE 802.2 LLC、IEEE 802.2 SNAP 等。

协议 VLAN 由协议模板定义，在一个端口上可以同时关联多个协议模板。协议模板是用来匹配报文所属协议类型的标准，协议模板由“封装格式+协议类型”组成，分为如下两种模板。

- 标准模板：指以 RFC 标准规定的协议封装格式和类型字段取值作为匹配条件的模板。
- 自定义模板：指以用户在命令中指定的封装格式和标识类型字段的取值作为匹配条件的模板。

基于协议的 VLAN 的配置任务如表 3-1 所示。

表 3-1 基于协议的 VLAN 的配置任务

操　作	命　令	说明
进入系统视图	system-view	—
进入 VLAN 视图	Vlan *vlan-id*	必选

续表

操　作	命　令	说明
配置基于协议的 VLAN 并指定协议模板	protocol-vlan[*protocol-index*]{at|ipv4|ipv6|ipx{ethernetii|llc|snap}|mode{ethernetii etype *etype-id*|llc{dsap *dsap-id*[ssap *ssap-id*]|ssap *ssap-id*}|snap etype *etype-id*}}	必选
进入二层以太网端口视图	interface *interface-type interface-number*	二者必选其一
进入端口组视图	port-group manual *port-group-name*	
配置端口的链路类型为 Hybrid 类型	port link-type hybrid	必选
允许基于协议的 VLAN 以 Untagged 方式通过 Hybrid 端口	port hybrid vlan *vlan-id-list* untagged	必选
配置 Hybrid 端口与基于协议的 VLAN 关联	port hybrid protocol-vlan vlan *vlan-id* {*protocol-index*[to *protocol-end*]|all}	必选

3.3.2 基于协议的 VLAN 配置命令

基于协议的 VLAN 只对 Hybrid 端口配置才有效。基于协议的 VLAN 主要配置命令如下。

(1) 默认情况下,没有配置任何协议模板。所以,首先在 VLAN 视图下配置基于协议的 VLAN,并指定协议模板。配置命令为:

protocol-vlan[*protocol-index*]{at|ipv4|ipv6|ipx{ethernetii|llc|snap}|mode{ethernetii etype *etype-id*|llc{dsap *dsap-id*[ssap *ssap-id*]|ssap *ssap-id*}|snap etype *etype-id*}}

其中主要参数含义如下。

- at:基于 AT(AppleTalk)协议的 VLAN。
- ipv4:基于 IPv4 协议的 VLAN。
- ipv6:基于 IPv6 协议的 VLAN。
- ipx:基于 IPX 协议的 VLAN。其中的 Ethernet Ⅱ、LLC、RAW 和 SNAP 为 IPX 的 4 种封装类型。
- mode:配置自定义协议模板。也可以分为 Ethernet Ⅱ、LLC、RAW 和 SNMP 4 种封装类型。
- ethernetii etype *etype-id*:匹配 Ethernet Ⅱ 封装格式及相应的协议类型值。etype-id 表示入报文的协议类型值,取值范围为 0x0600～0xFFFF(除 0x0800、0x809B、0x8137、0x86DD 以外)。
- llc:以太网报文封装格式为 LLC。
- dsap *dsap-id*:目的服务接入点,取值范围为 00～0xFF。
- ssap *ssap-id*:源服务接入点,取值范围为 00～0xFF。
- snap etype *etype-id*:匹配 SNAP 封装格式及相应的协议类型值。etype-id 表示入报文的以太网类型,取值范围为 0x0600～0xFFFF,但不能是 SNAP 封装下的 IPX SNAP 类型。

(2) 配置协议模板完成后,需要为协议 VLAN 添加端口并建立该端口与协议模板的关联。在端口视图下,配置 Hybrid 端口与基于协议的 VLAN 的关联。配置命令为:

port hybrid protocol-vlan vlan *vlan-id*{*protocol-index* [to *protocol-end*]|all}

3.3.3 基于协议的 VLAN 配置示例

图 3-2 所示为基于协议的 VLAN 配置示例，图中，PCA 与 PCC 协议为 IPv4，与 VLAN10 关联，PCB 与 PCD 的协议为 IPv6，与 VLAN20 关联，交换机之间使用 Trunk 端口相连，端口的默认 VLAN 是 VLAN1。

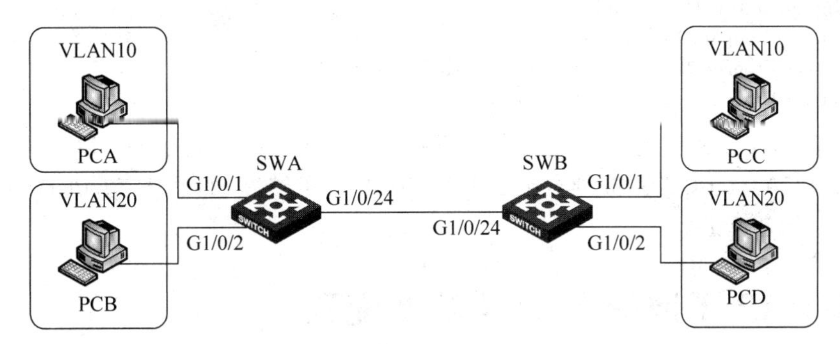

图 3-2 基于协议的 VLAN 配置示例

配置 SWA：

```
[SWA]vlan 10
[SWA-vlan10]protocol-vlan ipv4
[SWA-vlan10]quit
[SWA]vlan 20
[SWA-vlan20]protocol-vlan ipv6
[SWA-vlan20]quit
[SWA]interface GigabitEthernet 1/0/1
[SWA-GigabitEthernet1/0/1]port link-type hybrid
[SWA-GigabitEthernet1/0/1]port hybrid vlan 10 20 untagged
[SWA-GigabitEthernet1/0/1]port hybrid protocol-vlan vlan 10 0
[SWA-GigabitEthernet1/0/1]port hybrid protocol-vlan vlan 20 0
[SWA-GigabitEthernet1/0/1]quit
[SWA]interface GigabitEthernet 1/0/2
[SWA-GigabitEthernet1/0/2]port link-type hybrid
[SWA-GigabitEthernet1/0/2]port hybrid vlan 10 20 untagged
[SWA-GigabitEthernet1/0/2]port hybrid protocol-vlan vlan 10 0
[SWA-GigabitEthernet1/0/2]port hybrid protocol-vlan vlan 20 0
[SWA-GigabitEthernet1/0/2]quit
[SWA]interface GigabitEthernet 1/0/24
[SWA-GigabitEthernet1/0/24]port link-type trunk
[SWA-GigabitEthernet1/0/24]port trunk permit vlan 10 20
```

配置 SWB：

```
[SWB]vlan 10
[SWB-vlan10]protocol-vlan ipv4
[SWB-vlan10]quit
[SWB]vlan 20
[SWB-vlan20]protocol-vlan ipv6
[SWB-vlan20]quit
[SWB]interface GigabitEthernet 1/0/1
[SWB-GigabitEthernet1/0/1]port link-type hybrid
[SWB-GigabitEthernet1/0/1]port hybrid vlan 10 20 untagged
[SWB-GigabitEthernet1/0/1]port hybrid protocol-vlan vlan 10 0
[SWB-GigabitEthernet1/0/1]port hybrid protocol-vlan vlan 20 0
```

```
[SWB-GigabitEthernet1/0/1]quit
[SWB]interface GigabitEthernet 1/0/2
[SWB-GigabitEthernet1/0/2]port link-type hybrid
[SWB-GigabitEthernet1/0/2]port hybrid vlan 10 20 untagged
[SWB-GigabitEthernet1/0/2]port hybrid protocol-vlan vlan 10 0
[SWB-GigabitEthernet1/0/2]port hybrid protocol-vlan vlan 20 0
[SWB-GigabitEthernet1/0/2]quit
[SWB]interface GigabitEthernet 1/0/24
[SWB-GigabitEthernet1/0/24]port link-type trunk
[SWB-GigabitEthernet1/0/24]port trunk permit vlan 10 20
```

配置完成后，交换机会把IPv4协议的数据帧划分为VLAN10，把IPv6协议的数据帧划分为VLAN20，PCA与PCC都被划分到VLAN10中且能够互通，PCB与PCD都被划分到VLAN20中且能够互通。

3.4 基于IP子网的VLAN基本配置

3.4.1 基于IP子网的VLAN配置任务

基于IP子网的VLAN是根据报文源IP地址及子网掩码来进行划分的。设备从端口接收到Untagged报文后，会根据报文的源地址来确定报文所属的VLAN，然后将报文自动划分到指定VLAN中传输。此特性主要用于将指定网段或IP地址发出的报文在指定的VLAN中传送。

不要把基于子网的VLAN和VLAN虚接口的IP配置搞混淆。

基于IP子网的VLAN的配置任务如表3-2所示。

表3-2 基于IP子网的VLAN配置任务

操　　作	命　　令	说明
进入系统视图	system-view	—
进入VLAN视图	Vlan *vlan-id*	必选
配置IP子网与当前VLAN的关联	ip-subnet-vlan[*ip-subnet-index*]ip *ip-address*[*mask*]	必选
进入二层以太网端口视图	interface *interface-type interface-number*	二者必选其一
进入端口组视图	port-group manual *port-group-name*	
配置端口的链路类型为Hybrid类型	port link-type hybrid	必选
允许基于IP子网的VLAN通过当前Hybrid端口	port hybrid vlan *vlan-id-list*{tagged|untagged}	必选
配置Hybrid端口与基于IP子网的VLAN关联	port hybrid ip-subnet-vlan vlan *vlan-id*	必选

3.4.2 基于IP子网的VLAN配置命令

基于IP子网的VLAN只对Hybrid端口配置有效，其主要配置命令如下。

(1) 在VLAN视图下配置当前VLAN与指定的IP子网关联。配置命令为：

ip-subnet-vlan [*ip-subnet-index*] ip *ip-address* [*mask*]

(2) 在以太网端口视图下，设置好当前端口为Hybrid类型且已经允许该VLAN通过后，还需要设定当前端口与基于IP子网的VLAN关联。配置命令为：

port hybrid ip-subnet-vlan vlan *vlan-id*

3.4.3 基于 IP 子网的 VLAN 配置示例

图 3-3 所示为基于 IP 子网的 VLAN 配置示例。图中,PCA 与 PCC 的网段为 10.10.10.0/24,与 VLAN10 关联,PCB 与 PCD 的 IP 网段为 20.20.20.0/24,与 VLAN20 关联,交换机之间使用 Trunk 端口相连,端口的默认 VLAN 是 VLAN1。

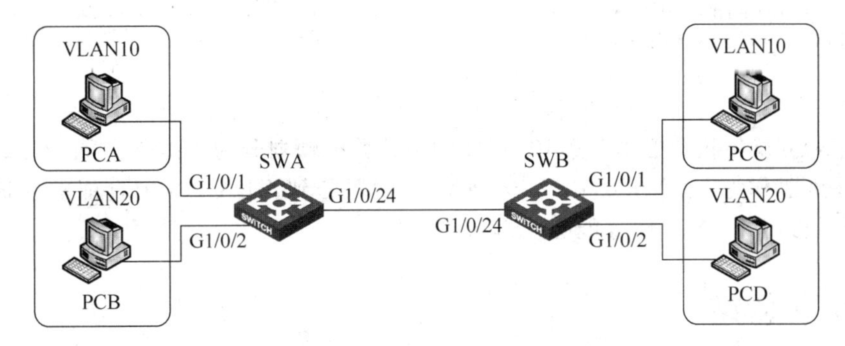

图 3-3 基于 IP 子网的 VLAN 配置示例

配置 SWA:

```
[SWA]vlan 10
[SWA-vlan10]ip-subnet-vlan ip 10.10.10.0 255.255.255.0
[SWA-vlan10]quit
[SWA]vlan 20
[SWA-vlan20]ip-subnet-vlan ip 20.20.20.0 255.255.255.0
[SWA-vlan20]quit
[SWA]interface GigabitEthernet 1/0/1
[SWA-GigabitEthernet1/0/1]port link-type hybrid
[SWA-GigabitEthernet1/0/1]port hybrid vlan 10 20 untagged
[SWA-GigabitEthernet1/0/1]port hybrid ip-subnet-vlan vlan 10
[SWA-GigabitEthernet1/0/1]port hybrid ip-subnet-vlan vlan 20
[SWA-GigabitEthernet1/0/1]quit
[SWA]interface GigabitEthernet 1/0/2
[SWA-GigabitEthernet1/0/2]port link-type hybrid
[SWA-GigabitEthernet1/0/2]port hybrid vlan 10 20 untagged
[SWA-GigabitEthernet1/0/2]port hybrid ip-subnet-vlan vlan 10
[SWA-GigabitEthernet1/0/2]port hybrid ip-subnet-vlan vlan 20
[SWA-GigabitEthernet1/0/2]quit
[SWA]interface GigabitEthernet 1/0/24
[SWA-GigabitEthernet1/0/24]port link-type trunk
[SWA-GigabitEthernet1/0/24]port trunk permit vlan 10 20
```

配置 SWB:

```
[SWB]vlan 10
[SWB-vlan10]ip-subnet-vlan ip 10.10.10.0 255.255.255.0
[SWB-vlan10]quit
[SWB]vlan 20
[SWB-vlan20]ip-subnet-vlan ip 20.20.20.0 255.255.255.0
[SWB-vlan20]quit
[SWB]interface GigabitEthernet 1/0/1
[SWB-GigabitEthernet1/0/1]port link-type hybrid
[SWB-GigabitEthernet1/0/1]port hybrid vlan 10 20 untagged
```

```
[SWB-GigabitEthernet1/0/1]port hybrid ip-subnet-vlan vlan 10
[SWB-GigabitEthernet1/0/1]port hybrid ip-subnet-vlan vlan 20
[SWB-GigabitEthernet1/0/1]quit
[SWB]interface GigabitEthernet 1/0/2
[SWB-GigabitEthernet1/0/2]port link-type hybrid
[SWB-GigabitEthernet1/0/2]port hybrid vlan 10 20 untagged
[SWB-GigabitEthernet1/0/2]port hybrid ip-subnet-vlan vlan 10
[SWB-GigabitEthernet1/0/2]port hybrid ip-subnet-vlan vlan 20
[SWB-GigabitEthernet1/0/2]quit
[SWB]interface GigabitEthernet 1/0/24
[SWB-GigabitEthernet1/0/24]port link-type trunk
[SWB-GigabitEthernet1/0/24]port trunk permit vlan 10 20
```

配置完成后,交换机会把 10.10.10.0/24 网段的数据帧划分为 VLAN10,把 20.20.20.0/24 网段的数据帧划分为 VLAN20,PCA 与 PCC 都被划分到 VLAN10 中且能够互通,PCB 与 PCD 都被划分到 VLAN20 中且能够互通。

3.5 本章总结

(1) 默认情况下,VLAN 将按照基于 IP 子网的 VLAN、基于协议的 VLAN、基于端口的 VLAN 的先后顺序进行匹配。

(2) 基于协议的 VLAN 和基于 IP 子网的 VLAN 只对 Hybrid 端口配置有效。

3.6 习题和答案

3.6.1 习题

(1) 基于协议的 VLAN 对(　　)类型的端口配置有效。

A. Access 端口　　B. Trunk 端口

C. Hybrid 端口　　D. 以上端口都可以

(2) VLAN 的划分包含(　　)方式。

A. 基于端口划分　　B. 基于协议划分

C. 基于 IP 地址划分　　D. 基于 IP 子网划分

3.6.2 习题答案

(1) C　(2) ABD

第4章

VLAN扩展技术

VLAN 技术的成熟应用带来了很多的便利，但在实际使用过程中，VLAN 技术还有或多或少的应用场景无法适应。因此针对这些特殊应用，VLAN 也与时俱进，不断地扩展新技术来满足各种应用需求。

4.1 本章目标

学习完本课程，应该能够：

- 熟悉 Private VLAN 的基本原理和配置；
- 熟悉 Super VLAN 的基本原理和配置。

4.2 Private VLAN 技术的原理和配置

4.2.1 Private VLAN 技术介绍

随着以太网技术的快速发展，很多运营商采用 LAN 接入小区宽带。基于用户安全和管理计费等方面考虑，运营商一般要求接入用户互相隔离。VLAN 是天然的隔离手段，于是很自然的一个想法是每个用户 1 个 VLAN。但是，根据 IEEE 802.1Q 协议规定，设备最大可使用的 VLAN 资源为 4094 个。对于运营商的设备来说，如果每个用户 1 个 VLAN，4094 个 VLAN 远远不够，而且，为每个只包含 1 个用户的 VLAN 配置第三层接口，将耗费大量的 IP 地址和部署成本。

图 4-1 所示为 Private VLAN 技术的产生背景——运营商小区宽带接入典型组网。图中，采用 LAN 方式接入的小区宽带用户的主要应用是上互联网，用户之间相互隔离，每个用户 1 个 VLAN，用户数远远大于 4094 个 VLAN，VLAN 数量限制了更多用户的接入需求。

VLAN ID 主要消耗在接入层，对于运营商来说，如果既能够保证接入层用户之间相互隔离，又能将接入层的 VLAN ID 屏蔽，只可见汇聚层的 VLAN ID，则 4094 个 VLAN 是够用的。为了解决上述问题，Private VLAN 技术应运而生。

Private VLAN 采用二层 VLAN 结构，它在同一台设备上设置 Primary VLAN 和 Secondary VLAN 两类 VLAN。功能如下。

(1) Primary VLAN 用于上行连接，不同的 Secondary VLAN 关联到同一个 Primary VLAN。上行连接的设备只知道 Primary VLAN，而不必关心 Secondary VLAN，简化了网络配置，节省了 VLAN 资源。

(2) Secondary VLAN 用于连接用户，Secondary VLAN 之间二层帧互相隔离。如果希望实现同一 Primary VLAN 下 Secondary VLAN 用户之间互通，可以通过配置上行设备的本地

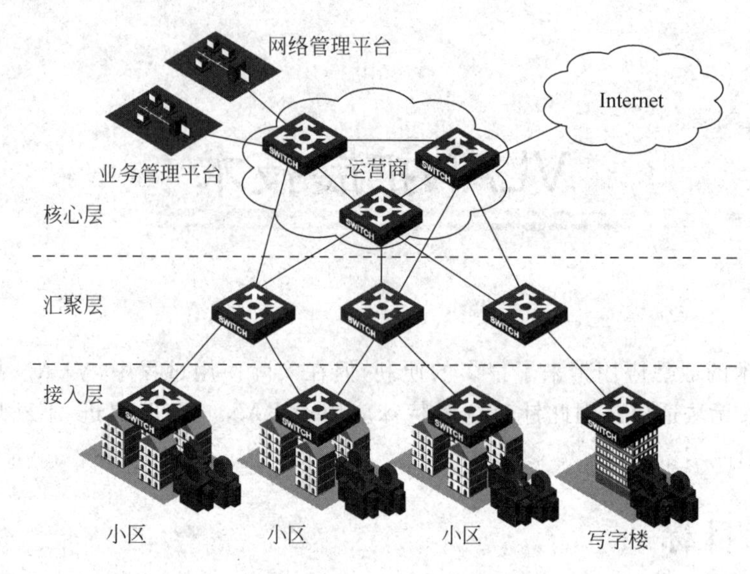

图 4-1 Private VLAN 技术的产生背景

代理 ARP 功能来实现三层报文的互通。

(3) 一个 Primary VLAN 可以和多个 Secondary VLAN 相对应，理论上每个 Primary VLAN 可以包含 4094 个 Secondary VLAN，所以相当于提供了 4094×4094 个 VLAN。Primary VLAN 下面的 Secondary VLAN 对上行设备不可见。

下面通过一个简单的应用来描述 Private VLAN 的技术特点，图 4-2 所示为 Private VLAN 技术的简单应用。图中，SWA 为三层交换机，是 SWB 的上行设备，SWB 为支持 Private VLAN 功能的交换机。在 SWB 上开启 Private VLAN 功能，并配置 VLAN10 为 Primary VLAN，VLAN2、VLAN3 和 VLAN4 为 Secondary VLAN，VLAN2、VLAN3 和 VLAN4 都映射到 VLAN10。

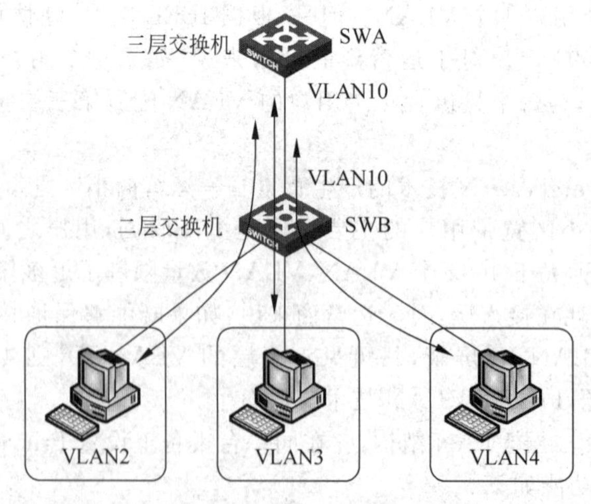

图 4-2 Primary VLAN 技术功能

在 SWB 上完成 Private VLAN 配置后，SWB 上的 VLAN2、VLAN3 和 VLAN4 都可以和 SWA 互通，对于上层设备 SWA 来说，只需识别下层交换机 SWB 的 VLAN10，而不必关心 VLAN10 中包含的 VLAN2、VLAN3 和 VLAN4；SWB 上的 VLAN2、VLAN3、VLAN4 间通

过传统的VLAN技术实现二层隔离，也可以在上行设备SWA上配置本地代理ARP功能实现三层报文的互通。

其实，Private VLAN功能是利用了Hybrid类型端口的灵活性以及VLAN间的MAC地址同步技术来实现的。

Hybrid端口在转发数据时，可以按照需要进行多个VLAN数据流量的发送和接收，可以根据需要决定发送数据帧时是否携带IEEE 802.1Q标签。正因为这一灵活性，Hybrid端口可以用于交换机之间的连接，也可用于连接用户计算机。

下面通过一个抽象的模型图来说明Private VLAN技术的基本原理。交换机的端口和所属VLAN如图4-3中SWB所示，SWB上Port1、Port2和Port3这3个端口都设定为Hybrid类型，Port1允许VLAN2、VLAN10的数据帧通过，Port2允许VLAN3、VLAN10的数据帧通过，Port3允许VLAN2、VLAN3和VLAN10的数据帧通过，所有发出去的数据帧都不携带IEEE 802.1Q标签。配置完成后，PCA可以和SWA互通，PCB可以和SWA互通，而PCA和PCB之间隔离。

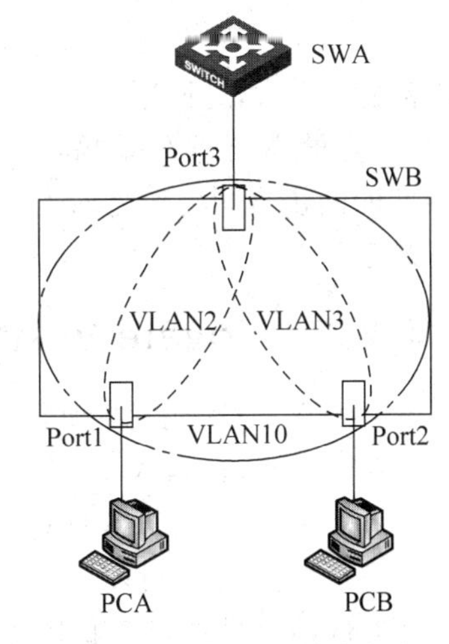

图4-3 Private VLAN技术基本原理

如果仔细分析不难发现，交换机在转发时会存在一个较为严重的问题。按照需求，如图4-3所示SWB的3个端口的PVID应该分别为VLAN2、VLAN3和VLAN10。一开始PCA发送ARP请求到Port1，解析SWA(网关)的MAC地址，PCA的MAC地址被学习到SWB的VLAN2中，SWB没能匹配到SWA的MAC地址表项，只能在VLAN2的广播域内广播，因Port3允许VLAN2的数据帧通过，所以此广播帧会从Port3转发出去，SWA会接收到。

当SWA返回的ARP响应到达SWB的Port3时(源MAC为MAC_SWA，目的MAC地址为MAC_PCA)，SWA的MAC地址将被学习到SWB的VLAN10中，SWB会给报文添加Tag，VLAN ID为10(即端口的默认VLAN ID)，然后以“MAC_PCA＋VLAN10”为条件去查询MAC地址表。由于找不到相应的表项，该报文会在VLAN10内广播，并最终从Port1和Port2发送出去。

同理，每次上行和下行的报文都需要广播才能到达目的地。当Secondary VLAN和Primary VLAN包含的端口较多时，这样的处理方式会占用大量的带宽资源，大大降低了交换机的转发性能，而且不安全(广播报文容易被截获和侦听)。通过MAC地址同步机制可以解决这个问题。

Primary VLAN的MAC地址同步机制有如下两种。

(1) Secondary VLAN到Primary VLAN的同步，即下行端口在Secondary VLAN内学习到的MAC地址都同步到Primary VLAN内，而出端口则保持不变。

(2) Primary VLAN到Secondary VLAN的同步，即上行端口在Primary VLAN学习到的MAC地址同步到所有的Secondary VLAN内，而出端口则保持不变。

如下信息即是交换机MAC地址表同步后的结果：

```
MAC ADDR        VLAN ID  STATE    PORT INDEX              AGING TIME
0000-0000-0001   10      Learned  GigabitEthernet0/1      AGING
0000-0000-0001   2       Learned  GigabitEthernet0/1      AGING
0000-0000-0002   10      Learned  GigabitEthernet0/2      AGING
0000-0000-0002   3       Learned  GigabitEthernet0/2      AGING
0000-0000-0005   10      Learned  GigabitEthernet0/10     AGING
0000-0000-0005   2       Learned  GigabitEthernet0/10     AGING
0000-0000-0005   3       Learned  GigabitEthernet0/10     AGING
```

当 Primary VLAN 下面配置了很多 Secondary VLAN，MAC 地址同步后，将导致 MAC 地址表过于庞大，进而影响设备的转发性能。同时考虑到用户的下行流量要远远大于上行流量，下行流量需要进行单播，上行流量可以进行广播。所以，Secondary VLAN 到 Primary VLAN 的同步被所有产品均支持，而 Primary VLAN 到 Secondary VLAN 的同步只被部分产品不支持。

4.2.2 Private VLAN 技术配置

Private VLAN 配置主要包括如下 5 个步骤。

（1）配置 Primary VLAN。

（2）配置 Secondary VLAN。

（3）配置上行/下行端口。

当上行端口只对应一个 Primary VLAN，配置该端口工作在 promiscuous 模式，可以实现上行端口加入 Primary VLAN 及同步加入对应的 Secondary VLAN 的功能；当上行端口对应多个 Primary VLAN，配置该端口工作在 trunk promiscuous 模式，可以实现上行端口加入多个 Primary VLAN 及同步加入对应的 Secondary VLAN 的功能。

当下行端口只对应一个 Secondary VLAN，配置该端口工作在 host 模式，可以实现下行端口同步加入 Secondary VLAN 对应的 Primary VLAN 的功能；当下行端口对应多个 Secondary VLAN，配置该端口工作在 trunk secondary 模式，可以实现下行端口加入多个 Secondary VLAN 及同步加入对应的 Primary VLAN 的功能。

（4）配置 Primary VLAN 和 Secondary VLAN 间的映射关系。

（5）配置 Primary VLAN 下指定 Secondary VLAN 间三层互通。

默认情况下，用户创建的 VLAN 不是 Primary VLAN 类型的 VLAN。在 VLAN 视图下，设置一个 VLAN 的类型为 Primary VLAN，配置命令为：

```
private-vlan primary
```

默认情况下，用户创建的 Primary VLAN 和 Secondary VLAN 没有任何映射关系，还需要在 VLAN 视图下建立 Primary VLAN 和 Secondary VLAN 间的映射关系。配置命令为：

private-vlan secondary *vlan-id-list*

4.2.3 Private VLAN 技术配置示例

图 4-4 所示为 Private VLAN 技术配置示例。图中，PCA 和 PCB 分别属于 SWA 上的 VLAN2 和 VLAN3，是 Secondary VLAN，SWA 上的 VLAN10 为 Primary VLAN。

在 SWA 上创建 VLAN2、VLAN3 和 VLAN10，将 PCA 所连接的端口 GigabitEhernet1/

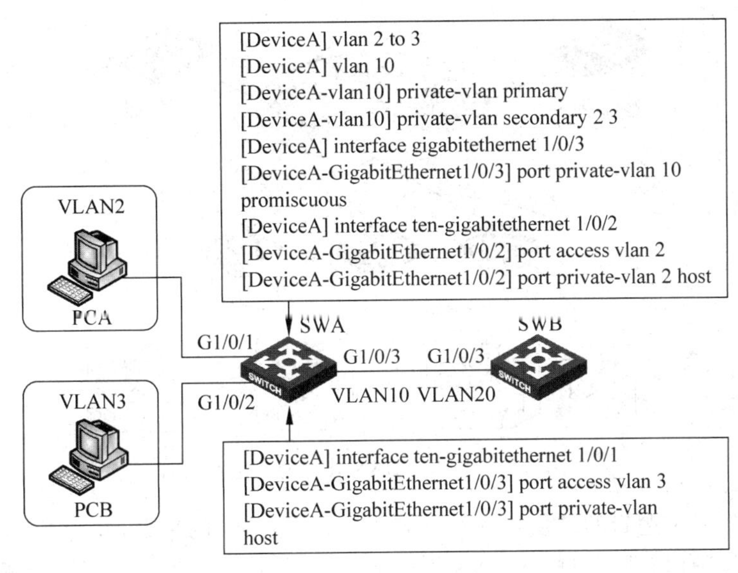

图 4-4 Private VLAN 技术配置示例

0/1 添加到 VLAN2 中，将 PCB 所连接的端口 GigabitEhernet1/0/2 添加到 VLAN3 中，将 SWA 连接 SWB 的端口 GigabitEhernet1/0/3 添加到 VLAN10 中。设置 VLAN10 为 Primary VLAN，配置 Primary VLAN 和 Secondary VLAN 间的映射关系。

在 SWB 上创建 VLAN20，将连接 SWA 的端口 G1/0/3 添加到 VLAN20 中，给 VLAN20 接口配置 IP 地址 192.68.1.3/24。

SWA 和 SWB 的具体配置如图 4 4 所示。

配置完成后，SWB 与 PCA 和 PCB 可以互通，但 PCA 和 PCB 之间不能互通。

4.3 Super VLAN 技术的原理和配置

4.3.1 Super VLAN 技术介绍

Private VLAN 成功地解决了降低 VLAN 数量的问题，同时在一定程度上也实现了三层网关的共享。但它也存在 MAC 地址复制而消耗 MAC 地址表项的问题，并且该技术本身属于一个二层 VLAN 技术。

在交换局域网络中，VLAN 技术以其对广播域的灵活控制(可跨物理设备)、部署方便而得到了广泛的应用。但是在一般的三层交换机中，通常是采用一个 VLAN 对应一个接口的方式来实现广播域之间的互通的，这在某些情况下导致了对 IP 地址的较大浪费。

图 4-5 所示为 Super VLAN 技术的产生背景——大型局域网应用组网。图中，采用接入层和核心层二级结构的组网方式，所有的网关都设在核心层设备上。因为每个 VLAN 都需要一个接口来实现路由的互通，而大部分交换机支持的 VLAN 数量远远多于 VLAN 接口数量。如果因为特殊的需要，网络里划分了成百上千个 VLAN，此时核心层设备会出现 VLAN 接口数量不够的情况。如果有一种技术，可以对 VLAN 进行聚合，从而大幅缩减实际需要的 VLAN 接口数量，则交换机支持的 VLAN 接口少的问题迎刃而解。

Super VLAN 技术中引入了 Super VLAN 和 Sub VLAN 这两个概念。

Super VLAN 和通常意义上的 VLAN 不同，它只建立三层接口，而不包含物理端口。因

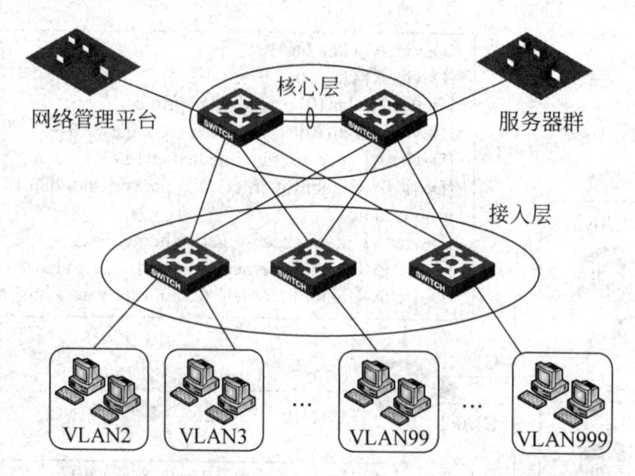

图 4-5 Super VLAN 技术的产生背景

此，可以把它看作一个逻辑的三层概念——若干 Sub VLAN 的集合，并为 Sub VLAN 提供三层转发。与一般没有物理端口的 VLAN 不同的是，它的接口的 UP 状态不依赖于其自身物理端口的 UP，而是只要它所含的 Sub VLAN 中存在 UP 状态的物理端口。

Sub VLAN 则只包含物理端口，但不能建立三层 VLAN 接口。它与外部的三层交换是靠 Super VLAN 的接口来实现的。

每一个普通 VLAN 都有一个三层逻辑接口和若干物理端口，而 Super VLAN 把这两部分剥离开来。Sub VLAN 只映射若干物理端口，负责保留各自独立的广播域；而用一个 Super VLAN 来实现所有 Sub VLAN 共享同一个接口的需求，使不同 Sub VLAN 内的主机可以共用同一个 Super VLAN 的网关，在 Super VLAN 对应的子网里分配地址；然后再通过建立 Super VLAN 和 Sub VLAN 间的映射关系，把三层逻辑接口和物理端口这两部分有机地结合起来。

这样做既减少了一部分子网号、子网默认网关地址和子网定向广播地址的消耗，又实现了不同广播域使用同一子网网段地址，消除了子网差异，增加了编址的灵活性，减少了闲置地址浪费；并用本地代理 ARP 来实现 Sub VLAN 间的三层互访，从而在实现普通 VLAN 功能的同时，达到了节省交换机 VLAN 接口的目的。

Super VLAN 技术的实现模型如图 4-6 所示。图中，交换机创建了 Sub VLAN2 和 Sub VLAN3，分别属于不同的广播域，因此有效地隔离了它们之间的广播流量，但是这些 Sub VLAN 都没有自己的 VLAN 接口。而另一个特殊的 VLAN——Super VLAN10 则属于另一个独立的广播域，该广播域与前面的 Sub VLAN2 和 Sub VLAN3 建立了映射关系，也可以理解为 Super VLAN10 包含了 Sub VLAN2 和 Sub VLAN3。但是它没有包含任何物理端口，仅仅拥有一个 VLAN 接口，并用该接口为所有映射的 Sub VLAN 提供三层通信服务。

在图 4-6 中，PCA 的 IP 地址为 10.1.1.2/24，PCB 的 IP 地址为 10.1.1.3/24，虽然 PCA 和 PCB 的 IP 地址在同一个网段，但它们分别属于不同的广播域，它们之间是互相隔离的。Super VLAN10 的接口 IP 地址为 10.1.1.1/24，为 PCA 和 PCB 提供网关服务。

4.3.2 代理 ARP

如果 ARP 请求是从一个网络的主机发往同一网段却不在同一物理网络上的另一台主机，那么连接它们的具有代理 ARP 功能的设备就可以回答该请求，这个过程称作代理 ARP (Proxy ARP)。代理 ARP 功能屏蔽了分离的物理网络这一事实，使用户使用起来，好像在同一个物理网络上。

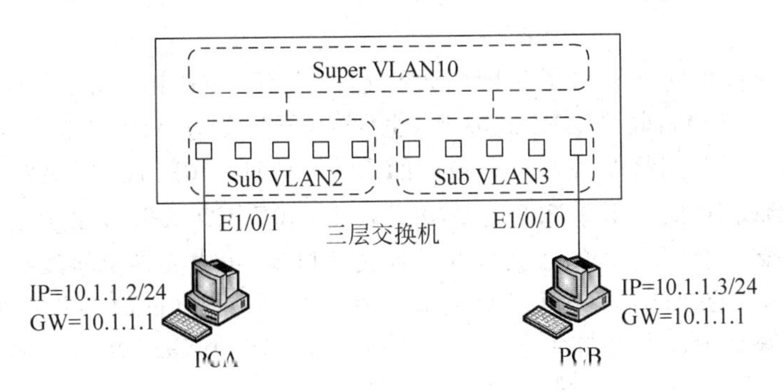

图 4-6　Super VLAN 技术的实现模型

代理 ARP 分为普通代理 ARP 和本地代理 ARP，二者的应用场景有如下区别。

（1）普通代理 ARP 的应用场景为：想要互通的主机分别连接到设备的不同三层接口上，且这些主机不在同一个广播域中。

（2）本地代理 ARP 的应用场景为：想要互通的主机连接到设备的同一个三层接口上，且这些主机不在同一个广播域中。

处于同一网段内的主机，当连接到设备的不同三层接口时，可以利用设备的普通代理 ARP 功能，通过三层转发实现互通。

图 4-7 所示为普通代理 ARP 的工作原理。交换机通过两个 VLAN 接口 Vlan-int1 和 Vlan-int2 连接两个网络，两个 VLAN 接口的 IP 地址不在同一个网段，接口地址分别为 1.1.1.2/24、1.1.2.2/24。但是两个网络内的主机 HostA 和 HostC 的地址通过掩码的控制，既与相连设备的接口地址在同一网段，同时二者也处于同一个网段。

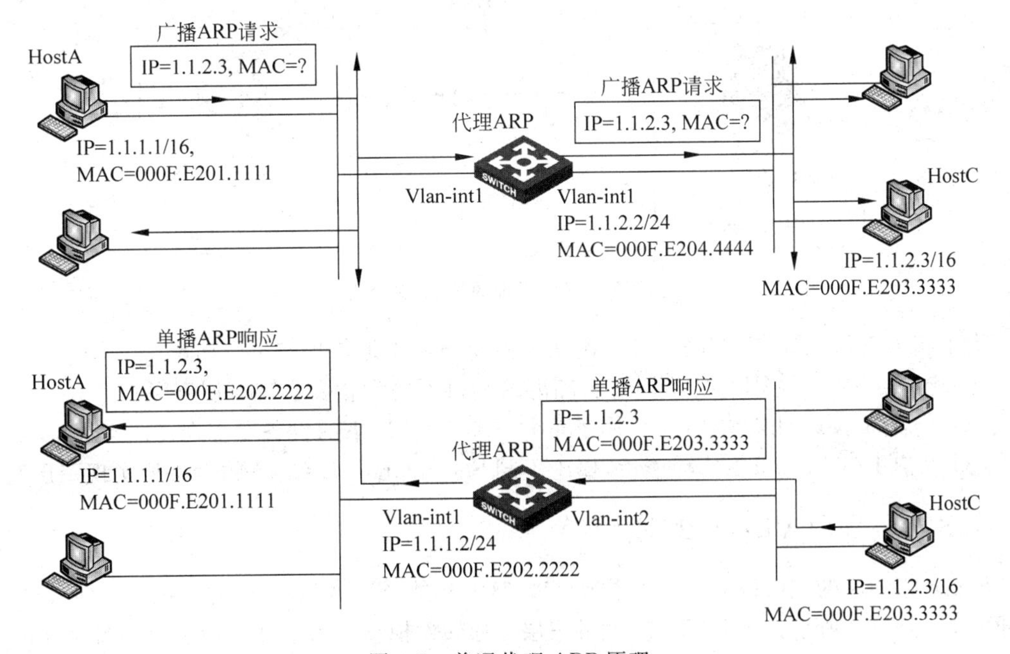

图 4-7　普通代理 ARP 原理

在这种组网情况下，当 HostA 需要与 HostC 通信时，由于目的 IP 地址与本机的 IP 地址为同一网段，HostA 直接发送 ARP 请求，解析 HostC 的 MAC 地址。运行了代理 ARP 的交换机收到 ARP 请求后，代理 HostA 在 1.1.2.0 网段发出 ARP 请求，解析 HostC 的 MAC

地址。

HostC 认为交换机向其发出了 ARP 请求，遂回应以 ARP 相应，通告自己的 MAC 地址 000F.E203.3333。交换机收到 ARP 响应后，也向 HostA 发送 ARP 响应，但通告的 MAC 地址是其连接到 1.1.1.0 网络的 VLAN1 接口的 MAC 地址 000F.E202.2222。这样在 HostA 的 ARP 表中会形成 IP 地址 1.1.2.3 与 MAC 地址 000F.E202.2222 的映射项，因此 HostA 实际上会将所有要发给 HostC 的数据包发送到交换机上，再由交换机转发给 HostC。

普通代理 ARP 的优点是，它可以只被应用在一个设备上（此时该设备的作用相当于网关），不会影响到网络中其他设备的路由表。普通代理 ARP 功能可以在 IP 主机没有配置默认网关或者 IP 主机没有任何路由能力的情况下使用。

处于同一网段内的主机，二层隔离但连接到设备的同一个三层接口，可以利用设备的本地代理 ARP 功能，通过三层转发实现互通。

本地代理 ARP 的应用场景如图 4-8 所示。图中为 Super VLAN 技术典型应用，HostA 和 HostB 分别属于 Sub VLAN2 和 Sub VLAN3，HostA 的 IP 地址为 1.1.1.1/24，HostB 的 IP 地址为 1.1.1.2/24，虽然 HostA 和 HostB 的 IP 地址在同一个网段，但它们分别属于不同的广播域，它们之间是互相隔离的。通过在 SWA 的 Super VLAN10 的三层接口上开启本地代理 ARP 功能，可以实现 HostA 和 HostB 的三层互通。

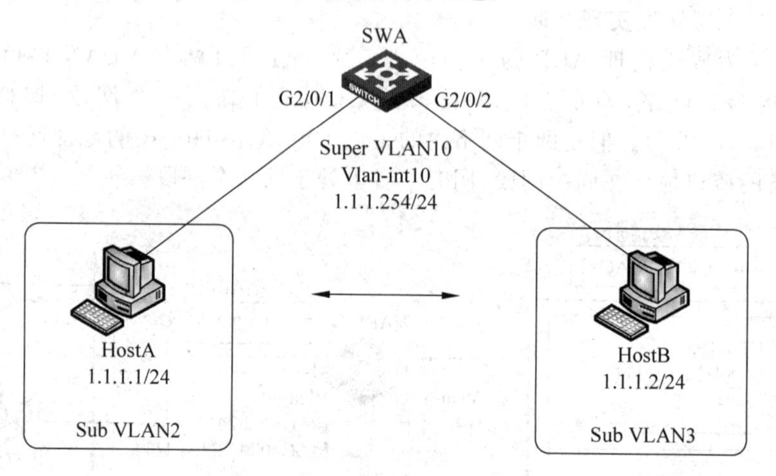

图 4-8 本地代理 ARP 应用场景

为了实现三层互通，在下面三种情况之一需要开启本地代理 ARP 功能：

(1) 连接到同一个 VLAN 不同二层隔离的端口下的设备要实现三层互通；

(2) 开启 Super VLAN 功能后，属于不同 Sub VLAN 下的设备要实现三层互通；

(3) 开启 Primary VLAN 功能后，属于不同 Secondary VLAN 下的设备要实现三层互通。

4.3.3 Sub VLAN 的通信

Super VLAN 的三层接口上开启本地代理 ARP 功能，Sub VLAN 内的主机是如何实现三层互通的呢？图 4-9 所示为 Sub VLAN 间的三层互通转发模型。图中，PCA 的 IP 地址为 10.1.1.2/24，PCB 的 IP 地址为 10.1.1.3/24，分别属于 Sub VLAN2 和 Sub VLAN3；Super VLAN10 接口的 IP 地址为 10.1.1.1/24；PCA 和 PCB 的网关都为 10.1.1.1。

假设 PCA 需要发送报文给 PCB，PCA 发现目的 IP 地址和自己在同一网段，所以发送 ARP 请求，而 PCB 在 VLAN3 广播域内，并不能收到这个广播请求，所以，PCA 是不能及时收

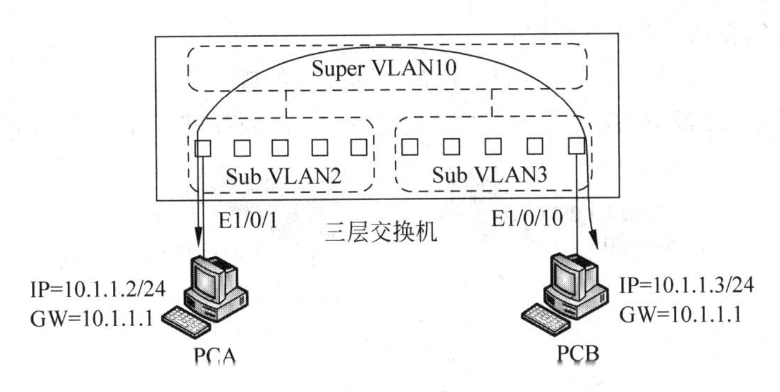

图 4-9 Sub VLAN 间的三层互通

到 PCB 的 ARP 应答的，但是，Super VLAN10 是可以收到这个 ARP 广播的。

Super VLAN10 的本地代理 ARP 所做的就是：当 PCA 在二层发出的 ARP 请求在其广播域内没有回应时，网关开始在路由表查找，发现下一跳为直连路由接口，则在 Sub VLAN3 内发送新的 ARP 请求 PCB 的 MAC 地址；得到 PCB 的回应后，Super VLAN10 就把自己接口对应的 MAC 地址当作 PCB 的 MAC 地址，在 Sub VLAN2 内给予 PCA 响应。之后，PCA 发送普通 IP 报文给 PCB 时，都通过 Super VLAN 接口进行正常的三层报文转发。

PCB 回送给 PCA 的报文转发过程和上述的 PCA 到 PCB 的流程类似。

了解了 Sub VLAN 间的三层互通过程，那么 Sub VLAN 与外部是如何实现二层通信的呢？Super VLAN 在向外部转发 Sub VLAN 的数据帧时会替换 Sub VLAN 的 VLAN 标签吗？

图 4-10 中，VLAN10 内根本不可能有携带 VLAN10 标签的数据帧发送到其他交换机，反之如果接收到来自于 Trunk 链路上 VLAN10 的数据帧，交换机也无法转发。所以在开启 Super VLAN 的交换机上，Trunk 链路将自动禁止 Super VLAN 的 VLAN 流量通过，从而避免不必要的处理。

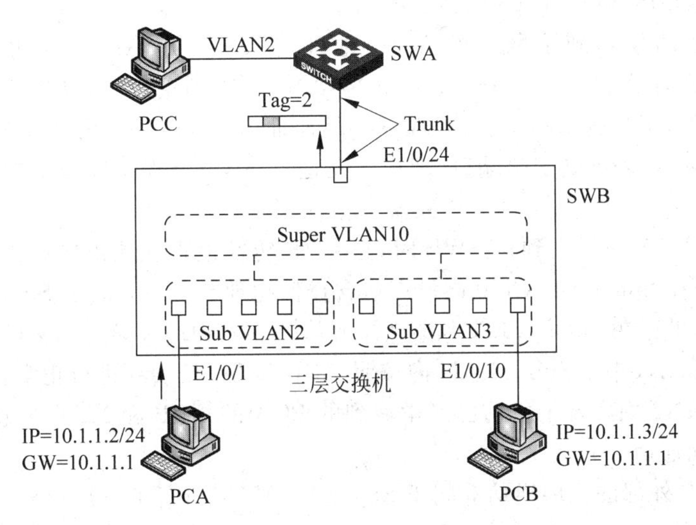

图 4-10 Sub VLAN 与外部的二层通信

在图 4-10 中，PCA 属于 SWB 的 VLAN2，PCC 属于 SWA 的 VLAN2，PCA 访问 PCC 时，从 SWB 的 E1/0/1 进入的数据帧会打上 VLAN2 的标签，在 SWB 中这个标签不会变为 VLAN10 的标签。SWB 把此数据帧从 Trunk 端口 E1/0/24 转发出去时，依然是 VLAN2 的数据帧。对于 SWA 而言，SWB 上有效的 VLAN 只有 VLAN2 和 VLAN3，从 PCC 返回的到

SWB 的数据帧可以在 VLAN2 中转发。

对于 Sub VLAN 与外部的三层通信又是如何进行的呢？

如图 4-11 所示，假设 PCA 需要和 PCC 互相通信，下面简述一下上下行报文的转发流程。

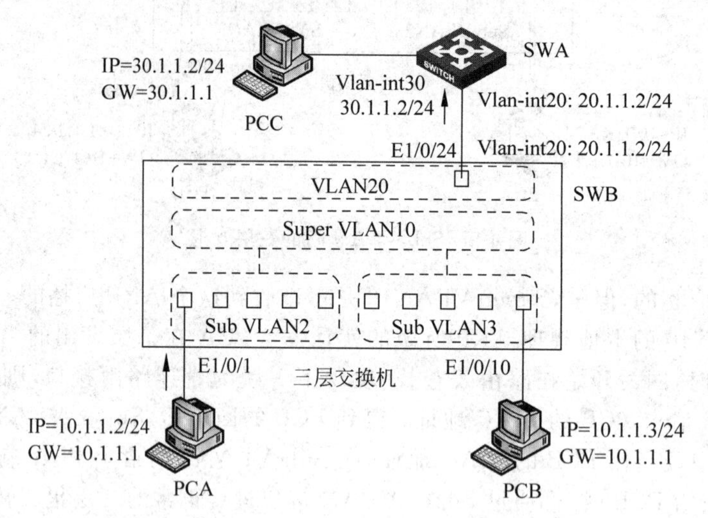

图 4-11 Sub VLAN 与外部的三层通信

PCA 需要发送 IP 报文到 PCC，PCA 检查发现 PCC 与自己属于不同的 IP 网段，所以需要将报文发送给自己的网关 Super VLAN10。因此 PCA 检查自己的网关 IP 地址和 MAC 地址信息，发现只有 IP 地址信息而无 MAC 地址信息，所以发送 ARP 报文请求网关的 MAC 地址。该报文在 Sub VLAN2 内发送并被 SWB 接收，SWB 并没有对应的 VLAN2 接口，但是它发现 Sub VLAN2 被映射到了 Super VLAN10，Super VLAN10 是可以提供三层服务的，所以交换机给予 ARP 响应并在 Sub VLAN2 内发送。

自此 PCA 成功学习到了网关的 MAC 地址，接下来，PCA 发送目的 MAC 为 Super VLAN10、目的 IP 为 30.1.1.2 的报文。Sub VLAN2 接收到报文后，检测到目的 MAC，知道应该进行三层转发，于是查找路由表，发现下一跳地址为 20.1.1.2，出接口为 VLAN20，并通过 ARP 表项和 MAC 表项确定出端口，把报文发送给 SWA，SWA 根据正常的转发流程把报文发送给 PCC。

PCC 返回给 PCA 的报文到达 SWB 时，正常 IP 转发检查发现出接口为 Super VLAN10 的三层接口，但是在 Super VLAN10 内没有包含任何物理端口。开启了 Super VLAN 的交换机始终注意到，如果存在 Super VLAN，那么需要从 Super VLAN 转发出去的报文都应该寻找其对应的 Sub VLAN，并在 Sub VLAN 内按照 ARP 和 MAC 表项进行正常转发。所以此处，SWB 在 Sub VLAN2 内发现了之前已经学习到的 PCA 的 ARP 和 MAC 信息，最终报文转发给 PCA，完成双向通信。

Sub VLAN 与外部的三层通信等同于 Super VLAN 到外部的三层通信。

4.3.4 Super VLAN 技术配置

Super VLAN 的配置可以按照如下 5 个步骤来完成。

(1) 配置 Sub VLAN。

(2) 配置 Super VLAN。

(3) 配置 Super VLAN 和 Sub VLAN 的映射。

(4) 配置 Super VLAN 接口的 IP 地址。

(5) 开启本地代理 ARP 功能。

默认情况下,用户创建的 VLAN 不是 Super VLAN 类型的 VLAN。在 VLAN 视图下,设置当前 VLAN 的类型为 Super VLAN,配置命令为:

```
supervlan
```

默认情况下,用户创建的 Super VLAN 和 Sub VLAN 没有任何映射关系,还需要在 VLAN 视图下建立 Super VLAN 和 Sub VLAN 的映射关系。配置命令为:

subvlan *vlan-list*

默认情况下,本地代理 ARP 功能关闭,为了让 Sub VLAN 之间互通,需要在 VLAN 接口视图下开启本地代理 ARP 功能。配置命令为:

```
local-proxy-arp enable
```

注意:

(1) 配置 Super VLAN 中包含的 Sub VLAN 前,Sub VLAN 必须已经创建。

(2) 在建立了 Sub VLAN 和 Super VLAN 的映射关系后,仍可以向 Sub VLAN 中添加和删除接口。

4.3.5 Super VLAN 技术配置示例

图 4-12 所示为 Super VLAN 技术配置示例。图中,PCA 和 PCB 分别属于 SWA 上的 VLAN2 和 VLAN3,是 Sub VLAN,SWA 上的 VLAN10 为 Super VLAN。

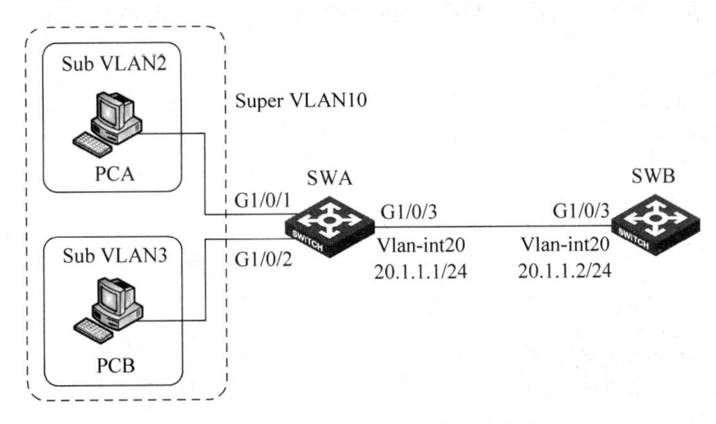

图 4-12 Super VLAN 技术配置示例

在 SWA 上创建 VLAN2、VLAN3、VLAN10 和 VLAN20,将 PCA 所连接的端口 GigabitEhernet1/0/1 添加到 VLAN2 中,将 PCB 所连接的端口 GigabitEhernet1/0/2 添加到 VLAN3 中,将 SWA 连接 SWB 的端口 GigabitEhernet1/0/3 添加到 VLAN20 中。设置 VLAN10 为 Super VLAN,配置 Super VLAN 和 Sub VLAN 间的映射关系。给 VLAN10 接口配置 IP 地址 10.1.1.1/24,给 VLAN20 接口配置 IP 地址 20.1.1.1/24。

在 SWB 上创建 VLAN20,将连接 SWA 的端口 G1/0/3 添加到 VLAN20 中,给 VLAN20 接口配置 IP 地址 20.1.1.2/24。

配置 SWA:

```
[SWA]vlan 2
[SWA-vlan2]port GigabitEthernet 1/0/1
```

```
[SWA-vlan2]quit
[SWA]vlan 3
[SWA-vlan3]port GigabitEthernet 1/0/2
[SWA-vlan3]quit
[SWA]vlan 10
[SWA-vlan10]supervlan
[SWA-vlan10]subvlan 2 3
[SWA-vlan10]quit
[SWA]interface Vlan-interface 10
[SWA-Vlan-interface10]ip address 10.1.1.1 255.255.255.0
[SWA-Vlan-interface10]local-proxy-arp enable
[SWA-Vlan-interface10]quit
[SWA]vlan 20
[SWA-vlan20]port GigabitEthernet 1/0/3
[SWA-vlan20]quit
[SWA]interface Vlan-interface 20
[SWA-Vlan-interface20]ip address 20.1.1.1 255.255.255.0
```

配置 SWB：

```
[SWB]vlan 20
[SWB-vlan20]port GigabitEthernet 0/0/3
[SWB-vlan20]quit
[SWB]interface Vlan-interface 20
[SWB-Vlan-interface20]ip address 20.1.1.2 255.255.255.0
[SWB-Vlan-interface20]quit
[SWB]ip route-static 0.0.0.0 0.0.0.0 20.1.1.1
```

配置完成后，在 SWA 上用命令查看 Super VLAN 和 Sub VLAN 之间的映射关系，如下所示：

```
[SWA]display supervlan
SuperVLAN ID: 10
SubVLAN ID: 2-3

VLAN ID: 10
VLAN Type: static
It is a Super VLAN.
Route Interface: configured
IP Address: 10.1.1.1
Subnet Mask: 255.255.255.0
Description: VLAN 0010
Name: VLAN 0010
Tagged Ports: none
Untagged Ports: none

VLAN ID: 2
VLAN Type: static
It is a Sub VLAN.
Route Interface: configured
IP Address: 10.1.1.1
Subnet Mask: 255.255.255.0
Description: VLAN 0002
Name: VLAN 0002
Tagged Ports: none
Untagged Ports:
GigabitEthernet1/0/1
```

```
VLAN ID: 3
VLAN Type: static
It is a Sub VLAN.
Route Interface: configured
IP Address: 10.1.1.1
Subnet Mask: 255.255.255.0
Description: VLAN 0003
Name: VLAN 0003
Tagged Ports: none
Untagged Ports:
GigabitEthernet1/0/2
```

从以上信息可知，VLAN10 是 Super VLAN，不包含任何端口；VLAN2 和 VLAN3 是 Sub VLAN，VLAN2 包含物理端口 GigabitEhernet1/0/1，VLAN3 包含物理端口 GigabitEhernet1/0/2；VLAN2 和 VLAN3 都以 VLAN10 接口的 IP 地址 10.1.1.1/24 为路由接口。

因为在 VLAN10 接口视图下开启了本地代理 ARP 功能，所以 PCA 与 PCB 是可以互通的，给 PCA 配置 IP 地址 10.1.1.2/24，给 PCB 配置 IP 地址 10.1.1.3/24，网关都配置为 10.1.1.1，在 PCA 上用 PING 命令测试与 PCB 互通，如下所示：

```
C:\Documents and Settings\Administrator>ping 10.1.1.3

Pinging 10.1.1.3 with 32 bytes of data:

Reply from 10.1.1.3: bytes=32 time=3ms TTL=127
Reply from 10.1.1.3: bytes=32 time<1ms TTL=127
Reply from 10.1.1.3: bytes=32 time<1ms TTL=127
Reply from 10.1.1.3: bytes=32 time<1ms TTL=127

Ping statistics for 10.1.1.3:
    Packets: Sent = 4, Received = 4, Lost = 0 (0% loss),
Approximate round trip times in milli-seconds:
    Minimum = 0ms, Maximum = 3ms, Average = 0ms
```

此时，在 PCA 用 Tracert 命令来查看从 PCA 传到 PCB(IP 地址为 10.1.1.3)所经过的路径，如下所示：

```
C:\Documents and Settings\Administrator>tracert 10.1.1.3

Tracing route to 10.1.1.3over a maximum of 30 hops:

  1     1 ms     1 ms     1 ms  10.1.1.1
  2    <1 ms    <1 ms    <1 ms  10.1.1.3

Trace complete.
```

从 Tracert 命令的输出信息可知，虽然 PCA 和 PCB 在同一网段，但 PCA 访问 PCB 时，需要经过两跳，第一跳为 VLAN10 接口 IP 地址，说明 PCA 和 PCB 三层互通需要 VLAN10 接口做三层转发。

因为 SWB 上配置了默认路由，PCA 与 SWB 是可以互通的，在 PCA 上用 PING 命令测试与 SWB 互通，如下所示：

```
C:\Documents and Settings\Administrator>ping 20.1.1.2

Pinging 20.1.1.2 with 32 bytes of data:
```

```
Reply from 20.1.1.2: bytes=32 time=2ms TTL=254
Reply from 20.1.1.2: bytes=32 time=1ms TTL=254
Reply from 20.1.1.2: bytes=32 time=1ms TTL=254
Reply from 20.1.1.2: bytes=32 time=1ms TTL=254

Ping statistics for 20.1.1.2:
    Packets: Sent = 4, Received = 4, Lost = 0 (0% loss),
Approximate round trip times in milli-seconds:
    Minimum = 1ms, Maximum = 2ms, Average = 1ms
```

4.4 本章总结

(1) Private VLAN 利用 Hybrid 端口转发特性和 MAC 地址同步原理,在节省 VLAN 资源的基础上实现用户的二层隔离。

(2) Super VLAN 对 VLAN 进行聚合,从而大幅缩减三层 VLAN 接口的数量,并利用本地代理 ARP 技术实现 Sub VLAN 间的三层互通。

4.5 习题和答案

4.5.1 习题

(1) 下面关于 Private VLAN 技术原理表述正确的是(　　)。

A. Private VLAN 技术是利用 Hybrid 类型端口的灵活性以及 VLAN 间的 MAC 地址同步技术来实现的

B. Secondary VLAN 之间二层帧互相隔离,没法互通

C. Secondary VLAN 之间三层报文互相隔离,没法互通

D. MAC 地址同步技术仅指当 MAC 地址学习到 Secondary VLAN 时,还需要将该 MAC 地址复制到 Primary VLAN 中,而出端口则保持不变

(2) 本地代理 ARP 可以应用在(　　)情况。

A. 属于同一 VLAN 但做了端口隔离的两台 PC 要实现三层互通

B. 处于同一网段的主机,当连接到设备的不同三层接口时,要通过三层转发实现互通

C. 开启 Super VLAN 功能后,属于不同 Sub VLAN 下的设备要实现三层互通

D. 开启 Primary VLAN 功能后,属于不同 Secondary VLAN 下的设备要实现三层互通

(3) 在 Super VLAN 技术中,Super VLAN 和 Sub VLAN 的关系是(　　)。

A. Super VLAN 只建立三层接口,而不包含物理端口

B. Super VLAN 是若干 Sub VLAN 的集合,并为 Sub VLAN 提供三层转发服务

C. Sub VLAN 只包含物理端口,但不能建立三层 VLAN 接口

D. Sub VLAN 与外部的三层交换是靠 Super VLAN 的接口来实现的

E. Super VLAN 的接口的 UP 状态不依赖于其自身物理端口的 UP,而是只要它所含的 Sub VLAN 中存在 UP 状态的物理端口

4.5.2 习题答案

(1) AB　　(2) ACD　　(3) ABCDE

第5章

VLAN 路 由

用 VLAN 分段，隔离了 VLAN 间的通信，用支持 VLAN 的路由器（三层设备）可以建立 VLAN 间的通信，但使用路由器来互联企业园区网中不同的 VLAN 是不能满足企业内部各部门之间较大业务数据流量通信需求的，因为可以使用三层交换来实现。

传统路由器的路由转发采用 CPU 进行逐包逐跳转发，交换机的三层转发采用专用芯片进行快速转发，效率大大超过路由器。本章将学习交换机的精确匹配和最长匹配转发原理，以及三层转发流程。

熟悉了交换机的三层转发原理，还需进一步掌握交换机 VLAN 路由的配置命令，才能够真正实现网络需求，组建基本的局域网。

交换机常用的 VLAN 路由的配置包括静态路由协议和 RIP、OSPF 等动态路由协议，这些路由协议的配置和路由器一样。

5.1 本章目标

学习完本课程，应该能够：

- 了解交换机的精确匹配转发原理；
- 掌握交换机的最长匹配转发原理；
- 掌握三层交换机的转发处理流程；
- 掌握三层交换机的路由配置，组建基本的局域网。

5.2 VLAN 路由的实现

5.2.1 VLAN 路由的产生

引入 VLAN 之后，每个交换机被划分成多个 VLAN，而每个 VLAN 对应一个 IP 网段，即 VLAN 技术将同一个 LAN 上的用户在逻辑上分成了多个虚拟局域网（VLAN），只有同一个 VLAN 的用户才能相互交换数据。

VLAN 隔离广播域，不同的 VLAN 之间是二层隔离的，即不同 VLAN 的主机发出的数据帧在交换机内部被隔离了。但是，我们建设网络的最终目的是要实现网络的互联互通，VLAN 技术是为了隔离广播报文、提高网络带宽的有效利用率而设计的，而并不是为了不让网络之间互通，所以 VLAN 间的通信成为人们关注的焦点。

如图 5-1 所示，图中交换机上划分了 VLAN10 和 VLAN20，VLAN 技术隔离了 VLAN10 和 VLAN20 内主机之间的广播报文，同时也制约了 VLAN10 和 VLAN20 内主机之间的通信需求。有没有相应的解决方案能使不同 VLAN 之间实现通信？

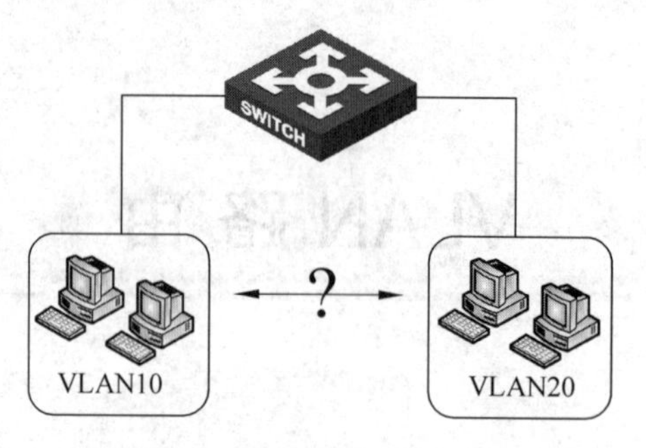

图 5-1 VLAN 间的通信需求

大家还记得路由器的功能吗？将二层交换机与路由器结合起来，使用 VLAN 间路由技术能够使不同的 VLAN 之间互通。

图 5-2 所示为用路由器实现 VLAN 间通信的模型图。图中，路由器分别使用 3 个以太网接口连接到交换机的 3 个不同 VLAN 中，主机的 IP 网关配置成路由器接口的 IP 地址。由路由器把 3 个 VLAN 连接起来，这就是 VLAN 间路由。

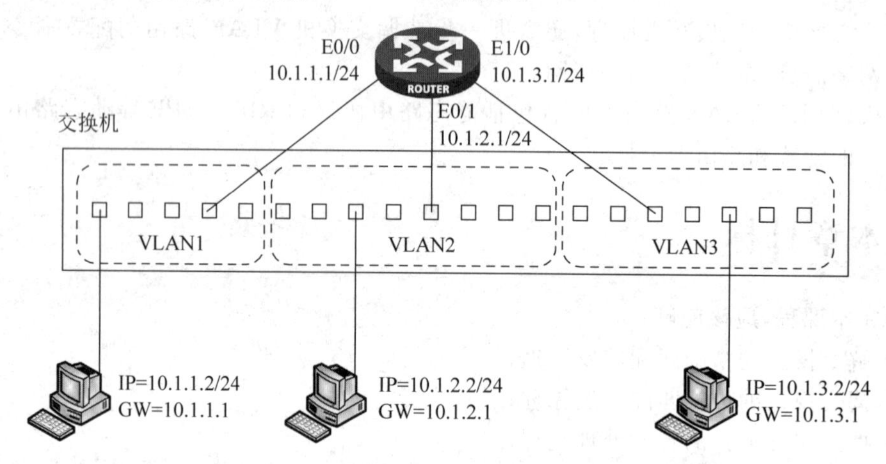

图 5-2 路由器实现 VLAN 间通信

因为主机与其网关处于同一个 VLAN 中，所以主机发出的数据帧能够到达网关，也就是相应的路由器接口。路由器接口将数据帧解封装，得到其中的 IP 报文后，查找路由表，转发到另外一个接口。另外一个接口连接到另外一个 VLAN，经过封装过程，将 IP 报文封装成数据帧，在另一个 VLAN 中发送。

但上述的 VLAN 间路由实现对路由器的接口数量要求较高，有多少个 VLAN，就需要路由器上有多少个接口，接口与 VLAN 之间一一对应。显然，如果交换机上 VLAN 数量较多时，路由器的接口数量较难满足要求。

5.2.2 用 IEEE 802.1Q 和子接口实现 VLAN 间路由

为了避免物理端口和线缆的浪费，简化连接方式，可以使用 IEEE 802.1Q 封装和子接口，通过一条物理链路实现 VLAN 间路由。这种方式也被形象地称为“单臂路由”。

交换机的端口链路类型有 Access 和 Trunk，其中 Access 链路仅允许一个 VLAN 的数据帧通过，而 Trunk 链路能够允许多个 VLAN 的数据帧通过。“单臂路由”正是利用 Trunk 链路允许多个 VLAN 的数据帧通过而实现的。

图 5-3 所示为用 IEEE 802.1Q 和子接口实现 VLAN 间路由的模型图。图中 HostA、HostB 和 HostC 分别属于 VLAN1、VLAN2 和 VLAN3。交换机通过 IEEE 802.1Q 封装的 Trunk 链路连接到路由器的千兆以太口 G0/0 上。在路由器上则为 G0/0 配置了子接口，每个子接口配置了属于相应 VLAN 网段的 IP 地址，并且配置了相应 VLAN 的标签值，以允许对应的 VLAN 数据帧通过。

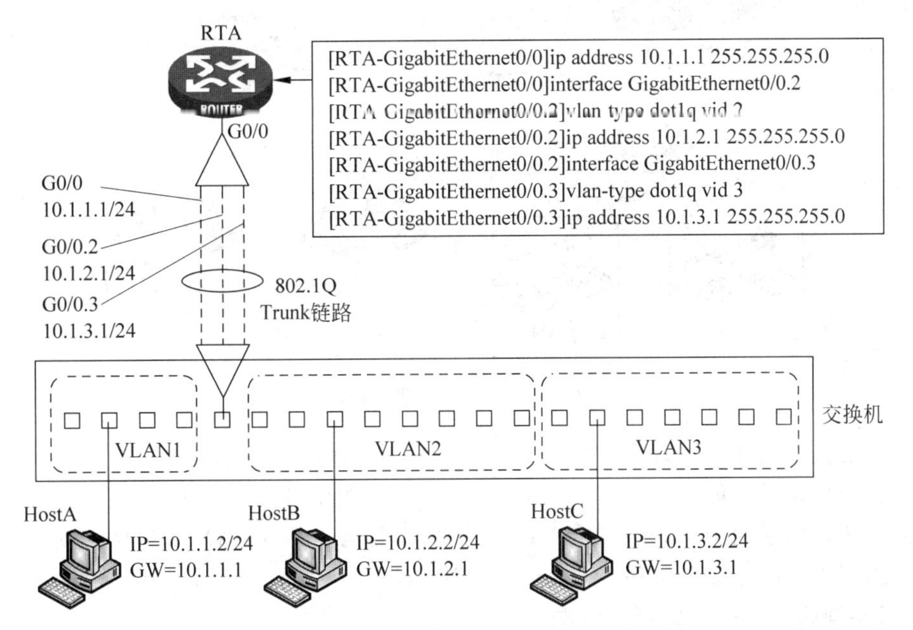

图 5-3 用 802.1Q 和子接口实现 VLAN 间路由

当 HostB 向 HostC 发送 IP 包时，该 IP 包首先被封装成带有 VLAN 标签的数据帧，帧中的 VLAN 标签值为 2，然后通过 Trunk 链路发送给路由器。路由器收到此帧后，因为子接口 G0/0.2 所配置的 VLAN 标签值是 2，所以把相关数据帧交给子接口 G0/0.2 处理。路由器查找路由表，发现 HostC 处于子接口 G0/0.3 所在网段，因而将此数据包封装成数据帧从子接口 G0/0.3 发出，帧中携带的 VLAN 标签为 3，表示此为 VLAN3 数据。此帧到达交换机后，交换机即可将其转发给 HostC。

当 HostB 向 HostA 发送 IP 包时，该 IP 包首先被封装成带有 VLAN 标签的数据帧，帧中的 VLAN 标签值为 2，然后通过 Trunk 链路发送给路由器。路由器收到此帧后，因为子接口 G0/0.2 所配置的 VLAN 标签值是 2，所以把相关数据帧交给子接口 G0/0.2 处理。路由器查找路由表，发现 HostA 处于接口 G0/0 所在网段，因而将此数据包封装成数据帧从接口 G0/0 发出，发送时不加 802.1Q 标记。由于交换机默认 PVID 值为 1，此帧到达交换机后，交换机认为此帧为 VLAN1 数据，即可将其转发给 HostA。

在这种 VLAN 间路由方式下，无论交换机上有多少个 VLAN，路由器只需要一个物理接口就可以了，从而大大节省了物理端口和线缆的浪费。在配置这种 VLAN 路由时，要注意因 Trunk 链路需承载所有 VLAN 间路由数据，因此通常应选择带宽较高的链路作为交换机和路由器相连的链路。

5.2.3 三层交换机的 VLAN 路由

采用“单臂路由”方式进行 VLAN 间路由时，数据帧需要在 Trunk 链路上往返发送，从而引入了一定的转发延迟；同时，路由器是软件转发 IP 报文的，如果 VLAN 间路由数据量较大，会消耗路由器大量的 CPU 和内存资源，造成转发性能的瓶颈。

二层交换机和路由器在功能上的集成产生了三层交换机，三层交换机通过内置的三层路由转发引擎在 VLAN 间进行路由转发，从而解决上述问题，如图 5-4 所示。

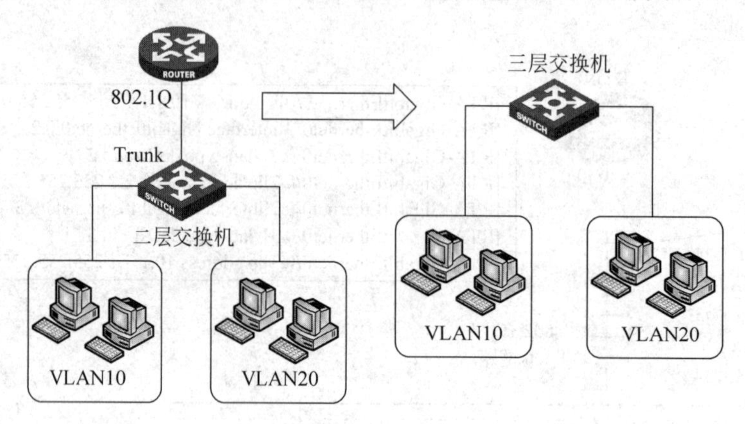

图 5-4　三层交换机的产生

三层交换机在功能上实现了 VLAN 的划分、VLAN 内部的二层交换和 VLAN 间路由的功能。二层交换机的功能和路由器的功能，在三层交换机中分别体现为二层 VLAN 转发引擎和三层路由转发引擎两个部分。二层 VLAN 转发引擎与支持 VLAN 的二层交换机的二层转发引擎是相同的，是用硬件支持 VLAN 内的快速二层转发；三层路由转发引擎使用硬件 ASIC 技术实现跨网段的三层路由转发。

在使用二层交换机和路由器的组网中，每个需要与其他 IP 网段（VLAN）通信的 IP 网段（VLAN）都需要使用一个路由器接口做网关。三层交换机的应用也同样符合 IP 的组网模型，三层路由转发引擎就相当于传统组网中的路由器的功能。

图 5-5 所示为三层交换机的内部示意图。图中，三层交换机的系统为每个 VLAN 创建一个虚拟的三层 VLAN 接口，用来做 VLAN 内主机的网关，这个接口像路由器接口一样工作，接收和转发 IP 报文。三层 VLAN 接口连接到三层路由转发引擎上，通过转发引擎在三层 VLAN 接口间转发数据。

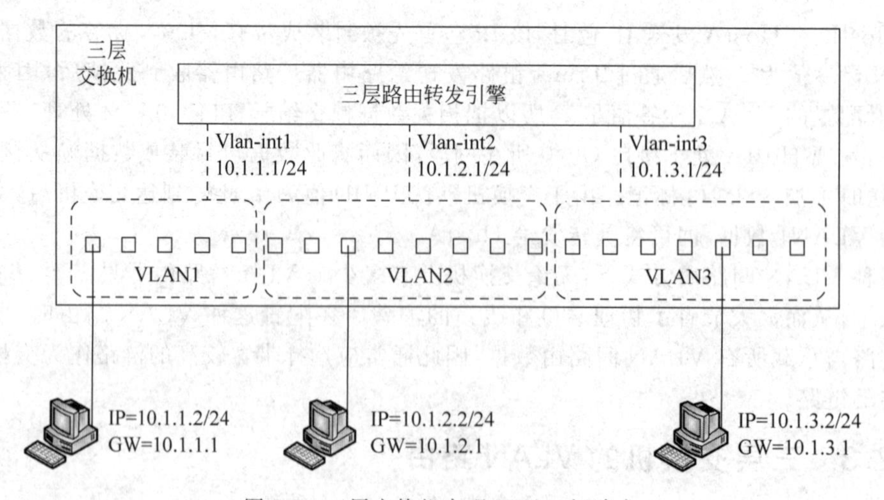

图 5-5　三层交换机实现 VLAN 间路由

对于管理员来说，只需要为三层VLAN接口配置相应的IP地址，即可实现VLAN间路由功能。

由于硬件实现的三层路由转发引擎速度高，吞吐量大，而且避免了外部物理连接带来的延迟和不稳定性，因此三层交换机的路由转发性能高于路由器实现的VLAN间路由。

5.3 交换机转发机制

5.3.1 最长匹配转发模型

路由器的路由转发是根据报文的目的地址，与路由表进行匹配操作。匹配的动作是用报文目的地址与路由表项的子网掩码进行"与"操作，如果"与"操作的结果和路由表项中网络地址相同，则认为路由匹配。所有匹配项中子网掩码位数最长的为最佳匹配项，报文从该表项对应接口发送；如果找不到匹配项，则根据默认路由0.0.0.0/0进行转发；如果没有默认路由则报文被丢弃。

上述这种路由选路过程称为LPM(Longest-Prefix Match，最长匹配)。路由表是根据直连、静态配置和动态路由协议生成的。路由器的路由转发主要依靠CPU进行，对每个数据包都需要通过CPU系统进行路由查找、封装，最后转发，整体处理效率比较低。

在传统的三层路由技术中，每一个报文都要经历OSI参考模型的第三层处理，并且业务流转发是基于第三层地址的。待转发的数据，都要被上送到CPU，CPU进程解析每个数据包的目的IP地址，查找路由表，并根据最长匹配原则选择相应的路由表项，进行报文的转发。

图5-6演示了传统的三层路由技术最长匹配转发过程。图中，PCA发送数据到PCB，RTA接收到PCA发送的数据比特流后，辨认出数据帧并检查该帧，确定被携带的网络层数据类型，然后去掉链路层帧头，得到网络层包。网络层路由转发进程检查包头以决定目的地址所在网段，然后通过查找路由转发信息获取相应输出接口及下一跳的路由器RTB。输出接口的链路层为该包加上链路层帧头，封装成数据帧并发送到RTB。

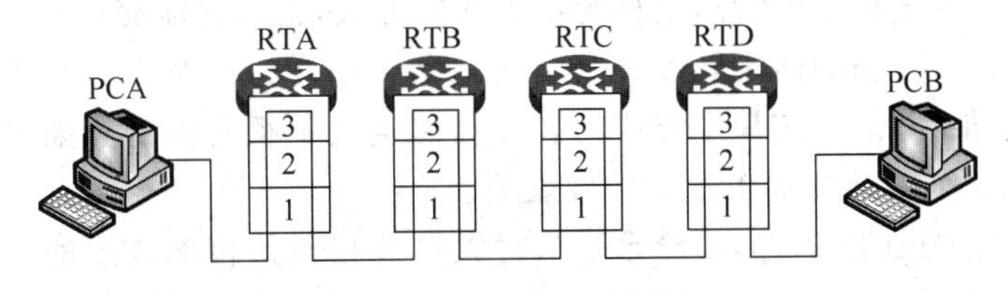

图5-6 最长匹配转发模型

在随后的转发过程中，包在每一跳路由器都经历这一过程，直至包到达路由器RTD。RTD在查找路由转发信息时发现目的主机PCB与自己处于同一链路上，随即将包封装成目的网络的链路层数据帧，发送给相应的目的主机PCB。对于后续的每一个报文的转发，都要经过这样的一个过程。这样的转发方式极大地占用了CPU资源，转发效率比较低。

5.3.2 交换机精确匹配转发

三层交换机内部的两大部分是ASIC芯片和CPU，ASIC芯片完成主要的二/三层转发功能，内部包含用于二层转发的MAC地址表以及用于三层转发的IPFDB表；CPU用于转发的控制，主要维护一些软件表项，包括软件路由表、软件ARP表等，并根据软件表项的转发信息来配置ASIC芯片的IPFDB。

从三层交换机的结构和各部分的作用可以看出,真正决定高速交换转发的是ASIC芯片中的二/三层硬件表项,而ASIC芯片的硬件表项来源于CPU维护的软件表项。

早期的三层交换机,其交换芯片多采用精确匹配的方式,它们的硬件三层表项中只包含具体的目的IP地址,并不带掩码信息。比如在转发目的IP地址为2.1.1.2的报文时,通过软件查找匹配了非直连路由2.1.1.0/24,那么就将2.1.1.2的转发信息添加到ASIC芯片的IPFDB表。如果继续来了目的IP地址为2.1.1.3的报文需要转发,则需要重新进行软件查找,并在ASIC芯片的IPFDB表中为2.1.1.3增加表项。

因此,通过多次地址学习,就可以把表项逐一加进来,这样后续的流量就可以直接查找IPFDB表,不需要通过CPU查找软件路由表。这就是三层交换机所谓的"一次路由,多次交换"。

图5-7演示了交换机路由技术中的精确匹配转发过程。图中,PCA发送数据到PCB,第一个报文的转发过程和路由器一样,SWA、SWB、SWC和SWD都将报文上传至网络层,通过CPU查找软件路由表,建立一个目的地址为2.1.1.2的转发表项,添加到ASIC芯片的IPFDB表中,并据此表项进行报文的转发。IPFDB表相当于一个"Cache",后续报文直接查找IPFDB表,按照之前建立的转发表项进行转发,即实现了一次路由多次转发。

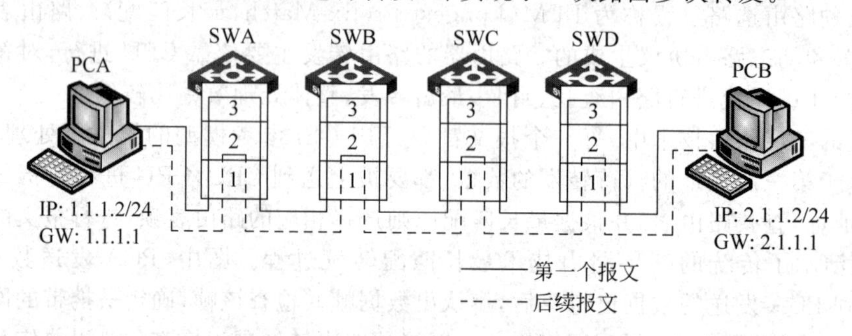

图5-7 交换机精确匹配转发模型

该转发方式极大地提升了报文转发效率,其中一个流的后续报文在选择路由的时候,匹配的是32位掩码的目的主机IP地址,故称为精确匹配方式,也称为流交换技术。

从实际应用角度看,精确匹配转发有一定的限制。这样的选路方式和表项结构对交换芯片的硬件资源要求很高,因为芯片中集成的表项存储空间是很有限的。如果要转发大量目的IP地址不同的报文,就需要添加大量的硬件表项。

曾经泛滥一时的冲击波病毒,就导致了当时大量的只支持精确匹配的三层交换机资源耗尽。因为冲击波病毒的手段之一就是发送巨大数量的网段扫描报文,而多数三层交换机都配置了默认路由,这样,所有的报文在CPU查找软件路由表时都能够找到匹配路由,进而针对每一个病毒报文的目的IP都需要新增硬件表项,并迅速将硬件资源占满。结果造成大部分用户的正常数据流由于转发资源耗尽而得不到高速处理。

精确匹配三层交换机整个处理流程中分成了如下三大部分。

(1) 平台软件协议栈部分:这部分中关键功能有运行路由协议,维护路由信息表,IP协议栈的功能。在整个系统的处理流程中,这部分担负着重要的功能,当硬件不能完成报文转发时,这部分可以代替硬件来完成报文的三层转发。

(2) 硬件处理流程:主要的表项有二层MAC地址表和三层的IPFDB(IP Forwarding Database,IP转发数据库)表,这两个表中用于保存转发信息,在转发信息比较全的情况下,报文的转发和处理全部由硬件来完成处理,不需要软件的干预。

(3) 驱动代码部分:其中关键的核心有地址解析任务和地址管理任务。地址解析任务对已经报上来未解析的地址进行学习，以便硬件完成后续的报文的转发而不需软件干预；地址管理任务为了便于软件管理和维护。软件部分保存了一份同硬件中转发表相同的FIB(Forwarding Information Base，转发信息库)表，这个表的信息来源于软件路由表。

三层交换机精确匹配转发表主要包含的表项如图5-8所示，其中IPFDB表来源于地址学习，FIB表来源于CPU维护的软件路由表。如果查找IPFDB失败，则继续查找FIB表，得到目的网段路由的下一跳和出接口等信息；如果查找FIB表失败，则上送CPU处理。

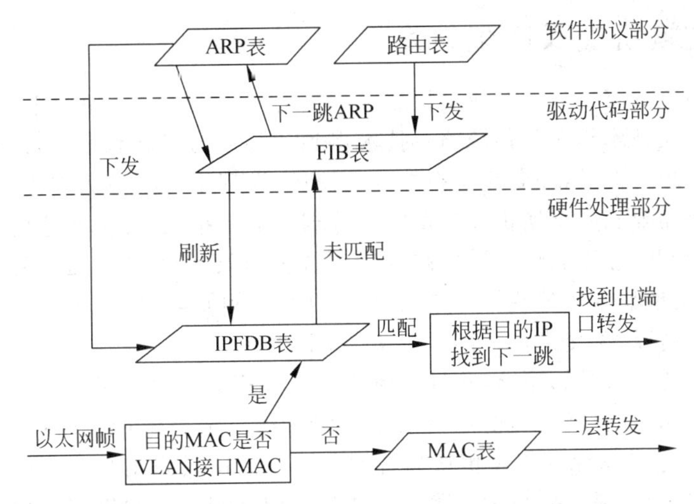

图5-8　交换机精确匹配转发表

精确匹配交换机三层转发主要由IPFDB表来完成，IPFDB表的地址学习过程为：获取目的IP地址，用该IP去查找FIB表，获得下一跳IP地址和出接口，并用该下一跳IP地址去查找ARP表获得其对应的MAC地址、出接口，从而将该IP地址及相关信息学习到IPFDB表中。

对于学习到的目的IP地址，交换机以一定数据结构存储在IPFDB表中。IPFDB表项中维护着报文三层转发的IP地址、端口号、下一跳对应的MAC地址。当交换机学习到转发过程所需的地址表项后，三层报文转发都将由硬件自动完成，无须软件处理。

FIB表支持最长匹配查找，而IPFDB表只支持精确匹配查找，可以认为IPFDB表项为从FIB表查到的下一跳IP地址加上下一跳IP地址在ARP表中对应的MAC地址和端口。可以看出FIB表中一个网段路由下如果有100台主机，就需要在IPFDB表中生成100条转发表项，这也是为什么在精确匹配交换机受到大量目的IP地址变化的报文攻击时，会出现IPFDB表满的原因。

交换机收到数据帧，先检查数据帧的VLAN属性，然后根据VLAN属性查找MAC地址表，交换机根据数据帧的目的MAC地址来判断是做二层转发还是三层转发。如果数据帧的目的MAC地址是本交换机的VLAN接口MAC地址，交换机查找IPFDB做三层转发；否则交换机查找MAC地址表做VLAN内二层转发。

以下是精确匹配方式交换机进行三层IP单播转发的简要步骤。

(1) 在交换机做三层转发时，首先以目的IP地址查找IPFDB表，如果查找成功，进行下一步处理；否则转步骤(3)以最长地址匹配查找FIB表。

(2) 根据目的IP地址找到下一跳，最后根据下一跳找到目的MAC地址和出端口进行转发。

(3) 查找 FIB 表,如果查找成功,再查询 ARP 表,获得下一跳的 MAC 地址和出端口,并刷新 IPFDB 表,进行下一步处理;否则转步骤(5)上送 CPU 处理。

(4) 查找 IPFDB 表,然后根据目的 IP 地址找到下一跳,最后根据下一跳找到目的 MAC 地址和出端口进行转发。

(5) CPU 查找软件路由表,如查找成功并且也查找到下一跳的 ARP 表,则刷新 FIB 表,FIB 表再刷新 IPFDB,转步骤(4)处理;否则丢弃。

5.3.3 交换机最长匹配转发

在前面谈到传统的路由技术和流交换技术,并且从转发处理方式的不同进行了对比分析,我们已经发现流交换技术相对于传统路由技术得到了很大的提高和改进,以便适应局域网中高速三层交换的需求。但是,随着流交换技术的使用,发现了一个较为严重的问题,流交换技术转发的基础就是需要三层交换机处理每一个数据流的首报文,并为每个流创建一条快速转发的路径。然而 ASIC 芯片的快速转发路径表项数量的限制和 CPU 处理数据流首报文的能力限制,导致了流交换技术在某些特定的场合不能胜任,例如某些攻击导致数据流频繁变化以及数据流非常多的情况,流交换技术都不能满足实际需求。

为了解决上述特殊情况的需求,并且不降低网络转发速率,人们想到了结合三层路由的最长匹配算法和流交换的硬件转发优点,开发了一种能够完成路由最长匹配查找算法的 ASIC 芯片,并且在 ASIC 芯片中保存着和传统软件路由表一致的转发信息。这样它既能够通过硬件实现快速查找,又能大幅度减小转发路径的数量。因为很多个数据流(例如目的 IP 在同一个网段的所有数据流)可以共享同一个三层转发路径。

所以,后期的三层交换机增加了对最长匹配方式的支持,即硬件三层表项中可同时包含 IP 地址和掩码,在查找时遵循最长匹配原则。三层交换机的三层转发是基于硬件来实现的,最长匹配方式的三层交换机即使在加载大量路由、网络路由频繁波动、网络蠕虫极其严重的情况下,仍然能保证 IP 报文的线速转发,因而可以保障正常业务的运行。

图 5-9 演示了交换机路由技术中的最长匹配转发过程。图中,PCA 发送数据到 PCB,每一个报文都要经历 OSI 参考模型的第三层处理,待转发的数据,都要查找每一台交换机的硬件三层表项,并根据最长匹配原则选择相应的路由表项,进行报文的转发。对于后续的每一个报文的转发,都要经过这样的一个过程。

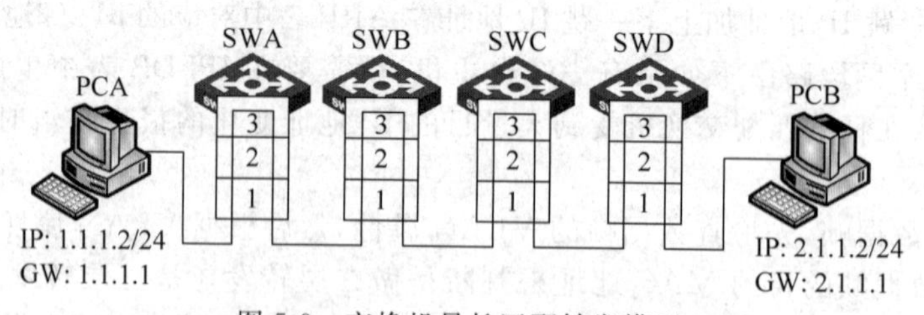

图 5-9 交换机最长匹配转发模型

最长匹配三层交换机整个处理流程中也分成了如下三大部分。

(1)平台软件协议栈部分:这部分中关键功能有运行路由协议、维护路由信息表、IP 协议栈的功能。在整个系统的处理流程中,这部分担负着重要的功能,当硬件不能完成报文转发时,这部分可以代替硬件来完成报文的三层转发。

(2) 硬件处理流程:主要的表项有二层 MAC 地址表、L3 Table 和 DEF_IP 表,这 3 个表中用于保存转发信息,在转发信息比较全的情况下,报文的转发和处理全部由硬件来完成处理，不需要软件的干预。

(3) 驱动代码部分：将软件平台维护的ARP和FIB表的转发信息转化成硬件格式并下发。

三层交换机最长匹配转发表主要包含的表项如图5-10所示，其中有别于精确匹配转发的表项为L3 Table和DEF_IP表。

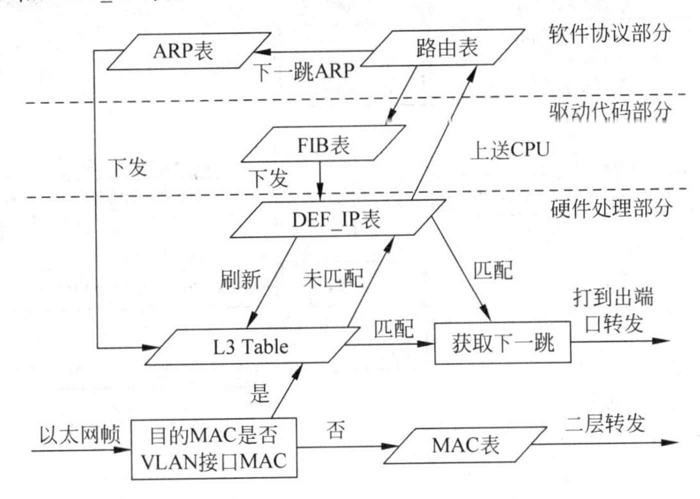

图5-10 交换机最长匹配转发表

L3Table获取用于跨网段报文下一跳的目的MAC地址，来源于ARP表和DEF_IP表，每个表项包含目的IP地址，对应的目的MAC地址、路由接口、出端口等信息。

DEF_IP表即交换机最长地址硬件匹配表，由CPU根据软件路由表来维护。如果查找L3 Table失败，则继续查找本表，得到目的网段路由的下一跳和出接口等信息；如果查找失败，则丢弃报文并由CPU确定是否发送ICMP不可达消息。

交换机收到数据帧，先检查数据帧的VLAN属性，然后根据VLAN属性查找MAC地址表，交换机根据数据帧的目的MAC地址来判断是做二层转发还是三层转发。如果数据帧的目的MAC地址是本交换机的VLAN接口MAC地址，交换机查找L3 Table做三层转发；否则交换机查找MAC地址表做VLAN内二层转发。

以下是最长匹配方式交换机进行三层IP单播转发的简要步骤。

(1) 在交换机做三层转发时，首先以目的IP地址查找L3 Table，如果查找成功，进行下一步处理；否则转步骤(3)以最长地址匹配查找DEF_IP表。

(2) 根据目的IP地址找到下一跳，最后根据下一跳找到目的MAC地址和出端口进行转发。

(3) 查找DEF_IP表，由芯片保证最长匹配的实现。如果查找成功，获得出端口、下一跳信息，并封装、转发报文；如果查找失败，丢弃报文并由CPU确定是否发送ICMP不可达消息。

5.4 本地三层转发流程介绍

图5-11所示，对于三层交换机来说，这两台PC都位于它的直连网段内，它们的IP对应的路由都是直连路由。假设起初交换机还未建立任何硬件转发表项，PCA和PCB的MAC地址表也为空，从PCA PING PCB，整个通信过程如下。

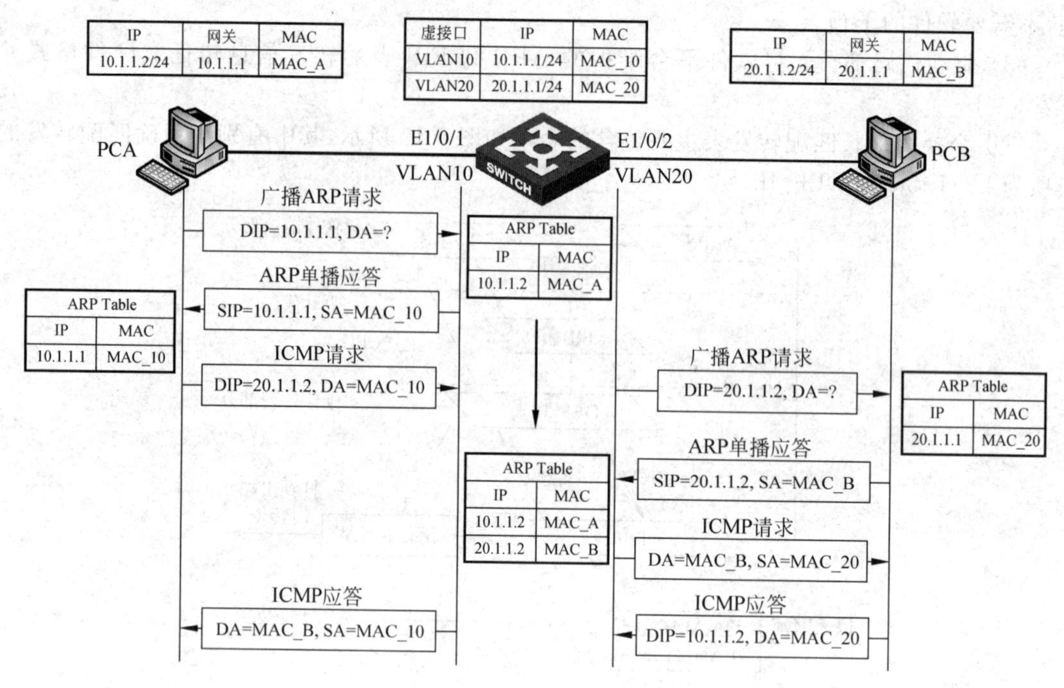

图 5-11 直连 VLAN 间流量转发

(1) PCA 首先检查出目的 IP 地址 20.1.1.2(PCB)与自己不在同一网段，则进行三层转发，通过网关来转发报文。

(2) PCA 检查 ARP 表，发现网关不在 ARP 表中。

(3) PCA 向网关发送 ARP 请求，请求内容为 IP 地址 10.1.1.1 对应的 MAC 地址。

(4) 交换机收到 PCA 的 ARP 请求后，检查 ARP 请求报文，发现被请求 IP 是自己的 VLAN10 接口的 IP 地址，因此发送 ARP 应答，并将自己 VLAN10 接口的 MAC 地址 MAC_10 包含在其中。同时它还会把 PCA 的 IP 地址与 MAC 地址的对应关系记录到自己的 ARP 表项中去，因为 PCA 的 ARP 请求报文中包含了发送者的 IP 和 MAC。

(5) PCA 收到 ARP 应答报文后，学习到交换机 VLAN10 接口的 MAC 地址 MAC_10。

(6) PCA 发送 ICMP 请求报文，报文的目的 IP 地址为 20.1.1.2，目的 MAC 地址为 MAC_10。

(7) 交换机接收到 ICMP 请求报文后，首先根据报文的源 MAC＋VLAN ID 更新 MAC 地址表，然后根据报文的目的 MAC＋VLAN ID 查找 MAC 地址表，发现匹配了自己 VLAN10 接口的 MAC 地址，判断该报文为三层转发报文。

(8) 交换机根据报文的目的 IP 地址 20.1.1.2 去查找其三层转发表项，由于之前未建立任何表项，因此查找失败，于是将报文送到 CPU 去进行软件处理。

(9) CPU 根据报文的目的 IP 地址去查找其软件路由表，发现匹配了一个直连网段(PCB 对应的网段)，于是继续查找其软件 ARP 表，仍然查找失败。然后交换机会在目的网段对应的 VLAN20 的所有端口发送 ARP 请求，请求报文的源 MAC 地址为 MAC_20，源 IP 地址为 20.1.1.1，目的 IP 地址为 20.1.1.2。

(10) PCB 收到交换机发送的 ARP 请求后，检查发现被请求 IP 是自己的 IP，因此发送 ARP 应答，并将自己的 MAC 地址 MAC_B 包含在其中。同时，将交换机 VLAN20 接口的 IP 地址与 MAC 地址的对应关系记录到自己的 ARP 表中。

(11) 交换机收到 PCB 的 ARP 应答后，将 PCB 的 IP 地址和 MAC 地址对应关系记录到自己的 ARP 表中，并将 PCA 的 ICMP 请求报文发送给 PCB，报文的目的 MAC 地址修改为 PCB 的 MAC 地址 MAC_B，源 MAC 修改为自己的 VLAN20 接口的 MAC 地址 MAC_20。同时，交换机在交换芯片的三层转发表项中根据刚得到的三层转发信息添加表项（内容包括 IP、MAC、出口 VLAN、出端口），这样后续的 PCA 发往 PCB 的报文就可以通过该硬件三层表项直接转发了。

（12）PCB 收到交换机转发过来的 ICMP 请求报文以后，回应 ICMP 应答给交换机。ICMP 应答报文的转发过程与前面类似，只是由于交换机在之前已经得到 PCA 的 IP 地址和 MAC 地址对应关系了，也同时在交换芯片中添加了相关三层转发表项，因此这个报文直接由交换芯片硬件转发给 PCA。

（13）这样，后续的往返报文都经过查 MAC 表、查三层转发表的过程，由交换芯片直接进行硬件转发了。这也就是我们经常说的“一次路由，多次交换”。

5.5 跨设备三层转发流程介绍

图 5-12 所示为跨设备 VLAN 间流量转发过程，图中，PCA 和 PCB 通过两台三层交换机互连，它们位于不同的 VLAN，图中也标明了两台 PC 的 IP 地址、网关和 MAC 地址，以及两台三层交换机不同 VLAN 接口的 MAC 地址和 IP 地址。

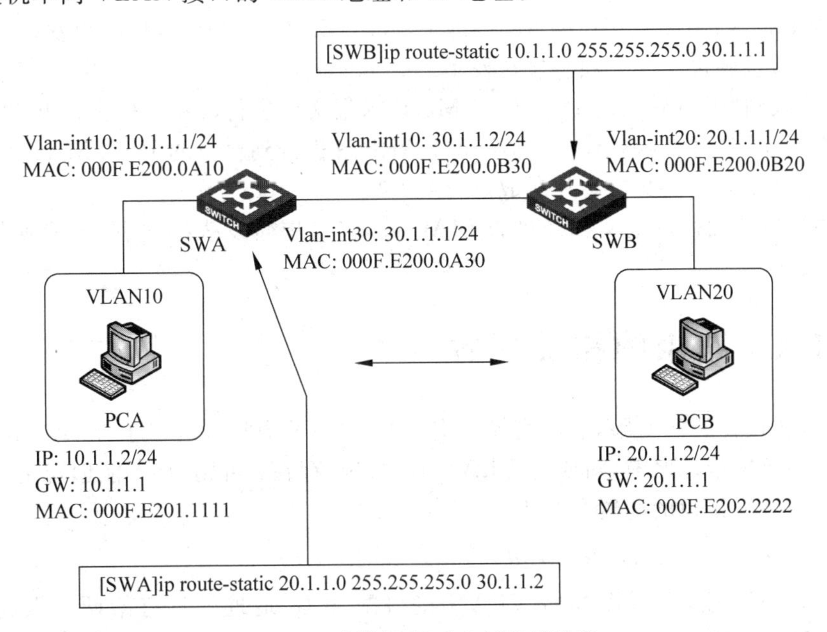

图 5-12 跨设备 VLAN 间流量转发

假设 SWA 上配置了路由 ip route-static 20. 1. 1. 0 255. 255. 255. 0 30. 1. 1. 2；SWB 上配置了路由 ip route-static 10. 1. 1. 0 255. 255. 255. 0 30. 1. 1. 1。这种情况下的转发过程与“直连 VLAN 间流量转发”情况是类似的。下面的流程讲解中将省略部分前面已经分析过的细节内容。当 PCA 向 PCB 时发 PING 包时，整个通信过程如下。

（1）PCA 首先检查出目的 IP 地址 20. 1. 1. 2（PCB）与自己不在同一网段，因此它通过 ARP 解析得到网关地址 10. 1. 1. 1 对应的 MAC 地址 000F. E200. 0A10。然后，PCA 封装 ICMP 报文并发送，报文的目的 MAC＝000F. E200. 0A10、源 MAC＝000F. E201. 1111、目的 IP＝20. 1. 1. 2、源 IP＝10. 1. 1. 2。

(2) SWA交换机接收到ICMP请求报文后,首先根据报文的源MAC+VLAN ID更新MAC地址表,然后根据报文的目的MAC+VLAN ID查找MAC地址表,发现匹配了自己VLAN10接口的MAC地址表项,判断该报文为三层转发报文。

(3) SWA根据报文的目的IP地址20.1.1.2去查找其三层转发表项,由于之前未建立任何表项,因此查找失败,于是将报文送到CPU去进行软件处理。

(4) CPU根据报文的目的IP地址去查找其软件路由表,发现匹配路由20.1.1.0/24,其下一跳IP地址为30.1.1.2,于是继续查找30.1.1.2是否有对应的ARP,仍然查找失败。然后SWA在下一跳地址对应的VLAN30内发起ARP请求,并得到SWB的回应,从而得到SWB的VLAN30接口的IP地址和MAC地址的对应关系。

(5) SWA将PCA发出的ICMP请求报文转发给SWB,报文的目的MAC地址修改为000F.E200.0B30,源MAC地址修改为自己的VLAN30接口的MAC地址000F.E200.0A30。同时,SWA将刚刚用的转发信息添加到交换芯片的三层转发表中,包括匹配的网段20.1.1.0/24、下一跳地址的MAC地址、出口VLAN、出端口。这样后续发往20.1.1.2的报文就可以通过该硬件三层表项直接转发了。

(6) SWB收到报文后,与"直连VLAN间流量转发"中的处理类似,经过查MAC表、查三层转发表、送CPU匹配直连路由、ARP解析、转发报文同时添加硬件表项的过程,将报文转发给PCB,此时报文的目的MAC地址修改为PCB的MAC地址000F.E202.2222,源MAC地址修改为SWB的VLAN20接口的MAC地址000F.E200.0B20。这样后续发往20.1.1.2的报文就可以通过该硬件三层表项直接转发了。

(7) PCB收到SWB转发的PCA的ICMP请求报文后进行应答。由于在ICMP请求报文转发过程中,每个网段的两端节点都已经通过ARP解析得到对方的IP和MAC对应关系,因此应答报文的转发完全由交换芯片完成。

(8) 这样,后续的往返报文都经过查MAC表、查三层转发表的过程,由交换机芯片直接进行硬件转发。

5.6 VLAN路由的相关配置

由于交换机硬件资源所限,一般交换机支持的VLAN数量远远多于VLAN接口数量。

在创建VLAN接口之前,对应的VLAN必须已经存在;否则,将不能创建指定的VLAN接口。创建VLAN接口的配置命令为:

```
interface vlan-interface vlan-interface-id
```

创建了VLAN接口后,需要给VLAN接口配置IP地址。只有给两个及两个以上的VLAN接口配置了IP地址,交换机才具有三层路由转发功能。

```
ip address ip-address {mask|mask-length} [sub]
```

一般情况下,一个接口配置一个IP地址即可,但为了使交换机的一个VLAN可以与多个子网相连,VLAN接口可以配置多个IP地址,其中一个为主IP地址,其余为从IP地址,可配置9个从IP地址。主从地址的配置关系介绍如下。

- 当配置主IP地址时,如果接口上已经有主IP地址,则原主IP地址被新配置的地址取代。
- 在删除主IP地址之前必须先删除从IP地址。

静态路由是一种特殊的路由,由管理员手动配置;配置静态路由后,去往指定目的地的数据报文将按照管理员指定的路径进行转发。在组网结构比较简单的网络中,只需配置静态路由就可以实现网络互通。

静态路由的配置在系统视图下进行,配置命令为:

ip route-static *dest-address* {*mask* | *mask-length*} {*next-hop-address* | *interface-type interface-number next-hop-address*}[preference *preference-value*]

其中各参数的解释如下。

- *dest-address*:静态路由的目的 IP 地址,点分十进制格式。
- *mask*:IP 地址的掩码,点分十进制格式。
- *mask-length*:掩码长度,取值范围为 0~32。
- *next-hop-address*:指定路由的下一跳的 IP 地址,点分十进制格式。
- *interface-type interface-number*:指定静态路由的出接口类型和接口号。
- preference *preference-value*:指定静态路由的优先级,取值范围为 1~255,默认值为 60。

在配置静态路由时,建议不要直接指定广播类型接口作接口(如三层以太网接口、VLAN 接口等)。因为广播类型的接口,会导致出现多个下一跳,无法唯一确定下一跳。在某些特殊应用中,如果必须配置广播接口(如三层以太网接口、VLAN 接口等)为出接口,则必须同时指定其对应的下一跳地址。

通过对静态路由优先级(Preference)进行配置,可以灵活应用路由管理策略。如在配置到达相同网络目的地的多条路由时,若指定相同优先级,可实现负载分担;若指定不同优先级,则可实现路由备份。

如果到达某个指定网络的数据报文在交换机的路由表里找不到对应的表项,那么该报文将被交换机丢弃。给当前交换机配置一条默认路由后,如果报文的目的地址不能与路由表的任何表项相匹配,那么该报文将选取默认路由;如果没有默认路由且报文的目的地不在路由表中,那么该报文将被丢弃,将向源端返回一个 ICMP 报文报告该目的地址或网络不可达。

在交换机上合理配置默认路由能够减少路由表中的表项数量,节省路由表空间,加快路由匹配速度。默认路由可以手动配置,也可以由某些动态路由协议生成,如 OSPF、IS-IS 和 RIP。

默认路由是静态路由的一个特例,在使用 ip route-static 配置静态路由时,如果将目的地址与掩码配置为全零(0.0.0.0/0.0.0.0),则表示配置的是默认路由。

图 5-13 所示为交换机静态路由配置示例。图中,PCA、PCB 和 PCC 分别连接到 SWA、SWB 和 SWC 上,图中也标明了 3 台 PC 的 IP 地址、网关和 3 台三层交换机不同 VLAN 接口的 IP 地址。

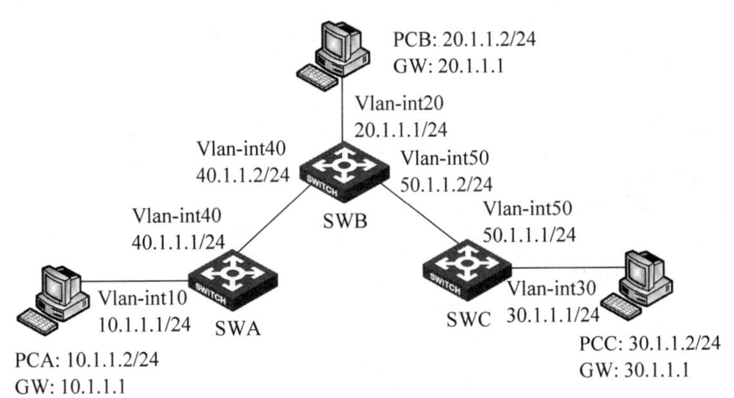

图 5-13 交换机静态路由配置

在SWA、SWB和SWC上配置静态路由后，PC之间可以实现互通。

配置SWA：

```
[SWA]ip route-static 0.0.0.0 0.0.0.0 40.1.1.2
```

配置SWB：

```
[SWB]ip route-static 10.1.1.0 255.255.255.0 40.1.1.1
[SWB]ip route-static 30.1.1.0 255.255.255.0 50.1.1.1
```

配置SWC：

```
[SWC]ip route-static 0.0.0.0 0.0.0.0 50.1.1.2
```

配置静态路由时，需要注意下一跳地址不能为本地接口IP地址，否则路由不会生效。

交换机动态路由协议配置和路由器一样，此处以RIP配置为例来了解一下交换机的动态路由协议配置。

图5-14所示为RIP多进程配置示例，使用RIPv2，并关闭RIPv2自动路由聚合功能。交换机上VLAN10接口、VLAN20接口和VLAN40接口在进程100中开启RIP功能，VLAN30接口和VLAN50接口在进程200中开启RIP功能。为了能够让RIP进程100和RIP进程200之间路由互通，需要配置RIP进程100引入直连路由和RIP进程200的路由，同理，RIP进程200引入直连路由和RIP进程100的路由。

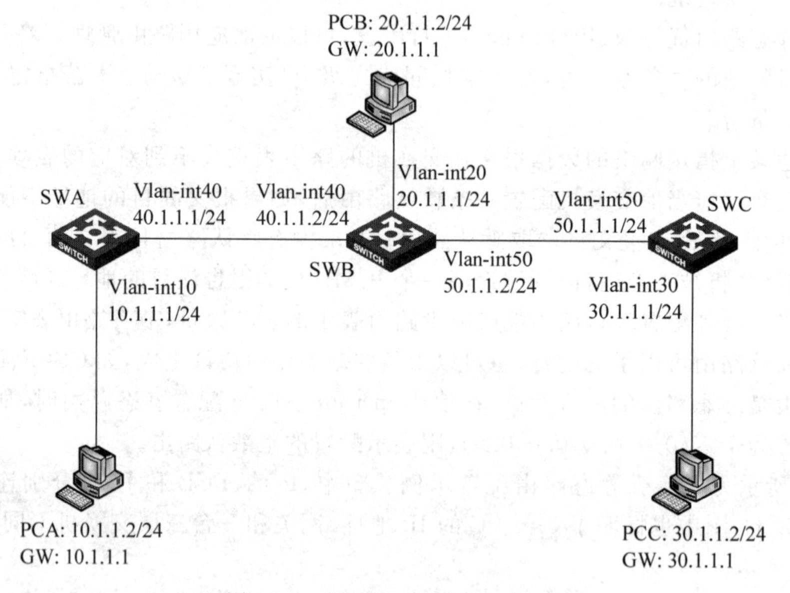

图5-14 交换机RIP多进程配置

配置SWA：

```
[SWA]rip 100
[SWA-rip-100]network 10.0.0.0
[SWA-rip-100]network 40.0.0.0
[SWA-rip-100]version 2
[SWA-rip-100]undo summary
```

配置SWB：

```
[SWB]rip 100
[SWB-rip-100]network 20.0.0.0
```

```
[SWB-rip-100]network 40.0.0.0
[SWB-rip-100]version 2
[SWB-rip-100]undo summary
[SWB-rip-100]import-route direct
[SWB-rip-100]import-route rip 200
[SWB]rip 200
[SWB-rip-200]network 50.0.0.0
[SWB-rip-200]version 2
[SWB-rip-200]undo summary
[SWB-rip-200]import-route direct
[SWB-rip-200]import-route rip 100
```

配置 SWC：

```
[SWC]rip 200
[SWC-rip-200]network 30.0.0.0
[SWC-rip-200]network 50.0.0.0
[SWC-rip-200]version 2
[SWC-rip-200]undo summary
```

配置完成后，在 SWA 上查看 IP 路由表，如下所示：

```
[SWA]display ip routing－table
Routing Tables: Public
         Destinations : 9          Routes : 9

Destination/Mask   Proto   Pre   Cost   NextHop     Interface


10.1.1.0/24        Direct  0     0      10.1.1.1    Vlan10
10.1.1.1/32        Direct  0     0      127.0.0.1   InLoop0
20.1.1.0/24        RIP     100   1      40.1.1.2    Vlan40
30.1.1.0/24        RIP     100   1      40.1.1.2    Vlan40
40.1.1.0/24        Direct  0     0      40.1.1.1    Vlan40
40.1.1.1/32        Direct  0     0      127.0.0.1   InLoop0
50.1.1.0/24        RIP     100   1      40.1.1.2    Vlan40
127.0.0.0/8        Direct  0     0      127.0.0.1   InLoop0
127.0.0.1/32       Direct  0     0      127.0.0.1   InLoop0
```

从以上路由表信息可知，SWA 通过 RIP 协议学习到了路由 20.1.1.0/24 和 30.1.1.0/24。

5.7 VLAN 路由的相关维护调试命令

在任意视图下可以使用 display interface vlan-interface 命令来查看 VLAN 接口的相关信息。如果指定了 vlan-interface-id，则显示指定 VLAN 接口的信息；如果不指定，将显示已创建的所有 VLAN 接口的信息。

在交换机的系统视图下输入 display interface vlan-interface 40 命令，显示信息如图 5-15 所示，从图中所显示的信息可知，VLAN40 接口的物理状态为 UP，链路层协议状态都为 UP，IP 地址为 40.1.1.124，MAC 地址为 000F.E23E.F90A。

只要属于 VLAN 的任一物理接口 UP，VLAN 接口的物理状态就会 UP；给 VLAN 接口配置 IP 地址后，VLAN 接口的链路层协议状态就会 UP。

如果想查看交换机当前所有 ARP 表项的数目，可以在任意视图下用如下命令来查看：

```
[SWA]display interface Vlan-interface 40
Vlan-interface40 current state: UP
Line protocol current state: UP
Description: Vlan-interface40 Interface
The Maximum Transmit Unit is 1500
Internet Address is 40.1.1.1/24 Primary
IP Packet Frame Type: PKTFMT_ETHNT_2,  Hardware Address: 000f-e23e-f90a
IPv6 Packet Frame Type: PKTFMT_ETHNT_2,  Hardware Address: 000f-e23e-f90a
```

VLAN接口物理状态

VLAN接口链路层协议状态

VLAN接口IP地址

VLAN接口的MAC地址

图 5-15 查看 VLAN 接口相关信息

display arp all count

在交换机的系统视图下输入 display arp all count 命令，显示信息如图 5-16 所示，从图中所显示的信息可知，交换机当前有 3 条 ARP 表项。

```
[SWB]display arp all  count
 Total entry(ies):  3

[SWB]display arp
                Type: S-Static    D-Dynamic
IP Address       MAC Address     VLAN ID  Interface          Aging Type
20.1.1.2         00e0-4c90-3bbe  20       Eth1/0/1           20    D
40.1.1.1         000f-e23e-f90a  40       Eth1/0/23          18    D
50.1.1.1         000f-e220-0d35  50       Eth1/0/24          20    D

[SWB]display arp vlan 20
                Type: S-Static    D-Dynamic
IP Address       MAC Address     VLAN ID  Interface          Aging Type
20.1.1.2         00e0-4c90-3bbe  20       Eth1/0/1           15    D
```

图 5-16 查看 ARP 表相关信息

在任意视图下，可以使用如下命令来查看交换机当前的 ARP 表项，如果不指定任何参数，则显示所有的 ARP 表项：

displayarp

在交换机的系统视图下输入 display arp 命令，显示信息如图 5-16 所示，图中显示了交换机当前 3 条 ARP 表项的具体内容，ARP 表项中各列含义如表 5-1 所示。

表 5-1 ARP 表项各列含义

字 段	描 述
IP Address	ARP 表项的 IP 地址
MAC Address	ARP 表项的 MAC 地址
VLAN ID	ARP 表项所属的 VLAN ID
Interface	ARP 表项所对应的出端口

续表

字　段	描　　述
Aging	动态 ARP 表项的老化时间，单位为分钟
Type	ARP 表项类型：动态，用 D 表示；静态，用 S 表示

如果想查看指定 VLAN 的 ARP 表项具体内容，可以在任意视图下用如下命令来查看：

displayarp vlan *vlan-id*

比如，在交换机的系统视图下输入 display arp vlan 20 命令查看 VLAN20 内的 ARP 表项，显示信息如图 5-16 所示，图中显示了 VLAN20 内当前一条 ARP 表项的具体内容。

如果想查看路由表中当前激活路由的摘要信息，可以在任意视图下用如下命令来查看：

display ip routing-table

该命令以摘要形式显示最优路由表的信息，每一行代表一条路由，内容包括目的地址/掩码长度、协议、优先级、度量值、下一跳、出接口。使用此命令仅能查看到当前被使用的路由，即最优路由。

在系统视图下输入 display ip routing-table 命令，显示信息如图 5-17 所示，路由表中各列含义如表 5-2 所示。

```
[SWA]display ip routing-table
Routing Tables: Public
        Destinations : 11        Routes : 11
Destination/Mask    Proto  Pre  Cost         NextHop        Interface
10.1.1.0/24         Direct 0    0            10.1.1.1       Vlan10
10.1.1.1/32         Direct 0    0            127.0.0.1      InLoop0
20.1.1.0/24         Direct 0    0            20.1.1.1       Vlan20
20.1.1.1/32         Direct 0    0            127.0.0.1      InLoop0
30.1.1.0/24         OSPF   10   2            20.1.1.2       Vlan20
40.1.1.0/24         OSPF   10   3            20.1.1.2       Vlan20
50.1.1.0/24         OSPF   10   4            20.1.1.2       Vlan20
127.0.0.0/8         Direct 0    0            127.0.0.1      InLoop0
127.0.0.1/32        Direct 0    0            127.0.0.1      InLoop0
192.168.1.1/32      O_ASE  150  1            20.1.1.2       Vlan20
192.168.2.1/32      O_ASE  150  1            20.1.1.2       Vlan20
```

图 5-17　查看路由表相关信息

表 5-2　路由表各列含义

字　段	描　　述
Destinations	目的地址个数
Routes	路由条数
Destination/Mask	目的地址/掩码长度
Proto	发现该路由的路由协议
Pre	路由的优先级
Cost	路由的度量值
NextHop	此路由的下一跳地址
Interface	输出接口，即到该目的网段的数据包将从此接口发出

5.8　本章总结

(1) 二层交换机和路由器在功能上的集成产生了三层交换机。

(2) 交换机最长匹配转发模式的所有转发都通过硬件快速匹配完成，即使在加载大量路由、网络路由频繁波动的情况下，仍然保证 IP 报文的线速转发，比精确匹配转发模式转发性能优。

(3) 给两个及两个以上的 VLAN 接口配置了 IP 地址，交换机才具有三层路由转发功能。

(4) 交换机的路由协议配置和路由器一样。

5.9　习题和答案

5.9.1　习题

(1) 下面(　　)是三层交换机代替路由器实现 VLAN 间路由的原因。

A. 路由器采用“单臂路由”方式进行 VLAN 间路由时，数据在 Trunk 链路上往返发送引入了一定的延迟

B. 路由器的价格比交换机要高，使用路由器提高了局域网的部署成本

C. 大部分中低端路由器使用软件转发，转发性能不高，容易在网络中造成性能瓶颈

D. 三层交换机采用硬件实现的三层路由转发引擎速度高，吞吐量大，而且避免了外部物理连接带来的延迟和不稳定性

(2) 三层交换机整个处理流程中分成以下(　　)部分。

A. 路由协议部分　　B. 平台软件协议栈部分

C. 硬件处理流程　　D. 驱动代码部分

(3) 最长匹配三层交换机硬件处理部分主要包含(　　)表项。

A. 二层 MAC 地址表　　B. L3 Table

C. ARP 表　　D. DEF_IP 表

(4) 交换机收到数据帧，先检查(　　)。

A. 数据帧的 VLAN 属性　　B. 数据帧的目的 MAC 地址

C. 数据帧的原 MAC 地址　　D. 数据帧的目的 IP 地址

E. 数据帧的原 IP 地址

(5) 下面关于 H3C 三层交换机 VLAN 接口描述正确的是(　　)。

A. 交换机有多少个 VLAN 就可以创建多少个 VLAN 接口

B. VLAN 接口是一种虚拟接口，它不作为物理实体存在于交换机上

C. 每个 VLAN 接口只可以配置一个 IP 地址

D. 每个 VLAN 可以配置一个主 IP 地址，多个从地址

5.9.2　习题答案

(1) ABCD　　(2) BCD　　(3) ABD　　(4) A　　(5) BD

第3篇

生成树协议

第6章

STP

基于可靠性的考虑,局域网中通常会存在冗余链路。为避免形成广播风暴,需要一种方法阻塞冗余链路,消除路径环路,并且在主用链路中断时,又可以将冗余链路自动切换为转发状态,恢复网络的连通性。生成树协议就可以实现这样的功能。

生成树协议包括最初的STP(Spanning Tree Protocol,生成树协议),能快速收敛的RSTP(Rapid Spanning Tree Protocol,快速生成树协议),以及适应多VLAN复杂环境的MSTP(Multiple Spanning Tree Protocol,多生成树协议)等。本章首先引入STP协议,介绍STP消除环路的基本思想,然后对STP的工作原理进行详细介绍。

6.1 本章目标

学习完本课程,应该能够:

- 了解STP消除环路的思想;
- 掌握STP的基本概念;
- 掌握STP计算过程;
- 掌握STP的端口状态;
- 掌握STP拓扑改变处理过程;
- 了解STP的不足。

6.2 STP介绍

局域网中的物理环路通常有两种产生原因:一种是基于可靠性的考虑,为交换机之间提供冗余连接;另一种是由于错误的网络设置导致环路的产生。如果不对网络拓扑加以管理,以上两种情况均会导致严重的后果,如广播风暴和MAC地址学习错误等。

如图6-1所示,局域网中存在物理环路,说明环内的每一台设备和另一台设备之间至少存在两条路径,但是设备不能随意选择阻塞某条路径,这样可能会造成网络中断。可以通过在设备间遵循一些准则或协议,来明确由哪台设备阻塞链路,阻塞哪些链路,从而达到消除环路的目的。STP(Spanning Tree Protocol,生成树协议)就是这些协议中的一种。

STP在IEEE制定的IEEE 802.1D标准中定义,用于在局域网中消除数据链路层环路。STP可以通过计算,动态地阻断冗余链路。而当活动链路发生故障时,STP又可以激活冗余链路,恢复网络的连通,避免网络中断。

如图6-2所示,STP消除链路层环路的基本思想是将网络拓扑修剪为树形拓扑,而树形拓扑是不存在环路的。

运行STP的设备之间会交互一些信息,然后通过计算实现拓扑的收敛。

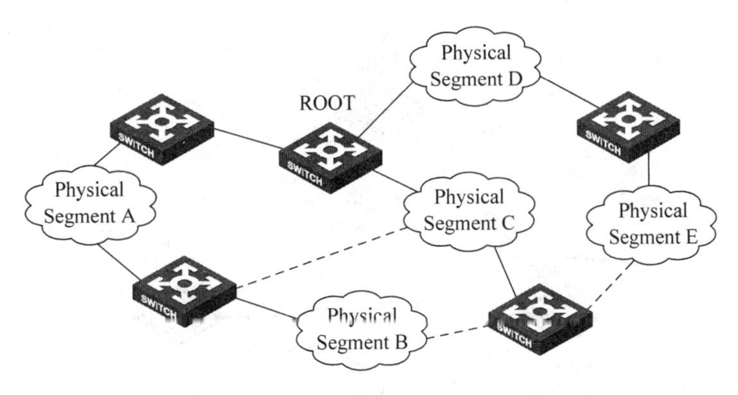

图 6-1　STP 的概念示意图

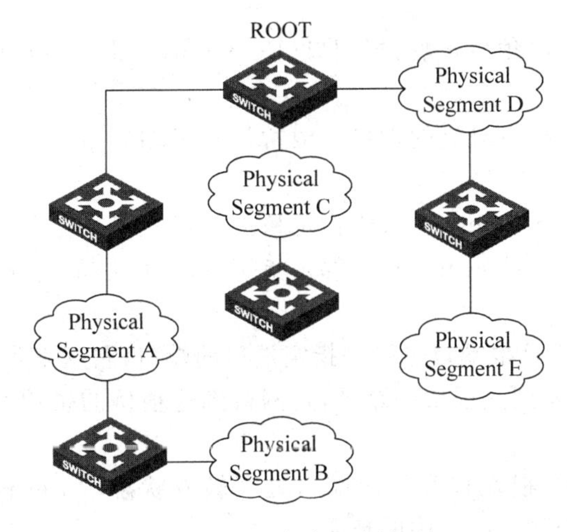

图 6-2　STP 消除环路的思想

- 运行 STP 的设备依据一定的准则选举一个树根节点作为网络中的根桥，其他节点为非树根节点；
- 每一个非树根节点，会选择最优的路径和根桥相连，非树根节点上位于最优路径的端口，为该节点的根端口；
- 如果网络中存在冗余链路，则阻塞冗余链路。

每一个非树根节点都进行同样的计算，最终网络中任何两台设备之间都只有一条路径可达，从而形成一棵无环的树。

当拓扑发生变化时，节点重新进行计算，收敛为新的树形拓扑。

6.3　STP 基本概念

6.3.1　桥和端口的角色

如图 6-3 所示，STP 中有两种特殊的网桥：根桥(Root Bridge)和指定桥(Designate Bridge)。根桥是整个生成树的根节点，由所有网桥中优先级最高的桥担任。指定桥是负责一个 Physical Segment(物理段)上数据转发任务的桥，由这个 Physical Segment 上优先级最高的桥担任。

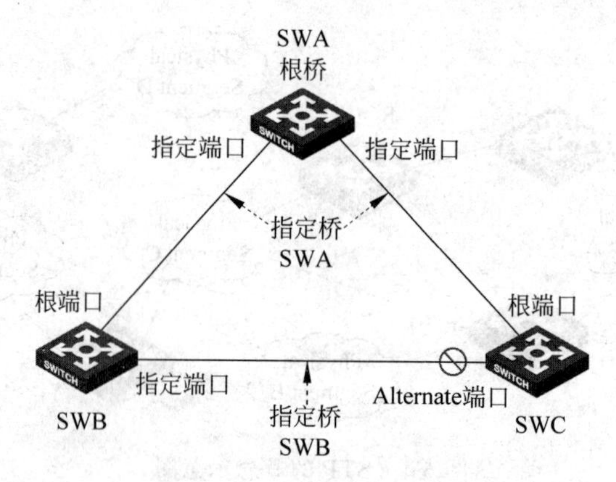

图 6-3 桥和端口的角色

网桥上的端口有不同的角色，包括根端口(Root Port)、指定端口(Designate Port)和候补端口(Alternate Port)。

根端口指网桥上距离根桥最近的端口。根桥没有根端口，每一个非根桥有且仅有一个根端口。

指定端口指 Physical Segment 上属于指定桥的端口。根桥是所有网桥中优先级最高的，它在其所连接的所有 Physical Segment 上都是指定桥，所以通常情况下根桥的所有端口都是指定端口。

Alternate 端口指既不是根端口也不是指定端口的端口，它用来为根端口或指定端口做备份。从 Alternate 端口出发到达根桥的路径，是网桥到达根桥的备用路径，即最终需要阻塞的路径。

网络处于稳定状态时，根端口和指定端口处于转发状态，Alternate 端口处于阻塞状态。阻塞 Alternate 端口，就消除了网络中的环路。

6.3.2 桥 ID

STP 中每一个网桥都具有一个桥 ID(Bridge ID)，用于在网络中唯一标识一个桥。根桥选择的依据就是桥 ID，具有最小桥 ID 的网桥即为网络中的根桥。

如图 6-4 所示，桥 ID 包含桥优先级字段和桥 MAC 地址两部分，长度为 8B。其中，桥优先级位于桥 ID 中的高 16 位，而桥 MAC 地址位于桥优先级的低 48 位。因为 MAC 地址在网络中是唯一的，所以能够保证桥 ID 在网络中也是唯一的。

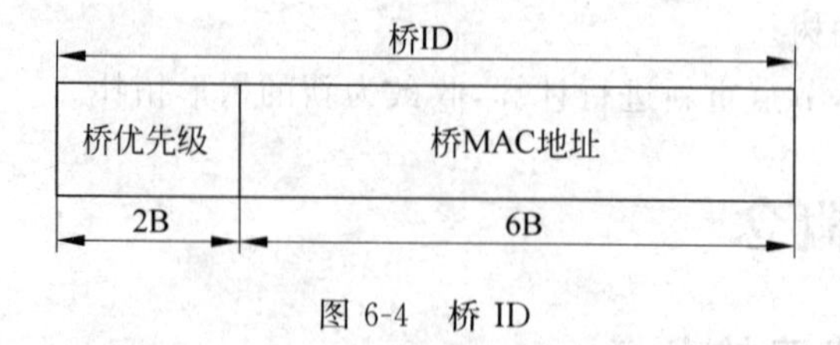

图 6-4 桥 ID

在进行桥 ID 的比较时，先比较桥优先级，优先级数值小者为优；在优先级相同的情况下，再比较 MAC 地址，MAC 地址小者为优。例如有两个网桥 A 和 B，桥 ID 分别为 4096.00-1C-FC-CA-0A-43 和 8192.00-1C-FC-CA-0A-44，则网桥 A 的优先级高于网桥 B。

当网桥没有配置优先级时，使用默认优先级 32768，此时，具有最小 MAC 地址的网桥即为网络中的根桥。

6.3.3 路径开销

非根桥需要确定根端口,根端口的选择取决于端口到达根桥距离的远近,网桥上到达根桥距离最近的端口为根端口。衡量距离远近,依据的是路径开销(Path Cost)。

路径开销用于衡量桥与桥之间路径的优劣。STP中每条链路都具有开销值,默认的链路开销值取决于所遵循的路径开销标准以及链路的带宽。图6-5给出了STP中每条链路的开销值。路径开销等于整个路径上全部链路开销的和。

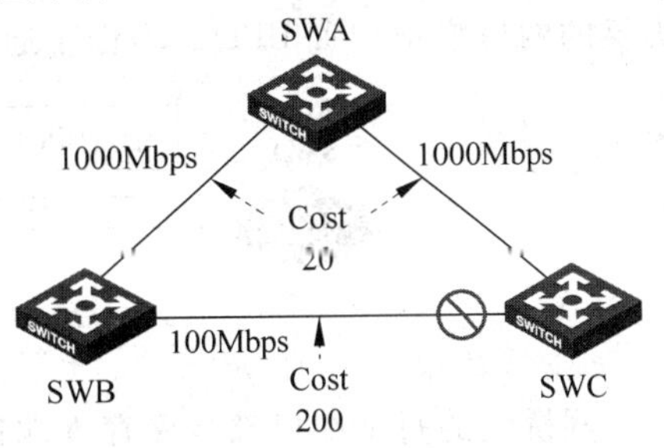

图6-5 链路开销

IEEE 802.1D和IEEE 802.1t定义了不同速率和工作模式下的以太网链路(端口)开销,H3C则根据实际的网络运行状况优化了开销的数值定义,制定了私有标准。各种链路开销标准如表6-1所示。

表6-1 链路开销标准

链路速率	双工状态	IEEE 802.1D-1998	IEEE 802.1t	私有标准
0	—	65535	200000000	200000
10Mbps	Single Port	100	2000000	2000
	Aggregated Link 2 Ports	100	1000000	1800
	Aggregated Link 3 Ports	100	666666	1600
	Aggregated Link 4 Ports	100	500000	1400
100Mbps	Single Port	19	200000	200
	Aggregated Link 2 Ports	19	100000	180
	Aggregated Link 3 Ports	19	66666	160
	Aggregated Link 4 Ports	19	50000	140
1000Mbps	Single Port	4	20000	20
	Aggregated Link 2 Ports	4	10000	18
	Aggregated Link 3 Ports	4	6666	16
	Aggregated Link 4 Ports	4	5000	14
10Gbps	Single Port	2	2000	2
	Aggregated Link 2 Ports	2	1000	1
	Aggregated Link 3 Ports	2	666	1
	Aggregated Link 4 Ports	2	500	1

6.3.4 BPDU

STP使用BPDU(Bridge Protocol Data Unit,桥协议数据单元)来交互协议信息,BPDU分为如下两类。

(1) 配置BPDU(Configuration BPDU):是用来进行生成树计算和维护生成树形拓扑的报文。

(2) TCN BPDU(Topology Change Notification BPDU):是当拓扑结构改变时,用来通知相关设备网络拓扑结构发生变化的报文。

网桥之间通过交互配置BPDU来进行根桥的选举以及端口角色的确定。配置BPDU基于二层组播方式发送，目的地址为01-80-C2-00-00-00。

如图6-6所示，配置BPDU由根桥从指定端口周期性发出，发送周期为Hello Time。非根桥从根端口接收配置BPDU，进行更新并从指定端口将其发送出去。网络中只有根桥会产生配置BPDU，非根桥只对配置BPDU进行中继，不会自行生成配置BPDU。没有运行STP协议的网桥将把配置BPDU当作普通数据帧转发。

图6-6 配置BPDU

网桥上的每个端口都会保存本端口接收到的最优配置BPDU，端口保存的配置BPDU信息老化时间为Max Age，当在Max Age时间内配置BPDU信息没有得到更新，端口将清除保存的配置BPDU信息。

配置BPDU包含目的MAC地址、源MAC地址、帧长、逻辑链路头以及载荷等，如图6-7所示。载荷中包含了STP计算所需的信息，主要包括如下内容。

(1) Root ID：根桥ID，用于标识网络中的根桥。

(2) Root Path Cost(RPC)：根路径开销，指从发送该配置BPDU的网桥到根桥的最小路径开销，即最短路径上所有链路开销的代数和。

(3) Bridge ID：发送该配置BPDU的网桥的ID，即该Physical Segment的指定桥的ID。

(4) Port ID：指发送该配置BPDU的网桥的发送端口ID。Port ID值由端口优先级和端口索引值组合而成。该端口即为Physical Segment的指定端口。

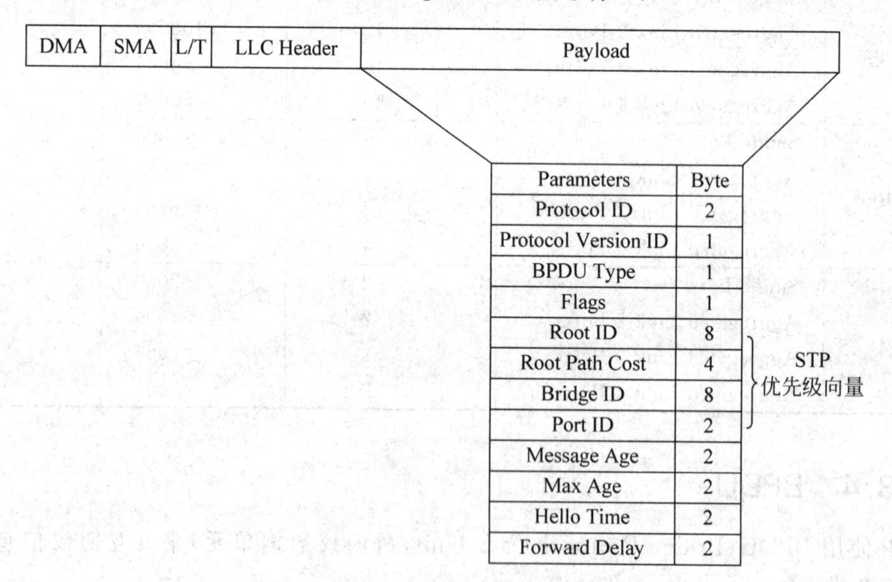

图6-7 配置BPDU格式

网桥在进行STP计算时，需要比较以上信息，通常这些信息使用向量形式来表示，称为优先级向量，即：

优先级向量＝
{RootBridgeID:RootPathCost:DesignateBridgeID:DesignatePortID:BridgePortID}

其中 Bridge Port ID(接收端口 ID)为本地信息,不包含在配置 BPDU 中。

载荷中的其他信息介绍如下。

- Protocol ID:固定为 0x0000,表示是生成树(Spanning Tree)协议。
- Protocol Version ID:协议版本号,目前生成树有 3 个版本,STP 协议版本号为 0x00。
- BPDU Type:配置 BPDU 类型为 0x00,TCN BPDU 类型为 0x80。
- Flags:由 8 位组成。最低位(0 位)为 TC(Topology Change)标志位,最高位(7 位)为 TCA(Topology Change Acknowledge)标志位,其他 6 位保留。
- Message Age:从根桥生成配置 BPDU 开始,到当前时间为止配置 BPDU 的存活时间。
- Max Age:配置 BPDU 存活的最大时间。
- Hello Time:根桥生成配置 BPDU 的周期,默认时间为 2s。
- Forward Delay:配置 BPDU 传播到全网的最大时延,默认为 15s。

6.4 STP 计算过程

6.4.1 STP 计算步骤

STP 的计算过程主要包含两个任务:选举根桥和确定端口角色。在实际计算过程中,这两个任务是同步计算完成的,为便于理解,本例中将其分为逻辑上的两个计算过程分别进行介绍,如图 6-8 所示。

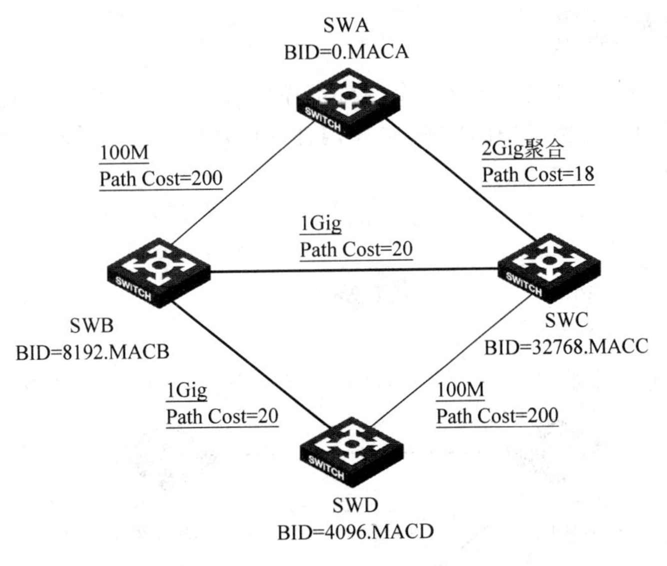

图 6-8 STP 计算步骤

本例假设网络中有 4 个网桥,其中,SWA 桥 ID 为 0.MACA,SWB 桥 ID 为 8192.MACB,SWC 桥 ID 为 32768.MACC,SWD 桥 ID 为 4096.MACD。

网桥之间的链路带宽以及链路开销如表 6-2 所示。

表 6-2 网桥之间的链路带宽以及链路开销

连接设备	链路带宽	链路开销
SWA↔SWB	100Mbps	200
SWA↔SWC	2×1Gbps 聚合链路	18

续表

连接设备	链路带宽	链路开销
SWB↔SWC	1Gbps	20
SWB↔SWD	1Gbps	20
SWC↔SWD	100Mbps	200

表中，链路开销采用H3C私有标准。

进行STP的计算时，网桥将各个端口收到的配置BPDU和自己的配置BPDU做比较，得出优先级最高的配置BPDU；网桥用优先级最高的配置BPDU更新本身的配置BPDU，用于选举根桥和确定端口角色；网桥从指定端口发送新的配置BPDU。

比较配置BPDU时依据优先级向量最小者最优的原则。当网桥比较配置BPDU时，遵循的比较步骤如下。

(1) 首先比较优先级向量中的Root Bridge ID，Root Bridge ID小者为优。

(2) 如果Root Bridge ID相同则比较RPC，RPC小者为优。

(3) 如果RPC相同则比较Designate Bridge ID，Designate Bridge ID小者为优。

(4) 如果Designate Bridge ID相同则比较Designate Port ID，Designate Port ID小者为优。

(5) 如果上述参数都相同，则比较接收该配置BPDU的Bridge Port ID，Bridge Port ID小者为优。

6.4.2 根桥选举

如图6-9所示，在初始状态时，每一个网桥都还没有收到其他网桥发送的配置BPDU，此时每个网桥都认为自己是网络中的根桥，并将向外发送以自己为根桥的配置BPDU。

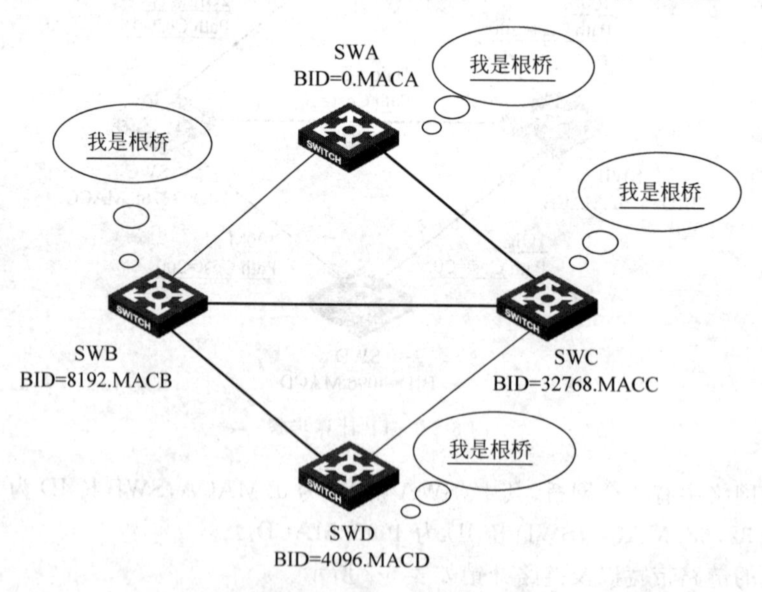

图6-9 根桥选举初始阶段

SWA发送的配置BPDU中优先级向量为{0. MACA:0:0. MACA}，SWB发送的配置BPDU中优先级向量为{8192. MACB:0:8192. MACB}，SWC发送的配置BPDU中优先级向量为{32768. MACC:0:32768. MACC}，SWD发送的配置BPDU中优先级向量为{4096. MACD:

0:4096. MACD}。此处忽略端口 ID 信息。

由于根桥的选举只需要比较 Root Bridge ID,所以在后续的根桥选举说明过程中,只保留优先级向量中的 Root Bridge ID 参数。

图 6-10 中,由于此时每个网桥都认为自身是根桥,所以每个网桥都会发送配置 BPDU,同时也会收到对端网桥发送的配置 BPDU。每一个网桥都将自身认为的 Root Bridge ID 和接收到的配置 BPDU 中的 Root Bridge ID 进行比较,选择 Root Bridge ID 较小的作为网络中的根桥。

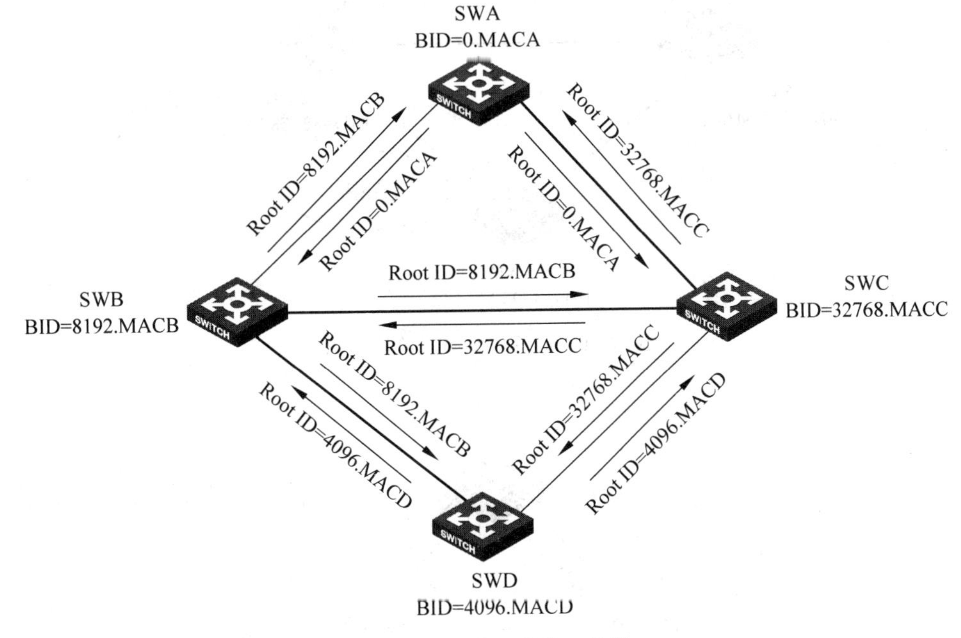

图 6-10 根桥选举第一阶段

SWA 收到了 SWB 和 SWC 发过来的配置 BPDU,比较 Root Bridge ID,0. MACA<8192. MACB<32768. MACC,SWA 的 Root Bridge ID 较小,SWA 仍然保留自身的优先级向量{0. MACA}。

SWB 收到了 SWA、SWC 和 SWD 的配置 BPDU,比较 Root Bridge ID,0. MACA<4096. MACD<8192. MACB<32768. MACC,SWA 的 Root Bridge ID 最小,SWB 将使用 SWA 发过来的配置 BPDU 更新 SWB 自身的配置 BPDU。SWB 的优先级向量更新为{0. MACA}。

SWC 的情况与 SWB 情况相近,不再赘述。SWC 的优先级向量同样更新为{0. MACA}。

SWD 仅收到 SWB 和 SWC 的配置 BPDU,经比较,4096. MACD<8192. MACB<32768. MACC,SWD 仍然认为自己的 Root Bridge ID 是最小的,SWD 仍然保留自己的优先级向量{4096. MACD}。

图 6-11 中,此时,SWA、SWB 和 SWC 达成一致,认为 SWA 为网络中的根桥,而 SWD 仍然认为自己是根桥。

经过 Hello Time 后,SWA 会再次发送配置 BPDU,SWB 和 SWC 接收 SWA 的配置 BPDU,经过更新发出配置 BPDU,其中 Root Bridge ID 为 0. MACA。此时 SWB 和 SWC 不会再向连接 SWA 的端口发出配置 BPDU。

同时 SWD 仍然发送 Root Bridge ID 为 4096. MACD 的配置 BPDU。

图 6-12 中,SWD 在这个周期收到了 SWB 和 SWC 发送的配置 BPDU,其中 Root Bridge ID 为 0. MACA,都比自身的 Root Bridge ID 小,因此 SWD 将使用接收到的配置 BPDU 更新

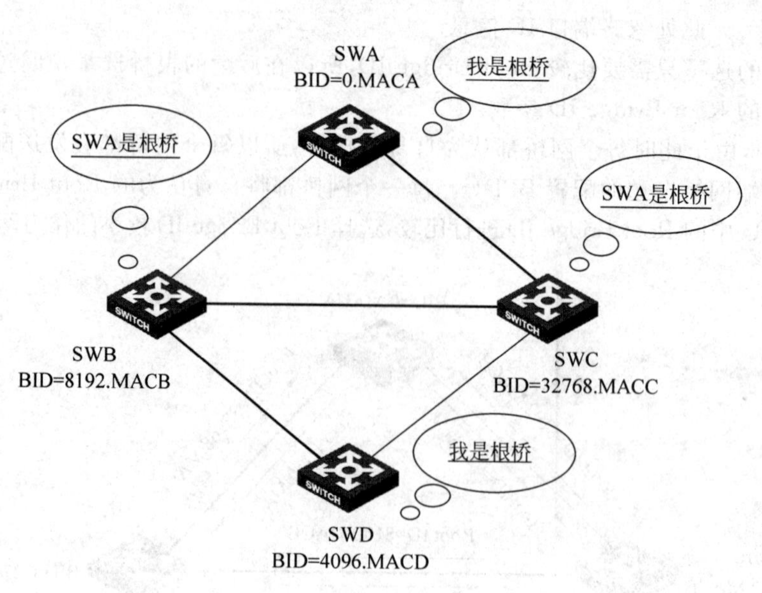

图 6-11 根桥选举第一阶段结果

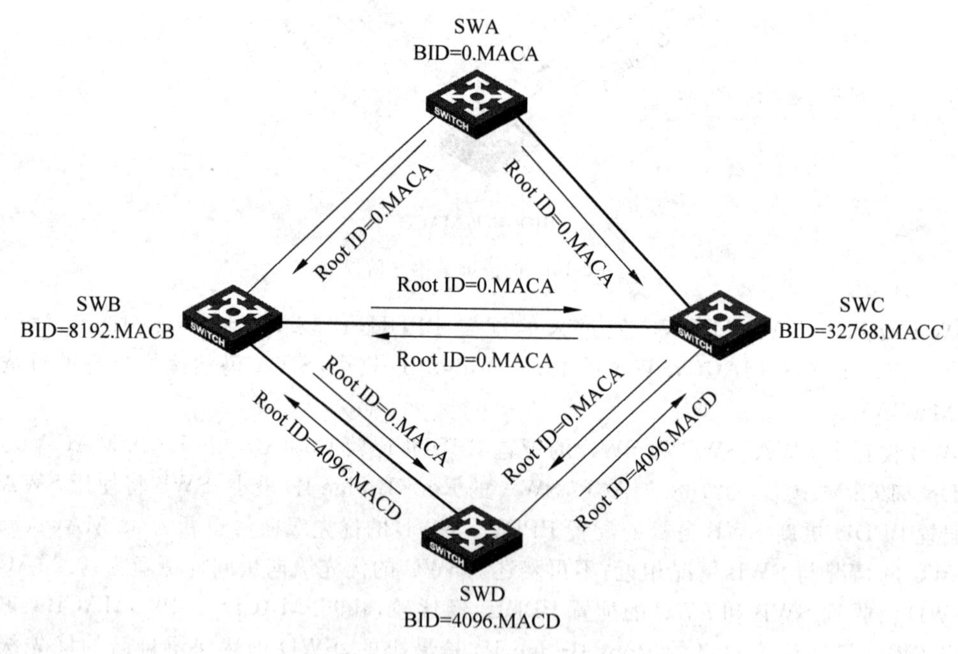

图 6-12 根桥选举第二阶段

自身的配置 BPDU。SWD 的优先级向量更新为{0. MACA}。

到此为止，图 6-13 中 SWA、SWB、SWC 和 SWD 全部达成一致，认为 SWA 为网络中的根桥，根桥选举过程结束。

6.4.3 确定端口角色

端口角色的确定分为根端口确定、指定端口确定和 Alternate 端口确定 3 个工作。

根端口的确定需要比较 RPC。当网桥从一个端口收到配置 BPDU 后，首先获取其中的 RPC，和接收端口的链路开销相加，得到此端口的 RPC，每个收到配置 BPDU 的端口都进行同

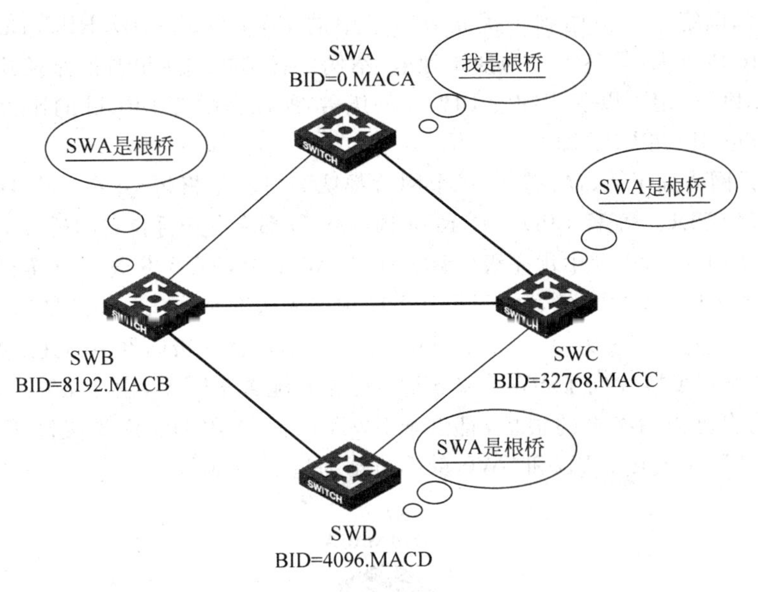

图 6-13 根桥选举最终结果

样的计算。然后比较各端口的 RPC,拥有最小 RPC 值的端口即为本网桥的根端口。

指定端口的确定需要比较端口发送的配置 BPDU 和接收的配置 BPDU,如果发送的配置 BPDU 优于接收到的配置 BPDU,表明端口在本 Physical Segment 上拥有最优的配置 BPDU,则该端口为指定端口。

Alternate 端口指该端口的配置 BPDU 在其所属 Physical Segment 上不是最优的,且端口不是根端口。

在实际计算过程中,端口角色的确定是同步完成的,为便于理解,本小节在逻辑上将端口角色确定过程分为根端口角色确定和其他端口角色确定两个计算过程分别进行介绍。

图 6-14 中,详细指定了网络拓扑、每个网桥的桥 ID、互联的接口类型,并根据 802.1D 协议,为每一个物理接口指定了链路开销值。

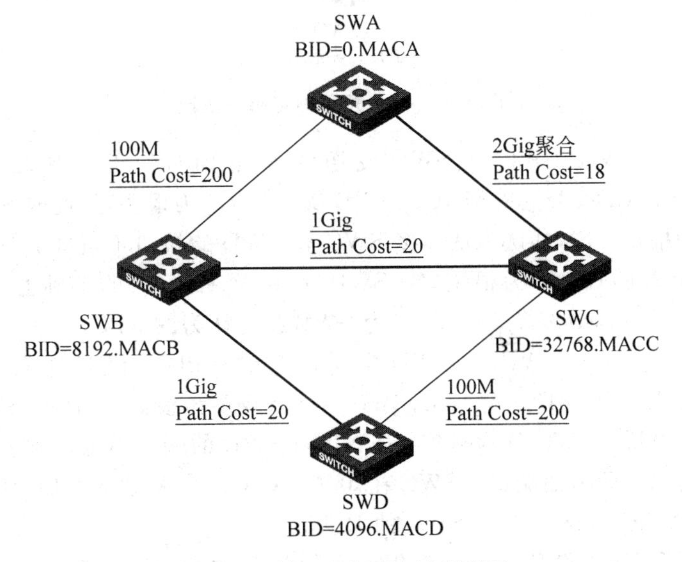

图 6-14 端口角色确定过程例图

端口角色的确定过程使用到了优先级向量中的 Root Bridge ID、RPC、Designate Bridge ID 和 Designate Port ID 等参数。为便于理解，本例中各网桥到达根桥的路径开销均假设为不同，通过比较 RPC 一定可以确定配置 BPDU 的优劣，所以在配置 BPDU 的比较过程中只需要比较 Root Bridge ID 和 RPC 即可。

再一次假设网络处于初始状态，每一个网桥都认为自己是根桥，并在一个 Hello Time 间隔后向外发送配置 BPDU。配置 BPDU 中，Root Bridge ID 都为发送桥自身的桥 ID，RPC 均为 0。

SWA 发送的配置 BPDU 中优先级向量为{0. MACA：0}，SWB 发送的配置 BPDU 中优先级向量为{8192. MACB：0}，SWC 发送的配置 BPDU 中优先级向量为{32768. MACC：0}，SWD 发送的配置 BPDU 中优先级向量为{4096. MACD：0}。此处省略优先级向量中的其余参数。

图 6-15 中，SWA 接收到了 SWB 和 SWC 发送的配置 BPDU，由于 SWA 根桥 ID 最小，SWA 仍然认为自己为网络中的根桥，且由于 SWA 的配置 BPDU 优先级高于 SWB 和 SWC 的配置 BPDU，SWA 连接 SWB 和 SWC 的端口都为指定端口。

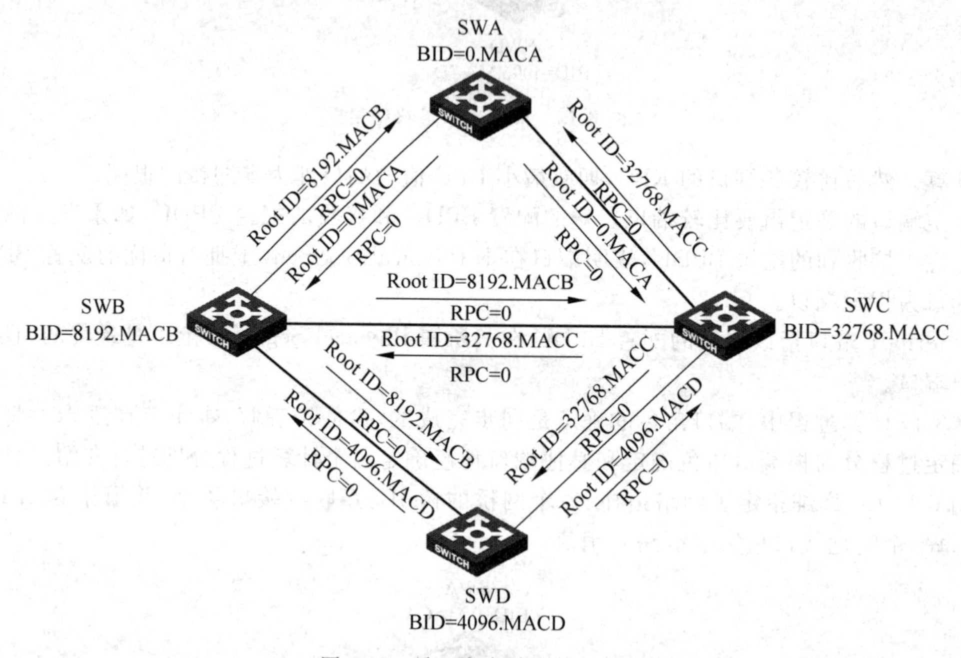

图 6-15　端口角色确定第一阶段

SWB 接收到了 SWA、SWC 和 SWD 发送的配置 BPDU，经过比较 Root Bridge ID，0. MACA＜4096. MACD＜32768. MACC，SWB 认为 SWA 为根桥，且此时 SWC 和 SWD 还没有感知到 SWA 为根桥。SWB 认为从连接 SWC 和 SWD 的端口不可能到达根桥 SWA，所以 SWB 确定连接 SWA 的端口即为根端口。SWB 在{0. MACA：0}的基础上叠加 RPC，将自身的优先级向量更新为{0. MACA：200}，200 为 SWB 此时认为的 RPC。

SWC 接收到了 SWA、SWB 和 SWD 发送的配置 BPDU，经过比较 Root Bridge ID，0. MACA＜4096. MACD＜8192. MACB，SWC 认为 SWA 为根桥，且此时 SWB 和 SWD 还没有感知到 SWA 为根桥。SWC 认为从连接 SWB 和 SWD 的端口不可能到达根桥 SWA，SWC 确定连接 SWA 的端口即为根端口。SWC 在{0. MACA：0}的基础上叠加 RPC，将自身的优先级向量更新为{0. MACA：18}，18 为 SWC 的 RPC。

SWD 接收到了 SWB 和 SWC 发送的配置 BPDU，由于 SWD 的 Root Bridge ID 最小，SWD 仍然认为自己为网络中的根桥，且由于 SWD 的配置 BPDU 优先级高于 SWB 和 SWC 的配置 BPDU，SWD 连接 SWB 和 SWC 的端口都为指定端口。

经过第一轮配置 BPDU 的交互，此时，图 6-16 中，SWA、SWB 和 SWC 达成一致，认为 SWA 为网络中的根桥，而 SWD 仍然认为自己是根桥。

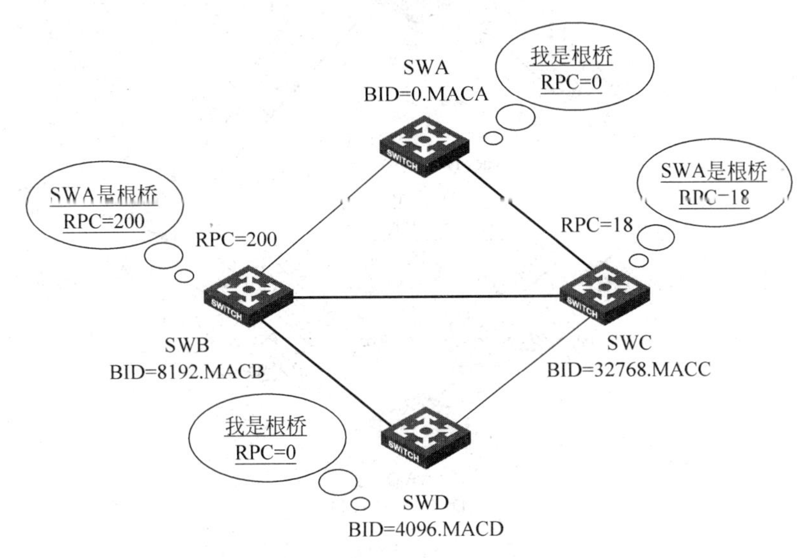

图 6-16 端口角色确定第一阶段结果

此时，SWB 认为连接 SWA 的端口为根端口，RPC 为 200。SWC 认为连接 SWA 的端口为根端口，RPC 值为 18。SWA 和 SWD 认为自己为根桥，RPC 值均为 0。

经过 Hello Time 后，SWA 会再次发送配置 BPDU，SWB 和 SWC 接收 SWA 的配置 BPDU，经过更新发出配置 BPDU。其中，SWB 发送的配置 BPDU 中 Root Bridge ID 为 0. MACA，RPC 为 200；SWC 发送的配置 BPDU 中 Root Bridge ID 为 0. MACA，RPC 为 18。此时 SWB 和 SWC 不会再向连接 SWA 的端口即此时的根端口发出配置 BPDU。

同时 SWD 仍然发送 Root Bridge ID 为 4096. MACD、RPC 为 0 的配置 BPDU。

如图 6-17 所示，Hello Time 后，SWA 继续发送以自身为根的配置 BPDU，优先级向量保持不变，为{0. MACA:0}。SWD 同样继续发送以自身为根的配置 BPDU，优先级向量保持不变，为{4096. MACD:0}。

SWB 认为 SWA 为根，所以 SWB 不会主动发送配置 BPDU。当 SWB 接收到 SWA 和 SWD 发送的配置 BPDU 后，经过比较{0. MACA:0}优于{4096. MACD:0}，则 SWB 的优先级向量{0. MACA:200}保持不变，SWB 将配置 BPDU 发送给 SWC 和 SWD。

SWC 认为 SWA 为根，所以 SWC 不会主动发送配置 BPDU。当 SWC 接收到 SWA 和 SWD 发送的配置 BPDU 后，经过比较{0. MACA:0}优于{4096. MACD:0}，则 SWC 的优先级向量{0. MACA:18}保持不变，SWC 将配置 BPDU 发送给 SWB 和 SWD。

此时，SWB 收到 SWC 发送的配置 BPDU，且优先级向量{0. MACA:18}优于自身优先级向量{0. MACA:200}。叠加端口开销后得到该端口 RPC 为 18＋20＝38，小于当前的 RPC 值 200，SWB 认为连接 SWC 的端口为新的根端口。SWB 将自身的优先级向量更新为{0. MACA:38}，38 为 SWB 的新的 RPC。

SWC 也收到 SWB 发送的配置 BPDU，叠加端口开销后优先级向量为{0. MACA:200＋20}，比较自身的优先级向量，发现 Root Bridge ID 相同，但是 RPC 值 220＞18，自身配置 BPDU 更优，因此，SWC 维持根端口不变，RPC 依然为 18。

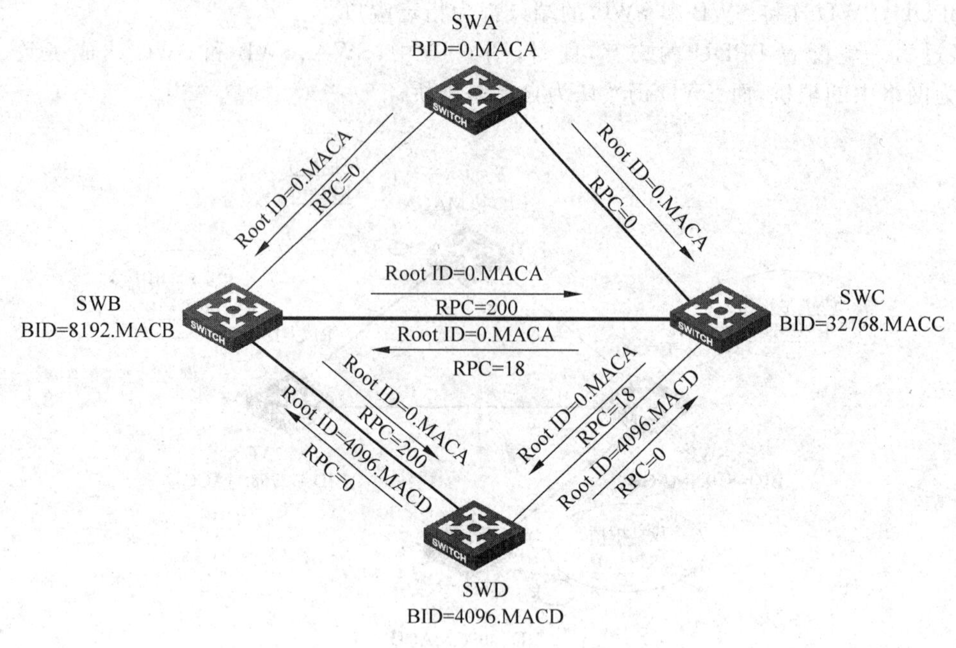

图 6-17　端口角色确定第二阶段

SWD 接收到了 SWB 和 SWC 发送的配置 BPDU，通过比较 Root Bridge ID 得知两个配置 BPDU 均优于自身的配置 BPDU，确认根桥为 SWA。然后分别计算两个端口的 RPC，得到连接 SWB 的端口的 RPC 为 200＋20＝220，连接 SWC 的端口的 RPC 为 18＋200＝218。SWD 认为连接 SWC 的端口为根端口。SWD 优先级向量更新为{0. MACA：218}。

经过第二轮配置 BPDU 的交互，此时，图 6-18 中的所有网桥均达成一致，认为 SWA 为网络中的根桥。

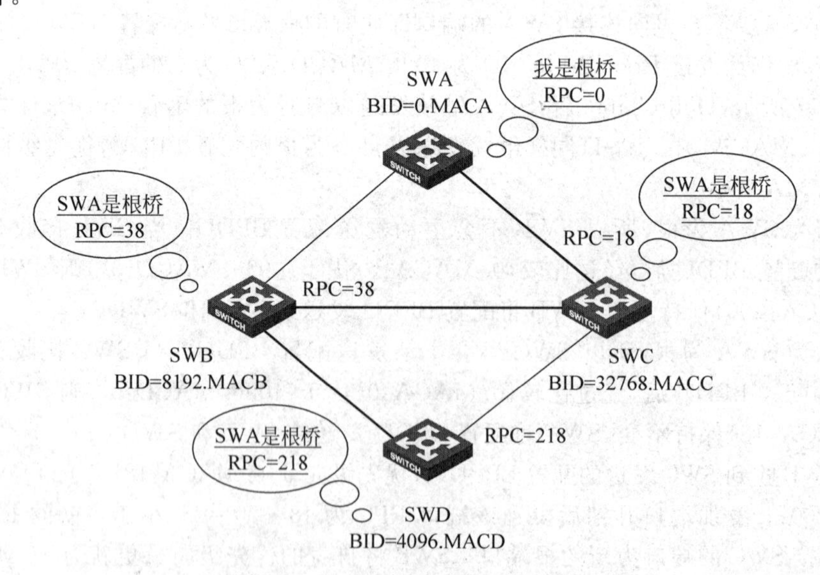

图 6-18　端口角色确定第二阶段结果

此时，SWB 认为连接 SWC 的端口为根端口，RPC 值为 38。SWC 仍认为连接 SWA 的端口为根端口，RPC 值为 18。SWD 认为连接 SWC 的端口为根端口，RPC 值为 218。

Hello Time 后，图 6-19 中，SWA 继续发送以自身为根的配置 BPDU，优先级向量保持不

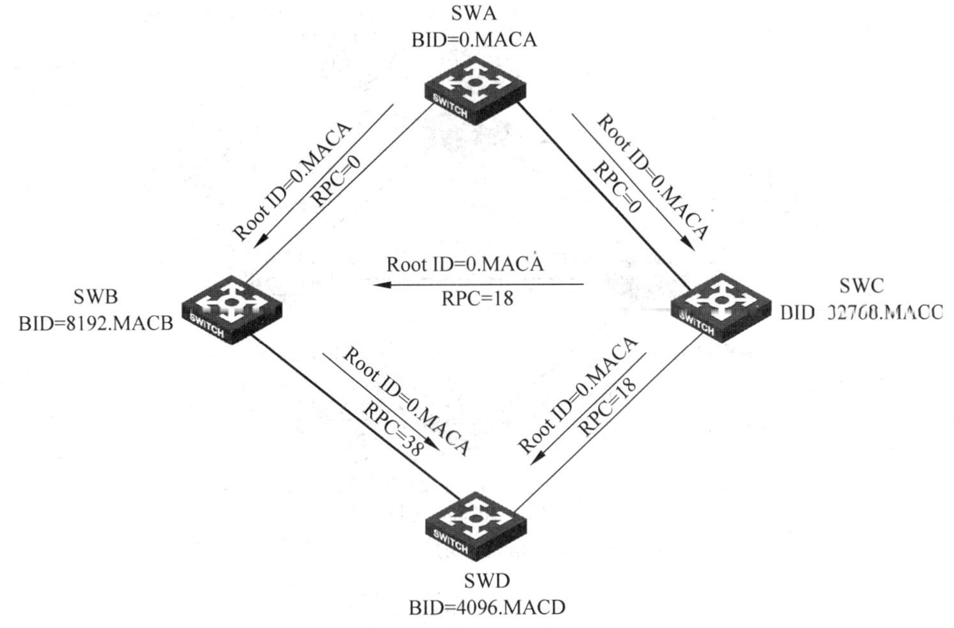

图 6-19 端口角色确定第三阶段

变,为{0.MACA:0}。

SWC从根端口接收到SWA的配置BPDU后,更新优先级向量为{0.MACA:18}并发送给SWB和SWD。

SWB收到SWA和SWC发送的配置BPDU,叠加端口开销,经比较{0.MACA:18+20}优于{0.MACA:0+200},SWB更新优先级向量为{0.MACA:38}发送给SWD。

SWD接收到了SWB和SWC发送的配置BPDU,叠加端口开销,经比较{0.MACA:38+20}优于{0.MACA:18+200},SWD认为连接SWB的端口为新的根端口。SWD将自身的优先级向量更新为{0.MACA:58},58为SWD的RPC。

经过第三轮配置BPDU的交互,网络最终实现收敛。

图6-20中,此时,SWB认为连接SWC的端口为根端口,RPC值为38。SWC仍认为连接SWA的端口为根端口,RPC值为18。SWD认为连接SWB的端口为根端口,RPC值为58。

图6-21中,此时,网络中根桥已经确定,且各网桥的根端口也已经确定。接下来,确定网桥的指定端口和Alternate端口。

指定端口和Alternate端口角色的确认只需要直接比较端口发送的配置BPDU和接收的配置BPDU。如果端口发送的配置BPDU优于接收的配置BPDU,则端口为指定端口;如果端口接收的配置BPDU优于端口发送的配置BPDU,且端口不是根端口,则端口为Alternate端口。

下面以SWB为例介绍一下指定端口和Alternate端口的确定过程。

SWB有3个端口分别和SWA、SWC、SWD相连,通过比较根路径开销已经确认根端口为SWB连接SWC的端口。SWB的优先级向量为{0.MACA:38}。

对于SWB连接SWD的端口,端口优先级向量为{0.MACA:38},对端端口优先级向量为{0.MACA:58},{0.MACA:38}优于{0.MACA:58},所以SWB连接SWD的端口为指定端口。

对于SWB连接SWA的端口,端口优先级向量为{0.MACA:38},对端端口优先级向量为{0.MACA:0},{0.MACA:0}优于{0.MACA:58},但经过根端口确定过程得知该端口不是根端口,所以SWB连接SWA的端口为Alternate端口。

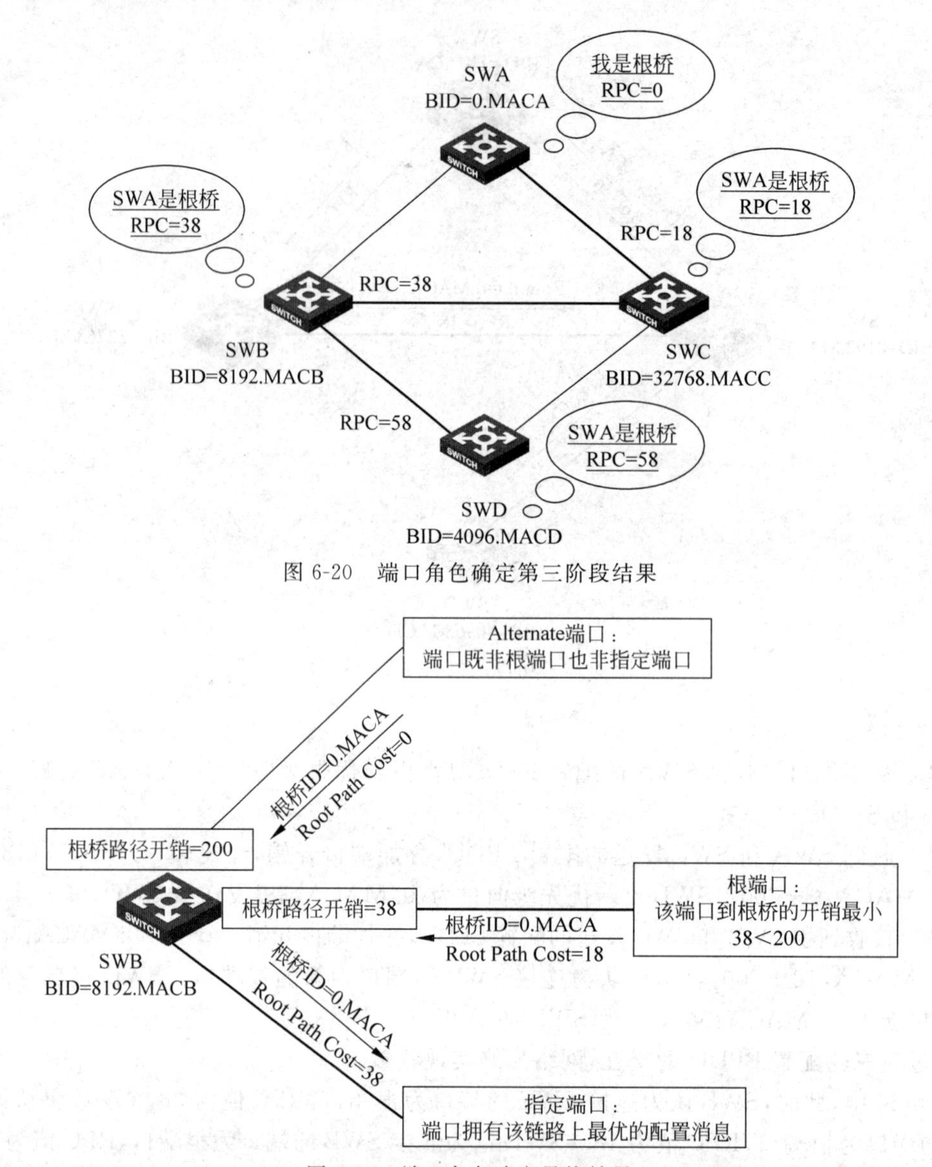

图 6-20 端口角色确定第三阶段结果

图 6-21 端口角色确定最终结果

经过 STP 计算，Alternate 端口会被阻塞用于消除环路，当 SWB 的根端口故障时，该 Alternate 端口可以经过计算转变为新的根端口，维持网络的连通性。

6.4.4 STP 计算结果

其他网桥经过相同的判断，可以确定每个端口的角色：

- SWA 为根桥，SWA 的配置 BPDU 在每个端口所属的局域网网段上都是最优的，所以 SWA 的所有端口都为指定端口；
- SWC 连接 SWA 的端口为根端口，其余端口为指定端口；
- SWD 连接 SWB 的端口为根端口，连接 SWC 的端口为 Alternate 端口。

如图 6-22 所示，经过 STP 计算，阻塞了 SWB 连接 SWA 的端口以及 SWD 连接 SWC 的端口，使得网络拓扑形成无环的树形拓扑。阻塞的端口并非物理 DOWN，如果拓扑发生变化，这些端口可以转变为转发状态，提高了网络的可靠性。

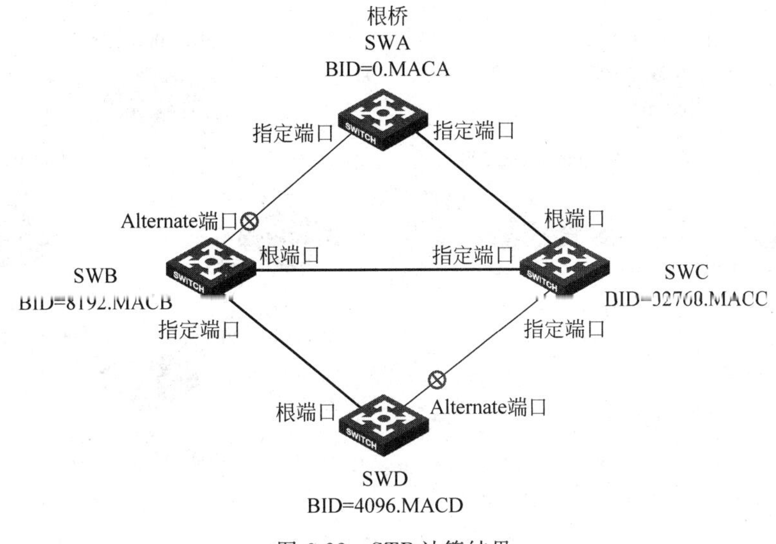

图 6-22 STP 计算结果

在网络稳定运行时，根桥以 Hello Time 时间为间隔，周期发送配置 BPDU，其他网桥接收到配置 BPDU，经过更新从指定端口发出新的配置 BPDU。非根桥不会主动生成并发送配置 BPDU。

6.4.5 等路径开销计算

在实际应用中，经常会存在链路带宽相同的网络，此时就需要比较优先级向量中的 Designate Bridge ID、Designate Port ID，特殊情况下还需要比较接收端口的 Bridge Port ID。

在图 6-23(a)的例子中，根据前面内容，可以很容易确定 SWA 为根桥，SWB 和 SWC 连接 SWA 的端口为根端口，接下来确定 SWB 和 SWC 互连端口的角色。

经过 STP 计算，可知 SWB 优先级向量为{0. MACA:200:8192. MACB}，SWC 优先级向量为{0. MACA:200:32768. MACC}，其中 Root Bridge ID 相同、RPC 相同，需要比较 Designate Bridge ID。由于 8192. MACB＜32768. MACC，所以 SWB 的配置 BPDU 优于 SWC 的配置 BPDU，SWB 侧的端口为指定端口，SWC 侧的端口为 Alternate 端口。

在图 6-23(b)的例子中，很容易确定 SWA 为根桥，SWA、SWB 和 SWC 的端口角色也可以确定，接下来确定 SWD 的端口角色。

经过 STP 计算，可知 SWD 优先级向量为{0. MACA:400:4096. MACD}，SWB 和 SWC 的优先级向量为{0. MACA:200:8192. MACB}和{0. MACA:200:32768. MACC}，均优于 SWD，且 8192. MACB＜32768. MACC，所以 SWD 连接 SWB 的端口为根端口，连接 SWC 的端口为 Alternate 端口。

在图 6-24(a)的组网中，根据根桥选举原则，很容易确定 SWA 为根桥，SWA 的端口均为指定端口，接下来确定 SWB 的端口角色。

经过 STP 计算，可知 SWB 从两个端口 E0/1 和 E0/2 收到 SWA 发送的配置 BPDU，优先级向量分别为{0. MACA:0:0. MACA:128. 1}和{0. MACA:0:0. MACA:128. 2}，其中 Root Bridge ID 相同、RPC 相同、Designate Bridge ID 也相同，此时需要比较 Designate Port ID。由于 128. 1＜128. 2，所以，SWB 确认端口 E0/1 为根端口，端口 E0/2 为 Alternate 端口。

图 6-24(b)的组网比较特殊，SWA 和 SWB 之间通过 Physical Segment 连接。首先可以

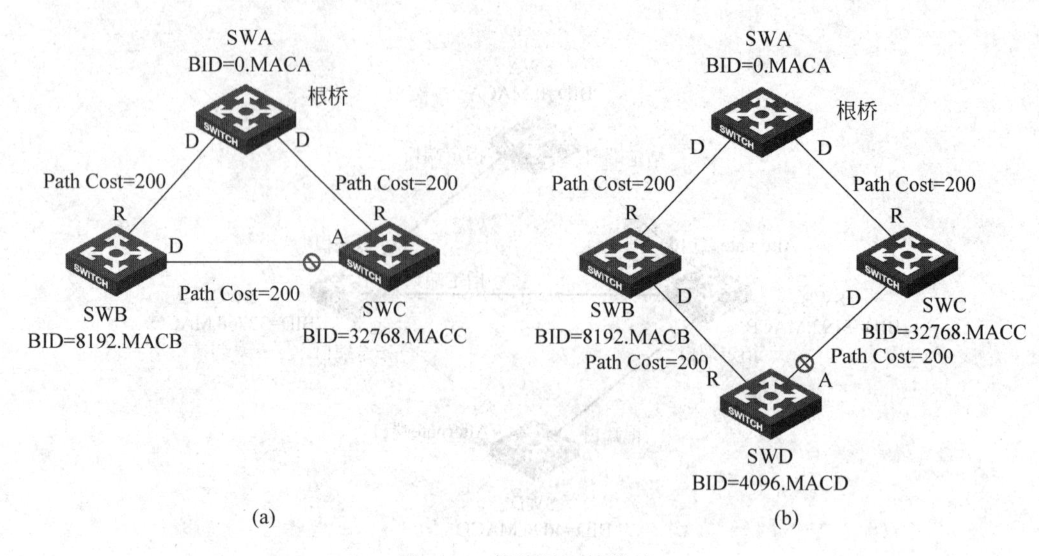

图 6-23 等路径开销计算

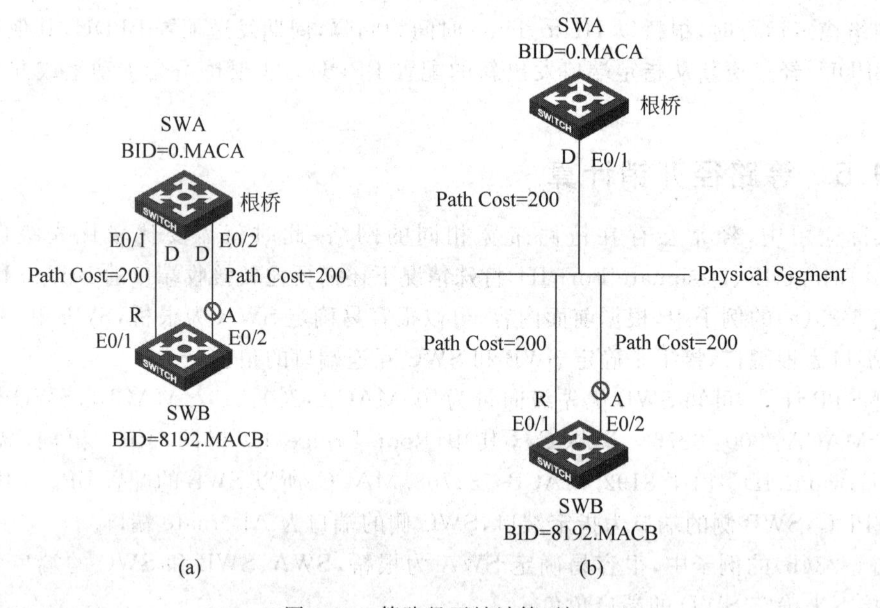

图 6-24 等路径开销计算(续)

确定 SWA 为根桥,SWA 的端口为指定端口,接下来确定 SWB 的端口角色。

经过 STP 计算,可知 SWB 从两个端口 E0/1 和 E0/2 收到 SWA 发送的配置 BPDU,优先级向量均为{0. MACA:0:0. MACA:128. 1}和{0. MACA:0:0. MACA:128. 1},其中 Root Bridge ID、RPC、Designate Bridge ID 和 Designate Port ID 都相同。此时需要通过比较 SWB 的接收端口 ID 来确定端口的角色,E0/1 和 E0/2 端口 ID 分别为 128. 1 和 128. 2,E0/1 端口 ID 小于 E0/2 的端口 ID,所以 SWB 确认 E0/1 为根端口,E0/2 为 Alternate 端口。

6.4.6 收到低优先级配置 BPDU 时的处理

在 STP 稳定运行期间,根桥以 Hello Time 为周期发送配置 BPDU,其他网桥从根端口接收配置 BPDU,经过更新从指定端口发送出去,每个网桥都进行同样的动作直到配置 BPDU 传播到网络中的每一个角落。图 6-25(a)表示的就是网络稳定运行期间，配置 BPDU 的发送方式。

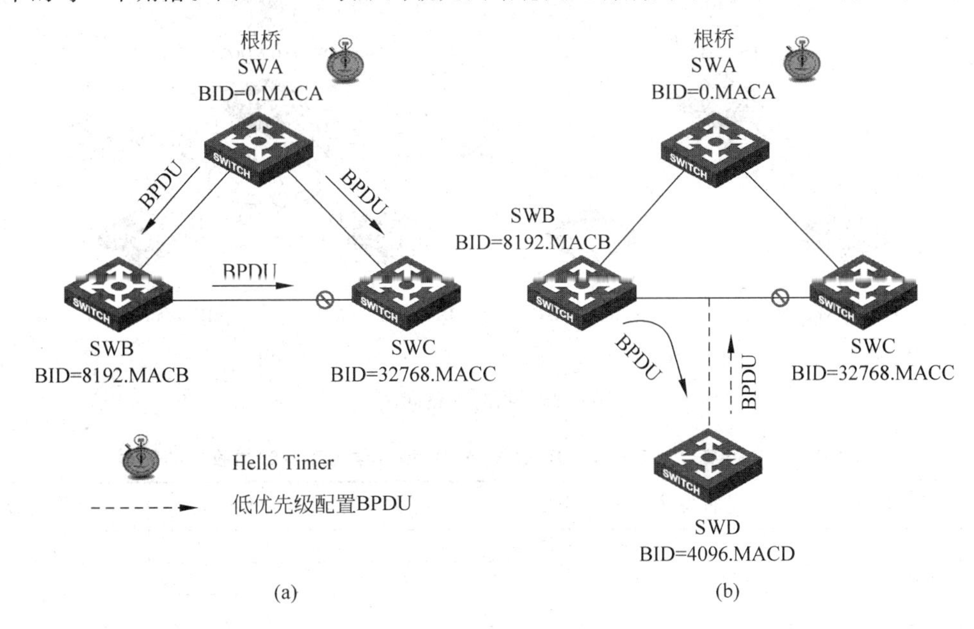

图 6-25 收到低优先级配置 BPDU 时的处理

通常，非根桥不会主动发送配置 BPDU，但是存在一种例外情况。当网桥在指定端口收到一个低优先级的配置 BPDU 时，网桥会立即回应一个配置 BPDU，这样可以保证新加入的网桥尽快地确认根桥和端口的角色，使得网络快速实现收敛，如图 6-25(b)所示。

网桥可以立即回应配置 BPDU 是因为网桥都会保存当前最优的配置 BPDU，该配置 BPDU 的生存期为 Max Age。当配置 BPDU 生存期超时后，网桥会重新认为自身是网络中的根桥，发送以自身为根的配置 BPDU。

6.5 STP 端口状态

网络拓扑收敛为一棵无环的树是通过网桥间交互配置 BPDU，并进行计算而得到的。STP 计算收敛需要一定的时间，当网络拓扑发生变化时，最优的配置 BPDU 需要经过一定的延时才能传播到整个网络，在所有网桥都收到最优配置 BPDU 之前可能会存在临时环路。

如图 6-26(a)所示，SWA、SWB 和 SWC 相连，根桥确认为 SWA，网桥各端口角色也已经确定，由于网络中不存在环路，所有端口均为转发状态。此处假设各链路开销值相同。

若在 SWC 和 SWA 之间新增加一条链路，如图 6-26(b)所示，SWC 从该链路收到 SWA 发送的配置 BPDU，经过计算，SWC 认为连接 SWA 的端口为新的根端口，并且经过配置 BPDU 的比较，SWC 认为连接 SWB 的端口为指定端口。可以发现，此时 SWA、SWB 以及 SWC 的所有端口或为根端口或为指定端口，均为转发状态，这样就产生了临时环路。只有当配置 BPDU 传播到每个网桥，SWB 经过计算阻塞其与 SWC 相连的端口后，环路才会消失。

STP 定义了 5 种端口状态：Disabled、Blocking、Listening、Learning 和 Forwarding。其中 Listening 和 Learning 状态为中间状态，为避免临时环路，当端口处在中间状态时，端口不能接收和发送数据。

STP 各端口状态对配置 BPDU 收发、MAC 地址学习以及数据收发的处理有所不同，总结如表 6-3 所示。

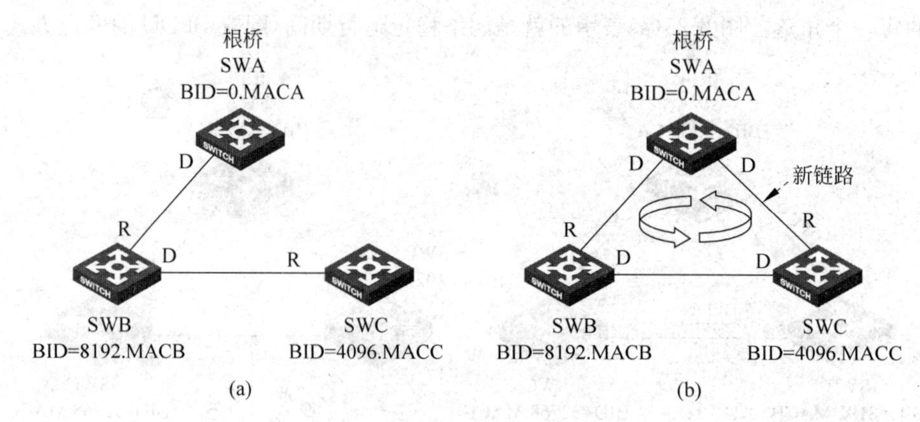

图 6-26 临时环路问题

表 6-3 STP 各端口状态对 BPDU 收发、MAC 地址学习以及数据收发的处理

STP 端口状态	是否发送配置 BPDU	是否进行 MAC 地址学习	是否收发数据
Disabled	否	否	否
Blocking	否	否	否
Listening	是	否	否
Learning	是	是	否
Forwarding	是	是	是

端口在中间状态的停留时长为 Forward Delay，默认为 15s。Forward Delay 是 STP 计算中非常重要的参数，它是根据 Hello Time 以及网络的直径综合计算得到的，用于确保配置 BPDU 有足够的时间传播到网络中的每一个角落，使得网络实现收敛。

在 Listening 状态，经过 Forward Delay 时长的配置 BPDU 交互，可以确保各网桥完成端口角色的确定，通过阻塞 Alternate 端口，即可防止临时环路的产生；在 Learning 状态，经过 Forward Delay 时长，可以确保各网桥有足够的时间进行 MAC 地址的学习，尽量减少由未知单播造成的广播。

如图 6-27 所示，当端口为 DOWN 时，处于 STP 定义的 Disabled 状态；当端口 UP 后，经过初始化会首先进入 Blocking 状态。由于端口在 STP 计算初期均会认为自己是指定端口，所以端口直接从 Blocking 状态进入第一个中间状态 Listening。

在 Listening 状态期间，端口通过交互配置 BPDU，完成角色的确认，在此期间端口不进行 MAC 地址学习也不能收发数据。如果端口最终被选为 Alternate 端口，端口会重新回到 Blocking 状态。如果端口角色确定为根端口或指定端口，当 Forward Delay 时间过去后，端口进入 Learning 状态。

在 Learning 状态期间，根端口和指定端口进行 MAC 地址的学习，但仍然不进行数据的收发。如果端口在 Learning 状态期间重新被选择为 Alternate 端口，则端口会回到 Blocking 状态；如果端口在 Learning 状态期间维持根端口、指定端口角色不变，则当 Forward Delay 时间过去后，端口会进入 Forwarding 状态。

在 Forwarding 状态根端口和指定端口开始收发数据。之后，如果端口被重新选择为 Alternate 端口，端口会直接回到 Blocking 状态。

在 Blocking、Listening、Learning 和 Forwarding 状态，如果端口 DOWN，则端口直接回到 Disabled 状态。

结合上一小节的例子，可以确定在网络拓扑稳定后，图 6-28 中网桥各端口的最终状态。

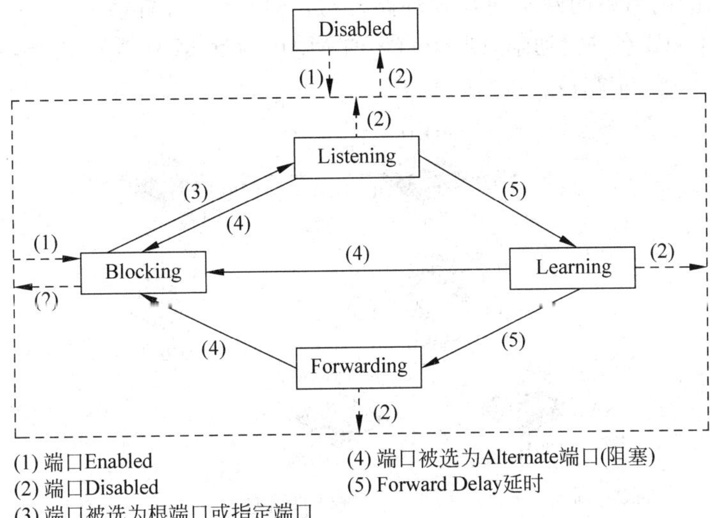

图 6-27 STP 端口状态机

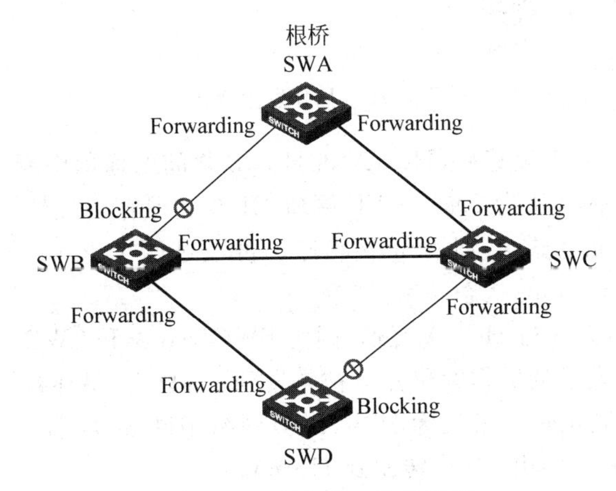

图 6-28 STP 端口状态示例

SWA 为网络中的根桥，其所有端口都为指定端口，所以 SWA 的两个端口均处于 Forwarding 状态。

SWB 连接 SWC 的端口为根端口，连接 SWD 的端口为指定端口，这两个端口处于 Forwarding 状态。SWB 连接 SWA 的端口为 Alternate 端口，处于 Blocking 状态。

SWC 连接 SWA 的端口为根端口，连接 SWB 和 SWC 的端口为指定端口，所以 SWC 的 3 个端口均为 Forwarding 状态。

SWD 连接 SWB 的端口为根端口，处于 Forwarding 状态；连接 SWC 的端口为 Alternate 端口，处于 Blocking 状态。

通过阻塞 SWB 和 SWD 的两个端口，网络拓扑最终收敛为树形拓扑。

6.6 STP 拓扑改变处理过程

当发生网桥故障、链路中断、新网桥加入等事件时，网络拓扑会发生变化，需要一段时间重新实现收敛。

图6-29所示的网络中的网桥间存在环路，经过STP计算，阻塞了SWE的端口E1/0/1。假设HostA和HostB在进行通信，则HostA的MAC地址MACA会被学习到SWD、SWB、SWA和SWC的E1/0/1端口。

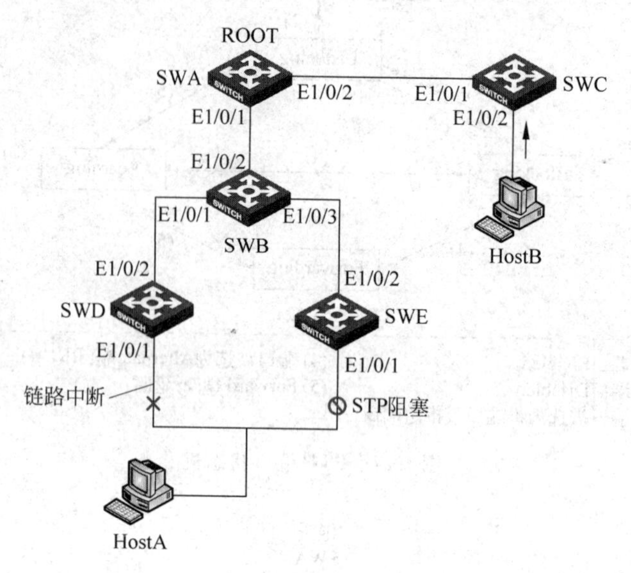

图6-29 拓扑发生变化

当SWD的端口E1/0/1故障后，HostA和HostB之间的通信中断。

经过Max Age时间(默认为20s)，SWE端口E1/0/1保存的配置BPDU老化，端口成为指定端口，从Blocking状态进入Listening状态。再经过两个Forward Delay时间(默认为2×15s)，端口进入Forwarding状态。

而此时HostB仍然无法与HostA互通，因为SWC、SWA和SWB上的MAC地址还没有老化，HostB对HostA发送的数据帧仍然会被转发到SWD上，最终被丢弃。

网桥的MAC地址老化时间默认为300s，即当网络中断300s后，经过MAC地址重新学习，HostB发送的数据帧才能由SWE转发到HostA。

300s的收敛时间会严重影响到网络应用，在实际应用中是不可接受的。

为减少拓扑改变收敛时间，STP使用TCN BPDU，使网络从中断到恢复之间的等待时间最长为Max Age+2×Forward Delay。

STP拓扑改变处理过程如下。

(1) 网桥感知到拓扑变化，产生TCN BPDU并从根端口发出，通知根桥。

(2) 如果上游网桥不是根桥，则上游网桥会将下一个要发送的配置BPDU中的TCA位置位，作为收到的TCN的确认，发送给下游网桥。

(3) 上游网桥从根端口发送TCN BPDU。

(4) 重复第(2)步和第(3)步，直到根桥收到TCN BPDU。

(5) 根桥收到TCN BPDU后，会将下一个要发送的配置BPDU中的TCA位置位，作为对收到的TCN的确认，根桥还会将该配置BPDU中的TC位置位，用于通知网络中的所有网桥网络拓扑发生了变化。

(6) 根桥在之后的Max Age+Forward Delay时间内，将发送的配置BPDU中的TC置位，当网桥收到根桥发送的TC置位的配置BPDU后，会将自身MAC地址老化时间由300s缩短为Forward Delay。

网桥发送 TCN BPDU 的周期为 Hello Time，即当网桥发送 TCN BPDU 后，如果 Hello Time 时间内没有收到 TCA 置位的配置 BPDU，则网桥会重复发送 TCN BPDU。如果网桥在 Hello Time 时间内收到 TCA 置位的配置 BPDU，则网桥停止从根端口发送 TCN BPDU。

结合上述 STP 拓扑改变处理原理，假设 Max Age 和 Forward Delay 均使用默认值。当图 6-30 中 SWD 端口 E1/0/1 故障后，其处理过程如下。

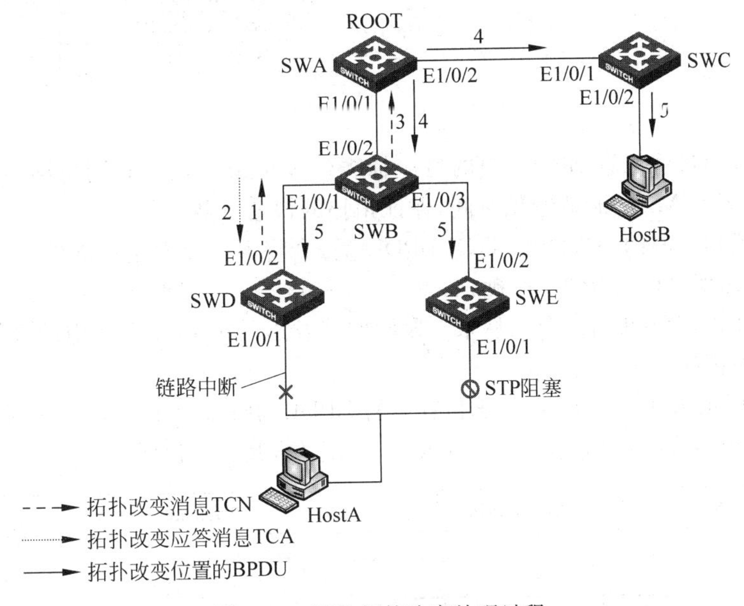

图 6-30 STP 拓扑改变处理过程

(1) SWD 会从根端口 E1/0/2 发送 TCN BPDU 给 SWB。

(2) SWB 收到 TCN BPDU 后，将下一个配置 BPDU 中的 TCA 置位并从端口 E1/0/1 发送给 SWD。

(3) SWB 从根端口 E1/0/2 发送 TCN BPDU 给 SWA。

(4) SWA 为根桥，将下一个配置 BPDU 中的 TCA 和 TC 置位并从指定端口 E1/0/1 和 E1/0/2 发送给 SWB 和 SWC。

(5) 此后(20+15)s 时间内，SWA 均将配置 BPDU 中的 TC 置位，各网桥收到 TC 置位的配置 BPDU 后，将 MAC 地址老化时间缩短为 15s。

经过拓扑改变处理，各网桥的老化时间均减小到 15s，大大加快了拓扑收敛的速度。结合之前的分析，在(20+15+15)s 之后 SWE 的端口 E1/0/1 会转变为转发状态，此时各网桥中旧的 MAC 地址已经老化，HostA 的 MAC 地址已经学习到 SWB 的端口 E1/0/3 和 SWE 的端口 E1/0/1。即最长 50s 之后，HostB 和 HostA 之间的通信就可以恢复。

如图 6-31 所示，TCN BPDU 和配置 BPDU 在结构上基本相同，也是由源/目的 MAC 地址、L/T 位、逻辑链路头以及载荷组成。但是 TCN BPDU 的载荷组成非常简单，只包含 3 部分信息：协议 ID、协议版本和 BPDU 类型。协议 ID、协议版本字段和配置 BPDU 相同，BPDU 类型字段的值为 0X80，表示该 BPDU 为 TCN BPDU。

TCN BPDU 有如下两个产生条件。

- 网桥上有端口转变为 Forwarding 状态，且该网桥至少包含一个指定端口。
- 网桥上有端口从 Forwarding 状态或 Learning 状态转变为 Blocking 状态。

当上述两个条件之一满足时，说明网络拓扑发生了变化，网桥需要使用 TCN BPDU 通知

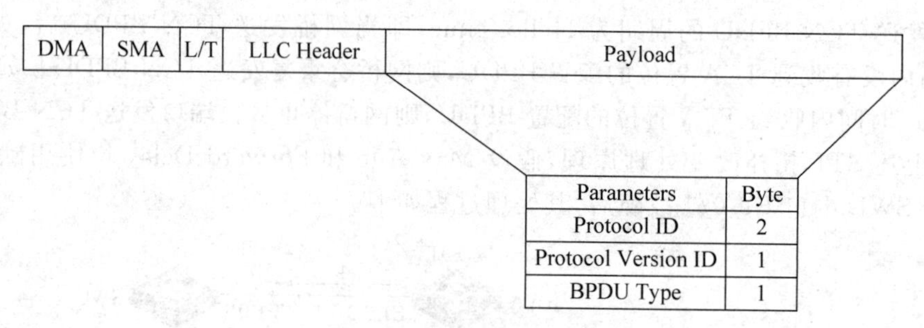

图 6-31 TCN BPDU

根桥。根桥可以通过将配置 BPDU 中的对应标志位置位来通知所有网桥网络拓扑发生了变化,需要使用较短的 MAC 地址老化时间,保证拓扑的快速收敛。

上游网桥收到下游网桥发送的 TCN BPDU 后,会将下一个发送的配置 BPDU 中的 TCA 标志位置位,表示对 TCN BPDU 的确认。

根桥收到 TCN BPDU 后,会在将来一段时间将发送的配置 BPDU 中的 TC 置位,用于通知所有网桥网络拓扑发生变化。

如图 6-32 所示为 TCA 和 TC 标志位在配置 BPDU 中的标志位字段。配置 BPDU 的标志位共 8 位,第 7 位为 TCA 标志位,第 0 位为 TC 标志位,其余 6 位保留。

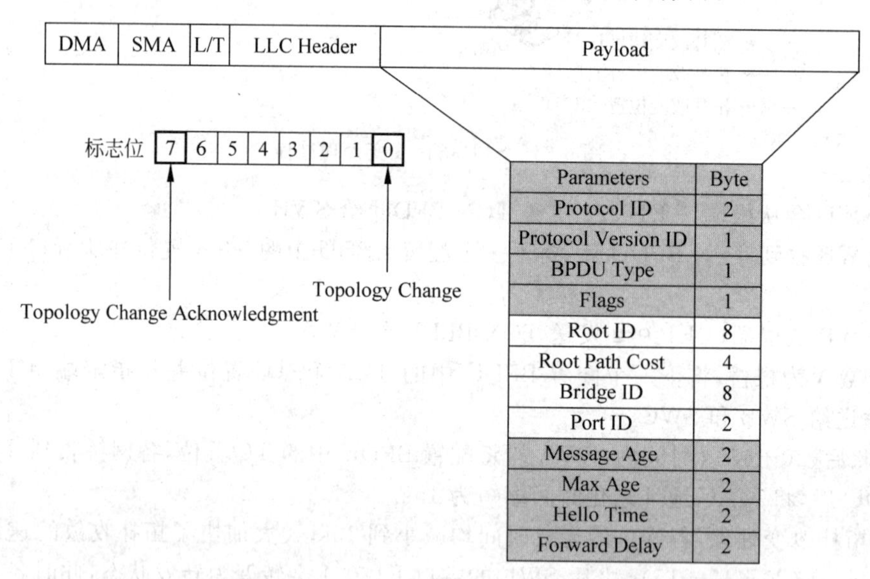

图 6-32 TCA 以及 TC 置位的配置 BPDU

如图 6-33 所示,当链路中断时,若 Max Age 和 Forward Delay 取默认值,则 STP 拓扑收敛时间分为最长 50s 和最长 30s 两种。假设有 3 个网桥,SWA、SWB 和 SWC,3 个网桥有不同的优先级,SWA 为根桥。

当 SWA 故障时,SWB 和 SWC 都不再收到来自根桥的 BPDU,它们会等待最长 20s 才发现根桥丢失,认为自己是新的根桥,并从所有端口发送以自己为根桥的配置 BPDU。SWC 发现 SWB 的 BPDU 优于自己的 BPDU,因此将以连接 SWB 的端口为新的根端口,以原根端口为指定端口。经过 15s 后,各端口由 Listening 进入 Learning 状态,再过 15s 后,进入 Forwarding 状态。网络中断最长 50s 之后重新收敛。

当 SWC 连接到 SWA 的根端口 DOWN 时,SWC 会立即发现根桥丢失,其阻塞端口会立

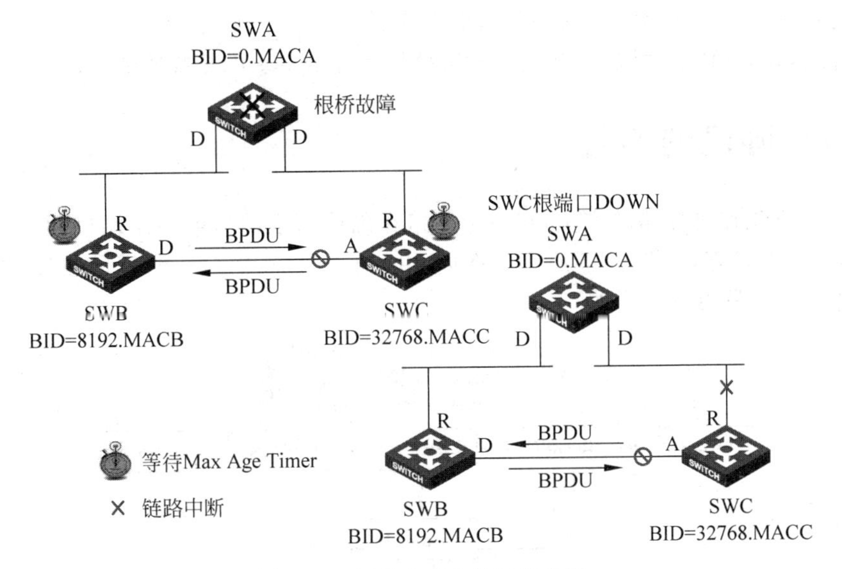

图 6-33 拓扑改变收敛时延分析

即进入 Listening 状态,并发送以自己为根桥的配置 BPDU。SWB 收到 SWC 发送的低优先级值的配置 BPDU,立即回复优先级高的以 SWA 为根的配置 BPDU,因此 SWB 连接到 SWC 的端口成为指定端口,SWC 连接到 SWB 的端口为根端口。15s 后,端口进入 Learning 状态,再过 15s 后,端口进入 Forwarding 状态。网络中断 30s 之后重新收敛。

当两个网桥之间新增加一条链路或两个网桥之间的故障链路恢复正常时,同样会触发整个网络重新进行 STP 计算。

在图 6-34 所示的组网中,首先 SWA 的端口 E1/0/1 和 SWB 的端口 E1/0/2 均会认为自己为指定端口,并进入 Listening 状态。

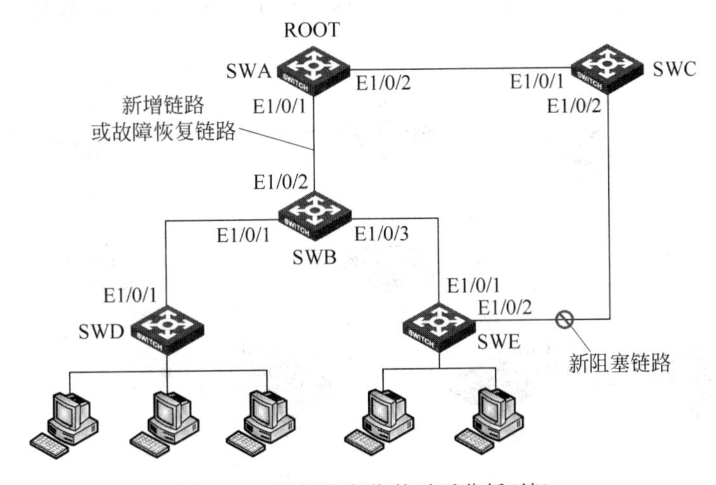

图 6-34 拓扑改变收敛时延分析(续)

在 Listening 状态端口交互配置 BPDU 完成角色的确定,SWA 的端口 E1/0/1 确定为指定端口,SWB 的端口 E1/0/2 确定为根端口,15s 后两个端口均进入 Learning 状态,在此期间其他网桥也会进行 STP 计算,其中 SWE 的端口 E1/0/2 确认为 Alternate 端口进入 Blocking 状态。

在 Learning 状态,SWA 的端口 E1/0/1 和 SWB 的端口 E1/0/2 学习 MAC 地址,15s 后两

个端口均进入 Forwarding 状态,网络重新恢复连通。

可以看到,在 STP 中,增加链路或故障链路恢复需要 30s 的拓扑收敛时间。

6.7 STP 协议的不足

STP 为了避免临时环路的产生,每一个端口在确认为根端口或指定端口后仍然需要等待 30s 才能进入转发状态,如图 6-35 所示。在此 30s 内,端口不能进行数据的收发,这对于一些对时延敏感的应用是不可接受的。

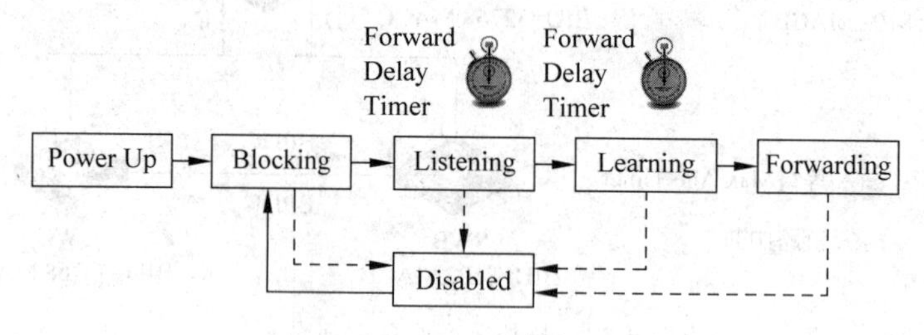

图 6-35 STP 收敛时间长

此外,对于拓扑不稳定的网络,经常需要重新进行 STP 计算,某些端口可能会长期处于阻塞状态,导致网络长时间的中断。

STP 定义了 TCN BPDU,可以使得网络拓扑变化时,在 50s 之内实现收敛。

TCN BPDU 产生的条件之一是网桥有端口转变为 Forwarding 状态,且该网桥至少包含一个指定端口。

如图 6-36 所示的组网中,当网络中有大量的用户主机时,由于用户主机位置不固定,可能会频繁地上下线,这样会使得交换机频繁发送 TCN BPDU,导致网桥 MAC 地址老化时间长期保持为 15s。MAC 地址频繁地刷新会导致网络充斥大量由未知单播造成的广播报文,严重影响网络中的应用。

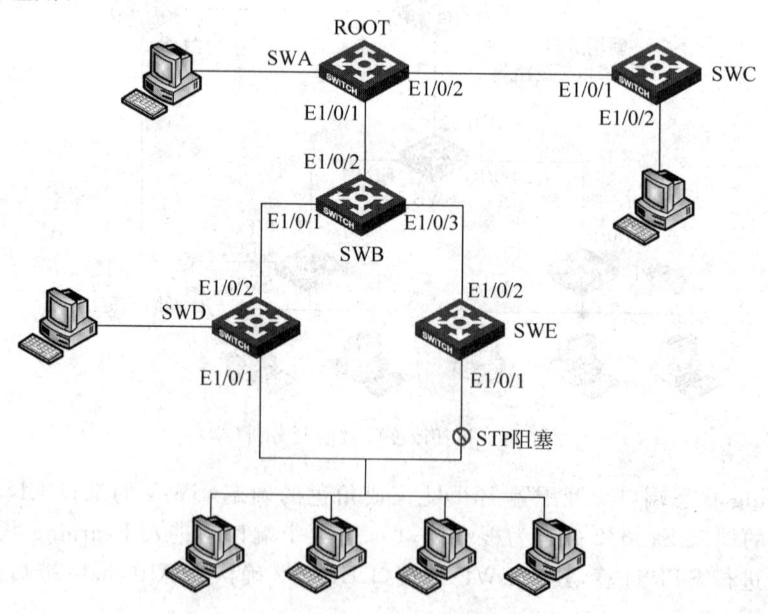

图 6-36 拓扑变化收敛机制不灵活

6.8 本章总结

(1) STP 消除环路的基本思想。
(2) STP 中的基本概念。
(3) STP 计算过程。
(4) STP 中端口的状态。
(5) STP 拓扑改变处理过程。
(6) STP 的不足。

6.9 习题和答案

6.9.1 习题

(1) STP 端口角色分为( )。
A. 根端口
B. 指定端口
C. Backup 端口
D. Alternate 端口
(2) STP 计算所需要的优先级向量包含( )参数。
A. Root ID
B. Root Path Cost
C. Forwarding Delay
D. Bridge ID
E. Port ID
(3) STP 计算任务包含( )。
A. 根桥选举
B. 根端口确定
C. 指定端口确定
D. Alternate 端口确定
(4) TCN BPDU 的产生条件包含( )。
A. 网桥有端口转变为 Forwarding 状态,且该网桥至少包含一个指定端口
B. 网桥有端口从 Forwarding 状态或 Learning 状态转变为 Blocking 状态
C. 网桥有端口从 Listening 状态转变为 Blocking 状态
D. 网桥有端口从 Blocking 状态转变为 Listening 状态
(5) STP 协议的不足有( )。
A. STP 不能确保环路的消除
B. STP 无法实现流量在 VLAN 间的负载分担
C. STP 收敛时间较长
D. STP 收敛机制不够灵活

6.9.2 习题答案

(1) ABD (2) ABDE (3) ABCD (4) AB (5) BCD

第7章

RSTP

STP收敛速度慢,收敛机制不够灵活。RSTP作为STP的改进版本,实现了STP的所有功能,并且在STP的基础上减少了端口状态,增加了端口角色,改变了配置BPDU的发送方式等,当网络拓扑发生变化时可以实现快速收敛。

本章首先对RSTP和STP的协议作对比,然后分析RSTP的技术细节,包括RSTP的快速收敛、RSTP和STP的兼容等内容,最后介绍RSTP的配置。

7.1 本章目标

学习完本课程,应该能够:

- 掌握RSTP和STP的不同点;
- 掌握RSTP快速收敛机制;
- 掌握RSTP拓扑改变处理过程;
- 掌握RSTP和STP的兼容;
- 掌握RSTP相关配置。

7.2 RSTP引入

STP可以消除二层网络中的环路并为网络提供冗余性,但是STP的收敛时间最长需要50s,相对于三层协议OSPF或VRRP秒级的收敛速度,STP无疑成为影响网络性能的一个瓶颈。为解决STP收敛速度慢的问题,IEEE在STP的基础上进行了改进,推出了快速生成树版本——RSTP。

RSTP(Rapid Spanning Tree Protocol,快速生成树协议)的IEEE标准为IEEE 802.1w,其消除环路的基本思想和STP保持一致。RSTP具备了STP的所有功能,支持RSTP的网桥可以和支持STP的网桥一同运行。

和STP相比,RSTP的改进之处包括:

- RSTP减少了端口的状态;
- RSTP增加了端口的角色;
- RSTP配置BPDU的格式和发送方式有所改变;
- 当网络拓扑发生变化时,RSTP处理方式不同,可以实现更为快速的收敛。

7.2.1 RSTP的端口状态

在STP中端口状态和端口运行方式并没有细致区分,例如从端口运行角度看,端口处于Blocking状态和处于Listening状态没有任何区别,因为在这两种状态下端口都无法收发数据,也不进行 MAC 地址的学习。

如表 7-1 所示,RSTP 将端口状态分为 Discarding、Learning 和 Forwarding 状态。STP 中的 Disabled、Blocking 和 Listening 状态在 RSTP 中都对应为 Discarding 状态。

表 7-1 RSTP 的端口状态

STP 端口状态	RSTP 端口状态	是否发送 BPDU	是否进行 MAC 地址学习	是否收发数据
Disabled	Discarding	否	否	否
Blocking	Discarding	否	否	否
Listening	Discarding	是	否	否
Learning	Learning	是	是	否
Forwarding	Forwarding	是	是	是

进行 RSTP 计算时,端口会在 Discarding 状态完成角色的确定,当端口确定为根端口和指定端口后,经过 Forward Delay 端口会进入 Learning 状态;当端口确定为 Alternate 端口,端口会维持在 Discarding 状态。

处于 Learning 状态的端口其处理方式和 STP 相同,开始学习 MAC 地址并在 Forward Delay 后进入 Forwarding 状态开始收发数据。

在实际运行中,由于 RSTP 提供了快速收敛机制,端口从 Discarding 状态转换到 Forwarding 状态的时间,通常远小于 30s。

7.2.2 RSTP 的端口角色

RSTP 中根端口和指定端口角色的定义和 STP 相同。每一个非根桥都有一个根端口,从该端口出发到达根桥的路径,是本网桥到达根桥的所有路径中最优的。每一个 Physical Segment 都会选举一个指定桥,指定桥在 Physical Segment 上的端口即本 Physical Segment 的指定端口,指定端口拥有该 Physical Segment 上最优的配置 BPDU。

如图 7-1 所示,RSTP 将 STP 中的 Alternate 端口角色进一步划分为两种,其中一种角色为 Backup,另一种角色名称仍为 Alternate。具体划分原则如下。

- 当阻塞端口收到的更优的配置 BPDU 来自于其他网桥时,该端口为 Alternate 端口;
- 当阻塞端口收到的更优的配置 BPDU 来自于本网桥时,该端口为 Backup 端口。

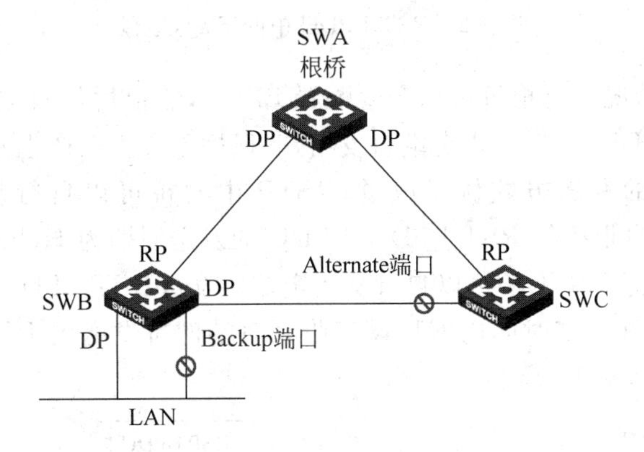

图 7-1 RSTP 的端口角色

Alternate 端口为网桥提供了一条到达根桥的备用路径,用于为根端口做备份;Backup 为网桥提供了到达同一个 Physical Segment 的冗余路径,用于为指定端口做备份。

7.2.3 RSTP的BPDU格式及发送方式

RST BPDU格式和STP的BPDU格式非常相似,仅在如下几个字段有所不同。

- BPDU协议版本号为0x02,表示为RSTP。
- BPDU类型变为0x02,表示为RST BPDU。
- RSTP使用了Flags字段的全部8位。
- RSTP在BPDU的最后增加了Version1 Length字段。该字段值为0x00,表示本BPDU中不包含Version1内容。

如图7-2所示,在RST BPDU的Flags(标志位)字段中,除TC以及TCA标志位,还包含快速收敛机制使用的P/A标志位、表示端口状态的标志位以及表示端口角色的标志位。其中,各标志位的具体含义如下。

- 第0位为TC标志位,和STP相同。
- 第1位为Proposal标志位,该位置位表示该BPDU为快速收敛机制中的Proposal报文。
- 第2位和第3位为端口角色标志位,00表示端口角色未知;01表示端口为Alternate或Backup端口;10表示端口为根端口;11表示端口为指定端口。
- 第4位为Learning标志位,该位置位表示端口处于Learning状态。
- 第5位为Forwarding标志位,该位置位表示端口处于Forwarding状态。
- 第6位为Agreement标志位,该位置位表示该BPDU为快速收敛机制中的Agreement报文。
- 第7位为TCA标志位,和STP相同。

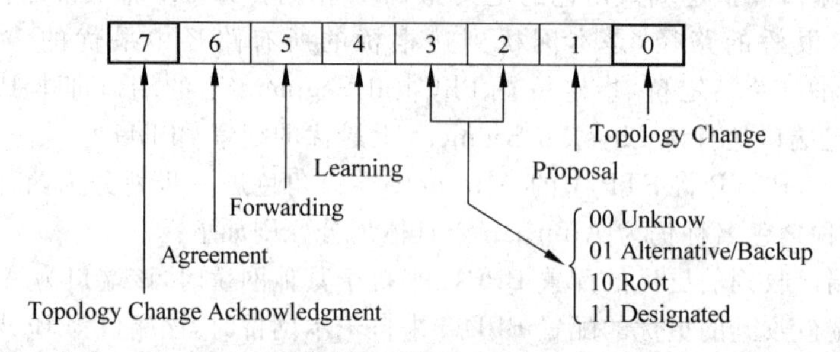

图7-2 RST BPDU中的Flags字段

在STP中,通常情况只有根桥可以产生配置BPDU,非根桥从根端口接收配置BPDU并更新为自己的配置BPDU,然后从指定端口发出,非根桥不会主动产生并发送配置BPDU。

RSTP对BPDU的发送方式做了改进,RSTP中网桥可以自行从指定端口发送RST BPDU,不需要等待来自根桥的RST BPDU,BPDU的发送周期为Hello Time。

图7-3中,由于RSTP中网桥可以自行从指定端口发送RST BPDU,所以在网桥之间可以提供一种保活机制,即在一定时间内网桥没有收到对端网桥发送的RST BPDU,即可认为和对端网桥的连接中断。

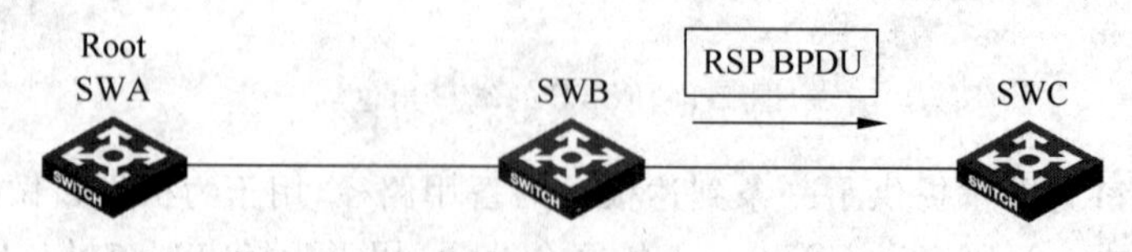

图7-3 RSTP中BPDU的处理

STP 不支持这种保活机制，因为 STP 中配置 BPDU 仅由根桥产生，其他网桥仅对配置 BPDU 进行中继，传递路径上的任何故障都可能导致接收者无法收到配置 BPDU，所以网桥在一段时间内收不到配置 BPDU 不能判断为与对端网桥连接中断。

RSTP 规定，若在 3 个连续的 Hello Time 时间内网桥没有收到对端指定桥发送的 RST BPDU，则网桥端口保存的 RST BPDU 老化，认为与对端网桥连接中断。新的老化机制大大加快了拓扑变化的感知，从而可以实现快速收敛。

在 STP 中只有指定端口收到低优先级的配置 BPDU 时，才会立即回应。处于阻塞状态的端口不会对低优先级的配置 BPDU 做出响应。

在 RSTP 中，如果阻塞状态的端口收到低优先级的 RST BPDU，也可以立即对其做出回应。

图 7-4 所示的网络中 SWA 为根桥，SWC 阻塞和 SWB 相连的端口。当 SWB 和根桥之间的链路中断时，SWB 会发送以自己为根桥的 RST BPDU，SWC 收到 SWB 发送的 RST BPDU 后，经过比较，得知该 RST BPDU 为低优先级的 RST BPDU，所以 SWC 的端口会立即对该 RST BPDU 做出回应，发送优先级更高的 RST BPDU。SWB 收到 SWC 发送的 RST BPDU 后，将会停止发送 RST BPDU，并将和 SWC 连接的端口确定为根端口。

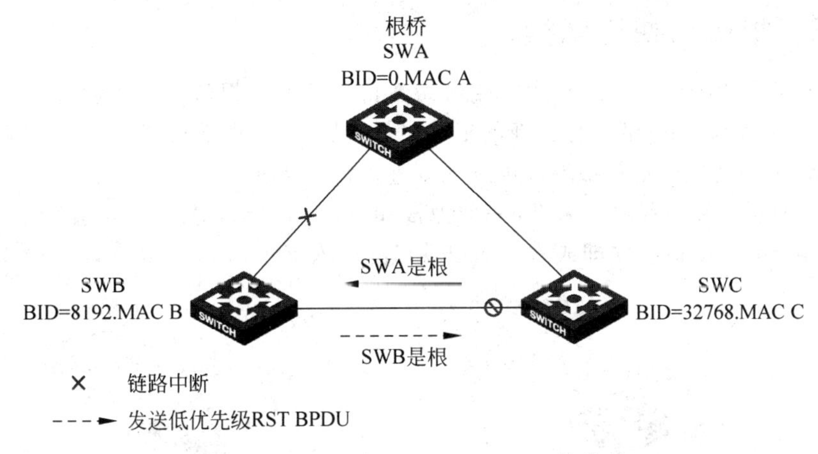

图 7-4 收到低优先级 RST BPDU 的处理

7.3 RSTP 的快速收敛

在 STP 中，为避免临时环路，端口从使能到进入转发状态需要等待默认 30s，如果想缩短这个时间，只能通过手工方式将 Forward Delay 设置为较小的值。但是 Forward Delay 是由 Hello Time 和网络直径共同决定的一个参数，如果将 Forward Delay 设置得太小，可能会导致临时环路的产生，影响网络的稳定性。

RSTP 从根本上进行了改进，定义了多种快速收敛机制，包括边缘端口机制、根端口快速切换机制、指定端口快速切换机制。其中指定端口快速切换机制也称为 P/A 机制。

7.3.1 边缘端口

当端口直接与用户终端相连，而没有连接到其他网桥或局域网网段上时，该端口即为边缘端口。

如图 7-5 所示，边缘端口连接的是终端，当网络拓扑变化时，边缘端口不会产生临时环路，所以边缘端口可以略过两个 Forward Delay 的时间，直接进入 Forwarding 状态，无须任何延时。

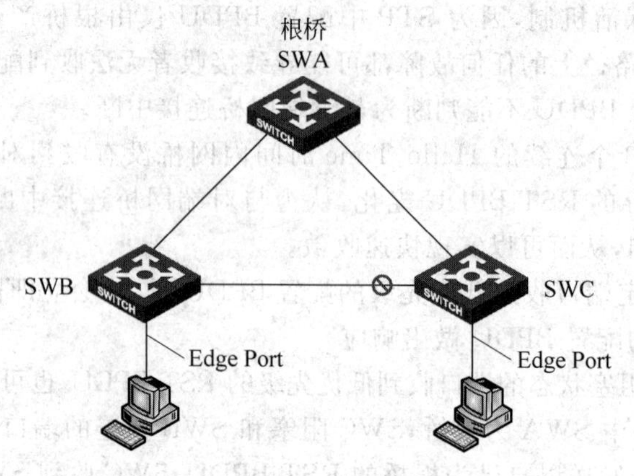

图 7-5 边缘端口

由于网桥无法自动判断端口是否直接与终端相连，所以用户需要手工将与终端连接的端口配置为边缘端口。

7.3.2 根端口快速切换

RSTP 定义了 Alternate 端口，为根端口做备份。当旧的根端口进入阻塞状态，网桥会选择优先级最高的 Alternate 端口作为新的根端口，如果当前新根端口连接的对端网桥的指定端口处于 Forwarding 状态，则新根端口可以立刻进入转发状态。

如图 7-6 所示，SWB 有两个端口，一个为根端口，另一个为 Alternate 端口。当根端口链路中断时，Alternate 端口会立即成为新的根端口并进入 Forwarding 状态，期间不需要延时。

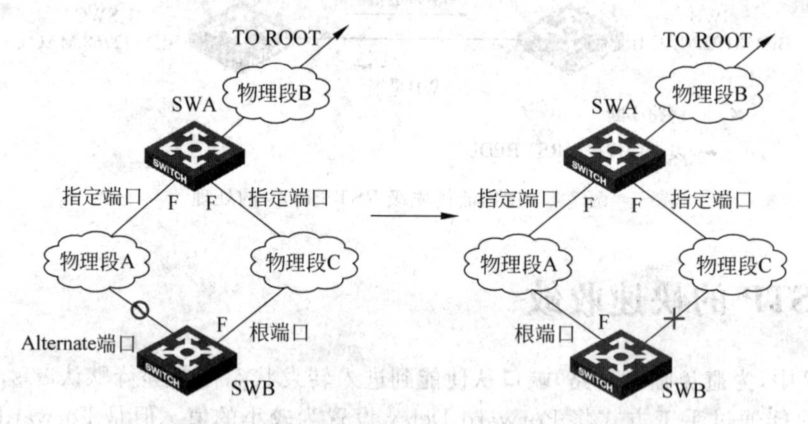

图 7-6 根端口快速切换

7.3.3 指定端口快速切换

当网络中增加新的链路或故障链路恢复时，链路两端必然有一个端口的角色是指定端口，在 STP 中，该指定端口需要等待默认 30s 才会进入 Forwarding 状态。

RSTP 定义了 Proposal/Agreement 机制(P/A 机制)，指定端口通过与对端网桥进行一次握手，即可快速进入转发状态，期间不需要任何定时器。P/A 机制的前提条件是：握手必须在点到点链路进行。有点到点链路作为前提，P/A 机制可以实现网络拓扑的逐链路收敛，而不必像 STP，需要被动等待 30s 以确保全网实现收敛。

当新链路连接时，链路两端的端口初始都为指定端口并处于阻塞状态。当指定端口处于

Discarding 状态和 Learning 状态，其所发送的 RST BPDU 中 Proposal 位将被置位，端口角色位为 11，表示端口为指定端口。收到 Proposal 置位的 RST BPDU 后，网桥会判断接收端口是否为根端口，如果是，网桥会启动同步过程。同步过程指网桥阻塞除边缘端口之外的所有端口，在本网桥层面消除环路产生的可能。

如图 7-7 所示，SWB 收到 SWA 发送的 Proposal 置位的 RST BPDU，并且经过判断接收该 RST BPDU 的端口为根端口，则 SWB 会启动同步过程。SWB 有 3 个下行端口，分别为 Alternate 端口、指定端口和边缘端口，由于边缘端口不需要阻塞，而 Alternate 端口已经阻塞，所以这两个端口为已同步端口。SWB 只需要进一步将指定端口阻塞即可完成同步过程。

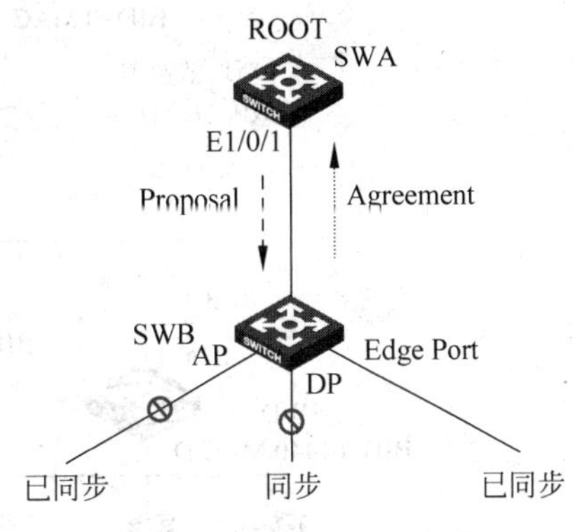

图 7-7　指定端口快速切换

当 SWB 完成同步后，SWB 的根端口将进入转发状态并向 SWA 发送 Agreement 置位的 RST BPDU，该 RST BPDU 的内容复制自 SWA 发送的 Proposal 置位的 RST BPDU，其中唯一不同的地方在于 Flags 字段的内容。

在 SWB 回应的 Agreement 置位的 RST BPDU 中，除 Agreement 位置位，Forwarding 位也置位，表示 SWB 同意 SWA 立即进入转发状态；此外，端口角色位为 10，表明 SWB 回应该 RST BPDU 的端口为 SWB 的根端口。

SWA 收到 SWB 发送的 Agreement 置位的 RST BPDU 后，指定端口 E1/0/1 将立即进入转发状态。此时，SWB 的指定端口仍然处于阻塞状态，该端口将和下游网桥重复上述的 P/A 过程。这样逐链路进行收敛，最终实现全网的收敛。

通过一个例子进一步阐述 P/A 机制的处理过程。

网络中有网桥 SWA、SWB、SWC、SWD 和 SWE，初始时网络拓扑不存在环路，各网桥端口均处于转发状态。

在 SWA 和 SWB 之间增加一条链路后，P/A 机制处理过程如下。

(1) SWA 从端口 E1/0/1 发送 Proposal 置位的 RST BPDU 给 SWB。

(2) SWB 收到 Proposal BPDU 后，判断 E1/0/2 为根端口，启动同步过程阻塞指定端口 E1/0/1 和 E1/0/3 避免环路产生，然后将根端口 E1/0/2 设置为转发状态，并向 SWA 回复 Agreement BPDU。

(3) SWA 收到 Agreement BPDU 后，指定端口 E1/0/1 立即进入转发状态。

(4) SWB 从处于同步状态的非边缘指定端口 E1/0/1 和 E1/0/3 发送 Proposal BPDU。

(5) SWD 收到 Proposal BPDU 后，判断 E1/0/1 为根端口，启动同步过程，由于 SWD 的下游端口均为边缘端口已经实现同步，故 SWD 直接向 SWB 回复 Agreement BPDU。

(6) SWB 收到 SWD 发送的 Agreement BPDU 后，端口 E1/0/1 立即进入转发状态。

(7) SWE 收到 Proposal BPDU 后，判断 E1/0/1 为根端口，启动同步过程，SWE 的下游端口包括边缘端口和旧的根端口，边缘端口已经实现同步，SWE 需要阻塞旧的根端口 E1/0/2，然后 SWE 向 SWB 回复 Agreement BPDU。

(8) SWB 收到 SWE 发送的 Agreement BPDU 后，端口 E1/0/3 立即进入转发状态。

(9) 经过比较，SWE 的端口 E1/0/2 为 Alternate 端口而非指定端口，该端口在新的拓扑中将处于阻塞状态，P/A 收敛过程结束。

从图 7-8 所示的处理过程可以看到，P/A 机制没有依赖任何定时器，可以实现快速的收敛。

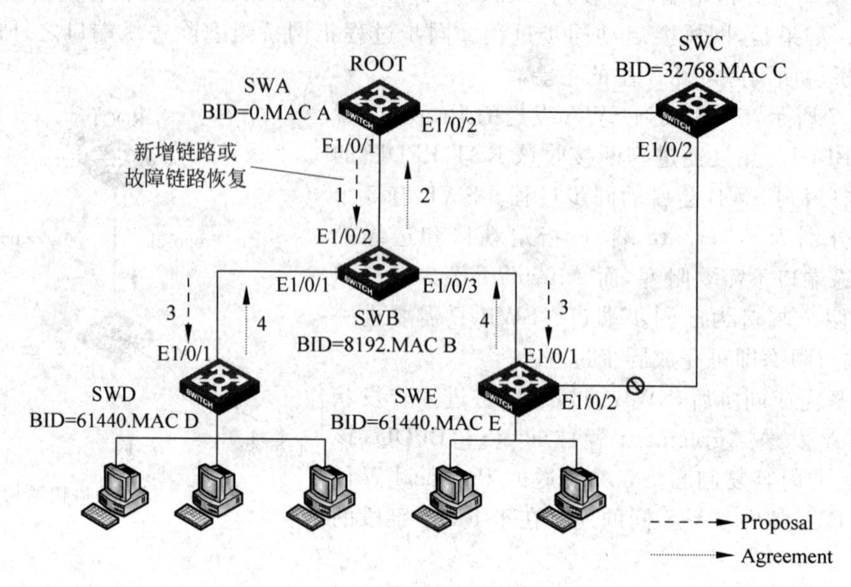

图 7-8 通过 P/A 机制实现快速收敛

如果指定端口发出 Proposal BPDU 后没有收到 Agreement BPDU，则该端口将切换到 STP 方式，需要等待 30s 才能进入转发状态。

7.4 RSTP 中的拓扑改变处理

在 STP 中，端口变为 Forwarding 状态，或从 Forwarding 状态到 Blocking 状态均会触发拓扑改变处理过程。和 STP 相比，RSTP 优化了拓扑改变触发条件，其拓扑改变触发条件只有一个：非边缘端口转变为 Forwarding 状态。在 RSTP 中，链路中断将不会直接触发拓扑改变处理过程。

当网桥由非边缘端口转变为 Forwarding 状态时，网桥会在两倍的 Hello Time 时间内向根端口以及其他所有指定端口发送 TC 置位的 RST BPDU，同时会清除这些端口学习到的 MAC 地址。

当其他网桥收到 TC 置位的 RST BPDU 后，会清除接收 TC 报文的端口以及边缘端口之外的其余端口的 MAC 地址，并在两倍 Hello Time 时间内向指定端口和根端口发送 TC 置位的 RST BPDU。

通过这种方式，拓扑改变消息会快速泛洪到整个网络，而不必等待根桥来通知各网桥网络拓扑发生了变化。

如图 7-9 所示，和 STP 的拓扑改变处理过程相比，RSTP 的拓扑改变处理过程不再使用 TCN BPDU，而使用 TC 置位的 RST BPDU 取代 TCN BPDU，并且通过泛洪方式快速通知到整个网络。

RSTP 网桥在收到 TC 置位的 RST BPDU 后，不需要在 Max Age +Forward Delay 时间内将 MAC 地址老化时间设置为 Forward Delay，而是直接清除端口的 MAC 地址，重新进行学习，从而实现更为快速的收敛。

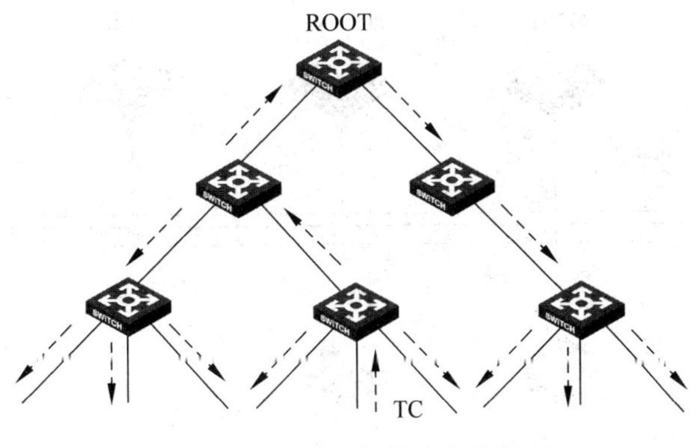

图 7-9 RSTP 拓扑改变处理

7.5 RSTP 和 STP 的兼容

RSTP 是 STP 的改进版本,可以支持 STP 的所有功能,也可以和 STP 兼容运行。当运行 RSTP 的网桥的端口连续 3 次接收到配置 BPDU,则网桥认为该端口和 STP 网桥相连,该端口将切换到 STP 运行。

切换到 STP 的 RSTP 端口将丧失快速收敛特性。即从阻塞到转发需要等待默认30s。建议当网络中出现 STP 和 RSTP 混用的情况时,将 STP 设备放在网络边缘,从而将影响范围降到最小。

图 7-10 中,SWA 和 SWB 运行 RSTP,而 SWC 运行 STP,由于 RSTP 可以兼容 STP 但是 STP 无法兼容 RSTP,所以 SWC 会将收到的 SWA 发送的 RST BPDU 丢弃,从而认为自己是网络中的根桥,发送以 SWC 为根桥的配置 BPDU。

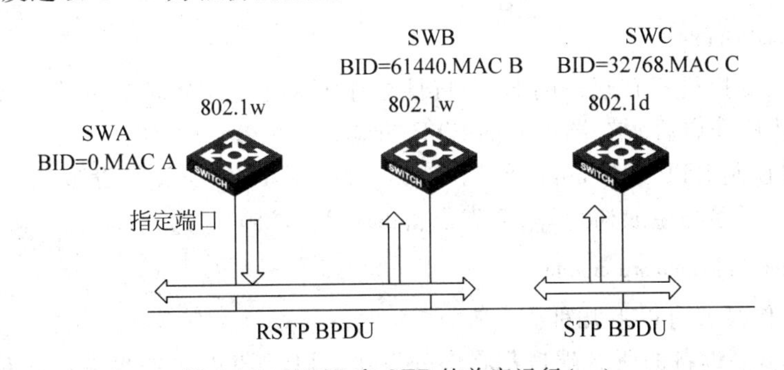

图 7-10 RSTP 和 STP 的兼容运行(一)

SWA 连续 3 次收到 SWC 发送的低优先级的配置 BPDU 后,会将端口切换到 STP 模式,发送配置 BPDU。SWC 收到 SWA 发送的配置 BPDU 后,认为 SWA 为根桥,将和 SWA 相连的端口确定为根端口。

注意: SWA 仅将和 SWC 相连的端口切换到 STP 模式,不会改变其他端口的 STP 模式。

当运行 STP 的网桥移除后,由 RSTP 模式切换到 STP 模式的端口仍将运行在 STP 模式。

图 7-11 中,将运行 STP 的网桥 SWC 移除后,SWA 无法感知到这个变化,SWA 原来和 SWC 相连的端口仍然将运行在 STP 模式。这样可以维持运行的稳定,防止模式频繁切换,但是牺牲了收敛时间。

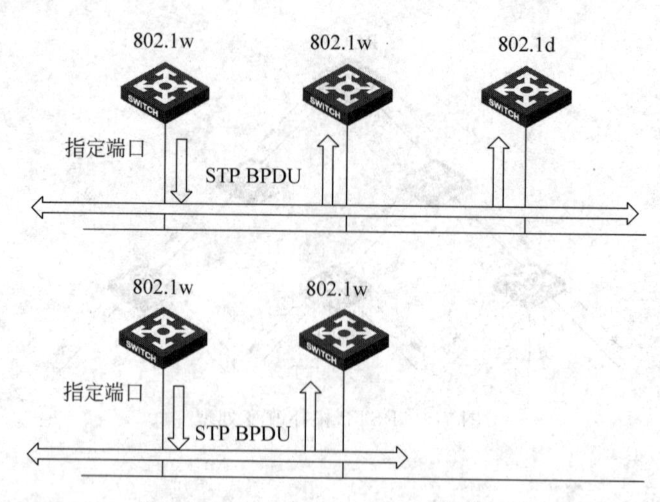

图 7-11 RSTP 和 STP 的兼容运行(二)

如果需要将 SWA 的端口模式切换回 RSTP,需要手动进行配置。

7.6 RSTP 的配置

7.6.1 基本配置

RSTP 的基本配置包含使能和去使能 STP 功能,以及配置 STP 的工作模式。

stp global enable 命令用来全局使能生成树协议,stp enable 命令用来在端口使能生成树协议。undo stp enable 命令用来关闭端口的 STP 特性。

在系统视图下全局使能生成树协议:

```
[H3C]stp global enable
```

默认情况下,交换机所有端口的 STP 特性处于开启状态,全局 STP 特性处于关闭状态。设备全局 STP 特性开启后所有端口上的 STP 功能即可生效。

为了灵活地控制 STP 工作,可以使用 undo stp enable 命令关闭设备上特定端口的 STP 特性,使这些端口不参与生成树计算,节省设备的 CPU 资源。

```
[H3C-Ethernet0/1] undo stp enable
```

生成树的工作模式有以下几种。

(1) STP 模式:设备的所有端口都将向外发送 STP BPDU。如果端口的对端设备只支持 STP,可选择此模式。

(2) RSTP 模式:设备的所有端口都向外发送 RSTP BPDU。当端口收到对端设备发来的 STP BPDU 时,会自动迁移到 STP 模式;如果收到的是 MSTP BPDU,则不会进行迁移。

(3) PVST 模式:设备的所有端口都向外发送 PVST BPDU,每个 VLAN 对应一棵生成树。进行 PVST 组网时,若网络中所有设备的生成树维护量(使能生成树协议的 VLAN 数×使能生成树协议的端口数)达到一定数量,会导致 CPU 负荷过重,不能正常处理报文,引起网络震荡。

(4) MSTP 模式:设备的所有端口都向外发送 MSTP BPDU。当端口收到对端设备发来的 STP BPDU 时,会自动迁移到 STP 模式;如果收到的是 RSTP BPDU,则不会进行迁移。

在系统视图下使用 stp mode 命令来设置 STP 的工作模式：

```
[H3C]stp mode {mstp|pvst|rstp|stp}
```

默认情况下，生成树的工作模式为 MSTP 模式。

7.6.2 RSTP 中的可选参数

RSTP 可选参数包括如下几个。

- 网桥的优先级(Bridge Priority)。
- 端口的优先级(Port Priority)。
- 端口对应链路的路径开销(Port Path Cost)。
- 三个重要的定时器参数(Hello Time/Max Age/Forward Delay)。
- 整个交换网络的直径(Bridge Diameter)。

其中端口的优先级和端口对应链路的路径开销在端口视图配置，其余参数在系统视图配置。每一个参数均有默认值，以及取值范围，如表 7-2 所示。

表 7-2 RSTP 可选参数

参数名称	默认值	取值范围	配置视图
Bridge Priority	32768	0～61440(步长:4096)	系统视图
Port Priority	128	0～1024(步长:16)	端口试图
Port Path Cost	20	1～200000	端口试图
Max Age	20s	6～40	系统视图
Hello Time	2s	1～10	系统视图
Forward Delay	15s	4～30	系统视图
Bridge Diameter	7	2～7	系统视图

7.6.3 桥优先级配置

交换机的桥 ID 由桥优先级以及 MAC 地址组成，优先级的大小决定了这台设备是否能够被选作生成树的根桥。数值越小表示优先级越高，通过配置较小的优先级，可以达到指定某台设备成为生成树根桥的目的。可以通过配置命令改变交换机的优先级：

```
[H3C] stp priority bridge-priority
```

桥优先级字段共 16 位，包含优先级位和 0 比特两部分，其中优先级位位于桥优先级的高 4 位，桥优先级的低 12 位固定为 0，在 STP 中没有使用，所以桥优先级的取值范围为 0～61440，且步长为 4096。如果交换机没有配置桥优先级，其默认优先级为 32768。

7.6.4 路径开销配置

根路径开销是 STP 确定根端口角色时用到的重要参数。根路径开销是网桥从本网桥端口到根桥所经过的所有链路的开销之和。链路开销是由端口配置的 Cost 值决定的。通过命令可以改变端口开销的值：

```
[H3C-Ethernet0/1] stp cost cost
```

IEEE 802.1D 和 IEEE 802.1t 定义了不同速率和工作模式下的以太网链路(端口)开销，H3C 则根据实际的网络运行状况优化了开销的数值定义，指定了私有标准。可以通过命令改变设备支持的端口开销标准：

```
[H3C] stp pathcost-standard {dot1d-1998|dot1t|legacy}
```

7.6.5 端口优先级配置

根据配置 BPDU 的比较原则，当优先级向量中根桥 ID、根路径开销、指定桥 ID 都相同时需要比较指定端口 ID，而当指定端口 ID 也相同时，需要比较网桥接收端口的 ID。

端口 ID 由端口优先级和端口索引两部分组成，如图 7-12 所示。通过改变端口优先级可以改变端口 ID 的优劣，数值越小表示优先级越高，通过配置较小的端口优先级，可以使得该端口具有更优的端口 ID。

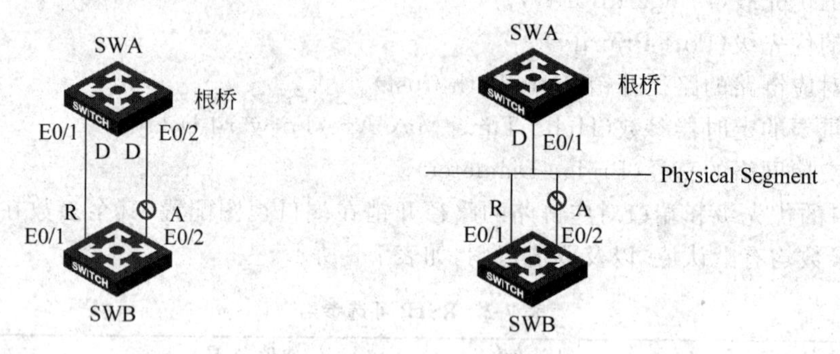

图 7-12 配置端口的优先级

可以通过命令改变交换机端口优先级：

```
[H3C-Ethernet0/1] stp port priority port-priority
```

端口优先级字段共 8 位，包含优先级位和 0 比特两部分，其中优先级位位于端口优先级的高 4 位，端口优先级的低 4 位固定为 0，所以端口优先级的取值范围为 0～240，且步长为 16。如果交换机端口没有配置桥优先级，其默认优先级为 128。

7.6.6 定时器配置

在 STP 中，Hello Time 由根桥使用作为发送配置 BPDU 的周期，非根桥的 Hello Time 只在发送 TCN BPDU 时使用。在 RSTP 中，Hello Time 由每个网使用作为发送 BPDU 的周期。

Hello Time 值在根桥上进行配置，其余网桥使用所设置的 Hello Time 值。在配置 Hello Time 时需要注意：

- 配置较长的 Hello Time 可以降低生成树计算的消耗，但是过长的 Hello Time 会导致对链路故障的反应迟缓；
- 配置较短的 Hello Time 可以增强生成树的健壮性，但是过短的 Hello Time 会导致频繁发送配置消息，加重 CPU 和网络负担。

通常建议使用默认值 2s。

可以通过命令改变 Hello Time 值，其中单位为厘秒(cs)，如设定设备的 Hello Time 参数值为 400cs：

```
[H3C] stp timer hello 400
```

STP 中配置 BPDU 的生存期为 Max Age，配置 Max Age 时需要注意：

- 配置过长的 Max Age 会导致链路故障不能被及时发现；
- 配置过短的 Max Age 可能会在网络拥塞的时候使交换机误认为链路故障，造成频繁的生成树重新计算。

通常建议使用默认值 20s。

可以通过命令改变 Max Age 值，其中单位为厘秒，如设定设备的 Max Age 时间参数值为 1000cs：

[H3C] **stp timer max-age** *1000*

STP 为了防止产生临时环路，在端口由阻塞状态转向转发状态时设置了中间状态，并且状态切换需要等待一定的时间，以保持与远端的设备状态切换同步。根桥的 Forward Delay 时间确定了状态迁移的时间间隔值。

如果当前设备是根桥，该设备会按照该设置值确定状态迁移时间间隔；非根桥采用根桥所设置的 Forward Delay 参数。

配置 Forward Delay 时需要注意：

- 配置过长的 Forward Delay 会导致生成树的收敛太慢；
- 配置过短的 Forward Delay 可能会在拓扑改变的时候引入暂时的路径回环。

通常建议使用默认值 15s。

可以通过命令改变 Forward Delay 值，其中单位为厘秒，如设定设备的 Forward Delay 时间参数值为 2000cs：

[H3C] **stp timer forward-delay** *2000*

7.6.7 网络直径配置

选用合适的 Hello Time、Forward Delay 与 Max Age 时间参数，可以加快生成树收敛速度。这 3 个时间参数值与网络的规模有关。用户可以通过设置一个网络规模的参数值来间接设置这 3 个时间参数值。这个参数值就是网络直径。

网络直径指网络中任意两台终端设备之间通过的交换机数目的最大值。当用户配置设备的网络直径后，STP 自动根据配置的网络直径将 Hello Time、Forward Delay 与 Max Age 设置为一个较优的值。当网络直径为默认值 7 时，对应的 3 个时间参数也分别为它们的默认值。

可以通过命令设定交换网络的网络直径，如设定交换网络的网络直径为 5：

[H3C] **stp bridge-diameter** *5*

7.6.8 RSTP 高级配置

当端口直接与用户终端相连，该端口即为边缘端口。网络拓扑变化时，边缘端口不会产生临时环路。由于设备无法知道端口是否直接与终端相连，所以需要用户手动将端口配置为边缘端口。

边缘端口配置命令为：

[H3C-Ethernet0/1] **stp edged-port**

假设在一个交换网络中，运行 RSTP(或 MSTP)的设备的端口连接着运行 STP 的设备，该端口会自动迁移到 STP 兼容模式下工作；但是此时如果运行 STP 协议的设备被拆离，该端口不能自动迁回到 RSTP(或 MSTP)模式下运行，仍然会工作在 STP 兼容模式下。此时可以通过执行 mCheck 操作迫使其迁移到 RSTP(或 MSTP)模式下运行。

在系统视图下执行该命令，则该配置在全局生效。相关配置命令如下：

[H3C] **stp global mcheck**

在端口视图下执行该命令，则该配置只在当前端口生效。相关配置命令如下：

[H3C-Ethernet1/0/1] **stp mcheck**

7.6.9 RSTP维护调试命令

当对STP网络进行维护时可以使用display stp命令显示生成树的状态信息与统计信息。可以使用reset stp命令清除STP统计和状态信息。如果仅希望显示端口状态和端口角色等少量信息，可以使用display stp brief查看STP摘要信息。

根据STP的状态与统计信息，可以对网络拓扑结构进行分析与维护，也可以用于查看STP协议工作是否正常。display stp显示信息包含如下两方面。

(1) 全局参数：桥ID、Hello Time、Max Age、Forward Delay、根桥、根路径开销、根端口。

(2) 端口参数：端口协议是否使能，端口角色，端口优先级，端口开销，端口所属网段的指定桥ID和指定端口ID，端口是否为边缘端口，链路是否为点到点链路，端口收发BPDU的统计。

如果要对STP进行调试，可以使用如下命令开启STP的调试开关：

```
<H3C>terminal debug
<H3C>terminal monitor
<H3C>debuggingstp packet
```

7.6.10 RSTP配置案例

图7-13中由4台交换机组成一个网络，网络中存在冗余链路，需要启用RSTP消除环路。其中要求设置SWA为根桥，其优先级为0，SWB、SWC和SWD的优先级分别为8192、32768和4096。SWB端口G1/0/1连接PC，要求设置为边缘端口。配置完成后查看SWB的STP信息。

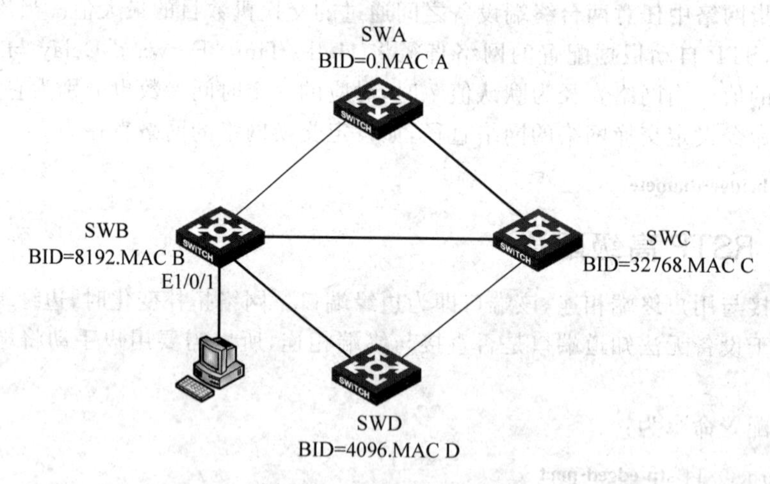

图7-13 RSTP配置示例

(1) 配置各交换机的优先级，由于SWC的优先级为默认优先级，所以不需要配置。

```
[SWA] stp priority 0
[SWB] stp priority 8192
[SWD] stp priority 4096
```

(2) 配置SWB的端口G1/0/1为边缘端口。

```
[SWB-GigabitEthernet1/0/1] stp edged-port
```

(3) 在所有交换机上启动生成树协议。

```
[SWA] stp global enable
[SWB] stp global enable
[SWC] stp global enable
[SWD] stp global enable
```

(4) 将生成树协议模式设置为 RSTP。

```
[SWA] stp mode rstp
[SWB] stp mode rstp
[SWC] stp mode rstp
[SWD] stp mode rstp
```

(5) 查看 SWB 的 STP 信息。

```
[SWB] display stp
-------[CIST Global Info][Mode RSTP]-------
 Bridge ID                  : 8192.7a13-c8ee-0200
 Bridge times               : Hello 2s MaxAge 20s FwdDelay 15s MaxHops 20
 Root ID/ERPC               : 0.7a13-c62f-0100, 20
 RegRoot ID/IRPC            : 8192.7a13-c8ee-0200, 0
 RootPort ID                : 128.23
 BPDU-Protection            : Disabled
 Bridge Config-
 Digest-Snooping            : Disabled
 TC or TCN received         : 355
 Time since last TC         : 0 days 0h:0m:12s

    [Port2(GigabitEthernet1/0/1)][FORWARDING]----
 Port protocol              : Enabled
 Port role                  : Designated Port (Boundary)
 Port ID                    : 128.2
 Port cost(Legacy)          : Config=auto, Active=20
 Desg. bridge/port          : 8192.7a13-c8ee-0200, 128.2
 Port edged                 : Config=enabled, Active=disabled
 Point-to-Point             : Config=auto, Active=true
 Transmit limit             : 10 packets/hello-time
 TC-Restriction             : Disabled
 Role-Restriction           : Disabled
 Protection type            : Config=none, Active=none
 MST BPDU format            : Config=auto, Active=802.1s
 Port Config-
 Digest-Snooping            : Disabled
 Rapid transition           : True
 Num of VLANs mapped        : 1
 Port times                 : Hello 2s MaxAge 20s FwdDelay 15s MsgAge 1s RemHops 20
 BPDU sent                  : 28
         TCN: 0, Config: 0, RST: 28, MST: 0
 BPDU received              : 1
         TCN: 0, Config: 0, RST: 1, MST: 0

 ⋮
```

7.7 本章总结

(1) 介绍了 RSTP 相对于 STP 的不同之处。
(2) 介绍了 RSTP 的快速收敛机制。
(3) 介绍了 RSTP 的拓扑改变处理。
(4) 介绍了 RSTP 和 STP 的兼容运行。
(5) 最后介绍 RSTP 的配置命令并给出配置案例。

7.8 习题和答案

7.8.1 习题

(1) RSTP 和 STP 的不同之处在于(　　)。
A. RSTP 减少了端口状态　　B. RSTP 增加了端口角色
C. BPDU 的格式和发送方式不同　　D. 拓扑改变时能够实现更为快速的收敛

(2) RSTP 快速收敛机制包含(　　)。
A. 边缘端口机制　　B. 根端口快速收敛机制
C. 指定端口快速收敛机制　　D. Backup 端口快速收敛机制

(3) 交换机的 STP 默认优先级为(　　)。
A. 0　　B. 4096　　C. 32768　　D. 61440

(4) 关于 Hello Time 如下说法正确的是(　　)。
A. Hello Time 越长越好
B. Hello Time 越短越好
C. 较长的 Hello Time 可以降低生成树计算的消耗
D. Hello Time 默认长度为 2s

(5) 关于边缘端口,下列说法正确的有(　　)。
A. 边缘端口可以直接进入转发状态不需要延时
B. 边缘端口可以配置在交换机互连的端口上
C. 边缘端口收到 BPDU 会转变为非边缘端口
D. 边缘端口进入转发状态不会触发拓扑改变过程

(6) 关于 P/A 机制,下列说法正确的有(　　)。
A. 指定端口通过与对端网桥进行一次握手,即可快速进入转发状态
B. P/A 机制的前提条件是:握手必须在点到点链路进行
C. 同步过程指网桥阻塞除边缘端口之外的所有端口,在本网桥层面消除环路产生的可能
D. 如果指定端口发出 Proposal BPDU 后没有收到 Agreement BPDU,则该端口将切换到 STP 方式,需要等待 30s 时间才能进入转发状态

7.8.2 习题答案

(1) ABCD　(2) ABC　(3) C　(4) CD　(5) ACD　(6) ABCD

第8章

MSTP

MSTP 将生成树划分为多个实例，将多个 VLAN 映射到不同的实例，实现了 VLAN 流量的负载分担和备份，保证了冗余性。

本章首先对 MSTP 和 STP/RSTP 的协议作了对比，然后介绍 MSTP 的基本概念、端口角色、配置消息格式，分析了 MSTP 的工作原理，最后介绍 MSTP 的配置。

8.1 本章目标

学习完本课程，应该能够：

- 了解 MSTP 和 RSTP/STP 的不同之处；
- 掌握 MSTP 的基本概念；
- 掌握 MSTP 的工作原理；
- 掌握 MSTP 的配置。

8.2 MSTP 引入

IEEE 802.1D 标准的提出早于 VLAN 的标准 IEEE 802.1Q，因此在 STP 协议中没有考虑 VLAN 的因素。而 802.1w 对应的 RSTP 仅对 STP 的收敛机制进行了改进，其和 STP 一样同属于单生成树(Single Spanning Tree，SST)协议。

当 STP/RSTP 计算时，网桥上所有的 VLAN 共享一棵生成树，无法实现不同 VLAN 在多条 Trunk 链路上的负载分担，而当某条链路被阻塞后将不会承载任何流量，造成了带宽的极大浪费。

如图 8-1 所示，所有网桥的互联端口都为 Trunk 接口，允许 VLAN1～VLAN100 通过。运行 STP 后，VLAN1～VLAN100 的数据均不会通过 SWC 和 SWB 之间的链路，造成链路带宽的浪费。

如果手动配置 SWA 和 SWB 之间的链路允许 VLAN1～VLAN50 通过，SWC 和 SWB 之间的链路允许 VLAN51～VLAN100 通过。运行 STP 后，由于 SWC 会阻塞和 SWB 互连的端口，会造成 SWC 和 SWB 之间 VLAN51～VLAN100 的用户通信中断。通过手动配置方式无法实现业务的分担。

上述缺陷是单生成树协议自身无法克服的，如果要实现 VLAN 间的负载分担需要用到 MSTP(Multiple Spanning Tree Protocol，多生成树协议)。

MSTP 在 IEEE 的 802.1s 标准中定义，它既可以实现快速收敛，又可以弥补 STP 和 RSTP 的缺陷。MSTP 能使不同 VLAN 的流量沿各自的路径转发，从而利用冗余链路提供了更好的负载分担机制。

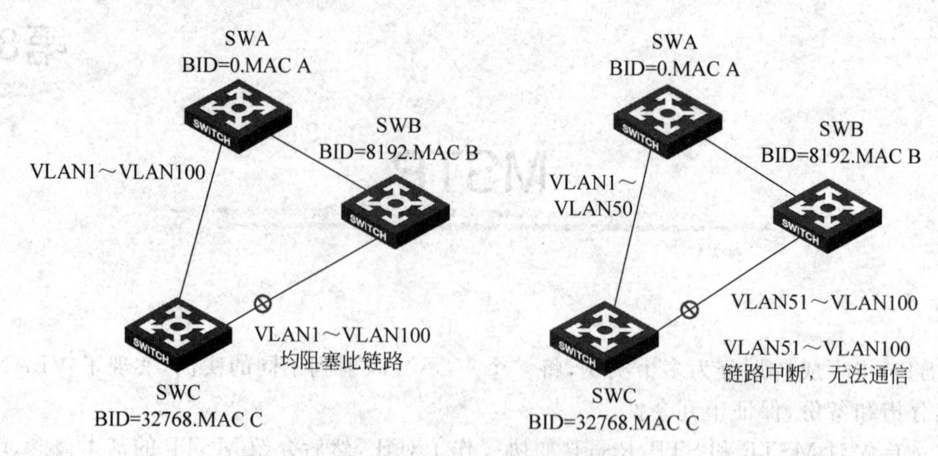

图 8-1 STP/RSTP 的局限

MSTP 的基本思想是基于实例(Instance)计算出多棵生成树，每一个实例可以包含一个或多个 VLAN，每一个 VLAN 只能映射到一个实例。网桥通过配置多个实例，可以实现不同 VLAN 组之间的负载分担。

如图 8-2 所示，配置 VLAN1～VLAN50 映射到实例 1，VLAN51～VLAN100 映射到实例 2，实例 1 通过生成树计算阻塞了 SWA 和 SWC 之间的链路，实例 2 通过生成树计算阻塞了 SWC 和 SWB 之间的链路。之后 VLAN1～VLAN50 用户的数据流和 VLAN51～VLAN100 用户的数据流将会走不同的路径。

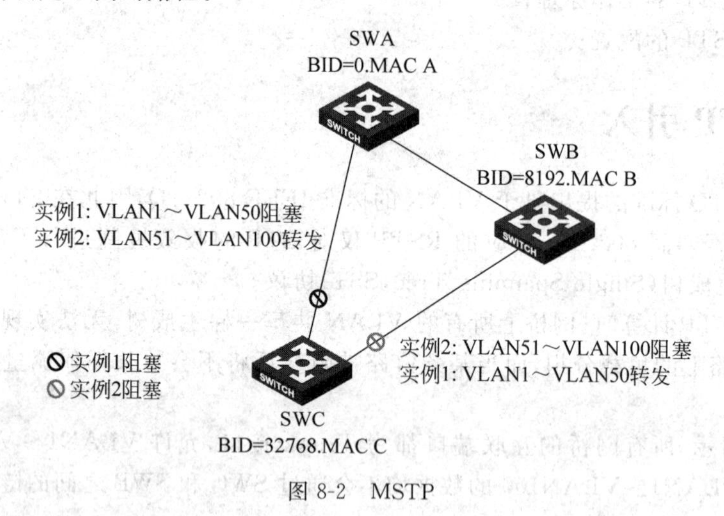

图 8-2 MSTP

8.3 MSTP 的基本概念

8.3.1 MST 域

多生成树计算的前提是将不同的 VLAN 映射到不同的实例中去，为了确保网桥之间多生成树协议计算正确，这些网桥的 VLAN 和实例映射关系必须完全相同。在一个大型的网络中，可能不同的网桥属于不同的部门，而每个部门可能有不同的 VLAN 映射需求，无法满足所有网桥都配置相同的 VLAN 映射关系。

为解决上述问题，可以将网络划分为多个域(MST 域)，将拥有相同 VLAN 映射关系以及其他属性的网桥放到同一个域中，域之间运行标准的 RSTP，如图 8-3 所示。

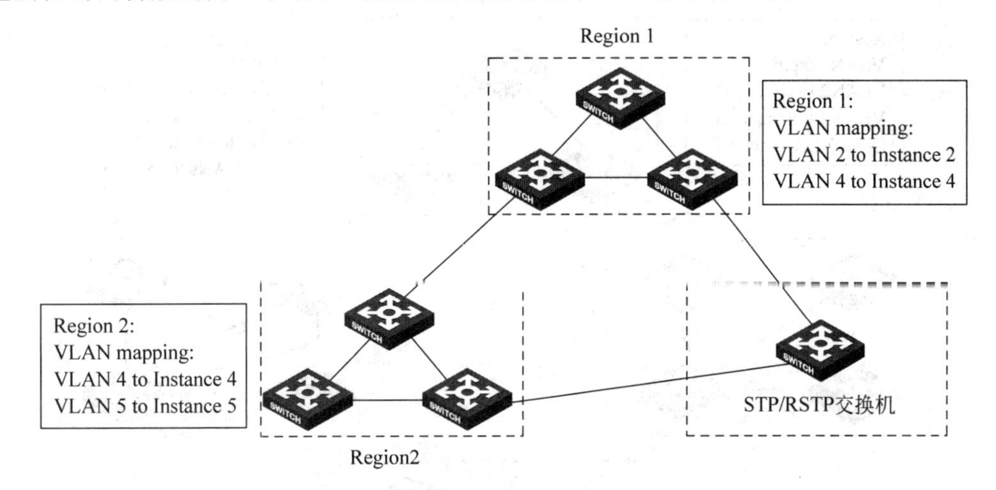

图 8-3 MST 域

MST 域（MST Region）是指网络中具有相同域名、修订级别、摘要信息的网桥构成的一个集合。其中，各 MST 域组成元素的含义如下。

（1）域名（Configuration Name）：指本域的名称，MSTP 中每一个域都有一个独一无二的名称，配置不同域名的网桥被认为属于不同的域。

（2）修订级别（Revision Level）：目前保留，默认为 0。

（3）配置摘要（Configuration Digest）：由网桥的 VLAN 和实例映射关系生成的长度为 16B的 HMAC-MD5 签名。如果两个网桥生成不同的配置摘要，则表示两个网桥有不同的 VLAN 和实例映射关系，说明两个网桥属于不同的 MST 域。

8.3.2 CST、IST、CIST、总根和域根

CIST（Common and Internal Spanning Tree，公共和内部生成树）是整个网络所有设备经过生成树计算得到的一棵树。总根是整个网络中优先级最高的桥，是 CIST 的根桥。图 8-4 中 MST 域间的粗线连接和 MST 域内的粗线连接共同构成 CIST，其中总根位于 MST 域的 Region1 中。

CST（Common Spanning Tree，公共生成树）是连接网络内所有 MST 域的单生成树。如果把每个 MST 域看作是一个逻辑上的网桥，CST 就是这些“网桥”通过 STP/RSTP 计算得到的一棵生成树，总根所处的域为 CST 的“根桥”。图 8-4 中 4 个 MST 域之间的粗线所描绘的就是 CST，CST 的“根桥”为 Region1。

IST（Internal Spanning Tree，内部生成树）是 MST 域内的一棵生成树，是 CIST 在每个域的一个片断。MST 域内每一棵生成树都对应一个实例号，IST 的实例号为 0，实例 0 无论有没有配置都是存在的，没有映射到其他实例的 VLAN 默认都会映射到实例 0 即 IST 上。

IST 的根桥即 CIST 的域根，是 MST 域内距离总根最近的桥，也称为 Master 桥。如果总根在该域中，则总根即为该域的 CIST 域根。图 8-4 中每一个域内的粗线连接即为域内的 IST，在 Region2 中，左上角网桥距离总根最近，所以该网桥为 CIST 在 Region2 内的域根。

8.3.3 MSTI 和 MSTI 域根

一个 MST 域内可以通过 MSTP 生成多棵生成树，每棵生成树之间彼此独立。每棵生成

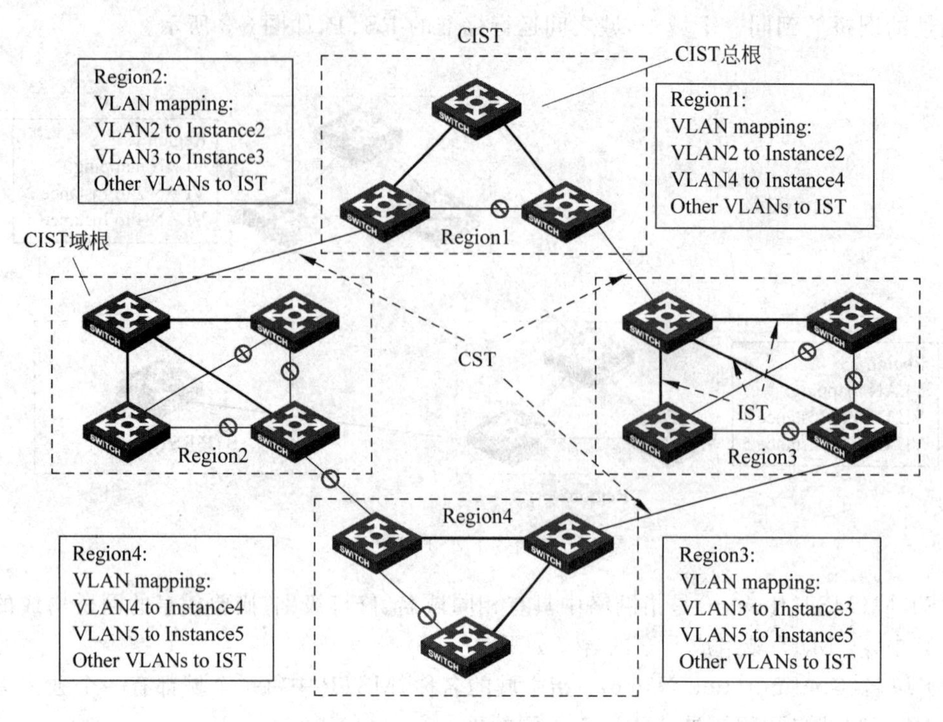

图 8-4 CST、IST、CIST、总根和域根

树都称为一个 MSTI(Multiple Spanning Tree Instance,多生成树实例)。

每一个 MSTI 映射一个或多个 VLAN,并计算出一棵独立的生成树,其范围只限于域内。每一个 MSTI 都对应一个实例号,实例号从 1 开始,以区别实例号为 0 的 IST。

MSTI 的域根,是每一个 MSTI 上优先级最高的网桥。MST 域内每个 MSTI 可以指定不同的根。

图 8-5 中 Region3 内的网桥通过配置,将 VLAN3 映射到实例 3,将 VLAN5 映射到实例 5,其余 VLAN 映射到 IST。这样经过 MSTP 计算,Region3 内就会形成 3 棵生成树。通过为网桥

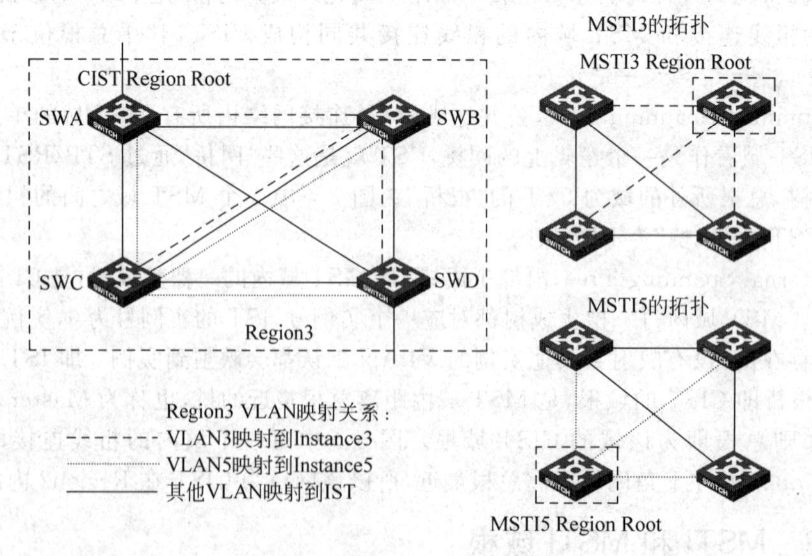

图 8-5 MSTI 和 MSTI 域根

配置不同实例中的优先级，网桥在不同实例中可以有不同的角色，例如，SWB 配置在实例 3 中优先级为 0，SWC 配置在实例 5 中优先级为 0，则 SWB 即为实例 3 的域根，SWC 为实例 5 的域根。由于 Region3 内 SWA 距离总根最近，所以 SWA 为 Region3 内 IST 的根桥。

8.3.4 MSTP 中的端口角色

和 STP、RSTP 相比，MSTP 增加了域的概念。所以在桥的角色上，MSTP 增加了和域相关的 Master 桥；在端口角色上，MSTP 增加了和域相关的域边界端口以及 Master 端口。

IST 中距离总根最近的桥为 Master 桥，该桥为 IST 的根，Master 桥指向总根的端口为 Master 端口。

MST 域内网桥和其他 MST 域或 STP/RSTP 网桥相连的端口称为域边界端口，Master 端口也是域边界端口，其在各域边界端口中距离总根最近。

如果把 MST 域看作逻辑上的一个网桥，域边界端口就为该"网桥"连接其他"网桥"的端口，其中 Master 端口就是该"网桥"的根端口。

图 8-6 中 Region3 有两个域边界端口，由于 SWA 为 IST 的根桥，所有 SWA 上的域边界端口为 Region3 的 Master 端口。网桥上根端口、指定端口、Alternate 端口、Backup 端口的定义和 RSTP 中相同。

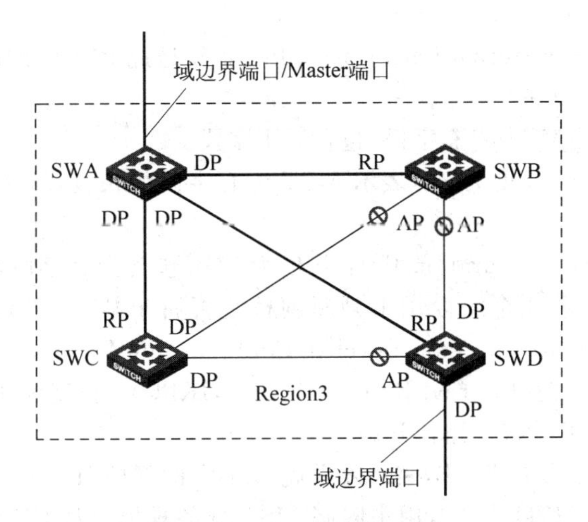

图 8-6 MSTP 中的端口角色

注意：由于网桥在不同 MSTI 上可能具有不同的角色，所以网桥的端口在 MSTI 上也可能有不同的角色。唯一例外的是 Master 端口，Master 端口在所有 MSTI 上的角色都相同，都为 Master 端口。

8.4 MSTP 工作原理

8.4.1 MSTP 的 BPDU 格式

如图 8-7 所示，MST BPDU 和 RST BPDU 的前 36 个字节的格式是相同的。其中，BPDU 协议版本号为 0x03，表示为 MSTP 协议；BPDU 类型变为 0x02，表示为 RST/MST BPDU。

RST BPDU 中的 Root ID 字段在 MSTP 中表示 CIST 总根 ID，RPC 字段在 MSTP 中表示 CIST 外部路径开销，Bridge ID 字段在 MSTP 中表示 CIST 域根 ID，Port ID 字段在 MSTP

RST BPDU字段

Parameter	Octet
Protocol ID	2
Protocol Version ID	1
BPDU Type	1
CIST Flags	1
CIST Root ID	8
CIST EPC	4
CIST Region Root ID	8
CIST Port ID	2
Message Age	2
Max Age	2
Hello Time	2
Forward Delay	2
Version1 Length=0	1

MST专有字段

Parameter	Octet
Version3 Length	2
MST Configuration ID	51
CIST IRPC	4
CIST Bridge ID	8
CIST Remaining Hops	1
MSTI Configuration Messages	LEN

MST配置标识

Format Selector
Name
Revision Level
Config Digest

MSTI配置信息

Parameter	Octet
MSTI Flag	1
MSTI Region Root ID	8
MSTI IRPC	4
MSTI Bridge Priority	1
MSTI Port Priority	1
MSTI Remaining Hops	1

（MSTI Region Root ID 至 MSTI Port Priority：MSTI优先级向量）

图 8-7 MSTP 的 BPDU 格式

中表示 CIST 指定端口 ID。

CIST 外部路径开销(External Path Cost,EPC)指发送此 BPDU 的网桥所属的域,距离总根所属的域的 CST 路径开销。

从第 37 字节开始是 MST 专有字段,包含以下字段。

- Version3 Length：长度为 2B,表示 MST 专有字段的长度,该字段用于接收到 BPDU 后进行校验。
- MST 配置标识(Configuration ID)：长度为 51B,包含 4 个字段,其中格式选择符字段固定为 0x00,其余 3 个字段用来判断网桥是否属于某 MST 域,包含前文介绍过的 Configuration Name、Revision Level 和 Configuration Digest。
- CIST 内部路径开销(Internal Root Path Cost,IRPC)：长度为 4B,表示发送此 BPDU 的网桥到达 CIST 域根的路径开销。
- CIST Bridge ID：长度为 8B,表示发送此 BPDU 的网桥 ID。
- CIST 剩余跳数：长度为 1B,用来限制 MST 域的规模。从 CIST 域根开始,BPDU 每经过一个网桥的转发,跳数就被减 1；网桥将丢弃收到的跳数为 0 的 BPDU,使处于最大跳数外的网桥无法参与生成树的计算,从而限制了 MST 域的规模。剩余跳数默认值为 20。
- MSTI Configuration Messages：包含 0 个或最多 64 个 MSTI 配置信息,MSTI 配置信息数量由域内 MST 实例数决定,每一个 MSTI 配置信息长度为 16B。

MSTI 配置信息中包含如下字段,这些字段信息只在本 MST 实例中有效,各 MST 实例中的这些字段值是相互独立的。

- MSTI Flags：长度为 1B,从低位开始第 1 位到第 7 位定义和 RSTP 相同,第 8 位为 Master 标志位表示网桥是否为 Master 桥,取代 RSTP 中的 TCA 标志位。
- MSTI Region Root ID：长度为 8B,表示该 MST 实例的域根的 ID。其中第 1 个字节的低 4 位和第 2 个字节的 8 位共 12 位表示该 MST 实例的 ID。
- MSTI IRPC：长度为 4B,表示发送此 BPDU 的网桥到达 MSTI 域根的路径开销。
- MSTI Bridge Priority：长度为 1B,表示发送此 BPDU 的网桥即指定桥的优先级。其中高 4 位为优先级位，低 4 位固定为 0。

- MSTI Port Priority：长度为 1B，表示发送此 BPDU 的端口的优先级。其中高 4 位为优先级位，低 4 位固定为 0。
- MSTI 剩余跳数：长度为 1B，定义同 CIST 剩余跳数，表示 BPDU 在该 MST 实例中的剩余跳数。

8.4.2 CIST 优先级向量

MSTP 计算可以分为 CIST 计算和 MSTI 计算两部分。其中，CIST 计算依据的是 CIST 优先级向量的比较。

CIST 优先级向量为{RootID：ERPC：RRootID：IRPC：DesignateBridgeID：DesignatePortID：RcvPortID}，优先级向量的比较原则为"最小最优"。具体比较原则如下。

(1) 首先比较 CIST 总根 ID，该 ID 小者为优。

(2) 如果 CIST 总根 ID 相同则比较 CIST 外部路径开销，开销小者为优。

(3) 如果 CIST 外部路径开销相同则比较 CIST 域根 ID，域根 ID 小者为优。

(4) 如果域根 ID 相同则比较 CIST 内部路径开销，开销小者为优。

(5) 如果 CIST 内部路径开销相同则比较 CIST 指定桥 ID，指定桥 ID 小者为优。

(6) 如果指定桥 ID 相同则比较 CIST 指定端口 ID，指定端口 ID 小者为优。

(7) 如果上述参数都相同则比较 CIST 接收端口 ID，接收端口 ID 小者为优。

经过 CIST 计算，最后可以生成一棵贯穿整个网络的生成树。

8.4.3 MSTI 优先级向量

MSTI 计算依据的是 MSTI 优先级向量的比较。

MSTI 优先级向量为{RRootID：IRPC：DesignateBridgeID：DesignatePortID：RcvPortID}，优先级向量的比较原则为"最小最优"。具体比较原则如下。

(1) 首先比较 MSTI 域根 ID，域根 ID 小者为优。

(2) 如果域根 ID 相同则比较 MSTI 内部路径开销，开销小者为优。

(3) 如果 MSTI 内部路径开销相同则比较 MSTI 指定桥 ID，指定桥 ID 小者为优。

(4) 如果指定桥 ID 相同则比较 MSTI 指定端口 ID，指定端口 ID 小者为优。

(5) 如果上述参数都相同则比较 MSTI 接收端口 ID，接收端口 ID 小者为优。

每一个 MSTI 都进行独立的比较计算，最后在域内生成多棵独立的生成树。

8.4.4 MSTP 计算方法

从前面 MSTP BPDU 格式介绍可以知道，每个 BPDU 既包含 CIST 计算所需要的信息，也包含 MSTI 计算所需要的信息。MSTI 的计算不需要再单独发送 BPDU，也不需要任何定时器参数，当网桥在域内进行 IST 计算时，域内的每棵 MSTI 树也同时计算生成了。

CST 和 IST 的计算方式和 RSTP 类似。在进行 CST 计算时，会将 MST 域看作逻辑上的一个网桥，其中网桥的 ID 为 IST 域根的 ID。

当网桥收到 BPDU 并判断为来自不同域后，不会解析 MST 专有字段的信息，因此 MSTI 的计算仅限于区域内。由于网桥端口在不同的实例中可能具有不同的角色，所以可能会出现网桥端口既会接收 BPDU 也会发送 BPDU，这是 MSTP 端口收发 BPDU 和 RSTP 端口收发 BPDU 的区别。

图 8-8 中，SWA、SWB 和 SWC 交互 MSTP BPDU，BPDU 中包含 CIST 配置信息以及 MST 实例 4 和 MST 实例 5 的配置信息。如果该 BPDU 中不包含任何 MST 实例的配置信息，表示该域中所有 VLAN 都映射到 IST。

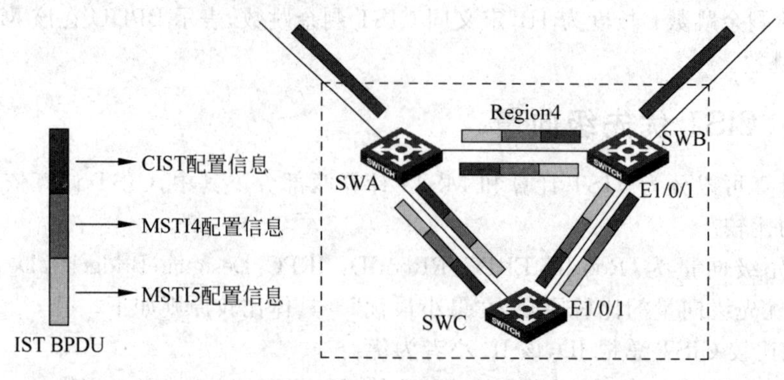

图 8-8 MSTP 计算方法

8.4.5 CST 计算过程

假设 SWB 为 MST 实例 4 的域根，SWC 为 MST 实例 5 的域根。则 SWB 端口 E1/0/1 在 MST 实例 4 中为指定端口，在 MST 实例 5 中为根端口；SWC 端口 E1/0/1 在 MST 实例 5 中为指定端口，在 MST 实例 4 中为根端口。所以两个端口既会接收 BPDU 也会发送 BPDU。

初始时每一个网桥都认为自身为总根，发送以自身为总根、域根和指定桥的 BPDU。例如，SWB 初始发送的 BPDU 中优先级向量为{SWB：0：SWB：0：SWB：发送端口 ID}。各网桥收到 BPDU 后开始进行优先级向量的比较并确定总根、域根、指定桥以及各端口的角色。

首先考虑 CST 的计算。将不同的 MST 域视作逻辑上的一个网桥，该域"网桥"由 IST 域根表示，CST 计算需要比较的优先级向量包含{总根：EPC：域根：指定端口 ID：接收端口 ID}，和 RSTP 计算相似。

如图 8-9 所示，假设网络中 SWA 优先级最高，且各链路开销相同，则 CIST 计算过程如下。

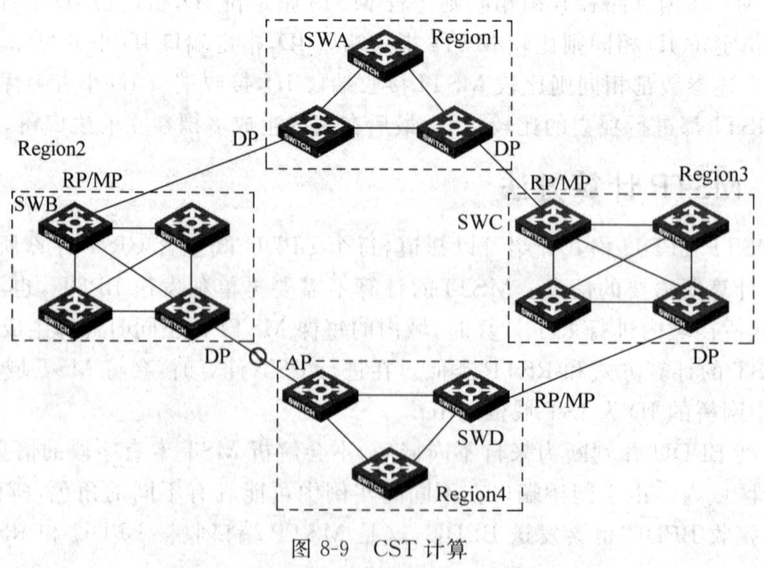

图 8-9 CST 计算

(1) 初始时，每一个域“网桥”由域内优先级最高的网桥表示，此时该优先级最高的网桥为初始 CIST 域根，该域“网桥”向其他域发送以该域根为总根的 BPDU，EPC 为 0。

(2) 经过 RSTP 计算可以确定域“根网桥”，该域中包含整个网络优先级最高的网桥，即 CIST 总根，图中为 SWA。

(3) 经过比较 EPC 可以确定每个域“网桥”的端口角色，域“网桥”的“根端口”即为域的 Master 端口，该 Master 端口所在网桥即为新的 CIST 域根。

(4) 一个域可能有多个域边界端口，在确定 Master 端口后，通过比较 BPDU 的优先级，可以确定域边界端口角色为指定端口、Alternate 端口或是 Backup 端口。

(5) 阻塞域之间的 Alternate 端口和 Backup 端口。

8.4.6 IST 计算

CST 计算完成后，确定了 CIST 域根，其中 Region1 的 IST 域根为总根 SWA，Region2 的 IST 域根为 SWB，Region3 的 IST 域根为 SWC，Region4 的 IST 域根为 SWD。需要注意此时 IST 域根不一定是域中优先级最高的网桥，而是域中距离总根最近的网桥，即 Master 端口所在的网桥。

域内以 CIST 域根为根桥，结合 IRPC 确定各网桥端口的角色，最终得到 IST。IST 计算所需要比较的优先级向量包含{域根:IRPC:指定桥 ID:指定端口 ID:接收端口 ID}。

如图 8-10 所示，IST 计算过程如下。

(1) 域内网桥通过比较 IRPC 确定网桥的 IST 根端口。

(2) 网桥通过比较 BPDU 的优先级确定 IST 上的指定端口、Alternate 端口和 Backup 端口。

(3) 网桥阻塞 IST 上的 Alternate 端口和 IST Backup 端口。

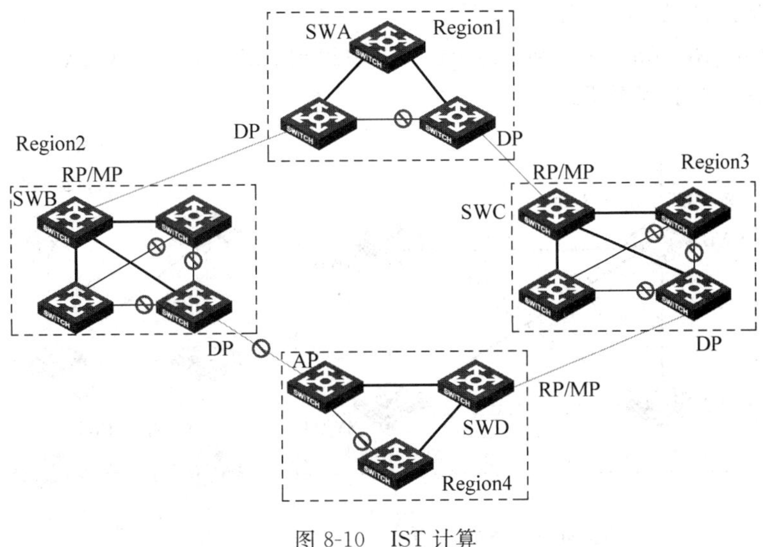

图 8-10 IST 计算

每一个域都进行相同的计算，得到每一个域的 IST，结合之前域间计算得到的 CST，最终得到整个网络的 CIST。

8.4.7 MSTI 计算过程

在 IST 计算过程中，网桥通过交互 BPDU 中的 MST 配置信息可以同时确定各 MST 实例的根桥以及端口角色。

在图 8-11 中，Region1 通过配置将 VLAN2 映射到 MST 实例 2，VLAN4 映射到 MST 实例 4，其余 VLAN 映射到 IST。

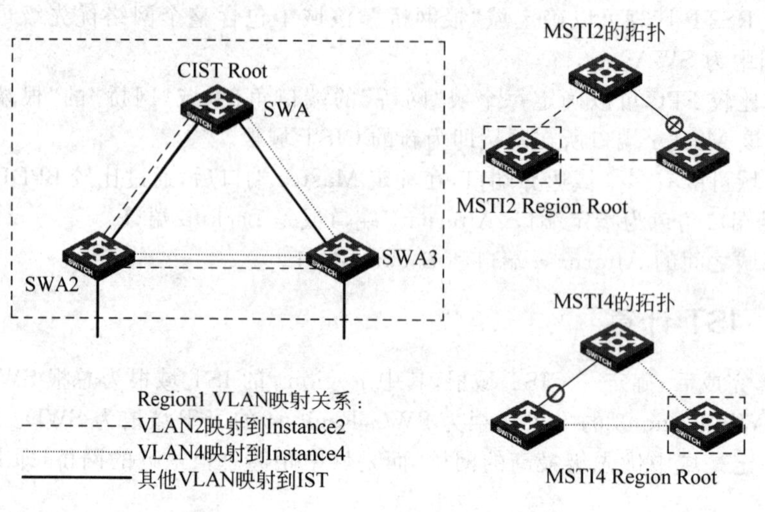

图 8-11 MSTI 计算过程——Region1

通过为网桥指定不同实例中的优先级，可以设定 SWA2 为 MST 实例 2 中的根桥，SWA3 为 MST 实例 4 中的根桥：

- MST 实例 2 中各网桥优先级为 SWA2>SWA>SWA3；
- MST 实例 4 中各网桥优先级为 SWA3>SWA>SWA2。

经过计算在 MST 实例 2 中阻塞了 SWA3 指向 SWA 的端口，在 MST 实例 4 中阻塞了 SWA2 指向 SWA 的端口。

在图 8-12 中，Region2 通过配置将 VLAN2 映射到 MST 实例 2，VLAN3 映射到 MST 实例 3，其余 VLAN 映射到 IST。

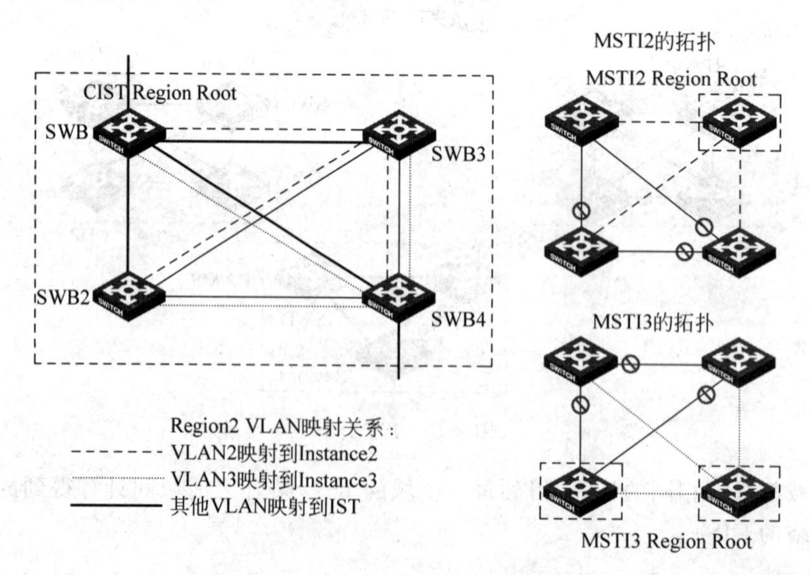

图 8-12 MSTI 计算过程——Region2

通过为网桥指定不同实例中的优先级，可以设定 SWB3 为 MST 实例 2 中的根桥，SWB4 为 MST 实例 3 中的根桥：

- MST 实例 2 中各网桥优先级为 SWB3>SWB>SWB2>SWB4；
- MST 实例 3 中各网桥优先级为 SWB4>SWB2>SWB3>SWB。

经过计算在 MST 实例 2 中阻塞了 SWB4 指向 SWB 和 SWB2 的端口以及 SWB2 指向 SWB 的端口。在 MST 实例 3 中阻塞了 SWB 指向 SWB2 和 SWB3 的端口以及 SWB3 指向 SWB2 的端口。

8.4.8 MSTP 计算结果

Region3 和 Region4 的计算过程同 Region1 和 Region2，此处省略详细计算过程。

在 Region3 中，通过配置将 VLAN3 映射到 MST 实例 3，VLAN5 映射到 MST 实例 5，其余 VLAN 映射到 IST。通过为网桥指定不同实例中的优先级，可以设定 SWC3 为 MST 实例 3 中的根桥，SWC2 为 MST 实例 5 中的根桥。经过计算在 MST 实例 3 中阻塞了 SWC 指向 SWC2 和 SWC4 的端口以及 SWC2 指向 SWC4 的端口。在 MST 实例 5 中阻塞了 SWC3 指向 SWC 和 SWC4 的端口以及 SWC4 指向 SWC 的端口。

在 Region4 中，通过配置将 VLAN4 映射到 MST 实例 4，VLAN5 映射到 MST 实例 5，其余 VLAN 映射到 IST。通过为网桥指定不同实例中的优先级，可以设定 SWD2 为 MST 实例 4 中的根桥，SWD3 为 MST 实例 5 中的根桥。经过计算在 MST 实例 4 中阻塞了 SWD 指向 SWD3 的端口，在 MST 实例 5 中阻塞了 SWD2 指向 SWD 的端口。

至此，CIST 以及各域内的 MSTI 均计算完毕，从图 8-13 中可以看到每个域内的 VLAN 映射关系是独立的。

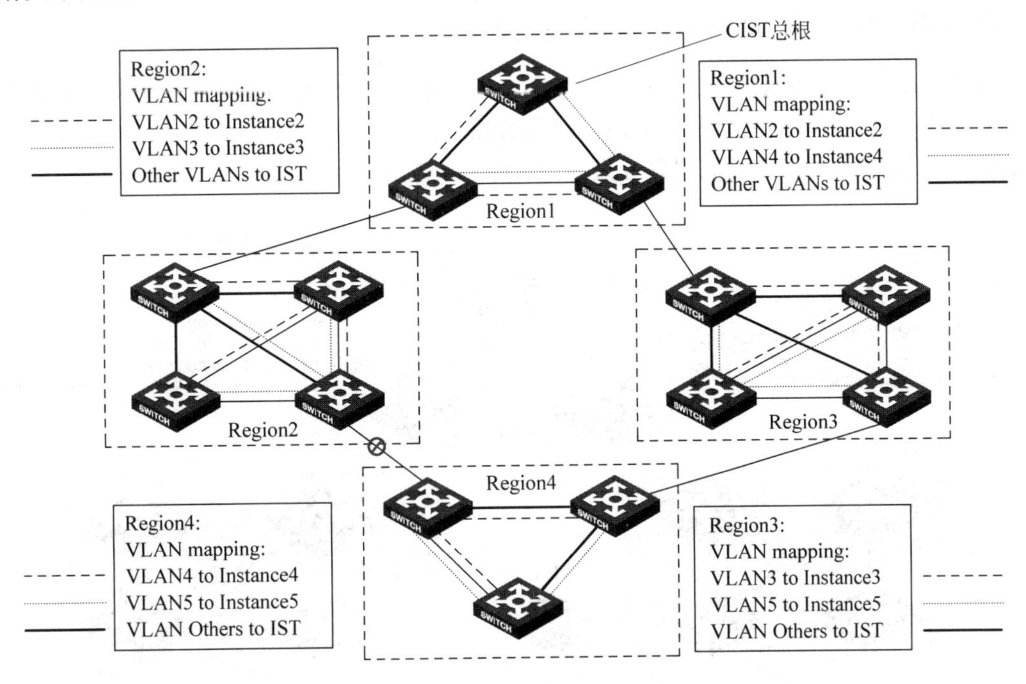

图 8-13 MSTP 计算结果

假设 Region2 有一台属于 VLAN2 的主机 HostA 要和 Region4 中 VLAN2 内的主机 HostB 通信，数据流路径如图 8-14 所示。其中在 Region2 和 Region1 中数据沿 MSTI2 生成树路径发送，在 Region3 和 Region4 数据走 IST。

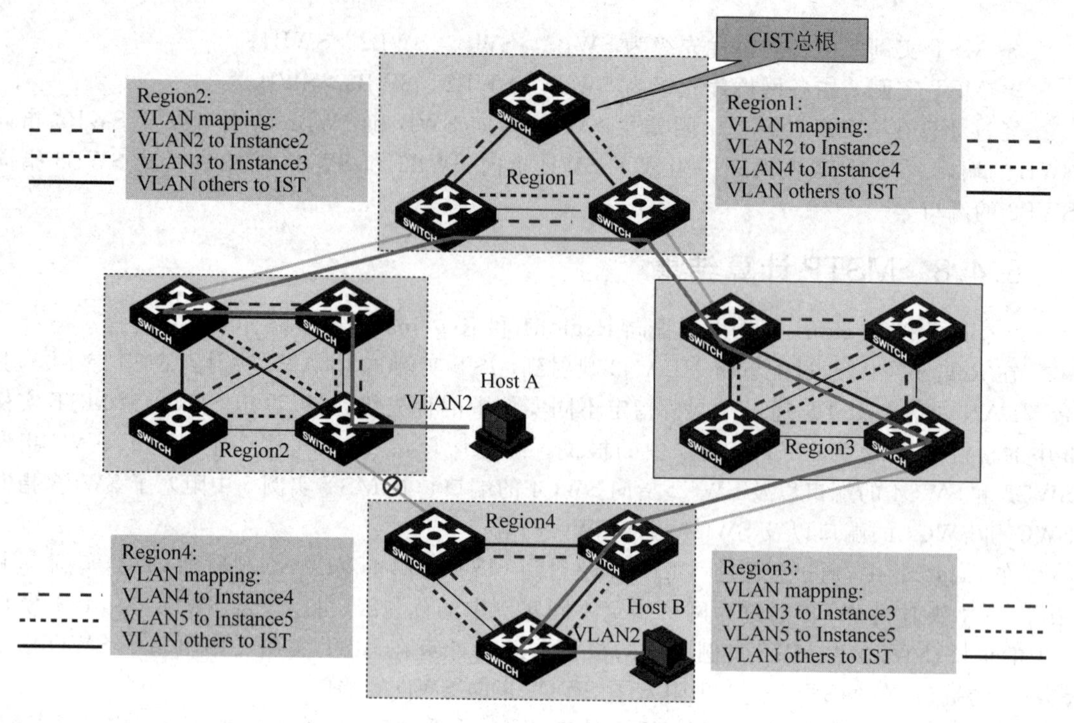

图 8-14　MSTP 计算结果及分析

8.4.9　MSTP 和 RSTP 的互操作

假设 Region2 同一台交换机下有一台属于 VLAN3 的主机 HostA 要和 Region4 中同一台交换机下 VLAN3 内的主机 HostB 通信，数据流路径如图 8-15 所示。其中在 Region2 和 Region3 中数据沿 MSTI3 生成树路径发送，在 Region1 和 Region4 数据走 IST。

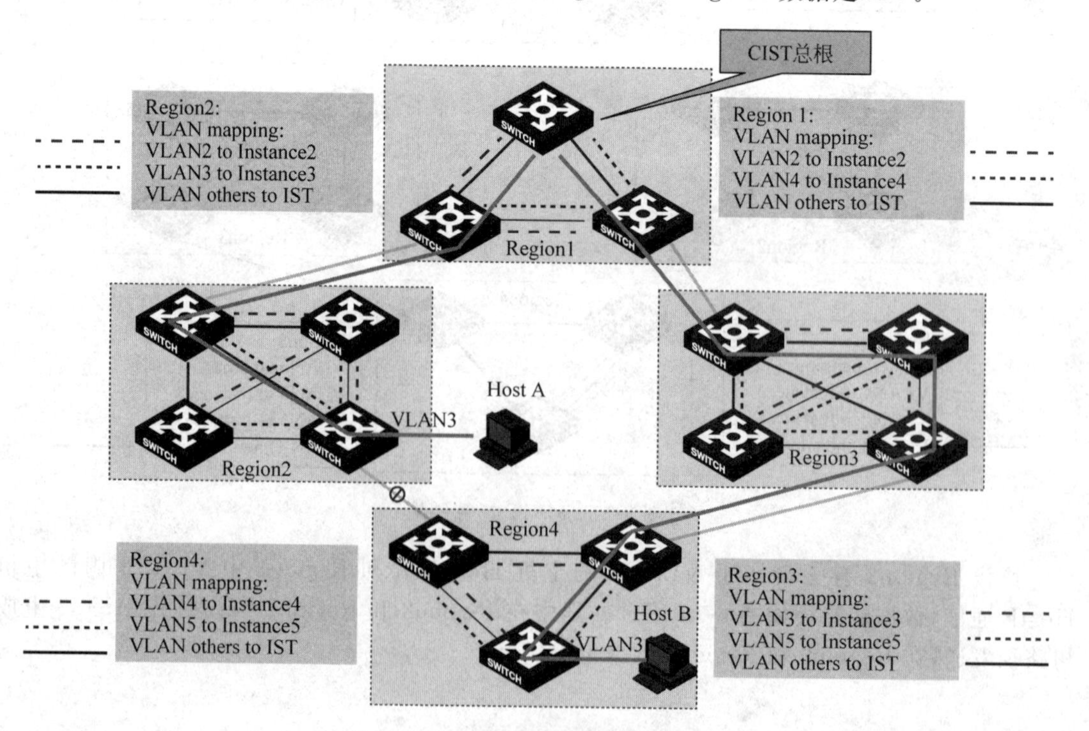

图 8-15　MSTP 计算结果及分析(续)

结合上一个例子,可以看到连接在相同位置的主机,由于所属 VLAN 不同,数据流走的路径也不同。通过 MSTP 实现了不同 VLAN 数据流量的负载分担。

当运行 MSTP 的网桥和运行 RSTP/STP 的网桥一起工作时,RSTP/STP 网桥会将 MSTP 域看作一个桥 ID 为域根 ID 的 RSTP 桥。

图 8-16 中,当 RSTP/STP 网桥收到 MST BPDU 后,会提取 BPDU 中的{RootID:ERPC:RRootID:DesignatePortID}作为 RSTP/STP 计算所需的优先级向量{RootID:RPC:DesignateBridgeID:DesignatePortID}。

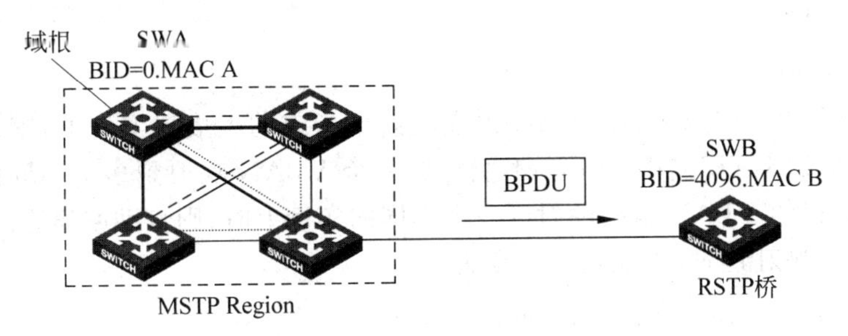

图 8-16 MSTP 和 RSTP 的互操作

如图 8-17,在 MSTP 中,上游网桥发送的 Proposal BPDU 中,Proposal 位和 Agreement 位均置位,下游网桥收到 Proposal 和 Agreement 均置位的 BPDU 后,执行同步操作然后回应 Agreement 置位的 BPDU,使得上游指定端口快速进入转发状态。

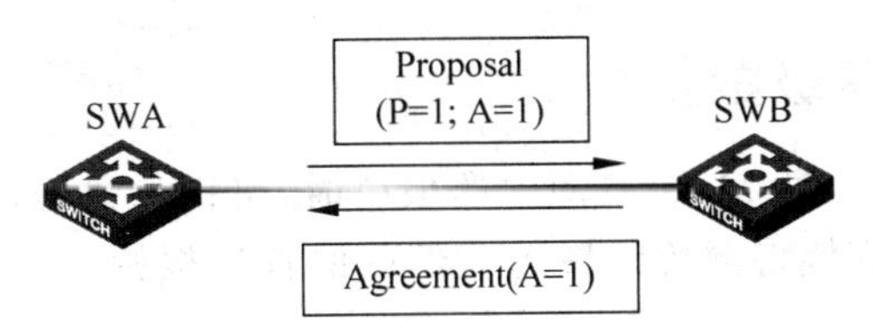

图 8-17 MSTP 的 P/A 机制

当 MSTP 网桥收到 RSTP/STP BPDU 后,会将 BPDU 中的信息{RootID:RPC:DesignateBridgeID:DesignatePortID}对应到 MSTP 计算所需要的优先级向量中,其中 Designate Bridge ID 既作为 MSTP 优先级向量中的 RRoot ID 也作为 Designate Bridge ID,IRPC 设置为 0。

8.4.10 MSTP 的 P/A 机制

MSTP 支持 RSTP 中的所有快速收敛机制,其中 MSTP 的 P/A 机制和 RSTP 有所不同。

在 RSTP 中,上游网桥指定端口发送 Proposal 置位的 BPDU,下游网桥执行同步操作后回应 Agreement 置位的 BPDU,上游网桥收到 Agreement 置位的 BPDU 后其指定端口可以立即进入转发状态。

8.5 MSTP 配置

8.5.1 MSTP 基本配置

默认情况下,MST 域的 3 个参数均取默认值,即:设备的 MST 域名为设备的桥 MAC 地址,所有 VLAN 均对应到 CIST 上,MSTP 修订级别取值为 0。

用户通过命令 stp region-configuration 进入 MST 域视图后，可以对域的相关参数（域名、VLAN 映射表以及修订级别）进行配置。

由系统视图进入域配置视图：

[H3C] **stp region-configuration**

配置域名：

[H3C-mst-region] **region-name** *name*

配置修订级别：

[H3C-mst-region] **revision-level** *level*

instance 命令用来将指定的 VLAN 列表映射到指定的生成树实例上，默认情况下，所有 VLAN 均对应到 CIST（即实例 0）上。不能将同一个 VLAN 映射到多个不同的实例上，当用户将一个已经映射的 VLAN 重新映射到一个不同的实例上时，则自动取消原来的映射关系。

配置 VLAN 映射到 MST 实例的命令为：

[H3C-mst-region] **instance** *instance-id* **vlan** *vlan-list*

其中 *instance-id* 表示 MST 实例的 ID，取值范围为 0～32，最小取值为 0，表示的是 IST。

配置完域名、修订级别和 VLAN 映射关系后，需要激活 MST 域的配置，此时 MSTP 会重新计算生成树。配置命令为：

[H3C-mst-region] **active region-configuration**

8.5.2　MSTP 高级配置

当需要将某网桥设定为某 MST 实例中的根桥时，可以通过修改网桥在该实例中的优先级实现，也可以通过命令直接将网桥设置为实例中的首选根桥。配置网桥为 MST 实例中的首选根桥，配置命令为：

[H3C] **stp instance** *instance-id* **root primary**

如果配置时不输入 instance *instance-id* 参数，则所做的配置只在 IST 实例上有效。在一棵生成树实例中，生效的根桥只有一个；两台或两台以上的网桥被指定为同一棵生成树实例的根桥时，MSTP 将选择 MAC 地址最小的网桥作为根桥。设置网桥为根桥之后，用户不能再修改网桥的优先级。

还可以使用命令 stp root secondary 来指定网桥作为 MST 实例的备份根桥。配置命令为：

[H3C] **stp instance** *instance-id* **root secondary**

用户可以在每个 MST 实例中指定一个到多个备份根桥。当根桥出现故障或被关机时，备份根桥可以取代根桥而成为指定 MST 实例的根，如果设置了多个备份根桥，则 MAC 地址最小的备份根桥将成为指定 MST 实例的根。

8.5.3　MSTP 兼容性配置

除 802.1s 标准定义的 MSTP BPDU 格式外，各厂商可能会定义私有的 MSTP BDPU 格式，可以通过在端口下配置格式识别命令，使得设备识别 MSTP BPDU 报文的格式。

H3C 设备端口可以识别/发送的 MSTP BPDU 格式有两种：

- 符合 IEEE 802.1s 协议的标准格式；
- 与非标准格式兼容的格式。

端口默认配置为自动识别方式(Auto),即端口可以自动识别这两种格式的 MSTP BPDU,并根据识别结果确定发送 BPDU 的格式,从而实现与对端设备的互通。

用户也可以通过命令行配置端口所使用的 MSTP BPDU 格式,配置完成后,在 MSTP 工作模式下,端口只收发所配置格式的 MSTP BPDU,实现与对端发送所配置格式报文的设备互通。

MSTP BPDU 格式识别命令为:

```
[H3C-GigabitEthernet1/0/1] stp compliance {auto|dot1s|legacy}
```

根据 IEEE 802.1s 规定,只有在域配置(包括域名、修订级别、VLAN 与实例映射关系)完全一致的情况下,相连的设备才被认为是在同一个域内。

在网络中,由于一些厂商的设备在对 MSTP 协议的实现上存在差异,即用加密算法计算配置摘要时采用私有的密钥,从而导致即使 MST 域配置相同,不同厂商的设备之间也不能实现在 MSTP 域内的互通。

通过在设备上与对 MST 协议的实现存在私有性差异的厂商设备相连的端口开启摘要侦听特性,可以实现与厂商设备在 MST 域内的完全互通。

摘要侦听配置命令为:

```
[H3C]stp global config-digest-snooping
[H3C-GigabitEthernet1/0/1]stp config-digest-snooping
```

当设备开启摘要侦听,收到对端设备发送的 MSTP BPDU 后会复制其中的配置摘要,在其后发送的 MSTP BPDU 中使用对端设备的配置摘要信息替换自身的配置摘要信息,保证设备间配置摘要信息相同,结合相同的域名,相同的修订级别可以保证设备在同一个域中。

由于开启摘要侦听后,设备不再比较配置摘要,即使 VLAN 映射关系不同,只要域名和修订级别相同,设备就可以处于同一个域中,所以建议不要在域边界端口开启摘要侦听,并且确保域内所有设备的 VLAN 和实例的映射关系一致。

对于 P/A 机制,RSTP 和 MSTP 均要求上游设备的指定端口在接收到下游设备的 Agreement 报文后才能进行快速迁移。不同之处如下:

- 对于 MSTP,下游设备在收到上游设备 Proposal 和 Agreement 均置位的 BPDU,才会回应 Agreement 置位的 BPDU;
- 对于 RSTP,下游设备只要收到上游设备 Proposal 置位的 BPDU 就会回应 Agreement 置位的 BPDU。

如果网络中有两台设备互联,其中 SWA 启用 RSTP,而 SWB 启用 MSTP,SWA 会向 SWB 发送 Proposal 置位的 BPDU,当 SWB 收到 SWA 发送的 BPDU 后发现其中 Agreement 没有置位,则不会回应 Agreement 置位的 BPDU。这样 SWA 和 SWB 之间的端口需要经过两个 Forward Delay 的时间才能进入转发状态。

为解决上述问题,可以在图 8-18 中 SWB 的 E1/0/1 端口开启 No Agreement Check 特性,开启 No Agreement Check 特性后,SWB 将不会检查 E1/0/1 端口收到的 Proposal BPDU 中 Agreement 是否置位,而会直接回应 Agreement 置位的 BPDU,使得 SWA 的指定端口快速进入转发状态。

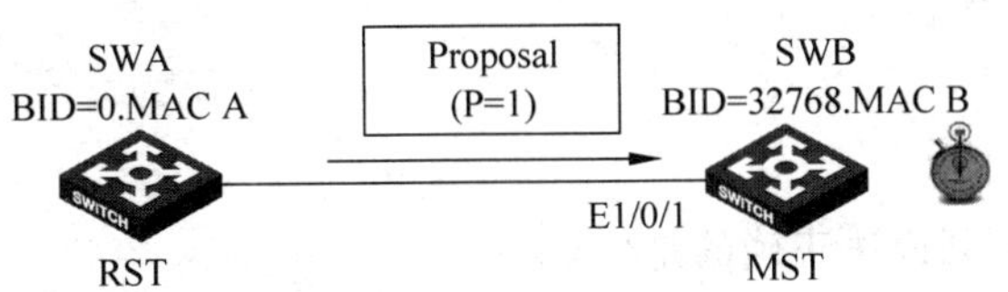

图 8-18 MSTP 兼容性配置

No Agreement Check 特性在端口配置，仅对该端口有效，配置命令为：

```
[SWB-Ethernet1/0/1] stp no-agreement-check
```

8.5.4 MSTP 配置案例

如图 8-19 所示，网络中所有交换机属于同一个 MST 域。配置 VLAN 2 的报文沿着实例 1 转发，VLAN 3 的报文沿着实例 2 转发，其他 VLAN 的报文沿着 IST 转发。

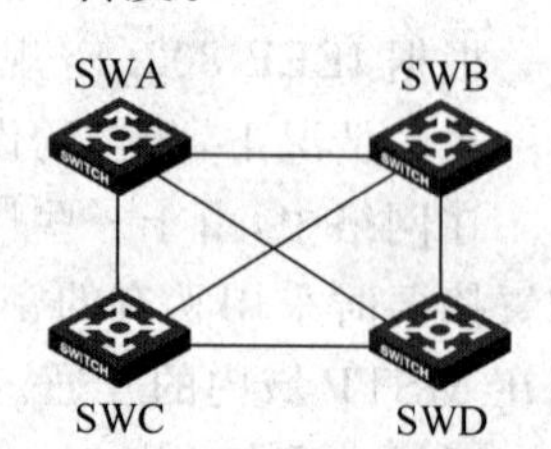

图 8-19 MSTP 配置案例

在 SWA 上进行配置：

```
<SWA> system-view
[SWA] stp region-configuration
```

配置 MST 域的域名、VLAN 映射关系和修订级别：

```
[SWA-mst-region] region-name H3C
[SWA-mst-region] revision-level 0
[SWA-mst-region] instance 1 vlan 2
[SWA-mst-region] instance 2 vlan 3
```

激活 MST 域的配置：

```
[SWA-mst-region] active region-configuration
[SWA-mst-region] quit
[SWA] stp global enable
```

显示已经生效的 MST 域的配置信息：

```
[SWA]display stp region-configuration
 Oper configuration
   Format selector     :0
   Region name         :H3C
   Revision level      :0

   Instance    Vlans Mapped
      0        1,4to4094
      1        2
      2        3
```

SWB、SWC 和 SWD 的配置与 SWA 相同。

8.6 本章总结

(1) 对比了 MSTP 和 RSTP/STP。
(2) 介绍了 MSTP 协议中的基本概念。
(3) 介绍了 MSTP 工作原理。
(4) 介绍了 MSTP 的配置命令并给出配置实例。

8.7 习题和答案

8.7.1 习题

(1) 关于 MSTP，下列说法正确的是(　　)。

A. MSTP 基于实例计算出多棵生成树
B. 每个实例可以包含一个或多个 VLAN，每一个 VLAN 只能映射到一个实例
C. 实例间可以实现流量的负载分担
D. MSTP 在 IEEE 802.1s 标准中定义

(2) 处于同一个 MST 域的交换机，具备(　　)相同参数。
A. 域名　　B. 修订级别
C. VLAN 和实例的映射关系　　D. 交换机名称

(3) MSTP 计算任务包含(　　)。
A. CST 计算　　B. IST 计算
C. MSTI 计算　　D. MSTI 计算在 IST 计算之后进行

(4) 关于 MSTP 的 P/A 机制，下列说法正确的是(　　)。
A. 在 MSTP 中，上游网桥发送的 Proposal BPDU 中，Proposal 位和 Agreement 位均置
B. 下游网桥收到 Proposal 和 Agreement 均置位的 BPDU 后，执行同步操作然后回应 Agreement 置位的 BPDU
C. 上游指定端口收到 Agreement 置位的 BPDU 后，快速进入转发状态
D. 上游为 RSTP 交换机，下游为 MSTP 交换机，如果要实现 P/A 机制快速收敛，需要配置 No Agreement Check

(5) 关于摘要侦听配置，说法正确的是(　　)。
A. 当设备开启摘要侦听，收到对端设备发送的 MSTP BPDU 后会复制其中的配置摘要
B. 在其后发送的 MSTP BPDU 中使用对端设备的配置摘要信息替换自身的配置摘要信息，保证设备间配置摘要信息相同，结合相同的域名，相同的修订级别可以保证设备在同一个域中
C. 由于开启摘要侦听后，设备不再比较配置摘要，即使 VLAN 映射关系不同，只要域名和修订级别相同，设备就可以处于同一个域中
D. 建议不要在域边界端口开启摘要侦听，并且确保域内所有设备的 VLAN 和实例的映射关系一致

8.7.2 习题答案

(1) ABCD　(2) ABC　(3) ABC　(4) ABCD　(5) ABCD

第9章

STP保护机制

在局域网中,可能会遇到蓄意攻击导致交换机 STP 计算错误或由于拓扑频繁变化产生大量 TC 报文导致交换机频繁删除 MAC 地址,造成未知单播报文的泛滥等问题;意外接入网络的交换机也可能影响整个网络的 STP 稳定性。通过 STP 保护机制可以解决或避免这些问题。

本章分别对 BPDU 保护、根桥保护、环路保护和 TC 保护进行介绍。

9.1 本章目标

学习完本课程,应该能够:

- 了解 STP 包含哪些保护机制;
- 掌握各种保护机制的原理及配置。

9.2 BPDU 保护

在 STP 中,接入层设备端口一般直接与用户终端或文件服务器相连,此时可以设置接入端口为边缘端口以实现这些端口的快速迁移。正常情况下,边缘端口不会收到 BPDU,但是,如图 9-1 所示,如果有人伪造 BPDU 发送给交换机的边缘端口或意外将边缘端口连接运行 STP 的设备时,系统会自动将边缘端口设置为非边缘端口,重新进行生成树的计算,这将引起网络拓扑的震荡。

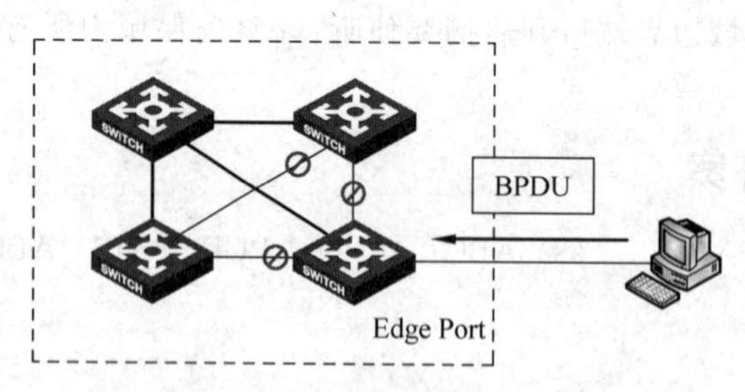

图 9-1 边缘端口受到攻击

通过配置 BPDU 保护功能可以防止这种网络拓扑的震荡。

如图 9-2 所示,交换机上启动了 BPDU 保护功能以后,如果边缘端口收到了 BPDU,系统就将这些端口关闭。被关闭端口只能由网络管理人员恢复。推荐用户在配置了边缘端口的交换机上配置 BPDU 保护功能。

BPDU 保护功能在全局视图配置,在图 9-3 所示的组网中配置交换机 SWA 的 E1/0/1 端口为边缘端口,启用 BPDU 保护,配置命令如下:

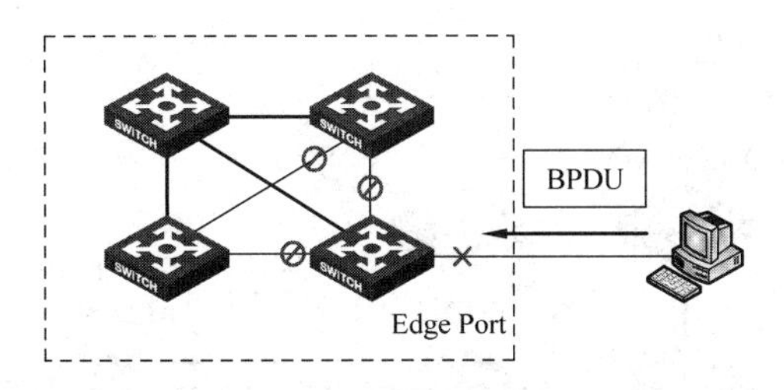

图 9-2 BPDU 保护机制

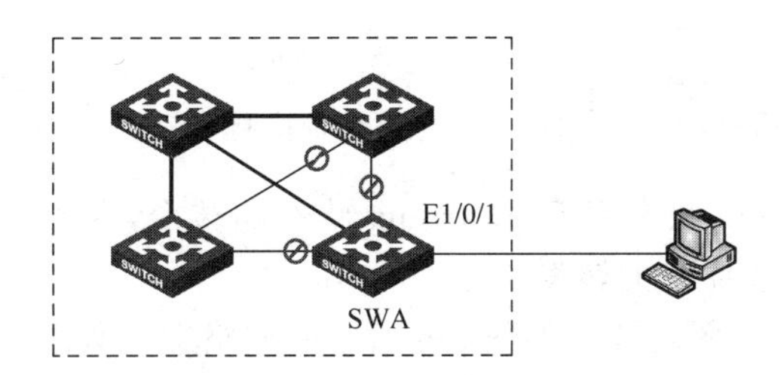

图 9-3 配置 BPDU 保护

[SWA]**stp bpdu-protection**
[SWA-Ethernet1/0/1]**stp edged-port**

9.3 根桥保护

由于维护人员的错误配置或网络中的恶意攻击,网络中的合法根桥有可能会收到优先级更高的 BPDU,这样当前根桥会失去根桥的地位,引起网络拓扑结构的变动。假设原来的流量是经过高速链路转发的,这种不合法的变动,会导致原来通过高速链路的流量被牵引到低速链路上,导致网络拥塞。

如图 9-4 所示,网络稳定运行,其中 SWA 为根桥。由于维护人员错误配置,将 SWB 的优先级设置为 0,则 SWB 会发送以自己为根的 BPDU,当 SWC 从 E1/0/1 接收到 SWB 发送的 BPDU 后,会将 E1/0/1 确定为新的根端口,并且向其他交换机发送新的 BPDU,从而引发一系列的 STP 重新计算,最终网络流量沿错误的路径传送。

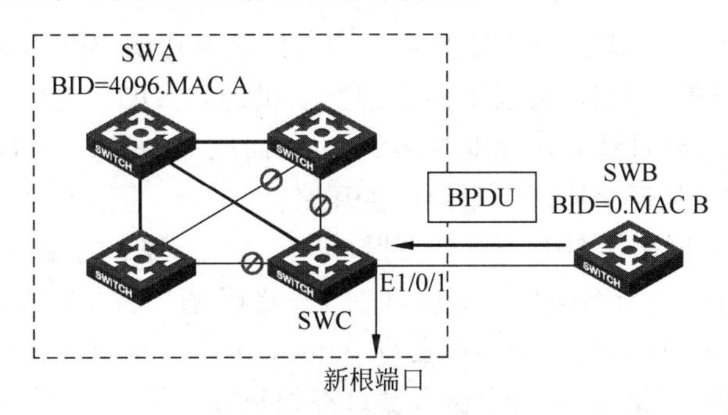

图 9-4 根桥的错误切换

通过配置 Root 保护(根桥保护)功能可以防止这种情况的发生。

如图 9-5 所示,对于设置了 Root 保护功能的端口,端口角色只能保持为指定端口。一旦这种端口上收到了优先级高的 BPDU,其状态将被设置为 Listening 状态,不再转发报文(相当

于将此端口相连的链路断开)。

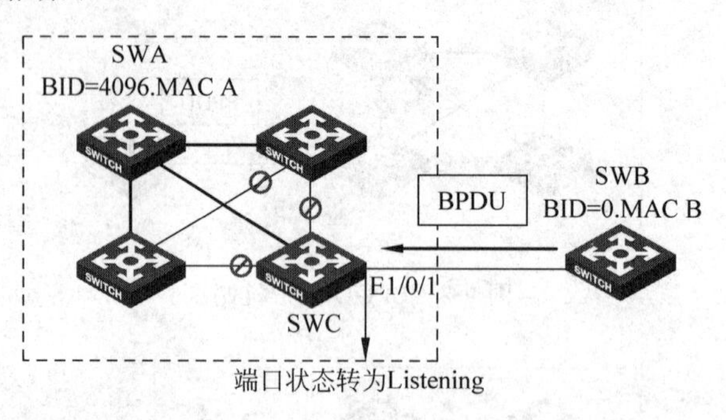

图 9-5 根桥保护机制

端口会经历从 Listening 状态到 Forwarding 状态的转变,在此期间如果端口没有收到更优的 BPDU 时,端口会恢复原来的转发状态。

根桥保护命令在端口视图配置。如图 9-6 所示的网络中,SWA 为根桥,为防止 SWC 接收到 SWB 发送的 BPDU 而导致根桥重新选举,可以在 SWC 的端口 E1/0/1 配置根桥保护。

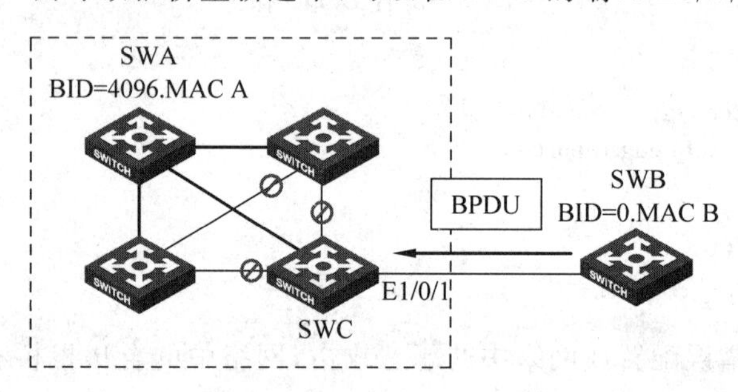

图 9-6 配置根桥保护

根桥保护配置命令为:

[SWC-Ethernet1/0/1]**stp root-protection**

9.4 环路保护

交换机各端口的 STP 状态依靠不断接收上游交换机发送的 BPDU 来维持。但是由于链路拥塞或者单向链路故障,根端口会收不到上游交换机的 BPDU。此时下游交换机会重新选择根端口,原来的根端口经过计算后会变为指定端口,而原来的阻塞端口重新计算后会变为根端口且迁移到转发状态,从而交换网络中会产生环路。

如图 9-7 所示,在左侧拓扑图中,SWA 为根,SWC 连接 SWA 的端口为根端口,连接 SWB 的端口为 Alternate 端口。当 SWA 和 SWC 之间链路阻塞导致 SWC 收不到 SWA 发送的 BPDU,在 SWC 端口 BPDU 老化后,SWC 会将 Alternate 端口确定为新的根端口,和 SWA 相连的端口确定为指定端口,此时,网络中所有端口都处于转发状态,导致环路的产生。

如图 9-7 所示,在右侧拓扑图中,交换机使用光纤连接,如果 SWC 和 SWA 相连光纤的接收链路故障而发送链路正常,则 SWC 收不到 SWA 发送的 BPDU,在 SWC 端口 BPDU 老化后,SWC 会将 Alternate 端口确定为新的根端口,和 SWA 相连的端口确定为指定端口,此时网络中沿顺时针方向会形成环路。

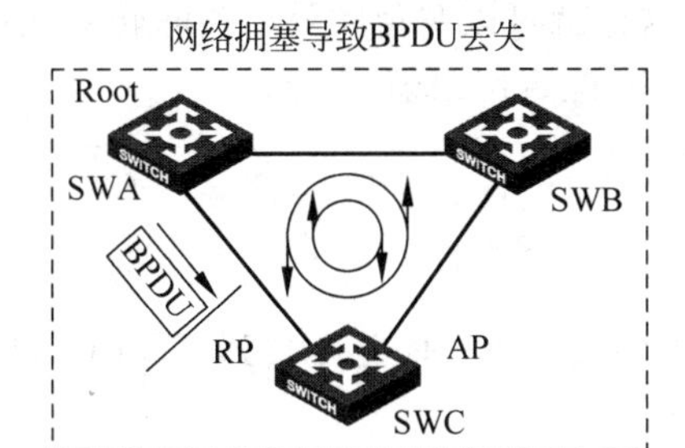

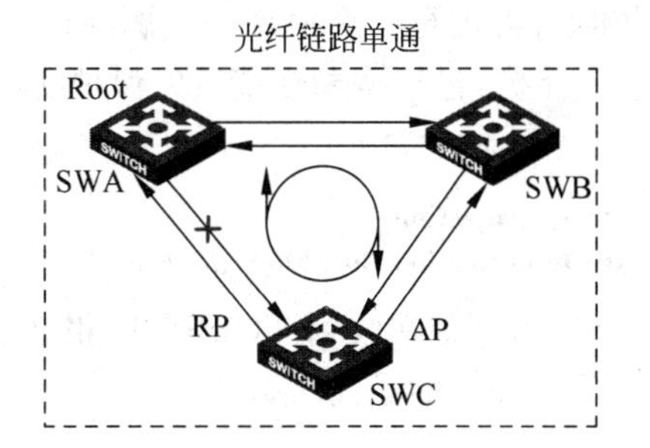

图 9-7　环路的产生

通过配置环路保护，可以防止上述环路的产生。

在启动了环路保护功能后，当端口保存的 BPDU 老化时，环路保护生效。

根端口的角色如果发生变化就会变为 Discarding 状态，不转发报文，从而不会在网络中形成环路。Discarding 状态会一直维持，直到端口再次收到 BPDU，重新成为根端口。

在 MSTP 中，此功能对根端口、Alternate 端口和 Backup 端口有效。

环路保护命令在端口视图配置。如图 9-8 所示的网络中，SWA 为根桥，为防止由于 SWC 和 SWA 之间链路拥塞导致环路产生，可以在 SWC 的端口 E1/0/1 配置环路保护。同理，为防止 SWC 和 SWB 之间链路拥塞导致环路产生，可以在 SWC 的端口 E1/0/2 配置环路保护。

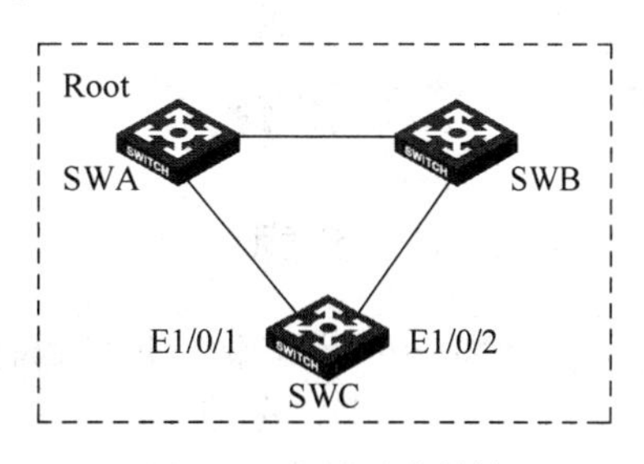

图 9-8　配置环路保护

环路保护配置命令如下：

```
[SWC-Ethernet1/0/1]stp loop-protection
[SWC-Ethernet1/0/2]stp loop-protection
```

注意：不能在端口上同时启动环路保护、根桥保护和边缘端口中的任意两种。

9.5　TC 保护

如图 9-9 所示，交换机在接收到 TC-BPDU 报文后，会执行 MAC 地址表项和 ARP 表项的删除操作（ARP 表项是通过 MAC 表项的删除而更新的，不是直接删除）。在有人伪造 TC-BPDU 报文恶意攻击交换机时，交换机短时间内会收到很多的 TC-BPDU 报文，频繁的删除操作给交换机带来很大负担，给网络的稳定带来很大隐患。

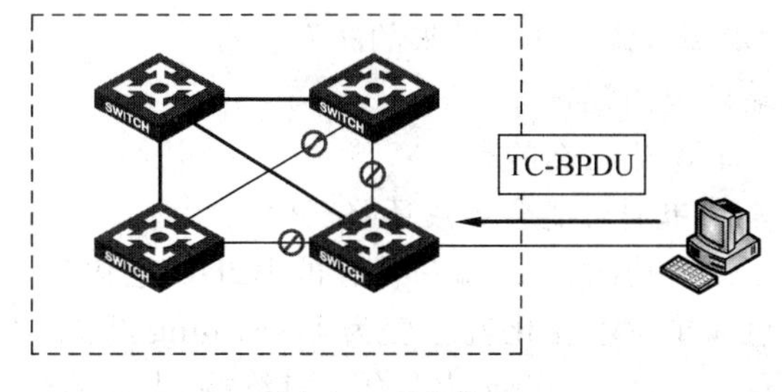

图 9-9　TC 攻击

TC 保护功能启用后，设备在收到 TC-BPDU 报文后的 10s 内，允许收到 TC-BPDU 报文后立即进行地址表项删除操作的次数可以由用户控制（假设次数限制为 X）。

同时系统会监控在该时间段内收到的 TC-BPDU 报文数是否大于 X，如果大于 X，则设备在该时间超时后再进行一次地址表项删除操作，这样就可以避免频繁地删除转发地址表项。

配置 TC 保护，包括全局使能 TC 保护功能以及配置门限值。

TC 保护配置命令如下：

```
[H3C]stp tc-protection
[H3C]stp tc-protection threshold number
```

默认情况下，设备在收到 TC-BPDU 报文后的一定时间内，允许收到 TC-BPDU 报文后立即删除转发地址表项的最高次数为 6。

9.6 本章总结

(1) 介绍了 BPDU 保护机制及配置。
(2) 介绍了根桥保护机制及配置。
(3) 介绍了环路保护机制及配置。
(4) 介绍了 TC 保护机制及配置。

9.7 习题和答案

9.7.1 习题

(1) 常用的 STP 保护机制包含(　　)。
A. BPDU 保护　B. 根桥保护　C. 环路保护　D. TC 保护

(2) 关于 BPDU 保护，以下说法正确的有(　　)。
A. 边缘端口收到 BPDU 会转变为非边缘端口
B. BPDU 保护在被保护的端口视图配置
C. BPDU 保护在系统视图配置
D. 配置 BPDU 保护后，边缘端口收到 BPDU 会被关闭

(3) 关于根桥保护，以下说法正确的有(　　)。
A. 根桥收到优先级更高的 BPDU 会失去根桥的地位
B. 配置根桥保护后，端口收到了优先级高的 BPDU，这些端口的状态将被设置为 Listening 状态，不再转发报文
C. 端口会经历从 Listening 状态到 Forwarding 状态的转变，在此期间如果端口没有收到更优的 BPDU，就会恢复原来的转发状态
D. 根桥保护在端口视图配置

(4) 关于环路保护，以下说法正确的有(　　)。
A. 链路阻塞或链路单通可能会导致环路产生
B. 在启动了环路保护功能后，当端口保存的 BPDU 老化时，环路保护生效
C. 根端口的角色如果发生变化就会变为 Discarding 状态，不转发报文，从而不会在网络中形成环路。Discarding 状态会一直维持，直到端口再次收到 BPDU，重新成为根端口
D. 在 MSTP 中，此功能对根端口、Alternate 端口和 Backup 端口有效

(5) 关于 TC 保护，以下说法正确的有(　　)。
A. 交换机在接收到 TC-BPDU 报文后，会执行 MAC 地址表项的删除操作

B. TC 保护功能使能后，设备在收到 TC-BPDU 报文后的 10s 内，允许收到 TC-BPDU 报文后立即进行地址表项删除操作的次数可以由用户控制
C. 系统会监控在该时间段内收到的 TC-BPDU 报文数是否大于阈值，如果大于阈值，则设备在该时间超时后再进行一次地址表项删除操作，这样就可以避免频繁地删除转发地址表项
D. TC 保护在系统视图配置

9.7.2 习题答案

(1) ABCD　(2) ACD　(3) ABCD　(4) ABCD　(5) ABCD

第4篇

高可靠性技术

第10章

高可靠性技术概述

随着园区网规模的不断扩大，承载在园区网上的应用也越来越丰富，许多关键应用要求网络提供不间断服务，这就要求网络设备具备高可靠性，不存在单点故障。

10.1 本章目标

学习完本课程，应该能够：

- 了解什么是高可靠性技术；
- 了解高可靠性技术包含哪些技术类别。

10.2 高可靠性技术简介

产品的可靠性是指产品在规定的条件下、在规定的时间内完成规定的功能的能力。对产品而言，可靠性越高就越好。产品的可靠性越高，产品可以无故障工作的时间就越长。

MTBF 即平均无故障时间，英文是 Mean Time Between Failure，具体是指产品从一次故障到下一次故障的平均时间，是衡量一个产品的可靠性指标，单位为“小时”。

MTBF 值的计算方法，目前最通用的权威性标准是 MIL-HDBK-217、GJB/Z299B 和 Bellcore，分别用于军工产品和民用产品。其中，MIL-HDBK-217 是由美国国防部可靠性分析中心及 Rome 实验室提出并成为行业标准，专门用于军工产品 MTBF 值计算，GJB/Z299B 是我国军用标准。而 Bellcore 是由 AT&T Bell 实验室提出，并成为商用电子产品 MTBF 值计算的行业标准，规定产品在总的使用阶段累计工作时间与故障次数的比值为 MTBF。

MTTR(Mean Time To Restoration，平均恢复前时间)，源自于 IEC 61508 中的平均维护时间(Mean Time To Repair)，目的是为了清楚界定术语中的时间概念，MTTR 是随机变量恢复时间的期望值。它包括确认失效发生所必需的时间，以及维护所需要的时间。MTTR 也必须包含获得配件的时间，维修团队的响应时间，记录所有任务的时间，还有将设备重新投入使用的时间。

网络高可靠性主要是指当设备或网络出现故障时，网络提供服务的不间断性能力，一般要求网络可靠性要达到 5 个 9 以上。根据可靠性计算公式“可靠性＝MTBF/(MTBF＋MTTR)”，可靠性 99.999%意味着每年故障时间不超过 5min，可靠性 99.9999%意味着每年故障时间不超过 30s。

园区的高可靠设计是一个综合的概念。在提高网络的冗余性的同时，还需要加强网络构架的优化，从而实现真正的高可用。一般来说，设计一个高可用的园区系统，主要关心 3 个方面：

- 链路的备份技术；
- 设备备份技术；
- 堆叠技术。

10.3　链路备份技术

园区系统的链路备份技术主要使用链路聚合、RRPP、Smart Link 3 种技术。

分布式的聚合技术进一步消除了聚合设备单点失效的问题，提高了聚合链路的可用性。由于聚合成员可以位于系统的不同设备上，这样即使某些成员所在的设备整个出现故障，也不会导致聚合链路完全失效，其他正常工作的 Unit 会继续管理和维护剩下的聚合端口的状态。这对于核心交换系统和要求高质量服务的网络环境意义重大。

城域网和企业网大多采用环网来构建以提供高可靠性。环网采用的技术一般是 RPR 或以太网环。RPR 需要专用硬件，因此成本较高；而以太网环技术日趋成熟且成本低廉，城域网和企业网采用以太网环的趋势越来越明显。目前，解决二层网络环路问题的技术有 STP 和 RRPP。STP 应用比较成熟，但收敛时间在秒级。RRPP 是专门应用于以太网环的链路层协议，具有比 STP 更快的收敛速度，并且 RRPP 的收敛时间与环网上节点数无关，可应用于网络直径较大的网络。

Smart Link 是一种针对双上行组网的解决方案，实现了高效可靠的链路冗余备份和故障后的快速收敛。

如图 10-1 所示，链路聚合是将多个物理以太网端口聚合在一起形成一个逻辑上的聚合组，使用链路聚合服务的上层实体把同一聚合组内的多条物理链路视为一条逻辑链路。

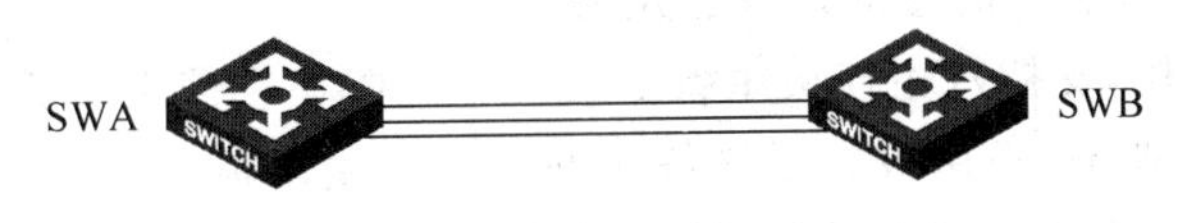

图 10-1　链路聚合

链路聚合可以实现数据流量在聚合组中各个成员端口之间的分担，以增加带宽。同时，同一聚合组的各个成员端口之间彼此动态备份，提高了连接可靠性。

RRPP(Rapid Ring Protection Protocol，快速环网保护协议)是一个专门应用于以太网环的链路层协议，如图 10-2 所示。它在以太网环完整时能够防止数据环路引起的广播风暴，而当以太网环上一条链路断开时能迅速恢复环网上各个节点之间的通信通路，具备较高的收敛速度。

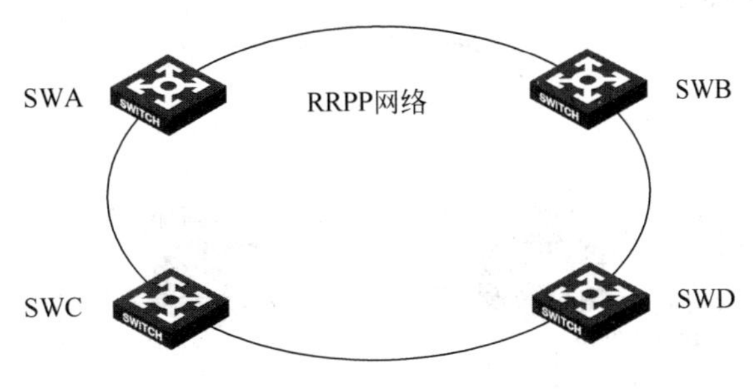

图 10-2　RRPP

为了在满足用户对链路快速收敛要求的同时又能简化配置，H3C 针对双上行组网提出了 Smart Link 解决方案，如图 10-3 所示。Smart Link 实现了主备链路的冗余备份，并在主用链路发生故障后使流量能够迅速切换到备用链路上，因此具备较高的收敛速度。

Smart Link 技术专用于双上行组网，收敛性能可达到毫秒级，配置简单，便于用户操作。

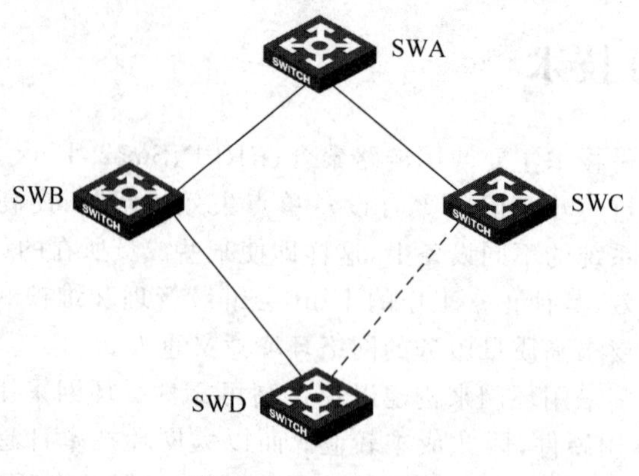

图 10-3　Smart Link

10.4　设备备份技术

园区系统出现的故障类型较多,风险也无法避免,设备故障是园区网中常见的故障。

对于设备故障的缓解,最简单的方式就是冗余设计。可以通过对设备自身、设备间提供备份,从而将故障对用户业务的影响降低到最小。

设备自身备份技术,主要指设备自身的冗余设计。

H3C 中高端交换机,支持双主控板主备倒换技术。两块主控板分为主用板和备用板两个角色,主用板承担正常业务,备用板处于热备状态。一旦主用板出现故障无法正常工作,备用板能够在很短时间内完成状态切换,同时尽可能地保证业务不发生中断。主备备份应用于分布式网络产品的主控板,提高网络设备的可靠性。

H3C 中高端交换机的主控板、交换网板、电源系统等关键部件支持冗余热备份。交流/直流电源采用 $N+1$ 冗余热备份,保证系统正常运行;而风扇系统 1∶1 热备份,并且提供根据温度自动调速。

VRRP(Virtual Router Redundancy Protocol,虚拟路由冗余协议)是一种容错协议,如图 10-4 所示。它保证当主机的下一跳设备出现故障时,可以及时由另一台设备来代替,从而保证通信的连续性和可靠性。

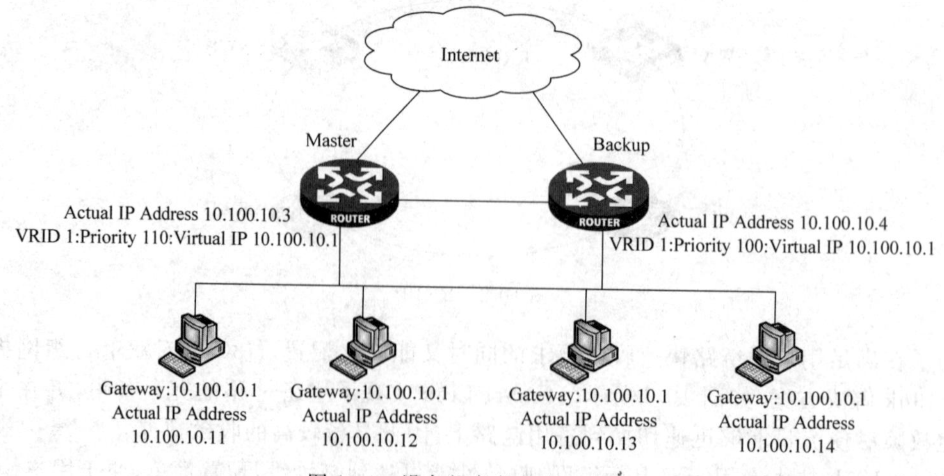

图 10-4　设备间备份技术 VRRP

VRRP 将可以承担网关功能的路由器加入 VRRP 组中，形成一台虚拟路由器。一个 VRRP 组由一个主设备(Master)和若干个备份设备(Backup)组成，主设备实现真正的转发功能。当主设备出现故障时，备份设备成为新的主设备，接替它的工作。

10.5　堆叠技术

IRF(Intelligent Resilient Framework，智能弹性架构)是一种增强的堆叠技术，如图 10-5 所示，其在高可靠性、冗余备份等方面进行了创新或增强。

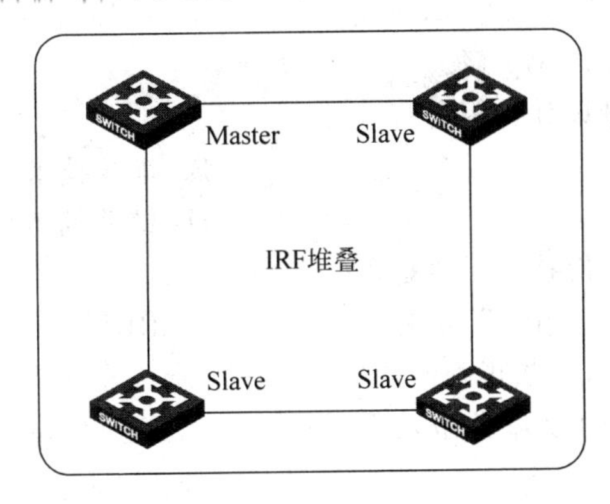

图 10-5　IRF

IRF 堆叠可以允许全局范围内的跨设备链路聚合，提供了全面的链路级保护。同时 IRF 堆叠实现了跨设备的三层路由冗余，支持多种单播路由协议、组播路由协议的分布式处理，实现了多种路由协议的热备份技术。

IRF 堆叠实现了二层协议在 Fabric 内的分布式运行，提高了堆叠内 Unit 的利用率和可靠性，减少了设备间协议的依赖关系。

IRF 堆叠中所有的单台设备称为成员设备。成员设备之间物理堆叠口支持聚合功能，堆叠系统和上、下层设备之间的物理连接也支持聚合功能，这样通过多链路备份提高了堆叠系统的可靠性。

IRF 中采用的是 1∶N 冗余，即 Master 负责处理业务，Slave 作为 Master 的备份，随时与 Master 保持同步。当 Master 工作异常时，IRF 将选择其中一台 Slave 成为新的 Master，由于在堆叠系统运行过程中进行了严格的配置同步和数据同步，因此新 Master 能接替原 Master 继续管理和运营堆叠系统，不会对原有网络功能和业务造成影响。同时，由于有多个 Slave 设备存在，因此可以进一步提高系统的可靠性。

IRF 成员设备为框式分布式设备时，拥有多块主控板和多块接口板。对于框式分布式设备的堆叠，IRF 并没有因为 IRF 技术具有备份功能而放弃每个框式分布式成员设备本身的主用主控板和备用主控板的冗余保护，而是将各个成员设备的主用主控板和备用主控板作为主控板资源统一管理，进一步提高了系统可靠性。

10.6　本章总结

(1) 介绍了什么是高可靠性技术。

(2) 园区网中常用的高可靠性技术是链路备份技术、设备备份技术、堆叠技术。

10.7 习题和答案

10.7.1 习题

(1) 下面关于可靠性的说法,正确的是( )。

A. 产品的可靠性是指产品在规定的条件下、在规定的时间内完成规定的功能的能力

B. 产品的可靠性越高,产品可以无故障工作的时间就越长

C. MTBF 即平均无故障时间,英文是 Mean Time Between Failure

D. 可靠性即 MTBF/MTTR

(2) 一个园区的高可靠设计,重点是( )。

A. 设备价格　　B. 堆叠技术

C. 设备备份技术　　D. 链路的备份技术

(3) 园区系统的链路备份技术主要是指( )。

A. 链路聚合　　B. Trunk　　C. RRPP　　D. Smart Link

(4) 关于设备备份技术,说法正确的是( )。

A. 园区系统出现的故障类型较多,风险也无法避免,设备故障是园区网中常见的故障

B. 对于设备故障的缓解,最简单的方式就是冗余设计

C. 可以通过对设备自身、设备间提供备份,从而将故障对用户业务的影响降到最小

D. 所有网络设备,都支持自身备份技术

(5) 下面关于 IRF 堆叠,正确的表述是( )。

A. Intelligent Flexible Framework　　B. Intelligent Resilient Framework

C. Intelligent Flexible Architecture　　D. Intelligent Resilient Architecture

10.7.2 习题答案

(1) ABC　(2) BCD　(3) ACD　(4) ABC　(5) B

第11章

链路聚合

在采用STP的情况下，设备间的冗余链路被阻塞，链路可靠性得到提高，但浪费了链路带宽。链路聚合是将多个物理以太网端口聚合在一起，形成一条逻辑链路。

11.1 本章目标

学习完本课程，应该能够：

- 了解什么是链路聚合；
- 熟悉链路聚合的基本概念；
- 掌握链路聚合的模式；
- 了解LACP协议原理；
- 掌握链路聚合的配置和基本维护。

11.2 链路聚合简介

11.2.1 链路聚合背景

如图11-1所示，链路聚合是将多个物理以太网端口聚合在一起形成一个逻辑上的聚合组，使用链路聚合服务的上层实体把同一聚合组内的多条物理链路视为一条逻辑链路。

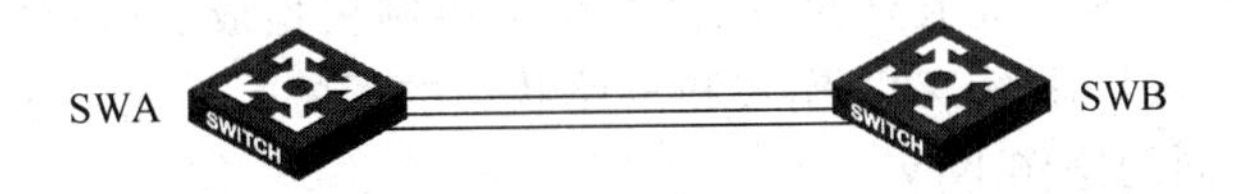

图11-1 链路聚合的产生

链路聚合可以实现数据流量在聚合组中各个成员端口之间分担，以增加带宽。同时，同一聚合组的各个成员端口之间彼此动态备份，提高了连接可靠性。

如图11-2所示，链路聚合技术的正式标准为IEEE Standard 802.3ad。链路聚合在IEEE 802.3结构中的位置，是处于MAC CLIENT和MAC之间，一个可选的子层。标准中定义了链路聚合技术的目标、聚合子层内各模块的功能和操作的原则，以及链路聚合控制的内容等。其中，聚合技术应实现的目标定义为必须能提高链路可用性、线性增加带宽、分担负载、实现自动配置、快速收敛、保证传输质量、对上层用户透明、向下兼容等。

11.2.2 链路聚合相关概念

如图11-3所示，链路聚合的相关概念如下。

(1) 聚合接口：聚合接口是一个逻辑接口，它可以分为二层聚合端口和三层聚合接口。

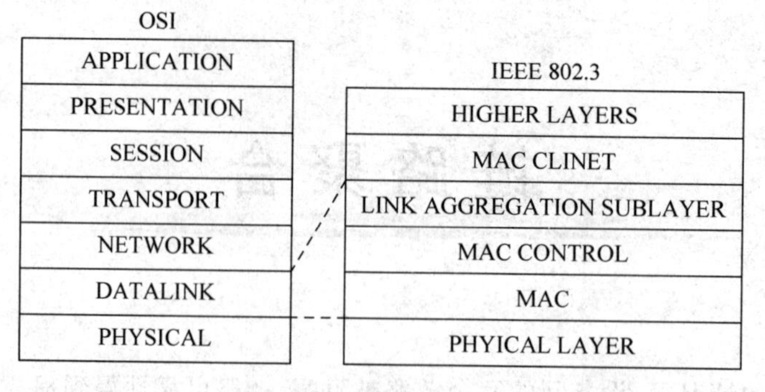

图 11-2 IEEE 802.3 架构

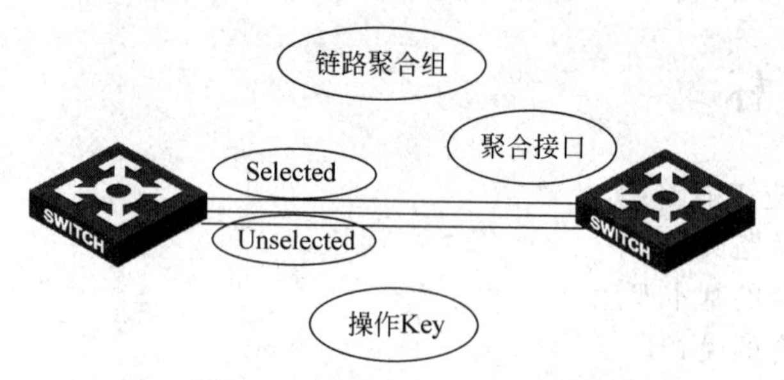

图 11-3 链路聚合的相关概念

(2) 聚合组：聚合组是一组以太网接口的集合。聚合组是随着聚合接口的创建而自动生成的，其编号与聚合接口编号相同。根据聚合组中可以加入以太网接口的类型，可以将聚合组分为二层聚合组和三层聚合组。

(3) 聚合成员端口的状态：聚合组中的成员端口有两种状态。Selected 状态，处于此状态的端口可以参与转发用户数据；Unselected 状态，处于此状态的端口不能转发用户数据。聚合端口的速率、双工状态由其 Selected 成员端口决定，聚合端口的速率是 Selected 成员端口的速率之和，聚合端口的双工状态与 Selected 成员端口的双工状态一致。

(4) 操作 Key：操作 Key 是在链路聚合时，聚合控制根据成员端口的某些配置自动生成的一个配置组合，包括端口速率、双工模式和链路状态的配置。在聚合组中，处于 Selected 状态的成员端口具有相同的操作 Key。

(5) 第一类配置：此类配置可以在聚合端口和成员端口上配置，但是不会参与操作 Key 的计算，比如 GVRP、MSTP 等。

(6) 第二类配置：第二类配置所含内容如表 11-1 所示。同一聚合组中，如果成员端口与聚合端口的第二类配置不同，那么该成员端口将不能成为 Selected 端口。

表 11-1 第二类配置

类 别	配置内容
端口隔离	端口是否加入隔离组
QinQ 配置	端口的 QinQ 功能开启/关闭状态，VLAN Tag 的 TPID 值，添加的外层 VLAN Tag，内外层 VLAN 优先级映射关系，不同内层 VLAN ID 添加外层 VLAN Tag 的策略，内层 VLAN ID 替换关系
VLAN 配置	端口上允许通过的 VLAN，端口默认 VLAN ID，端口的链路类型(即 Trunk，Hybrid，Access 类型)，基于 IP 子网的 VLAN 配置，基于协议的 VLAN 配置，VLAN 报文是否带 Tag 配置

续表

类　别	配置内容
MAC 地址学习配置	是否具有 MAC 地址学习功能，端口是否具有最大学习 MAC 地址个数的限制，MAC 地址表满后是否继续转发

11.2.3 LACP 协议

基于 IEEE 802.3ad 标准的 LACP(Link Aggregation Control Protocol，链路聚合控制协议)是一种实现链路动态聚合与解聚合的协议。LACP 协议通过 LACPDU(Link Aggregation Control Protocol Data Unit，链路汇聚控制协议数据单元)与对端交互信息。

在 LACP 协议中，链路的两端分别称为 Actor 和 Partner，双方通过交换 LACPDU 报文，向对端通告自己的系统优先级、系统 MAC 地址、端口优先级、端口号和操作 Key。对端接收到这些信息后，将这些信息与其他端口所保存的信息比较，选择能够汇聚的端口。双方对端口加入或退出某个动态汇聚组达成一致，从而决定哪些链路可以加入同一聚合组以及某一条链路何时能够加入聚合组。

图 11-4 中各字段解释如下。

Destination Address	6
Source Address	6
Length/Type	2
Subtype=LACP	1
Version Number	1
TLV_type=Actor Information	1
Actor_Information_Length=16	1
Actor_System_Priority	2
Actor_System	6
Actor_key	2
Actor_State	1
Actor_Port_Priority	1
Actor_Port	2
TLV_type=Partner Information	1
Partner_Information_Length=16	1
Partner_System_Priority	2
Partner_System	6
Partner_key	2
Partner_State	1
Partner_Port_Priority	1
Partner_Port	2
TLV_type=Collector Information	1
Collector_Information_Length=16	1
CollectorMaxDelay	2
Reserved	12
TLV_type=Terminator	1

图 11-4　LACP

- Destination Address：目的地址是一个组播地址。
- Source Address：发送端口的 MAC 地址。
- Length/Type：0x8099。
- Subtype=LACP：LACP 协议。
- Version Number：LACP 版本号(0x01)。
- TLV_type=Actor Information：Actor 端信息。
- Actor_Information_Length=16：Actor 端信息长度。
- Actor_System_Priority：Actor 端系统优先级。
- Actor_System：Actor 端系统信息。
- Actor_key：Actor 端 Key。

- Actor_State：Actor 端状态。
- Actor_Port_Priority：Actor 端端口优先级。
- Actor_Port：Actor 端端口信息。
- TLV_type=Partner Information：Partner 端信息。
- Partner_Information_Length=16：Partner 端信息长度。
- Partner_System_Priority：Partner 端系统优先级。
- Partner_System：Partner 端系统信息。
- Partner_key：Partner 端 Key。
- Partner_State：Partner 端状态。
- Partner_Port_Priority：Partner 端端口优先级。
- Partner_Port：Partner 端端口信息。
- TLV_type=Collector Information：Collector 信息。
- Collector_Information_Length=16：Collector 信息长度。
- CollectorMaxDelay：Collector 最大延迟时间。
- Reserved：保留段。
- TLV_type=Terminator：Terminator 信息。

11.3 链路聚合模式

按照聚合方式的不同，链路聚合可以分为如下两种模式。

(1) 静态聚合模式：在这种模式下，端口禁止启动 LACP，设备不与对端设备交互信息。参考端口的选择依据本端设备信息。

(2) 动态聚合模式：在这种模式下，端口的 LACP 协议自动使能，与对端设备交互 LACP 报文。参考端口的选择根据本端设备与对端设备交互的信息。

静态聚合流程如图 11-5 的所示。静态聚合模式中，成员端口的 LACP 协议为关闭状态。系统按照以下原则设置成员端口的选中状态。

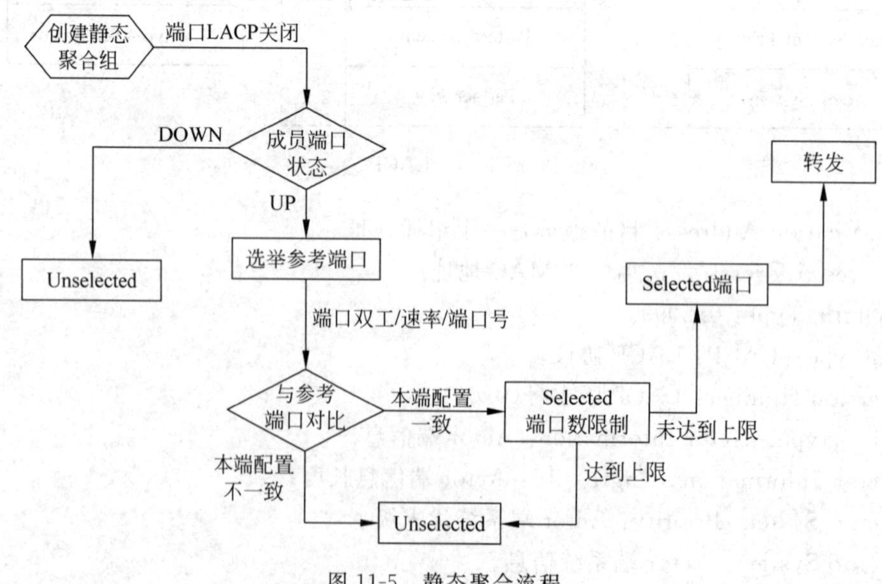

图 11-5 静态聚合流程

（1）当聚合组内有处于 UP 状态的端口时，系统按照端口的高端口优先级、全双工/高速率、全双工/低速率、半双工/高速率、半双工/低速率的优先次序，选择优先次序最高且处于 UP 状态的、端口的第二类配置和对应聚合端口的第二类配置相同的端口作为该组的参考端口（优先次序相同的情况下，端口号最小的端口为参考端口）。

（2）与参考端口的端口属性配置和第二类配置一致且处于 UP 状态的端口成为可能处于 Selected 状态的候选端口，其他端口将处于 Unselected 状态。

（3）聚合组中处于 Selected 状态的端口数是有限制的，当候选端口的数目未达到上限时，所有候选端口都为 Selected 状态，其他端口为 Unselected 状态；当候选端口的数目超过这一限制时，系统将按照端口号从小到大的顺序选择一些候选端口保持在 Selected 状态，端口号较大的端口则变为 Unselected 状态。

（4）当聚合组中全部成员都处于 DOWN 状态时，全组成员均为 Unselected 状态。

（5）因硬件限制而无法与参考端口聚合的端口将处于 Unselected 状态。

动态聚合流程如图 11-6 所示。当聚合组配置为动态聚合模式后，聚合组中成员端口的 LACP 协议自动开启。在动态聚合模式中，Selected 端口可以收发 LACP 协议报文。处于 UP 状态的 Unselected 端口如果配置和对应的聚合端口配置相同，可以收发 LACP 协议报文。

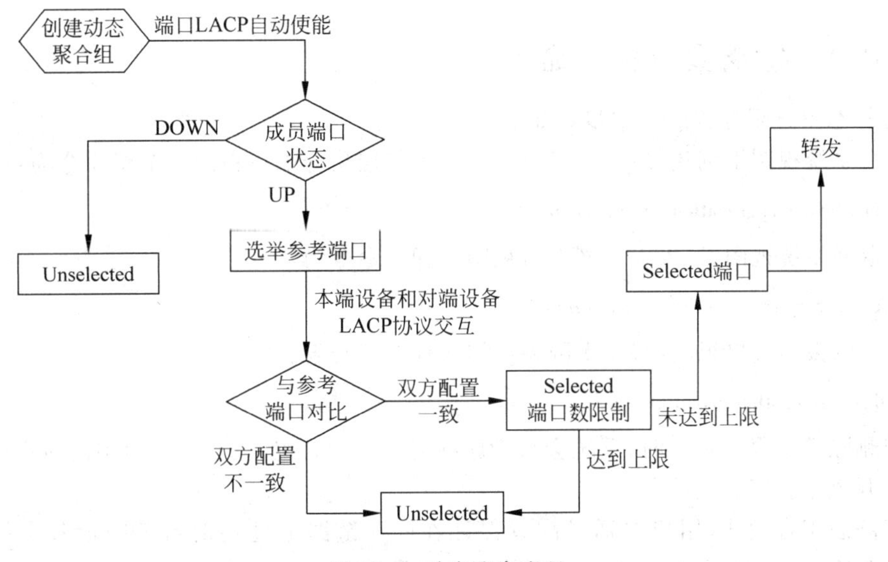

图 11-6　动态聚合流程

在动态聚合模式中，本端系统和对端系统会进行协商，根据两端系统中设备 ID 较优的一端的端口 ID 的大小，来决定两端端口的状态。具体协商步骤如下。

（1）比较两端系统的设备 ID（设备 ID＝系统的 LACP 协议优先级＋系统 MAC 地址）。先比较系统的 LACP 协议优先级，如果相同再比较系统 MAC 地址。设备 ID 小的一端被认为较优（系统的 LACP 协议优先级和 MAC 地址越小，设备 ID 越小）。

（2）比较设备 ID 较优的一端的端口 ID（端口 ID＝端口的 LACP 协议优先级＋端口号）。对于设备 ID 较优的一端的各个端口，首先比较端口的 LACP 协议优先级，如果优先级相同再比较端口号。端口 ID 小且属性类配置与对应聚合接口相同的端口作为参考端口（端口的 LACP 协议优先级和端口号越小，端口 ID 越小）。

（3）与参考端口的端口属性配置和第二类配置一致且处于 UP 状态的端口，并且该端口的对端端口与参考端口的对端端口的配置也一致时，该端口才成为可能处于 Selected 状态的候选端口；否则，端口将处于 Unselected 状态。

(4) 聚合组中处于 Selected 状态的端口数是有限制的，当候选端口的数目未达到上限时，所有候选端口都为 Selected 状态，其他端口为 Unselected 状态；当候选端口的数目超过这一限制时，系统将按照端口 ID 从小到大的顺序选择一些端口保持在 Selected 状态，端口 ID 较大的端口则变为 Unselected 状态。同时，对端设备会感知这种状态的改变，相应端口的状态将随之变化。

(5) 因硬件限制而无法与参考端口聚合的端口将处于 Unselected 状态。

注意：设备 ID 可通过 Display Link-Aggregation Verbose 命令查看。

聚合组中，只有与参考端口配置一致的端口才允许成为 Selected 端口，这些配置包括端口的端口属性配置和第二类配置。用户需要通过手动配置的方式保持各端口上的这些配置一致。

当聚合组中某成员端口的端口属性配置或第二类配置发生改变时，该端口或该聚合组内其他成员端口的选中状态可能会发生改变。

11.4 链路聚合配置

11.4.1 链路聚合相关命令

进行静态聚合组配置的基本步骤如下。

(1) 在系统视图下创建二层聚合端口，并进入二层聚合端口视图。配置命令为：

interface bridge-aggregation *interface-number*

(2) 退回系统视图，进入以太网端口视图。配置命令为：

interface *interface-type interface-number*

(3) 在以太网端口视图，将以太网端口加入静态聚合组。配置命令为：

port link-aggregation group *number*

用户删除静态聚合端口时，系统会自动删除对应的聚合组，且该聚合组中的所有成员端口将全部离开该聚合组。

对于静态聚合模式，用户要通过配置保证在同一链路上处在两台不同设备中的端口的 Selected 状态保持一致，否则聚合功能不能正确使用。

进行动态聚合组配置的基本步骤如下。

(1) 在系统视图下创建二层聚合端口，并进入二层聚合端口视图。配置命令为：

interface bridge-aggregation *interface-number*

(2) 在聚合端口视图，配置聚合组工作在动态聚合模式下。配置命令为：

link-aggregation mode dynamic

(3) 退回系统视图，进入以太网端口视图。配置命令为：

interface *interface-type interface-number*

(4) 在以太网端口视图，将以太网端口加入动态聚合组。配置命令为：

port link-aggregation group *number*

用户删除动态模式的聚合端口时，系统会自动删除对应的聚合组，且该聚合组中的所有成员端口将全部离开该聚合组。

对于动态聚合模式，系统两端会自动协商同一条链路上的两端端口在各自聚合组中的Selected状态，用户只需保证在一个系统中聚合在一起的端口的对端也同样聚合在一起，聚合功能即可正常使用。

（5）在系统视图下，配置系统的LACP协议优先级。配置命令为：

lacp system-priority *system-priority*

（6）在以太网端口视图，配置端口的LACP协议优先级。配置命令为：

link-aggregation port-priority *port-priority*

（7）在系统视图，配置聚合组的聚合负载分担模式。配置命令为：

link-aggregationglobal load-sharing mode {destination-ip | destination-mac | destination-port | ingress-port | source-ip | source-mac | source-port}

系统的LACP协议优先级和端口的LACP协议优先级均为32768，改变系统的LACP协议优先级将会影响到动态聚合组成员的Selected和Unselected状态。

对于负载分担聚合组，系统是通过Hash算法来实现负载分担的，该算法可以采用不同的Hash Key来进行计算(即采用不同的负载分担模式)。报文中携带的MPLS标签、IP地址、MAC地址、报文的入端口等信息以及它们的组合均可以作为Hash Key。通过改变负载分担模式可以灵活地实现聚合组流量的负载分担。

11.4.2　链路聚合配置示例

如图11-7所示，SWA与SWB建立静态链路聚合。交换机之间使用Trunk端口相连，端口的默认VLAN是VLAN1。

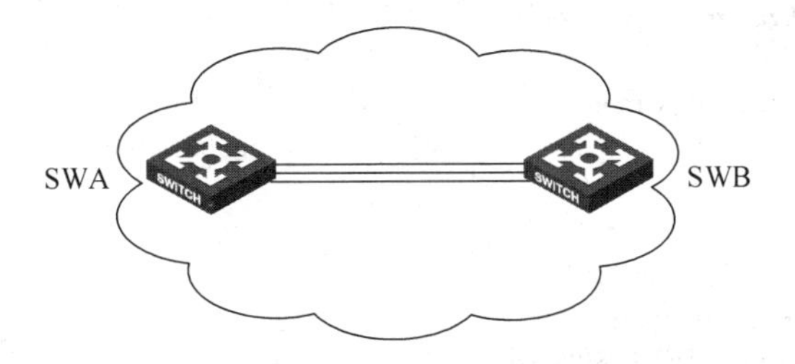

图11-7　静态链路聚合配置示例

配置SWA：

```
[SWA]interface GigabitEthernet 1/0/1
[SWA-GigabitEthernet1/0/1]port link-type trunk
[SWA-GigabitEthernet1/0/1]port trunk permit vlan1 10
[SWA]interface GigabitEthernet 1/0/2
[SWA-GigabitEthernet1/0/2]port link-type trunk
[SWA-GigabitEthernet1/0/2]port trunk permit vlan1 10
[SWA]interface GigabitEthernet 1/0/3
[SWA-GigabitEthernet1/0/3]port link-type trunk
[SWA-GigabitEthernet1/0/3]port trunk permit vlan1 10
[SWA]interface bridge-aggregation 1
[SWA-Bridge-Aggregation1]port link-type trunk
[SWA-Bridge-Aggregation1]port trunk permit vlan 1 10
[SWA] interface gigabitethernet 1/0/1
[SWA-GigabitEthernet1/0/1] port link-aggregation group 1
```

```
[SWA] interface gigabitethernet 1/0/2
[SWA-GigabitEthernet1/0/2] port link-aggregation group 1
[SWA] interface gigabitethernet 1/0/3
[SWA-GigabitEthernet1/0/3] port link-aggregation group 1
```

配置 SWB：

```
[SWB]interface GigabitEthernet 1/0/1
[SWB-GigabitEthernet1/0/1]port link-type trunk
[SWB-GigabitEthernet1/0/1]port trunk permit vlan 1 10
[SWB]interface GigabitEthernet 1/0/2
[SWB-GigabitEthernet1/0/2]port link-type trunk
[SWB-GigabitEthernet1/0/2]port trunk permit vlan 1 10
[SWB]interface GigabitEthernet 1/0/3
[SWB-GigabitEthernet1/0/3]port link-type trunk
[SWB-GigabitEthernet1/0/3]port trunk permit vlan 1 10
[SWB]interface bridge-aggregation 1
[SWB-Bridge-Aggregation1]port link-type trunk
[SWB-Bridge-Aggregation1]port trunk permit vlan 1 10
[SWB] interface gigabitethernet 1/0/1
[SWB-GigabitEthernet1/0/1] port link-aggregation group 1
[SWB] interface gigabitethernet 1/0/2
[SWB-GigabitEthernet1/0/2] port link-aggregation group 1
[SWB] interface gigabitethernet 1/0/3
[SWB-GigabitEthernet1/0/3] port link-aggregation group 1
```

配置完成后，SWA 与 SWB 建立静态链路聚合。在 SWA 上检查二层聚合端口表项：

```
[SWA]display interface Bridge-Aggregation 1
Current state: UP
IP Packet Frame Type: PKTFMT_ETHNT_2, Hardware Address: 70ba-ef6a-865c
Description: Bridge-Aggregation1 Interface
Bandwidth: 3000000Kbps
3Gbps-speed mode, full-duplex mode
Link speed type is autonegotiation, link duplex type is autonegotiation
PVID: 1
Port link-type: trunk
 VLAN Passing: 1(default vlan), 10
 VLAN permitted: 1(default vlan), 10
 Trunk port encapsulation: IEEE 802.1q
```

从显示信息中可以看出，该二层聚合端口已经 UP，端口速率 3Gbps-speed。查看端口的链路聚合详细信息：

```
[SWA]display link-aggregation verbose

Loadsharing Type: Shar -- Loadsharing, NonS -- Non-Loadsharing
Port Status: S -- Selected, U -- Unselected, I -- Individual
Flags:    A -- LACP_Activity, B -- LACP_Timeout, C -- Aggregation,
          D -- Synchronization, E -- Collecting, F -- Distributing,
          G -- Defaulted, H -- Expired

Aggregate Interface: Bridge-Aggregation1
Aggregation Mode: Static
Loadsharing Type: Shar
  Port              Status    Priority    Oper-Key
---------------------------------------------------------------------------
  GE1/0/1           S         32768       1
```

```
GE1/0/2          S        32768       1
GE1/0/3          S        32768       1
```

从显示信息中可以看出，聚合组模式为 Static，端口 GigabitEthernet1/0/1 至 GigabitEthernet1/0/3 成了 Selected 端口。

如图 11-8 所示，SWA 与 SWB 建立动态链路聚合。交换机之间使用 Trunk 端口相连，端口的默认 VLAN 是 VLAN1。

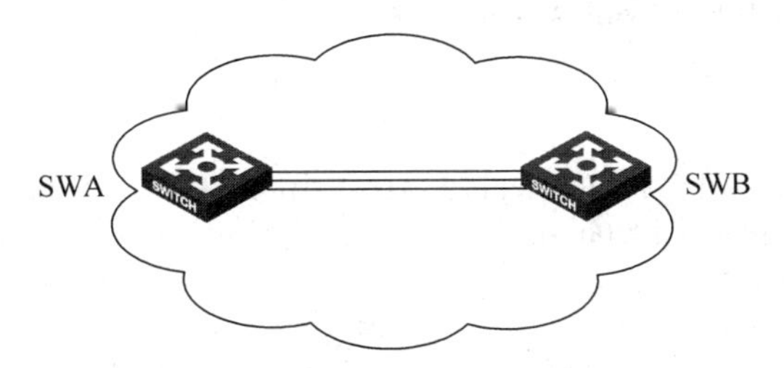

图 11-8 动态链路聚合配置示例

配置 SWA：

```
[SWA]interface GigabitEthernet 1/0/1
[SWA-GigabitEthernet1/0/1]port link-type trunk
[SWA-GigabitEthernet1/0/1]port trunk permit vlan 1 10
[SWA]interface GigabitEthernet 1/0/2
[SWA-GigabitEthernet1/0/2]port link-type trunk
[SWA-GigabitEthernet1/0/2]port trunk permit vlan 1 10
[SWA]interface GigabitEthernet 1/0/3
[SWA-GigabitEthernet1/0/3]port link-type trunk
[SWA-GigabitEthernet1/0/3]port trunk permit vlan 1 10
[SWA]interface bridge-aggregation 1
[SWA-Bridge-Aggregation1]link-aggregation mode dynamic
[SWA-Bridge-Aggregation1]port link-type trunk
[SWA-Bridge-Aggregation1]port trunk permit vlan 1 10
[SWA] interface gigabitethernet 1/0/1
[SWA-GigabitEthernet1/0/1] port link-aggregation group 1
[SWA] interface gigabitethernet 1/0/2
[SWA-GigabitEthernet1/0/2] port link-aggregation group 1
[SWA] interface gigabitethernet 1/0/3
[SWA-GigabitEthernet1/0/3] port link-aggregation group 1
```

配置 SWB：

```
[SWB]interface GigabitEthernet 1/0/1
[SWB-GigabitEthernet1/0/1]port link-type trunk
[SWB-GigabitEthernet1/0/1]port trunk permit vlan 1 10
[SWB]interface GigabitEthernet 1/0/2
[SWB-GigabitEthernet1/0/2]port link-type trunk
[SWB-GigabitEthernet1/0/2]port trunk permit vlan 1 10
[SWB]interface GigabitEthernet 1/0/3
[SWB-GigabitEthernet1/0/3]port link-type trunk
[SWB-GigabitEthernet1/0/3]port trunk permit vlan 1 10
[SWB]interface bridge-aggregation 1
[SWB-Bridge-Aggregation1]link-aggregation mode dynamic
[SWB-Bridge-Aggregation1]port link-type trunk
[SWB-Bridge-Aggregation1]port trunk permit vlan 1 10
[SWB] interface gigabitethernet 1/0/1
```

```
[SWB-GigabitEthernet1/0/1] port link-aggregation group 1
[SWB] interface gigabitethernet 1/0/2
[SWB-GigabitEthernet1/0/2] port link-aggregation group 1
[SWB] interface gigabitethernet 1/0/3
[SWB-GigabitEthernet1/0/3] port link-aggregation group 1
```

配置完成后,SWA 与 SWB 建立动态链路聚合。在 SWA 上检查二层聚合端口表项:

```
[SWA]display interface Bridge-Aggregation 1

Bridge-Aggregation1
Current state: UP
IP Packet Frame Type: PKTFMT_ETHNT_2, Hardware Address: 70ba-ef6a-73fa
Description: Bridge-Aggregation1 Interface
Bandwidth: 3000000Kbps
3Gbps-speed mode, full-duplex mode
Link speed type is autonegotiation, link duplex type is autonegotiation
PVID: 1
Port link-type: trunk
 VLAN Passing: 1(default vlan), 10
 VLAN permitted: 1(default vlan), 10
 Trunk port encapsulation: IEEE 802.1q
```

从显示信息中可以看出,该二层聚合端口已经 UP,端口速率 3Gbps-speed。查看端口的链路聚合详细信息:

```
[SWA]display link-aggregation verbose

Loadsharing Type: Shar -- Loadsharing, NonS -- Non-Loadsharing
Port Status: S -- Selected, U -- Unselected, I -- Individual
Flags:    A -- LACP_Activity, B -- LACP_Timeout, C -- Aggregation,
          D -- Synchronization, E -- Collecting, F -- Distributing,
          G -- Defaulted, H -- Expired

Aggregate Interface: Bridge-Aggregation1
Aggregation Mode: Dynamic
Loadsharing Type: Shar
System ID: 0x8000, 70ba-ef6a-73d1
Local:
  Port           Status   Priority Oper-Key       Flag
--------------------------------------------------------------------------------
  GE1/0/1          S       32768     1          {ACDEF}
  GE1/0/2          S       32768     1          {ACDEF}
  GE1/0/3          S       32768     1          {ACDEF}
Remote:
  Actor          Partner  Priority Oper-Key       SystemID              Flag
--------------------------------------------------------------------------------
  GE1/0/1          1       32768     1        0x8000, 70ba-ef6a-865c {ACDEF}
  GE1/0/2          2       32768     1        0x8000, 70ba-ef6a-865c {ACDEF}
  GE1/0/3          3       32768     1        0x8000, 70ba-ef6a-865c {ACDEF}
```

从显示信息中可以看出,聚合组模式为 Dynamic,端口 GigabitEthernet1/0/1 至 GigabitEthernet1/0/3 成了 Selected 端口。

11.5　本章总结

(1) 链路聚合是将多个物理以太网端口聚合在一起形成一个逻辑上的聚合组，使用链路聚合服务的上层实体把同一聚合组内的多条物理链路视为一条逻辑链路。

(2) 按照聚合方式的不同，链路聚合可以分为两种模式：静态聚合模式和动态聚合模式。

11.6　习题和答案

11.6.1　习题

(1) 下面关于链路聚合的说法，正确的是(　　)。

A. 链路聚合是将多个物理以太网端口聚合在一起形成一个逻辑上的聚合组

B. 使用链路聚合服务的上层实体把同一聚合组内的多条物理链路视为一条逻辑链路

C. 链路聚合可以实现数据流量在聚合组中各个成员端口之间分担，以增加带宽

D. 同一聚合组的各个成员端口之间无法动态备份

(2) 下面的配置中，不参与操作 Key 计算的是(　　)。

A. GVRP　　B. MSTP　　C. QinQ 配置　　D. VLAN 配置

(3) LACP(链路聚合控制协议)是指(　　)。

A. Link Aggregation Contain Protocol

B. Link Aggregation Control Protocol

C. Link Polymerization Contain Protocol

D. Link Polymerization Control Protocol

(4) 按照聚合方式的不同，链路聚合可以分为(　　)。

A. 手动聚合模式　　B. 自动聚合模式

C. 静态聚合模式　　D. 动态聚合模式

(5) 关于切换链路聚合模式，正确的命令表述是(　　)。

A. Link-Aggregation Mode Manual

B. Link-Aggregation Mode Auto

C. Link-Aggregation Mode Static

D. Link-Aggregation Mode Dynamic

11.6.2　习题答案

(1) ABC　(2) AB　(3) B　(4) CD　(5) D

第12章

Smart Link和Monitor Link

Smart Link 是一种针对双上行组网的解决方案，实现了高效可靠的链路冗余备份和故障后的快速收敛。

Monitor Link 是对 Smart Link 技术的有力补充。Monitor Link 用于监控上行链路，以达到让下行链路同步上行链路状态的目的，使 Smart Link 的备份作用更加完善。

12.1 本章目标

学习完本课程，应该能够：

- 掌握 Smart Link 的运行机制和配置；
- 掌握 Monitor Link 的运行机制和配置；
- 掌握 Smart Link 和 Monitor Link 的典型组网。

12.2 Smart Link 简介

12.2.1 Smart Link 背景

双上行组网能提高网络可靠性，但引入了环路问题。通常可通过 STP(Spanning Tree Protocol，生成树协议)或 RRPP(Rapid Ring Protection Protocol，快速环网保护协议)来消除环路。STP 在收敛速度上只能达到秒级，不适用于对收敛时间有很高要求的用户。RRPP 尽管在收敛速度上能达到要求，但是组网配置的复杂度较高，主要适用于较复杂的环形组网。

为了在满足用户对链路快速收敛要求的同时又能简化配置，H3C 针对双上行组网提出了 Smart Link 解决方案(图 12-1)，实现了主备链路的冗余备份，并在主用链路发生故障后使流量能够迅速切换到备用链路上，因此具备较高的收敛速度。

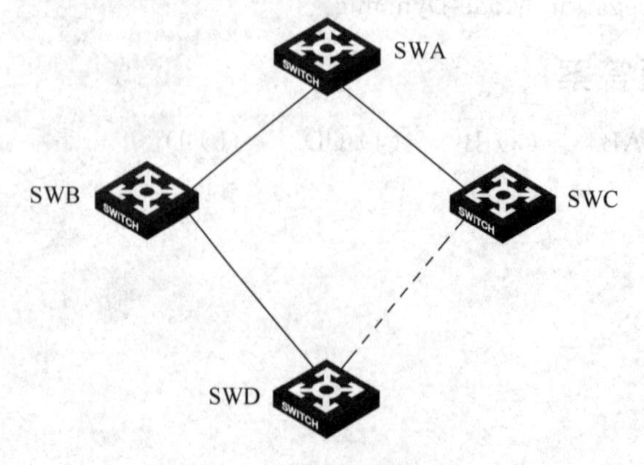

图 12-1 Smart Link 产生

Smart Link 技术专用于双上行组网，收敛性能可达到毫秒级，配置简单，便于用户操作。

12.2.2 Smart Link 相关概念

如图 12-2 所示，Smart Link 相关概念如下。

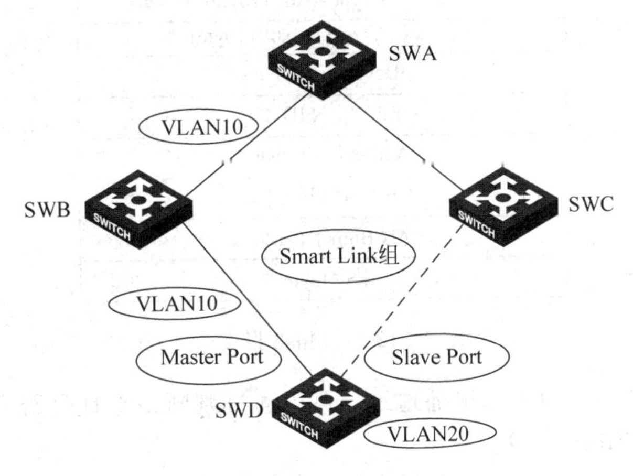

图 12-2 Smart Link 概念

(1) Smart Link 组：Smart Link 组也叫灵活链路组，每个组内只包含两个端口，其中一个为主端口，另一个为副端口。正常情况下，只有一个端口处于转发状态，另一个端口被阻塞，处于待命状态。

(2) 主端口：主(Master)端口是 Smart Link 组的一种端口角色。当 Smart Link 组中的两个端口都处于 UP 状态时，主端口将优先进入转发状态。主端口并不一直处于转发状态，当主端口链路故障，则处于待命状态的副端口将切换为转发状态。在没有配置角色抢占的情况下，即使主端口链路恢复正常，也只能处于待命状态，直到下一次链路切换。

(3) 副端口：副(Slave)端口是 Smart Link 组的另一种端口角色。当 Smart Link 组中的两个端口都处于 UP 状态时，副端口保持待命状态。但是副端口并不一直处于待命状态，当主端口发生链路故障后，副端口将切换到转发状态。

(4) Flush 报文：当 Smart Link 组发生链路切换时，原有的转发表项将不适用于新的拓扑网络，需要网络中的所有设备进行 MAC 地址转发表项和 ARP/ND 表项的更新。Smart Link 组通过发送 Flush 报文通知其他设备进行 MAC 地址转发表项和 ARP/ND 表项的刷新操作。

(5) 发送控制 VLAN：发送控制 VLAN 是用于发送 Flush 报文的 VLAN。当发生链路切换时，设备会在发送控制 VLAN 内广播发送 Flush 报文。

(6) 接收控制 VLAN：接收控制 VLAN 是用于接收并处理 Flush 报文的 VLAN。当发生链路切换时，设备接收并处理属于接收控制 VLAN 的 Flush 报文，进行 MAC 地址转发表项和 ARP/ND 表项的刷新操作。

(7) 保护 VLAN：保护 VLAN 是 Smart Link 组控制其转发状态的用户数据 VLAN。同一端口上不同的 Smart Link 组保护不同的 VLAN。端口在保护 VLAN 上的转发状态由端口在其所属 Smart Link 组内的状态决定。

Smart Link 技术提供了 Flush 报文发送功能来通知其他设备进行 MAC 地址转发表项和 ARP 表项的刷新操作。

Flush 报文采用 IEEE 802.3 封装，包括 Destination MAC、Source MAC、Control VLAN ID 和 VLAN Bitmap 等信息字段，如图 12-3 所示，各字段解释如下。

Destination MAC Address=010F-E200-0004 (6bytes)
Source MAC Address (6bytes)
⋮
Control Type=0x01 (1byte)
Control Version=0x00 (1byte)
Device ID (6bytes)
Control VLAN ID (2bytes)
Auth-mode (1byte)
Password (16bytes)
VLAN Bitmap (512bytes)
FCS (4bytes)

图 12-3 Flush 报文

(1) Destination MAC 为未知组播地址。可以通过判断该地址是否为 0x010F-E200-0004 来区分该报文是否为 Flush 报文。

(2) Source MAC 表示发送 Flush 报文的设备的桥 MAC 地址。

(3) Control Type 表示控制类型。目前只有删除 MAC 地址转发表项和 ARP 表项一种(0x01)。

(4) Control Version 表示版本号。当前版本号为 0x00,用于后续版本的扩展。

(5) Device ID 表示发送 Flush 报文的设备的桥 MAC 地址。

(6) Control VLAN ID 表示发送控制 VLAN 的 ID 号。

(7) Auth-mode 表示认证模式,和 Password 一起使用,便于以后进行安全性扩展。

(8) VLAN Bitmap 表示 VLAN 位图,用于携带需要刷新地址表的 VLAN 列表。

(9) FCS 表示帧校验和,用于检查报文的合法性。

当发生链路切换时,Flush 报文的 VLAN Bitmap 字段填充链路切换前组内处于转发状态的端口所加入的所有 VLAN ID,Control VLAN ID 字段填充 Smart Link 组配置的发送控制 VLAN ID。Flush 报文构造完毕后,将通过新的链路(链路切换后处于转发状态链路)在发送控制 VLAN 内广播发送。

当设备收到 Flush 报文时,判断该 Flush 报文的 Control VLAN ID 和接收 Flush 报文的端口下配置的接收控制 VLAN ID 是否相同。如果两 Control VLAN ID 不同,设备对该 Flush 报文不做处理,直接转发;如果两 Control VLAN ID 相同,设备将提取 Flush 报文中的 VLAN Bitmap 数据,将设备在这些 VLAN 内学习到的 MAC 地址转发表项和 ARP 表项删除。

注意:为了保证 Flush 报文在发送控制 VLAN 内正确传送,请确保在 Smart Link 组主从端口到必经设备链路上的所有端口都属于发送控制 VLAN。如果有端口不属于发送控制 VLAN,那么 Flush 报文将发送或转发失败。

建议用户以保留 Tag 的方式发送 Flush 报文,若想以去掉 Tag 的方式发送 Flush 报文,需确保对端端口默认 VLAN 和发送控制 VLAN 一致,否则将导致 Flush 报文不在发送控制 VLAN 内传送。

如果上游设备未配置处理 Flush 报文的接收控制 VLAN 或者所配置的接收控制 VLAN 与 Flush 报文中的 Control VLAN 不一致,设备将对收到的 Flush 报文不作处理直接转发。

12.2.3 Smart Link 运行机制

当主用链路出现故障发生链路切换时，网络中各设备上的 MAC 地址转发表项和 ARP 表项可能已经错误，需要提供一种 MAC 及 ARP 更新的机制。

与不支持 Smart Link 功能的设备对接 Smart Link 功能时，设备自动通过流量刷新 MAC 地址转发表及 ARP 表项。这种 MAC 地址转发表和 ARP 表的更新方式需要有上行流量触发。切换期间，流量会中断。

如图 12-4 所示，与支持 Smart Link 功能的设备对接 Smart Link 功能时，由 Smart Link 组从新的链路上发送 Flush 报文，刷新 MAC 地址转发表及 ARP 表项。当上游设备收到 Flush 报文时，删除从 VLAN Bitmap 内 VLAN 学习到的 MAC 表项和 ARP 表项。如果有 ARP 表项被删除，设备会自动触发 ARP 表项更新。链路的整个切换过程是在毫秒级的时间内完成的，基本无流量丢失。

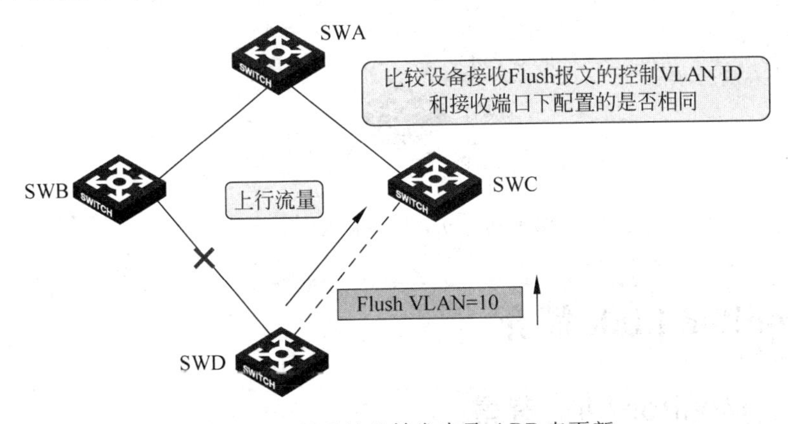

图 12-4 MAC 地址转发表及 ARP 表更新

Smart Link 链路备份机制指当处于转发状态的端口出现链路故障时，Smart Link 组会自动将该端口阻塞，并将原阻塞的处于待命状态的端口切换到转发状态。当端口切换到转发状态时，系统会输出日志信息通知用户。

如图 12-5 所示，Smart Link 角色抢占机制指主端口链路恢复后的抢占机制。主端口的链路是主用链路，副端口的链路是备用链路。当主端口所在的链路出现故障时，主端口将自动阻塞并切换到待命状态，副端口处于转发状态。当主端口所在的链路恢复后，如果该 Smart Link 组配置允许角色抢占，副端口将自动阻塞并切换到待命状态，而主端口将切换到转发状态。

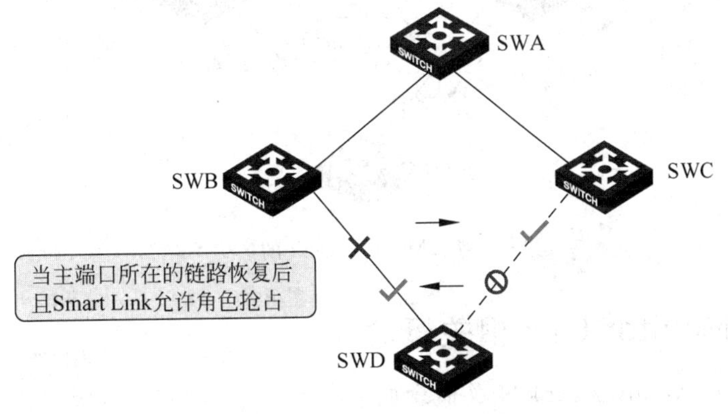

图 12-5 Smart Link 运作机制

Smart Link组的保护VLAN是通过引用MSTP实例来实现的。

在同一个环网中,可能同时存在多个VLAN的数据流量,Smart Link可以实现流量的负载分担,即不同VLAN的流量沿不同Smart Link组所确定的路径进行转发。

通过把一个端口配置为多个Smart Link组的成员端口(每个Smart Link组的保护VLAN不同),且该端口在不同组中的转发状态不同,这样就能实现不同VLAN的数据流量的转发路径不同,从而达到负载分担的目的,如图12-6所示。

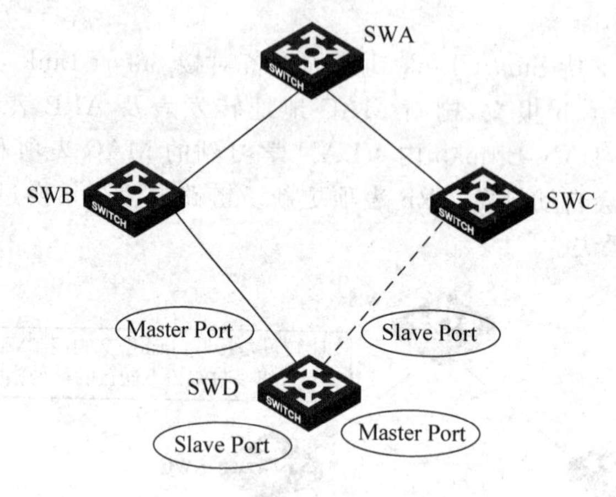

图12-6 Smart Link运作机制

12.3 Monitor Link简介

12.3.1 Monitor Link背景

如图12-7所示,Monitor Link是一种端口联动方案,主要用于配合Smart Link协议的组网应用,监控设备上行链路。根据上行链路的UP/DOWN状态变化来触发下行链路的UP/DOWN变化,从而触发下游设备上Smart Link协议所控制备份链路的切换。

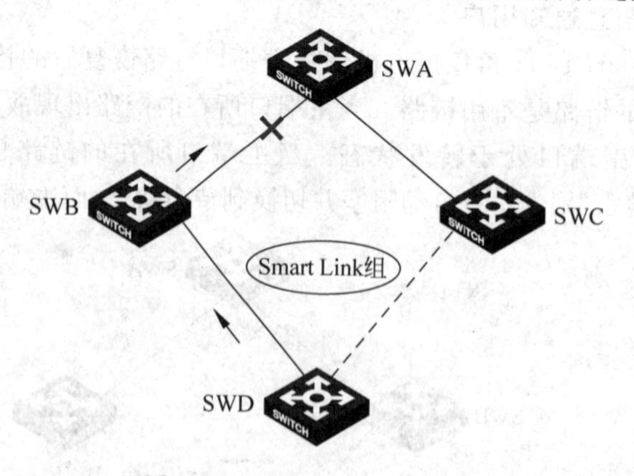

图12-7 Monitor Link的产生

12.3.2 Monitor Link相关概念

如图12-8所示,Monitor Link相关概念如下。

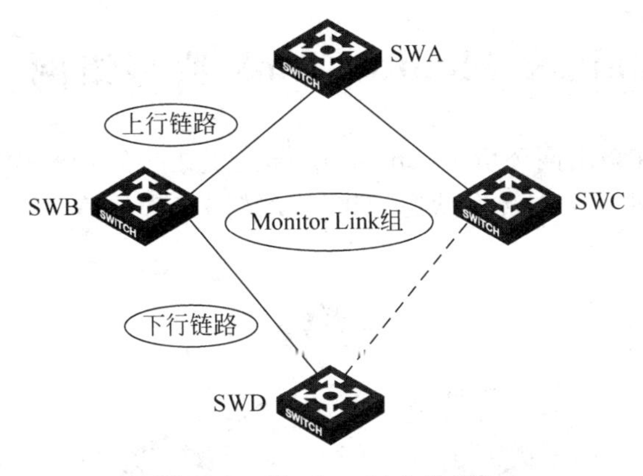

图 12-8 Monitor Link 的概念

(1) Monitor Link 组：也叫监控链路组，每个组由上行链路和下行链路共同组成，成员角色由用户配置决定。其中上行链路和下行链路中都可以有多个成员端口，但每个成员只能属于一个 Monitor Link 组。成员端口可以是二层以太网端口，也可以是二层聚合端口。

(2) 上行链路：上行链路(Uplink)是 Monitor Link 组中被监控的链路。当 Monitor Link 组没有上行链路成员或所有上行链路成员端口都为 DOWN 时，Monitor Link 组就处于 DOWN 状态。而当 Monitor Link 组中只要有一个上行链路成员为 UP 时，Monitor Link 组就处于 UP 状态。

(3) 下行链路：下行链路(Downlink)是 Monitor Link 组中的受动链路。当 Monitor Link 组的 UP/DOWN 状态变化时，Monitor Link 就相应地改变下行链路成员端口的状态使之与 Monitor Link 组的状态保持一致。

12.3.3 Monitor Link 运行机制

每个 Monitor Link 组独立进行上行链路的监控和下行链路的联动，实现下行端口的状态随上行端口状态的变化而变化。

如图 12-9 所示，当 Monitor Link 组中没有上行链路成员端口或所有上行链路成员端口都为 DOWN 时，Monitor Link 组就处于 DOWN 状态，并将强制使其下行链路成员端口都为 DOWN 状态。只要有一个上行链路成员端口从 DOWN 转为 UP 状态时，则 Monitor Link 组就恢复到 UP 状态，并重新使下行链路成员端口都恢复为 UP 状态。

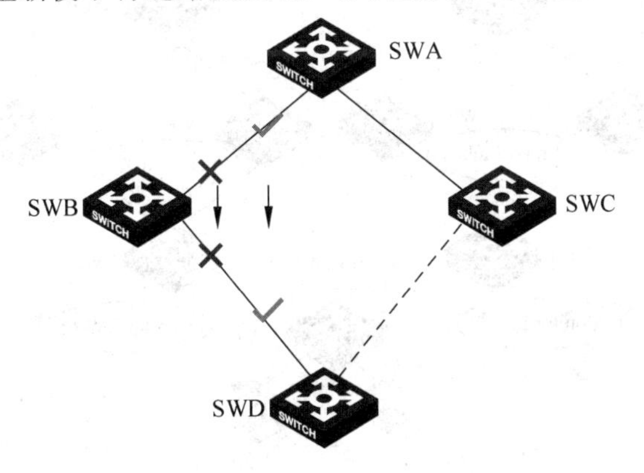

图 12-9 Monitor Link 运作机制

12.4 Smart Link & Monitor Link 典型组网

如图 12-10 所示，在该组网环境中，Smart Link 配置在 SWD 和 SWE 上，双上行链路的其中一条被阻塞，另一条处于正常转发状态。当转发链路出现故障时，Smart Link 组迅速感知并进行链路的切换。

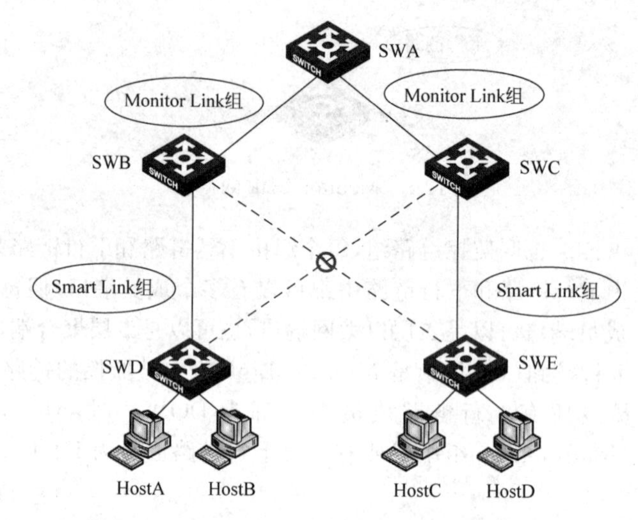

图 12-10 Smart Link 与 Monitor Link 配合组网

在该组网环境下，SWA 与 SWB(或 SWC)之间的链路故障无法被 SWD(或 SWE)直接感知，还需要在 SWB(或 SWC)上配置 Monitor Link 组。Monitor Link 组一旦检测到上行端口或上行端口所在链路故障，将强制关闭下行端口，从而触发 SWD 和 SWE 上的 Smart Link 组内的链路切换。当上行端口或链路故障恢复时，下行端口将自动开启，从而使 SWD(或 SWE)能够迅速感知 SWA 与 SWB(或 SWC)之间链路状态的变化。

如图 12-11 所示，是 Smart Link 与 Monitor Link 级联的组网应用。

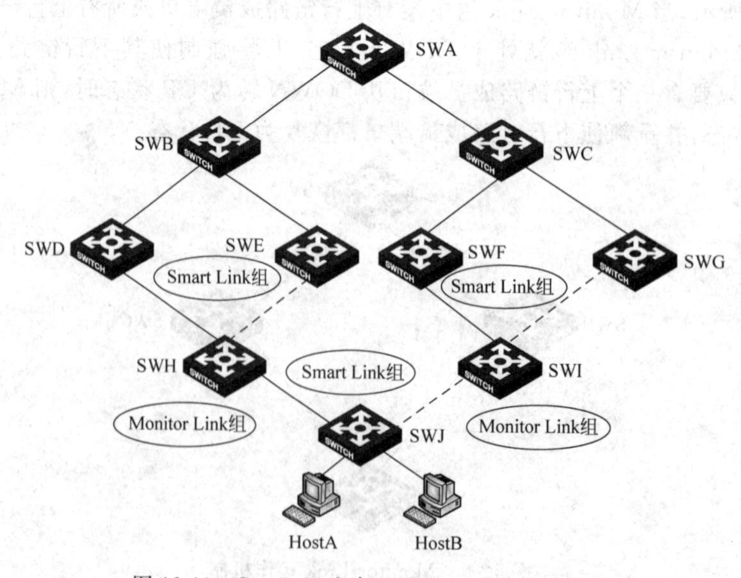

图 12-11 Smart Link 与 Monitor Link 级联组网

Monitor Link 组支持 Smart Link 作为其上行成员端口，Smart Link 和 Monitor Link 技术结合起来可以实现备份链路的级联。实现方法是一个 Smart Link 组作为一个 Monitor Link 组的上行端口，而该 Monitor Link 组下行端口的对端端口为另外一个 Smart Link 组的主端口或者从端口。

图 12-12 所示是 Smart Link 与 RRPP 混合组网应用。

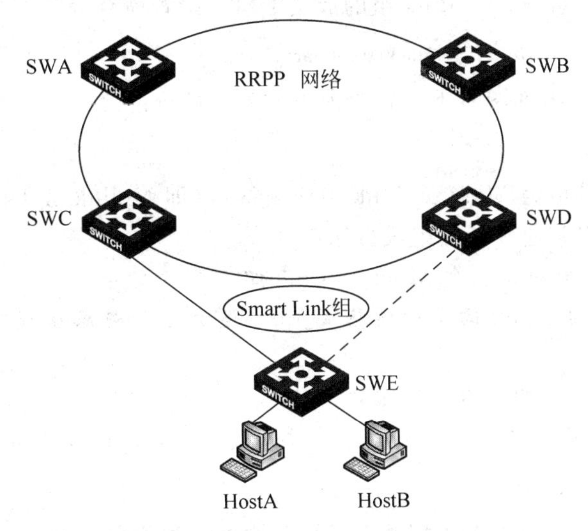

图 12-12 Smart Link 与 RRPP 混合组网

在该组网环境中，SWA、SWB、SWC 和 SWD 上开启了 RRPP 协议提供链路冗余备份。因为 SWC 和 SWD 相连的两个端口已经开启了 RRPP 功能，不能再开启 STP 功能，所以 SWE 上的链路备份只能通过配置 Smart Link 组来实现。

12.5 Smart Link & Monitor Link 配置

12.5.1 Smart Link & Monitor Link 相关命令

如果要配置某端口为 Smart Link 组的成员端口（主端口或副端口），需要先手工关闭该端口，待 Smart Link 组配置完成后再开启该端口，以避免形成环路，导致广播风暴。需要关闭该端口的 STP 和 RRPP 功能，并确保该端口不是聚合成员端口或业务环回组成员端口。

protected-vlan 命令通过引用 MSTP 实例的间接方式来配置 Smart Link 组所保护的 VLAN 列表。

flush enable 命令需要为不同的 Smart Link 组配置不同的控制 VLAN。

注意：用户需要配置保证控制 VLAN 存在，且 Smart Link 组的端口允许控制 VLAN 的报文通过。不要将已配置为控制 VLAN 的 VLAN 删除，否则会影响 Flush 报文的发送。

可在 Smart Link 组视图或接口视图下配置 Smart Link 组的成员端口，各视图下的配置效果相同。配置 Smart Link 组的基本步骤如下。

(1) 在系统视图下创建 Smart Link 组，并进入 Smart Link 组视图。配置命令为：

smart-link group *group-id*

(2) 在 Smart Link 组视图下配置 Smart Link 组的保护 VLAN。配置命令为：

protected-vlan reference-instance *instance-id-list*

(3) 在 Smart Link 组视图下开启发送 Flush 报文的功能。配置命令为：

flush enable [**control-vlan** *vlan-id*]

(4) 在 Smart Link 组视图下配置 Smart Link 组的成员端口。配置命令为：

port *interface-type interface-number* {**primary**|**secondary**}

或在接口视图下配置 Smart Link 组的成员端口。配置命令为：

port smart-link group *group-id* {**primary**|**secondary**}

(5) 在 Smart Link 组视图 S 下配置抢占模式为角色抢占模式系。配置命令为：

preemption mode role

如果打算配置某端口为 Monitor Link 组成员端口(即 Uplink 或 Downlink)，则需先确保端口不是聚合成员端口和业务环回组成员端口。

注意：一个端口只能属于一个 Monitor Link 组。

建议先配置 Monitor Link 的上行链路成员，以避免下行链路出现不必要的 DOWN/UP 的变化过程。

配置 Monitor Link 组的基本步骤如下。

(1) 在系统视图下创建 Monitor Link 组，并进入 Monitor Link 组视图。配置命令为：

monitor-link group *group-id*

(2) 在 Monitor Link 组视图下配置上行链路成员。配置命令为：

port *interface-type* {*interface-number*|*interface-number. subnumber*} **uplink**

或在接口视图下配置上行链路成员。配置命令为：

port monitor-link group *group-id* **uplink**

(3) 在 Monitor Link 组视图下配置下行链路成员。配置命令为：

port *interface-type* {*interface-number*|*interface-number. subnumber*} **downlink**

或在接口视图下配置下行链路成员。配置命令为：

port monitor-link group *group-id* **downlink**

12.5.2 Smart Link & Monitor Link 配置示例

如图 12-13 所示，交换机 SWA、SWB、SWC、SWD 通过各自的以太网端口相互连接，HostA 通过以太网线路连接 SWD 的以太网端口访问网络。

SWD 双上行到 SWA，双上行链路进行灵活备份，在 VLAN1 内发送和接收 Flush 报文，保护所有 VLAN。SWD GigabitEthernet2/0/1 为主端口，GigabitEthernet2/0/2 为副端口，SWB、SWC 能接收 Flush 报文。

配置 SWA：

```
[SWA]interface GigabitEthernet 2/0/1
[SWA-GigabitEthernet2/0/1]undo stpenable
[SWA-GigabitEthernet2/0/1]port link-type trunk
[SWA-GigabitEthernet2/0/1]port trunk permit vlan all
[SWA-GigabitEthernet2/0/1]smart-link flush enable control-vlan 1
[SWA]interface GigabitEthernet 2/0/2
[SWA-GigabitEthernet2/0/2]undo stpenable
[SWA-GigabitEthernet2/0/2]port link-type trunk
```

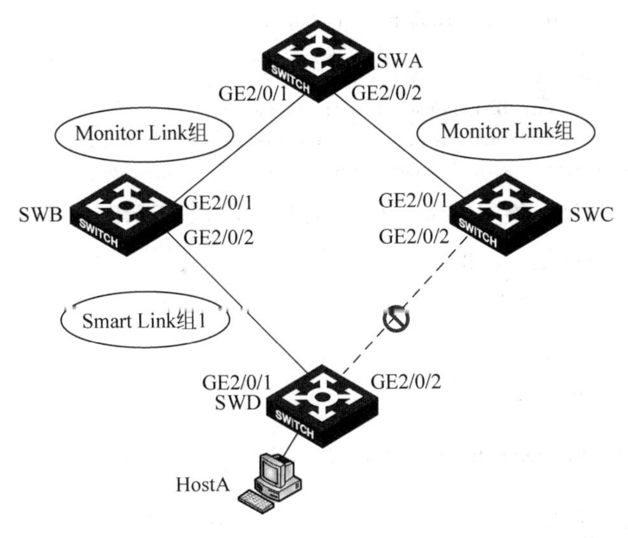

图 12-13　单 Smart Link 组配置示例

```
[SWA-GigabitEthernet2/0/2]port trunk permit vlan all
[SWA-GigabitEthernet2/0/2]smart-link flush enable control-vlan 1
```

配置 SWB：

```
[SWB]interface GigabitEthernet 2/0/1
[SWB-GigabitEthernet2/0/1]undo stpenable
[SWB-GigabitEthernet2/0/1]port link-type trunk
[SWB-GigabitEthernet2/0/1]port trunk permit vlan all
[SWB-GigabitEthernet2/0/1]smart-link flush enable control-vlan 1
[SWB]interface GigabitEthernet 2/0/2
[SWB-GigabitEthernet2/0/2]undo stpenable
[SWB-GigabitEthernet2/0/2]port link-type trunk
[SWB-GigabitEthernet2/0/2]port trunk permit vlan all
[SWB-GigabitEthernet2/0/2]smart-link flush enable control-vlan 1
```

配置 SWC：

```
[SWC]interface GigabitEthernet 2/0/1
[SWC-GigabitEthernet2/0/1]undo stpenable
[SWC-GigabitEthernet2/0/1]port link-type trunk
[SWC-GigabitEthernet2/0/1]port trunk permit vlan all
[SWC-GigabitEthernet2/0/1]smart-link flush enable control-vlan 1
[SWC]interface GigabitEthernet 2/0/2
[SWC-GigabitEthernet2/0/2]undo stpenable
[SWC-GigabitEthernet2/0/2]port link-type trunk
[SWC-GigabitEthernet2/0/2]port trunk permit vlan all
[SWC-GigabitEthernet2/0/2]smart-link flush enable control-vlan 1
```

配置 SWD：

```
[SWD]interface GigabitEthernet 2/0/1
[SWD-GigabitEthernet2/0/1]undo stpenable
[SWD-GigabitEthernet2/0/1]port link-type trunk
[SWD-GigabitEthernet2/0/1]port trunk permit vlan all
[SWD]interface GigabitEthernet 2/0/2
[SWD-GigabitEthernet2/0/2]undo stpenable
[SWD-GigabitEthernet2/0/2]port link-type trunk
```

```
[SWD-GigabitEthernet2/0/2]port trunk permit vlan all
[SWD]smart-link group 1
[SWD-smlk-group1]protected-vlan reference-instance 0 to 32
[SWD-smlk-group1]port GigabitEthernet 2/0/1primary
[SWD-smlk-group1]port GigabitEthernet 2/0/2secondary
[SWD-smlk-group1]smart-link flush enable control-vlan 1
```

配置完成后，在 SWD 上检查 Smart Link 组状态，如下所示：

```
[SWD]display smart-link group all
Smart link group 1 information:
  Device ID         : 70ba-ef6a-6eb0
  Preemption mode   : NONE
  Preemption delay  : 1(s)
  Control VLAN      : 1
  Protected VLAN    : Reference Instance 0 to 32

  Member      Role        State       Flush-count    Last-flush-time
  ------------------------------------------------------------------------
  GE2/0/1     PRIMARY     STANDBY 2   00:03:49       2014/10/27
  GE2/0/2     SECONDARY   ACTIVE 1    00:04:00       2014/10/27
```

从以上信息可以看出，SWD 创建了 Smart Link 组 1，主端口为 GigabitEthernet 2/0/1，副端口为 GigabitEthernet 2/0/2。

如图 12-14 所示，交换机 SWA、SWB、SWC、SWD 通过各自的以太网端口相互连接，HostA 通过以太网线路连接 SWD 的以太网端口访问网络。

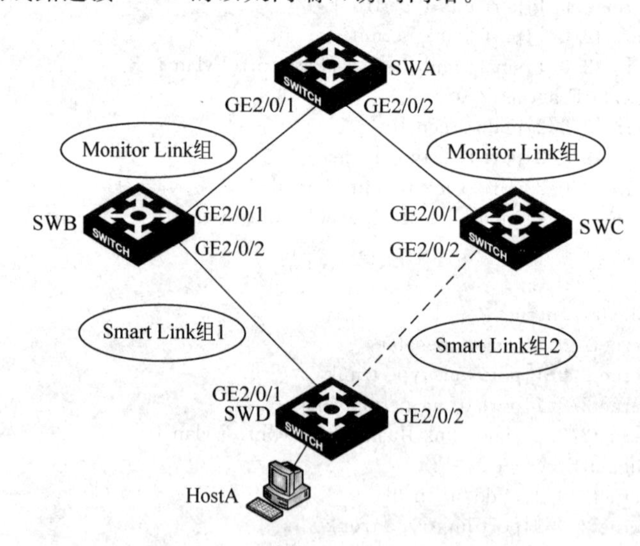

图 12-14 双 Smart Link 组配置示例

SWD 上进行双上行链路灵活备份，Smart Link 组 1 的引用实例 0（绑定 VLAN1～VLAN100）的流量从经过 SWB 所在的链路通向 SWA；而 Smart Link 组 2 的引用实例 2（绑定 VLAN101～VLAN200）的流量从经过 SWC 所在的链路通向 SWA。Smart Link 组 1 和组 2 分别在 VLAN10 和 VLAN101 内发送和接收 Flush 报文。

配置 SWA：

```
[SWA]interface GigabitEthernet 2/0/1
[SWA-GigabitEthernet2/0/1]undo stpenable
```

```
[SWA-GigabitEthernet2/0/1]port link-type trunk
[SWA-GigabitEthernet2/0/1]port trunk permit vlan all
[SWA-GigabitEthernet2/0/1]smart-link flush enable control-vlan10 101
[SWA]interface GigabitEthernet 2/0/2
[SWA-GigabitEthernet2/0/2]undo stpenable
[SWA-GigabitEthernet2/0/2]port link-type trunk
[SWA-GigabitEthernet2/0/2]port trunk permit vlan all
[SWA-GigabitEthernet2/0/2]smart-link flush enable control-vlan10 101
```

配置 SWB：

```
[SWB]interface GigabitEthernet 2/0/1
[SWB-GigabitEthernet2/0/1]undo stpenable
[SWB-GigabitEthernet2/0/1]port link-type trunk
[SWB-GigabitEthernet2/0/1]port trunk permit vlan all
[SWB-GigabitEthernet2/0/1]smart-link flush enable control-vlan 10 101
[SWB]interface GigabitEthernet 2/0/2
[SWB-GigabitEthernet2/0/2]undo stpenable
[SWB-GigabitEthernet2/0/2]port link-type trunk
[SWB-GigabitEthernet2/0/2]port trunk permit vlan all
[SWB-GigabitEthernet2/0/2]smart-link flush enable control-vlan 10 101
```

配置 SWC：

```
[SWC]interface GigabitEthernet 2/0/1
[SWC-GigabitEthernet2/0/1]undo stpenable
[SWC-GigabitEthernet2/0/1]port link-type trunk
[SWC-GigabitEthernet2/0/1]port trunk permit vlan all
[SWC-GigabitEthernet2/0/1]smart-link flush enable control-vlan 10 101
[SWC]interface GigabitEthernet 2/0/2
[SWC-GigabitEthernet2/0/2]undo stpenable
[SWC-GigabitEthernet2/0/2]port link-type trunk
[SWC-GigabitEthernet2/0/2]port trunk permit vlan all
[SWC-GigabitEthernet2/0/2]smart-link flush enable control-vlan 10 101
```

配置 SWD：

```
[SWD]vlan 1 to 200
[SWD]stp region-configuration
[SWD-mst-region]instance 0 vlan 1 to 100
[SWD-mst-region]instance 2 vlan 101 to 200
[SWD-mst-region]active region-configuration
[SWD]interface GigabitEthernet 2/0/1
[SWD-GigabitEthernet2/0/1]undo stpenable
[SWD-GigabitEthernet2/0/1]port link-type trunk
[SWD-GigabitEthernet2/0/1]port trunk permit vlan all
[SWD]interface GigabitEthernet 2/0/2
[SWD-GigabitEthernet2/0/2]undo stpenable
[SWD-GigabitEthernet2/0/2]port link-type trunk
[SWD-GigabitEthernet2/0/2]port trunk permit vlan all
[SWD]smart-link group 1
[SWD-smlk-group1]protected-vlan reference-instance 0
[SWD-smlk-group1]port gigabitethernet 2/0/1primary
[SWD-smlk-group1]port gigabitethernet 2/0/2secondary
[SWD-smlk-group1]preemption mode role
[SWD-smlk-group1]flush enable control-vlan 10
[SWD] smart-link group 2
[SWD-smlk-group2]protected-vlan reference-instance 2
```

```
[SWD-smlk-group2]port gigabitethernet 2/0/2primary
[SWD-smlk-group2]port gigabitethernet 2/0/1secondary
[SWD-smlk-group2]preemption mode role
[SWD-smlk-group2]flush enable control-vlan 101
```

配置完成后，在SWD上检查Smart Link组状态，如下所示：

```
[SWD]display smart-link group all
Smart link group 1 information:
  Device ID         : 70ba-ef6a-6eb0
  Preemption mode   : ROLE
  Preemption delay  : 1(s)
  Control VLAN      : 10
  Protected VLAN    : Reference Instance 0

  Member        Role          State        Flush-count   Last-flush-time
  ------------------------------------------------------------------------
  GE2/0/1       PRIMARY       ACTIVE 3     00:18:57      2014/10/27
  GE2/0/2       SECONDARY     STANDBY 1    00:18:51      2014/10/27

Smart link group 2 information:
  Device ID         : 70ba-ef6a-6eb0
  Preemption mode   : ROLE
  Preemption delay  : 1(s)
  Control VLAN      : 101
  Protected VLAN    : Reference Instance 2

  Member        Role          State        Flush-count   Last-flush-time
  ------------------------------------------------------------------------
  GE2/0/2       PRIMARY       ACTIVE 3     00:19:17      2014/10/27
  GE2/0/1       SECONDARY     STANDBY 1    00:19:11      2014/10/27
```

从以上信息可以看出，SWD创建了Smart Link组1和组2：Smart Link组1主端口为GigabitEthernet 2/0/1，副端口为GigabitEthernet 2/0/2；Smart Link组2主端口为GigabitEthernet 2/0/2，副端口为GigabitEthernet 2/0/1。

如图12-15所示，交换机SWA、SWB、SWC、SWD通过各自的以太网端口相互连接，HostA通过以太网线路连接SWD的以太网端口访问网络。

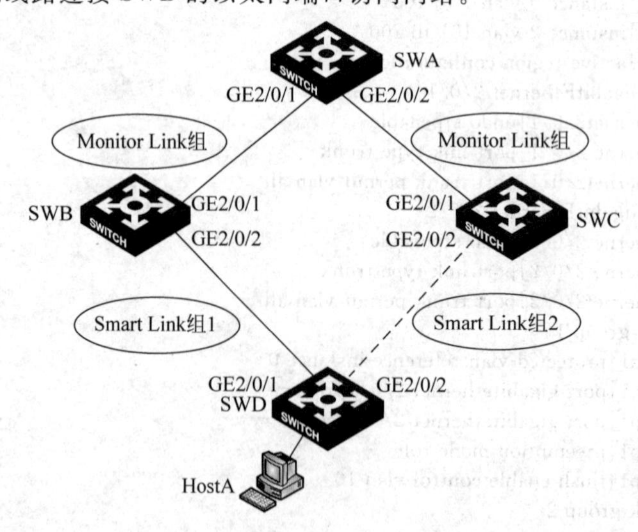

图12-15 Monitor Link组配置示例

SWB、SWC 能接收 Flush 报文，且配置 Monitor Link 组。当设备 SWA 上的端口 GigabitEthernet 2/0/1 或 GigabitEthernet2/0/2 发生故障 DOWN 掉后，接入设备 SWD 能感知链路故障并完成 Smart Link 组的双上行备份链路切换。

配置 SWB：

```
[SWB]monitor-link group 1
[SWB-mtlk-group1]port gigabitethernet 2/0/1 uplink
[SWB-mtlk-group1]port gigabitethernet 2/0/2 downlink
```

配置 SWC：

```
[SWC]monitor-link group 1
[SWC-mtlk-group1]port gigabitethernet 2/0/1 uplink
[SWC-mtlk-group1]port gigabitethernet 2/0/2 downlink
```

配置完成后，在 SWB 上检查 Monitor Link 组状态，如下所示：

```
<SWB>display monitor-link group 1
Monitor link group 1 information:
  Group status        : UP
  Downlink up-delay   : 0(s)
  Last-up-time        : 00:00:19 2014/10/27
  Last-down-time      : 00:00:15 2014/10/27

  Member                          Role         Status
  ---------------------------------------------------
  GE2/0/1                         UPLINK        UP
  GE2/0/2                         DOWNLINK      UP
```

从以上信息可以看出，SWB 上创建了 Monitor Link 组 1，上行链路端口为 GigabitEthernet2/0/1，下行链路端口为 GigabitEthernet2/0/2。

配置完成后，在 SWC 上检查 Monitor Link 组状态，如下所示：

```
<SWC>display monitor-link group 1
Monitor link group 1 information:
  Group status        : UP
  Downlink up-delay   : 0(s)
  Last-up-time        : 00:00:34 2014/10/27
  Last-down-time      : 00:00:30 2014/10/27
  Member                          Role         Status
---------------------------------------------------
  GE2/0/1                         UPLINK        UP
  GE2/0/2                         DOWNLINK      UP
```

从以上信息可以看出，SWC 上创建了 Monitor Link 组 1，上行链路端口为 GigabitEthernet2/0/1，下行链路端口为 GigabitEthernet2/0/2。

12.6 本章总结

(1) 介绍了 Smart Link 相关机制。

(2) 介绍了 Monitor Link 相关机制。

(3) 介绍了 Smart Link 和 Monitor Link 的典型组网应用。

(4) 介绍 Smart Link 和 Monitor Link 的配置。

12.7 习题和答案

12.7.1 习题

(1) 解决双上行组网环路的问题,可以使用的技术是( )。

A. STP　　B. RRPP　　C. Trunk　　D. Smart Link

(2) Smart Link 的主要特点包括( )。

A. 专用于双上行组网　　B. 收敛速度快,可达到亚秒级

C. 配置简单,便于用户操作　　D. 可以和 STP 混合使用

(3) Flush 报文采用 IEEE 802.3 封装,其信息字段包括( )。

A. Destination MAC　　B. Source MAC

C. Destination IP　　D. Control VLAN ID

(4) Smart Link 组的保护 VLAN,是通过引用( )信息来实现的。

A. IP　　B. MAC　　C. VLAN　　D. MSTP 实例

(5) Monitor Link 是一种端口联动方案,由成员( )组成。

A. 上行链路　　B. 下行链路

C. Control VLAN ID　　D. VLAN Bitmap

12.7.2 习题答案

(1) ABD　(2) ABC　(3) ABD　(4) D　(5) AB

第13章

RRPP

城域网和企业网大多采用环网来构建以提供高可靠性。环网采用的技术一般是 RPR 或以太网环。RPR 需要专用硬件,因此成本较高;而以太网环技术日趋成熟且成本低廉。城域网和企业网采用以太网环的趋势越来越明显。

目前,解决二层网络环路问题的技术有 STP 和 RRPP。STP 应用比较成熟,但收敛时间在秒级。

13.1 本章目标

学习完本课程,应该能够:

- 掌握 RRPP 的基本原理;
- 掌握 RRPP 的几种典型组网形态;
- 掌握 RRPP 的配置。

13.2 RRPP 概述

13.2.1 RRPP 的功能

目前,解决二层网络环路问题的技术有 STP(Spanning Tree Protocol,生成树协议)和 RRPP(Rapid Ring Protection Protocol,快速环网保护协议)。STP 比较成熟,但其收敛时间在秒级。

如图 13-1 所示,RRPP 是一个专门应用于以太网环的链路层协议。它在以太网环完整时能够防止数据环路引起的广播风暴,而当以太网环上一条链路断开时能迅速恢复环网上各个节点之间的通信通路。RRPP 具有比 STP 更快的收敛速度,并且 RRPP 的收敛时间与环网上节点数无关,可应用于网络直径较大的网络。

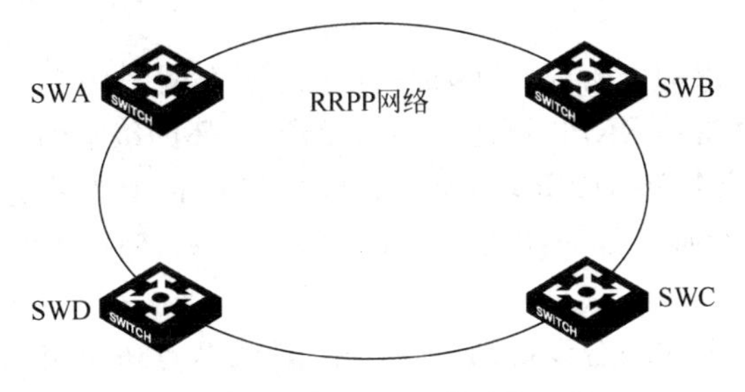

图 13-1 RRPP 的功能

13.2.2 RRPP 基本概念

如图 13-2 和图 13-3 所示,RRPP 环网中的常用概念和术语包括如下内容。

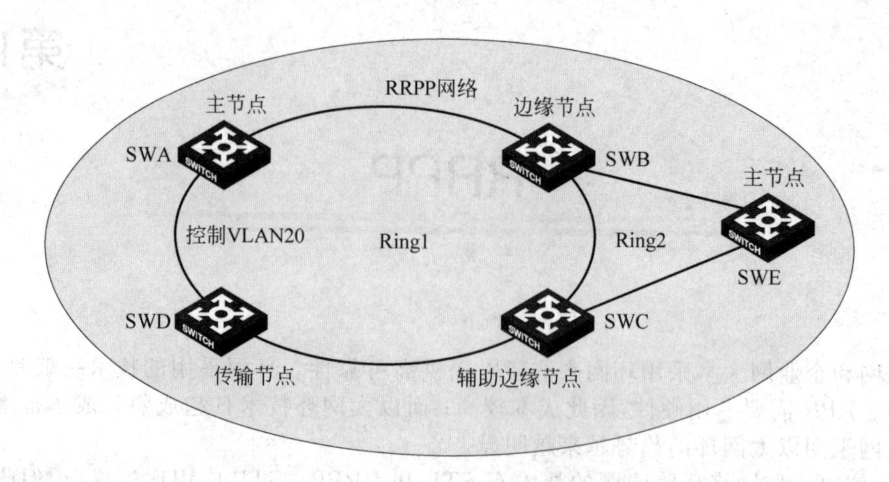

图 13-2 RRPP 基本概念(一)

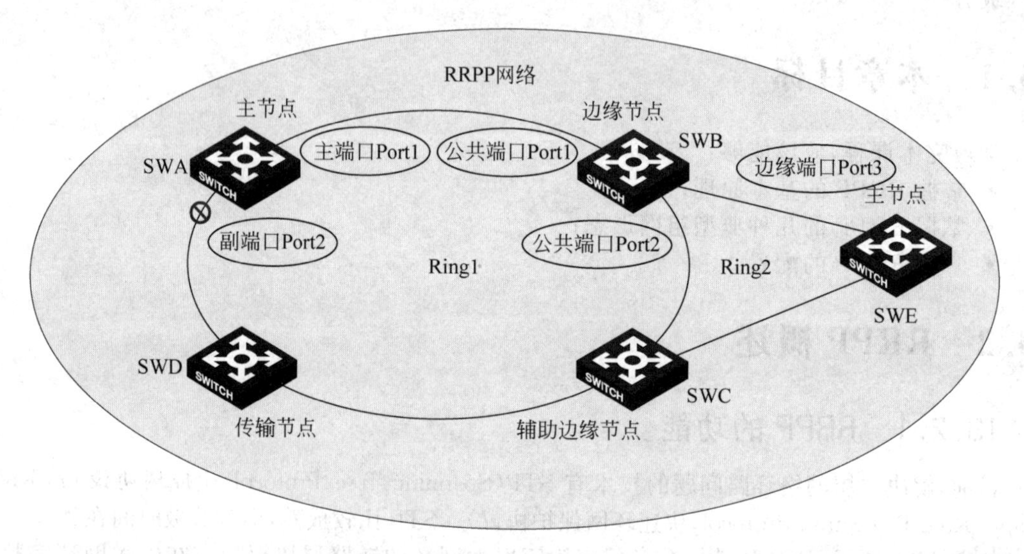

图 13-3 RRPP 基本概念(二)

(1) RRPP 域：具有相同的域 ID 和控制 VLAN 且相互连通的设备构成一个 RRPP 域。一个 RRPP 域具有 RRPP 主环、子环、控制 VLAN、主节点、传输节点、主端口和副端口、公共端口和边缘端口等要素。

(2) RRPP 环：一个 RRPP 环是一个环形连接的以太网网络拓扑。RRPP 环分为主环和子环，环的角色可以通过指定 RRPP 环的级别来设定，主环的级别为 0，子环的级别为 1。一个 RRPP 域可以包含一个或多个 RRPP 环，但只能有一个主环，其他均为子环。RRPP 环的状态包括整个环网物理链路连通正常的健康(Complete)状态和环网中某处物理链路断开的断裂(Failed)状态。

(3) 节点：RRPP 环上的每台设备都称为一个节点，节点角色由用户的配置来决定。

(4) 主节点：每个环上有且仅有一个主节点。主节点是环网状态主动检测机制的发起者，也是网络拓扑发生改变后执行操作的决策者。主节点有两种状态：Complete State(完整状态)和 Failed State(故障状态)。

(5) 传输节点：主环上除主节点以外的其他所有节点，以及子环上除主节点、子环与主环相交节点以外的其他所有节点都为传输节点。传输节点负责监测自己的直连 RRPP 链路的状态,并把链路变化通知主节点,然后由主节点来决策如何处理。传输节点有3种状态:Link-Up State(UP状态)、Link-Down State(DOWN状态)和Preforwarding State(临时阻塞状态)。

(6) 边缘节点:同时位于主环和子环上的节点。是一种特殊的传输节点,它在主环上是传输节点,而在子环上则是边缘节点。边缘节点是特殊的传输节点,因此具有与传输节点相同的3种状态。边缘节点状态迁移与传输节点基本相同,不同之处在于边缘节点在端口链路状态变化导致状态迁移时,只处理边缘端口的状态。

(7) 辅助边缘节点:同时位于主环和子环上的节点。也是一种特殊的传输节点,它在主环上是传输节点,而在子环上则是辅助边缘节点。辅助边缘节点与边缘节点成对使用,用于检测主环完整性和进行环路预防。辅助边缘节点是特殊的传输节点,因此具有与传输节点相同的3种状态。辅助边缘节点状态迁移与传输节点基本相同,不同之处在于辅助边缘节点在端口链路状态变化导致状态迁移时,只处理边缘端口的状态。

(8) 控制VLAN:控制VLAN用来传递RRPP协议报文。设备上接入RRPP环的端口都属于控制VLAN,且只有接入RRPP环的端口可加入此VLAN。每个RRPP域都有两个控制VLAN——主控制VLAN和子控制VLAN。主环的控制VLAN称为主控制VLAN,子环的控制VLAN称为子控制VLAN。配置时只需指定主控制VLAN,系统会自动把比主控制VLAN的VLAN ID值大1的VLAN作为子控制VLAN。同一个RRPP域中所有子环的控制VLAN都相同,且主控制VLAN和子控制VLAN的接口上都不允许配置IP地址。

(9) 数据VLAN:与控制VLAN相对,数据VLAN用来传输数据报文。数据VLAN中既可包含RRPP端口,也可包含非RRPP端口。

(10) 主端口和副端口:主节点和传输节点各自有两个端口接入RRPP环,其中一个为主端口,另一个为副端口。端口的角色由用户的配置来决定。主节点的主端口和副端口在功能上有所区别:主节点的主端口用来发送探测环路的报文,副端口用来接收该报文。当RRPP环处于健康状态时,主节点的副端口在逻辑上阻塞数据VLAN,只允许控制VLAN的报文通过;当RRPP环处于断裂状态时,主节点的副端口将解除数据VLAN的阻塞状态,转发数据VLAN的报文。传输节点的主端口和副端口在功能上没有区别,都用于RRPP环上协议报文和数据报文的传输。

(11) 公共端口和边缘端口:公共端口是边缘节点和辅助边缘节点上接入主环的端口,即边缘节点和辅助边缘节点分别在主环上配置的两个端口。边缘端口是边缘节点和辅助边缘节点上只接入子环的端口。

13.3 RRPP工作机制

13.3.1 RRPP运作机制

RRPP的运作机制主要包括Polling机制和链路状态变化通知机制。Polling机制是RRPP环的主节点主动检测环网健康状态的机制。链路状态变化通知机制提供了比Polling机制更快地发现环网拓扑改变的机制。如图13-4所示,Polling机制使主节点周期性地从其主端口发送Hello报文,依次经过各传输节点在环上传播。如果环路是健康的,主节点的副端口将在定时器超时前收到Hello报文,主节点将保持副端口的阻塞状态。如果环路是断裂的,主节点的副端口在定时器超时前无法收到Hello报文,主节点将解除数据VLAN在副端口的阻塞状态,同时发送Common-Flush-FDB报文通知所有传输节点,使其更新各自的MAC表项和ARP/ND表项。

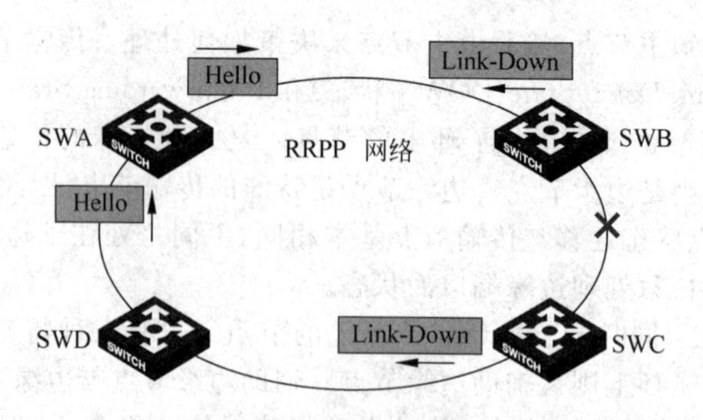

图 13-4 RRPP 运作机制

在链路状态变化通知机制中，通知的发起者是传输节点。当传输节点、边缘节点或者辅助边缘节点发现自己任何一个属于 RRPP 域的端口 DOWN 时，都会立刻发送 Link-Down 报文给主节点。主节点收到 Link-Down 报文后立刻解除数据 VLAN 在其副端口的阻塞状态，并发送 Common-Flush-FDB 报文通知所有传输节点、边缘节点和辅助边缘节点，使其更新各自的 MAC 表项和 ARP/ND 表项。各节点更新表项后，数据流则切换到正常的链路上。

传输节点、边缘节点或辅助边缘节点上属于 RRPP 域的端口重新 UP 后，主节点可能会隔一段时间才能发现环路恢复。这段时间对于数据 VLAN 来说，网络有可能形成一个临时的环路，从而产生广播风暴。为了防止产生临时环路，非主节点在发现自己接入环网的端口重新 UP 后，立即将其临时阻塞（只允许控制 VLAN 的报文通过），在确信不会引起环路后，才解除该端口的阻塞状态。

子环的协议报文通过主环提供的通道在边缘节点和辅助边缘节点的边缘端口之间传播，就好像整个主环是子环上的一个节点，子环协议报文在主环中视为数据报文处理。如图 13-5 所示，当主环链路出现故障，边缘节点与辅助边缘节点间子环协议报文的通道中断（主环中与子环的公共链路故障，并且有一条以上的非公共链路故障）时，子环主节点将收不到自己发出的 Hello 报文，于是 Fail 定时器超时，子环主节点迁移到 Failed 状态，放开副端口，保证网络路径畅通。

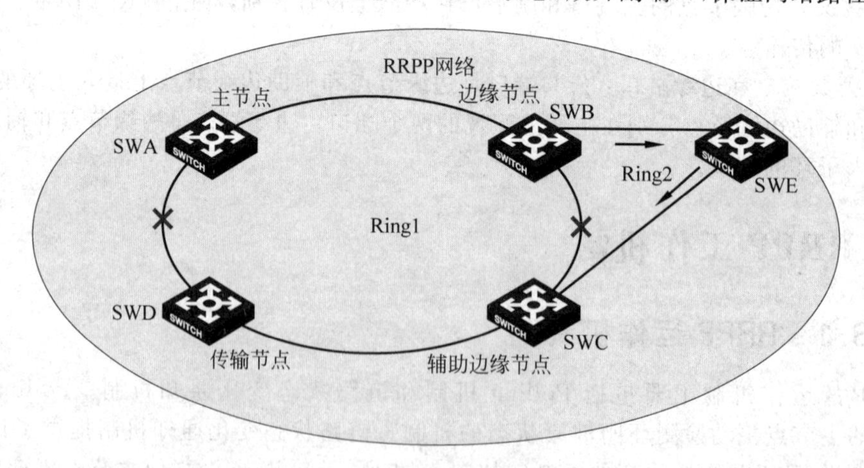

图 13-5 子环状态检测

如图 13-6 所示，网络中双归属的两个子环 Ring2 和 Ring3 借助边缘节点 SWB 和 SWC 相互连接。当主环 Ring1 故障发生后，边缘节点和辅助边缘节点之间的两条主环链路均处于 DOWN 状态。由于链路状态变化通知机制的缺陷，子环 Ring2 和 Ring3 的主节点都会放开各自的副端口，导致设备之间形成环路，从而产生广播风暴。

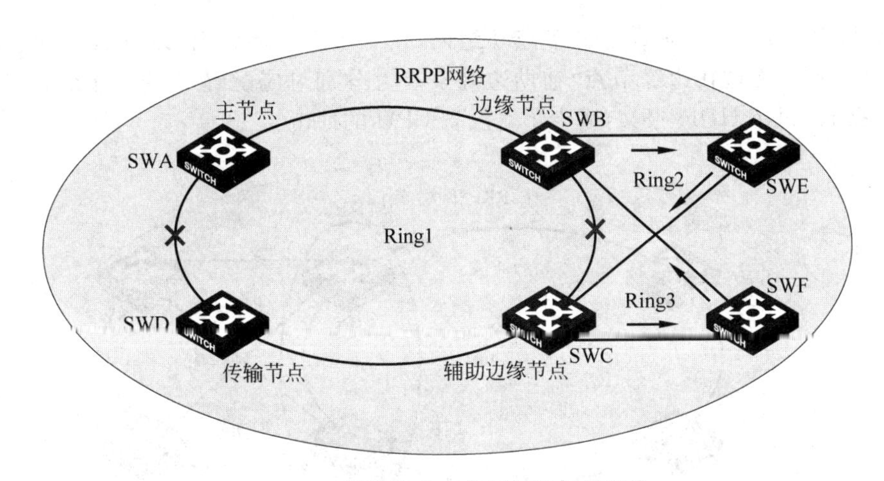

图 13-6 链路状态变化通知机制的缺陷

为了消除RRPP双归属组网情况下产生广播风暴的缺陷，引入了主环上子环协议报文通道状态检测机制。这一机制需要边缘节点和辅助边缘节点配合完成，目的就是在子环主节点副端口放开之前，阻塞边缘节点的边缘端口，从而避免子环间形成数据环路。边缘节点是检测的发起者和决策者，辅助边缘节点通道状态的监听者，并负责把通道状态改变及时通知边缘节点。

如图13-7所示，RRPP子环的边缘节点通过主环的公共端口周期性地向主环内发送EDGE-HELLO报文，依次经过主环上各节点发往辅助边缘节点。如果辅助边缘节点在规定时间内能够收到EDGE-HELLO报文，表明报文通道正常；反之如果收不到，说明通道中断。

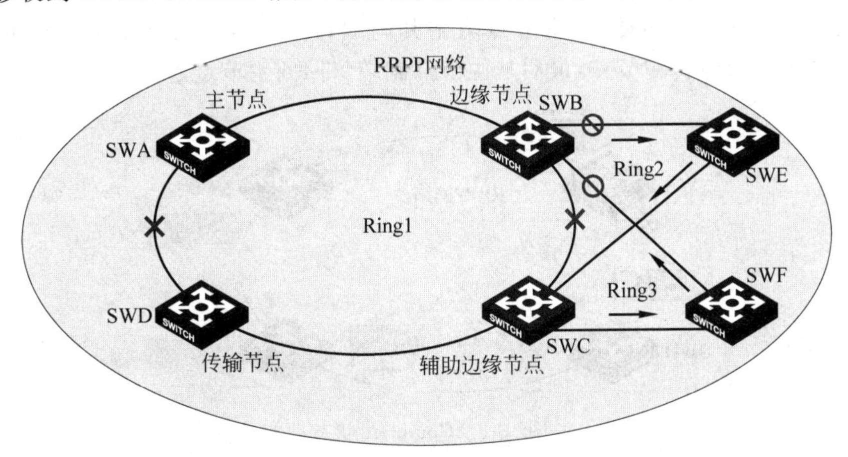

图 13-7 主环上子环协议报文通道状态检查机制

辅助边缘节点检测到子环协议报文通道中断后，立即从边缘端口通过子环链路向边缘节点发送MAJOR-FAULT报文。边缘节点收到MAJOR-FAULT后，阻塞自己的边缘端口，避免环路。

当主环链路恢复导致边缘节点和辅助边缘节点间通信恢复时，子环协议报文通道恢复正常，子环主节点重新从副端口收到自己发出的HELLO报文，从而切换到Complete状态，阻塞副端口。子环主节点从主端口发送COMPLETE-FLUSH-FDB报文，边缘节点收到报文后放开边缘端口。

子环协议报文通道状态检查机制的生效，部分故障情况下会导致RRPP环断裂，无法实现备份。

如图13-8所示，在边缘节点配置的RRPP环组内，只有域ID和环ID最小的激活子环才发送 Edge-Hello 报文。在辅助边缘节点环组内，任意激活子环收到 Edge-Hello 报文会通知给其他激活子环。通过在边缘节点/辅助边缘节点上分别对应配置 RRPP 环组后，只有一个子环发送/接收 Edge-Hello 报文，减少了对设备 CPU 的冲击。

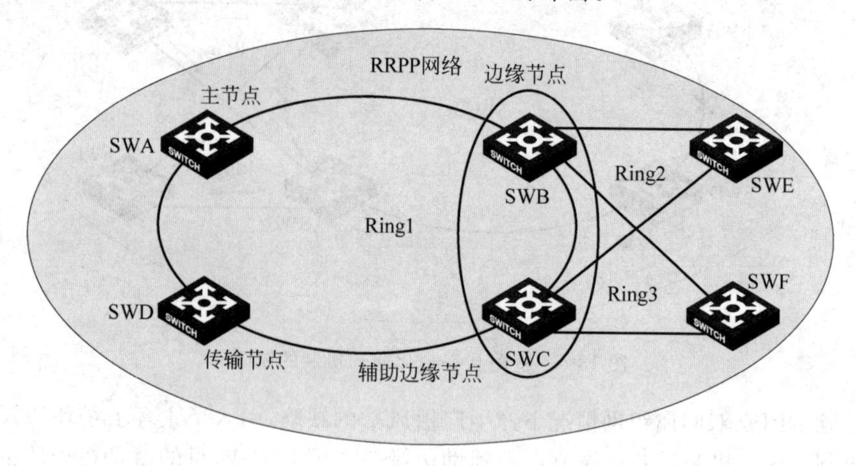

图 13-8　环阻机制

13.3.2　RRPP 环拓扑变化过程

如图 13-9 所示，当整个环网上所有链路都处于 UP 状态时，RRPP 环处于 Complete（健康）状态，主节点的状态反映整个环网的 Complete 状态。环网处于 Complete 状态时，为了防止其上的数据报文形成广播环路，主节点阻塞其副端口。主节点从其主端口周期性地发送 Hello 报文，依次经过各传输节点，最后从主节点副端口回到主节点。

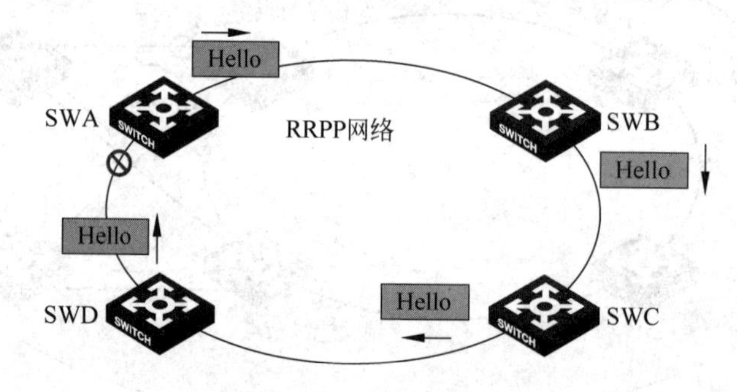

图 13-9　Complete 状态

如图 13-10 所示，当整个环网上某条链路处于 DOWN 状态时，RRPP 环处于 Failed（故障）状态，主节点的状态反映了整个环网的 Failed 状态。当传输节点交换机上的 RRPP 端口发生链路 DOWN 时，该节点将从与故障端口配对的状态为 UP 的 RRPP 端口发送 Link-Down 报文通知主节点。主节点收到 Link-Down 报文后，立即将状态切换到 Failed 状态，放开副端口。由于网络拓扑发生改变，以免报文定向错误，主节点还需要刷新 FDB 表，并从主端口发送 Common-Flush-FDB 报文通知所有传输节点刷新 FDB。

故障报告是由传输节点发起的，如果 Link-Down 报文在传输过程中不幸丢失，主节点的环网状态检测机制就派上了用场。如果主节点的副端口在规定时间内仍没有收到主节点发出的 Hello 报文，也认为环网发生故障，对故障的处理过程与传输节点主动上报作相同处理。

如图 13-11 所示，当 RRPP 环拓扑状态和主节点状态为 Complete 状态时，传输节点的对

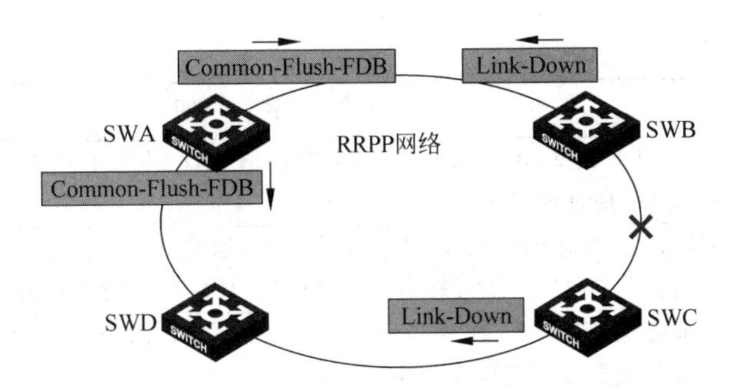

图 13-10 Failed 状态

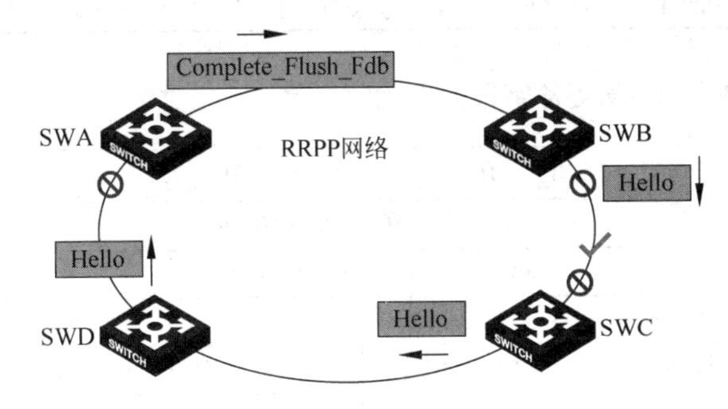

图 13-11 Preforwarding 状态

应状态应为 Link-Up 状态。当 RRPP 环拓扑状态和主节点状态为 Failed 状态时，部分传输节点的状态应为 Link-Down 状态。当传输节点交换机上的 RRPP 端口恢复时，传输节点的状态并不会立即从 Link-Down 状态迁移到 Link-Up 状态，而是先迁移到 Preforwarding 状态，在此状态下恢复的端口被阻塞，从而避免临时环路的产生。

环网数据通道的恢复是由主节点主动发起的，主节点周期性地从主端口发送 Hello 报文，环网上的故障链路全部恢复后，主节点将从副端口收到自己发出的 Hello 报文。

主节点收到自己发出的 Hello 报文后，首先将状态迁移回 Complete 状态，阻塞副端口，然后从主端口发送 Complete-Flush-FDB 报文。Preforwarding 状态的传输节点收到 Complete-Flush-FDB 报文后，迁移回 Link-Up 状态，放开临时阻塞端口，并刷新 FDB 表。

如果 Complete-Flush-FDB 报文在传播过程中丢失，还有一种备份机制来实现传输节点临时阻塞端口的恢复，就是传输节点处于 Preforwarding 状态时如果在规定时间内收不到主节点发来的 Complete-Flush-FDB 报文，就自行放开临时阻塞端口，恢复数据通信。

13.4 RRPP 报文

如表 13-1 所示，RRPP 报文包括 Health(Hello)、Link-Down、Common-Flush-FDB、Complete-Flush-FDB、Edge-Hello、Major-Fault 6 种类型报文。

表 13-1 RRPP 报文类型

报文类型	说　明
Health(Hello)	健康检测报文，由主节点发起，对网络进行环路完整性检测
Link-Down	链路 DOWN 报文，由发生直连链路状态 DOWN 的传输节点、边缘节点或者辅助边缘节点发起，通知主节点环路上有链路 DOWN，物理环路消失

续表

报文类型	说　明
Common-Flush-FDB	刷新 FDB 报文，由主节点发起，通知传输节点、边缘节点或者辅助边缘节点更新各自 MAC 地址转发表
Complete-Flush-FDB	环网恢复刷新 FDB 报文，由主节点发起，通知传输节点、边缘节点或者辅助边缘节点更新各自 MAC 地址转发表，同时通知传输节点放开临时阻塞端口
Edge-Hello	主环完整性检查报文，由子环的边缘节点发起，同子环的辅助边缘节点接收，子环通过此报文检查其所在域主环的环路完整性
Major-Fault	主环故障通知报文，当子环的辅助边缘节点在规定时间内收不到边缘节点发送的 Edge-Hello 报文时发起，向边缘节点报告其所在域主环发生故障

如图 13-12 所示，RRPP 报文各字段解释如下。

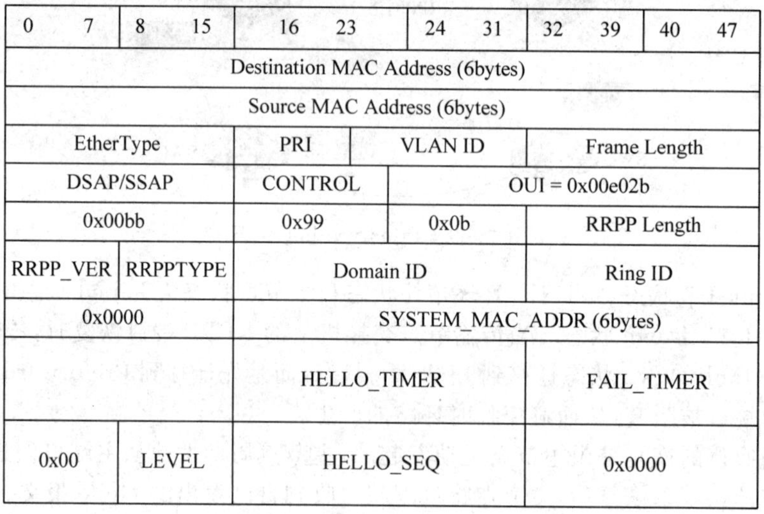

<table>
<tr><td>0 7</td><td>8 15</td><td>16 23</td><td>24 31</td><td>32 39</td><td>40 47</td></tr>
<tr><td colspan="6">Destination MAC Address (6bytes)</td></tr>
<tr><td colspan="6">Source MAC Address (6bytes)</td></tr>
<tr><td colspan="2">EtherType</td><td>PRI</td><td>VLAN ID</td><td colspan="2">Frame Length</td></tr>
<tr><td colspan="2">DSAP/SSAP</td><td>CONTROL</td><td colspan="3">OUI = 0x00e02b</td></tr>
<tr><td colspan="2">0x00bb</td><td>0x99</td><td>0x0b</td><td colspan="2">RRPP Length</td></tr>
<tr><td>RRPP_VER</td><td>RRPPTYPE</td><td colspan="2">Domain ID</td><td colspan="2">Ring ID</td></tr>
<tr><td colspan="2">0x0000</td><td colspan="4">SYSTEM_MAC_ADDR (6bytes)</td></tr>
<tr><td colspan="2"></td><td colspan="2">HELLO_TIMER</td><td colspan="2">FAIL_TIMER</td></tr>
<tr><td>0x00</td><td>LEVEL</td><td colspan="2">HELLO_SEQ</td><td colspan="2">0x0000</td></tr>
</table>

图 13-12　RRPP 报文格式

- Destination MAC Address：48b，协议报文的目的 MAC。
- Source MAC Address：48b，协议报文的源 MAC，是 0x000fe203fd75。
- EtherType：8b，报文封装类型域，是 0x8100，表示 Tagged 封装。
- PRI：4b，COS(Class of Service)优先级，是 0xe0。
- VLAN ID：12b，报文所在 VLAN 的 ID。
- Frame Length：16b，以太网帧长度，是 0x48。
- DSAP/SSAP：16b，目的服务访问点/源服务访问点，是 0xaaaa。
- CONTROL：8b，是 0x03。
- OUI：24b，是 0x00e02b。
- RRPP Length：16b，RRPP 协议数据单元长度，是 0x40。
- RRPP_VER：16b，RRPP 版本信息，是 0x0001。
- Domain ID：16b，报文所属 RRPP 域的 ID。
- Ring ID：16b，报文所属 RRPP 环的 ID。
- SYSTEM_MAC_ADDR：48b，发送报文节点的桥 MAC。
- HELLO_TIMER：16b，发送报文节点使用的 Hello 定时器的超时时间，单位为秒(s)。
- FAIL_TIMER：16b，发送报文节点使用的 Fail 定时器的超时时间，单位为秒(s)。

- LEVEL：8b，报文所属 RRPP 环的级别。
- HELLO_SEQ：16b，Hello 报文的序列号。

13.5 RRPP 典型组网

如图 13-13 所示，RRPP 单环指网络拓扑中只有一个环，此时只需定义一个 RRPP 域和一个 RRPP 环。这种组网的特征是拓扑改变时反应速度快，收敛时间短，能够满足网络中只有一个环时的应用。

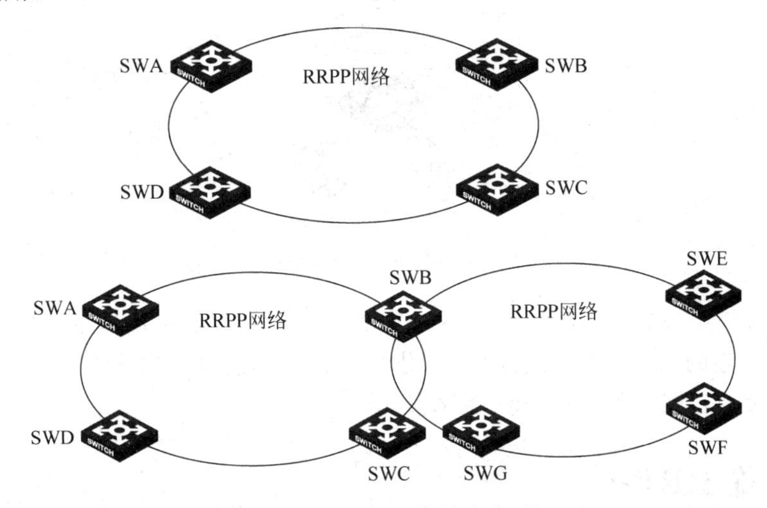

图 13-13 RRPP 单环、相切环

RRPP 相切环指网络拓扑中有两个及两个以上的环，但是各个环之间只有一个公共节点，此时要求每个环属于不同的 RRPP 域。网络规模较大，同级网络需要分区域管理时，可以采用这种组网。

如图 13-14 所示，RRPP 相交环指网络拓扑中有两个及两个以上的环，但是各个环之间有两个公共节点。此时只需要定义一个 RRPP 域，选择其中一个环为主环，其他环为子环。

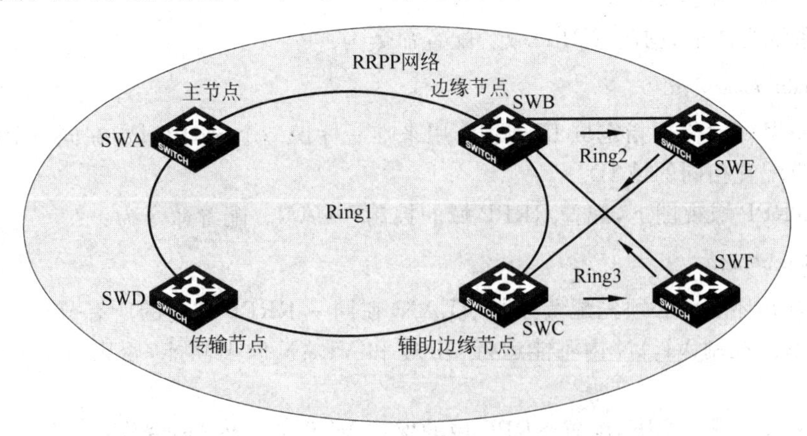

图 13-14 RRPP 相交环、双归属环

RRPP 相交环典型应用就是双归属组网，子环主节点可以通过两个边缘节点双归属上行，提供上行链路备份。

如图 13-15 所示，是 Smart Link 和 RRPP 混合组网应用。

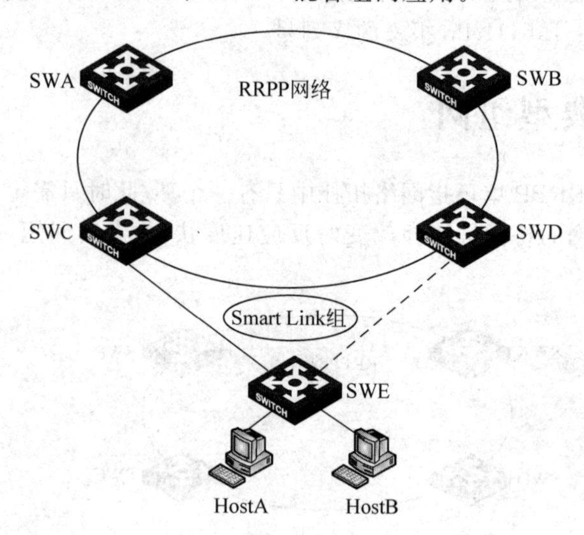

图 13-15 Smart Link 与 RRPP 配合组图

在该组网环境中，SWA、SWB、SWC 和 SWD 上开启了 RRPP 提供链路冗余备份。因为 SWC 和 SWD 相连的两个端口已经开启了 RRPP 功能，不能再开启 STP 功能，所以 SWE 上的链路备份只能通过配置 Smart Link 组来实现。

13.6 配置 RRPP

13.6.1 RRPP 配置命令

配置 RRPP 之前，需先搭建好以太网环型拓扑的组网环境。

由于 RRPP 没有自动选举机制，只有当环网中各节点的配置都正确时，才能真正实现环网的检测和保护，因此必须保证配置的准确性。

配置 RRPP 的步骤如下。

(1) 在系统视图下，创建 RRPP 域。配置命令为：

rrpp domain *domain-id*

创建 RRPP 域时需要指定域 ID，域 ID 用来唯一标识一个 RRPP 域，在同一 RRPP 域内的所有节点上应配置相同的域 ID。

(2) 在 RRPP 域视图下，配置 RRPP 域的控制 VLAN。配置命令为：

control-vlan *vlan-id*

配置 RRPP 环之前必须先配置控制 VLAN，在同一 RRPP 域内的所有节点上应配置相同的控制 VLAN。控制 VLAN 内不能运行 QinQ 和 VLAN 映射功能，否则 RRPP 报文不能进行正常转发。

(3) 在 RRPP 域视图下，配置 RRPP 域的保护 VLAN。配置命令为：

protected-vlan reference-instance *instance-id-list*

配置 RRPP 环之前必须先配置保护 VLAN，RRPP 端口允许通过的 VLAN 都应该被 RRPP 域保护，在同一 RRPP 域内的所有节点上应配置相同的保护 VLAN。

注意：不要将接入 RRPP 环的端口的默认 VLAN 设置为控制 VLAN 或子控制 VLAN，以免影响协议报文正常收发。

如果要在一台未配置 RRPP 功能的设备上透传 RRPP 报文，应保证该设备上只有接入 RRPP 环的那两个端口允许该 RRPP 环所对应控制 VLAN 的报文通过，而其他端口都不允许其通过；否则，其他 VLAN 的报文可能通过透传进入控制 VLAN，从而对 RRPP 环产生冲击。

(4) 在 RRPP 域视图下，配置当前设备为主节点，并指定主端口和副端口。配置命令为：

ring *ring-id* **node-mode master** [**primary-port** *interface-type interface-number*] [**secondary-port** *interface-type interface-number*] **level** *level-value*

(5) 在 RRPP 域视图下，配置当前设备为传输节点，并指定主端口和副端口。配置命令为：

ring *ring-id* **node-mode transit** [**primary-port** *interface-type interface-number*] [**secondary-port** *interface-type interface-number*] **level** *level-value*

配置 RRPP 环时，首先要对各节点上欲接入 RRPP 环的端口(简称 RRPP 端口)进行必要的配置，然后再配置 RRPP 环上的各节点。RRPP 端口只能是二层以太网口、二层 GE 口、二层 XGE 口或二层聚合端口，且不能是聚合组成员端口、业务环回组成员端口和 Smart Link 组成员端口。

注意：当把二层聚合端口配置为 RRPP 端口后，仍可添加或删除对应聚合组中的成员端口。

(6) 在 RRPP 域视图下，配置当前设备为子环的边缘节点，并指定边缘端口。配置命令为：

ring *ring-id* **node-mode edge** [**edge-port** *interface-type interface-number*]

在配置边缘节点时，必须先配置主环再配置子环。

(7) 在 RRPP 域视图下，配置当前设备为子环的辅助边缘节点，并指定边缘端口。配置命令为：

ring *ring-id* **node-mode assistant-edge** [**edge-port** *interface-type interface-number*]

在配置辅助边缘节点时，必须先配置主环再配置子环。

在边缘节点和辅助边缘节点上，开启子环前必须先开启主环，关闭主环前必须先关闭其所在 RRPP 域内的所有子环。

(8) 在系统视图下，开启 RRPP 协议。配置命令为：

rrpp enable

(9) 在 RRPP 域视图下，开启 RRPP 环。配置命令为：

ring *ring-id* **enable**

当开启了 RRPP 协议和 RRPP 环之后，当前设备的 RRPP 域才能被激活。

通过把具有相同边缘节点/辅助边缘节点配置的一组子环加入环组中，可以减少 Edge-Hello 报文的收发数量。环组应分别配置在边缘节点和辅助边缘节点上，且只能配置在这两种节点上。一个子环只能属于一个环组，且配置在边缘节点和辅助边缘节点上的环组中所包含的子环必须相同，否则环组不能正常工作。

要创建 RRPP 环组，在系统视图下使用命令：

rrpp ring-group *ring-group-id*

要将子环加入RRPP环组，在系统视图下使用命令：

domain *domain-id* **ring** *ring-id-list*

注意：加入环组的子环的边缘节点应配置在同一台设备上。同样地，辅助边缘节点也应配置在同一台设备上，而且边缘节点/辅助边缘节点所对应的主环链路应相同。

设备在一个环组内所有子环上应具有相同的类型：边缘节点或辅助边缘节点。

边缘节点环组及其对应的辅助边缘节点环组的配置和激活状态必须相同。

同一环组中的子环所对应主环的链路必须相同。若主环链路本身的配置就不同，或由于修改配置而导致不同，环组都将不能正常运行。

13.6.2 RRPP配置示例

如图13-16所示，SWA、SWB、SWC、SWD构成RRPP域1，该域的控制VLAN为VLAN 4092，保护所有VLAN。SWA为主环的主节点，GigabitEthernet2/0/1为主端口，GigabitEthernet2/0/2为副端口；SWB、SWC、SWD为主环的传输节点，GigabitEthernet2/0/1为主端口，GigabitEthernet2/0/2为副端口。

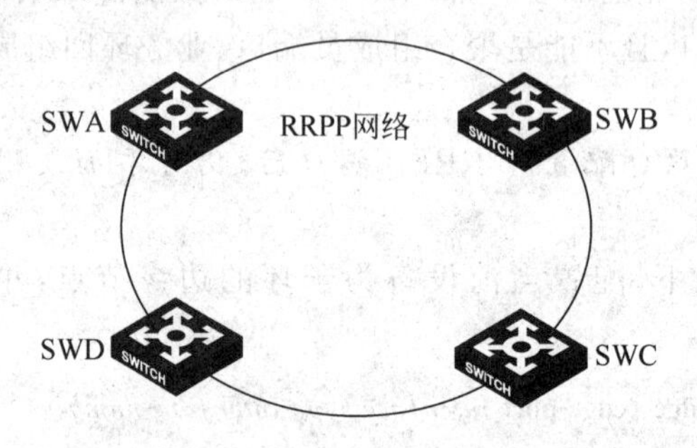

图13-16 RRPP单环配置示例

配置SWA：

```
[SWA]interface GigabitEthernet 2/0/1
[SWA-GigabitEthernet2/0/1]undo stpenable
[SWA-GigabitEthernet2/0/1]port link-type trunk
[SWA-GigabitEthernet2/0/1]port trunk permit vlan all
[SWA]interface GigabitEthernet2/0/2
[SWA-GigabitEthernet2/0/2]undo stpenable
[SWA-GigabitEthernet2/0/2]port link-type trunk
[SWA-GigabitEthernet2/0/2]port trunk permit vlan all
[SWA]rrpp domain 1
[SWA-rrpp-domain1]control-vlan 4092
[SWA-rrpp-domain1]protected-vlan reference-instance 0 to 32
[SWA-rrpp-domain1] ring 1 node-mode master primary-port gigabitethernet2/0/1 secondary-port gigabitethernet 2/0/2 level 0
[SWA-rrpp-domain1]ring 1 enable
[SWA]rrpp enable
```

配置SWB：

```
[SWB]interface GigabitEthernet 2/0/1
[SWB-GigabitEthernet2/0/1]undo stpenable
[SWB-GigabitEthernet2/0/1]port link-type trunk
[SWB-GigabitEthernet2/0/1]port trunk permit vlan all
[SWB]interface GigabitEthernet 2/0/2
```

```
[SWB-GigabitEthernet2/0/2]undo stpenable
[SWB-GigabitEthernet2/0/2]port link-type trunk
[SWB-GigabitEthernet2/0/2]port trunk permit vlan all
[SWB]rrpp domain 1
[SWB-rrpp-domain1]control-vlan 4092
[SWB-rrpp-domain1]protected-vlan reference-instance 0 to 32
[SWB-rrpp-domain1] ring 1 node-mode transit primary-port gigabitethernet 2/0/1 secondary-port gigabitethernet 2/0/2 level 0
[SWB-rrpp-domain1]ring 1 enable
[SWB]rrpp enable
```

配置 SWC：

```
[SWC]interface GigabitEthernet 2/0/1
[SWC-GigabitEthernet2/0/1]undo stpenable
[SWC-GigabitEthernet2/0/1]port link-type trunk
[SWC-GigabitEthernet2/0/1]port trunk permit vlan all
[SWC]interface GigabitEthernet 2/0/2
[SWC-GigabitEthernet2/0/2]undo stpenable
[SWC-GigabitEthernet2/0/2]port link-type trunk
[SWC-GigabitEthernet2/0/2]port trunk permit vlan all
[SWC]rrpp domain 1
[SWC-rrpp-domain1]control-vlan 4092
[SWC-rrpp-domain1]protected-vlan reference-instance 0 to 32
[SWC-rrpp-domain1] ring 1 node-mode transit primary-port gigabitethernet 2/0/1 secondary-port gigabitethernet 2/0/2 level 0
[SWC-rrpp-domain1]ring 1 enable
[SWC]rrpp enable
```

配置 SWD：

```
[SWD]interface GigabitEthernet 2/0/1
[SWD-GigabitEthernet2/0/1]undo stpenable
[SWD-GigabitEthernet2/0/1]port link-type trunk
[SWD-GigabitEthernet2/0/1]port trunk permit vlan all
[SWD]interface GigabitEthernet 2/0/2
[SWD-GigabitEthernet2/0/2]undo stpenable
[SWD-GigabitEthernet2/0/2]port link-type trunk
[SWD-GigabitEthernet2/0/2]port trunk permit vlan all
[SWD]rrpp domain 1
[SWD-rrpp-domain1]control-vlan 4092
[SWD-rrpp-domain1]protected-vlan reference-instance 0 to 32
[SWD-rrpp-domain1] ring 1 node-mode transit primary-port gigabitethernet 2/0/1 secondary-port gigabitethernet 2/0/2 level 0
[SWD-rrpp-domain1]ring 1 enable
[SWD]rrpp enable
```

配置完成后，在 SWA 上检查 RRPP 状态，如下所示：

```
[SWA]dis rrpp verbose domain 1
Domain ID               : 1
 Control VLAN           : Primary 4092, Secondary 4093
 Protected VLAN         : Reference instance 0 to 32
 Hello timer            : 1 seconds, Fail timer: 3 seconds
 Fast detection status  : Disabled
 Fast-Hello timer       : 20 ms, Fast-Fail timer: 60 ms
 Fast-Edge-Hello timer  : 10 ms, Fast-Edge-Fail timer: 30 ms
```

```
 Ring ID                  : 1
 Ring level               : 0
 Node mode                : Master
 Ring state               : Complete
 Enable status            : Yes, Active status: Yes
 Primary port             : GE2/0/1             Port status: UP
 Secondary port           : GE2/0/2             Port status: BLOCKED
```

从以上信息可以看出,SWA 为 RRPP Ring1 主节点,主端口为 GigabitEthernet2/0/1,副端口为 GigabitEthernet2/0/2。

配置完成后,在 SWB 上检查 RRPP 状态,如下所示:

```
<SWB>dis rrpp verbose domain 1
Domain ID                 : 1
 Control VLAN             : Primary 4092, Secondary 4093
 Protected VLAN           : Reference instance 0 to 32
 Hello timer              : 1 seconds, Fail timer: 3 seconds
 Fast detection status    : Disabled
 Fast-Hello timer         : 20 ms, Fast-Fail timer: 60 ms
 Fast-Edge-Hello timer    : 10 ms, Fast-Edge-Fail timer: 30 ms

 Ring ID                  : 1
 Ring level               : 0
 Node mode                : Transit
 Ring state               : -
 Enable status            : Yes, Active status: Yes
 Primary port             : GE2/0/1             Port status: UP
 Secondary port           : GE2/0/2             Port status: UP
```

从以上信息可以看出,SWB 为 RRPP Ring1 传输节点,主端口为 GigabitEthernet2/0/1,副端口为 GigabitEthernet2/0/1。

配置完成后,在 SWC 上检查 RRPP 状态,如下所示:

```
<SWC>dis rrpp verbose domain 1
Domain ID                 : 1
 Control VLAN             : Primary 4092, Secondary 4093
 Protected VLAN           : Reference instance 0 to 32
 Hello timer              : 1 seconds, Fail timer: 3 seconds
 Fast detection status    : Disabled
 Fast-Hello timer         : 20 ms, Fast-Fail timer: 60 ms
 Fast-Edge-Hello timer    : 10 ms, Fast-Edge-Fail timer: 30 ms

 Ring ID                  : 1
 Ring level               : 0
 Node mode                : Transit
 Ring state               : -
 Enable status            : Yes, Active status: Yes
 Primary port             : GE2/0/1             Port status: UP
 Secondary port           : GE2/0/2             Port status: UP
```

从以上信息可以看出,SWC 为 RRPP Ring1 传输节点,主端口为 GigabitEthernet2/0/1,副端口为 GigabitEthernet2/0/2。

配置完成后,在 SWD 上检查 RRPP 状态,如下所示:

```
<SWD>dis rrpp verbose domain 1
Domain ID                 : 1
```

```
Control VLAN            : Primary 4092, Secondary 4093
Protected VLAN          : Reference instance 0 to 32
Hello timer             : 1 seconds, Fail timer: 3 seconds
Fast detection status   : Disabled
Fast-Hello timer        : 20 ms, Fast-Fail timer: 60 ms
Fast-Edge-Hello timer   : 10 ms, Fast-Edge-Fail timer: 30 ms

Ring ID                 : 1
Ring level              : 0
Node mode               : Transit
Ring state              : -
Enable status           : Yes, Active status: Yes
Primary port            : GE2/0/1                Port status: UP
Secondary port          : GE2/0/2                Port status: UP
```

从以上信息可以看出,SWD 为 RRPP Ring1 的传输节点,主端口为 GigabitEthernet2/0/1,副端口为 GigabitEthernet2/0/2。

如图 13-17 所示,SWA、SWB、SWC、SWD、SWE、SWF 构成 RRPP 域 1,该域的控制 VLAN 为 VLAN 4092,保护所有 VLAN。SWA、SWB、SWC、SWD 构成主环 1,SWB、SWC 和 SWE 构成子环 2,SWB、SWC 和 SWF 构成子环 3。

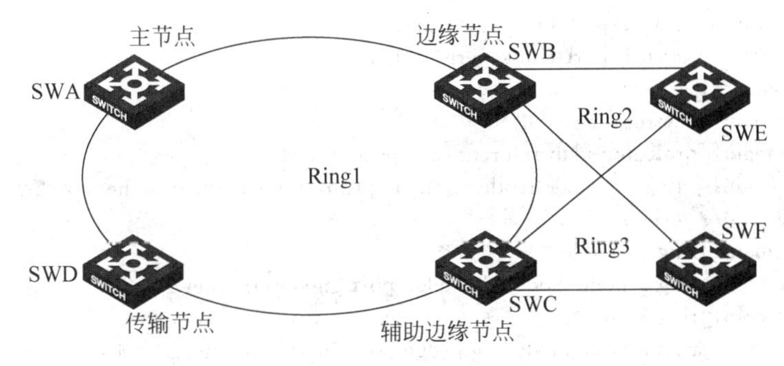

图 13-17 RRPP 双归属环配置示例

SWA 为主环的主节点,GigabitEthernet2/0/1 为主端口,GigabitEthernet2/0/2 为副端口;SWE 为子环 2 的主节点,GigabitEthernet2/0/1 为主端口,GigabitEthernet2/0/2 为副端口;SWF 为子环 3 的主节点,GigabitEthernet2/0/1 为主端口,GigabitEthernet2/0/2 为副端口;SWB 为主环的传输节点和子环的边缘节点,GigabitEthernet2/0/3 和 GigabitEthernet2/0/4 为边缘端口;SWC 为主环的传输节点和子环的辅助边缘节点,GigabitEthernet2/0/3 和 GigabitEthernet2/0/4 为边缘端口;SWD 为主环的传输节点,GigabitEthernet2/0/1 为主端口,GigabitEthernet2/0/2 为副端口。

配置 SWA:

```
[SWA]interface GigabitEthernet 2/0/1
[SWA-GigabitEthernet2/0/1]undo stpenable
[SWA-GigabitEthernet2/0/1]port link-type trunk
[SWA-GigabitEthernet2/0/1]port trunk permit vlan all
[SWA]interface GigabitEthernet2/0/2
[SWA-GigabitEthernet2/0/2]undo stpenable
[SWA-GigabitEthernet2/0/2]port link-type trunk
[SWA-GigabitEthernet2/0/2]port trunk permit vlan all
[SWA]rrpp domain 1
[SWA-rrpp-domain1]control-vlan 4092
```

```
[SWA-rrpp-domain1]protected-vlan reference-instance 0 to 32
[SWA-rrpp-domain1] ring 1 node-mode master primary-port gigabitethernet2/0/1 secondary-port gigabitethernet 2/0/2 level 0
[SWA-rrpp-domain1]ring 1 enable
[SWA]rrpp enable
```

配置 SWB：

```
[SWB]interface GigabitEthernet 2/0/1
[SWB-GigabitEthernet2/0/1]undo stpenable
[SWB-GigabitEthernet2/0/1]port link-type trunk
[SWB-GigabitEthernet2/0/1]port trunk permit vlan all
[SWB]interface GigabitEthernet 2/0/2
[SWB-GigabitEthernet2/0/2]undo stpenable
[SWB-GigabitEthernet2/0/2]port link-type trunk
[SWB-GigabitEthernet2/0/2]port trunk permit vlan all
[SWB]interface GigabitEthernet 2/0/3
[SWB-GigabitEthernet2/0/3]undo stp enable
[SWB-GigabitEthernet2/0/3]port link-type trunk
[SWB-GigabitEthernet2/0/3]port trunk permit vlan all
[SWB]interface GigabitEthernet 2/0/4
[SWB-GigabitEthernet2/0/4]undo stp enable
[SWB-GigabitEthernet2/0/4]port link-type trunk
[SWB-GigabitEthernet2/0/4]port trunk permit vlan all
[SWB]rrpp domain 1
[SWB-rrpp-domain1]control-vlan 4092
[SWB-rrpp-domain1]protected-vlan reference-instance 0 to 32
[SWB-rrpp-domain1] ring 1 node-mode transit primary-port gigabitethernet 2/0/1 secondary-port gigabitethernet 2/0/2 level 0
[SWB-rrpp-domain1]ring 1 enable
[SWB-rrpp-domain1]ring 2 node-mode edge edge-port gigabitethernet 2/0/3
[SWB-rrpp-domain1]ring 2 enable
[SWB-rrpp-domain1]ring 3 node-mode edge edge-port gigabitethernet 2/0/4
[SWB-rrpp-domain1]ring 3 enable
[SWB]rrpp enable
```

配置 SWC：

```
[SWC]interface GigabitEthernet 2/0/1
[SWC-GigabitEthernet2/0/1]undo stp enable
[SWC-GigabitEthernet2/0/1]port link-type trunk
[SWC-GigabitEthernet2/0/1]port trunk permit vlan all
[SWC]interface GigabitEthernet 2/0/2
[SWC-GigabitEthernet2/0/2]undo stp enable
[SWC-GigabitEthernet2/0/2]port link-type trunk
[SWC-GigabitEthernet2/0/2]port trunk permit vlan all
[SWC]interface GigabitEthernet 2/0/3
[SWC-GigabitEthernet2/0/3]undo stp enable
[SWC-GigabitEthernet2/0/3]port link-type trunk
[SWC-GigabitEthernet2/0/3]port trunk permit vlan all
[SWC]interface GigabitEthernet 2/0/4
[SWC-GigabitEthernet2/0/4]undo stp enable
[SWC-GigabitEthernet2/0/4]port link-type trunk
[SWC-GigabitEthernet2/0/4]port trunk permit vlan all
[SWC]rrpp domain 1
[SWC-rrpp-domain1]control-vlan 4092
[SWC-rrpp-domain1]protected-vlan reference-instance 0 to 32
```

```
[SWC-rrpp-domain1] ring 1 node-mode transit primary-port gigabitethernet 2/0/1 secondary-port gigabitethernet 2/0/2 level 0
[SWC-rrpp-domain1]ring 1 enable
[SWC-rrpp-domain1]ring 2 node-mode edge assistant-edge edge-port gigabitethernet 2/0/3
[SWC-rrpp-domain1]ring 2 enable
[SWC-rrpp-domain1]ring 3 node-mode edge assistant-edge edge-port gigabitethernet 2/0/4
[SWC-rrpp-domain1]ring 3 enable
[SWC]rrpp enable
```

配置 SWD：

```
[SWD]interface GigabitEthernet 2/0/1
[SWD-GigabitEthernet2/0/1]undo stpenable
[SWD-GigabitEthernet2/0/1]port link-type trunk
[SWD-GigabitEthernet2/0/1]port trunk permit vlan all
[SWD]interface GigabitEthernet 2/0/2
[SWD-GigabitEthernet2/0/2]undo stpenable
[SWD-GigabitEthernet2/0/2]port link-type trunk
[SWD-GigabitEthernet2/0/2]port trunk permit vlan all
[SWD]rrpp domain 1
[SWD-rrpp-domain1]control-vlan 4092
[SWD-rrpp-domain1]protected-vlan reference-instance 0 to 32
[SWD-rrpp-domain1] ring 1 node-mode transit primary-port gigabitethernet 2/0/1 secondary-port gigabitethernet 2/0/2 level 0
[SWD-rrpp-domain1]ring 1 enable
[SWD]rrpp enable
```

配置 SWE：

```
[SWE]interface GigabitEthernet 2/0/1
[SWE-GigabitEthernet2/0/1]undo stp enable
[SWE-GigabitEthernet2/0/1]port link-type trunk
[SWE-GigabitEthernet2/0/1]port trunk permit vlan all
[SWE]interface GigabitEthernet 2/0/2
[SWE-GigabitEthernet2/0/2]undo stp enable
[SWE-GigabitEthernet2/0/2]port link-type trunk
[SWE-GigabitEthernet2/0/2]port trunk permit vlan all
[SWE]rrpp domain 1
[SWE-rrpp-domain1]control-vlan 4092
[SWE-rrpp-domain1]protected-vlan reference-instance 0 to 32
[SWE-rrpp-domain1] ring 2 node-mode master primary-port gigabitethernet 2/0/1 secondary-port gigabitethernet 2/0/2 level 1
[SWE-rrpp-domain1]ring 2 enable
[SWE]rrpp enable
```

配置 SWF：

```
[SWF]interface GigabitEthernet 2/0/1
[SWF-GigabitEthernet2/0/1]undo stp enable
[SWF-GigabitEthernet2/0/1]port link-type trunk
[SWF-GigabitEthernet2/0/1]port trunk permit vlan all
[SWF]interface GigabitEthernet 2/0/2
[SWF-GigabitEthernet2/0/2]undo stp enable
[SWF-GigabitEthernet2/0/2]port link-type trunk
[SWF-GigabitEthernet2/0/2]port trunk permit vlan all
[SWF]rrpp domain 1
[SWF-rrpp-domain1]control-vlan 4092
[SWF-rrpp-domain1]protected-vlan reference-instance 0 to 32
```

```
[SWF-rrpp-domain1] ring 3 node-mode master primary-port gigabitethernet 2/0/1 secondary-port gigabitethernet 2/0/2 level 1
[SWF-rrpp-domain1]ring 3 enable
[SWF]rrpp enable
```

配置完成后，在 SWA 上检查 RRPP 状态，如下所示：

```
[SWA]dis rrpp verbose domain 1
Domain ID                  : 1
 Control VLAN              : Primary 4092, Secondary 4093
 Protected VLAN            : Reference instance 0 to 32
 Hello timer               : 1 seconds, Fail timer: 3 seconds
 Fast detection status     : Disabled
 Fast-Hello timer          : 20 ms, Fast-Fail timer: 60 ms
 Fast-Edge-Hello timer     : 10 ms, Fast-Edge-Fail timer: 30 ms

 Ring ID                   : 1
 Ring level                : 0
 Node mode                 : Master
 Ring state                : Complete
 Enable status             : Yes, Active status: Yes
 Primary port              : GE2/0/1                Port status: UP
 Secondary port            : GE2/0/2                Port status: BLOCKED
```

从以上信息可以看出，SWA 为 RRPP ring 1 主节点，主端口为 GigabitEthernet2/0/1，副端口为 GigabitEthernet2/0 /2。

配置完成后，在 SWB 上检查 RRPP 状态，如下所示：

```
<SWB>dis rrpp verbose domain 1
Domain ID                  : 1
 Control VLAN              : Primary 4092, Secondary 4093
 Protected VLAN            : Reference instance 0 to 32
 Hello timer               : 1 seconds, Fail timer: 3 seconds
 Fast detection status     : Disabled
 Fast-Hello timer          : 20 ms, Fast-Fail timer: 60 ms
 Fast-Edge-Hello timer     : 10 ms, Fast-Edge-Fail timer: 30 ms

 Ring ID                   : 1
 Ring level                : 0
 Node mode                 : Transit
 Ring state                : -
 Enable status             : Yes, Active status: Yes
 Primary port              : GE2/0/1                Port status: UP
 Secondary port            : GE2/0/2                Port status: UP

 Ring ID                   : 2
 Ring level                : 1
 Node mode                 : Edge
 Ring state                : -
 Enable status             : Yes, Active status: Yes
 Common port               : GE2/0/1                Port status: UP
                             GE2/0/2                Port status: UP
 Edge port                 : GE2/0/3                Port status: UP

 Ring ID                   : 3
 Ring level                : 1
```

```
Node mode               : Edge
Ring state              : —
Enable status           : Yes, Active status: Yes
Common port             : GE2/0/1                Port status: UP
                          GE2/0/2                Port status: UP
Edge port               : GE2/0/4                Port status: UP
```

从以上信息可以看出，SWB 为主环的传输节点和子环的边缘节点，GigabitEthernet2/0/3 和 GigabitEthernet2/0/4 为边缘端口。

配置完成后，在 SWC 上检查 RRPP 状态，如下所示：

```
<SWC>dis rrpp verbose domain 1
Domain ID               : 1
 Control VLAN           : Primary 4092, Secondary 4093
 Protected VLAN         : Reference instance 0 to 32
 Hello timer            : 1 seconds, Fail timer: 3 seconds
 Fast detection status  : Disabled
 Fast-Hello timer       : 20 ms, Fast-Fail timer: 60 ms
 Fast-Edge-Hello timer  : 10 ms, Fast-Edge-Fail timer: 30 ms

 Ring ID                : 1
 Ring level             : 0
 Node mode              : Transit
 Ring state             : —
 Enable status          : Yes, Active status: Yes
 Primary port           : GE2/0/1                Port status: UP
 Secondary port         : GE2/0/2                Port status: UP

 Ring ID                : 2
 Ring level             : 1
 Node mode              : Assistant-edge
 Ring state             : —
 Enable status          : Yes, Active status: Yes
 Common port            : GE2/0/1                Port status: UP
                          GE2/0/2                Port status: UP
 Edge port              : GE2/0/3                Port status: UP

 Ring ID                : 3
 Ring level             : 1
 Node mode              : Assistant-edge
 Ring state             : —
 Enable status          : Yes, Active status: Yes
 Common port            : GE2/0/1                Port status: UP
                          GE2/0/2                Port status: UP
 Edge port              : GE2/0/4                Port status: UP
```

从以上信息可以看出，SWC 为主环的传输节点和子环的辅助边缘节点，GigabitEthernet2/0/3 和 GigabitEthernet2/0/4 为边缘端口。

配置完成后，在 SWD 上检查 RRPP 状态，如下所示：

```
<SWD>dis rrpp verbose domain 1
Domain ID               : 1
 Control VLAN           : Primary 4092, Secondary 4093
 Protected VLAN         : Reference instance 0 to 32
 Hello timer            : 1 seconds, Fail timer: 3 seconds
 Fast detection status  : Disabled
```

```
 Fast-Hello timer          : 20 ms, Fast-Fail timer: 60 ms
 Fast-Edge-Hello timer     : 10 ms, Fast-Edge-Fail timer: 30 ms

 Ring ID                   : 1
 Ring level                : 0
 Node mode                 : Transit
 Ring state                : -
 Enable status             : Yes, Active status: Yes
 Primary port              : GE2/0/1                Port status: UP
 Secondary port            : GE2/0/2                Port status: UP
```

从以上信息可以看出,SWD为RRPP Ring1的传输节点,主端口为GigabitEthernet2/0/1,副端口为GigabitEthernet2/0/2。

配置完成后,在SWE上检查RRPP状态,如下所示:

```
<SWE>dis rrpp verbose domain 1
Domain ID                  : 1
 Control VLAN              : Primary 4092, Secondary 4093
 Protected VLAN            : Reference instance 0 to 32
 Hello timer               : 1 seconds, Fail timer: 3 seconds
 Fast detection status     : Disabled
 Fast-Hello timer          : 20 ms, Fast-Fail timer: 60 ms
 Fast-Edge-Hello timer     : 10 ms, Fast-Edge-Fail timer: 30 ms

 Ring ID                   : 2
 Ring level                : 1
 Node mode                 : Master
 Ring state                : Complete
 Enable status             : Yes, Active status: Yes
 Primary port              : GE2/0/1                Port status: UP
 Secondary port            : GE2/0/2                Port status: BLOCKED
```

从以上信息可以看出,SWE为子环2的主节点,GigabitEthernet2/0/1为主端口,GigabitEthernet2/0/2为副端口。

配置完成后,在SWF上检查RRPP状态,如下所示:

```
<SWF>dis rrpp verbose domain 1
Domain ID                  : 1
 Control VLAN              : Primary 4092, Secondary 4093
 Protected VLAN            : Reference instance 0 to 32
 Hello timer               : 1 seconds, Fail timer: 3 seconds
 Fast detection status     : Disabled
 Fast-Hello timer          : 20 ms, Fast-Fail timer: 60 ms
 Fast-Edge-Hello timer     : 10 ms, Fast-Edge-Fail timer: 30 ms

 Ring ID                   : 3
 Ring level                : 1
 Node mode                 : Master
 Ring state                : Complete
 Enable status             : Yes, Active status: Yes
 Primary port              : GE2/0/1                Port status: UP
 Secondary port            : GE2/0/2                Port status: BLOCKED
```

从以上信息可以看出,SWF为子环3的主节点,GigabitEthernet2/0/1为主端口,GigabitEthernet2/0/2为副端口。

13.7 本章总结

(1) RRPP 在以太网环上一条链路断开时能迅速恢复环网上各个节点之间的通信通路，具备较高的收敛速度。

(2) RRPP 工作机制分为 Polling 机制和链路状态变化通知机制。

(3) 介绍了 RRPP 报文。

(4) 介绍了 RRPP 的典型组网和配置。

13.8 习题和答案

13.8.1 习题

(1) RRPP(快速环网保护协议)是指(　　)。

A. Fast Ring Protect Protocol　　B. Rapid Ring Protect Protocol

C. Fast Ring Protection Protocol　　D. Rapid Ring Protection Protocol

(2) RRPP 环上每台设备都称为一个节点，节点角色包括(　　)。

A. 主节点　　B. 从节点　　C. 边缘节点　　D. 辅助边缘节点

(3) RRPP 环上设备都拥有各类端口，端口角色包括(　　)。

A. 主端口　　B. 从端口　　C. 边缘端口　　D. 保护端口

(4) RRPP 环拓扑状态包括(　　)。

A. Join 状态　　B. Preforwarding 状态

C. Failed 状态　　D. Complete 状态

(5) RRPP 报文中 RRPP_VERS 字段是(　　)。

A. 0x0001　　B. 0x0011　　C. 0x0101　　D. 0x1001

13.8.2 习题答案

(1) D　(2) ACD　(3) AC　(4) CD　(5) A

第14章

VRRP

通常,同一网段内的所有主机都设置一条相同的以网关为下一跳的默认路由。当网关发生故障时,本网段内所有以网关为默认路由的主机将无法与外部网络通信。

通过 VRRP(Virtual Router Redundancy Protocol,虚拟路由器冗余协议)可以避免由于局域网网关单点故障而导致的网络中断。

14.1 本章目标

学习完本课程,应该能够:

- 掌握 VRRP 基本概念和工作原理;
- 掌握 VRRP 报文和状态机;
- 掌握 VRRP 的配置。

14.2 VRRP 简介

14.2.1 VRRP 背景

通常,同一网段内的所有主机都设置一条相同的、以网关为下一跳的默认路由。主机发往其他网段的报文将通过默认路由发往网关,再由网关进行转发,从而实现主机与外部网络的通信。当网关发生故障时,本网段内所有以网关为默认路由的主机将无法与外部网络通信,如图 14-1 所示。

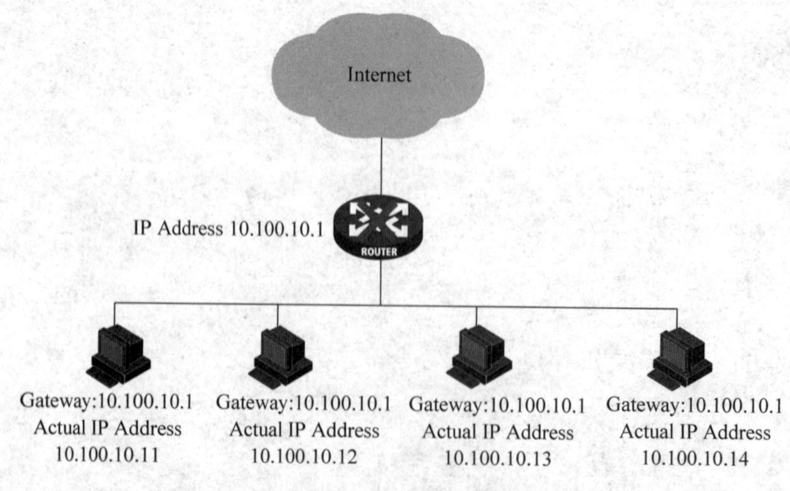

图 14-1 VRRP 背景

注意：本章所指的路由器代表了一般意义下的路由器，以及运行了路由协议的三层交换机。为提高可读性，在本教材的描述中将不另行说明。

14.2.2 VRRP的应用

VRRP(Virtual Router Redundancy Protocol，虚拟路由器冗余协议)允许将多个路由器加入一个备份组中，形成一台虚拟路由器。

在VRRP主备备份方式中，仅由Master路由器承担网关功能。当Master路由器出现故障时，其他Backup路由器会通过VRRP选举出一个路由器接替Master的工作，如图14-2所示。只要备份组中仍有一台路由正常工作，虚拟路由器就仍然正常工作，这样可以避免由于网关单点故障而导致的网络中断。

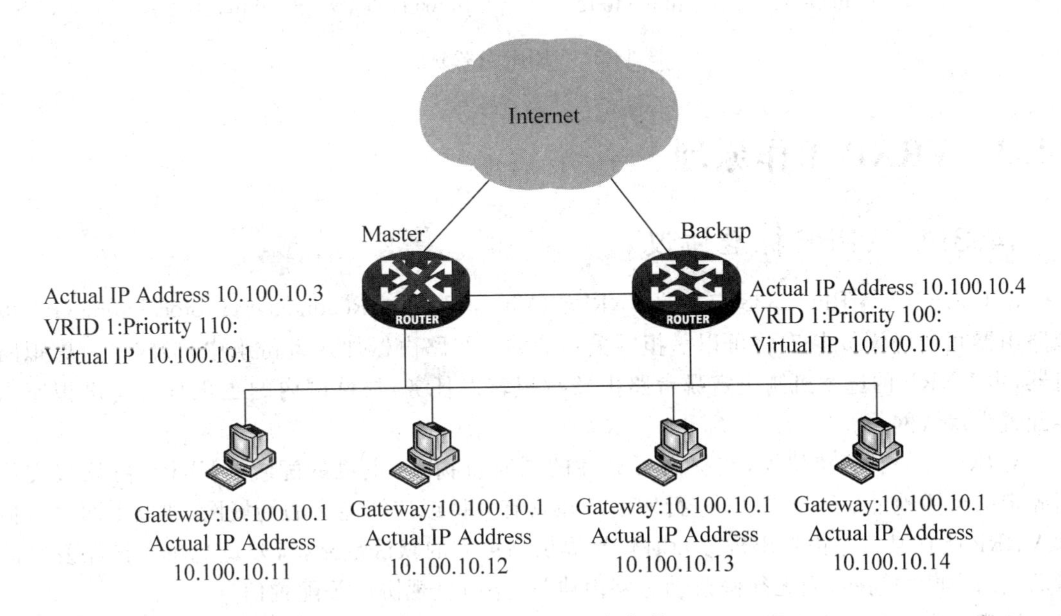

图14-2 VRRP主备备份

主备备份方式仅需要一个备份组，不同路由器在该备份组中拥有不同的优先级，优先级最高的路由器将成为Master路由器。

VRRP负载分担方式是指多台路由器同时承担业务，因此负载分担方式需要两个或者两个以上的备份组，每个备份组都包括一个Master路由器和若干个Backup路由器。各备份组的Master路由器各不相同。同一台路由器同时加入多个VRRP备份组，在不同备份组中有不同的优先级。

如图14-3所示，为了实现业务流量在路由器之间进行负载分担，需要将局域网内的主机的默认网关分别设置为不同的虚拟路由器。在配置优先级时，需要确保备份组中各路由器的VRRP优先级形成交叉对应。

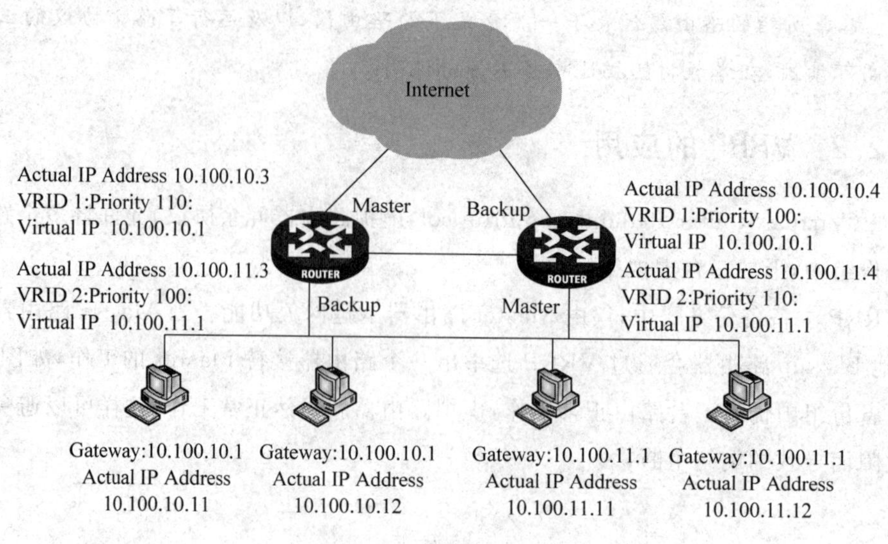

图 14-3 VRRP 负载分担

14.3 VRRP 工作原理

14.3.1 VRRP 标准协议

RFC 3768 代替 RFC 2338 定义的 VRRPv2(Virtual Router Redundancy Protocol version 2,虚拟路由器冗余协议版本 2)将可以承担网关功能的一组路由器加入备份组中,形成一台虚拟路由器,由 VRRP 的选举机制决定哪台路由器承担转发任务,局域网内的主机只需将虚拟路由器配置为默认网关。

VRRP 是一种容错协议,在提高可靠性的同时,简化了主机的配置。VRRP 协议报文使用固定的组播地址 224.0.0.18 进行发送。在具有多播或广播能力的局域网(如以太网)中,借助 VRRP 能在某台路由器出现故障时仍然提供高可靠的默认链路,有效避免单一链路发生故障后网络中断的问题,而无须修改动态路由协议、路由发现协议等配置信息。

注意:在本课程的论述中,如无特别说明,VRRP 均指 VRRPv2。

VRRP 涉及的主要名词术语包括如下几个。

(1) VRRP 备份组:将局域网内的一组运行 VRRP 协议路由器划分在一起,称为一个备份组,功能上相当于一台虚拟路由器。备份组分为单备份组和多备份组。

(2) 虚拟路由器号(VRID):范围为 1～255,由用户配置,区分不同的备份组。有相同 VRID 的一组路由器构成一个 VRRP 备份组。

(3) Master 和 Backup 路由器:Master 路由器由备份组内的所有路由器根据优先级高低,选举出的路由器承担网关功能。其他路由器作为 Backup 路由器。

(4) IP 地址拥有者(IP Address Owner):接口 IP 地址与虚拟 IP 地址相同的路由器被称为"IP 地址拥有者"。

(5) 虚拟 MAC 地址(Virtual MAC Address):一个虚拟路由器拥有一个虚拟 MAC 地址,根据 RFC2338 的规定,虚拟 MAC 地址的格式为:00-00-5E-00-01-{VRID}。当虚拟路由器回应 ARP 请求时,回应的是虚拟 MAC 地址,而不是接口的真实 MAC 地址。

(6) 优先级(Priority):VRRP 中根据优先级来确定参与备份组的每台路由器的地位,备份组中优先级最高的路由器将成为 Master 路由器，当优先级相同时，将会比较接口的主 IP 地址，主 IP 地址越大，优先级越高。优先级的取值范围为 0～255，数值越大表明优先级越高。优先级默认值是 100，但是可配置的范围是 1～254。0 为系统保留为特殊用途来使用，255 则保留给 IP 地址拥有者。

(7) 抢占方式：如果备份组中的路由器工作在抢占方式下，它一旦发现自己的优先级比当前的 Master 路由器的优先级高，就会对外发送 VRRP 通告报文。导致备份组内路由器重新选举 Master 路由器，并最终取代原有的 Master 路由器。相应地，原来的 Master 路由器将会变成 Backup 路由器。

(8) 非抢占方式：如果备份组中的路由器工作在非抢占方式下，则只要 Master 路由器没有出现故障，Backup 路由器即使随后被配置了更高的优先级也不会成为 Master 路由器。

(9) 认证类型(Authentication Type)：VRRP 定义了 3 种认证方式——无认证(No Authentication)、简单字符认证(Simple Clear Text Passwords)和 MD5 认证。

如图 14-4 所示，路由器开启 VRRP 功能后，会根据优先级确定自己在备份组中的角色。优先级高的路由器成为 Master 路由器，优先级低的成为 Backup 路由器。Master 路由器定期发送 VRRP 通告报文，通知备份组内的其他路由器自己工作正常；Backup 路由器则启动定时器等待通告报文的到来。

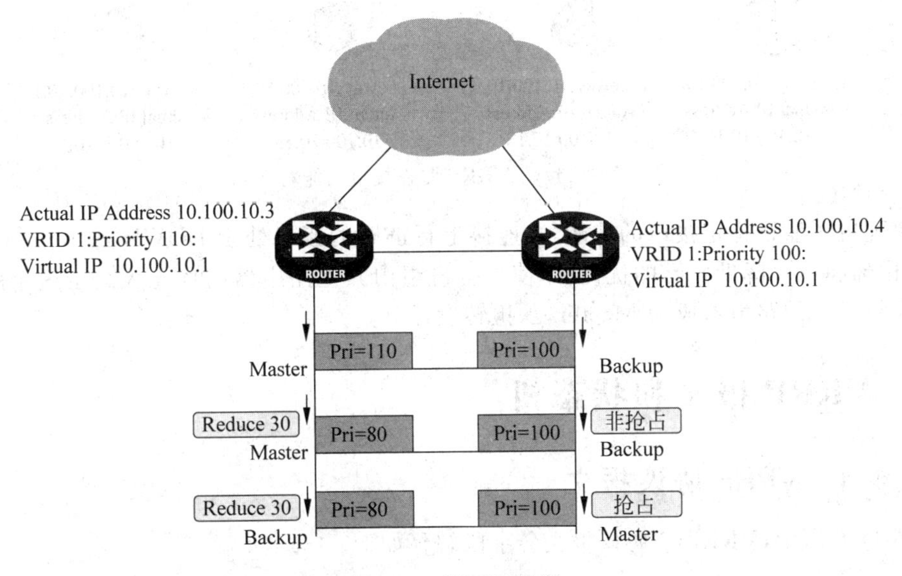

图 14-4 VRRP 选举

在非抢占方式下，只要 Master 路由器没有出现故障，备份组中的路由器始终保持 Master 或 Backup 状态，Backup 路由器即使随后被配置了更高的优先级也不会成为 Master 路由器。在抢占方式下，当 Backup 路由器收到 VRRP 通告报文后，会将自己的优先级与通告报文中的优先级进行比较。如果大于通告报文中的优先级，则成为 Master 路由器；否则将保持 Backup 状态。

如果 Backup 路由器的定时器超时后仍未收到 Master 路由器发送来的 VRRP 通告报文，则认为 Master 路由器已经无法正常工作，此时 Backup 路由器会认为自己是 Master 路由器，并对外发送 VRRP 通告报文。备份组内的路由器根据优先级选举出 Master 路由器，承担报文的转发功能。

14.3.2 VRRP 监视接口功能

VRRP 的监视接口功能更好地扩充了备份功能。

如图 14-5 所示，VRRP 备份组无法感知上行链路的故障。当路由器连接上行链路的接口出现故障时，如果该路由器此时处于 Master 状态，将会导致局域网内的主机无法访问外部网络，或通过非最优路径访问外部网络。

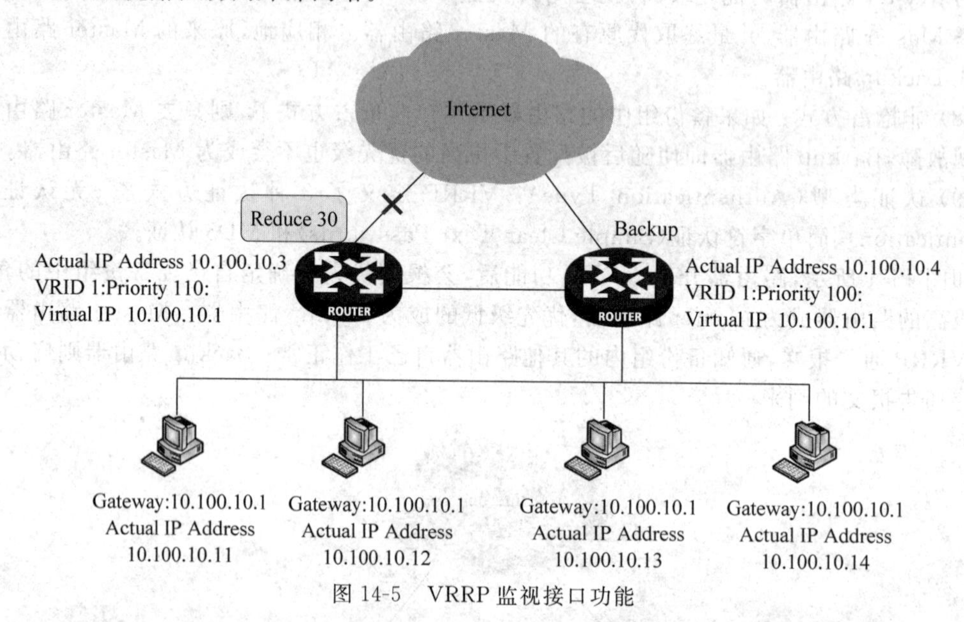

图 14-5 VRRP 监视接口功能

如果配置了监视指定接口的功能，当连接上行链路的接口处于 DOWN 或 Removed 状态时，该路由器将主动降低自己的优先级，使得备份组内其他路由器的优先级高于这个路由器，以便优先级最高的路由器成为 Master，承担转发任务。

14.4 VRRP 报文和状态机

14.4.1 VRRP 协议报文

如图 14-6 所示，VRRPv2 协议报文各字段解释如下。

0	3	7	15	23	31
Version	Type	Virtual Rtr ID	Priority	Count IP Addrs	
Auth Type		Adver Int	Checksum		
IP Address 1					
⋮					
IP Address n					
Authentication Data 1					
Authentication Data 2					

图 14-6 VRRPv2 协议报文格式

- Version：协议版本号，VRRPv2 对应的版本号为 2。
- Type：VRRP 报文的类型。VRRPv2 报文只有一种类型，即 VRRP 通告报文

(Advertisement)，该字段取值为1。

- Virtual Rtr ID(VRID)：虚拟路由器号(即备份组号)，取值范围为1～255。
- Priority：路由器在备份组中的优先级，取值范围为0～255，数值越大表明优先级越高。
- Count IP Addrs：备份组虚拟IP地址的个数。1个备份组可对应多个虚拟IP地址。
- Auth Type：认证类型。该值为0表示无认证，为1表示简单字符认证，为2表示MD5认证。
- Adver Int：发送通告报文的时间间隔，单位为s，默认为1s。
- Checksum：16位校验和，用于检测VRRP报文中的数据破坏情况。
- IP Address：备份组虚拟IP地址表项。所包含的地址数定义在Count IP Addrs字段。
- Authentication Data：验证字，目前只用于简单字符认证，对于其他认证方式填0。

14.4.2 VRRP状态机

VRRP有3种状态机，分别是Initialize、Master和Backup。

如图14-7所示，路由器启动后进入Initialize状态。当收到接口Startup的消息，将转入Backup或Master状态(优先级为255时)。当路由器处于Initialize状态，不会对VRRP报文做任何处理。

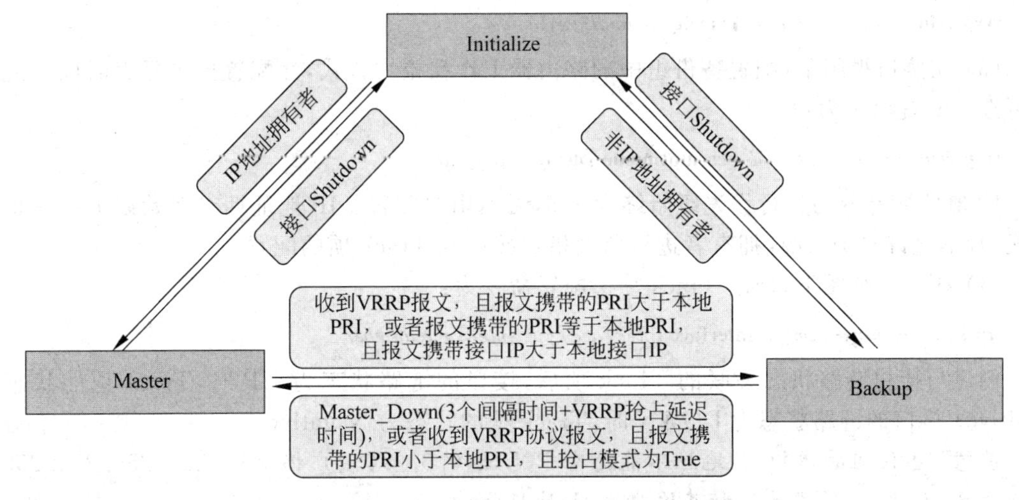

图14-7 VRRP状态机

当路由器处于Master状态时，将定期发送VRRP广播报文。响应对虚拟IP地址的ARP请求，并且响应的是虚拟MAC地址，而不是接口的真实MAC地址。转发目的MAC地址为虚拟MAC地址的IP报文。如果它是这个虚拟IP地址的拥有者，则接收目的IP地址为这个虚拟IP地址的IP报文；否则，丢弃这个IP报文。在Master状态中，路由器只有接收到比自己的优先级大的VRRP报文或者VRRP报文携带的优先级等于本地优先级，且报文携带接口IP大于本地接口IP时，才会转为Backup。当路由器接收到接口的Shutdown事件，转为Initialize状态。

当路由器处于Backup状态时，将接收Master发送的VRRP广播报文。对虚拟IP地址的ARP请求，不做响应。丢弃目的MAC地址为虚拟MAC地址的IP报文。丢弃目的IP地址为虚拟IP地址的IP报文。只有当Backup接收到Master_Down这个定时器到时的事件时，才会转为 Master。当路由器接收到比自己的优先级小的 VRRP 报文时，丢弃这个报文，不对定时器做重置处理，在若干次这样的处理之后，Master_Down 这个定时器到时，路由器转为 Master 状态。当路由器接收到接口的 Shutdown 事件，转为 Initialize 状态。

14.5 配置 VRRP

14.5.1 VRRP 相关命令

配置 VRRP 的步骤如下。

(1) 在接口视图下，创建备份组，并配置备份组的虚拟 IP 地址。配置命令为：

vrrp vrid *virtual-router-id* **virtual-ip** *virtual-address*

创建 VRRP 备份组的同时，需要配置备份组的虚拟 IP 地址。如果接口连接多个子网，则可以为一个备份组配置多个虚拟 IP 地址，以便实现不同子网中路由器的备份。

为备份组指定第一个虚拟 IP 地址时，VRRP 备份组会自动生成。以后用户再给这个备份组指定虚拟 IP 地址时，VRRP 备份组仅将这个 IP 地址添加到它的备份组虚拟 IP 地址列表中。

(2) 在接口视图下，配置路由器在备份组中的优先级。配置命令为：

vrrp vrid *virtual-router-id* **priority** *priority-value*

(3) 在接口视图下，配置备份组中的路由器工作在抢占方式，并配置抢占延迟时间。此步骤可选。配置命令为：

vrrp vrid *virtual-router-id* **preempt-mode** [**delay** *delay-value*]

IP 地址拥有者的运行优先级始终为 255，无须用户配置。IP 地址拥有者始终工作在抢占方式，且不允许对 IP 地址拥有者进行监视指定接口或 Track 项的配置。

(4) 在系统视图下，创建 Track 项。配置命令为：

track *track-entry-number* **interface** *interface-type interface-number*

创建与接口链路状态关联的 Track 项后，接口的链路状态为 UP 时，Track 项的状态为 Positive；接口的链路状态为 DOWN 时，Track 项的状态为 Negative。

注意：备份组的虚拟 IP 地址不能为全零地址(0.0.0.0)、广播地址(255.255.255.255)、环回地址、非 A/B/C 类地址和其他非法 IP 地址(如 0.0.0.1)。

配置的虚拟 IP 地址和接口 IP 地址在同一网段，且为合法的主机地址时，备份组才能够正常工作；否则，如果配置的虚拟 IP 地址和接口 IP 地址不在同一网段，或为接口 IP 地址所在网段的网络地址或网络广播地址，虽然可以配置成功，但是备份组会始终处于 Initialize 状态，此状态下 VRRP 不起作用。

要配置 VRRP 监视指定 Track，在接口视图下使用命令：

vrrp vrid *virtual-router-id* **track** *track-entry-number* [**reduced** *priority-reduced*]

vrrp vrid track 命令用来配置监视指定的 Track 项，即当 Track 项的状态为 Negative 时，降低路由器的优先级，使备份路由器成为 Master。

一个接口上的不同备份组可以设置不同的认证方式和认证字，加入同一备份组的成员需要设置相同的认证方式和认证字。要配置备份组发送和接收 VRRP 报文的认证，在接口视图下使用命令：

vrrp vrid *virtual-router-id* **authentication-mode {md5|simple} {cipher|plain}** *key*

网络流量过大或者不同的路由器上的定时器差异等因素，会导致 Backup 路由器的定时器异常超时而发生状态转换。对于这种情况，可以通过将 VRRP 通告报文的发送时间间隔延长的办法来解决。要配置备份组中 Master 路由器发送 VRRP 通告报文的时间间隔，在接口视图下使用命令：

vrrp vrid *virtual-router-id* **timer advertise** *adver-interval*

要显示 VRRP 备份组的状态信息，使用命令：

display vrrp [**interface** *interface-type interface-number* [**vrid** *virtual-router-id*]] [**verbose**]

14.5.2 VRRP 配置示例

如图 14-8 所示，SWA 与 SWB 通过各自的以太网端口相互连接。SWA 和 SWB 属于虚拟 IP 地址为 192.168.0.254/24 的备份组 1。当 SWA 正常工作时，局域网流量通过 SWA 转发；当 SWA 出现故障时，局域网流量通过 SWB 转发。

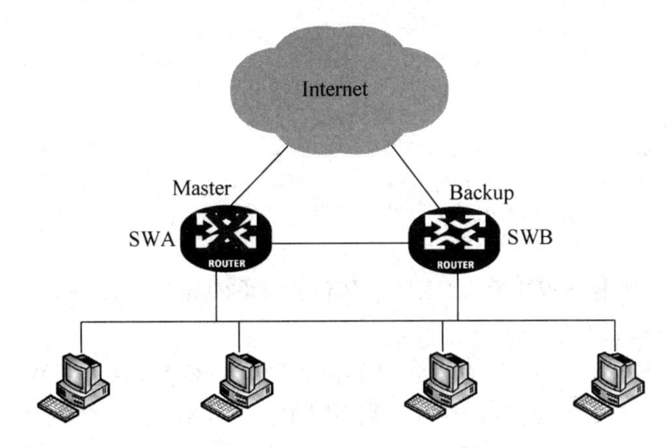

图 14-8 VRRP 单备份组配置示例

配置 SWA：

```
[SWA]vlan 10
[SWA]interface Vlan-interface 10
[SWA-Vlan-interface10]ip add 192.168.0.252 255.255.255.0
[SWA-Vlan-interface10]vrrp vrid 1 virtual-ip 192.168.0.254
[SWA-Vlan-interface10]vrrp vrid 1 priority 120
[SWA-Vlan-interface10]vrrp vrid 1 preempt-mode
```

配置 SWB：

```
[SWB]vlan 10
[SWB]interface Vlan-interface 10
[SWB-Vlan-interface10]ip add 192.168.0.253 255.255.255.0
[SWB-Vlan-interface10]vrrp vrid 1 virtual-ip 192.168.0.254
[SWB-Vlan-interface10]vrrp vrid 1 preempt-mode
```

配置完成后，在 SWA 上检查 VRRP 状态，如下所示：

```
<SWA>dis vrrp verbose
IPv4 Virtual Router Information:
 Running Mode           : Standard
 Total number of virtual routers : 1
```

```
    Interface Vlan-interface10
      VRID              : 1                       Adver Timer   : 100
      Admin Status      : Up                      State         : Master
      Config Pri        : 100                     Running Pri   : 100
      Preempt Mode      : Yes                     Delay Time    : 0
      Auth Type         : None
      Virtual IP        : 192.168.0.254
      Virtual MAC       : 0000-5e00-0101
      Master IP         : 192.168.0.252
```

从以上信息可以看出，SWA 为 VRRP 单备份组 1 Master 设备，备份组 1 的虚拟 IP 地址为 192.168.0.254/24。

配置完成后，在 SWB 上检查 VRRP 状态，如下所示：

```
<SWB>dis vrrp verbose
IPv4 Virtual Router Information:
 Running Mode     : Standard
 Total number of virtual routers : 1
    Interface Vlan-interface10
      VRID              : 1                       Adver Timer   : 100
      Admin Status      : Up                      State         : Backup
      Config Pri        : 100                     Running Pri   : 100
      Preempt Mode      : Yes                     Delay Time    : 0
      Become Master     : 3060ms left
      Auth Type         : None
      Virtual IP        : 192.168.0.254
      Master IP         : 192.168.0.252
```

从以上信息可以看出，SWB 为 VRRP 单备份组 1 的 Backup 设备，备份组 1 的虚拟 IP 地址为 192.168.0.254/24。

如图 14-9 所示，SWA 与 SWB 通过各自的以太网端口相互连接。SWA 和 SWB 属于虚拟 IP 地址为 192.168.0.254/24 的备份组 1。当 SWA 正常工作时，局域网流量通过 SWA 转发；当 SWA 上行链路不可用时，局域网流量通过 SWB 转发。

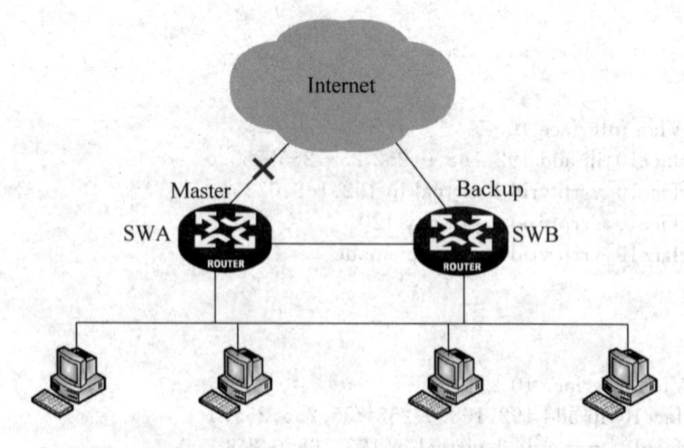

图 14-9　VRRP 监视接口配置示例

配置 SWA：

```
[SWA]track 1 interface GigabitEthernet1/0/1
[SWA]vlan 100
[SWA-vlan100]port GigabitEthernet 1/0/1
[SWA]int vlan 100
```

```
[SWA-Vlan-interface100]ip add 192.168.255.1 255.255.255.252
[SWA]vlan 10
[SWA]interface Vlan-interface 10
[SWA-Vlan-interface10]ip add 192.168.0.252 255.255.255.0
[SWA-Vlan-interface10]vrrp vrid 1 virtual-ip 192.168.0.254
[SWA-Vlan-interface10]vrrp vrid 1 track 1 reduced 30
[SWA-Vlan-interface10]vrrp vrid 1 priority 120
[SWA-Vlan-interface10]vrrp vrid 1 preempt-mode
```

配置 SWB：

```
[SWB]vlan 101
[SWB-vlan101]port GigabitEthernet 1/0/1
[SWB]interface vlan 101
[SWB-Vlan-interface101]ip add 192.168.255.5 255.255.255.252
[SWB]vlan 10
[SWB]interface Vlan-interface 10
[SWB-Vlan-interface10]ip add 192.168.0.253 255.255.255.0
[SWB-Vlan-interface10]vrrp vrid 1 virtual-ip 192.168.0.254
[SWB-Vlan-interface10]vrrp vrid 1 preempt-mode
```

配置完成后，在 SWA 上，关闭上行链路。

```
[SWA]interface GigabitEthernet 1/0/1
[SWA-GigabitEthernet1/0/1]shutdown
```

在 SWA 上检查 VRRP 状态，如下所示：

```
<SWA>dis vrrp verbose
IPv4 Virtual Router Information:
 Running Mode              : Standard
 Total number of virtual routers : 1
   Interface Vlan-interface10
     VRID            : 1                    Adver Timer   100
     Admin Status    : Up                   State        : Backup
     Config Pri      : 120                  Running Pri  : 90
     Preempt Mode    : Yes                  Delay Time   : 0
     Become Master   : 2950ms left
     Auth Type       : None
     Virtual IP      : 192.168.0.254
     Master IP       : 192.168.0.253
   VRRP Track Information:
     Track Object    : 1                    State : Negative   Pri Reduced : 30
```

可见 SWA 为 VRRP 单备份组 1 Backup 设备，备份组 1 的虚拟 IP 地址为 192.168.0.254/24。

配置完成后，在 SWB 上检查 VRRP 状态，如下所示：

```
<SWB>dis vrrp verbose
IPv4 Virtual Router Information:
 Running Mode              : Standard
 Total number of virtual routers : 1
   Interface Vlan-interface10
     VRID            : 1                    Adver Timer  : 100
     Admin Status    : Up                   State        : Master
     Config Pri      : 100                  Running Pri  : 100
     Preempt Mode    : Yes                  Delay Time   : 0
     Auth Type       : None
```

```
Virtual IP        : 192.168.0.254
Virtual MAC       : 0000-5e00-0101
Master IP         : 192.168.0.253
```

可见SWB为VRRP单备份组1 Master设备，备份组1的虚拟IP地址为192.168.0.254/24。

如图14-10所示，SWA与SWB通过各自的以太网端口相互连接。SWA和SWB属于虚拟IP地址为192.168.0.254/24的备份组1、虚拟IP地址为192.168.1.254/24的备份组2。当SWA和SWB正常工作时，局域网中VLAN10的流量通过SWA转发，局域网中VLAN20的流量通过SWB转发；当SWB出现故障时，局域网中VLAN10的流量通过SWA转发，局域网中VLAN20的流量通过SWA转发。

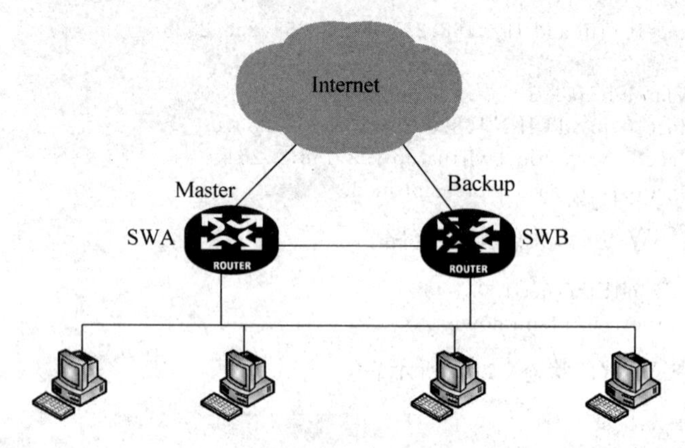

图14-10 VRRP双备份组配置示例

配置SWA：

```
[SWA]vlan 10
[SWA]interface Vlan-interface 10
[SWA-Vlan-interface10]ip add 192.168.0.252 255.255.255.0
[SWA-Vlan-interface10]vrrp vrid 1 virtual-ip 192.168.0.254
[SWA-Vlan-interface10]vrrp vrid 1 priority 120
[SWA-Vlan-interface10]vrrp vrid 1 preempt-mode
[SWA]vlan 20
[SWA]interface Vlan-interface 20
[SWA-Vlan-interface10]ip add 192.168.1.252 255.255.255.0
[SWA-Vlan-interface10]vrrp vrid 2 virtual-ip 192.168.1.254
[SWA-Vlan-interface20]vrrp vrid 2 priority 100
[SWA-Vlan-interface10]vrrp vrid 2 preempt-mode
```

配置SWB：

```
[SWB]vlan 10
[SWB]interface Vlan-interface 10
[SWB-Vlan-interface10]ip add 192.168.0.253 255.255.255.0
[SWB-Vlan-interface10]vrrp vrid 1 virtual-ip 192.168.0.254
[SWB-Vlan-interface10]vrrp vrid 1 priority 100
[SWB-Vlan-interface10]vrrp vrid 1 preempt-mode
[SWB]vlan 20
[SWB]interface Vlan-interface 20
[SWB-Vlan-interface20]ip add 192.168.1.253 255.255.255.0
[SWB-Vlan-interface20]vrrp vrid 2 virtual-ip 192.168.1.254
[SWB-Vlan-interface20]vrrp vrid 2 priority 120
```

```
[SWB-Vlan-interface20]vrrp vrid 2 preempt-mode
```

在 SWA 上检查 VRRP 状态，如下所示：

```
<SWA>dis vrrp verbose
IPv4 Virtual Router Information:
 Running Mode          : Standard
 Total number of virtual routers : 2
   Interface Vlan-interface10
     VRID              : 1                    Adver Timer   : 100
     Admin Status      : Up                   State         : Master
     Config Pri        : 100                  Running Pri   : 100
     Preempt Mode      : Yes                  Delay Time    : 0
     Auth Type         : None
     Virtual IP        : 192.168.0.254
     Virtual MAC       : 0000-5e00-0101
     Master IP         : 192.168.0.252

   Interface Vlan-interface20
     VRID              : 2                    Adver Timer   : 100
     Admin Status      : Up                   State         : Backup
     Config Pri        : 100                  Running Pri   : 100
     Preempt Mode      : Yes                  Delay Time    : 0
     Become Master     : 3450ms left
     Auth Type         : None
     Virtual IP        : 192.168.1.254
     Master IP         : 192.168.1.253
```

可见 SWA 为 VRRP 单备份组 1 的 Master 设备，备份组 1 的虚拟 IP 地址为 192.168.0.254/24。SWA 为 VRRP 单备份组 2 的 Backup 设备，备份组 2 的虚拟 IP 地址为 192.168.1.254/24。

配置完成后，在 SWB 上检查 VRRP 状态，如下所示：

```
<SWB>dis vrrp verbose
IPv4 Virtual Router Information:
 Running Mode          : Standard
 Total number of virtual routers : 2
   Interface Vlan-interface10
     VRID              : 1                    Adver Timer   : 100
     Admin Status      : Up                   State         : Backup
     Config Pri        : 100                  Running Pri   : 100
     Preempt Mode      : Yes                  Delay Time    : 0
     Become Master     : 3000ms left
     Auth Type         : None
     Virtual IP        : 192.168.0.254
     Master IP         : 192.168.0.252

   Interface Vlan-interface20
     VRID              : 2                    Adver Timer   : 100
     Admin Status      : Up                   State         : Master
     Config Pri        : 120                  Running Pri   : 120
     Preempt Mode      : Yes                  Delay Time    : 0
     Auth Type         : None
     Virtual IP        : 192.168.1.254
     Virtual MAC       : 0000-5e00-0102
     Master IP         : 192.168.1.253
```

可见 SWB 为 VRRP 单备份组 1 的 Backup 设备，为 VRRP 单备份组 2 的 Master 设备。

备份组 1 的虚拟 IP 地址为 192.168.0.254/24，备份组 2 的虚拟 IP 地址为 192.168.1.254/24。

14.6 本章总结

（1）VRRP 的产生和应用。
（2）VRRP 的原理。
（3）VRRP 协议基础。
（4）VRRP 选举。
（5）VRRP 状态迁移。
（6）VRRP 的配置。

14.7 习题和答案

14.7.1 习题

（1）VRRP 的虚拟路由器号(VRID)可以配置为（　　）。
A. 0　　B. 1　　C. 255　　D. 256
（2）VRRP 支持的认证方式包括（　　）。
A. 无认证　　B. 简单字符认证　　C. MD5 认证　　D. SHA 认证
（3）VRRP 组中，Backup 路由器为 Master 路由器，可能的原因是（　　）。
A. 在非抢占方式下，Master 路由器没有出现故障，Backup 路由器被配置了更高的优先级
B. 在抢占方式下，Master 路由器没有出现故障，Backup 路由器被配置了更高的优先级
C. 在非抢占方式下，Master 路由器出现故障后恢复
D. 在抢占方式下，Master 路由器出现故障后恢复
（4）VRRP 报文类型包括（　　）。
A. Hello　　B. Init
C. Authentication　　D. Advertisement

14.7.2 习题答案

（1）BC　（2）ABC　（3）BC　（4）D

第15章

IRF

IRF(Intelligent Resilient Framework,智能弹性架构)是建设网络核心的创新性新技术。它能帮助用户设计和实施高可靠性、高可扩展性的千兆以太网核心和汇聚主干。

15.1 本章目标

学习完本课程,应该能够:

- 掌握 IRF 技术原理;
- 熟悉 IRF 的组网应用;
- 掌握 IRF 的配置和维护。

15.2 IRF 概述

15.2.1 IRF 背景

目前,网络中主要存在如下两种形态的通信设备。

(1) 盒式设备:成本低廉,但是没有高可用性支持,缺乏不中断的业务保护,无法应用于重要的场合(例如核心层、汇聚层、生产网络、数据中心等)。在复杂的组网环境中,盒式设备扩展性差,用户需要维护更多的网络设备,并且为了增加这些设备需要修改早期的组网结构。

(2) 框式分布式设备:具有高可用性、高性能、高端口密度的优点,因此经常被应用于一些重要场合,例如核心层、汇聚层、生产网络、数据中心等。但它相比盒式设备也有一些缺点,比如首次投入成本高、单端口成本高等。

15.2.2 IRF 堆叠的功能

如图 15-1 所示,IRF(Intelligent Resilient Framework,智能弹性架构)堆叠中所有的单台设备称为成员设备。IRF 将多台成员设备通过堆叠口连接在一起形成一台虚拟的“逻辑设备”。

这样无论在管理还是在使用上就成为一个整体。IRF 可以带来以下好处。

(1) 简化管理:IRF 堆叠形成之后,可以登录到统一的逻辑设备管理整个 IRF 堆叠以及其内所有成员设备,而不用连接到每台成员设备上分别对它们进行配置和管理。

(2) 提高性能:IRF 形成的逻辑设备中运行的各种控制协议也是作为单一设备统一运行的,例如 IRF 堆叠会像一台设备那样运行路由协议并计算路由表,IRF 成员设备之间也不需要运行生成树协议,这样就省去了设备间大量协议报文的交互,也缩短了收敛时间。

(3) 弹性扩展:IRF 允许按照需求实现弹性扩展,保证用户投资,并且新增的设备加入或离开 IRF 架构时可以实现“热插拔”,不影响其他设备的正常运行。

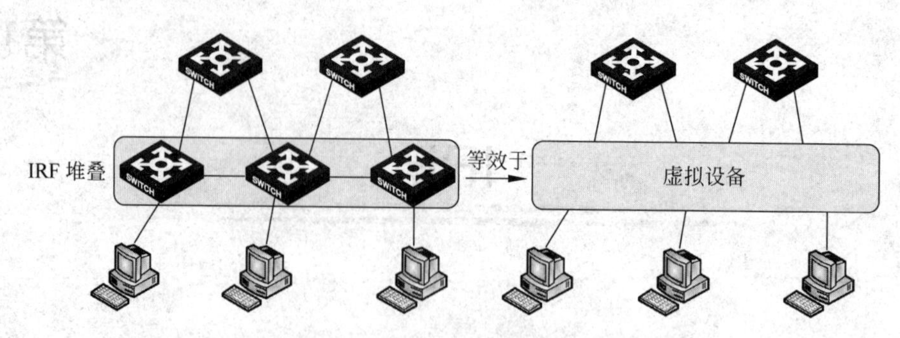

图 15-1 IRF 堆叠

(4) 高可靠性：IRF 的高可靠性体现在链路、设备和协议 3 个方面。成员设备的互连物理端口支持聚合功能，IRF 堆叠和上、下层设备之间的物理连接也支持聚合功能，这样通过多链路备份提高了链路的可靠性。IRF 堆叠可以快速发现内部成员设备的故障，并及时做出反应，确保整个堆叠的不中断工作。

15.3 IRF 技术原理

15.3.1 IRF 堆叠基本概念

如图 15-2 所示，IRF 堆叠技术中常用的相关概念包括如下几个。

(1) Master：成员设备的一种，由角色选举产生，它负责管理整个堆叠。一个堆叠中同一时刻只能有一台成员设备成为 Master 设备。

(2) Slave：成员设备的一种，由角色选举产生，它隶属于 Master 设备，作为此设备的备份设备运行。堆叠中除了 Master 设备，其他设备都是 Slave 设备。堆叠中可能存在多台 Slave 设备。

(3) 物理堆叠口：IRF 要正常工作，需要先将成员设备进行物理连接。设备上用于堆叠连接的物理端口称为物理堆叠口。

(4) 堆叠口：物理堆叠口需要和逻辑堆叠口绑定，逻辑堆叠口简称为堆叠口。

(5) 聚合堆叠口：一个堆叠口可能跟一个物理堆叠口绑定，也可能由多个物理堆叠口聚合形成。由多个物理堆叠口聚合的堆叠口称为聚合堆叠口。

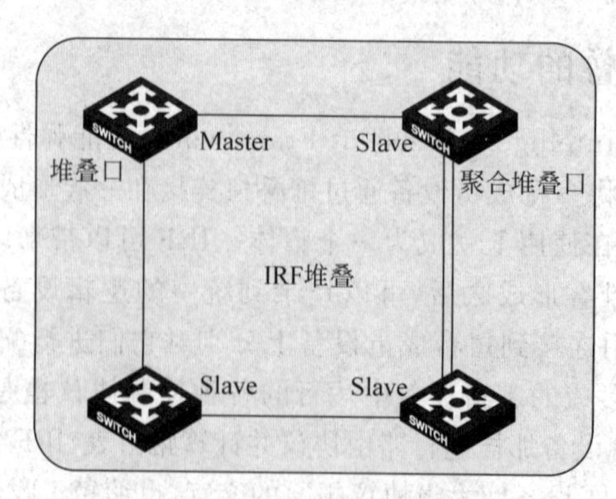

图 15-2 IRF 堆叠相关概念

15.3.2 IRF 堆叠物理拓扑

如图 15-3 所示，IRF 堆叠物理拓扑有如下两种。

（1）链形拓扑：使用堆叠电缆将一台设备的左堆叠口（右堆叠口）和另一台设备的右堆叠口（左堆叠口）连接起来，依次类推，第一台设备的右堆叠口（左堆叠口）和最后一台设备的左堆叠口（右堆叠口）没有连接堆叠电缆。这种连接方式也称为链形连接。

（2）环形拓扑：将链形拓扑第一台设备的右堆叠口（左堆叠口）和最后一台设备的左堆叠口（右堆叠口）连接起来。这种连接方式也称为环形连接。

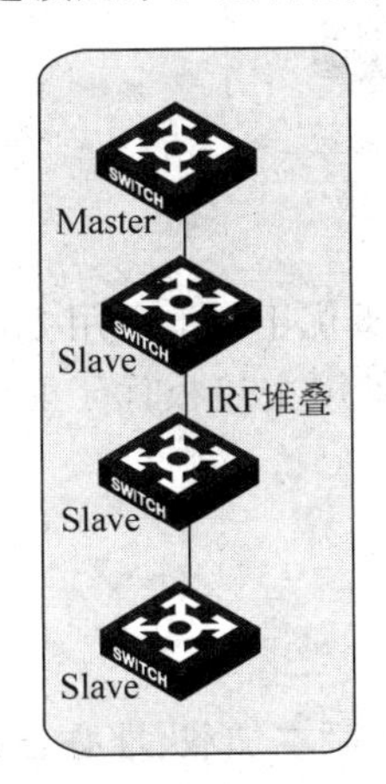

图 15-3 IRF 堆叠的物理拓扑

环形拓扑比链形拓扑更可靠，当环形拓扑中出现一条链路故障时，堆叠系统仍能够保持正常工作；当链形拓扑中出现一条链路故障时，会引起堆叠分裂。

15.3.3 IRF 堆叠形成

IRF 堆叠的工作可以分成：拓扑收集、角色选举、堆叠维护 3 个阶段。设备启动时，首先会进行拓扑收集并参与角色选举。处理成功后，堆叠系统才能形成并正常运行。

如图 15-4 所示，堆叠中的每台设备都是通过与直接相邻的其他成员设备交互 Hello 报文来收集整个堆叠的拓扑关系。Hello 报文携带拓扑信息，包括堆叠口连接关系、成员设备编号、成员设备优先级、成员设备的成员桥 MAC 地址等内容。

每个成员设备都在本地记录自己已知的拓扑信息。初始时刻，成员设备只记录了自身的拓扑信息。当堆叠口状态变为 UP 后，成员设备会将已知的拓扑信息周期性地从堆叠口发送出去。成员设备收到直接邻居发来的拓扑信息后，会更新本地记录的拓扑信息。经过一段时间的收集，所有设备上都会收集到完整的拓扑信息，这称为拓扑收敛。拓扑收敛后随即进入角色选举阶段。

堆叠系统由多台堆叠成员设备组成，每台成员设备具有一个确定的角色——Master 或 Slave。确定成员设备角色的过程称为角色选举。角色选举会在拓扑发生变化的情况下产生，比如堆叠建立、新设备加入、堆叠分裂或两个堆叠合并。

角色选举规则依次如下（从第一条开始判断，如果有多个最优的参选成员，则继续判断下一条，直到找到唯一的最优成员，才停止选举。此最优成员即为堆叠的 Master 设备，其他设备则均为 Slave 设备）。

（1）当前 Master 优于非 Master 成员。

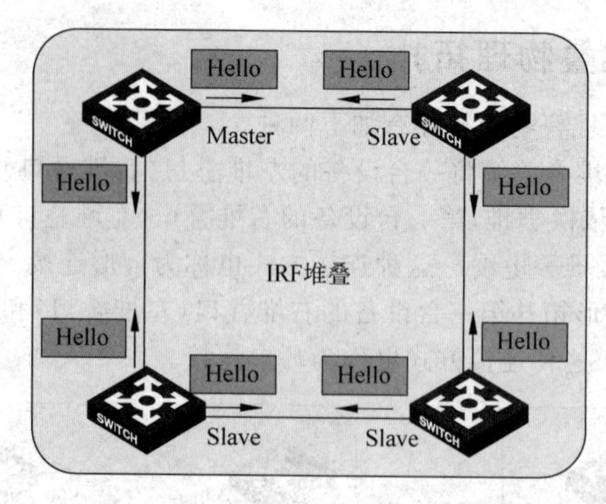

图 15-4 IRF 堆叠的形成

(2) 当成员设备均是框式分布式设备时,本地主用主控板优于本地备用主控板。

(3) 当成员设备均是框式分布式设备时,原 Master 的备用主控板优于非 Master 成员上的主控板。

(4) 成员优先级大的优先。

(5) 系统运行时间长的优先。

(6) 成员桥 MAC 地址小的优先。

角色选举阶段 Master 还会负责成员编号冲突处理、软件版本加载、堆叠合并管理等。

在角色选举完成后,堆叠管理将进入堆叠维护阶段。

注意: 成员设备用其桥 MAC 地址参与 IRF 角色选举,因此通常称为"成员桥 MAC 地址"。

如图 15-5 所示,盒式设备堆叠后形成的虚拟设备相当于一台框式分布式设备,堆叠中的 Master 相当于虚拟设备的主用主控板,Slave 设备相当于备用主控板(同时担任接口板的角色)。

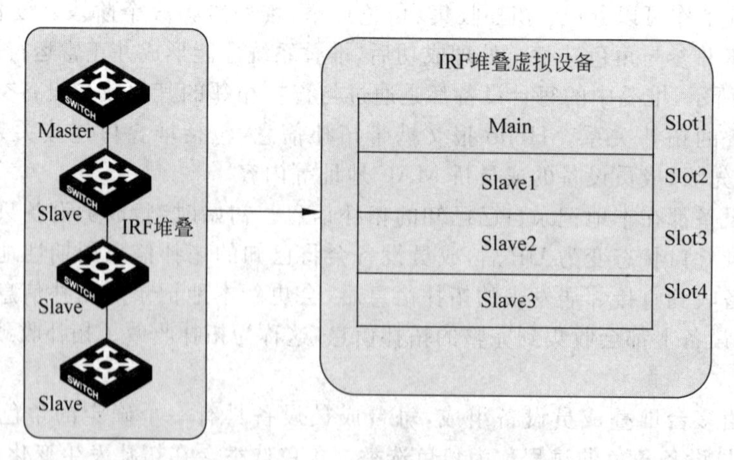

图 15-5 IRF 堆叠虚拟设备

如图 15-6 所示,框式分布式设备堆叠后形成的虚拟设备也相当于一台框式分布式设备,只是该虚拟的框式分布式设备拥有更多的备用主控板和接口板。堆叠中的 Master 的主用主控板相当于虚拟设备的主用主控板,Master 的备用主控板以及 Slave 的主用、备用主控板均相当于虚拟设备的备用主控板(同时担任接口板的角色)。

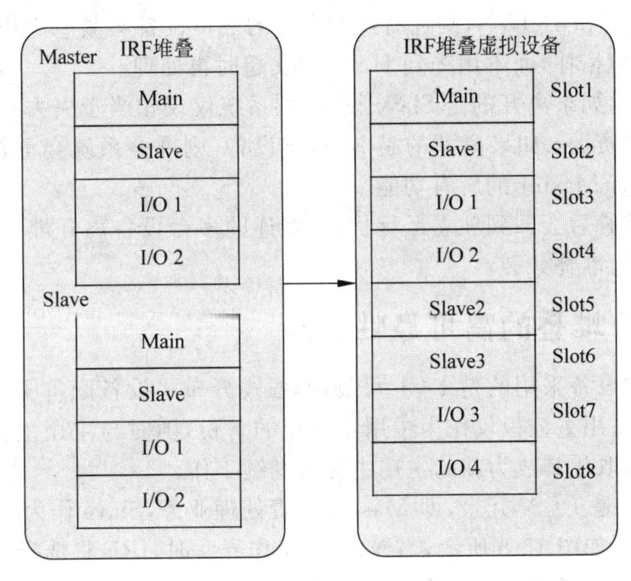

图 15-6 IRF 堆叠虚拟设备(续)

15.3.4 IRF 堆叠维护

如图 15-7 所示,堆叠维护的主要功能是监控成员设备的加入和离开,并随时收集新的拓扑,维护堆叠的正常工作。堆叠维护过程中,继续进行拓扑收集工作,当发现有新的成员设备加入时会根据新加入设备的状态采取如下不同的处理。

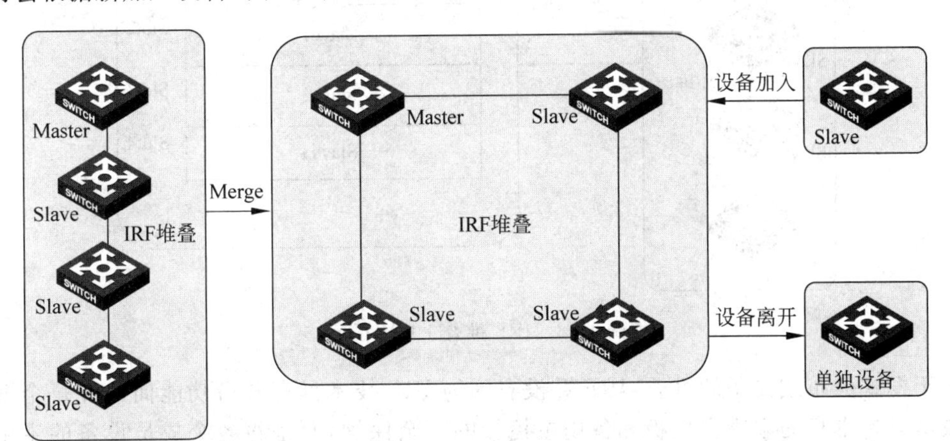

图 15-7 IRF 堆叠维护

(1) 新加入的设备本身未形成堆叠,则该设备会被选为 Slave。

(2) 加入的设备本身已经形成了堆叠,此时相当于两个堆叠合并(Merge)。在这种情况下,两个堆叠会进行堆叠竞选,竞选失败的一方所有堆叠成员设备需要重启,然后全部作为 Slave 设备加入竞选获胜的一方。

堆叠维护过程中,通过以下两种方式来判断成员设备是否离开。

(1) 正常情况下,直接相邻的成员设备之间会定期(通常一个周期为 200ms)交换 Hello 报文。如果持续多个周期(通常为 10 个周期)未收到直接邻居的 Hello 报文,则认为该成员设备已经离开堆叠系统,堆叠会将该成员设备从拓扑中隔离出来。

(2) 如果发现堆叠口 DOWN，则拥有该堆叠口的成员设备会紧急广播通知堆叠中其他成员，立即重新计算当前拓扑，而不用等到 Hello 报文超时再处理。

成员设备离开时，如果离开的是 Slave 设备，则系统仅仅相当于失去一个备用主控板以及此板上的接口等物理资源；如果离开的是 Master 设备，则堆叠系统会重新进行选举，选举出的新 Master 接管原有 Master 的所有功能。

单台设备离开堆叠后会回到独立运行状态，相连的多台设备离开堆叠后会形成独立的两个堆叠，这种情况称为堆叠分裂。

15.3.5 IRF 堆叠的高可靠性管理

普通框式分布式设备采用的是 1：1 冗余，即框式分布式设备配备了两块主控板，主用主控板负责处理业务，备用主控板仅作为主用主控板的备份，随时与主用主控板保持同步，当主用主控板异常时立即取代其成为新的主用主控板继续工作。

而 IRF 中采用的是 1：*N* 冗余，即 Master 负责处理业务，Slave 作为 Master 的备份，随时与 Master 保持同步。如图 15-8 所示，当 Master 工作异常时，IRF 将选择其中一台 Slave 成为新的 Master，由于在堆叠系统运行过程中进行了严格的配置同步和数据同步，因此新 Master 能接替原 Master 继续管理和运营堆叠系统，不会对原有网络功能和业务造成影响。同时，由于有多个 Slave 设备存在，因此可以进一步提高系统的可靠性。

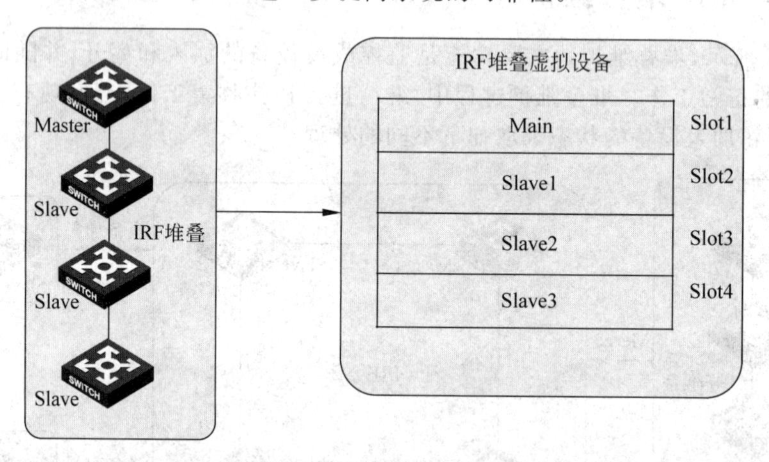

图 15-8 IRF 堆叠 1：*N* 冗余

对于框式分布式设备的堆叠，IRF 并没有因为 IRF 技术具有备份功能而放弃每个框式分布式成员设备本身的主用主控板和备用主控板的冗余保护，而是将各个成员设备的主用主控板和备用主控板作为主控板资源统一管理，进一步提高了系统可靠性。

在 1：*N* 冗余环境下，协议热备份负责将协议的配置信息以及支撑协议运行的数据备份到其他所有成员设备，从而使得堆叠系统能够作为一台独立的设备在网络中运行。

以路由协议为例，如图 15-9 所示，堆叠设备左侧网络使用的是 RIP 路由协议，右侧网络使用的是 OSPF 路由协议。当 Master 收到邻居路由器发送过来的 Update 报文时，一方面它会更新本地的路由表，同时它会立即将更新的路由表项以及协议状态信息发给其他所有成员设备，其他成员设备收到后会立即更新本地的路由表及协议状态，以保证堆叠系统中各个物理设备上路由相关信息的严格同步。当 Slave 收到邻居路由器发送过来的 Update 报文时，Slave 设备会将该报文交给 Master 处理。

当 Master 故障时，新选举的 Master 可以无缝地接手旧 Master 的工作，新的 Master 接收到

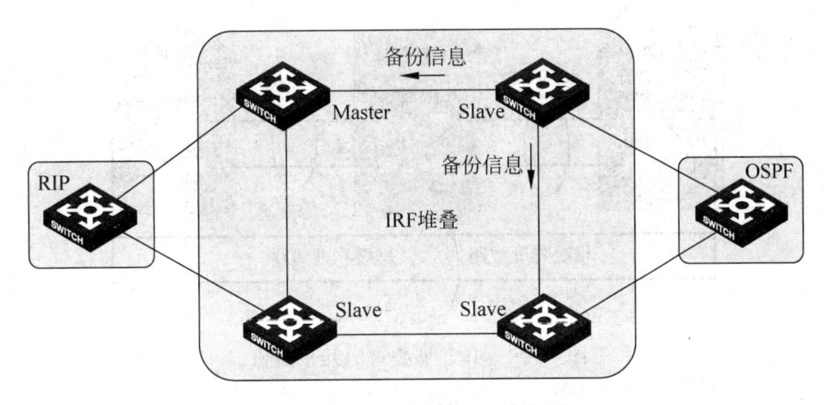

图 15-9 IRF 堆叠协议热备份

邻居路由器过来的 OSPF 报文后,会将更新的路由表项以及协议状态信息发给其他所有成员设备,并不会影响堆叠中 OSPF 协议的运行。这样就保证了当成员设备出现故障的时候,其他成员设备可以照常运行并迅速接管故障的物理设备功能,此时,域内路由协议不会随之出现中断,二三层转发流量和业务也不会出现中断,从而实现了不中断业务的故障保护和设备切换功能。

如图 15-10 所示,IRF 采用分布式聚合技术来实现上/下行链路的冗余备份。

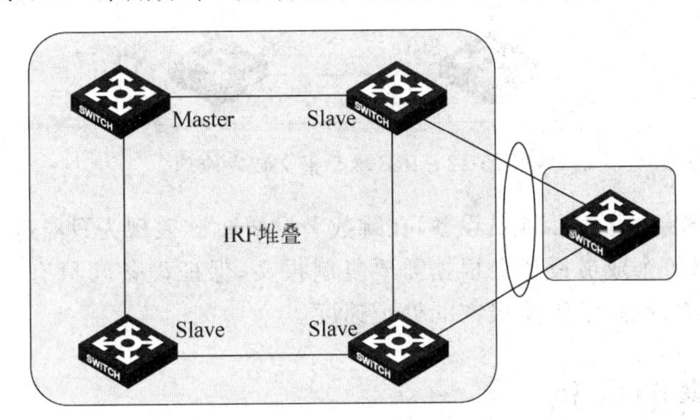

图 15-10 IRF 堆叠上/下行链路的冗余备份

传统的聚合技术将一台设备的多个物理以太网端口聚合在一起,它只能实现对链路故障的备份,而对于设备的单点故障没有备份机制。

IRF 支持的新型分布式聚合技术则可以跨设备配置链路备份。用户可以将不同成员设备上的物理以太网端口配置成一个聚合端口。这样某些端口所在的设备出现故障,也不会导致聚合链路完全失效。其他正常工作的成员设备会继续管理和维护剩下的聚合端口。

如图 15-11 所示,IRF 采用聚合技术来实现堆叠口的冗余备份。

堆叠口的连接由多条堆叠物理链路聚合而成。多条堆叠物理链路之间可以对流量进行负载分担,这样能够有效提高带宽,增强性能。同时,多条堆叠物理链路之间互为备份,保证即使其中一条堆叠物理链路出现故障,也不影响堆叠功能,从而提高了设备的可靠性。

IRF 采用分布式弹性转发技术实现报文的二/三层转发,最大限度地发挥了每个成员的处理能力。

如图 15-12 所示,堆叠系统中的每个成员设备都有完整的二/三层转发能力。当它收到待转发的二/三层报文时,可以通过查询本机的二/三层转发表得到报文的出接口,然后将报文从正确的出接口送出去。这个出接口可以在本机上也可以在其他成员设备上。对于三层报文来说,不

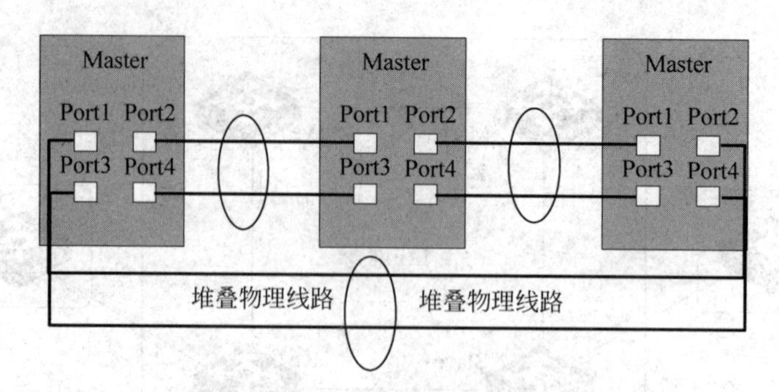

图 15-11 IRF 堆叠口的冗余备份

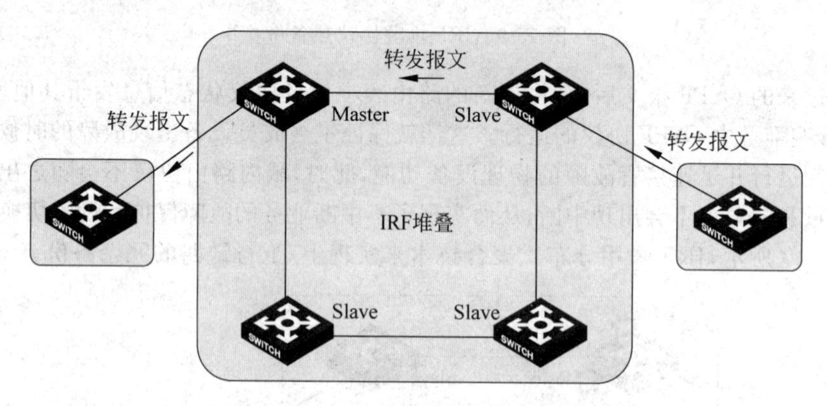

图 15-12 IRF 堆叠报文转发原理

管它在堆叠系统内部穿过了多少成员设备，在跳数上只增加 1，表现为只经过了一个网络设备。

对于组播报文，每个成员设备会根据需要复制报文，保证设备间只有一份报文传送，节省了堆叠系统内部资源，提高了组播报文的处理速度。

15.4 IRF 典型应用

如图 15-13 所示，当接入的用户数增加到原交换机端口密度不能满足接入需求时，可以通过在原有的堆叠系统中增加新的交换机而得到满足。

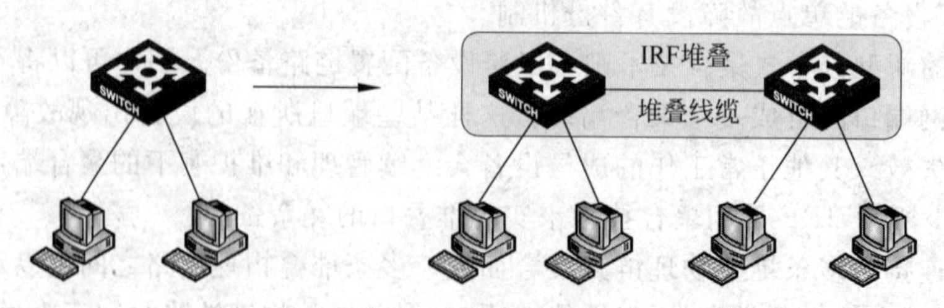

图 15-13 IRF 堆叠扩展端口数量

如图 15-14 所示，当中心的交换机转发能力不能满足需求时，可以增加新交换机与原交换机组成堆叠系统来实现。

若一台交换机转发能力为 64Mpps，则通过增加一台交换机进行扩展后，整个堆叠设备的转发能力为 128Mpps。需要强调的是，是整个堆叠设备的转发能力整体提高，而不是单个交换机的转发能力提高。

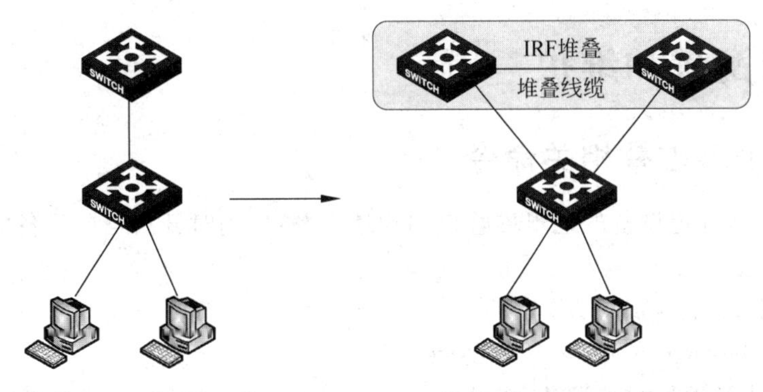

图 15-14 IRF 堆叠扩展系统处理能力

如图 15-15 所示,当边缘交换机上行带宽增加时,可以增加新交换机与原交换机组成堆叠系统来实现。将成员设备的多条物理链路配置成一个聚合组,可以增加中心交换机的带宽。而对中心交换机的而言,边缘交换机的数量并没有变化,物理上的两台交换机看起来就是一台交换机,原有交换机会将当前的配置批量备份到新加入的交换机。

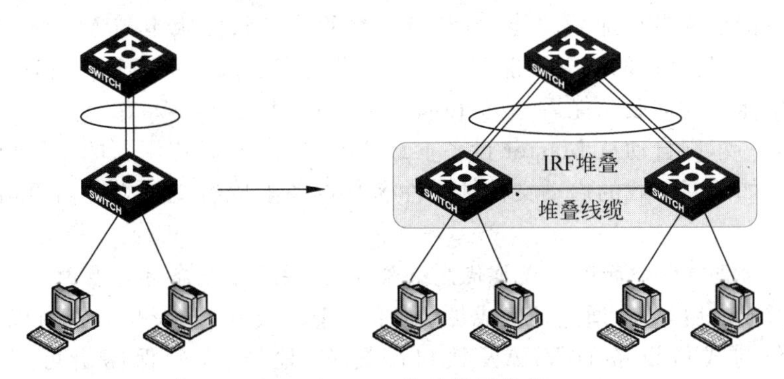

图 15-15 IRF 堆叠扩展带宽

IRF 可以通过光纤将相距遥远的设备连接形成堆叠设备。

如图 15-16 所示,每个楼层的用户通过楼道交换机接入外部网络。使用堆叠光纤将各楼道交换机连接起来形成一个堆叠设备。这样,相当于每个楼只有一个接入设备,网络结构变得更加简单。每个楼层有多条链路到达核心网络,网络变得更加健壮、可靠。对多台楼道交换机的配置简化成对堆叠系统的配置,降低了管理和维护的成本。

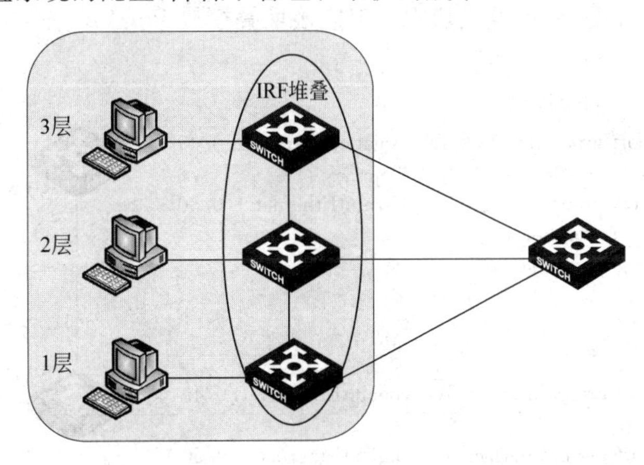

图 15-16 跨越空间使用 IRF

15.5 IRF配置和维护

15.5.1 IRF堆叠相关命令

在系统视图下，绑定设备的逻辑堆叠口和物理堆叠口，同时开启当前设备的堆叠功能。配置命令为：

irf-port *member-id*/*port-number*
port group interface *interface-type interface-number*

在堆叠中以成员编号标志设备，在堆叠的配置文件中也使用设备编号来区分不同成员设备上的端口配置。在系统视图下，配置IRF成员编号。配置命令为：

irf member *member-id* **renumber** *new-member-id*

在系统视图下，配置堆叠中指定成员设备的优先级。配置命令为：

irf member *member-id* **priority** *priority*

如果没有使能堆叠自动加载功能，当参与堆叠的设备软件版本与Master设备的不一致时，则新加入或者优先级低的设备不能正常启动。此时需要用户手工升级设备版本后，再将设备加入堆叠。使能自动加载功能后，成员设备加入堆叠时，会与Master设备的软件版本号进行比较，如果不一致，则自动从Master设备下载启动文件，然后使用新的系统启动文件重启，重新加入堆叠。如果新下载的启动文件的文件名与设备上原有文件文件名重名，则原有启动文件会被覆盖。

注意：配置堆叠口命令和配置成员优先级命令，需要重启设备才能生效。

IRF堆叠形成之后，用户通过任何成员设备的AUX或者Console口都可以登录到堆叠系统控制台。给任何成员设备的VLAN接口配置IP地址，并确保路由可达，就可以使用Telnet、Web、SNMP方式远程访问堆叠系统了。

用户登录堆叠时，实际登录的是堆叠中的Master设备。Master是堆叠系统的配置和控制中心，在Master上配置后，堆叠系统会将这些配置同步给Slave设备。

15.5.2 IRF堆叠配置示例

如图15-17所示，SWA、SWB、SWC、SWD构成IRF堆叠，分别配置成员编号为1、2、3、4，采用万兆模块作为堆叠模块，堆叠模块Port1连接堆叠模块Port2。

配置SWA：

```
[SWA]irf-port 1/1
[SWA-irf-port1/1]port group interface Ten-GigabitEthernet 1/0/49
[SWA]irf-port 1/2
[SWA-irf-port1/2]port group interface Ten-GigabitEthernet 1/0/50
[SWA]irf member 1 renumber 1
[SWA]irf-port-configuration active
```

配置SWB：

```
[SWB]irf-port 1/1
[SWB-irf-port1/1]port group interface Ten-GigabitEthernet 1/0/49
[SWB]irf-port 1/2
[SWB-irf-port1/2]port group interface Ten-GigabitEthernet 1/0/50
[SWB]irf member 1 renumber 2
```

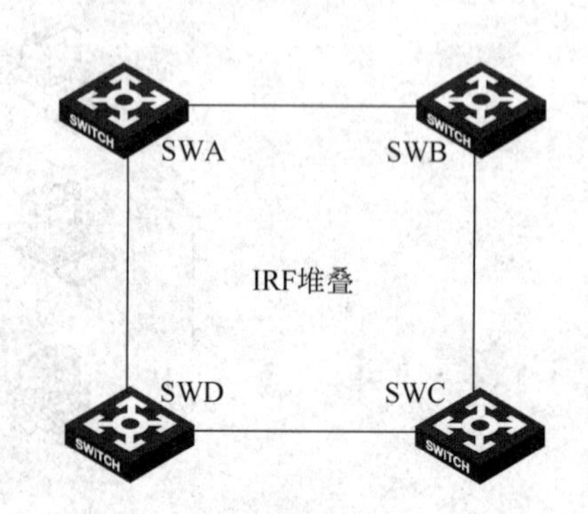

图15-17 IRF堆叠配置示例

```
[SWB]irf-port-configuration active
```

配置 SWC：

```
[SWC]irf-port 1/1
[SWC-irf-port1/1]port group interface Ten-GigabitEthernet 1/0/49
[SWC]irf-port 1/2
[SWC-irf-port1/2]port group interface Ten-GigabitEthernet 1/0/50
[SWC]irf member 1 renumber 3
[SWC]irf-port-configuration active
```

配置 SWD：

```
[SWD]irf-port 1/1
[SWD-irf-port1/1]port group interface Ten-GigabitEthernet 1/0/49
[SWD]irf-port 1/2
[SWD-irf-port1/2]port group interface Ten-GigabitEthernet 1/0/50
[SWD]irf member 1 renumber 4
[SWD]irf-port-configuration active
```

关闭 4 台设备电源，将 4 台设备按照组网图连接堆叠电缆，然后全部上电，堆叠形成。由于 SWA、SWB、SWC、SWD 堆叠形成了一台新设备，以 SWA_NEW 表示。

完成上一步骤后，在 SWA_NEW 上检查 IRF 堆叠状态，如下所示：

```
<Sysname> display irf configuration
 MemberID  NewID      IRF-Port1                    IRF-Port2
 1         1          Ten-GigabitEthernet1/0/49    Ten-GigabitEthernet1/0/50
 2         2          Ten-GigabitEthernet2/0/49    Ten-GigabitEthernet2/0/50
 3         3          Ten-GigabitEthernet3/0/49    Ten-GigabitEthernet3/0/50
 4         4          Ten-GigabitEthernet4/0/49    Ten-GigabitEthernet4/0/50
```

从以上信息可以看出，有 4 台设备形成堆叠。

15.6 本章总结

(1) 介绍了 IRF 概念。

(2) 介绍了 IRF 技术原理和典型应用。

(3) 介绍了 IRF 配置。

15.7 习题和答案

15.7.1 习题

(1) IRF 堆叠管理可以分成(　　)阶段。

A. 拓扑收集　　B. 拓扑选举　　C. 角色选举　　D. 堆叠维护

(2) 下面关于框式分布式设备堆叠后形成的虚拟设备，说法正确的是(　　)。

A. Master 的主用主控板相当于虚拟设备的主用主控板

B. Master 的备用主控板相当于虚拟设备的备用主控板

C. Slave 的主用主控板相当于虚拟设备的主用主控板

D. Slave 的备用主控板相当于虚拟设备的备用主控板

(3) IRF 堆叠形成之后，用户可以通过(　　)方法登录到堆叠系统控制台。

A. 通过 Master 的 Console 口　　B. 通过 Slave 的 Console 口
C. Telnet 到 Master 的 IP 地址　　D. Telnet 到 Slave 的 IP 地址

(4) 当参与堆叠的设备软件版本与 Master 设备的不一致时,下面说法正确的是(　　)。
A. 如果没有使能堆叠自动加载功能,则新加入的设备能正常启动
B. 如果没有使能堆叠自动加载功能,则新加入的设备不能正常启动
C. 使能堆叠自动加载功能,则新加入的设备能正常启动
D. 使能堆叠自动加载功能,则新加入的设备不能正常启动

(5) 关于 IRF 堆叠的链路聚合技术,下面说法正确的是(　　)。
A. IRF 可以采用链路聚合技术来实现堆叠口的冗余备份
B. IRF 无法采用链路聚合技术来实现堆叠口的冗余备份
C. IRF 可以实现跨设备链路聚合技术
D. IRF 无法实现跨设备链路聚合技术

15.7.2 习题答案

(1) ACD　(2) ABD　(3) ABCD　(4) BC　(5) AC

第5篇

园区网安全技术

第16章

园区网安全概述

园区网络在功能和性能日益提升的同时，安全问题也逐渐突出，园区网络常见的安全威胁有非法接入网络、非法访问网络资源、报文窃听、MAC 地址欺骗等。本章首先介绍网络安全的概念，然后对上述园区网络中的安全威胁进行逐一介绍，最后介绍对应的安全防范措施，包括安全架构、端口接入控制、访问控制和安全连接等。

16.1 本章目标

学习完本课程，应该能够：

- 了解网络安全的概念；
- 了解园区网常见的安全威胁；
- 掌握园区网涉及的安全技术。

16.2 网络安全概述

网络安全是 Internet 必须面对的一个实际问题，也是一个综合性技术。网络安全具有两层含义：保证内部局域网的安全以及保证内网与外网数据交换的安全。

常常应从如下几个方面综合考虑整个网络的安全：

- 保护物理网络线路不会轻易遭受攻击；
- 有效识别合法的和非法的用户；
- 实现有效的访问控制；
- 保证内部网络的隐蔽性；
- 有效的防伪手段，重要的数据重点保护；
- 对网络设备、网络拓扑的有效管理；
- 病毒防范。

对于一个指定的园区网络来说，要实现它的安全，必须从上面繁杂的内容中进行分析甄别，明确如下具体目标：要保护什么、可能的网络安全威胁、可采取的安全防护措施。

综合当前园区网络的应用来看，园区网络需要保护的资源包括以下方面。

- 网络设备：能够抵御攻击，可以进行正常的流量转发；
- 运行信息：网络设备能够正常维持内部转发表项，不会出现数据包泛洪的情况；
- 带宽资源：能够抵御流量攻击；
- 网络终端：抵御非法访问，关闭服务器漏洞，避免服务器因受到破坏而无法正常工作；
- 网络数据：保护网络数据包的内容不被篡改，验证报文来自真正的对方；
- 用户信息：保护用户的 ID、密码不被窃听。

针对上述资源存在的网络安全威胁和安全防范措施则不胜枚举，后续章节将详细介绍最为常见的安全威胁和防范措施。

16.3　园区网常见安全威胁

园区网常见的安全威胁包括非法接入网络、非法访问网络资源、MAC地址欺骗和泛洪、报文窃听等，如图16-1所示的非法接入、非法访问、地址欺骗以及攻击等。

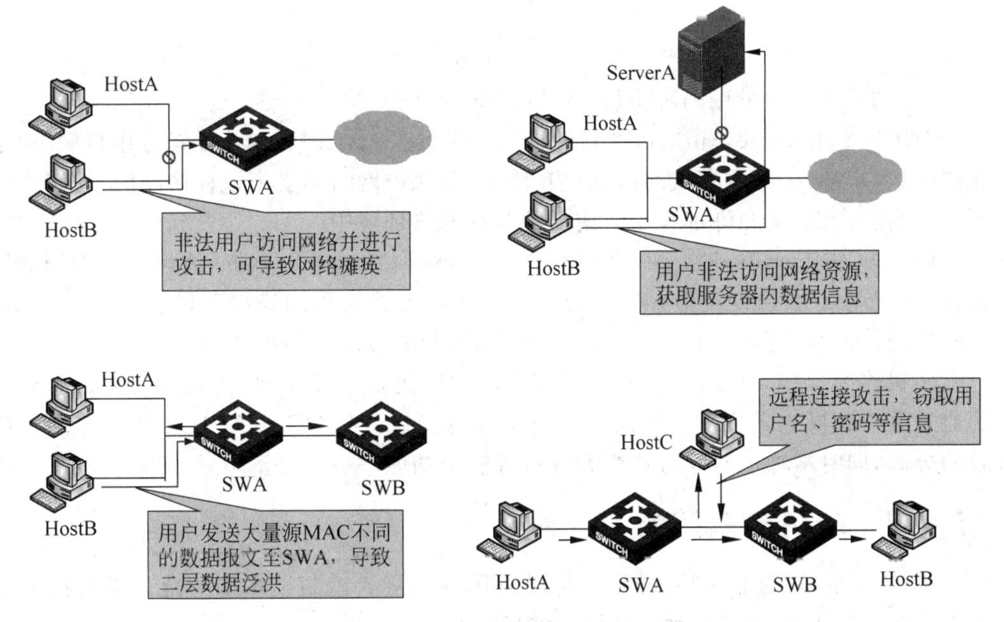

图16-1　园区网常见安全威胁

(1) 非法接入网络：是非法访问网络资源的前提。即使接入网络后不访问网络资源，攻击者也可以采用DoS攻击等手段导致网络瘫痪。

(2) 非法访问网络资源：指非法用户在没有被授权的情况下访问局域网设备或数据，修改网络设备的配置和运行状态，获取数据。

(3) MAC地址欺骗和泛洪：是通过发送大量源MAC地址不同的数据报文，使得交换机端口MAC地址表学习达到上限，无法学习新的MAC地址，从而导致二层数据泛洪。

(4) 远程连接攻击：对Telnet等连接进行攻击，包括截取用户名、密码等用户信息或数据信息，篡改数据并重新投放到网络上等。

16.4　园区网安全防范措施

16.4.1　安全网络整体架构

安全的园区网络应该是一个立体防护的网络，从接入用户到边缘设备到核心网络都应该得到有效的保护。为了实现这个目标，将网络当作一个整体来进行保护，大家熟知的AAA认证架构正好吻合这种思想。因为AAA(Authentication，Authorization and Accounting，验证、授权和计费)提供了一个用来对认证、授权和计费这3种安全功能进行配置的一致性框架，是对网络安全的一种有效管理，如图16-2所示的通过AAA认证架构。

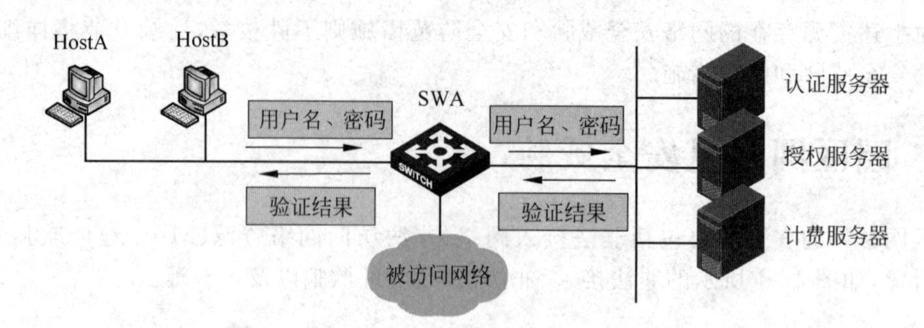

图 16-2 网络安全整体架构

AAA 架构的实现常采用两种协议：RADIUS 和 TACACS。

(1) RADIUS(Remote Authentication Dial In User Service,远程认证拨号用户服务)是一种分布式的、客户端/服务器模式的信息交互协议,能保护网络不受未授权访问的干扰,常应用在既要求较高安全性,又允许远程用户访问的各种网络环境中。

(2) TACACS(Terminal Access Controller Access Control System,终端访问控制器控制系统协议)与 RADIUS 协议类似,采用客户端/服务器模式实现网络接入设备与 TACACS 服务器之间的通信。其典型应用是对需要登录到设备上进行操作的终端用户进行认证、授权和计费。交换机作为 TACACS 的客户端,将用户名和密码发给 TACACS 服务器进行验证。用户验证通过并得到授权之后可以登录到设备上进行操作。相对于 RADIUS 来说实现了认证和授权的分离,同时增加了命令行授权和计费等安全功能。

16.4.2 端口接入控制

如图 16-3 所示,针对非法接入网络,可以采用端口接入控制技术来防范。端口接入技术包括 IEEE 802.1x 技术、MAC 地址认证和端口安全。

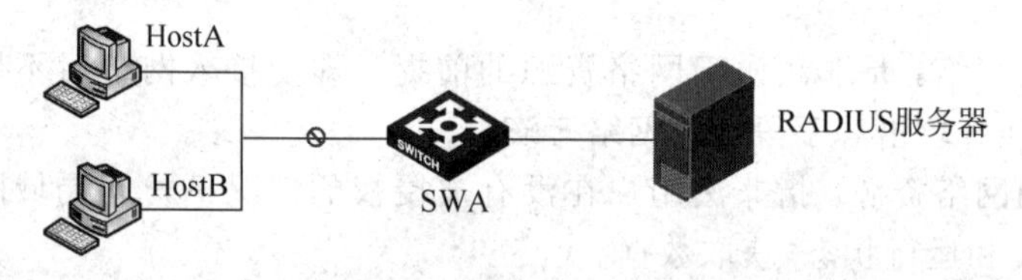

图 16-3 端口接入控制

IEEE 802.1x 协议是一种基于端口的网络接入控制协议,在局域网接入设备的端口这一级对所接入的用户进行认证和访问控制。连接在端口上的用户如果能够通过认证,就可以访问局域网的资源；如果认证失败,则无法访问局域网的资源。IEEE 802.1x 系统为典型的客户端/服务器模式,它包括 3 个实体：客户端(Supplicant)、设备端(Authenticator)和认证服务器(Authentication Server)。用户可以通过启动客户端软件发起 IEEE 802.1x 认证,认证服务器用于实现对用户进行认证、授权和计费,通常为 RADIUS 服务器。

MAC 地址认证是一种基于端口和 MAC 地址对用户的网络访问权限进行控制的认证方法,它不需要用户安装任何客户端软件。设备检测到未知 MAC 地址后,即启动对该用户的认证操作。整个认证过程中也不需要用户输入用户名和密码,而由交换机代替用户发送用户名和密码给认证服务器,其用户名和密码大多数情况下采用用户的 MAC 地址,也可以在特定情况下由管理员配置固定的用户名和密码。

端口安全特性是一种基于端口或 MAC 地址对网络接入进行控制的安全机制,是对已有的 IEEE 802.1x 认证和 MAC 地址认证的扩展。通过定义各种端口安全模式，交换机通过不同的机制将合法用户 MAC 添加为安全 MAC，以达到禁止非法用户访问的目的，提供了更多的 IEEE 802.1x 和 MAC 地址认证的组合应用。

注意：由于端口安全特性通过多种安全模式提供了 IEEE 802.1x 和 MAC 地址认证的扩展和组合应用，因此在需要灵活使用以上两种认证方式的组网环境下，推荐使用端口安全特性。

16.4.3 访问控制

如图 16-4 所示，针对越权访问网络资源的用户，可以采用网络访问控制技术进行防范，常用的包括访问控制列表 ACL、终端准入防御 EAD 和 Portal。

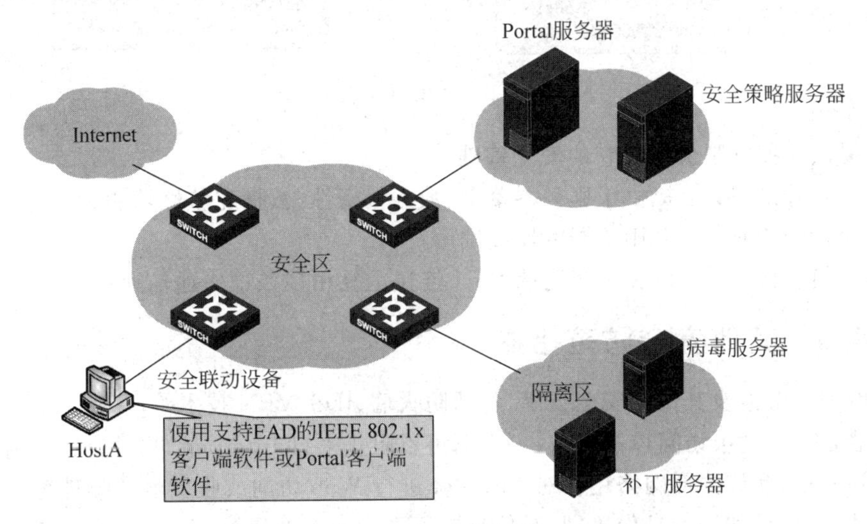

图 16-4 访问控制

ACL(Access Control List，访问控制列表)可以实现流识别功能，配置一系列的匹配条件对报文进行分类，达到过滤报文的目的，匹配条件可以是报文的源地址、目的地址、端口号等。设备可以通过在用户接入的端口配置恰当的 ACL，来抵御用户访问受保护的网络资源。

EAD(End user Admission Domination，终端准入控制)作为一个网络端点接入控制方案，通过安全客户端、安全策略服务器、接入设备以及第三方服务器的联动，加强了对用户的集中管理，提升了网络的整体防御能力。当 EAD 客户端进行安全认证失败时，只能访问隔离区域，进行软件升级和病毒库升级操作；当安全认证成功时，可以访问安全区的网络资源，并且可以根据用户类别进行分类控制，达到访问权限的分级控制。

Portal 认证通常被称为 Web 认证，即必须通过门户网站的认证，才能够访问网络资源。Portal 的扩展功能包括通过强制接入终端实施补丁和防病毒策略，加强网络终端对病毒抗攻击的主动防御能力。

16.4.4 安全连接

早期网络设备为了能够远程管理，通常提供的是 Telnet 远程登录服务。管理员通过输入明文的用户名和密码即可在 IP 可到的情况下远程登录并管理网络设备，但由于用户名和密码的明文传输导致这种管理方式存在严重的安全漏洞。为了降低这种风险，在网络设备和管理终端之间建立一个安全可靠的连接显得非常重要。

如图 16-5 所示，针对 Telnet 远程登录连接的风险防范，采用一种更为安全的登录连接服务 SSH(Secure Shell，安全外壳)可以很好地提高网络设备的安全性，因为 SSH 采用了加密技术来加密传送的每一个报文，确保攻击者窃听的信息无效。管理用户在一个不安全的网络环境中远程登录设备时，采用 SSH 的加密和认证功能可以免受 IP 欺诈、明文密码截取等攻击。

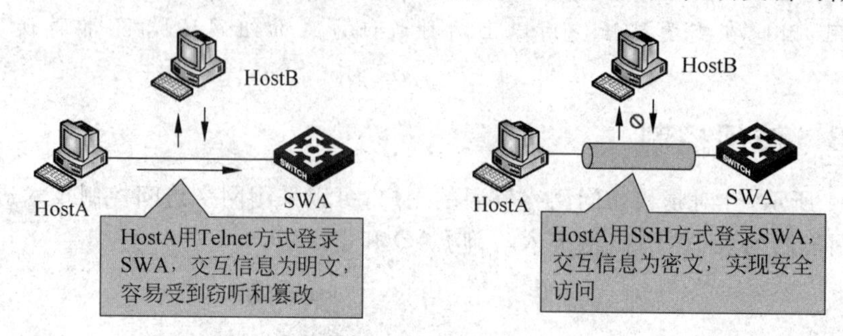

图 16-5 安全连接

SSH 提供 3 种机制来构成它的安全基础：

- 一个传输层协议：提供了服务器鉴别、数据保密性、数据完整性功能；
- 一个用户鉴别协议：用于服务器鉴别用户；
- 一个链接协议：可以在一条底层 SSH 连接上复用多条逻辑通信通道。

16.4.5 其他安全防范措施

园区网中还会涉及其他的安全技术，包括防火墙、IDS、VPN 技术等。

防火墙是一种高级访问控制设备，一方面可以阻止来自 Internet 的、对受保护网络的未授权访问，另一方面允许内部网络用户对 Internet 进行 Web 访问或收发电子邮件等。同时防火墙还有其他特点，例如进行身份鉴别、对信息进行安全加密处理等。

IPS(Intrusion Protection System，入侵防御系统)依照一定的安全策略，对网络系统的运行情况进行监视，尽可能发现各种攻击企图、攻击行为并采取有效的防御措施，以保证网络系统资源的机密性、完整性和可用性，是一种主动保护。

VPN(Virtual Private Network，虚拟专用网)利用公共网络来构建私人专用网络。在公共网上传输数据，必须提供隧道、加密以及报文的验证，因此 VPN 能够像私有网络一样提供安全性、可靠性、可管理性和服务质量。

16.5 本章总结

(1) 园区网的安全概念包含两层含义。

(2) 常见的安全威胁有非法接入、非法访问网络资源、MAC 地址欺骗和泛洪、报文窃听。

(3) 常用的安全防范措施包括端口接入控制、访问控制、安全连接等。

16.6 习题和答案

16.6.1 习题

(1) (　　)是网络安全。

A. 保证用户可以随意使用网络资源
B. 保证内部局域网的安全
C. 保证内部局域网不被非法侵入
D. 保证内网与外网数据交换的安全

(2)(　　)行为属于网络威胁或者黑客行为。
A. 利用现成的软件后门，获取网络管理员的密码
B. 进入自己的计算机并修改数据
C. 利用电子窃听技术，获取要害部门的口令
D. 利用工具软件，非法攻击网络设备

(3) AAA 架构常使用(　　)协议。
A. RADIUS
B. PPPoE
C. IEEE 802.1x
D. TACACS

(4) 在 H3C 设备上常用的接入协议有(　　)。
A. IEEE 802.1x 协议
B. Portal 认证
C. MAC 认证
D. 端口安全

(5)(　　)技术或措施可用于园区网的安全防护。
A. SSH　B. VPN　C. EAD　D. 远程 Telnet

16.6.2 习题答案

(1) BCD　(2) ACD　(3) AD　(4) ABCD　(5) ABC

第17章

AAA、RADIUS和TACACS

AAA(Authentication,Authorization and Accounting,认证、授权和计费)是一个综合的安全管理架构。通过独立的认证、授权和计费部署可以有效提升网络和设备的安全性。它为网络实体的访问接入、行为授权以及行为记录提供了一套完整的安全机制,具有良好的可扩展性。目前被广泛应用在网络用户的接入认证以及管理用户的授权认证中,实现用户信息的集中管理和网络安全。本章对 AAA 架构以及常用的 AAA 协议 RADIUS 和 TACACS 进行介绍。

17.1 本章目标

学习完本课程,应该能够:

- 掌握 AAA 认证架构;
- 掌握 RADIUS、TACACS 认证原理;
- 熟悉 AAA、RADIUS 和 HWTACACS 相关配置命令。

17.2 AAA 架构

17.2.1 AAA 基本结构

AAA 是网络安全的一种管理机制,提供了认证、授权、计费 3 种安全功能。AAA 一般采用客户机/服务器结构,客户端运行于 NAS(Network Access Server,网络接入服务器)上,服务器则集中管理用户信息。

AAA 的 3 种安全功能具体作用如下。

(1) 认证:确认远端访问用户的身份,判断访问者是否为合法的网络用户。

(2) 授权:对认证通过的不同用户赋予不同的权限,限制用户可以使用的服务。例如用户成功登录服务器后,管理员可以授权用户对服务器中的文件进行访问和打印操作。

(3) 计费:记录用户使用网络服务中的所有操作,包括使用的服务类型、起始时间、数据流量等,它不仅是一种计费手段,也对网络安全起到了监视作用。

AAA 可以通过多种协议来实现,目前常用的是 RADIUS 协议和 TACACS 协议。RADIUS 协议和 TACACS 协议规定了 NAS 与服务器之间如何传递用户信息。二者在结构上都采取客户机/服务器模式,都使用公共密钥对传输的用户信息进行加密,都有较好的灵活性和可扩展性。两者之间存在的区别主要体现在传输协议的使用、信息包加密、认证授权分离、多协议支持等。

H3C 交换机同时提供本地认证功能,即将用户信息(包括用户名、密码和各种属性)配置在设备本地存储空间,此认证类型的优点是认证速度快。

如图 17-1 所示,AAA 基本结构中,用户可以根据实际组网需求来决定认证、授权、计费功能分别由使用哪种协议的服务器来承担，其中NAS负责把用户的认证、授权、计费信息透传给服务器(RADIUS服务器或TACACS服务器)。例如可以用TACACS服务器实现认证和授权，用RADIUS服务器实现计费。当然用户也可以只使用AAA提供的一种或两种安全服务。

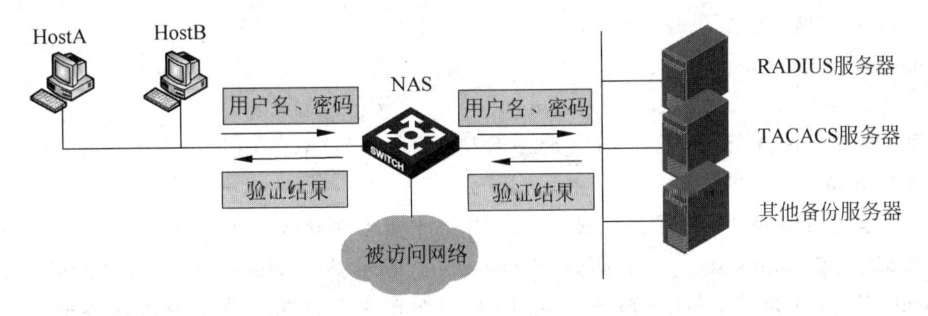

图17-1 AAA基本结构

通过对认证、授权、计费服务器进行详细配置，AAA能够对多种服务提供安全保证，包括FTP服务、Telnet服务、PPP、端口控制等。

在AAA中，3种安全功能原则上是3个独立的业务流程，但在RADIUS协议实现中为了简化将授权行为融合到了认证流程中，往往授权行为在认证的最后一个步骤完成。其中，AAA的3种安全功能具体如下。

(1) 认证：完成各接入或服务请求的用户名、密码、用户信息的交互过程，它不会下发授权信息给用户，也不会触动计费流程。

(2) 授权：发送授权请求给所配置的授权服务器，授权通过后向用户下发授权信息。例如为Telnet用户、SSH用户下发访问级别，为FTP用户设定访问目录等。授权为可选配置。

(3) 计费：发送计费开始、计费更新、计费结束请求报文给所配置的计费服务器。计费不是必须使用的。

17.2.2 AAA配置

AAA的配置可以分为如下两部分。

(1) 根据需要配置本地认证或远程认证方案，远程认证时需要配置RADIUS方案或HWTACACS方案。

- 本地认证：需要在交换机上配置本地用户名，并设置相应的密码和用户级别。

  [sysname] **local-user** *username* **class** {**manage**|**network**}

- RADIUS方案(RADIUS-Scheme)：通过引用已配置的RADIUS方案来实现认证、授权、计费。

  [sysname] **radius scheme** *radius-scheme-name*

- HWTACACS方案(HWTACACS-Scheme)：通过引用已配置的HWTACACS方案来实现认证、授权、计费。

  [sysname] **hwtacacs scheme** *hwtacacs-scheme-name*

(2) 创建用户所属的ISP(Internet Service Provider，Internet服务提供商)，并在ISP域中引用已经配置的AAA方案。以认证方法为例：

[sysname] **domain** *isp-name*
[sysname-isp-ispname] **authentication default** {**hwtacacs-scheme** *hwtacacs-scheme-name* [**local**] | **local** | **none** |

radius-scheme *radius-scheme-name* [**local**]}

其中主要参数含义如下：

- hwtacacs-scheme *hwtacacs-scheme-name* [local]：指定 HWTACACS 方案；
- local：本地认证；
- none：不进行认证；
- radius-scheme *radius-scheme-name* [local]：指定 RADIUS 方案。

注意：HWTACACS 是 TACACS 的一种实现，在 TACACS 的基础上增加了 H3C 设备管理需要的私有功能。

目前存在的 TACACS、HWTACACS、TACACS+等多种协议也可统称为 TACACS 协议。

如果配置了 radius-scheme *radius-scheme-name* local 或 hwtacacs-scheme *hwtacacs-scheme-name* local，则 local 为 RADIUS 服务器或 TACACS 服务器没有正常响应后的备选认证方案。

在 AAA 方案认证域中，引用认证方案的同时，还必须引用授权方案和计费方案。

17.3 RADIUS 协议

17.3.1 RADIUS 协议概述

RADIUS(Remote Authentication Dial-In User Service，远程认证拨号用户服务)是一种分布式、客户端/服务器结构的信息交互协议，能保护网络不受未授权访问的干扰，常应用在其要求较高安全性，又允许远程用户访问的各种网络环境中。该协议定义了 UDP 端口 1812、1813 分别作为认证、计费端口。

RADIUS 最初仅是针对拨号用户的 AAA 协议，后来随着用户接入方式的多样化发展，RADIUS 也适应多种用户接入方式，如以太网接入、ADSL 接入。它通过认证授权来提供接入服务，通过计费来收集、记录用户对网络资源的使用。

RADIUS 的客户端/服务器模式如下。

(1) NAS 设备作为 RADIUS 客户端，负责传输用户信息到指定的 RADIUS 服务器上，然后根据从服务器返回的信息进行相应处理(如接入/挂断用户)。

(2) RADIUS 服务器负责接收用户连接请求，认证用户，给设备返回所需要的信息。

RADIUS 客户端与服务器之间认证消息的交互是通过共享密钥的参与来完成的，并且共享密钥不能通过网络来传输，增强了信息交互的安全性，同时在传输过程中对用户密码进行了加密。RADIUS 服务器支持多种方法来认证用户，如基于 PPP 的 PAP、CHAP 认证等。

17.3.2 RADIUS 消息交互流程

如图 17-2 所示，RADIUS 消息交互流程如下。

(1) 用户发起连接请求，输入用户名和密码。

(2) RADIUS 客户端根据获取的用户名和密码，向 RADIUS 服务器发送认证请求(Access-Request)，密码在共享密钥的参与下进行加密处理。

(3) RADIUS 服务器对用户名和密码进行认证。如果认证成功，RADIUS 服务器向 RADIUS 客户端发送认证接受(Access-Accept)，同时也包含用户的授权信息；如果认证失败，则返回认证拒绝(Access-Reject)。

(4) RADIUS 客户端根据接收到的认证结果接入/拒绝用户。如果允许用户接入，RADIUS 客户端则向服务器发送计费开始请求(Accounting-Request)。

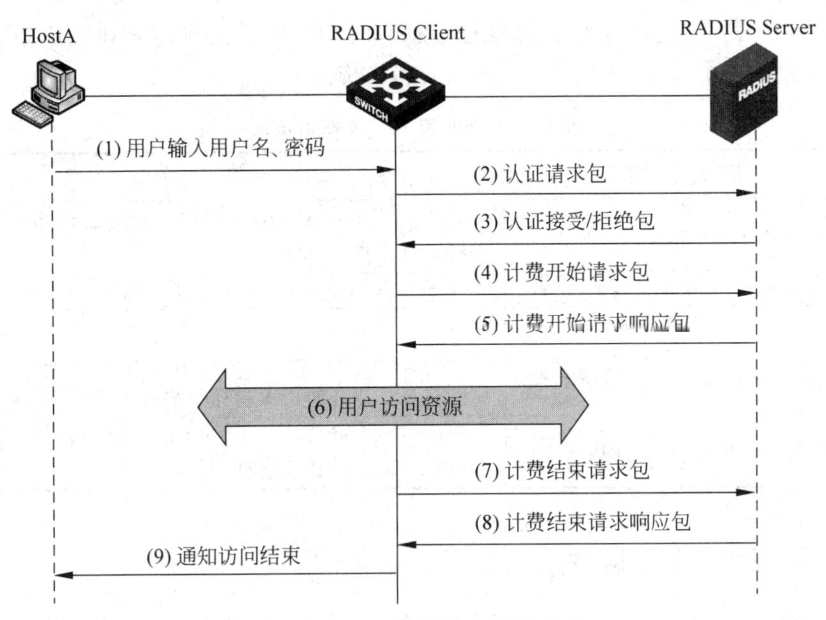

图 17-2 RADIUS 消息交互流程

(5) RADIUS 服务器返回计费开始响应(Accounting-Response),并开始计费。

(6) 用户开始访问网络资源。

(7) 若用户请求断开连接,RADIUS 客户端向 RADIUS 服务器发送计费停止请求(Accounting-Request)。

(8) RADIUS 服务器返回计费结束响应(Accounting-Response),并停止计费。

(9) 通知用户结束访问网络资源。

17.3.3 RADIUS 报文结构

RADIUS 采用 UDP 报文来传输消息,通过定时器管理机制、报文重传机制、备用服务器机制,确保 RADIUS 服务器和客户端之间交互消息的正确收发。同时 RADIUS 报文采用 TLV 结构封装用户属性,易于扩展更多的用户属性。如图 17-3 所示,RADIUS 报文由 Code、Identifier、Length、Authenticator 和 Attribute 等字段组成,各字段含义如下。

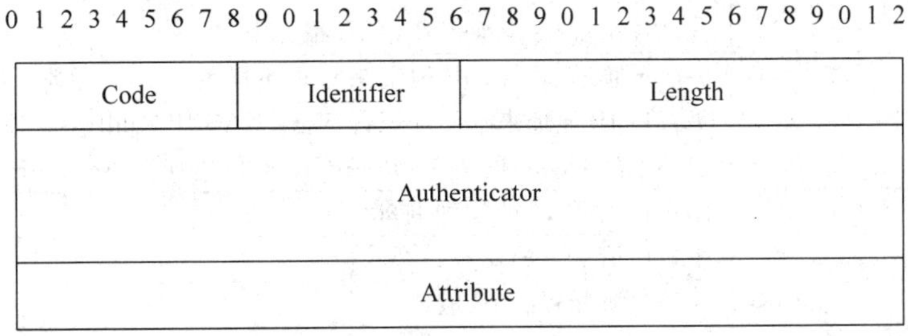

0 1 2 3 4 5 6 7 8 9 0 1 2 3 4 5 6 7 8 9 0 1 2 3 4 5 6 7 8 9 0 1 2

Code	Identifier	Length
Authenticator		
Attribute		

图 17-3 RADIUS 报文结构

- Code 字段(1B)表示 RADIUS 报文的类型,如表 17-1 所示。
- Identifier 字段(1B)表示报文的 ID,用于匹配请求报文和响应报文,以及检测一段时间内重发的请求报文。
- Length 字段(2B)指明整个 RADIUS 数据报文的长度。
- Authenticator 字段(16B)用于验证 RADIUS 服务器的应答,同时还用于密码信息的加密。

- Attribute 字段(不定长度)携带认证、授权和计费信息,提供请求和响应报文的配置细节,可包括多个属性,采用 TLV 的三元组结构。

表 17-1 Code 字段主要取值说明

Code	报文类型	报文说明
1	Access-Request(认证请求)	Client－>Server,Client 将用户信息传输到 Server 以判断是否接入该用户
2	Access-Accept(认证接受)	Server－>Client,如果认证通过,则传输该类型报文
3	Access-Reject(认证拒绝)	Server－>Client,如果认证失败,则传输该类型报文
4	Accounting-Request(计费请求)	Client－>Server,请求 Server 开始计费,由 Acct-Status-Type 属性区分计费开始请求和计费结束请求
5	Accounting-Response(计费响应)	Server－>Client,Server 通知 Client 已经收到计费请求报文并已经正确记录计费信息

17.3.4 RADIUS 属性

RADIUS 报文中 Attribute(属性)字段专门携带认证、授权和计费信息,提供请求报文和响应报文的配置细节,该字段采用 TLV(Type、Length、Value,类型、长度、值)三元组结构提供。

(1) 类型(Type)字段(1B)取值为 1～255,用于表示属性类型,表 17-2 列出了 RADIUS 认证、授权常用的属性。

(2) 长度(Length)字段(1B)指示 TLV 属性的长度,单位为 B。其长度包括类型字段、长度字段和属性字段。

(3) 属性值(Value)字段包括属性的具体内容信息,其格式和内容由类型字段和长度字段决定,最大长度为 253B。

表 17-2 常用 RADIUS 标准属性

属性编号	属性名称	描述
1	User-Name	需要进行认证的用户名称
2	User-Password	需要进行 PAP 方式认证的用户密码,在采用 PAP 方式认证时,该属性仅出现在 Access-Request 报文中
3	CHAP-Password	需要进行 CHAP 方式认证的用户密码摘要。在采用 CHAP 方式认证时,该属性出现在 Access-Request 报文中
4	NAS-IP-Address	Server 通过不同的 IP 地址来标识不同的 Client,通常 Client 采用本地一个接口 IP 地址来唯一标识自己,即 NAS-IP-Address。该属性指示当前发起请求的 Client 的 NAS-IP-Address,仅出现在 Access-Request 报文中
5	NAS-Port	用户接入 NAS 的物理端口号
6	Service-Type	用户申请认证的业务类型
8	Framed-IP-Address	为用户所配置的 IP 地址
11	Filter-ID	访问控制列表的名称
15	Login-Service	用户登录设备时采用的服务类型
26	Vendor-Specific	厂商自定义的私有属性。一个报文中可以有一个或多个私有属性,每个私有属性中可以有一个或多个子属性
31	Calling-Station-ID	NAS 用于向 Server 告知标识用户的号码,在 H3C 设备提供的 LAN-Access 业务中,该字段填充的是用户 MAC 地址,采用“HHHH-HHHH-HHHH”格式封装

RADIUS 协议除了提供标准的 TLV 属性外，还预留了 26 号属性(Vendor-Specific)。该属性便于设备厂商对 RADIUS 协议进行扩展，以实现标准 RADIUS 没有定义的功能，如图 17-4 所示，设备厂商可以在 Type 为 Vendor-Specific 的属性中定义更多的私有 RADIUS 属性。

0 1 2 3 4 5 6 7	8 9 0 1 2 3 4 5	6 7 8 9 0 1 2 3	4 5 6 7 8 9 0 1 2
Type	Length	Vendor-ID	
Vendor-ID		Type (Specified)	Length (Specified)
Specified Attribute Value…			

图 17-4 RADIUS 协议中 26 号属性用于扩展

在 Vendor-Specific 属性 TLV 结构中，Vendor-ID 字段占 4B，代表设备厂商 ID。设备厂商可以定义多个私有的 TLV 子属性并封装在 26 号属性中，从而通过 RAIDUS 协议扩展更多的功能和应用。H3C 根据需要也定义了多个扩展子属性，常见的扩展属性如表 17-3 所示。如 29 号扩展子属性用于指示管理用户的管理级别。

表 17-3 H3C RADIUS 扩展属性

子属性编号	子属性名称	描　　述
1	Input-Peak-Rate	用户接入 NAS 的峰值速率，以 bps 为单位
5	Output-Average-Rate	从 NAS 到用户的平均速率，以 bps 为单位
28	Ftp_Directory	FTP 用户工作目录
29	Exec_Privilege	EXEC 用户优先级
59	NAS_Startup_Timestamp	NAS 系统启动时刻，以秒为单位
60	IP_Host_Addr	认证请求和计费请求报文中携带的用户 IP 地址和 MAC 地址，格式为“A. B. C. D hh:hh:hh:hh:hh:hh”
61	User_Notify	服务器需要透传到客户端的信息

17.3.5 RADIUS 配置

配置 RADIUS 以方案(Scheme)为单位来进行。当创建一个新的 RADIUS 方案后，需要对属于此方案的 RADIUS 服务器的 IP 地址和端口号进行设置，这包括认证/授权服务器和计费服务器。其中每种服务器又有主服务器和从服务器的区别。

RADIUS 方案仅定义了设备和服务器之间进行信息交互所必需的一些参数，为了使这些参数能够生效，还必须在某个 ISP 域视图下指定该域应用的 RADIUS 方案，其具体配置请参见 17.1 节。

RADIUS 配置步骤如下。

(1) 创建 RADIUS 方案：

[sysname] **radius scheme** *radius-scheme-name*

(2) 配置主、从认证/授权服务器的 IP 地址和端口号：

[sysname-radius-name] **primary authentication** *ip-address* [*port-number*]
[sysname-radius-name] **secondary authentication** *ip-address* [*port-number*]

默认情况下，主、从认证/授权服务的 IP 地址为 0.0.0.0，UDP 端口号为 1812。

(3) 配置主、从计费服务器的IP地址和端口号，以及相关参数：

```
[sysname-radius-name] primary accounting ip-address [port-number]
[sysname-radius-name] secondary accounting ip-address [port-number]
```

默认情况下，主从计费服务器的IP地址为0.0.0.0，UDP端口号为1813。

(4) 配置RADIUS报文的共享密钥：

```
[sysname-radius-name] key {accounting|authentication} string
```

注意：在实际组网中，可以指定两台RADIUS服务器分别作为主、从认证授权(计费)服务器；也可以一台服务器既作为主认证授权(计费)服务器，又作为从服务器。

在同一个方案中指定的主认证/授权服务器(计费服务器)和从认证/授权服务器(计费服务器)的IP地址不能相同，否则配置不成功。

保证设备上的RADIUS服务端口与RADIUS服务器上的端口设置一致。

保证设备上设置的共享密钥与RADIUS服务器上的完全一致。

为防止认证请求报文丢失，交换机会重传一定数量的认证请求报文，其重传次数可配置。

```
[sysname-radius-name] retry times
```

为了确保NAS和Server之间的交互可靠和认证计费的正确实现，RADIUS协议还定义了3个定时器，其含义分别介绍如下。

(1) 服务器响应超时定时器(Response-Timeout)：如果在RADIUS请求报文传送出去一段时间后，设备没有得到服务器的回应，交换机将在Response-Timeout定时器超时时重传RADIUS请求报文。

(2) 服务器静默定时器(Timer Quiet)：当主服务器不可达时，NAS将主服务器的状态变为Block，设备会与从服务器交互。若从服务器可达，设备与从服务器通信，并开启Quiet定时器，当Quiet定时器超时后，NAS将服务器的状态恢复为Active。

(3) 实时计费间隔定时器(Realtime-Accounting)：每隔设定的时间，交换机会向RADIUS服务器发送一次在线用户的计费信息。

17.3.6 RADIUS调试与维护

完成RADIUS配置后，在任意视图下执行display命令可以显示AAA、RADIUS的运行情况，通过查看显示信息验证配置后的效果。具体显示信息如下。

(1) 显示指定的ISP域的配置信息。

```
[sysname]display domain system
Self-service = Disabled
Domain:system
 State: Active
 lan-access Authentication    Scheme:   radius: h3c.com
 lan-access Authorization     Scheme:   radius: h3c.com
 lan-access Accounting        Scheme:   radius: h3c.com
 default Authentication       Scheme:   h3c.com
 default Authorization        Scheme:   h3c.com
 default Accounting           Scheme:   h3c.com
 Authorization attributes :
 Idle-cut : Disable
```

从以上输出可以得知，名为system的ISP域引用了h3c.com RADIUS方案作为默认的认证、授权、计费方案。

（2）显示 AAA 用户的连接信息。

```
[sysname]display dot1x connection
Slot ID: 1
User MAC address: 0050-ba25-cb34
Access interface: GigabitEthernet1/0/1
Username: test@system
Authentication domain: system
IPv4 address: 30.216.172.102
IPv6 address: 2000:0:0:0:1:2345:6789:abcd
Authentication method: CHAP
Initial VLAN: 1
Authorization untagged VLAN: N/A
Authorization tagged VLAN list: 1 to 5 7 9 11 13 15 17 19 21 23 25 27 29 31 33 29 31 33 35 37 40 to 100
Authorization ACL ID: 3001
Authorization user profile: N/A
Termination action: Default
Session timeout period: 2 s
Online from: 2013/03/02 13:14:15
Online duration: 0h 2m 15s
Total 1 connection(s) matched.
```

从以上输出信息可以得知，当前设备共有 1 个 AAA 用户在线，接入类型为 802.1x，用户名为 test@system，用户的 IP 地址为 30.216.172.102，MAC 地址为 0050-ba25-cb34。还可以查看到该连接用户的详细信息，如用户接入端口号、授权 VLAN、下发的访问控制列表等。

（3）显示本地用户的详细信息。

```
[sysname]display local-user user-name test class network
  Network access user test:
  State:                     Active
  Service Type:              Lan-access
Access limit: Enabled Max access number: 10
Current access number:       1
 User Group:                 system
 Bind Attributes:
  IP Address:                30.216.172.102
  Location Bound:            GigabitEthernet1/0/1
  MAC Address:               0050-ba25-cb34
  VLAN ID:                   10
Authorization attributes:
  Idle TimeOut:              3 (min)
  Work Directory:            flash:
  ACL Number:                3001
  User profile:              test
  User Role List:            network-operator, level-0, level-3
```

从以上信息可以看出，本地用户 test 的状态为 Active，用户使用的服务类型为 lan-access，接入用户连接数限制为 10，当前接入 1 个用户，用户所属 VLAN10，闲置切断时长为 3min。

（4）显示指定 RADIUS 方案的配置信息。

```
[sysname]display radius scheme h3c.com
 RADIUS Scheme Name    : h3c.com
```

```
  Index : 1
  Primary Auth Server:
    Host name: radius.com
    IP   : 82.0.0.1                                    Port: 1812   State: Active
    VPN  : Not configured
  Primary Acct Server:
    Host name: radius.com
    IP   : 82.0.0.1                                    Port: 1813   State: Active
VPN : Not configured
Second Auth Server:
    Host name: radius.com
    IP   : 82.0.0.4                                    Port: 1812   State: Active
    VPN  : Not configured
Second Acct Server:
    Host name: radius.com
    IP   : 82.0.0.4                                    Port: 1813   State: Active
    VPN  : Not configured
Security Policy Server:
    Server: 0      IP: 82.0.0.1            VPN: Not configured
  Accounting-On function                         : Disabled
    retransmission times                         : 50
    retransmission interval(seconds)             : 3
  Timeout Interval(seconds)                      : 3
  Retransmission Times                           : 3
  Retransmission Times for Accounting Update     : 5
  Server Quiet Period(minutes)                   : 5
  Realtime Accounting Interval(minutes)          : 12
  NAS IP Address                                 : Not configured
  VPN                                            : Not configured
  User Name Format                               : without-domain
  Attribute 15 check-mode                        : Strict
```

以上信息显示,RADIUS 方案 h3c.com 的索引号为 1,配置了主、从认证授权服务器和主、从计费服务器,状态均为 Active,安全策略服务器为 82.0.0.1,用户名格式为 with-domain。

另外,在任意视图下可以使用 display radius statistics 命令来查看设备中 RADIUS 报文的统计信息,并通过在用户视图下执行 reset radius statistics 命令来将统计清零。

17.4 TACACS 协议

17.4.1 TACACS 协议概述

TACACS(Terminal Access Controller Access Control System,终端访问控制器控制系统协议)与 RADIUS 类似,采用客户机/服务器模式通信。NAS 作为 Client 与 TACACS 服务器交互协议报文来实现接入用户认证、授权和计费。

H3C 设备实现的 HWTACACS,是在 TACACS 基础上进行了功能增强的安全协议。

与 RADIUS 协议相比,TACACS 协议具有更为可靠的传输和加密机制,更加适合于安全控制。二者的主要区别如表 17-4 所示。

表 17-4　RADIUS 协议与 TACACS 协议的比较

RADIUS 协议	TACACS 协议
使用 UDP 传输，网络传输效率更高	使用 TCP 传输，网络传输更可靠
只对验证报文中的密码字段进行加密	除 TACACS 报文头外，对报文主体全部进行加密
协议报文结构简单，认证和授权统一，必须由同一服务器实现	协议报文较复杂，认证和授权相互独立，可以由不同的服务器实现
不支持对设备的配置命令进行授权，用户登录设备后可以使用的命令行由用户级别决定	支持对设备的配置命令进行授权，用户可使用的命令行受到用户级别和 AAA 授权的双重限制

17.4.2　HWTACACS 认证交互流程

HWTACACS 认证大多数应用在需要授权功能的场合，如 Telnet 登录管理用户的命令行授权功能。所以在此以 Telnet 用户登录为例，来说明整个认证、授权、计费过程中的消息交互流程，如图 17-5 所示。

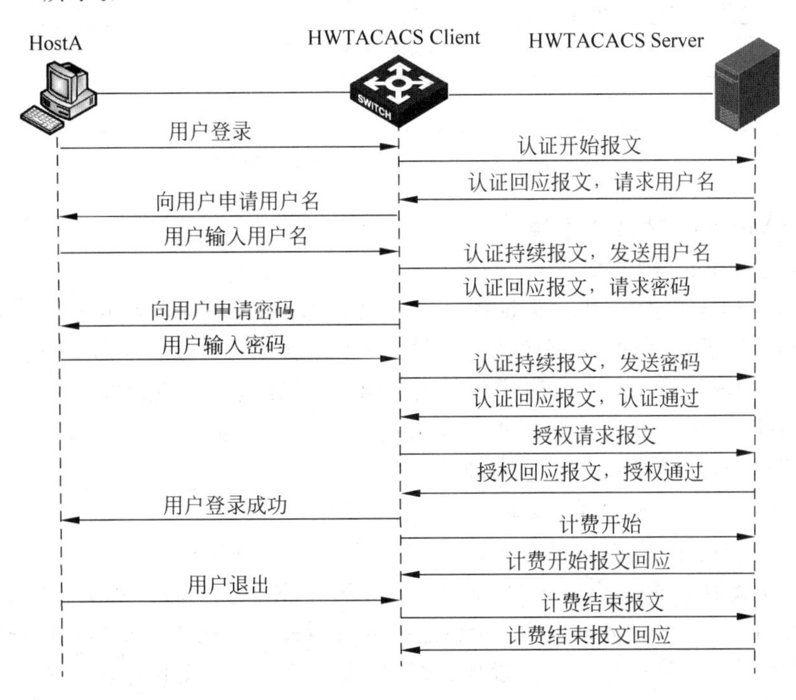

图 17-5　HWTACACS 交互过程(Telnet)

(1) 用户请求登录设备，TACACS 客户端收到请求后，向 TACACS 服务器发送认证请求报文。

(2) TACACS 服务器发送认证响应报文，请求用户名。TACACS 客户端收到响应报文后，向用户询问用户名。

(3) TACACS 客户端收到用户名后，向服务器发送持续认证报文，其中包括用户名。

(4) TACACS 服务器发送认证回应报文，请求登录密码。TACACS 客户端收到回应报文，向用户询问登录密码。

(5) TACACS 客户端收到登录密码后，向服务器发送持续认证报文，其中包括登录密码。

(6) TACACS 服务器发送认证响应报文，指示用户通过认证。

(7) TACACS 客户端向服务器发送授权请求报文。

(8) TACACS服务器发送授权成功报文,指示用户通过授权。

(9) TACACS客户端收到授权成功报文,向用户输出登录设备的配置界面。

(10) TACACS客户端向服务器发送计费请求开始报文。

(11) TACACS服务器发送计费响应报文,指示计费请求报文已经收到。

(12) 如果用户退出,TACACS客户端向服务器发送计费请求结束报文。

(13) TACACS服务器发送计费响应报文,指示计费结束报文已经收到。

17.4.3 HWTACACS报文结构

HWTACACS报文具有相同的报文头结构,如图17-6所示,报文头在传输过程中不进行加密处理。根据报文头结构中Type字段的不同,分别表示验证、计费、授权报文。各字段解释如下。

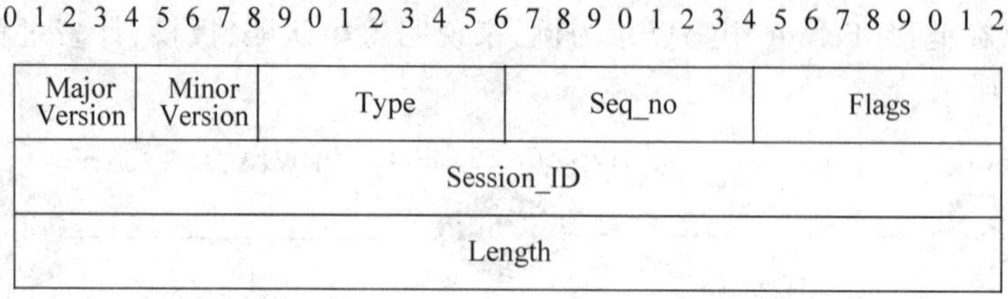

0 1 2 3 4 5 6 7 8 9 0 1 2 3 4 5 6 7 8 9 0 1 2 3 4 5 6 7 8 9 0 1 2

Major Version	Minor Version	Type	Seq_no	Flags
Session_ID				
Length				

图17-6 HWTACACS报文结构

- Major Version:主要版本号。
- Minor Version:次要版本号。
- Type:分组类型,0x1表示认证报文,0x2表示授权报文,0x3表示计费报文。
- Seq_no:当前会话的当前分组的序列号。会话中第一个分组序号必须为1,之后依次递增。NAS只发送包含奇数序列号的分组,服务器只发送包含偶数序列号的分组。
- Flags:标志位,0x0表示此报文为加密报文,0x1表示此报文为非加密报文,0x4表示一个TCP连接上支持多个会话处理。
- Session_ID:会话标识符,表示一次会话业务处理。
- Length:长度字段,表示报文总长度,不包含报文头长度。

HWTACACS认证报文分为3种:Start、Continue、Reply。Start和Continue由NAS发送,Reply则由TACACS服务器发送;授权过程通过授权请求报文(Request)和授权响应报文(Response)来完成;计费过程与授权过程类似,分为计费请求报文和计费响应报文。

17.4.4 HWTACACS配置与维护

HWTACACS的配置是以HWTACACS方案(Scheme)为单位进行的。具体步骤如下。

(1) 在进行其他相关配置前,首先要创建HWTACACS方案并进入其配置视图。

[sysname] **hwtacacs scheme** *hwtacacs-scheme-name*

(2) 配置主认证、授权、计费服务器的IP地址和端口号。

[sysname-hwtacacs-name] **primary authentication** *ip-address* [*port-number*]
[sysname-hwtacacs-name] **primay authorization** *ip-address* [*port-number*]
[sysname-hwtacacs-name] **primary accounting** *ip-address* [*port-number*]

默认情况下,主认证、授权、计费服务的IP地址为0.0.0.0,TCP端口号为49。

(3) 配置从认证、授权、计费服务器的IP地址和端口号:

[sysname-hwtacacs-name] **secondary authentication** *ip-address* [*port-number*]
[sysname-hwtacacs-name] **secondary authorization** *ip-address* [*port-number*]
[sysname-hwtacacs-name] **secondary accounting** *ip-address* [*port-number*]

默认情况下,从认证、授权、计费服务器的 IP 地址为 0.0.0.0,TCP 端口号为 49。

(4) 配置共享密钥。交换机与服务器使用 MD5 算法来加密交互的 TACACS 报文,双方通过设置共享密钥来验证报文合法性。只有密钥一致的情况下,双方才能接受对方发来的报文并做出响应。

[sysname-hwtacacs-name] **key {accounting|authentication|authorization}** *string*

HWTACACS 与 RADIUS 协议一样,也有相同的定时器,作用与 RADIUS 相似,此处不再赘述。

无论是 RADIUS 认证还是 HWTRACACS 认证,交换机发送给服务器的用户名都可以通过执行以下命令切换:

[sysname-hwtacacs-name] **user-name-format {keep-original|with-domain|without-domain}**

这 3 种方式分别表示用户名与用户输入保持一致;用户名带域名和不带域名,即"user@ISP"或"user"。

HWTACACS 方案配置完成后,可以通过命令查看指定或全部的 HWTACACS 方案配置信息、统计信息。显示配置的 HWTACACS 方案信息:

```
[sysname]display hwtacacs scheme test
 ------------------------------------------------------------------
 HWTACACS Scheme Name   : test
   Index : 1
   Primary Auth Server:
     Host name: tacacs.com
     IP   : 82.0.0.123        Port: 49      State: Active
     VPN Instance: Not configured
     Single-connection: Disabled
   Primary Author Server:
     Host name: tacacs.com
     IP   : 82.0.0.123        Port: 49      State: Active
     VPN Instance: Not configured
     Single-connection: Disabled
   Primary Acct Server:
     Host name: tacacs.com
     IP   : 82.0.0.123        Port: 49      State: Active
     VPN Instance: Not configured
     Single-connection: Disabled
   VPN Instance                              : Not configured
   NAS IP Address                            : Not configured
   Server Quiet Period(minutes)              : 5
   Realtime Accounting Interval(minutes)     : 12
   Response Timeout Interval(seconds)        : 5
   Username Format                           : without-domain
 ------------------------------------------------------------------
```

从以上输出可以得知,配置了主认证、授权、计费服务器地址为 82.0.0.123,端口号使用默认 49,从服务器地址为空,用户名不带域名。

另外,设备提供 Reset 命令清空 HWTACACS 的统计。命令详细参数如下:

<sysname> **reset hwtacacs statistics {accounting|all|authentication|authorization}**

17.5　本章总结

(1) AAA是认证、授权、计费的简称,常使用RADIUS协议和TACACS协议实现。

(2) H3C设备提供的认证分为本地认证和远程认证。

(3) RADIUS基于UDP协议,TLV结构,26号属性(Vendor-Specific)用于厂商私有属性扩展。

(4) TACACS基于TCP协议,认证与授权彻底分离,提供更高的安全机制。

17.6　习题和答案

17.6.1　习题

(1) AAA是(　　)、(　　)、(　　)的缩写,包含了(　　)、(　　)、(　　)3种功能。

(2) AAA可以对(　　)服务提供安全保证。

A. FTP　　B. Telnet　　C. PPP　　D. Portal

(3) RADIUS协议基于(　　)传输协议,TACACS协议基于(　　)传输协议。

A. IP　　B. TCP　　C. UDP　　D. IEEE 802.1x

(4) RADIUS协议的认证端口号是(　　),计费端口号是(　　)。

A. 1645　　B. 1812　　C. 1646

D. 1813　　E. 49

(5) NAS一般指的是(　　)。

A. 用户　　B. 交换机　　C. 认证服务器

D. 计费服务器　　E. 授权服务器

(6) 对于AAA来说,(　　)是客户端,(　　)是服务器端;对于用户来说,(　　)是客户端,(　　)是服务器端。

A. 用户　　B. 交换机　　C. 认证服务器

D. 计费服务器　　E. 授权服务器

(7) 如果在ISP域上配置了authentication default radius-scheme radius-scheme-name local,则针对local,(　　)说法正确。

A. local表示本地认证

B. 当用户进行远程认证失败时,转为本地认证

C. 当远程服务器不响应时,转为本地认证

D. 本地认证和远程认证同时执行

(8) H3C交换机与IMC服务器配合,可完成(　　)AAA功能。

A. 记录用户上网时长与流量　　B. 服务器将信息透传给用户

C. 下发EXEC用户的优先级　　D. 下发FTP用户的工作目录

17.6.2　习题答案

(1) Authentication、Authorization、Accounting,认证、授权、计费

(2) ABCD　(3) C,B　(4) B,D　(5) B　(6) B,CDE,A,B　(7) AC

(8) ABCD

第18章

端口接入控制

端口接入控制的主要目的是验证接入用户身份的合法性，以及在认证的基础上对用户的网络接入行为进行授权和计费。目前有多种方式实现端口接入控制。H3C 设备提供的端口接入控制技术主要有 IEEE 802.1x 认证、MAC 地址认证、端口安全。本章将对上述接入控制技术的工作机制和配置进行详细介绍。

18.1 本章目标

学习完本课程，应该能够：

- 掌握 IEEE 802.1x 的工作机制和配置；
- 掌握 MAC 地址认证的工作机制和配置；
- 掌握端口安全的原理和配置。

18.2 IEEE 802.1x 协议介绍

18.2.1 IEEE 802.1x 协议体系结构

2001 年，IEEE 802 LAN/WAN 委员会为解决无线局域网网络安全问题，提出了 IEEE 802.1x 协议，并在 2004 年最终完成了该协议的标准化。如图 18-1 所示，IEEE 802.1x 协议作为局域网端口的一个普通接入控制协议在以太网中被广泛应用，主要解决以太网接入用户的认证和安全问题。

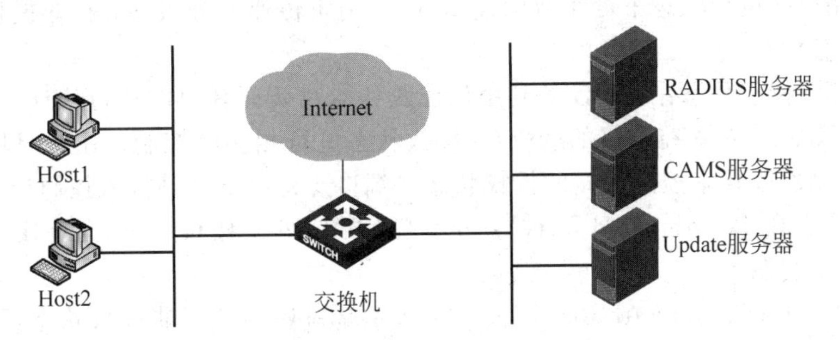

图 18-1　IEEE 802.1x 概念

IEEE 802.1x 协议是一种基于端口的网络接入控制协议（Port-Based Network Access Control Protocol）。"基于端口的网络接入控制"是指在局域网接入设备的端口上对所接入的用户设备进行认证和控制。连接在端口上的用户设备如果能通过认证，就可以访问网络中的资源；如果不能通过认证，则无法访问网络中的资源。

如图 18-2 所示，IEEE 802.1x 系统为典型的 Client/Server 结构，包括 3 个实体：认证客户端(Supplicant)、认证设备(Authenticator)和认证服务器(Authentication Server)。

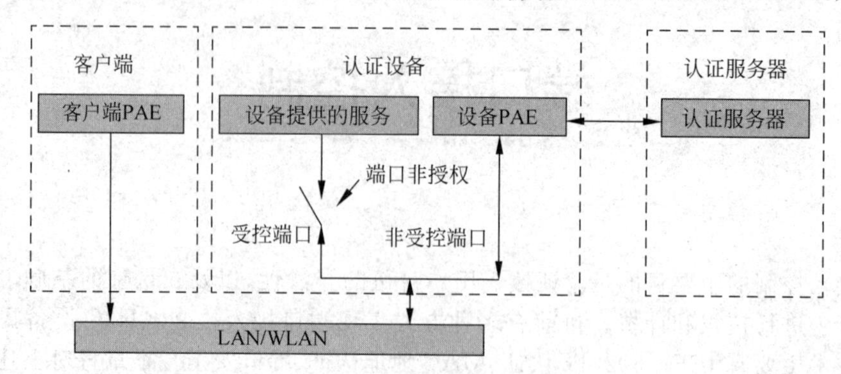

图 18-2 IEEE 802.1x 协议体系结构

(1) 认证客户端：是局域网链路用户侧的网络实体，由认证设备对其进行认证。认证客户端一般为用户终端设备，用户可以通过启动客户端软件发起 IEEE 802.1x 认证。客户端必须支持 EAPoL(Extensible Authentication Protocol over LAN，局域网上的可扩展认证协议)。

(2) 认证设备：是局域网链路网络侧的网络实体，对所连接的认证客户端进行认证。认证设备通常为支持 IEEE 802.1x 协议的网络设备，它为客户端提供接入局域网的端口，该端口可以是物理端口，也可以是逻辑端口。

(3) 认证服务器：是为认证设备提供认证服务的网络实体。认证服务器用于实现对认证客户端进行认证、授权和计费，通常为 RADIUS 服务器或 TACACS 服务器。

18.2.2 IEEE 802.1x 基本概念

(1) 受控/非受控端口：认证设备为认证客户端提供接入局域网的端口，该端口被划分为两个逻辑端口，即受控端口和非受控端口。任何到达该端口的帧，在受控端口与非受控端口上均可见。

① 非受控端口始终处于双向连通状态，主要用来传递 EAPoL 协议帧，保证认证客户端始终能够发出或接收认证协议报文。

② 受控端口在授权状态下处于双向连通状态，用于传递业务报文；在非授权状态下禁止从客户端接收任何报文。

(2) 授权/非授权状态：认证设备利用认证服务器对认证客户端执行认证，并根据认证结果(Accept 或 Reject)对受控端口的授权/非授权状态进行相应的控制。用户可以通过在端口下配置接入控制的模式来控制端口的授权状态。端口支持以下 3 种接入控制模式。

① 强制授权模式(authorized-force)：表示端口始终处于授权状态，允许用户不经认证授权即可访问网络资源。

② 强制非授权模式(unauthorized-force)：表示端口始终处于非授权状态，不允许用户进行认证。认证设备不对该端口接入的客户端提供认证服务。

③ 自动识别模式(auto)：表示端口初始状态为非授权状态，仅允许 EAPoL 报文收发，不允许用户访问网络资源；如果认证通过，则端口切换到授权状态，允许用户访问网络资源。自动识别模式是最常见的端口接入控制模式。

(3) 受控方向：受控端口可以被设置成单向受控和双向受控。

① 实行双向受控时，禁止数据帧的发送和接收。

② 实行单向受控时，禁止从客户端接收数据帧，但允许向客户端发送数据帧。

(4) 端口接入控制方式：包括基于端口/基于 MAC 两种方式。

① 当采用基于 MAC 控制方式时，该端口下的所有接入用户均需要单独认证，当某个用户下线时，也只有该用户无法使用网络，其他认证用户不受影响。

② 当采用基于端口控制方式时，只要该端口下的第一个用户认证成功后，其他接入该端口下的用户无须认证即可使用网络资源，但是当第一个用户下线后，其他用户也会被拒绝使用网络。

18.2.3 IEEE 802.1x 认证触发方式和认证方式的分类

IEEE 802.1x 的认证触发方式分为两种：客户端主动触发和设备主动触发。

(1) 客户端主动触发：客户端主动向认证设备发送 EAPoL-Start 报文来触发认证，该报文的目的地址是由 IEEE 802.1x 协议分配的一个组播 MAC 地址：01-80-C2-00-00-03。
如果认证设备和客户端之间还存在其他网络设备，某些网络设备可能不支持 EAPoL-Start 组播报文的转发，使得认证设备无法收到客户端的认证请求。为了兼容上述情况，H3C 认证客户端和认证设备还支持广播触发方式（即 H3C iNode 的 802.1x 客户端可以主动发送广播形式的 EAPoL-Start 报文，H3C 认证设备可以接收客户端发送的目的地址为广播 MAC 地址的 EAPoL-Start 报文）。

(2) 认证设备主动触发：认证设备会以一定的时间间隔（例如 30s）主动向客户端发送 EAP-Request/Identity 报文来触发认证，该触发方式用于兼容不能主动发送 EAPoL-Start 报文的客户端，例如 Windows XP 操作系统自带的 IEEE 802.1x 客户端。

IEEE 802.1x 认证系统使用 EAP(Extensible Authentication Protocol，可扩展认证协议）来实现认证客户端、认证设备和认证服务器之间认证信息的交互。在客户端与认证设备之间，EAP 协议报文使用 EAPoL 封装格式，直接承载于 LAN 环境中；在认证设备与认证服务器之间，可以由认证设备决定使用 EAP 中继方式还是 EAP 终结方式来交换认证信息。

(1) EAP 中继：EAP 协议报文由认证设备进行中继转发，使用 EAPoR(EAP over RADIUS)封装格式承载于 RADIUS 协议中，可以支持 MD5、EAP-TLS、EAP-TTLS、PEAP 等多种认证方法。认证服务器最终处理的仍然是 EAP 消息，因此该方式需要认证服务器支持新的 RADIUS 属性，且能够支持 EAP。

(2) EAP 终结：EAP 协议报文由认证设备终结，认证设备再按照 PAP(Password Authentication Protocol，密码验证协议)或 CHAP(Challenge Handshake Authentication Protocol，质询握手验证协议)认证方式与认证服务器进行认证信息交互。认证服务器不再需要处理 EAP 消息，而是处理普通的 RADIUS 报文，因此也不需要支持新的 RADIUS 属性和 EAP 协议。

18.2.4 EAP 中继方式的认证流程

IEEE 802.1x 标准规定的 EAP 中继方式将 EAP(可扩展认证协议）承载在其他高层协议中，如 EAP over RADIUS，以便 EAP 报文穿越复杂的网络到达认证服务器。一般来说，EAP 中继方式需要 RADIUS 服务器支持 EAP 属性：EAP-Message 和 Message-Authenticator，分别用来封装 EAP 报文及对携带 EAP-Message 的 RADIUS 报文进行保护。本文以 EAP-MD5 方式为例介绍 EAP 中继认证的基本业务流程，如图 18-3 所示，认证过程如下。

(1) 当用户有访问网络需求时打开 802.1x 客户端程序，输入已经申请、登记过的用户名和密码，客户端将发出触发认证请求的报文(EAPoL-Start)给认证设备，开始启动认证过程。

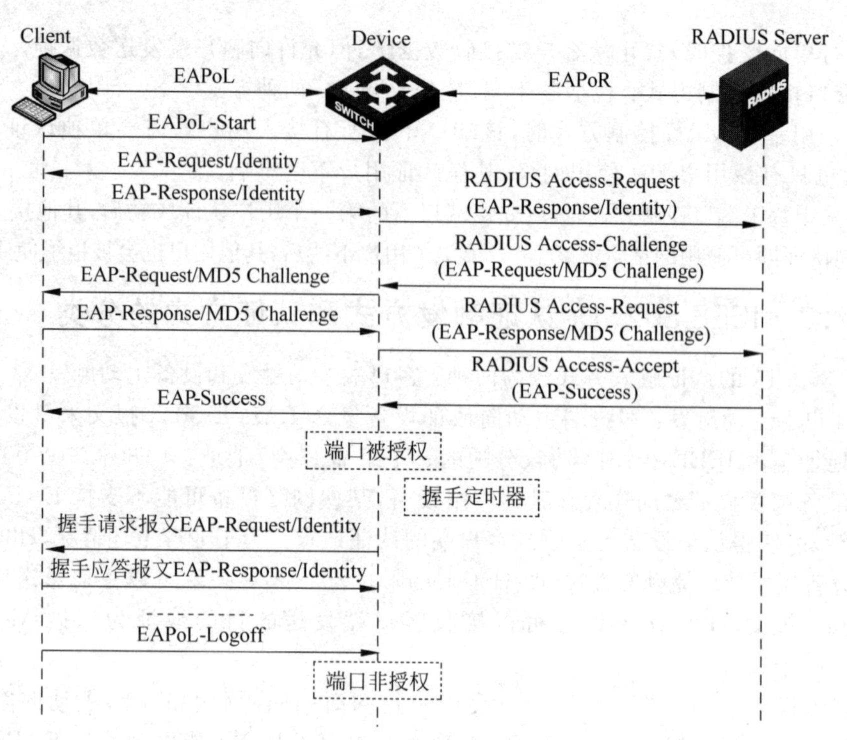

图 18-3 EAP 中继方式的认证流程

(2) 认证设备收到 EAPoL-Start 后，将发出认证请求报文(EAP-Request/Identity)要求认证客户端发送认证用户名。

(3) 客户端响应认证设备发出的认证请求，将用户名信息通过认证响应报文(EAP-Response/Identity)发送给认证设备。认证设备将客户端发送的数据帧经过封装处理成认证请求报文(RADIUS Access-Request)发送给认证服务器进行处理。

(4) 认证服务器收到认证设备转发的用户名信息后，将该信息与数据库中的用户名表对比，找到该用户名对应的密码信息，用随机生成的一个加密字对它进行加密处理，同时也将此加密字通过 RADIUS Access-Challenge 报文发送给认证设备，由认证设备转发给客户端。

(5) 客户端收到由认证设备传来的 EAP-Request/MD5 Challenge 报文后，用该加密字对密码部分进行加密处理(此种加密算法通常是不可逆的)，生成 EAP-Response/MD5 Challenge 报文，并通过认证设备传给认证服务器。

(6) RADIUS 服务器将收到的已加密的密码信息(包含在 RADIUS Access-Request 报文中)和本地经过加密运算后的密码信息进行对比，如果二者相同，则认为该用户为合法用户，反馈认证通过的消息(包含 EAP-Success 的 RADIUS Access-Accept 报文)给认证设备。

(7) 认证设备收到认证通过消息后将端口改为授权状态，允许用户通过端口访问网络。在此期间，认证设备会向客户端定期发送握手报文，以对用户的在线情况进行监测。默认情况下，如果两次握手请求报文都得不到客户端应答，认证设备将用户下线，防止用户因为异常原因下线而认证设备无法感知。

(8) 客户端也可以发送 EAPoL-Logoff 报文给认证设备，主动要求下线。此时认证设备把端口状态从授权状态改为非授权状态，并向客户端发送 EAP-Failure 报文。

注意： EAP 中继方式下，需要保证在客户端和 RADIUS 服务器支持一致的 EAP 认证方法，而在认证设备上，只需要通过 dot1x authentication-method eap 命令启动 EAP 中继方式即可。

18.2.5 EAP终结方式的认证流程

EAP终结方式将EAP报文在认证设备上终结并映射到RADIUS报文中，利用标准RADIUS协议完成认证、授权和计费。认证设备与RADIUS服务器之间可以采用PAP或者CHAP认证方法。在此以CHAP认证方法为例介绍基本业务流程，认证过程如图18-4所示。

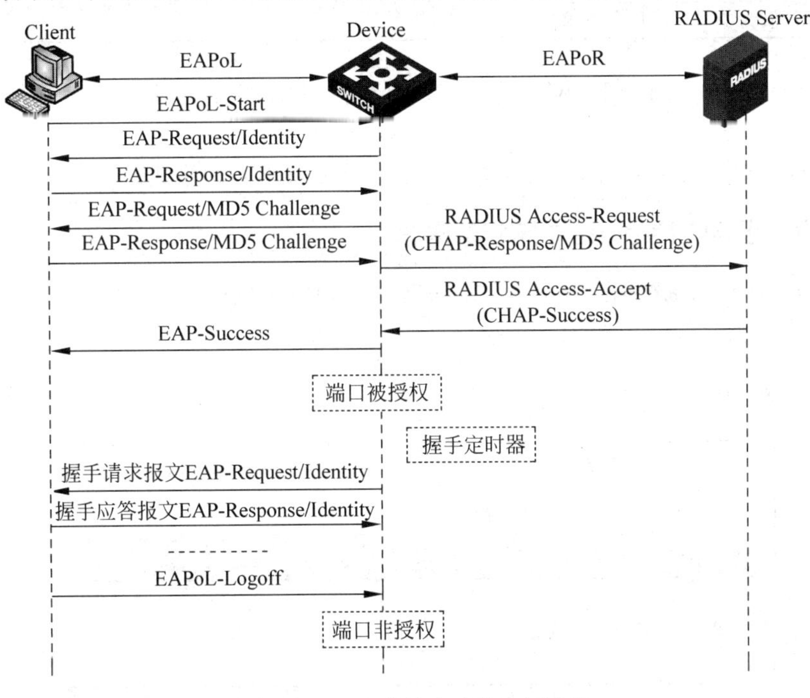

图18-4　EAP终结方式的认证流程

EAP终结方式与EAP中继方式的认证流程相比，不同之处在于对用户密码信息进行加密处理的随机加密字由认证设备生成，之后认证设备会把用户名、随机加密字和客户端加密后的密码信息一起发送给RADIUS服务器，服务器利用认证设备提供的信息进行相关的认证处理。

18.2.6 EAPoL消息的封装格式

EAPoL是IEEE 802.1x协议定义的一种报文封装格式，主要用于在客户端和认证设备之间传送EAP报文，以允许EAP报文在LAN上传送。EAPoL数据包的协议字段为0x888E，其封装格式如图18-5所示。后续各字段含义分别如下。

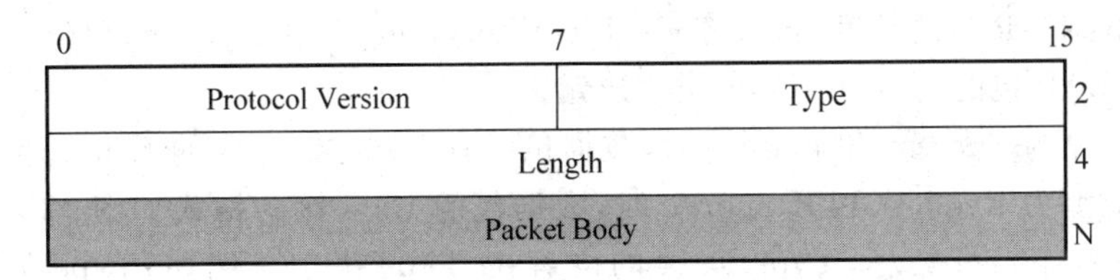

图18-5　EAPoL消息的封装格式

- Protocol Version：表示EAPoL帧的发送方所支持的协议版本号。
- Type：表示EAPoL数据帧类型，H3C交换机设备上支持的数据帧类型如表18-1所示。

表 18-1　EAPoL 数据帧类型

类　型	说　明
EAP-Packet(值为 0x00)：认证信息帧	用于承载认证信息，该帧在认证设备重新封装并承载于 RADIUS 协议上，便于穿越复杂的网络到达认证服务器
EAPoL-Start(值为 0x01)：认证发起帧	这两种类型的数据帧仅在客户端和认证设备之间存在
EAPoL-Logoff(值为 0x02)：退出请求帧	

- Length：表示 Packet Body 域的长度，单位为 B。如果为 0，则表示没有 Packet Body。如 EAPoL-Start 和 EAPoL-Logoff 就没有 Packet Body。
- Packet Body：表示数据内容，根据不同的 Type 有不同的格式。

18.2.7　EAP-Packet 的封装格式

如图 18-6 所示，当 EAPoL 数据包 Type 域为 EAP-Packet 时，Packet Body 将按照 CLV 格式进行封装。

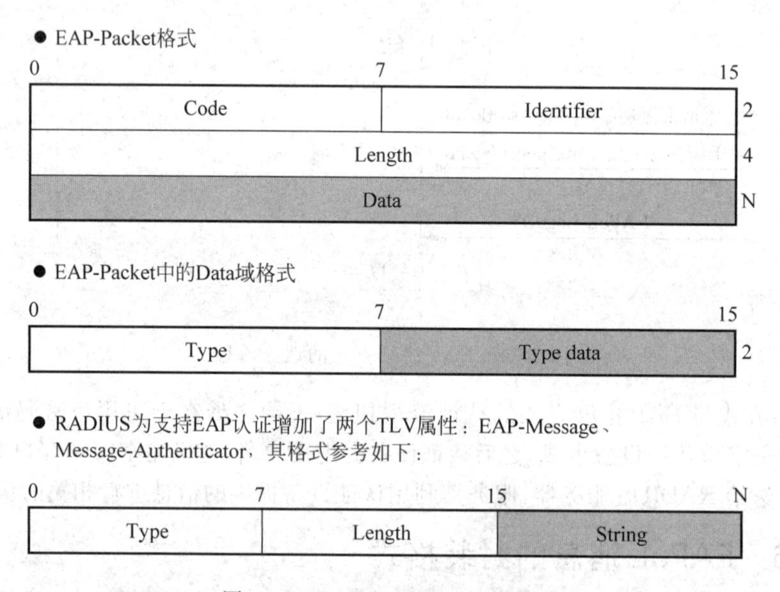

图 18-6　EAP-Packet 的封装格式

- Code：指明 EAP 包的类型，共有 4 种，即 Request、Response、Success、Failure。
- Identifier：用于匹配 Request 消息和 Response 消息。
- Length：EAP 包的长度，包含 Code、Identifier、Length 和 Data 域，单位为 B。
- Data：EAP 包的内容，由 Code 类型决定。

当 Code 类型为 Success 和 Failure 时，数据包没有 Data 域，相应的 Length 域的值为 4。

当 Code 类型为 Request 和 Response 时，数据包的 Data 域的格式如图 18-6 所示。Type 为 Request 或 Response 类型，Type Data 的内容由 Type 决定。例如，Type 值为 1 时代表 Identity，用来查询对方的身份；Type 值为 2 时，代表 Notification，用于传递提示消息给客户端；Type 值为 4 时，代表 MD5-Challenge，类似于 PPP CHAP 协议，包含质询消息。

RADIUS 协议为了支持 EAP 认证也增加了两个 TLV 属性：EAP-Message(EAP 消息)和 Message-Authenticator(消息认证码)。

(1) EAP-Message：该属性用来封装 EAP 消息，类型代码为 79，String 域最长 253B，如果

EAP 数据包长度大于 253B，可以对其进行分片，依次封装在多个 EAP-Message 属性中。

（2）Message-Authenticator：该属性用来避免接入请求包被窃听，类型代码为 80。在含有 EAP-Message 属性的数据包中，必须同时也包含 Message-Authenticator，否则该数据包会被认为无效而被丢弃。

18.2.8 IEEE 802.1x、PPPoE 认证和 Web 认证的对比

从表 18-2 中可以看出，相对于 PPPoE 和 Web 认证，IEEE 802.1x 的优势较为明显，是理想的低成本运营解决方案。IEEE 802.1x 适用于接入设备与接入用户间点到点的连接方式，实现对局域网用户接入的认证与服务管理，常用于运营管理相对简单、业务复杂度较低的企业以及园区。而 Web 认证和 PPPoE 认证只有在集中管理需求较高的情况下才应用部署，相应地对认证设备的要求更高，开展增值业务更加复杂。

表 18-2　IEEE 802.1x、PPPoE 认证和 Web 认证的对比

评价指标	IEEE 802.1x	PPPoE	Web 认证
是否需要客户端软件	是（Windows 系统有自带客户端）	是（Windows 系统有自带客户端）	否
业务报文效率	高	低，有封装开销	高
组播支持能力	好	低，对设备要求高	好
有线网上的安全性	扩展后可用	可用	可用
认证设备的要求	低	高	较高
增值应用支持	简单	复杂	复杂

18.3 IEEE 802.1x 扩展应用

18.3.1 Dynamic VLAN

如图 18-7 所示，IEEE 802.1x 用户在服务器上通过认证时，服务器会把授权信息传送给认证设备。如果服务器上配置了下发授权 VLAN 功能，在授权信息中则会包含授权 VLAN 信息，认证设备根据用户认证上线的端口链路类型，按以下 3 种情况将端口加入授权 VLAN 中。

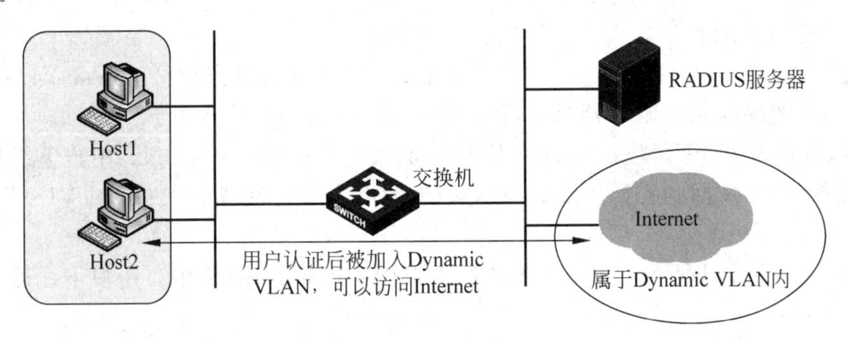

图 18-7　Dynamic VLAN

（1）若端口的链路类型为 Access，当前 Access 端口离开用户配置的 VLAN 并加入授权 VLAN。

（2）若端口的链路类型为 Trunk，认证设备将允许授权 VLAN 通过当前 Trunk 端口，并

且修改端口的默认 VLAN 为授权 VLAN。

(3) 若端口的链路类型为 Hybrid,认证设备将允许授权 VLAN 以不携带 Tag 的方式通过当前 Hybrid 端口,并且修改端口的默认 VLAN 为授权 VLAN。需要注意的是,若当前 Hybrid 端口上配置了基于 MAC 的 VLAN,则设备将根据认证服务器下发的授权 VLAN 动态地创建基于用户 MAC 的 VLAN,而端口的默认 VLAN 保持不变。

下发授权 VLAN 并不改变端口的配置,也不影响端口的配置。但是,下发的授权 VLAN 的优先级高于用户配置的 VLAN,即通过认证后起作用的 VLAN 是动态下发的授权 VLAN,用户配置的 VLAN 只在用户上线前和下线后生效。

18.3.2 Guest VLAN

如图 18-8 所示,Guest VLAN 功能允许用户在未认证或者认证失败的情况下,可以访问某一特定 VLAN 中的资源,比如获取客户端软件,升级客户端或执行其他一些用户升级程序。这个 VLAN 通常被称为 Guest VLAN。

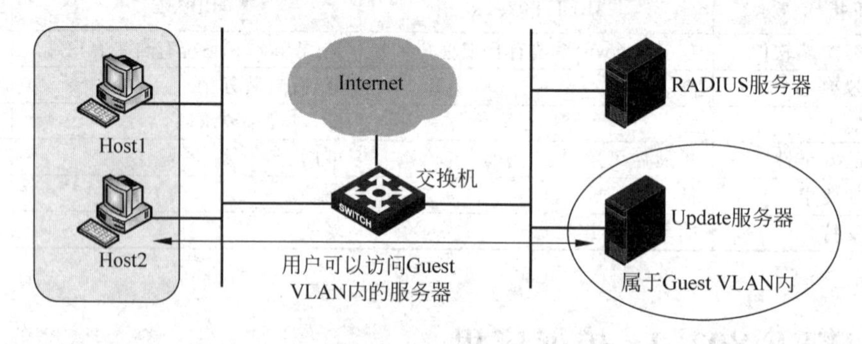

图 18-8 Guest VLAN

根据端口的接入控制方式不同,可以将 Guest VLAN 划分为基于端口的 Guest VLAN 和基于 MAC 的 Guest VLAN。

(1) PGV(Port-based Guest VLAN,基于端口的 Guest VLAN):在接入控制方式被配置为 port-based 的端口上启用的 Guest VLAN 称为 PGV。若在一定的时间内(默认 90s),配置了 PGV 的端口上无客户端进行认证,则该端口将被加入 Guest VLAN,所有在该端口接入的用户将被授权访问 Guest VLAN 里的资源。端口加入 Guest VLAN 的情况与加入授权 VLAN 相同,与端口链路类型有关。

当端口上处于 Guest VLAN 中的用户发起认证且成功时,端口会离开 Guest VLAN,之后端口加入 VLAN 情况与认证服务器是否下发授权 VLAN 有关,具体如下。

① 若认证服务器下发授权 VLAN,则端口加入下发的授权 VLAN。用户下线后,端口离开下发的授权 VLAN 回到初始 VLAN 中,该初始 VLAN 为端口加入 Guest VLAN 之前所在的 VLAN。

② 若认证服务器未下发授权 VLAN,则端口回到初始 VLAN 中。用户下线后,端口仍在该初始 VLAN 中。

(2) MGV(MAC-based Guest VLAN,基于 MAC 的 Guest VLAN):在接入控制方式配置为 mac-based 的端口上启用的 Guest VLAN 称为 MGV。配置了 MGV 的端口上未认证的用户被授权访问 Guest VLAN 里的资源。

MGV 需要与基于 MAC 的 VLAN 配合使用,端口配置 MGV 的同时,需要使能 mac-vlan。设备会动态地创建基于用户 MAC 的 VLAN 表项,以将未认证或认证失败的用户加入

Guest VLAN 中。

当端口上处于 Guest VLAN 中的用户发起认证且成功时，设备会根据认证服务器是否下发授权 VLAN 决定将该用户加入下发的授权 VLAN 中，或回到加入 Guest VLAN 之前端口所在的初始 VLAN。

18.4 IEEE 802.1x 配置和维护

18.4.1 IEEE 802.1x 基本配置命令

在 IEEE 802.1x 认证中，管理员可以选择使用远程认证或本地认证来配合 IEEE 802.1x 完成用户的身份认证。因此，在配置 IEEE 802.1x 时需要首先完成以下配置任务。

(1) 配置 IEEE 802.1x 用户所属的 ISP 认证域及其使用的 AAA 方案，即本地认证方案或远程认证(RAIDIUS 或 HWTACACS)方案。

(2) 如果需要通过认证服务器进行认证，则应该在认证服务器上配置相应的用户名和密码以及接入设备的 NAS-IP。

(3) 如果需要本地认证，则应该在设备上手动添加认证的用户名和密码。配置本地认证时，用户使用的服务类型必须设置为 lan-access。

只有同时开启全局和端口的 IEEE 802.1x 特性后，IEEE 802.1x 的配置才能在端口上生效，配置 IEEE 802.1x 的基本步骤如下。

(1) 开启全局的 IEEE 802.1x 特性。

[sysname]**dot1x**

(2) 开启端口的 IEEE 802.1x 特性。

[sysname-*interface-name*] **dot1x**

(3) 设置 IEEE 802.1x 用户认证方法。

[sysname] **dot1x authentication-method {chap|eap|pap}**

默认情况下，IEEE 802.1x 用户认证方法为 CHAP 认证，用户可以根据需要设置其他认证方法。

(4) 设置端口接入控制方式。

[sysname-*interface-name*] **dot1x port-method {macbased|portbased}**

默认情况下，接入控制方式为 macbased。

18.4.2 IEEE 802.1x 的定时器及配置

在 IEEE 802.1x 认证过程中会启动多个定时器以控制接入用户、设备以及认证服务器之间进行合理、有序的交互。IEEE 802.1x 的定时器主要有以下几种。

(1) 用户名请求超时定时器(Tx-period)：该定时器定义了认证设备发送 EAP-Request/Identity 报文的时间间隔。具体分为两种情况：其一，当认证设备向客户端发送 EAP-Request/Identity 单播请求报文后，认证设备启动该定时器，若在 Tx-period 设置的时间间隔内，认证设备没有收到客户端的响应，则认证设备将重发认证请求报文；其二，为了兼容不主动发送 EAPoL-Start 连接请求报文的客户端，认证设备会定期发送 EAP-Request/Identity 组播请求报文来触发客户端进行认证。Tx-period 定时器也定义了组播请求报文的发送时间间隔。

(2) 客户端认证超时定时器(Supp-timeout):当认证设备向客户端发送了EAP-Request/MD5 Challenge请求报文后,认证设备会启动该定时器,若在该定时器超时前,认证设备没有收到客户端的响应,认证设备将重发该请求报文。

(3) 认证服务器超时定时器(Server-timeout):当认证设备向认证服务器发送了RADIUS Access-Request请求报文后,认证设备会启动server-timeout定时器,若在该定时器超时前,认证设备没有收到认证服务器的响应,设备将认为认证失败,启动下一次认证。

(4) 握手定时器(Handshake-period):此定时器是在用户认证成功后启动的,认证设备以此间隔为周期发送握手请求报文,以定期检测用户的在线情况。如果认证设备在指定时间内都没有收到客户端的响应报文,就认为用户已经下线。

(5) 静默定时器(Quiet-period):对用户认证失败以后,认证设备需要静默一段时间(该时间由静默定时器设置),在静默期间,认证设备不处理该用户的认证请求。

(6) 重认证定时器(Reauth-period):如果端口下开启了重认证功能,认证设备以此定时器设置的时间间隔为周期对该端口在线用户发起重认证。

配置各个定时器参数的命令如下:

[sysname] **dot1x timer** {**ead-timeout** *ead-timeout-value* | **handshake-period** *handshake-period-value* | **quiet-period** *quiet-period-value* | **reauth-period** *reauth-period-value* | **server-timeout** *server-timeout-value* | **supp-timeout** *supp-timeout-value* | **tx-period** *tx-period-value*}

默认情况下,静默功能处于关闭状态。如果需要防止用户频繁触发认证,则使用如下命令行开启静默功能:

[sysname] **dot1x quiet-period**

另外,用户可以根据需要,开启或关闭在线用户握手功能。在线握手功能需要客户端的配合,客户端在线的情况下必须能够准确及时地响应认证设备发送的握手请求报文,否则客户端会被错误地认为已经离线而被迫下线。默认情况下在线握手功能已经开启,当发现客户端无法支持在线握手功能时,应关闭在线握手功能。关闭在线握手功能的命令行如下:

[sysname-GigabitEthernet1/0/1] **undo dot1x handshake**

18.4.3 配置 Guest VLAN 和 VLAN 下发

H3C交换机支持在端口视图下配置Guest VLAN,详细配置命令如下:

[sysname-GigabitEthernet1/0/1] **dot1x guest-vlan** *guest-vlan-id*

若通过认证服务器下发数字型VLAN,在设备上不需要创建该VLAN,用户认证成功后根据服务器下发的VLAN信息,设备会自动创建该VLAN。

若通过认证服务器下发字符型VLAN,在设备上需要先创建所下发的VLAN,并配置该VLAN的name,其name要与服务器上设置的VLAN字符串保持一致。例如:

[H3C] **vlan 10**
[H3C-vlan10] **name** *test*

若采用本地认证方法,需要为本地用户配置授权VLAN属性:

[H3C] **local-user** *user-name class network*
[H3C-luser-user-name] **authorization-attribute vlan** *vlan-id*

18.4.4　IEEE 802.1x 典型配置案例

如图 18-9 所示，主机通过交换机的端口 G1/0/1(该端口在 VLAN1 内)进行 IEEE 802.1x 认证接入网络，认证服务器为 RADIUS 服务器。Update Server 用于客户端软件程序文件的下载和升级，并划分在 VLAN20 内；交换机连接 Internet 网络的端口在 VLAN10 内。

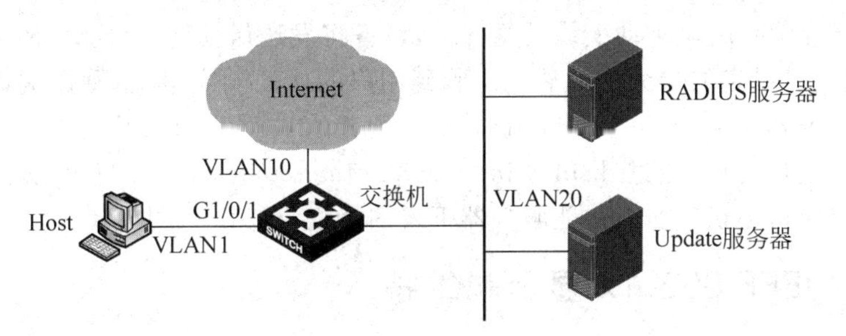

图 18-9　IEEE 802.1x 典型配置案例

为了实现上述需求，需要在交换机的 G1/0/1 上开启 IEEE 802.1x 特性并设置 VLAN20 为目的端口的 Guest VLAN。当用户未认证或认证失败时，G1/0/1 被加入 Guest VLAN20 中，此时 Host 可以访问 Update Server 并下载 IEEE 802.1x 客户端软件。当用户认证成功时，认证服务器授权下发 VLAN10，G1/0/1 端口被加入授权 VLAN10 中，此时 Host 可以成功访问 Internet。

配置 RADIUS 方案 h3c：

```
<sysname> system-view
[sysname] radius scheme h3c
[sysname-radius-h3c] primary authentication 82.0.0.3 1812
[sysname-radius-h3c] primary accounting 82.0.0.3 1813
[sysname-radius-h3c] key authentication h3c
[sysname-radius-h3c] key accounting h3c
[sysname-radius-h3c] quit
```

配置认证域 h3c，该域使用已配置的 RADIUS 方案 h3c：

```
[sysname]domain h3c
[sysname-isp-h3c] authentication default radius-scheme h3c
[sysname-isp-h3c] authorization default radius-scheme h3c
[sysname-isp-h3c] accounting default radius-scheme h3c
[sysname-isp-h3c] quit
```

开启全局 IEEE 802.1x 特性：

```
[sysname] dot1x
```

开启指定端口的 IEEE 802.1x 特性：

```
[sysname]interface GigabitEthernet 1/0/1
[sysname-GigabitEthernet 1/0/1]dot1x
```

配置端口上进行接入控制的方式为 portbased：

```
[sysname-GigabitEthernet1/0/1] dot1x port-method portbased
```

创建 VLAN20：

```
[sysname] vlan 20
[sysname-vlan20] quit
```

配置指定端口的 Guest VLAN：

```
[sysname]interface GigabitEthernet 1/0/1
[sysname-GigabitEthernet 1/0/1] dot1x guest-vlan 20
```

完成上述配置之后触发认证之前，通过命令 display current-configuration 或者 display interface *gigabitethernet 1/0/1* 可以查看 Guest VLAN 的配置情况。

在端口 UP 且没有用户主动上线的情况下，设备将发送认证请求(EAP-Request/Identity)组播报文，发送超过设定的最大次数后仍未收到用户的认证响应报文，则该端口被加入 Guest VLAN。通过命令 display vlan 20 可以查看端口配置的 Guest VLAN 是否生效。

在用户认证成功之后，通过 display interface *gigabitethernet 1/0/1* 可以看到用户接入的端口 GigabitEthernet1/0/1 加入认证服务器下发的授权 VLAN10 中了。

18.4.5 IEEE 802.1x 显示和维护

在维护和配置过程中，可以通过如下命令来快速显示 IEEE 802.1x 用户的会话连接信息、相关统计信息或配置信息：

[sysname] **display dot1x** [**sessions**|**statistics**] [**interface** *interface-list*]

IEEE 802.1x 用户的相关统计信息还可以通过如下命令清除，以便在维护过程中排除历史信息的干扰：

<sysname> **reset dot1x statistics** [**interface** *interface-list*]

当需要确切掌握某个认证用户更具体的信息时，可以使用如下命令查看：

<sysname> **display dot1x connection** {**interface** *interface-list* | **slot** *slot-number* | **user-mac** *H-H-H* | **user-name** *user-name*}

18.5 MAC 地址认证

18.5.1 MAC 地址认证概述

MAC 地址认证是一种利用用户 MAC 地址对用户的网络访问权限进行控制的认证方法，它不需要用户安装任何客户端软件。设备在首次检测到用户的 MAC 地址后，即启动对该用户的认证操作。认证过程中，也不需要用户输入用户名和密码。

同 IEEE 802.1x 认证一样，MAC 地址认证也支持远程认证和本地认证两种方式，远程认证可以支持 RADIUS 和 TACACS。

MAC 地址认证用户名分为两种类型：MAC 地址用户名和固定用户名。

(1) MAC 地址用户名：使用用户的 MAC 地址作为认证时的用户名和密码。

(2) 固定用户名：不论用户的 MAC 地址为何值，所有用户均使用在设备上预先配置的用户名和密码进行认证。同一个端口下可以有多个用户进行认证，且均使用同一个固定用户名通过认证。由于使用与配置相同的用户名和密码，认证类型安全性较低，不推荐使用。

18.5.2 两种认证方式的工作流程

如图 18-10 所示，当选用 RADIUS 服务器远程认证方式进行 MAC 地址认证时，认证设备作为 RADIUS 客户端，与 RADIUS 服务器配合采用 PAP 认证方式完成 MAC 地址认证操作。

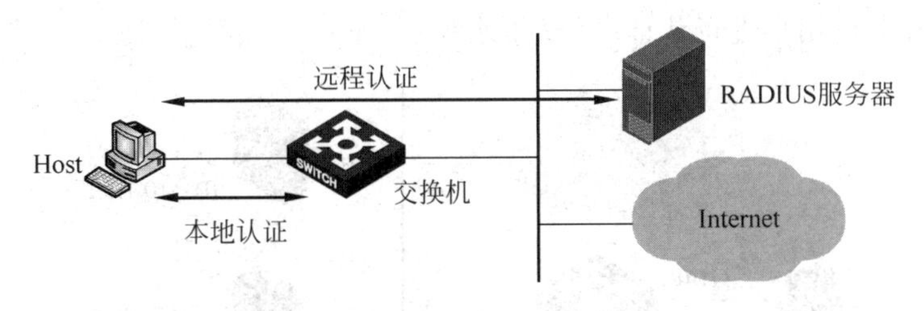

图 18-10 两种认证方式的工作流程

(1) 采用 MAC 地址用户名时,认证设备将检测到的用户 MAC 地址作为用户名和密码发送给 RADIUS 服务器。

(2) 采用固定用户名时,需要在配置 MAC 认证用户名格式时指定固定用户名和密码,认证设备将此用户名和密码作为待认证用户的用户名和密码,发送给 RADIUS 服务器。

当选用本地认证方式进行 MAC 地址认证时,直接在设备上完成对用户的认证。需要在设备上配置本地用户名和密码。

(1) 采用 MAC 地址用户名时,需要配置的本地用户名为各接入用户的 MAC 地址。

(2) 采用固定用户名时,需要在配置 MAC 认证用户名格式时指定固定用户名和密码,但本地用户数据库中只需要创建对应的单个用户名和密码即可。所有用户对应的用户名和密码都相同。

18.5.3 MAC 地址认证的配置命令

通过使用 MAC 地址认证,可以对用户的网络访问权限进行控制,在配置 MAC 地址认证之前,需要首先完成以下配置任务。

(1) 创建并配置 ISP 域。

(2) 若采用本地认证方式,需建立本地用户并设置其密码。

(3) 若采用远程 RADIUS 认证方式,需要确保设备与 RADIUS 服务器之间的路由可达,并添加用户名及密码。

在全局 MAC 地址认证没有开启之前端口可以启动 MAC 地址认证,但不起作用;只有在全局 MAC 地址认证启动后,各端口的 MAC 地址认证配置才会立即生效。MAC 地址认证基本步骤如下。

(1) 启动全局的 MAC 地址认证。

[sysname]**mac-authentication**

(2) 启动端口的 MAC 地址认证。

[sysname-*interface-name*] **mac-authentication**

(3) 配置 MAC 地址认证的用户名格式或固定用户名和密码。

[sysname] **mac-authentication user-name-format** { **fixed** [**account** *name*] [**password** { **cipher** | **simple** } *password*] | **mac-address** [{ **with-hyphen** | **without-hyphen** } [**lowercase** | **uppercase**]] }

(4) 配置 MAC 认证用户使用的认证域。

[sysname]**mac-authentication domain** *domain-name*

18.5.4 MAC 认证的典型配置案例

如图 18-11 所示,用户主机 Host 通过端口 GigabitEthernet1/0/1 连接到设备上,设备通过RADIUS服务器对用户进行认证、授权和计费。

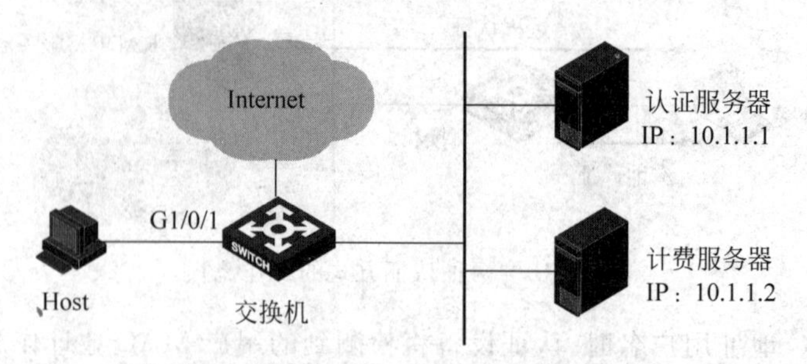

图18-11　MAC认证的典型配置案例

(1) 设备的管理者希望在各端口上对用户接入进行MAC地址认证，以控制其对Internet的访问。

(2) 要求设备每隔180s就对用户是否下线进行检测，并且当用户认证失败时，需等待3min后才能对用户再次发起认证。

(3) 所有用户都属于域h3c，认证时采用固定用户名格式，用户名为aaa，密码为123456。

配置RADIUS方案h3c：

```
<sysname> system-view
[sysname] radius scheme h3c
[sysname-radius-h3c] primary authentication 10.1.1.1 1812
[sysname-radius-h3c] primary accounting 10.1.1.2 1813
[sysname-radius-h3c] key authentication h3c
[sysname-radius-h3c] key accounting h3c
[sysname-radius-h3c] user-name-format without-domain
[sysname-radius-h3c] quit
```

配置ISP域的AAA方案：

```
[sysname]domain h3c
[sysname-isp-h3c] authentication default radius-scheme h3c
[sysname-isp-h3c] authorization default radius-scheme h3c
[sysname-isp-h3c] accounting default radius-scheme h3c
[sysname-isp-h3c] quit
```

开启全局mac-authentication特性：

```
[sysname] mac-authentication
```

开启指定端口的mac-authentication特性：

```
[sysname]interface GigabitEthernet 1/0/1
[sysname-GigabitEthernet 1/0/1]mac-authentication
```

配置MAC地址认证用户所使用的ISP域：

```
[sysname] mac-authentication domain h3c
```

配置MAC地址认证的定时器：

```
[sysname] mac-authentication timer offline-detect 180
[sysname] mac-authentication timer quiet 180
```

配置MAC地址认证使用固定用户名格式，用户名为aaa，密码为123456：

```
[sysname] mac-authentication user-name-format fixed account aaa password simple 123456
```

完成上述配置之后，连接认证用户到端口后将触发 MAC 认证，通过命令 display mac-authentication 或者 display mac-authentication connection 验证配置结果，并可以查看当前 MAC 认证通过的用户。如下所示显示全局 MAC 地址认证信息：

```
[sysname]display mac-authentication
Global MAC authentication parameters:
   MAC authentication          : Enabled
   User name format            : MAC address in lowercase(xxxxxxxxxxxx)
            Username           : mac
            Password           : Not configured
   Offline detect period       : 300 s
   Quiet period                : 60 s
   Server timeout              : 100 s
   Authentication domain       : Not configured, use default domain
 Max MAC-auth users            : 2048 per slot
 Online MAC-auth users         : 1
Silent MAC users:
          MAC address        VLAN ID   From port                 Port index
GigabitEthernet1/0/1  is link-up
   MAC authentication          : Enabled
   Authentication domain       : Not configured
   Auth-delay timer            : Disabled
   Re-auth server-unreachable Logoff
   Guest VLAN                  : Not configured
   Critical VLAN               : Not configured
   Host mode                   : Single VLAN
   Max online users            : 2048
   Authentication attempts     : successful 1, failed 0
   Current online users        : 1
          MAC address          Auth state
        00e0-fc12-3456    MAC_AUTHENTICATOR_SUCCESS
<Sysname> display mac-authentication connection
Slot ID: 1
User MAC address: 00e0-fc12-3456
Access interface: GigabitEthernet1/0/1
Username: mac
Authentication domain: Not configured, use default domain


Initial VLAN: 1
Authorization untagged VLAN: 100
Authorization tagged VLAN: N/A
Authorization ACL ID: 3001
Authorization user profile: N/A
Termination action: Radius-request
Session timeout period: 2 s
Online from: 2016/03/02   13:14:15
Online duration: 0h 2m 15s
Total 1 connection(s) matched.
```

从如上信息可以发现(MAC 为 00e0-fc12-3456)用户认证成功。

18.5.5 MAC 地址认证的显示和维护

- 在用户模式下，显示所有或指定端口的 MAC 认证用户信息。配置命令为：

display mac-authentication [**interface** *interface-list*]

- 在用户模式下，清除 MAC 地址认证的统计信息。配置命令为：

reset mac-authentication statistics [**interface** *interface-list*]

- 在用户模式下，显示 MAC 认证用户的详细信息。配置命令为：

<sysname>**display mac-authentication connection** [**interface** *interface-type interface-number* | **slot** *slot-number* | **user-mac** *mac-addr* | **user-name** *user-name*]

MAC 认证的维护命令和 IEEE 802.1x 认证的维护命令基本相同，可以快捷显示全局或指定端口的 MAC 认证用户简要统计信息，同时也提供了相应的统计信息清除命令。当需要查看某个 MAC 认证用户的详细信息时，需要采用 display mac-authentication connection 命令显示。

18.6 端口安全

18.6.1 端口安全概述

端口安全(Port Security)是一种基于 MAC 地址对网络接入进行控制的安全机制，是对已有的 IEEE 802.1x 认证和 MAC 地址认证的扩充。这种机制通过检测数据帧中的源 MAC 地址来控制非授权设备对网络的访问，通过检测数据帧中的目的 MAC 地址来控制对非授权设备的访问。

端口安全的主要功能是通过定义各种端口安全模式，让设备学习到合法的源 MAC 地址，以达到相应的网络管理效果。启动了端口安全功能之后，当发现非法报文时，系统将触发相应的特性，并按照预先指定的方式进行处理，既方便用户的管理又提高了系统的安全性。

端口安全的特性有 NeedToKnow 特性、入侵检测(IntrusionProtection)特性。

(1) NeedToKnow 特性：通过检测从端口发出的数据帧的目的 MAC 地址，保证数据帧只能被发送到已经通过认证的设备上，从而防止非法设备窃听网络数据。

(2) 入侵检测(IntrusionProtection)特性：指通过检测从端口收到的数据帧的源 MAC 地址，对接收非法报文的端口采取相应的安全策略，包括端口被暂时断开连接、永久断开连接或 MAC 地址被过滤(默认 3min，不可配置)，以保证端口的安全性。

18.6.2 端口安全的模式

根据用户认证上线方式的不同，可以将端口安全划分为 4 类：MAC 地址学习类型、IEEE 802.1x 认证类型、MAC 认证类型以及 MAC 认证和 IEEE 802.1x 认证的组合类型。

MAC 地址学习类包含 autoLearn 和 secure 两种模式。此类模式没有认证过程，只是通过控制交换机是否学习 MAC 地址并按照 MAC 表检查报文是否符合转发条件来实现用户的安全接入管理。

IEEE 802.1x 认证类型包含 userLogin、userLogin-secure、userLogin-secure-ext 和 userLogin-withoui 模式。此类模式都包含 userLogin 关键字，代表 IEEE 802.1x 认证，如果模式名称还包含 secure 关键字则表示端口的 IEEE 802.1x 认证采用 mac-based 控制方式。ext 关键字则表示此端口下可以允许多个用户同时进行 mac-based 控制方式的 IEEE 802.1x 认证。

MAC认证类型目前只包含mac-authentication一种模式。此模式表示交换机对端口下的用户做远程MAC认证。

组合认证类型包含的工作模式较多。模式名称中的mac关键字代表MAC认证；userLogin关键字代表IEEE 802.1x认证；or关键字代表前后认证方法为或的关系，可以通过二者之一的认证，而且认证触发没有严格的先后顺序；else代表前后认证方法有严格的先后顺序，只有在前一认证方法失败的情况下才会触发后一种认证方法。

对各种端口安全模式的具体描述如表18-3所示。

表18-3 端口安全模式

<table>
<tr><th>安全模式类型</th><th>描述</th><th>特性说明</th></tr>
<tr><td>autoLearn</td><td>端口通过配置或学习到的安全MAC地址被保存在安全MAC地址表项中；当端口下的安全MAC地址数超过端口允许学习的最大安全MAC地址数后，端口模式会自动转变为secure模式。之后，该端口停止添加新的安全MAC，只有源MAC地址为安全MAC地址、已配置的静态MAC地址的报文，才能通过该端口</td><td rowspan="2">当设备发现非法报文后，将触发NeedToKnow特性和入侵检测特性</td></tr>
<tr><td>secure</td><td>禁止端口学习MAC地址，只有源MAC地址为端口上的安全MAC地址、已配置的静态MAC地址的报文，才能通过该端口</td></tr>
<tr><td>userLogin</td><td>对接入用户采用基于端口的IEEE 802.1x认证；端口下一旦有用户通过认证，其他用户也可以访问网络</td><td>NeedToKnow特性和入侵检测特性不会被触发</td></tr>
<tr><td>userLogin-secure</td><td>对接入用户采取基于MAC的IEEE 802.1x认证；端口最多只允许一个IEEE 802.1x认证用户接入</td><td rowspan="8">当设备发现非法报文后，将触发NeedToKnow特性和入侵检测特性</td></tr>
<tr><td>userLogin-secure-ext</td><td>对接入用户采用基于MAC的IEEE 802.1x认证；端口允许多个802.1x认证用户同时认证接入</td></tr>
<tr><td>userLogin-withoui</td><td>与userLogin-secure模式类似，端口最多只允许一个IEEE 802.1x认证用户接入；与此同时端口还允许源MAC地址为指定OUI的报文通过</td></tr>
<tr><td>mac-authentication</td><td>对接入用户采用MAC地址认证</td></tr>
<tr><td>userLogin-secure-or-mac</td><td>端口同时处于userLogin-secure模式和mac-authentication模式，但IEEE 802.1x认证优先级大于MAC地址认证；对于非IEEE 802.1x报文直接进行MAC地址认证。对于IEEE 802.1x报文直接进行IEEE 802.1x认证</td></tr>
<tr><td>userLogin-secure-or-mac-ext</td><td>与userLogin-secure-or-mac类似，但允许端口下有多个IEEE 802.1x和MAC地址认证用户</td></tr>
<tr><td>mac-else-userLogin-secure</td><td>端口同时处于mac-authentication模式和userLogin-secure模式，但MAC地址认证优先级大于IEEE 802.1x认证；对于非IEEE 802.1x报文直接进行MAC地址认证。对于IEEE 802.1x报文先进行MAC地址认证，如果MAC地址认证失败再进行IEEE 802.1x认证</td></tr>
<tr><td>mac-else-userLogin-secure-ext</td><td>与mac-else-userLogin-secure类似，但允许端口下有多个IEEE 802.1x和MAC地址认证用户</td></tr>
</table>

18.6.3 端口安全的配置命令

在端口安全功能未使能的情况下，端口安全模式可以进行配置但不会生效；在端口上有用户在线的情况下，端口安全模式无法改变。端口安全具体配置步骤如下。

(1) 使能端口安全功能，在使能端口安全功能之前，需要关闭全局的 IEEE 802.1x 和 MAC 地址认证功能。

[sysname] **port-security enable**

(2) 配置端口允许的最大安全 MAC 地址数，端口安全允许某个端口下有多个用户通过认证，但是允许的用户数不能超过规定的最大值。配置端口允许的最大安全 MAC 地址数有两个作用：一是控制能够通过某端口接入网络的最大用户数，二是控制端口安全能够添加的安全 MAC 地址数。

[sysname-GigabitEthernet1/0/1] **port-security max-mac-count** *count-value*

(3) 配置端口安全模式，在配置端口安全模式之前，端口上需要满足以下条件。

- IEEE 802.1x 认证关闭，端口接入控制方式为 macbased，端口接入控制模式为 auto。
- MAC 地址认证关闭。
- 端口未加入聚合组或业务环回组。

(以上各条件若不满足，系统会提示错误信息，无法进行配置；反之，若端口上配置了端口安全模式，以上配置也不允许改变。)

- 对于 autoLearn 模式，还需要提前设置端口允许的最大安全 MAC 地址数。

[sysname-GigabitEthernet1/0/1] **port-security port-mode {autolearn | mac-authentication | mac-else-userlogin-secure | mac-else-userlogin-secure-ext | secure | userlogin | userlogin-secure | userlogin-secure-ext | userlogin-secure-or-mac | userlogin-secure-or-mac-ext | userlogin-withoui}**

(4) 配置端口 NeedToKnow 特性，该功能用来限制认证端口上出方向的报文转发。即，用户通过认证后，以此 MAC 为目的地址的报文都可以正常转发。可以设置以下 3 种方式。

- ntkonly：仅允许目的 MAC 地址为已通过认证的 MAC 地址的单播报文通过。
- ntk-withbroadcasts：允许目的 MAC 地址为已通过认证的 MAC 地址的单播报文或广播地址的报文通过。
- ntk-withmulticasts：允许目的 MAC 地址为已通过认证的 MAC 地址的单播报文、广播地址或组播地址的报文通过。

除默认情况之外，配置了 NeedToKnow 的端口在以上任何一种方式下都不允许未知 MAC 地址的单播报文通过。

[sysname-GigabitEthernet1/0/1] **port-security ntk-mode {ntk-withbroadcasts | ntk-withmulticasts | ntkonly}**

(5) 配置入侵检测特性，当设备检测到一个非法的用户通过端口试图访问网络时，该特性用于配置设备可能对其采取的安全措施，包括以下 3 种方式。

- blockmac：表示将非法报文的源 MAC 地址加入阻塞 MAC 地址列表中，源 MAC 地址为阻塞 MAC 地址的报文将被丢弃。此 MAC 地址在被阻塞 3min(系统默认，不可配)后恢复正常。
- disableport：表示将收到非法报文的端口永久关闭。
- disableport-temporarily：表示将收到非法报文的端口暂时关闭一段时间。关闭时长可通过 port-security timer disableport 命令配置。

[sysname-GigabitEthernet1/0/1] **port-security intrusion-mode {blockmac | disableport | disableport-temporarily}**

18.6.4 端口安全配置案例

如图 18-12 所示，在交换机的端口 G1/0/1 上对接入用户做如下的限制。

(1) 允许64个用户自由接入，不进行认证，将学习到的用户MAC地址添加为安全MAC地址。

(2) 当安全MAC地址数量达到64后，停止MAC学习；当再有新的MAC地址接入时触发入侵检测，并将此MAC阻塞。

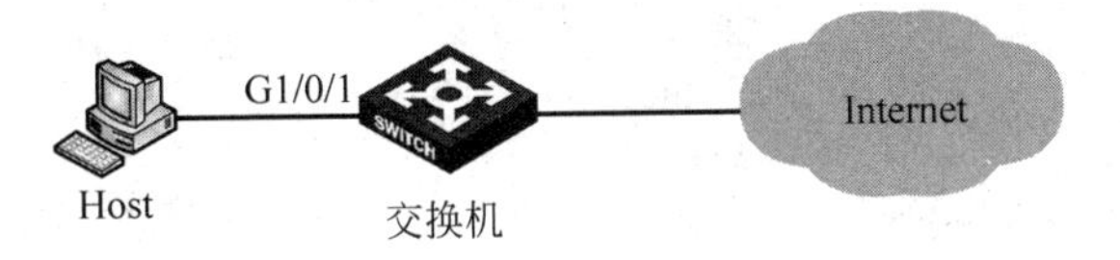

图18-12 端口安全配置案例

在系统模式下打开端口安全：

```
<sysname> system-view
[sysname] port-security enable
```

设置端口允许的最大安全MAC地址数为64：

```
[sysname] interface GigabitEthernet 1/0/1
[sysname-GigabitEthernet1/0/1] port-security max-mac-count 64
```

设置端口安全模式为autoLearn：

```
[sysname-GigabitEthernet1/0/1] port-security port-mode autoLearn
```

配置触发入侵检测特性后的保护动作为blockmac：

```
[sysname-GigabitEthernet1/0/1] port-security intrusion-mode blockmac
```

上述配置完成后，可以用display命令显示端口安全配置情况，具体如下：

```
<sysname> display port-security interface GigabitEthernet 1/0/1
Port security parameters:
   Port security                    : Enabled
   AutoLearn aging time             : 0 min
   Disableport timeout              : 20 s
   MAC move                         : Denied
   Authorization fail               : Online
 NAS-ID profile is not configured
   OUI value list                   :
 GigabitEthernet1/0/1 is link-up
    Port mode                       : autoLearn
   NeedToKnow mode                  : Disabled
   Intrusion protection mode        : BlockMacAddress
   Security MAC address attribute
       Learning mode                : Sticky
       Aging type                   : Periodical
   Max secure MAC addresses         : 64
   Current secure MAC addresses     : 0
   Authorization                    : Permitted
   NAS-ID profile is not configured
```

可以看到端口的最大安全MAC数为64，端口模式为autoLearn，入侵检测Trap开关打开，入侵保护动作为BlockMacAddress。

配置完成后，允许地址学习，学习到的MAC地址数可以用上述命令显示，如学习到5个，那么存储的安全MAC地址数就为5，可以在端口视图下用display this命令查看学习到的

MAC 地址，如：

```
[sysname]display port-security interface GigabitEthernet 1/0/1
Port security parameters:
    Port security                          : Enabled
    AutoLearn aging time                   : 0 min
    Disableport timeout                    : 20 s
    MAC move                               : Denied
    Authorization fail                     : Online
  NAS-ID profile is not configured
    OUI value list                         :

 GigabitEthernet1/0/1 is link-up
Port mode                                  : autoLearn
    NeedToKnow mode                        : Disabled
    Intrusion protection mode              : BlockMacAddress
    Security MAC address attribute
         Learning mode                     : Sticky
         Aging type                        : Periodical
    Max secure MAC addresses               : 64
    Current secure MAC addresses           : 5
    Authorization                          : Permitted
    NAS-ID profile is not configured
[sysname]interface GigabitEthernet 1/0/1
[sysname-GigabitEthernet1/0/1]dis this
#
interface GigabitEthernet1/0/1
 port-security max-mac-count 64
port-security port-mode autolearn
 port-security intrusion-mode blockmac
port-security mac-address security 0000-0000-0001 vlan 1
 port-security mac-address security 0000-0000-0002 vlan 1
 port-security mac-address security 0000-0000-0003 vlan 1
 port-security mac-address security 0000-0000-0004 vlan 1
 port-security mac-address security 0000-0000-0005 vlan 1
#
```

当学习到的 MAC 地址数达到 64 后，用命令 display port-security interface 可以看到端口模式变为 secure，再有新的 MAC 地址到达将触发入侵保护，Trap 信息如下：

```
Jan  1 23:23:56:828 2015 sysname PORTSEC/5/PORTSEC_VIOLATION:-IfName=GigabitEthernet1/0/1-MACAddr=0000-0000-003E-VLANId=1-IfStatus=Up;Intrusion detected.
```

可以通过下述命令看到端口安全将此 MAC 添加为阻塞 MAC：

```
[sysname]display port-security mac-address block
 MAC ADDR                Port                  VLAN ID
 0000-0000-003e        GigabitEthernet1/0/1        1

 --- On slot 1, 1 mac address(es) found ---

 --- 1 mac address(es) found ---
```

18.6.5 端口安全的显示和维护

在配置案例结果检查中已经使用 display port-security interface 命令显示指定端口上端

口安全的相关状态，包括用户配置的状态和端口实际工作状态。

display port-security mac-address 命令除了可以显示阻塞 MAC 外，还可以显示交换机已经学习的安全 MAC，并可以按照端口、VLAN 或整机显示。

18.7　本章总结

(1) 介绍了 IEEE 802.1x 的协议、扩展应用和配置。

(2) 介绍了 MAC 地址认证的原理和配置。

(3) 介绍了端口安全的原理和配置。

18.8　习题和答案

18.8.1　习题

(1) IEEE 802.1x 协议体系结构包括(　　)。

A. 客户端　　B. 认证设备　　C. 终端　　D. 认证服务器

(2) MAC 地址认证不需要用户安装任何客户端软件，但触发认证时需要用户手动输入用户名和密码。(　　)

A. 正确　　B. 错误

(3) 如下关于端口安全特性的描述错误的是(　　)。

A. autoLearn 模式下，当端口下的安全 MAC 地址数超过端口允许学习的最大安全 MAC 地址数后，端口模式会自动转变为 secure 模式

B. userLogin 模式对接入用户采用基于 MAC 的 IEEE 802.1x 认证，此模式下，端口最多只允许一个 IEEE 802.1x 认证用户接入

C. userLogin-secure-or-mac 模式，用户 MAC 认证成功后，仍然可以进行 IEEE 802.1x 认证

D. mac-else-userLogin-secure 模式，对于 IEEE 802.1x 报文先进行 MAC 地址认证，如果 MAC 地址认证失败则进行 IEEE 802.1x 认证

(4) EAP 中继方式需要 RADIUS 服务器支持 EAP 属性：(　　)和(　　)。

(5) 端口配置基于 Port 的 Guest VLAN，在什么情况下端口才被加入 Guest VLAN?

(6) EAP 中继和 EAP 终结两种认证方式有什么不同?

18.8.2　习题答案

(1) ABD　　(2) B　　(3) B

(4) EAP-Message、Message-Authenticator

(5) 答：当设备从端口发送触发认证报文(EAP-Request/Identity)超过设定的最大次数而没有收到任何回应报文后，端口被加入 Guest VLAN。

(6) 答：EAP 中继方式是将 EAP 协议报文由认证设备进行中继，使用 EAPoR(EAP over RADIUS)封装格式承载于 RADIUS 协议中，而 EAP 终结方式将 EAP 报文在认证设备终结并映射到 RADIUS 报文中，利用标准 RADIUS 协议完成认证、授权和计费。

第19章

网络访问控制

网络信息安全威胁在不断增加，对网络访问的控制成为网络管理的重要内容。网络访问控制通常包含通过安全策略阻止不符合安全要求的终端访问网络，对Web访问用户进行控制，以及通过访问控制列表过滤非法用户对网络的访问。

本章对用于网络访问控制技术中的EAD和Portal技术进行介绍。

19.1 本章目标

学习完本课程，应该能够：

- 掌握EAD安全防御系统原理与配置；
- 掌握Portal认证原理与配置。

19.2 EAD解决方案

19.2.1 EAD概述

传统的针对病毒的防御体系是以孤立的单点防御为主，如在个人计算机上安装防病毒软件、防火墙软件等。当发现新的病毒或新的网络攻击时，一般是由网络管理员发布病毒告警或补丁升级公告，要求网络中的所有计算机安装相关防御软件。传统的防御方式并不能有效应对病毒的威胁，主要表现在被动防御，缺乏主动防御能力；单点防御，对病毒的重复、交叉感染缺乏控制；分散管理，安全策略不统一。

EAD(End user Admission Domination，终端准入控制)整合孤立的单点防御系统，加强对用户的集中管理，统一实施企业安全策略，提高网络终端的主动防御能力。如图19-1所示，EAD方案通过安全客户端、安全策略服务器、接入设备以及第三方服务器的联动，可以将不符合安全要求的终端限制在“隔离区”内，防止“危险”终端对网络安全的损害，避免“易感”终端受到病毒的攻击。EAD的主要功能包括：

- 检查终端用户的安全状态和防御能力；
- 隔离“危险”和“易感”终端；
- 强制修复系统补丁，升级防病毒软件；
- 管理与监控。

EAD提供了一个全新的安全防御体系，将防病毒功能与网络接入控制相融合，加强了对终端用户的集中管理，提高了网络终端的主动防御能力。EAD具有以下技术特点：

- 整合防病毒与网络接入控制，大幅提高安全性；
- 支持多种认证方式，适用范围广；

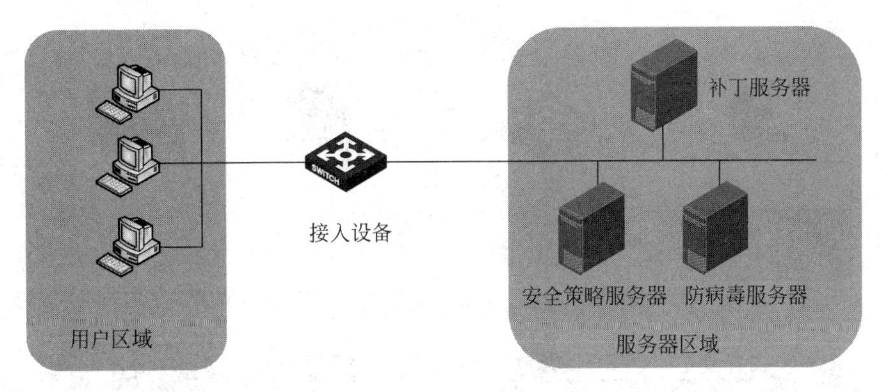

图 19-1 EAD 方案概述

- 全面“隔离”危险终端；
- 灵活、方便的部署与维护；
- 详细的安全事件日志与审计；
- 专业防病毒厂商的合作；
- 具有策略实施功能，方便企业实施组织级安全策略；
- 可扩展的安全解决方案，有效保护投资。

19.2.2 EAD 工作原理

EAD 的基本部件包括安全客户端、安全联动设备、安全策略服务器以及防病毒服务器、补丁服务器等第三方服务器。

(1) 安全客户端是安装在用户终端系统上的软件，是对用户终端进行身份验证、安全状态评估，以及安全策略实施的主体。

(2) 安全联动设备是企业网络中安全策略的实施点，起到强制网络接入终端进行身份验证、隔离不符合安全策略的用户终端、提供基于身份的网络服务的作用。安全联动设备可以是 H3C 的交换机、路由器等网络接入设备。

(3) 安全策略服务器是 EAD 方案中的管理与控制中心，可运行在 Windows、Linux 平台下，兼具用户管理、安全策略管理、安全状态评估、安全联动控制，以及安全事件审计等功能。

(4) 第三方服务器是指处于隔离区中，用于终端进行自我修复的防病毒服务器或补丁服务器。

EAD 的基本功能是通过以上组件的联动实现的，如图 19-2 所示，其基本过程如下。

(1) 用户终端试图接入网络时，首先通过安全客户端由安全联动设备和认证服务器配合进行用户身份认证，非法用户将被拒绝接入网络。

(2) 安全策略服务器对合法用户下发安全策略，并要求合法用户进行安全状态认证。

(3) 由客户端的第三方桌面管理系统协同安全策略服务器对合法终端的补丁版本、病毒库版本等进行检测。之后，安全客户端将安全策略的检查结果上报给安全策略服务器。

(4) 安全策略服务器根据检查结果控制用户的访问权限。安全状态合格的用户将实施由安全策略服务器下发的安全设置，并由安全联动设备提供基于身份的网络服务；安全状态不合格的用户将被安全联动设备隔离到隔离区，可以进行系统的修复如补丁、病毒库的升级，直到安全状态合格。

安全认证通过后在安全策略服务器的配合下可以对合法终端进行安全修复和管理工作，

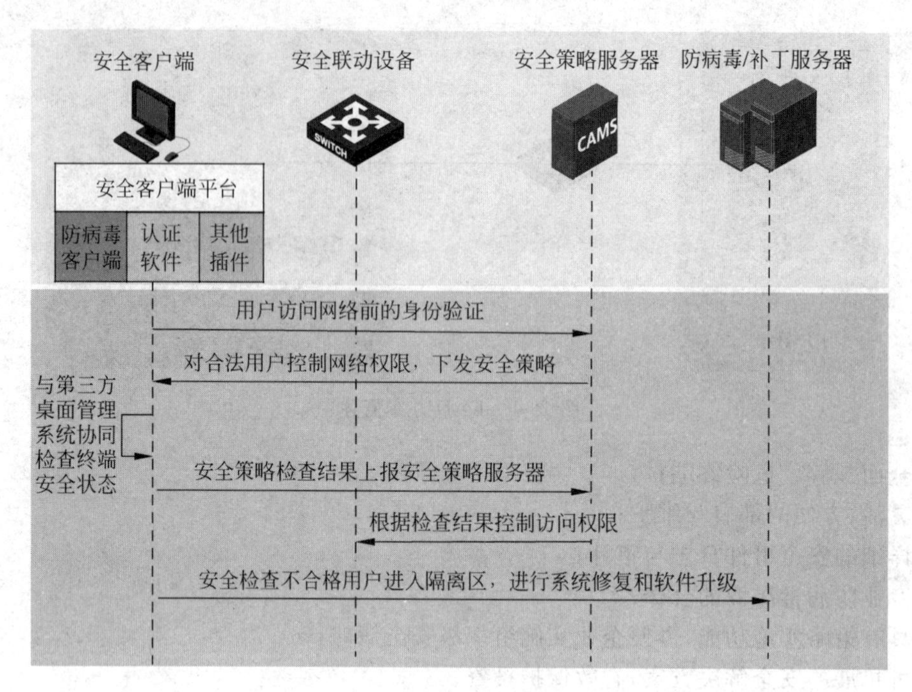

图 19-2 EAD 工作原理

主要包括心跳机制、实时监控及监控发现异常后的处理。

19.2.3 EAD 配置

在 H3C 网络设备上，配置 EAD 的主要任务是设置安全策略服务器。可以在 RADIUS 方案视图下使用如下命令来指定安全策略服务器的 IP 地址：

[sysname-radius-name] security-policy-server *ip-address*

默认情况下，设备没有指定 RADIUS 服务器的安全策略服务器。

在日常工作中，EAD 客户端的部署工作量很大。例如，网络管理员需要手动为每个 EAD 客户端下载版本、升级客户端软件。在 EAD 客户端数目较多的情况下，这给管理员带来巨大的工作量。通过配置 IEEE 802.1x 支持的 EAD 快速部署，可以使所有接入网络的终端用户通过访问特定的服务器，从而能够下载并安装 EAD 客户端。它由以下两个功能组成。

(1) 用户受限访问：IEEE 802.1x 认证成功前(包括认证失败)，终端用户只能访问一个特定的 IP 地址段，该 IP 地址段中可以配置一个或多个特定服务器，用于提供 EAD 客户端的下载升级或者动态地址分配等服务；

(2) 用户 HTTP 访问 URL 重定向：终端用户在 IEEE 802.1x 认证成功前(包括认证失败)，如果使用浏览器访问网络，设备就会将用户访问的 URL 地址重定向到已配置的 URL。

可以在系统视图下配置用户受限访问地址段，其命令为：

[sysname] dot1x ead-assistant enable
[sysname] dot1x ead-assistant free-ip *ip-address* {*mask-address* | *mask-length*}

同样，在系统视图下配置 HTTP 访问 URL 重定向的地址，其命令为：

[sysname] dot1x ead-assistant url *url-address*

注意：重定向的 URL 必须处在 Free IP 网段内，否则无法实现重定向。

在图 19-3 所示的网络中，交换机 SWA 作为安全联动设备，负责实施对用户的访问控制功能。服务器区域中包含有安全策略服务器、防病毒服务器等。为了实现 EAD 快速部署功能，将服务器区域的地址范围配置为 Free IP 网段，以使主机能够在通过认证前从服务器下载 EAD 客户端软件；同时设置 Web 服务器，以使主机的 HTTP 访问能够被重定向。SWA 上的相关配置如下：

```
[SWA-radius-name] security-policy-server 192.168.2.1
[SWA] dot1x ead-assistant enable
[SWA] dot1xead-assistant free-ip 192.168.2.0 24
[SWA] dot1xead-assistant url http://192.168.2.3
```

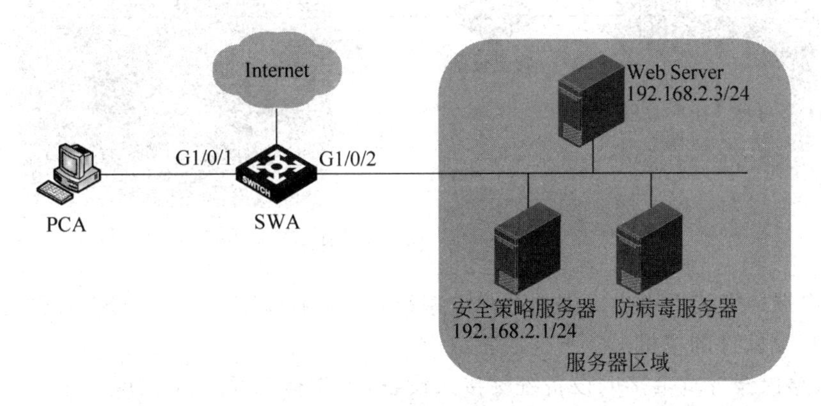

图 19-3 EAD 配置示例

因为 EAD 快速部署需要 IEEE 802.1x 支持，所以需要在交换机上开启 IEEE 802.1x 功能。SWA 上的相关配置如下：

```
[SWA] dot1x
[SWA] interface GigabitEthernet1/0/1
[SWA-GigabitEthernet1/0/1] dot1x
```

以上配置完成后，用户在 IEEE 802.1x 认证成功前，通过浏览器访问任何外部网站都会被重定向到 Web 服务器页面。

19.3 Portal 认证

19.3.1 概述

Portal 认证通常也称为 Web 认证，Portal 认证网站通常也称为门户网站。

在使用 Portal 认证的网络中，未认证用户上网时，设备强制用户登录到特定网站，用户可以免费访问其中的服务。当用户需要使用互联网中的其他信息时，必须在门户网站进行认证。只有认证通过后才可以使用互联网资源。

Portal 业务可以为运营商提供方便的管理功能，门户网站可以开展广告、社区服务、个性化的业务等，使宽带运营商、设备提供商和内容服务提供商形成一个产业生态系统。

Portal 可以通过强制接入终端实施补丁和防病毒策略，加强网络终端对病毒攻击的主动防御能力，其扩展功能主要包括如下内容。

(1) 在 Portal 身份认证的基础上增加了安全认证机制，可以检测接入终端上是否安装了防病毒软件、是否更新了病毒库、是否安装了非法软件、是否更新了操作系统补丁等。

(2) 用户通过身份认证后仅仅获得访问部分互联网资源(非受限资源)的权限,如病毒服务器、操作系统补丁更新服务器等;当用户通过安全认证后便可以访问更多的互联网资源(受限资源)。

Portal 体系主要由 4 个基本要素组成:认证客户端、接入设备、Portal 服务器、认证/计费服务器,如图 19-4 所示。除此之外,根据桌面安全要求可以选择安装安全策略服务器。

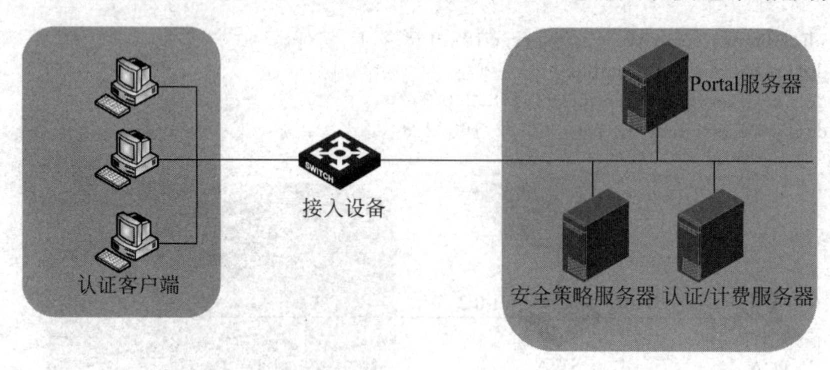

图 19-4 Portal 概述

认证客户端是安装于用户终端的客户端系统,为运行 HTTP/HTTPS 协议的浏览器或运行 Portal 客户端软件的主机。

交换机、路由器等宽带接入设备统称接入设备,主要有 3 方面的作用:

(1) 在认证之前,将认证网段内用户的所有 HTTP 请求都重定向到 Portal 服务器;

(2) 在认证过程中,与 Portal 服务器、安全策略服务器、认证/计费服务器交互,完成身份认证/安全检查/计费的功能;

(3) 在认证通过后,允许用户访问被管理员授权的互联网资源。

Portal 服务器是接收 Portal 客户端认证请求的服务器端系统,提供免费门户服务和基于 Web 认证的界面,与接入设备交互认证客户端的认证信息。

认证/计费服务器与接入设备交互,完成对用户的认证和计费。

安全策略服务器则与 Portal 客户端、接入设备进行交互,完成对用户的安全认证,并对用户进行授权操作。

以上几个基本要素的交互过程如下。

(1) 未认证用户访问网络时,在 IE 地址栏中输入一个互联网地址,那么此 HTTP 请求在经过接入设备时会被重定向到 Portal 服务器的 Web 认证主页上;若需要使用 Portal 的扩展认证功能,则用户必须使用 Portal 客户端。

(2) 用户在认证主页/认证对话框中输入认证信息后提交,Portal 服务器会将用户的认证信息传递给接入设备。

(3) 然后接入设备再与认证/计费服务器通信进行认证和计费。

(4) 认证通过后,如果未对用户采用安全策略,则接入设备会打开用户与互联网的通路,允许用户访问互联网资源;如果对用户采用了安全策略,则客户端、接入设备与安全策略服务器交互,对用户的安全检测通过之后,安全策略服务器根据用户的安全性授权用户访问受限资源。

19.3.2 Portal 认证方式

根据客户端与接入设备之间是否有三层设备,Portal 认证方式分为非三层认证方式和三层认证方式。

根据地址分配方式的不同，非三层认证方式又包括直接认证方式和二次地址分配认证方式。

（1）直接认证方式：用户在认证前通过手动配置或DHCP直接获取一个IP地址，只能访问Portal服务器，以及设定的免费访问地址；认证通过后即可访问网络资源。

（2）二次地址分配认证方式：用户在认证前通过DHCP获取一个私网IP地址，只能访问Portal服务器，以及设定的免费访问地址；认证通过后，用户会申请到一个公网IP地址，即可访问网络资源。该认证方式解决了IP地址规划和分配问题，对未通过认证的用户不分配公网IP地址。

在三层认证方式下，客户端的获取IP地址方式与直接认证方式类似，直接获取IP地址后再到Portal服务器进行认证。

三层认证方式与非三层认证方式的区别如下。

（1）组网方式不同。三层认证方式的认证客户端和接入设备之间可以跨越三层转发设备；非三层认证方式则要求认证客户端和接入设备之间没有三层设备。

（2）用户标识不同。三层认证方式中接入设备不会学习认证客户端的MAC地址信息，因此以IP地址唯一标识用户；非三层认证方式中，以IP和MAC地址的组合来唯一标识用户。

19.3.3 Portal认证过程

三层认证方式与非三层直接认证方式具有相同的认证流程，如图19-5所示，其过程如下。

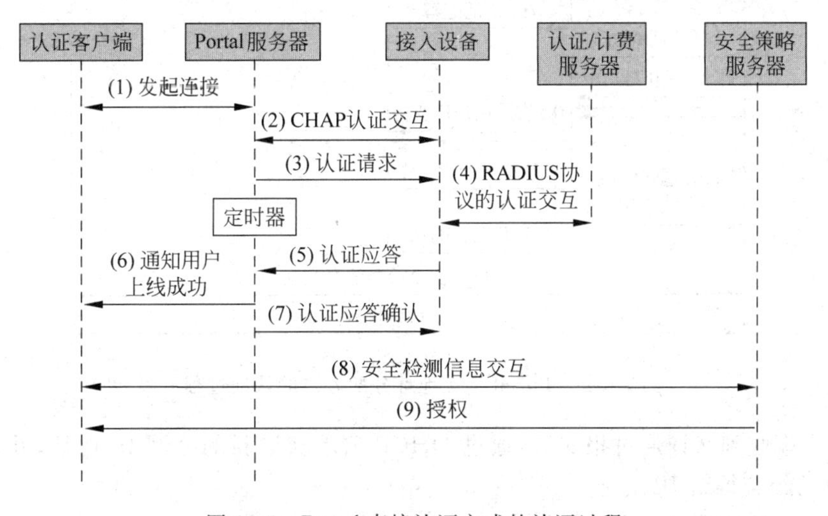

图19-5 Portal直接认证方式的认证过程

（1）Portal用户通过HTTP协议发起认证请求。HTTP报文经过接入设备时，对于访问Portal服务器或设定的免费访问地址的HTTP报文，设备允许其通过；对于访问其他地址的报文，接入设备将其重定向到Portal服务器。Portal服务器提供Web页面供用户输入用户名和密码来进行认证。

（2）Portal服务器与接入设备之间进行CHAP(Challenge Handshake Authentication Protocol，质询握手验证协议)认证交互，若采用PAP(Password Authentication Protocol，密码验证协议)认证则直接进入下一步骤。

（3）Portal服务器将用户输入的用户名和密码组装成认证请求报文发往接入设备，同时开启定时器等待认证应答报文。

(4) 接入设备与 RADIUS 服务器之间进行 RADIUS 协议报文的交互。

(5) 接入设备向 Portal 服务器发送认证应答报文。

(6) Portal 服务器向客户端发送认证通过报文,通知客户端认证(上线)成功。

(7) Portal 服务器向接入设备发送认证应答确认。

(8) 客户端和安全策略服务器之间进行安全信息交互。安全策略服务器检测接入终端的安全性是否合格,包括是否安装防病毒软件、是否更新病毒库、是否安装了非法软件、是否更新操作系统补丁等。

(9) 安全策略服务器根据用户的安全性授权用户访问非授权资源,授权信息保存到接入设备中,接入设备将使用该信息控制用户的访问。

以上步骤中,步骤(8)、(9)为 Portal 认证扩展功能的交互过程。

三层认证方式下的二次地址分配认证方式流程如图 19-6 所示。其过程如下。

步骤(1)~步骤(6)与直接认证方式中的步骤(1)~步骤(6)相同,因此略去。

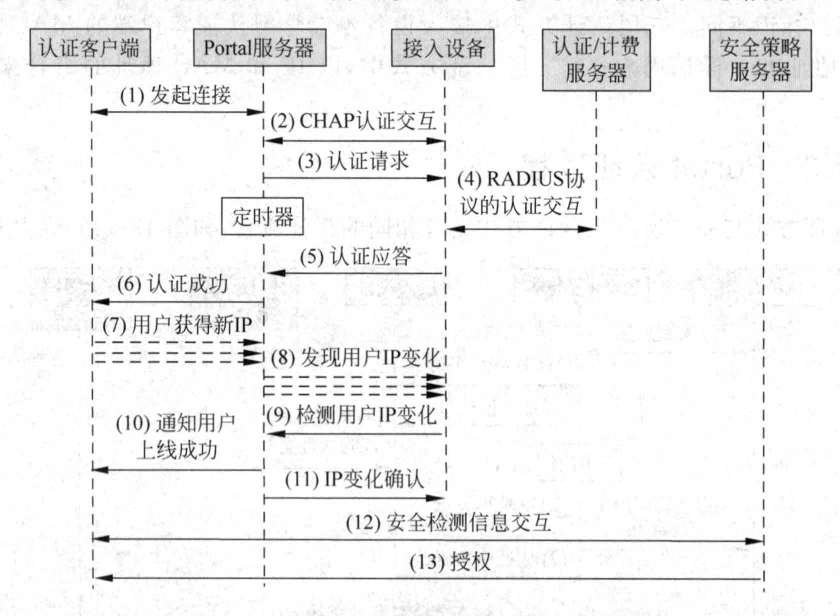

图 19-6 Portal 二次地址分配方式的认证过程

(7) 客户端收到认证通过报文后,通过 DHCP 请求获取新的公网 IP 地址,并通知 Portal 服务器用户已经获得新 IP 地址。

(8) Portal 服务器通知接入设备客户端获得新公网 IP 地址。

(9) 接入设备通过检测 ARP 协议报文发现了用户 IP 变化,并通告 Portal 服务器已检测到用户 IP 变化。

(10) Portal 服务器通知客户端上线成功。

(11) Portal 服务器向接入设备发送 IP 变化确认报文。

(12) 客户端和安全策略服务器之间进行安全信息交互,安全策略服务器检测接入终端的安全性是否合格,包括是否安装防病毒软件、是否更新病毒库、是否安装了非法软件、是否更新操作系统补丁等。

(13) 安全策略服务器根据用户的安全性授权用户访问非授权资源,授权信息保存到接入设备中,接入设备将使用该信息控制用户的访问。

19.3.4 Portal 配置

Portal 的基本配置包括配置 Portal 服务器、Portal Web 服务器和在端口上启用 Portal 协议。

可以在系统视图下配置 Portal 服务器，其命令如下：

```
[sysname] portal server server-name
[sysname-portal-server-name] ip ip-address [key {simple|cipher}] key-string
[sysname-portal-server-name] port port-id
```

其中主要参数含义如下。

- *server-name*：指定 Portal 服务器的名字；
- *ip-address*：Portal 服务器的 IP 地址。若配置本地 Portal 服务器，则此地址为接入设备上与 Portal 客户端路由可达的三层接口 IP 地址；
- *key-string*：与 Portal 服务器通信需要的共享密钥；
- *port-id*：设备向 Portal 服务器主动发送报文时使用的目的端口号，默认值为 50100。

对于采用 Web 浏览器作为 Portal 客户端的用户，可以配置 Portal Web 服务器在 Portal 认证过程中向用户推送认证页面，同时 Portal Web 服务器也是设备强制重定向用户 HTTP 请求报文时所使用的服务器。在系统视图下配置 Portal Web 服务器，其命令如下：

```
[sysname] portal web-server server-name
[sysname-portal-websvr-server-name] url url-string
```

其中主要参数含义如下。

- *server-name*：指定 Portal Web 服务器的名字；
- *url-string*：HTTP 报文重定向地址，默认地址格式为 http://*ip-address*。

配置完 Portal 服务器和 Portal Web 服务器后，还需要在接口上使能 Portal 认证，同时指定引用的 Portal Web 服务器、配置认证方式和服务类型。相关命令如下所示：

```
[sysname-Vlan-interface100] portal enable method{direct|layer3|redhcp}
[sysname-Vlan-interface100] portal apply web-serverserver-name
```

其中主要参数含义如下。

- direct：直接认证方式；
- layer3：三层认证方式；
- redhcp：二次地址分配认证方式；
- *server-name*：Portal Web 服务器的名字。

如图 19-7 所示，主机 PCA 连接到交换机 SWA 上进行接入认证，交换机上进行 Portal 服务器和 Portal Web 服务器配置，将主机的 HTTP 请求重定向到 Portal Web 服务器，由 Portal Web 服务器将用户的认证信息传递给接入设备；然后接入设备再与认证/计费服务器通信进行认证和计费。

因没有 DHCP 服务器，所以网络中采用直接认证方式的 Portal 认证。

交换机 SWA 上的配置如下：

```
[SWA] portal server newpt
[SWA-portal-server-newpt]ip 192.168.0.111 key simple portal
[SWA-portal-server-newpt]port 50100
[SWA]portal web-server newpt
[SWA-portal-server-newpt]url http://192.168.0.111/portal
[SWA] interface Vlan-interface 100
[SWA-Vlan-interface100] portal enable method direct
```

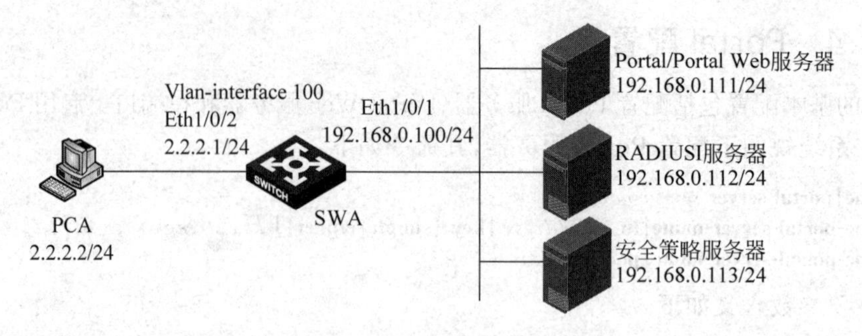

图 19-7 Portal 配置示例

```
[SWA-Vlan-interface100] portal apply web-server newpt
```

因客户端还需要通过认证/计费服务器通信进行认证和计费，通过安全策略服务器进行网络资源访问授权，所以还需要在 SWA 中增加如下配置：

```
[SWA] radius scheme rs1
[SWA-radius-rs1] primary authentication 192.168.0.112
[SWA-radius-rs1] primary accounting 192.168.0.112
[SWA-radius-rs1] key authentication radius
[SWA-radius-rs1] key accounting radius

[SWA-radius-rs1] security-policy-server 192.168.0.113
[SWA] domain dm1
[SWA-isp-dm1] authentication portalradius-scheme rs1
[SWA-isp-dm1] authorization portal radius-scheme rs1
[SWA-isp-dm1] accounting portal radius-scheme rs1
[SWA] domain default enable dm1
```

19.4 本章总结

(1) EAD 是一种安全防御解决方案，它的功能包括检查、隔离、修复、管理和监控。

(2) Portal 认证也称为 Web 认证，认证方式包括非三层认证和三层认证。

19.5 习题和答案

19.5.1 习题

(1) EAD 快速部署可以实现(　　)。

A. 用户在进行 IEEE 802.1x 认证前可以访问特定网段地址

B. 用户在进行 IEEE 802.1x 认证失败时可以访问特定网段地址

C. 在用户进行 IEEE 802.1x 认证前，对用户的 HTTP 访问进行 URL 重定向

D. 在用户进行 IEEE 802.1x 认证成功时，对用户的 HTTP 访问进行 URL 重定向

(2) (　　)属于 Portal 的认证方式。

A. 直接认证　　　　B. EAP 认证

C. 二次地址分配认证　　　　D. 三层认证方式

(3) Portal 认证方式中，非三层认证以(　　)作为用户标识，三层认证以(　　)作为用户标识。

A. 用户 IP 地址　　　　　　　　　　　B. 用户 MAC 地址
C. 用户 IP 地址和 MAC 地址信息　　　　D. 用户 IP 地址或 MAC 地址信息

(4) 用户在完成 IEEE 802.1x 认证后要进行 EAD 安全检查，安全检查失败后系统只允许其访问隔离区。已知隔离区的网络地址为 192.168.42.0/24，如下(　　)ACL 配置可以完成此隔离功能。

A. acl number 3000
   rule 1 permit ip destination 192.168.42.0 0.0.0.255
B. acl number 3001
   rule 1 deny ip destination 192.168.42.0 0.0.0.255
C. acl number 3002
   rule 1 permit ip destination 192.168.42.0 0.0.0.255
   rule 2 deny ip
D. acl number 3003
   rule 1 deny ip destination 192.168.42.0 0.0.0.255
   rule 2 permit ip

(5) IEEE 802.1x 中的 Free-IP 地址段和 EAD 的隔离区都是特定情况下用户被允许访问区域，它们的区别是(　　)。

A. Free-IP 是用户进行认证前可访问的地址
B. Free-IP 是用户进行认证失败后可访问的地址
C. 隔离区是用户进行认证前可访问的地址
D. 隔离区是用户进行认证失败后可访问的地址
E. 隔离区是用户进行认证成功、安全检查不通过时可访问的地址

19.5.2 习题答案

(1) ABD　　(2) ACD　　(3) C,A　　(4) C　　(5) ABE

第20章

SSH

用于远程登录的Telnet应用提供用户名密码验证，以确认登录用户的身份。但是其验证相对简单，且用户名和密码采用明文传输，导致设备的安全性降低。

为了保障设备的安全，采用更为安全可靠的登录方式和验证协议成为趋势，由此诞生了SSH(Secure Shell)协议。SSH是一种安全的远程登录协议，基于TCP传输层协议，可以采用口令方式或密钥方式实现安全认证，其安全性大大强于Telnet，在安全性要求较高的网络中，SSH已经成为远程登录的首选。本章将对SSH协议及其应用扩展SFTP进行简要介绍。

20.1 本章目标

学习完本课程，应该能够：

- 了解SSH定义及应用；
- 掌握SSH和SFTP工作原理；
- 掌握SSH和SFTP应用；
- 掌握SSH和SFTP的配置及维护。

20.2 SSH基本原理

20.2.1 SSH概述

Telnet是互联网上使用最广泛的远程登录协议。但是，Telnet协议本身并没有提供安全的认证方式，而且通过TCP传输的内容都是明文方式，用户名和密码可以通过网络报文分析的方式获得，存在着很大的安全隐患。另外，由于系统对Telnet用户采用简单的口令验证，所以DoS攻击、主机IP地址欺骗、路由欺骗等恶意攻击都可能给系统带来致命的威胁。

SSH是一种安全的远程连接协议。SSH协议基于TCP进行传输，端口号是22。通过使用SSH协议，远程登录访问的安全性得到了很大的提升。此外，SSH还提供SFTP(SSH File Transfer Protocol)，对在公共的Internet上的数据传输进行了安全保护。

SSH协议具有如下特点。

(1) 完善的数据传输机密性：SSH协议支持DES、3DES数据加密算法。SSH客户端与服务器端通信时，用户名及口令均进行了加密，有效防止了非法用户对口令的窃听。同时SSH服务对传输的数据也进行了加密，保证了数据的安全性和可靠性。

(2) 多种认证方式：SSH支持公钥验证方式、密码验证方式、不验证方式，用户可以灵活进行选择。

公钥验证方式是SSH必须支持的认证方式。使用了公钥验证方式后，客户端生成一段由用户私钥签名的数据发送到服务器，服务器收到用户公钥和签名数据后，会检查用户公钥和签名的合法性，如果都合法则接受该请求，否则拒绝。

密码验证方式为SSH可选支持的认证方式之一。Client将用户名和密码发送给服务器，服务器根据既定的验证方式进行密码验证（本地或远程），验证成功则接受该请求，否则拒绝该请求。

不验证方式也为可选支持的认证方式之一。配置用户为不认证方式时，服务器在任何情况下必须返回验证通过，此时SSH用户认证成功。

（3）SSH所支持的DSA和RSA认证具有攻击防御功能；SSH中使用的RSA方式是最著名的且被广泛应用的公钥加密体制。RSA的加密方式为非对称加密，密钥为一对相关密钥（公钥和私钥），其中任一个密钥加密的信息只能用另一个密钥进行解密。私钥的唯一性决定其不仅可以用于加密，还可以作为数字签名，防止非法用户篡改数据。

当前SSH有两个版本——SSH1和SSH2。但随着SSH的成熟应用，大多数实现都已经基于SSH2。后续将以SSH2为基础进行介绍。

SSH协议框架中最主要的部分是3个协议：传输层协议、用户认证协议和连接协议。同时SSH协议框架中还为许多高层的网络安全应用协议提供扩展的支持。它们之间的层次关系可以用图20-1来表示，在这个框架中：

- 传输层协议（The Transport Layer Protocol）提供服务器认证，保证数据机密性、信息完整性；
- 用户认证协议（The User Authentication Protocol）为服务器提供客户端的身份鉴别；
- 连接协议（The Connection Protocol）将加密的信息隧道复用成若干个逻辑通道，提供给更高层的应用协议使用。

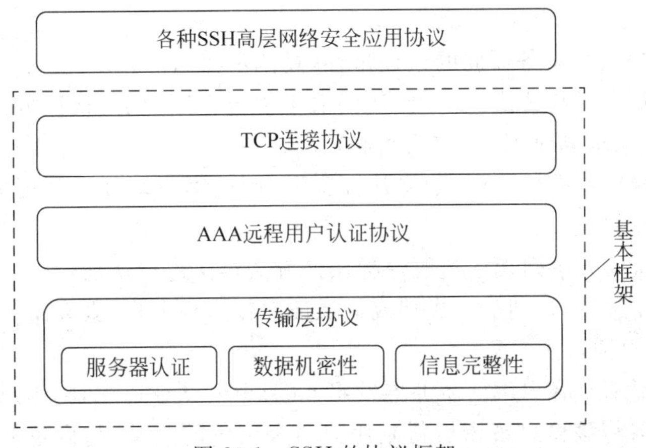

图20-1 SSH的协议框架

各种高层应用协议可以相对地独立于SSH基本体系之外，并依靠这个基本框架，通过连接协议使用SSH的安全机制。

20.2.2 SSH工作过程

在整个工作过程中，为实现SSH的安全连接，服务器端与客户端要经历如下5个阶段。

1. 版本号协商阶段

版本号协商阶段的主要目的是客户端与服务器端协商双方都能够支持的SSH版本，具体步骤如下。

(1) 服务器打开端口22,等待客户端连接。

(2) 客户端向服务器端发起TCP初始连接请求,TCP连接建立后,服务器向客户端发送第一个报文,包括版本标志字符串,格式为"SSH－＜主协议版本号＞.＜次协议版本号＞－＜软件版本号＞",协议版本号由主版本号和次版本号组成,软件版本号主要是为调试使用。

(3) 客户端收到报文后,解析该数据包,如果服务器端的协议版本号比自己的低,且客户端能支持服务器端的低版本,就使用服务器端的低版本协议号,否则使用自己的协议版本号。

(4) 客户端回应服务器,回应报文包含了客户端决定使用的协议版本号。

(5) 服务器比较客户端发来的版本号,决定是否能同客户端一起工作。如果协商成功,则进入密钥和算法协商阶段;否则服务器端断开TCP连接。

2. 密钥和算法协商阶段

在此阶段,客户端和服务器交换算法协商报文,从而协商出最后使用的算法并生成会话密钥和会话ID。具体步骤如下。

(1) 服务器端和客户端分别发送算法协商报文给对端,报文中包含自己支持的公钥算法列表、加密算法列表、MAC(Message Authentication Code,消息验证码)算法列表、压缩算法列表等。

(2) 服务器端和客户端根据对端和本端支持的算法列表得出最终使用的算法。

(3) 服务器端和客户端利用DH交换(Diffie-Hellman Exchange)算法、主机密钥对等参数,生成会话密钥和会话ID。

通过以上步骤,服务器和客户端就取得了相同的会话密钥和会话ID。对于后续传输的数据,两端都会使用会话密钥进行加密和解密,保证了数据传送的安全。在认证阶段,两端会使用会话ID用于认证过程。

3. 认证阶段

此阶段涉及客户机与服务器间的认证过程,具体步骤如下。

(1) 客户端向服务器发送认证请求,认证请求中包含用户名、认证方法、与该认证方法相关的内容(如:password认证时,内容为密码)。

(2) 服务器对客户端进行认证,如果认证失败,则向客户端发送认证失败消息,其中包含可以再次认证的方法列表。

(3) 客户端从认证方法列表中选取一种认证方法再次进行认证。

(4) 该过程反复进行,直到认证成功或者认证次数达到上限,服务器关闭连接为止。

SSH提供如下两种认证方法。

(1) password认证:客户端向服务器发出password认证请求,将用户名和密码加密后发送给服务器;服务器将该信息解密后得到用户名和密码的明文,与设备上保存的用户名和密码进行比较,并返回认证成功或失败的消息。

(2) publickey认证:采用数字签名的方法来认证客户端。目前,设备上可以利用DSA和RSA两种公共密钥算法实现数字签名。客户端发送包含用户名、公共密钥和公共密钥算法的publickey认证请求给服务器端。服务器对公钥进行合法性检查,如果不合法,则直接发送失败消息;否则,服务器利用数字签名对客户端进行认证,并返回认证成功或失败的消息。

4. 会话请求阶段

认证通过后,客户端向服务器发送会话请求,服务器等待并处理客户端的请求。在这个阶段,请求被成功处理后,服务器会向客户端回应SSH2_MSG_CHANNEL_SUCCESS包,SSH进入交互会话阶段;否则回应SSH2_MSG_CHANNEL_FAILURE包,表示服务器处理请求失败或者不能识别请求。

5. 交互会话阶段

会话请求成功后,连接进入交互会话阶段。在这个模式下,数据被双向传送。客户端将要执行的命令加密后传给服务器,服务器接收到报文,解密后执行该命令,将执行的结果加密发还给客户端,客户端将接收到的结果解密后显示到终端上。

20.3 SFTP 介绍

通常情况下,传输文件、共享资源主要通过 FTP 协议来实现。和 TFTP 相比,FTP 提供了必要的可靠性,然而对于一些要求网络安全级别比较高,需要严格防范传输数据被监听的情况来说,FTP 协议就无法胜任了。

SFTP(SSH File Transfer Protocol 或 Secure File Transfer Protocol)是 SSH 2.0 中支持的功能。和 FTP 不同的是,SFTP 传输协议默认采用加密方式来传输数据。SFTP 建立在 SSH 连接的基础上,它使得远程用户可以安全地登录设备,进行文件管理和文件传送等操作,为数据传输提供了更高的安全保障。同时,由于设备支持作为客户端的功能,用户可以从本地设备安全登录到远程设备上,进行文件的安全传输。

20.4 配置 SSH

20.4.1 配置 SSH 服务器

在设备上配置 SSH 特性之前,设备必须要生成 DSA、ECDSA 或 RSA 密钥。虽然一个客户端只会采用 DSA、ECDSA 和 RSA 公钥算法中的一种来认证服务器,但是由于不同客户端支持的公钥算法不同,为了确保客户端能够成功登录服务器,建议在服务器上同时生成 DSA、ECDSA 和 RSA 密钥对。

在系统视图下配置生成 DSA、ECDSA 或 RSA 密钥,在某些早期软件版本中仅支持 RSA 公钥算法。其参考命令如下:

```
[SWA]public-key local create {dsa|ecdsa|rsa}
```

默认情况下,SSH 服务器功能处于关闭状态。所以,需要在系统视图下使能 SSH 服务,其参考命令如下:

```
[SWA] ssh server enable
```

上述配置完成后,设备生成了 DSA、ECDSA 或 RSA 密钥对,且具有 SSH 服务器功能。

SSH 客户端通过 VTY 用户界面访问设备。因此,需要配置 SSH 客户端登录时采用的 VTY 用户界面,使其支持 SSH 远程登录协议。配置结果在客户端下次请求登录时生效。

在 VTY 用户界面视图下配置登录用户界面的认证方式为 scheme 方式,命令如下:

```
[SWA-ui-vty0-4] authentication-mode scheme
```

在 VTY 用户界面视图下配置所在用户界面支持 SSH 协议,命令如下:

```
[SWA-ui-vty0-4]protocol inbound {all|ssh|telnet}
```

默认情况下,系统支持所有的协议。

SSH 用户具有两种服务类型:Stelnet 和 SFTP。Stelnet 即 Secure Telnet,是指传统的

SSH 服务；SFTP 即 Secure FTP。

如果要使用传统的 SSH 服务，则需要在系统视图下配置 SSH 用户为 Stelnet 服务类型并指定认证方式，命令如下：

[SWA] **ssh user** *username* **service-type stelnet authentication-type** { **password** | **any** | **password-publickey** | **publickey**} **assign** {**pki-domain** *domain-name* | **publickey** *keyname*}}

命令中各参数含义如下。

- *username*：SSH 用户名，为 1～80 个字符的字符串。
- stelnet：服务类型为安全的 Telnet。
- authentication-type：SSH 用户的认证方式。具体如下。
  - ◆ password：强制指定该用户的认证方式为 password。
  - ◆ any：指定该用户的认证方式可以是 password，也可以是 publickey。
  - ◆ password-publickey：强制指定该用户的认证方式为 password 和 publickey 认证同时满足。客户端版本为 SSH1 的用户只要通过其中一种认证即可登录；客户端版本为 SSH2 的用户必须两种认证都通过才能登录。
  - ◆ publickey：强制指定该用户的认证方式为 publickey。
- assign：指定用于验证客户端的参数。
- pki-domain domain-name：指定验证客户端证书的 PKI 域。*domain-name* 表示 PKI 域的名称，为 1～31 个字符的字符串，不区分大小写。服务器端使用保存在该 PKI 域中的 CA 证书对客户端证书进行合法性检查，无须提前保存客户端的公钥，能够灵活满足大数量客户端的认证需求。
- publickey *keyname*：为 SSH 用户分配一个已经存在的公钥。*keyname* 表示已经配置的客户端公共密钥名。

需要注意的是，对于 AAA 用户，即使没有创建对应的 SSH 用户，只要能够通过 AAA 认证，且设置的服务类型为 SSH，则该用户仍然可以通过 password 认证方式登录服务器。

SSH 用户采用 publickey 认证方式时，需要在服务器端配置客户端的 DSA、ECDSA 或 RSA 主机公钥，并在客户端为该 SSH 用户指定与主机公钥对应的 DSA、ECDSA 或 RSA 私钥，以便当客户端登录服务器端时，对客户端进行验证。

可以通过从公钥文件中导入和手动配置两种方式来在服务器端配置客户端的公钥。

(1) 从公钥文件中导入客户端的 publickey 公钥时，系统会自动将客户端生成的公钥文件转换为 PKCS(Public Key Cryptography Standards，公共密钥加密标准)编码形式，并实现客户端公钥的配置。这种方式需要客户端事先将 publickey 密钥的公钥文件通过 FTP/TFTP 以二进制(Binary)方式上传到服务器端。

(2) 手动配置客户端的 publickey 公钥时，可以采用复制粘贴的方式将客户端的主机公钥配置到服务器端。这种方式要求复制粘贴的主机公钥必须是未经转换的 DER(Distinguished Encoding Rules，特异编码规则)公钥编码格式。

在系统视图下配置从公钥文件中导入客户端的 publickey 公钥，命令如下：

[SWA] **public-key peer** *keyname* **import sshkey** *filename*

其参数中 *keyname* 表示公共密钥名，而 *filename* 是导入公钥数据的文件名。

可以在系统视图下手动配置客户端的公钥，命令如下：

[SWA] **public-key peer** *keyname*
[SWA-pkey-key-code]直接输入公钥内容

[SWA-pkey-public-key] **peer-public-key end**

以上配置过程中，public-key peer 命令用来进入公共密钥视图；进入公共密钥视图后，使用 public-key-code begin 命令来进入公共密钥编辑视图。

在进入公共密钥编辑视图后，可以开始输入密钥数据。在输入密钥数据时，字符之间可以有空格，也可以按 Enter 键继续输入数据。所配置的公钥必须是未经转换的 DER 公钥编码格式的十六进制字符串。

密钥输入完成后，用 peer-public-key end 命令从公共密钥视图退回到系统视图，结束公钥的编辑过程，系统自动保存配置的公钥。

20.4.2 配置 SSH 客户端

默认情况下，客户端用设备指定的路由接口地址访问 SSH 服务器。可以在系统视图下为 SSH 客户端指定源 IP 地址或源接口，命令如下所示：

[SWA] **ssh client source {ip** *ip-address* | **interface interface-type** *interface-number*}

在系统视图下建立 SSH 客户端和服务器端的连接，并指定公钥算法、客户端和服务器的首选加密算法、首选 HMAC 算法和首选密钥交换算法，命令如下：

<SWA> **ssh2 server** [*port-number*] [**vpn-instance** *vpn-instance-name*] [**identity-key {dsa | rsa}** | **prefer-compress zlib** | **prefer-ctos-cipher {3des | aes128 | aes256 | des}** | **prefer-ctos-hmac {md5 | md5-96 | sha1 | sha1-96}** | **prefer-kex {dh-group-exchange | dh-group1 | dh-group14}** | **prefer-stoc-cipher {3des | aes128 | aes256 | des}** | **prefer-stoc-hmac {md5 | md5-96 | sha1 | sha1-96}**] * [**dscp** *dscp-value* | **publickey** *keyname* | **source {interface interface-type** *interface-number* | **ip** *ip-address*}] *

命令中的参数含义如表 20-1 所示。

表 20-1 算法类型列表

算法名称	描 述
dsa	公钥算法为 DSA
rsa	公钥算法为 RSA
prefer-compress	服务器与客户端之间的首选压缩算法，默认不支持压缩
zlib	压缩算法 ZLIB
prefer-ctos-cipher	客户端到服务器端的首选加密算法，默认算法为 AES128
3des	3DES-CBC 加密算法
aes128	AES128-CBC 加密算法
ase256	256 位的 AES-CBC 加密算法
des	DES-CBC 加密算法
prefer-ctos-hmac	客户端到服务器端的首选 HMAC 算法，默认算法为 SHA1
md5	HMAC 算法 HMAC-MD5
md5-96	HMAC 算法 HMAC-MD5-96
sha1	HMAC 算法 HMAC-SHA1
sha1-96	HMAC 算法 HMAC-SHA1-96

20.4.3 SSH 配置示例

如图 20-2 所示网络中，SWA 是 SSH 服务器，SWB 是 SSH 客户端。SSH 用户采用的认证方式为 password 认证。

首先在 SWA 上配置生成 RSA 密钥对，并启动 SSH 服务器。

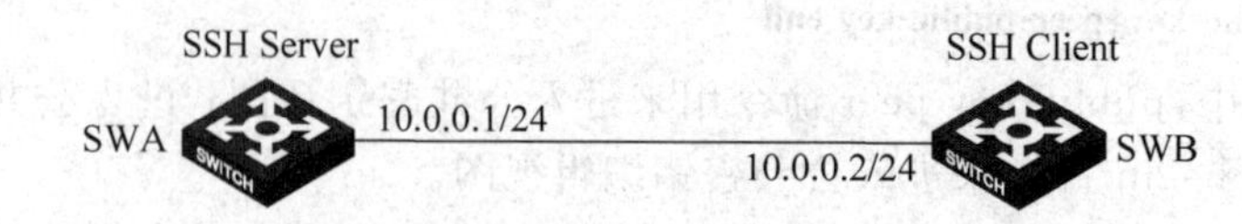

图 20-2 SSH 密码认证配置示例

```
[SWA] public-key local create rsa
[SWA] ssh server enable
```

然后设置 SSH 客户端登录用户界面的认证方式为 AAA 认证，并设置 SWA 上远程用户登录协议为 SSH。

```
[SWA] user-interface vty 0 4
[SWA-ui-vty0-4] authentication-mode scheme
[SWA-ui-vty0-4] protocol inbound ssh
```

创建本地用户 client001，并设置用户的角色为 network-admin；配置 SSH 用户 client001 的服务类型为 Stelnet，认证方式为 password 认证。

```
[SWA] local-user client001 class manage
[SWA-luser-client001] password simple aabbcc

[SWA-luser-client001] service-type ssh
[SWA-luser-client001] authorization-attribute user-role network-admin
[SWA-luser-client001] quit
[SWA] ssh user client001 service-type stelnet authentication-type password
```

然后在 SWB 上建立到服务器的 SSH 连接，并指明用户名为 client001，密码为 aabbcc。

```
<SWB> ssh2 10.0.0.1
Username:client001
Trying 10.0.0.1 ...
Press CTRL+K to abort
Connected to 10.0.0.1 ...

The Server is not authenticated. Continue? [Y/N]:y
Do you want to save the server public key?[Y/N]:n
Enter password:
```

认证成功后，进入 SWA 的用户界面。

如图 20-3 所示网络中，SWA 是 SSH 服务器，SWB 是 SSH 客户端。为了使 SSH 连接具有更强的安全性，网络中 SSH 用户采用的认证方式为 publickey 认证，公钥算法为 RSA。

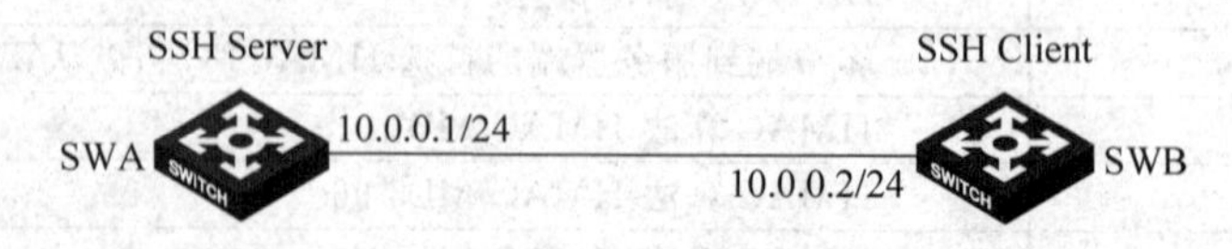

图 20-3 SSH 公钥认证配置示例

与密码认证方式一样，需要在 SWA 上配置生成 RSA 密钥对，并启动 SSH 服务器；设置 SSH 客户端登录用户界面的认证方式为 AAA 认证，并设置 SWA 上远程用户登录协议为 SSH。

```
[SWA] public-key local create rsa
[SWA] ssh server enable
[SWA] user-interface vty 0 4
```

```
[SWA-ui-vty0-4] authentication-mode scheme
[SWA-ui-vty0-4] protocol inbound ssh
```

因为使用公钥认证，所以需要在 SSH 客户端 SWB 上生成 RSA 密钥对，并将生成的 RSA 主机公钥导出到指定文件 key. pub 中。

```
[SWB] public-key local create rsa
[SWB] public-key local export rsa ssh2 key.pub
```

客户端生成密钥对后，需要将保存的公钥文件 key. pub 通过 FTP/TFTP 方式上传到 SSH 服务器 SWA 上。

再返回到 SWA 上，配置从文件 key. pub 中导入客户端的公钥。

```
[SWA] public-key peer Switch001 import sshkey key.pub
```

创建本地用户 client002，并设置用户的角色为 network-admin。

```
[SWA] local-user client002 class manage
[SWA-luser-client002] service-type ssh
[SWA-luser-client002] authorization-attribute user-role network-admin
[SWA-luser-client002] quit
```

设置 SSH 用户 client002 的认证方式为 publickey，并指定公钥为 Switch001。

```
[SWA] ssh user client002 service-type stelnet authentication-type publickey assign publickey Switch001
```

以上配置完成后，在 SWB 上建立到服务器的 SSH 连接，并指明以用户名 client002 登录。

```
<SWB> ssh2 10.0.0.1
Username:client002
Trying 10.0.0.0 ...
Press CTRL+K to abort
Connected to 10.0.0.1 ...

The Server is not authenticated. Continue? [Y/N]:y
Do you want to save the server public key? [Y/N]:n
```

认证成功后，进入 SWA 的用户界面。

注意：当设备仅支持 RSA 公钥算法时，设备作为客户端登录 SSH 服务器时无须指定公钥算法，即默认采用 RSA 公钥算法协商登录。

当设备支持 DSA 和 RSA 公钥算法时，设备作为客户端登录 SSH 服务器时，建议在登录命令中指定公钥算法(identity-key)，如果不指定公钥算法，默认采用的是 DSA 公钥算法协商登录。

20.5 配置 SFTP

20.5.1 SFTP 配置

默认情况下，SFTP 服务器处于关闭状态。所以，需要在系统视图下启动 SFTP 服务器，使客户端能用 SFTP 的方式登录到服务器。相关命令如下：

```
[SWA]sftp server enable
```

与 SSH 配置用户类似，SFTP 服务器也需要配置 STFP 用户，并指定所使用的认证方式和工作目录。

[SWA]**ssh user** *username* **service-type {all|sftp} authentication-type {password|{any|password-publickey|publickey} assign publickey** *keyname*}

在客户端上，使用如下命令来建立与SFTP服务器的连接，并可以同时指定公钥算法、客户端和服务器的首选加密算法、首选HMAC算法和首选密钥交换算法，命令如下：

<SWA>**sftp** *server* [*port-number*] [**vpn-instance** *vpn-instance-name*] [**identity-key {dsa|rsa}|prefer-compress zlib|prefer-ctos-cipher {3des|aes128|aes256|des}|prefer-ctos-hmac {md5|md5-96|sha1|sha1-96}|prefer-kex {dh-group-exchange|dh-group1|dh-group14}|prefer-stoc-cipher {3des|aes128|aes256|des}|prefer-stoc-hmac {md5|md5-96|sha1|sha1-96}**] * [**dscp** *dscp-value*|**publickey** *keyname*|**source {interface** *interface-type interface-numbers*|**ip** *ip-address*}] *

20.5.2 SFTP配置示例

如图20-4所示网络中，SWA是SFTP服务器，SWB是SFTP客户端。SWB作为SFTP客户端登录到SWA，进行文件管理和文件传送等操作。SFTP用户采用的认证方式为publickey认证，公钥算法为RSA。

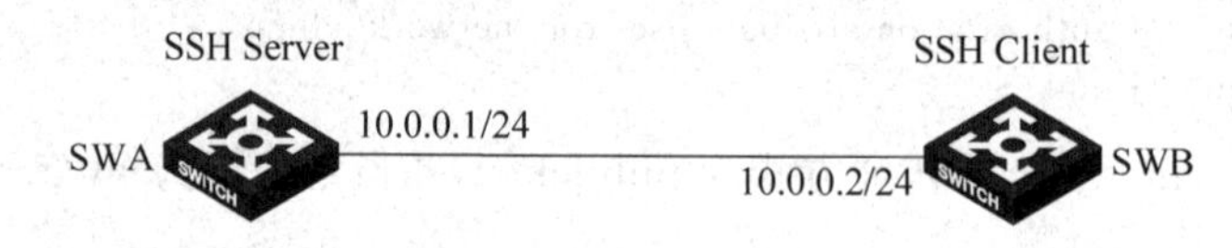

图20-4 SFTP配置示例

与SSH配置一样，需要在SWA上配置生成RSA密钥对，并启动SSH服务器。与此同时，为了提供SFTP服务，还需要在SWA上启动SFTP服务器。

```
[SWA] public-key local create rsa
[SWA] ssh server enable
[SWA] sftp server enable
```

设置SFTP客户端登录用户界面的认证方式为AAA认证，并设置SWA上远程用户登录协议为SSH。

```
[SWA] user-interface vty 0 4
[SWA-ui-vty0-4] authentication-mode scheme
[SWA-ui-vty0-4] protocol inbound ssh
```

因为使用公钥认证，所以需要在SSH客户端SWB上生成RSA密钥对，并将生成的RSA主机公钥导出到指定文件key.pub中。

```
[SWB] public-key local create rsa
[SWB] public-key local export rsa ssh2 key.pub
```

客户端生成密钥对后，需要将保存的公钥文件key.pub通过FTP/TFTP方式上传到SSH服务器SWA上。

再返回到SWA上，配置从文件key.pub中导入客户端的公钥。

```
[SWA] public-key peer Switch001 import sshkey key.pub
```

创建SFTP用户client001，指定其工作目录为flash:/。

```
[SWA]local-user client001 class manage
[SWA-luser-manage-client001]service-type ssh
```

[SWA-luser-manage-client001] authorization-attribute user-role network-admin work-directory flash:/设置SFTP用户client001的服务类型为SFTP，认证方式为publickey，并指

定公钥为 Switch001。

```
[SWA] ssh user client001 service-type sftp authentication-type publickey assign publickey Switch001
```

以上配置完成后，在 SWB 上建立到服务器的 SFTP 连接，并指明以用户名 client001 登录。

```
<SWB> sftp 10.0.0.1 identity-key rsa
Username:client001
Trying 10.0.0.0 ...
Press CTRL+K to abort
Connected to 10.0.0.1 ...

The Server is not authenticated. Continue? [Y/N]:y
Do you want to save the server public key? [Y/N]:n
sftp-client>
```

SWB 通过 SFTP 连接登录到 SWA 上后，可以执行显示、增加、删除目录，上传、下载文件等操作。

20.6 SSH 的显示和维护

完成在 SSH 服务器、客户端的配置之后，可通过命令查看到配置的 SSH 服务器当前的状态和参数，当前连接的信息和 public key 的内容。

表 20-2 列出了常用的 SSH 显示和维护命令。

表 20-2 SSH 显示和维护命令

操　　作	命　　令
显示本地密钥对的公钥部分	display public-key localrsa public
显示保存在本地的远端公钥信息	display public-key peer [brief|name publickey-name]
显示当前为 SSH 客户端设置的源 IP 地址或者源接口	displayssh client source
在 SSH 服务器端显示该服务器的状态信息或会话信息	display ssh server {status|session}
在 SSH 服务器端显示 SSH 用户信息	display ssh user-information [username]

20.7 本章总结

(1) SSH 是一种安全的远程登录协议。

(2) SSH 的两种认证方式：密码认证和公钥认证。

(3) SSH 安全连接有 5 个阶段。

(4) SFTP 是一种基于 SSH 协议使用的安全远程传输协议。

20.8 习题和答案

20.8.1 习题

(1) SSH 是(　　)的缩写，其服务监听端口号是(　　)。

(2) SSH 协议支持(　　)、(　　)、(　　)3 种验证方式。

(3) 下列关于 SSH 的工作过程，说法正确的是(　　)。

A. SSH 协商初期，SSH 客户端首先将自己支持的版本信息发送给服务器，格式为“SSH-<主协议版本号>.<次协议版本号>-<软件版本号>”

B. 在 SSH 版本协商过程中，客户端如果发现服务器端的协议版本号比自己的低，且客户端能支持服务器端的低版本，就使用服务器端的低版本协议号

C. 在 SSH 密钥和算法协商阶段，由于密钥没有建立，所以报文传输都是明文进行的

D. SSH 认证阶段，认证的第一步是客户端向服务器发送包含用户名的认证请求，服务器检查如果该用户存在并且需要认证，那么服务器回送一个包含认证方法的 SSH2_MSG_USERAUTH_FAILURE 报文，通知客户端需要认证

(4) 关于 SFTP 协议下列说法错误的是(　　)。

A. SFTP 是 SSH1.0 中内置的功能

B. SFTP 是 Secure FTP 的简称

C. SFTP 与 SSH 是两种安全协议，没有直接关系

D. 配置 SFTP 服务器时用户的服务类型可以设置为 SFTP 或者 All

(5) 配置一台设备作为 SSH 服务器且选择 publickey 认证方式，以下(　　)配置是必选的。

A. 启动 SSH Server 服务

B. 生成本地密钥对

C. 添加 SSH 用户为 publickey 方式，指定用户公共密钥

D. 配置用户接口的认证方式和协议类型

20.8.2 习题答案

(1) Secure Shell，22

(2) 公钥验证方式、密码验证方式、不验证方式

(3) ABD　　(4) AC　　(5) ABCD

第6篇

园区网管理维护

第21章

园区网管理维护综述

任何网络的安全可靠运行都由多方面决定，它以精心设计细心建设为基础，在完善周到的维护管理下健康运行。同样，在有了良好的设计和建设之后，必须采用科学有效的管理手段来维护才可以确保园区网的健康运行，提供不间断服务。但随着网络规模的增大，网络设备种类的繁杂给园区网管理带来了更大的挑战。如网络中的不同角色，路由器、交换机、服务器、应用终端等的管理，不同厂商的设备混合组网的管理，都给网络管理带来了麻烦。

本章将重点根据实际需求提出网络管理面临的难题并为此找出对应的解决方案。

21.1 本章目标

学习完本课程，应该能够：

- 熟悉园区网存在的管理工作；
- 了解园区网管理工作中的难题；
- 了解园区网常见的管理手段和技术。

21.2 园区网维护管理的目标及难题

当一个园区网建设完成并投入使用之后，网络管理员不得不面对的问题就是确保网络的健康运行，这也是网络维护管理的首要目标。为了达成此目标，必须采取相应的措施和手段实现网络设备和终端的实时监控或定期监控，使其工作状态了然于胸。但这并非网络维护管理工作的全部，任何网络设备和传输线路都不可能百分之百地不间断运行，当某个网络设备故障或者某个传输线路中断之后，网络管理员应当能够在最短时间内知晓故障点、故障原因，并针对此故障采取有效措施快速恢复网络运行。

随着业务规模的扩大，新业务的集成应用，网络是否能够继续支撑当前业务的发展也是网络使用者和管理者关注的重要内容。因此掌握网络业务现状，快速响应新需求，调整业务部署和对网络进行升级扩容也是网络维护管理的重要目标之一。网络的维护管理工作做得是否到位，就取决于对上述重要目标的实现程度。

网络建设者为了平衡性能和成本各方面因素，选择的网络设备种类、设备厂商和型号越来越多样化，因此各网络设备的特性差异、性能差异也非常明显。使用同一套网络管理系统实现如此多样化设备的管理是网络管理必须解决的首要难题。要兼容不同厂商设备实现细节差异和私有协议的应用也是维护管理中的又一难题。

设备数量大，物理位置分散，管理任务繁重，要求网管系统性能优异，远程管理易于实施。化繁为简是大型园区网络管理新的课题。

不同的操作系统有不同的系统漏洞，从网络设备到网络终端到服务器以及传输线路处处都可能成为网络黑客的攻击切入点。网络建设和管理一旦考虑不周，很容易出现顾此失彼的现象，将网络置于危险境地。

由于网络设计的疏忽，新业务的开展都可能导致网络流量在某些物理链路或逻辑链路上形成拥塞。网络流量攻击更是网络拥塞的罪魁祸首。网络流量拥塞的及时发现并解决也是网络管理面临的难题之一。

网络设备记录日志和告警的时间混乱，导致日志告警产生的先后顺序无法准确判定，给网络故障的定位和原因分析带来了困难，也许因为一条重要日志或告警信息的时间错误会将管理员的故障定位引入歧途。保证日志和告警信息的有序准确记录也是维护管理面临的难题之一。

21.3 网络维护管理的技术应用

针对网络维护管理工作面临的难题，网络管理员分别找到了相应的应对策略和解决方案，如图 21-1 所示。

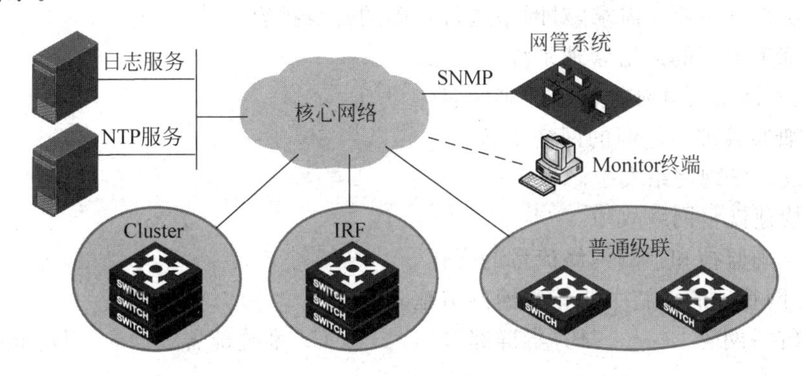

图 21-1 园区网维护管理难题之解决方案

首先网络管理员依靠 SNMP 协议可以实现网络设备的统一管理。通过标准的 MIB 信息实现网络拓扑的发现和绘制，设备的基本信息查询和配置，设备 Trap 告警的统一管理。通过日志服务器的部署还可以实现网络设备重要日志的统一监管。

为了应对不同厂商的差异，应在网络规划和建设中选择业界标准协议，选择具有良好兼容性的网络设备。如选择通用的 OSPF 路由协议而非私有路由协议，标准的 LLDP(Link Layer Discovery Protocol)协议而非私有的拓扑发现协议。

为了降低网管系统的管理任务，简化网络拓扑结构，选择恰当的网络拓扑是解决手段之一，同样部署堆叠和集群将多个物理设备联合成一个逻辑单元也能大幅降低网络管理单元数量，从而更进一步简化网络拓扑，让网络管理变得简单。

为了消除网络安全隐患，及时发现网络瓶颈和拥塞，流量统计、流量镜像、攻击防范等措施的部署是必要的。通过流量统计可以总结发现网络流量分布状况，预测网络流量的发展。通过各种流量镜像技术可以及时发现网络隐患，审计终端用户的网络行为。通过攻击防范部署可以有效地预防非法流量导致设备的宕机和网络瘫痪。

在网络中部署 NTP 服务器并运行 NTP 协议，可以保证所有网络设备具有统一的时钟参考，让日志告警信息记录的时间准确无误，为网络故障定位提供准确可靠的依据。

21.4　本章总结

（1）明确维护管理工作的内容。

（2）熟悉维护管理工作面临的难题。

（3）解决维护管理难题的应对方案。

21.5　习题和答案

21.5.1　习题

（1）园区网网络管理的主要目标是（　　）。

A. 网络设备和终端的定期或实时监控，保障网络健康运行

B. 网络故障的快速定位和恢复

C. 快速响应业务需求，对网络进行正确的升级扩容

D. 部署最新的网络管理系统

（2）园区网网络管理维护面临的难题有（　　）。

A. 兼容管理多厂商的网络设备

B. 及时发现网络安全隐患

C. 快速恢复网络故障

D. 准确监控和预测网络流量的变化

（3）园区网管理的措施中化繁为简的措施有（　　）。

A. 统一网管　　B. 集群部署　　C. 堆叠部署　　D. 选择标准协议

21.5.2　习题答案

（1）ABC　（2）ABCD　（3）ABCD

第22章

SNMP及日志管理

随着网络规模的不断扩大,网络拓扑环境和应用环境日趋复杂,而对网络进行精确管理的要求越来越高,并且自动化网络管理日益成为网络管理的一个趋势。

SNMP(Simple Network Management Protocol,简单网络管理协议)提供了一种从网络设备中收集网络管理信息的方法,也为设备向网络管理工作站报告问题和错误提供了一种方法。SNMP 可以屏蔽不同设备的物理差异,实现对不同厂商产品的自动化管理。

SNMP 已经成为 IP 领域网络管理的标准协议,并被广泛应用。本章主要介绍 SNMP 以及在设备上的配置。

22.1 本章目标

学习完本课程,应该能够:

- 了解 SNMP 工作的 C/S 架构;
- 熟悉 SNMP 的基础 MIB 的实现和分类;
- 了解 SNMP 的历史以及历史版本的区别;
- 掌握 SNMP 在园区网设备上的配置。

22.2 SNMP 的基本架构

22.2.1 网络管理关键功能

ISO(International Organization for Standardization,国际化标准组织)定义的网络管理的关键功能有如下几个。

(1) 故障管理:对网络中的问题或故障进行定位的过程。通过提供快速检查问题并启动恢复过程的工具,使网络的可靠性增强。

(2) 计费管理:测量用户对网络的资源的使用情况,并据此建立度量标准,设定额度,确定费用以及给用户开具账单。

(3) 配置管理:从网络获取数据,并使用这些数据对网络设备的配置进行管理的过程。目标是监视网络运行的环境和状态,改变和协调网络设备的配置,确保网络有效和可靠地运行。

(4) 性能管理:保证网络保持在可通过和不拥塞的状态,为用户提供更好的服务。目标是通过监控网络的运行状态、调整网络参数来改善网络的性能,确保网络的安全运行。

(5) 安全管理:通过控制信息的访问点保护网络中的敏感信息。

22.2.2 网络管理面临的挑战与 SNMP

网络应用的发展对网络管理提出了更高的要求和挑战,包括如下几个方面。

(1) 网络规模越来越大,网络设备之间的连接与业务越来越复杂,单纯靠人工管理这些设备和业务已经不可行。

(2) 在同一个网络中,设备的种类越来越多,必须要求使用一种标准的管理手段才能完成这些设备的统一管理。

(3) 网络管理要求实现不间断的管理,因此在无人值守的情况下网络管理必须提供一种自动化的工具来完成网络管理功能。

SNMP 作为网络管理协议,刚好解决了目前网络管理中遇到的几大难题,它提供了一种对多供应商、可协同操作的网络管理方法,成为应用广泛的 IP 网络管理协议。它实现简单,适合 IP 网络管理要求,并在花费最少的人力、设备、资金的前提下提供更智能的网络管理服务。

22.2.3 SNMP 基本架构

如图 22-1 所示,一个基于 SNMP 的网络管理模型,有如下 4 个重要的组成部分。

(1) NMS(Network Management Station,网络管理站):NMS 通常是一个独立的设备,上面运行着网络管理的应用程序。网络管理应用程序能够提供一个非常友好的人机交互界面,网络管理员能通过它来完成绝大多数的网络管理工作。NMS 通过 SNMP 协议从 SNMP Agent 获取管理信息,并且监听 UDP162 端口,接收 SNMP Agent 发送的 Trap 告警信息。同时 NMS 还努力地做到提供失效管理、安全管理、计费管理、配置管理和性能管理。

(2) SNMP Agent(SNMP 代理):SNMP Agent 是驻留在被管理设备的一个软件模块,它主要负责如下管理任务:

① 监听 UDP161 端口,接收和处理来自 NMS 的请求报文,并将处理结果返回给 NMS;

② 在一些紧急情况下,SNMP Agent 还会主动发送 Trap 告警报文给 NMS。

(3) SNMP(Simple Network Management Protocol,简单网络管理协议):NMS 与被管理设备之间的交互遵循 SNMP 协议规定。

(4) MIB(Management Information Base,管理信息库):MIB 是存储在被管理设备中的管理信息数据库。

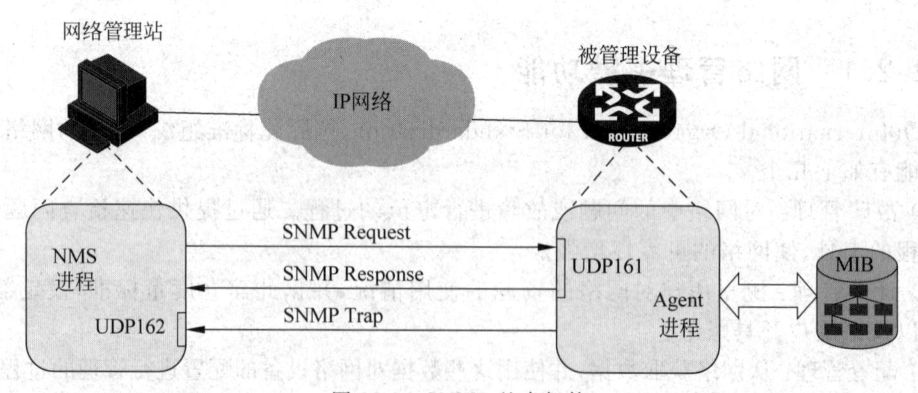

图 22-1 SNMP 基本架构

22.2.4 管理信息库

MIB(Management Information Base,管理信息库),是指被管理对象信息的集合,也就是所有代理进程包含的,并且能够被管理进程进行查询和设置的信息的集合。

如图 22-2 所示,SNMP Agent 通过 MIB 把被管对象按照一定的规则组织起来并以树形结构进行存储。NMS通过SNMP协议向Agent发出查询，设置MIB等操作即可实现对被管理设备的管理操作。只有在被管理设备的MIB库中存在的对象才能被SNMP管理。

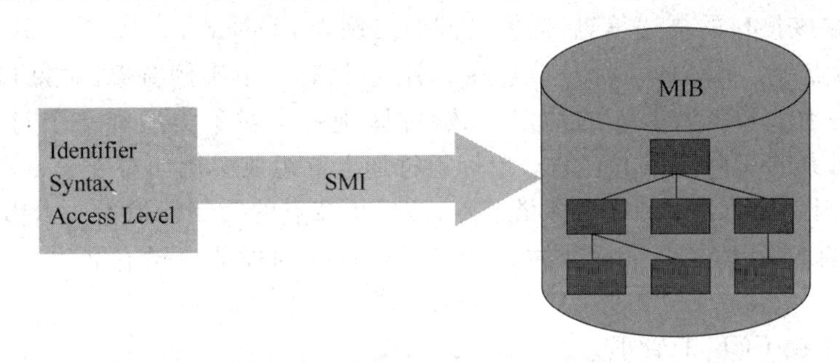

图22-2 管理信息库(MIB)

管理对象信息包括OID(Object Identifier，对象标识符)、对象数据类型以及对象访问权限等属性信息，这些信息通过SMI(Structure of Management Information，管理信息结构)规定的语法和组织形式组成一个树形的MIB数据库。

如图22-3所示，MIB按照一种层次式属性结构排列。一个对象在树中的位置非常清楚地标识了如何访问该对象。在MIB树中，一个对象成为MIB树的一个节点，每个节点都有全局唯一的名字，并且具有同一个父节点的子节点的编号不能重复。

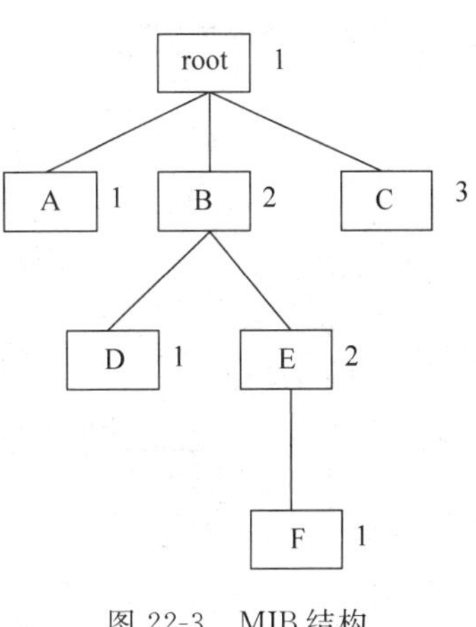

图22-3 MIB结构

对一个节点的访问可以通过两种方式实现，一种是直接引用节点的名字，例如在图中节点F可以直接使用节点的名字"F"唯一标识该节点；另外一种方式是使用OID来引用。

OID用于命名一个对象。它还标识了如何在MIB中访问该对象。OID由4B的整数序列组成，用来标识被管对象。MIB树中的每个节点对应一个整数，从根节点到树中任意节点所经过的节点所对应的整数组成的有序整数序列，即为一个有效的OID。例如F可以表示为"1.2.2.1"，显然可以通过提供OID来确定所要访问的MIB对象。

当对一个MIB节点进行访问的时候，所访问的是对象的一个特定实例，而不是一个对象类型。

在MIB树中，节点根据其位置的不同，大致可以分为如下两类。

(1) 叶子节点：不包含子节点的节点，称为叶子节点。在MIB树中，只有叶子节点是具有管理意义的节点。有的叶子节点不能被访问(not-accessible，不能被访问的叶子节点经常被用作表变量的索引项)；有的叶子节点只能被读出(read-only)；有的既允许读，又允许写(read-write)；有的不仅能读写，还能被创建(read-create，SNMPv2概念；SNMPv1也有创建功能，通过对具有read-write属性的表变量叶子节点实行写操作来实现)。

(2) 非叶子节点：具有子节点的节点，称为非叶子节点。MIB树中的非叶子节点表明了该节点的子孙节点的相关性，这些子孙节点一般具有大体相同的功能属性，通过访问这些节点，可以实现相对独立的功能。非叶子节点不能通过SNMP协议直接访问。

叶子节点又分为如下两类。

(1) 表型节点(TABULAR)：又称为列对象，这类节点在设备中代表一个抽象的对象，每个对象在设备中对应多个实例，NMS获取的对象信息实际上是该对象的某一个实例信息的访问。例如在一个设备中存在多个接口，要想通过 MIB 获取一个接口的接口描述(ifDescr)，必须指定要获取的接口的标识，接口标识实际使用的是接口索引(ifIndex)，所以对于接口索引为1的接口，要获取该接口的描述信息，需要访问的实例为 ifDescr.1。

(2) 标量节点(SCALAR)：标量节点在 MIB 中只有一个实例对象，对象和实例之间不存在模糊性。但是为了和表型节点的约定一致，并区别一个对象类型和一个对象实例，SNMP 规定一个标量对象的实例标识由它的对象标识符加上0组成。例如对于 sysObjectID，一个设备只有一个值，因此 sysObjectID 为标量节点，该标量节点的实例标识为 sysObjectID.0。

图 22-4 中的 MIB 树是一个标准的 MIB 树，MIB 树的根节点没有名字或编号，但是下面有3个子树：

- ccitt(0)：由 CCITT 管理；
- iso(1)：由 ISO 管理；
- joint-iso-ccitt：由 ISO 和 CCITT 共同管理。

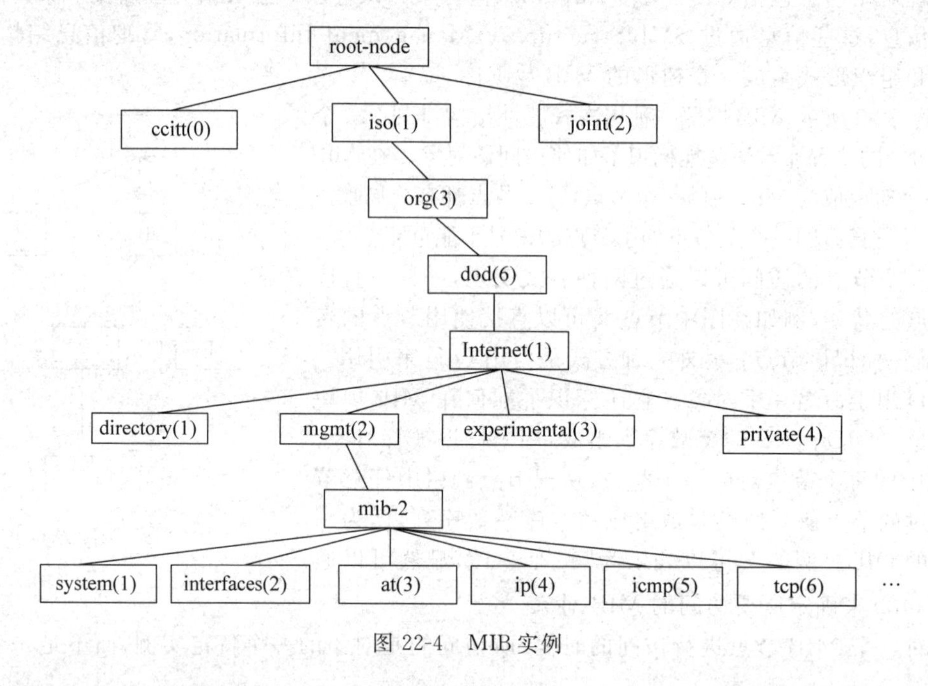

图 22-4 MIB 实例

每一个子树下面根据需要又定义了不同的子树。

22.3 SNMP 标准介绍

22.3.1 SNMP 版本

从 1988 年 SNMPv1 发布至今，SNMP 协议发展经历了多个版本的演变。目前常用的版本有如下几种。

(1) SNMPv1：该版本基于 SGMP(Simple Gateway Monitoring Protocol，简单网关监视协议)发展而来，于 1988 年发布，定义于 RFC 1157。

(2) SNMPv2c：该版本使用了 SNMPv1 的消息封装以及团体名的概念，因此称为“基于团体的 SNMPv2”。该版本发布于 1996 年，在 RFC 1901～RFC 1908 中定义。虽然该版本应用比较广泛，但一直没有成为一个标准协议，只能称为“事实上的标准”。

(3) SNMPv3：2002 年 SNMPv3 正式成为标准协议，以代替 SNMPv1 标准。SNMPv3 标准目前在 RFC 3411～RFC 3418 中定义。

22.3.2 SNMPv1

图 22-5 中，SNNPv1 Agent 和 NMS 之间通过标准消息通信，使用 UDP 作为传输层协议，每一个消息都是一个单独的报文。UDP 使用无连接的服务，因此 SNMP 不需要依靠在 Agent 和 NMS 之间保持连接来传输信息。

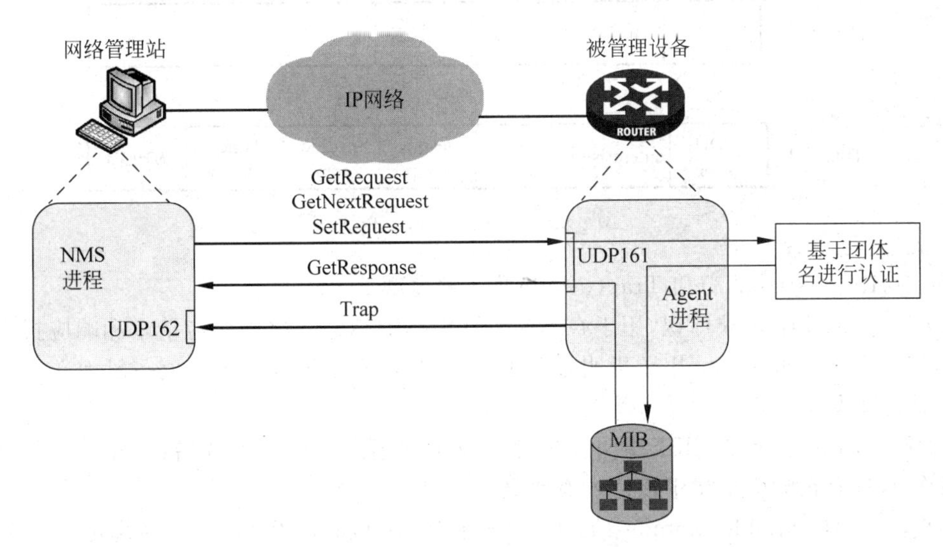

图 22-5 SNMPv1 协议原理

SNMPv1 支持 5 种消息类型：GetRequest、GetNextRequest、SetRequest、GetResponse 和 Trap。NMS 使用 GetRequest 和 GetNextRequest 从拥有 SNMP Agent 的网络设备中检索信息，SNMP Agent 以 GetResponse 消息响应 GetRequest 和 GetNextRequest 消息。NMS 使用 SetRequest 实现设备中参数的远程配置，SNMP Agent 将配置结果以 GetResponse 消息反馈给 NMS。Trap 是 SNMP Agent 发送给 NMS 的非请求消息，这些消息通知 NMS 被管理设备发生了一个特定事件。例如可以通过 Trap 消息报告设备的某个接口从 linkUp 状态变为 linkDown 状态。

SNMP Agent 和 NMS 之间是通过团体名(Community Name)来进行安全机制认证的，团体名以明文传输，因此 SNMPv1 的安全性较弱。团体是 SNMP Agent 和若干个经 SNMP Agent 授权的网络管理站应用程序组成的。每个团体都有自己的标识，即团体名，来区别于其他的团体。实质上，团体名充当了一个相关权限的密码。当 Agent 收到一个来自 NMS 的请求报文时，首先检查这个团体名是否存在，如果不存在，对此报文不再继续处理而直接丢弃；如果存在，则检查请求报文中所请求的节点是否是在该团体所被允许访问的对象集合中，并且该访问的行为是否被允许。

所有的 SNMPv1 报文都由报文头加 PDU(Protocol Data Unit，协议数据单元)构成，如图 22-6 所示。报文头包含版本号(Version)和团体名(Community)两部分。

在 SNMPv1 中，Version 值为 1。团体名用作认证 SNMP 消息的口令。

在 SNMPv1 中，PDU 分为两类，一类是请求/响应 PDU，另一类是 Trap PDU。

SNMP PDU 由以下几个部分组成。

(1) PDU Type：包括 GetRequest(0xA0)、GetNextRequest(0xA1)、GetResponse

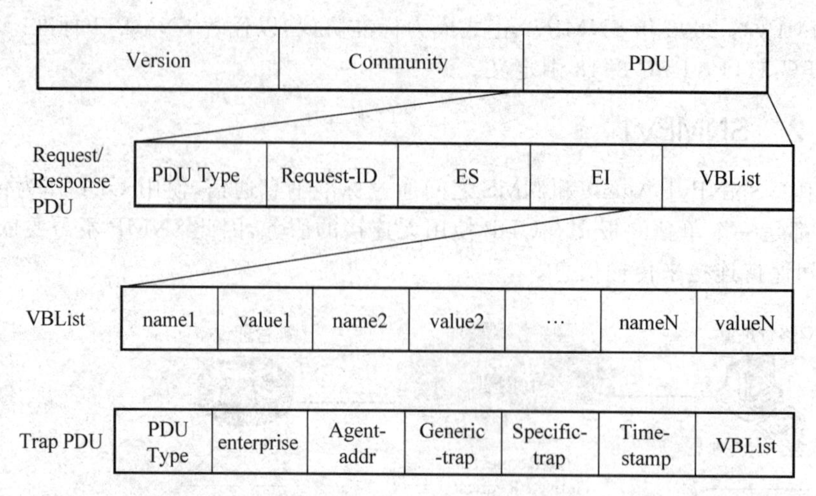

图 22-6 SNMPv1 报文格式

(0xA2)、SetRequest(0xA3)和 Trap(0xA4)共 5 种类型 PDU。

(2) Request-Id：请求标识，用于在 NMS 和 SNMP Agent 之间对应请求和响应报文。

(3) ES(Error Status)：用于指明报文出错的原因，在请求报文中该值一般为 0，只有在响应报文中该值才有意义。

(4) EI(Error Index)：用于指明变更绑定对中的第几个变量出现错误，在请求报文中该值一般为 0，只有在响应报文中该值才有意义。

(5) VBList(Variable Binding List)：由若干个 OID 和该 OID 的实例值绑定对组成。

需要说明的是，在 SNMPv1 中，Trap PDU 格式比较特殊，与其他类型 PDU 不同，它除了拥有相同的 PDU Type 域外，还包含如下域。

(1) Enterprise：产生 Trap 的设备的标识，即设备的 sysObjectID。

(2) Agent-addr：产生 Trap 消息的设备 IP 地址。

(3) Time-stamp：上次(重新)初始化网络实体和产生 Trap 之间所持续的时间，取值为生成 Trap 时刻的 sysUpTime 的值。

(4) Generic-trap：Trap 类型，具体取值如表 22-1 所示。

(5) Specific-trap：当 Generic-trap 取值为 6 时，表示该 Trap 被定义成企业特定的，并且使用 Specific-trap 号定义该 Trap。这样定义存在的一个问题是，作为一个通用网管，必须了解它所管理的设备 Specific-trap 号的含义，这样做对网管的适配型提出了很高的要求。这个问题在 SNMPv2 中进行了解决。

表 22-1 Generic-trap 标识的 Trap 类型

Trap 类型	名 称	说 明
0	coldStart	代理进程初始化，多数情况是设备重新启动
1	warmStart	代理进程初始化自己，但是管理对象没有更新
2	linkDown	接口从 UP 状态变为 DOWN 的状态
3	linkUp	接口从 DOWN 状态变为 UP 的状态
4	authenticationFailure	一条 SNMP 消息收到，但是鉴别失败(例如团体名错误)
5	egpNeighborLoss	EGP 邻居已经过渡到 DOWN 的状态
6	enterpriseSpecific	企业自定义 Trap，需要配合 Specific-trap 确定一个 Trap

管理工作站对所有网络设备的配置管理都是通过标准的 SNMP 消息来实现的。如图 22-7 所示，NMS 要获取交换机的第二个接口（ifIndex＝2）对应的接口描述（ifDescr），通过一个 GetRequest 发送到 SNMP Agent，SNMP Agent 从本地 MIB 库中获取该对象的实例为 ethernet2，并使用 GetResponse 返回给 NMS。

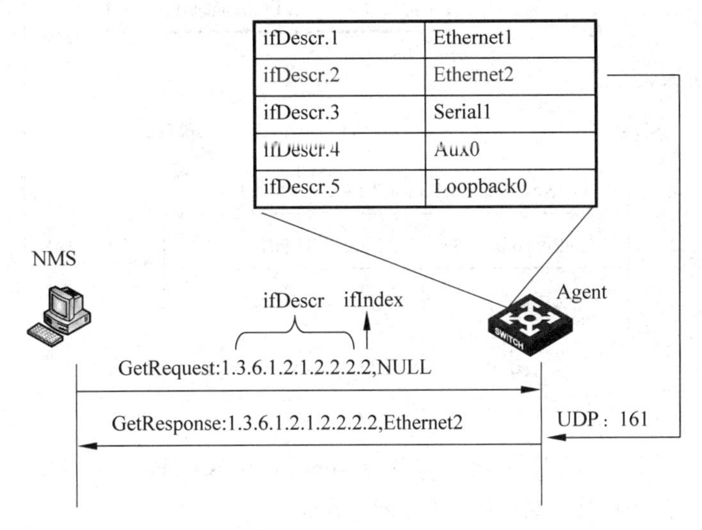

图 22-7　SNMPv1 GetRequest

在 SNMPv1 中，GetRequest 请求是原子性的，即要么得到所有的值，要么一个也得不到。如果 SNMP Agent 能为请求中 VBList 列表中所有的变量提供值，那么在 GetResponse 中包括 VBlist 域，并且对每个变量提供一个值。如果其中任意一个变量不能提供，那么将不返回任何值，而是返回错误码，其中可能发生的错误情况如下。

（1）如果在 VBList 中指定的一个对象不存在，或者对象没有实例，那么需要返回一个 NoSuchName 错误状态，并在 GetResponse 报文的错误索引处填写出错变量在 VBList 中的位置索引。

（2）Agent 能够提供所有变量的值，但是最后得到的 GetResponse PDU 的大小超过了本地限制，这种情况下返回一个错误状态为 tooBig 报文，并且错误索引为 0。

（3）Agent 由于其他一些原因不能为 VBList 中的一个变量提供值，这种情况下返回一个 genErr 错误，错误索引为该变量在 VBList 中的位置索引。

当网管工作站需要连续从网络设备获取连续的多个变量参数时，为了操作的便利，SNMPv1 提供了 GetNextRequest 请求。同 GetRequest 一样，它由 NMS 发送到 Agent，通过该请求 NMS 可以获取指定变量的字典序下一个实例对应的值。Agent 通过 GetResponse 报文响应 GetNextRequest 请求。

如图 22-8 所示，NMS 要获取交换机的第二个接口（ifIndex＝2）的下一个接口对应的接口描述（ifDescr），通过一个 GetNextRequest 发送到 Agent，Agent 进行本地数据库按照字典序查找，找到下一个接口（ifIndex＝3）对应的值为 Serial1，Agent 将该值使用 GetResponse 返回给 NMS。如此持续进行可以获取整个交换机上的所有接口的接口描述，而无须关注设备究竟存在多少个接口。

在 SNMPv1 中，GetNextRequest 请求也是原子性的，要么所有的值都返回，要么一个也不返回。

除查询动作外，网管工作站也面临配置网络设备的需求，此时需要的是一个配置请求，即

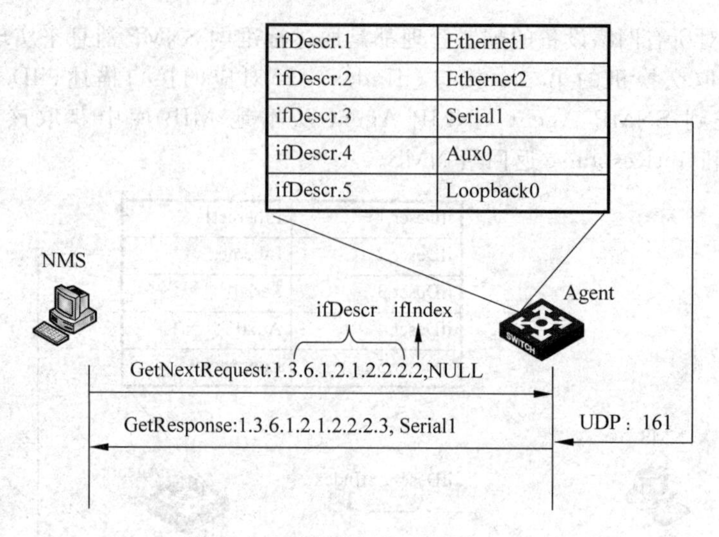

图 22-8 SNMPv1 GetNextRequest

SetRequest 请求。

SetRequest 请求由 NMS 发送到 SNMP Agent，它用来配置一个对象的实例值。SNMP Agent 通过 GetResponse 报文响应 SetRequest 请求。

在图 22-9 中，NMS 要将第二个接口（ifIndex＝2）的管理状态（ifAdminStatus）设置为 2，通过一个 SetRequest 发送到 SNMP Agent，SNMP Agent 进行本地数据库查找并设置所要求的值，SNMP Agent 将 Set 操作结果使用 GetResponse 返回给 NMS。

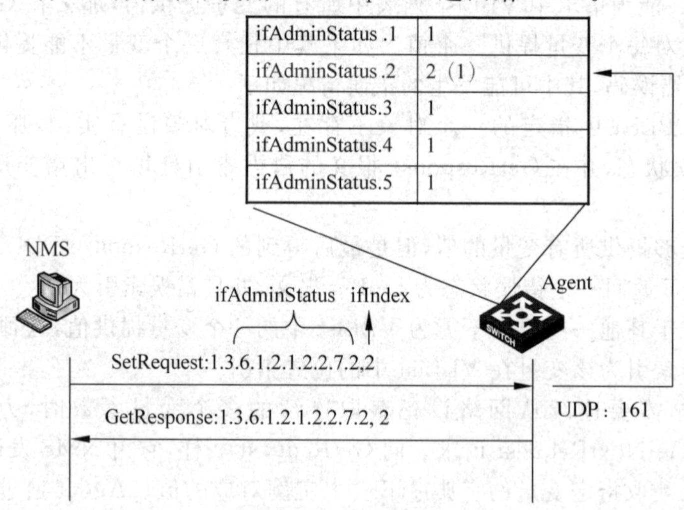

图 22-9 SNMPv1 SetRequest

在 SNMPv1 中，SetRequest 请求也是原子性的，要么所有的值都设置成功，要么一个值都不修改。

在进行 Set 操作时，SNMP Agent 的错误处理与 Get 操作类似。除此之外，当设置的值与要求的值不一致的时候，返回一个 badValue 错误状态。

当 SNMP Agent 检测到特定事件发生的时候，将发送 Trap 消息到 NMS，NMS 实时监听 UDP 端口 162 来接收处理 Trap 消息。

如图 22-10 所示，接口 2（ifIndex＝2）状态由 linkUp（1）变为 linkDown（2），此事件根据

SNMP 协议会触发一个 linkDown 的 Trap，该 Trap 封装成 SNMPv1 Trap 的格式被发送到 NMS。在该 Trap 的 PDU 的 VBList 中，包含了该接口的接口索引(ifIndex)。

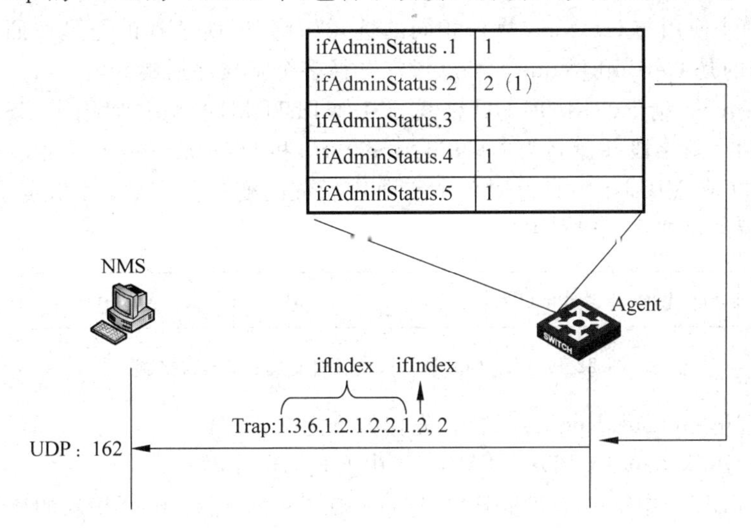

图 22-10 SNMPv1 Trap

由于 Trap 报文没有应答，因此它在网络中传输是不可靠的。

SNMPv1 的不足包括：

- SNMPv1 安全性差，只提供简单的身份验证和访问控制，容易被恶意攻击者破坏；
- SNMPv1 不支持 NMS 到 NMS 间的通信；
- SNMPv1 错误状态较少，导致 NMS 不能精确管理设备；
- SNMPv1 中所有操作是原子性的，只要有一个变量出错，就认为整个 PDU 处理失败，可能导致网管和代理数据不一致，同时也降低了处理效率；
- SNMPv1 Agent 发送 Trap 后，不等 SNMP Manager 应答，可靠性差。

22.3.3 SNMPv2c

SNMPv2c 是在 SNMPv1 基础上发展起来的，消息格式与 SNMPv1 相同，GetRequest、GetNextRequest、SetRequest 和 GetResponse PDU 都与 SNMPv1 相同。SNMPv2c 在安全性上没有提高，仍然采用了与 SNMPv1 相同的基于团体名的弱鉴别机制。

相对于 SNMPv1，SNMPv2c 的扩展部分有如下内容。

(1) 定义了 SNMPv2 Trap：SNMPv2 Trap PDU 格式与其他 PDU 格式(GetRequest、GetNextRequest、SetRequest 等)相同，PDU 类型(PDU Type)值为 0xa7，其作用与 SNMPv1 Trap 的作用相同。在 SNMPv2 Trap 的 VBList 中，第一个变量提供了该 Trap 生成的时间(sysUptime)；第二个变量是 snmpTrapOID.0，它表示了该 Trap 的类型；其他变量都是基于该 Trap 类型增加的。

(2) 定义了 GetBulk 操作：GetBulk 操作基本思想是一次请求最大限度地获取更多信息。

(3) 定义了更丰富的错误状态和数据类型。

(4) 在 SNMPv2c 中，除了 Set 操作外，其他请求操作都是非原子性的。SNMPv2c 规定，即使 SNMP Agent 不能为所有变量提供取值，也返回一个 VBList 列表，如果发现与某个变量相关的异常情况，则将该变量名与一个异常指示组成一个变量绑定对放进 VBList 中，与其他正常的响应一起发送给 NMS。

GetBulk 操作是 SNMPv2c 相对 SNMPv1 的主要增强之一。该操作的目的是使检索大批量管理信息所需的协议交互次数最小化。

GetBulk 操作使用与 GetNext 操作相同的选择原则，即所选择的总是按照字典序下一个对象实例，不同的是 GetBulkRequest 可以指定选择多个字典序后继。

GetBulkRequest 请求使用的 PDU 格式与其他 PDU 相同，只是启用了 ES(错误状态)和 EI(错误索引)两个新字段并命名为 N(Non-repeaters)和 M(Max-repetitions)。如图 22-11 所示，N 字段指定了在 VBList 中只返回单个字典序后继的变量的个数，M 指定了对 VBList 中其余变量将要返回字典序后继的数量。

PDU type	Request ID	N	M	VBList

图 22-11　GetBulkRequest 请求使用的 PDU 格式

为了方便理解 GetBulkRequest 请求，先作如下定义：

- L 为 GetBulkRequest PDU 中 VBList 中变量名的个数；
- n 为从 VBList 中第一个变量开始，进行一次 GetNextRequest 请求的变量个数；
- r 为在开始的 N 个变量之后，请求多个字典序后继的变量个数；
- m 为最后 R 个变量中的每一个变量请求的字典序后继个数。

上述变量存在下列关系：

n=MAX[MIN(N,L),0]

m=MAX[M,0]

r=MAX[L−n,0]

如图 22-12 所示的请求操作，N=1，表示对第一个变量进行一个 GetNext 操作；M=2，表示对剩余变量进行 2 次 GetNext 操作。

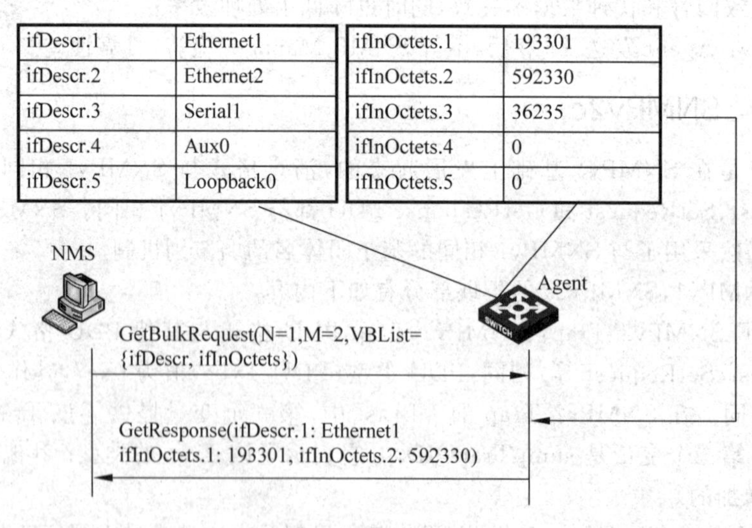

图 22-12　GetBulkRequest

实际 VBList 中，第一个变量是 ifDescr，没有实例索引，因此根据 GetNext 操作原理，要取第一个接口的 ifDescr，也就是 ifIndex＝1 对应的接口的接口描述。剩余的一个变量 ifInOctets 要进行两次 GetNext 操作，获取的值分别是 ifInOctets.1＝193301 和 ifInOctets.2＝592330。

从表 22-2 可以看出，SNMPv2c 比 SNMPv1 中提供了更为细化的错误状态和错误码，如 SNMPv2c 中的 wrongType、wrongEncoding、wrongLength、inconsistentVaule 都对应于 SNMPv1 的 badValue，noAccess、notWritable、noCreation、inconsistentName 都对应于 SNMPv1 的 noSuchName，resourceUnavailable、genErr、commitFailed、undoFailed 都对应于 SNMPv1 的 genErr。

表 22-2　SNMPv2c 提供更丰富的错误代码

SNMPv1	SNMPv2c	SNMPv1	SNMPv2c
badValue	wrongValue	noSuchName	noCreation
badValue	wrongEncoding	noSuchName	inconsistentName
badValue	wrongType	genErr	resourceUnavailable
badValue	wrongLength	genErr	genErr
badValue	inconsistentValue	genErr	commitFailed
noSuchName	noAccess	genErr	undoFailed
noSuchName	notWritable		

这种精细化的错误状态和错误码，能够更好地帮助网管理解代理的动作，从而为下一步的准确管理打下基础。例如在 SNMP 进行 Set 操作的时候，操作失败的原因在 SNMPv1 中为 badValue 的时候，对应的情况有很多种，为了修正这个错误，管理员需要从多个方面去检查 Set 操作失败的原因，这样效率很低。SNMPv2c 中，对应 SNMPv1 的 badValue 的情况进行了详细分类，这种分类可以让网管快速定位错误原因，从而提高了修正错误的效率。

SNMPv1 和 SNMPv2c 在安全性上完全一样，都采用了基于团体名的鉴别机制，由于团体名在报文中采用明文方式传输，因此安全性非常有限。

另外 SNMPv1 和 SNMPv2c 都不支持报文的加密，因此也无法防止报文的恶意窃听。

因此 SNMPv1 和 SNMPv2c 作为一种简单的鉴别协议，可以用在完全信任的网络中，可以简化实现和提高管理效率。但是对于非信任网络，需要提供一种更安全可靠的管理协议，SNMPv3 就是在这种要求下产生的。

SNMPv3 在 SNMPv2c 基础上发展而来，协议操作上没有大的变化，在安全性方面有了实质的改进。它提供了基于指纹的认证机制、报文加密机制和基于 MIBs 视图的访问控制机制。

22.3.4　SNMPv3

如图 22-13 所示，一个 SNMP 实体包括一个 SNMP 引擎和若干个 SNMP 应用。SNMP 引擎是 SNMP 实体中的核心部分，完成 SNMP 消息的收发、验证、提取 PDU、组装消息、与 SNMP 应用程序通信等功能。SNMP 应用处理 PDU，完成协议操作，存取 MIB。它包括命令生成器(Command Generator)、命令响应器(Command Responder)、指示生成器(Notification Originator)、指示接收器(Notification Receiver)和代理转发器(Proxy Forwarder)等。拥有命令生成器或指示接收器的 SNMP 实体称为 SNMP Manager，拥有命令响应器、指示生成器或代理转发器的 SNMP 实体称为 SNMP Agent。SNMP 实体也可以具有双重功能。

SNMP 引擎包括 SNMP 分发器(SNMP Dispatcher)、消息处理子系统(Message Processing Subsystem)、安全子系统(Security Subsystem)和访问控制子系统(Access Control Subsystem)等 4 个部分。子系统的一种具体描述称为模型。一个子系统中可以定义多个模型。在一个子系统的一种实现中，可以只实现一个模型，也可以同时实现多个模型。

SNMPv3 标准和 v1、v2 相比在很多方面有了提高，最主要的两点是在安全性和访问控制

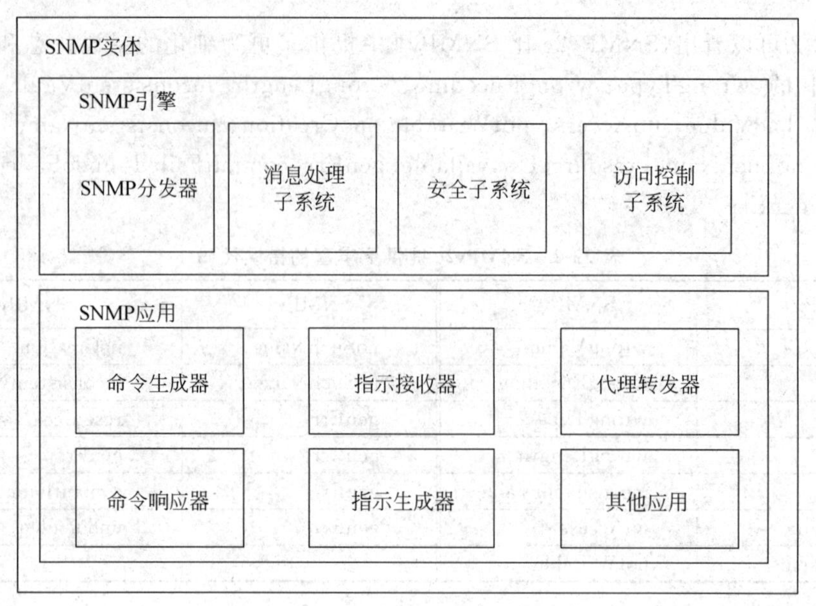

图 22-13 SNMPv3 框架

上作了详尽的规定。SNMPv3 定义了第三版消息处理模型(v3 Message Processing,v3MP)、基于用户的安全模型(User-based Security Model,USM)和基于视图的访问控制(View-based Access Control Model,VACM)。

如图 22-14 所示,SNMPv3 虽然在 PDU 格式上与以往版本没有变化,但是为了适应安全性改进的需要,在报文头中增加了大量的安全参数。这些安全参数包括:msgAuthoritativeEngineID、msgAuthoritativeEngineBoots、msgAuthoritativeEngineTime、msgUsername、msgAuthenticationParameters、msgPrivacyParameters。

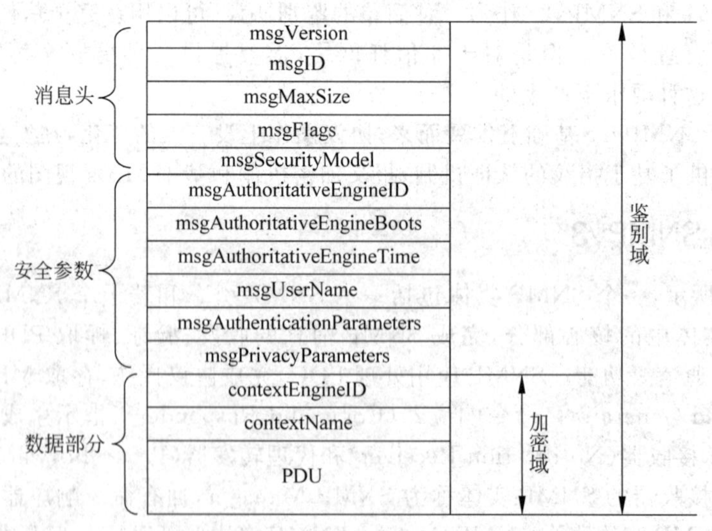

图 22-14 SNMPv3 报文格式

SNMPv3 提供了报文的鉴别和加密,鉴别针对整个报文,而加密仅针对数据部分,不包含安全参数和报文头。

SNMPv3 在安全性方面提供了两个安全模型,一个是 USM(User-based Security Model,基于用户的安全模型),另一个是 VACM(View-based Access Control Model,基于视图的访问

控制模型),如图 22-15 所示。

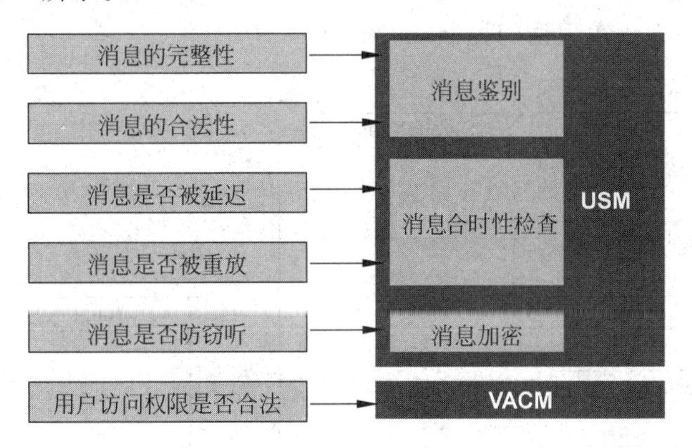

图 22-15 SNMPv3 安全性

USM 模型包含消息鉴别、消息加密和消息合时性检查 3 个部分。

(1) 消息鉴别:保证消息的完整性和合法性

当一个 SNMPv3 实体希望向一个命令实体 X 发送一个 SNMPv3 请求时,它将使用一个自己和 X 都知道的鉴别密钥来创建该消息的指纹,并将该指纹作为消息体的一部分发送给 X 实体。当 X 接收到这个消息后,使用相同的鉴别密钥计算出另一个指纹,如果该指纹和消息体中的指纹吻合,则消息鉴别通过。

SNMPv3 常用的鉴别协议有 HMAC-MD5-96 和 HMAC-SHA-96,前者基于 MD5 哈希算法,后者基于 SHA-1 哈希算法。

在计算指纹前,需要首先将 SNMPv3 报文头中的 msgAuthenticationParameters 字段设置为全 0,然后对整个消息使用相关协议计算消息认证指纹,最后将计算好的认证指纹填写到 msgAuthenticationParameters 字段中。

(2) 消息加密:保证消息不被第三者窃听

与消息鉴别类似,消息加密也要双方共享一个密钥,基于该密钥进行消息加密和解密。

常用的加密协议有 DES、3DES、AES 等。一个 SNMPv3 消息中只有数据部分被加密,消息头和安全参数不被加密。

(3) 消息合时性检查:保证消息及时到达,不被延迟与重放

SNMPv3 的合时性检查是使用一种宽松的同步时钟的技术来保证的。

在 SNMPv3 中,进行通信的双方一个被认为是命令式的,另一个被认为是非命令式的,命令式实体维持一个“时钟”值用来保证同步,而获取并跟踪这个“时钟”值则是非命令实体的任务。一般来说,NMS 是非命令实体,而 Agent 是命令实体。需要同步的参数有两个,分别是系统启动次数和启动时间。

在 SNMPv3 报文头中由于需要携带启动次数和启动时间两个参数,因此通信的双方可以基于该参数进行合时性检查,任何一方接收到一个消息,如果判定消息在 150s 的时间窗之外,就认为消息合时性检查失败。

合时性检查只有在使用消息鉴别的时候才会执行,因为如果不进行报文鉴别,任何恶意延迟或重放报文的攻击者都可以对报文的“时钟”信息进行修改,从而导致合时性检查和时钟同步毫无疑义。

VACM 模型可以对不同的网络管理者提供不同级别的访问权限,它基于访问用户名和 MIB 视图来实现。

VACM 用来确定一个 SNMP 协议操作是否能够访问一个 MIB 对象,它通过将用户与 MIB 视图关联起来的方法实现访问控制,如图 22-16 所示。

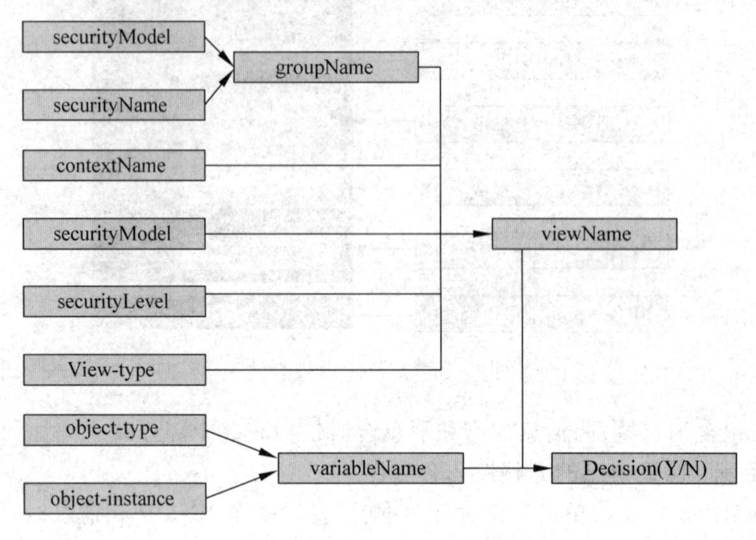

图 22-16 SNMPv3 VACM

VACM 主要通过如下 MIB 完成访问控制。

(1) vacmContexTable:定义了本地可用上下文。这个表只能读,不可通过 SNMP 配置。

(2) vacmSecurityToGroupTable:将一个 securityModel 和 securityName 映射为一个 groupName。

(3) vacmAccessTable:将一个 groupName、context 及安全信息映射为一个 MIB 视图。

(4) vacmViewTreeFamilyTable:定义是否可以为一个给定的 MIB 视图访问一个对象标识符(OID)。

对于一个具体的访问操作,采取以下步骤决定是否可以访问一个 PDU 的变量绑定中指定的 MIB 对象。

(1) 使用 vacmSecurityToGroupTable 表将消息的 securityModel 和 securityName 映射为一个 groupName。

(2) 使用 vacmAccessTable 将 groupName、context、securityModel 以及 securityLevel 映射到一个 MIB 视图。根据该消息的具体类型不同选取不同的 MIB 视图,例如该操作如果是 Set 操作,那么选择写视图;如果是 Get、GetNext 或者 GetBulk 操作,那么选择读视图;如果是通知消息,选择通知视图。

(3) 根据 MIB 视图,利用 vacmViewTreeFamilyTable 表检查是否可以访问 PDU 变量绑定中的 MIB 对象。

22.3.5 SNMPv1、v2c、v3 的对比

在安全性上,SNMPv1 和 SNMPv2c 完全相同,SNMPv3 在安全性上有了重大改进。3 种版本的详细比较如表 22-3 所示。在实际使用中,虽然 SNMPv3 提供了高安全性,但是也要考虑其使用成本,因为消息鉴别和加密都要消耗设备的资源,对于被管理设备来说需要损耗一定性能。同时配置安全信息以及定期验证安全信息也需要一定的管理成本。

表 22-3 SNMPv1/v2c/v3 对比

版本	PDU 支持情况	安全级别	认证	加密
SNMPv1	GetRequest、GetNextRequest、SetRequest、Trap、GetResponse	noAuthNoPriv	community	NO
SNMPv2c	GetRequest、GetNextRequest、SetRequest、Trap、Inform、GetResponse、GetBulkRequest	noAuthNoPriv	community	NO
SNMPv3	GetRequest、GetNextRequest、SetRequest、Trap、Inform、GetResponse、GetBulkRequest	noAuthNoPriv AuthNoPriv AuthPriv	MD5 SHA	DES 3DES AES

SNNPv2c 与 SNMPv3 在 PDU 上完全一致，而与 SNMPv1 相比，SNMPv1 不支持 Inform 消息，不支持 GetBulk 操作。同时 SNMPv1 的 Trap PDU 格式与 SNMPv2c 和 SNMPv3 有较大差别。

22.4 SNMP 在交换机上的配置

22.4.1 SNMP 配置任务

实现 SNMP 的配置，关键配置任务有 5 步，分别为启动 SNMP Agent 任务，打开 SNMP 协议开关，创建 MIB 视图，创建团体（SNMPv1&SNMPv2c）或创建组和创建用户（SNMPv3）。

1. 启动 SNMP Agent 服务

[H3C]**snmp-agent**

snmp-agent 命令用来启动 SNMP Agent。默认情况下，SNMP Agent 功能关闭。执行任何带 snmp-agent 关键字的配置命令都可以启动 SNMP Agent。

2. 配置 SNMP 运行版本

[H3C]**snmp-agent sys-info version {v1|v2c|v3|all}**

默认情况下 SNMP 的所有版本都是开启的。

3. 配置 MIB 视图

[H3C]**snmp-agent mib-view {excluded|included}** *view-name oid-tree* [**mask** *mask-value*]

其中主要参数说明如下。

- excluded：表示当前视图不包括该 MIB 子树的任何节点，即禁止访问 MIB 子树的所有节点。
- included：表示当前视图包括该 MIB 子树的所有节点，即允许访问 MIB 子树的所有节点。
- *view-name*：视图名，为 1～32 个字符的字符串。
- *oid-tree*：MIB 子树，用子树根节点的 OID（如 1.4.5.3.1）或名称（如 system）表示。OID 是由一系列的整数组成，标明节点在 MIB 树中的位置，它能唯一标识一个 MIB 库中的对象。
- mask *mask-value*：对象子树的掩码，十六进制数，长度为 1～32 中的偶数。

MIB 视图是 MIB 的子集，由视图名和 MIB 子树来唯一确定一个 MIB 视图。视图名相同但包含的子树不同，则认为是不同的视图。

4. 创建团体

SNMPv1 和 SNMPv2c 使用团体名进行访问鉴别，因此使用 SNMPv1 或 SNMPv2c 进行

网络管理前,必须配置访问团体。下面命令用于团体的配置:

[H3C]**snmp-agent community {read|write} {simple|cipher}** *community-name* [**mib-view** *view-name*] [**acl** *acl-number*]

其中主要参数说明如下。

- read:表明对 MIB 对象进行只读的访问。NMS 使用该团体名访问 Agent 时只能执行读操作。
- write:表明对 MIB 对象进行读写的访问。NMS 使用该团体名访问 Agent 时可以执行读、写操作。
- simple:表示以明文方式配置团体名并以密文方式保存到配置文件中。
- cipher:表示以密文方式配置团体名并以密文方式保存到配置文件中。
- *community-name*:用来设置明文团体名或密文团体名,区分大小写,需要转义的字符请加"\"后输入。当以明文方式配置时,团体名为 1～32 个字符的字符串;当以密文方式配置时,团体名为 33～73 个字符的字符串。
- mib-view *view-name*:用来指定 NMS 可以访问的 MIB 对象的范围,view-name 表示 MIB 视图名,为 1～32 个字符的字符串。不指定参数时,默认的视图为 ViewDefault(启动 SNMP Agent 服务后系统创建的视图)。
- acl *acl-number*:将团体名与基本 ACL 绑定,*acl-number* 表示访问列表号,取值范围为 2000～2999。当未引用 ACL,或者引用的 ACL 不存在,或者引用的 ACL 为空时,允许所有 NMS 访问设备;当引用的 ACL 非空时,则只有 ACL 中 permit 的 NMS 才能访问设备,其他 NMS 不允许访问设备,以免非法 NMS 访问设备。

5. 创建组和创建用户

当使用 SNMPv3 进行管理时,需要在 Agent 上配置 SNMPv3 相关参数,这些参数中必须配置的有如下一些。

(1) 创建 SNMPv3 组:SNMP snmp-agent group 命令用来配置一个新的 SNMP 组,并设置其访问权限,属于该组的所有用户都具有该组的属性。执行下列命令可以创建 SNMP 组:

[H3C]**snmp-agent group v3** *group-name* [**authentication**|**privacy**] [**read-view** *read-view*] [**write-view** *write-view*] [**notify-view** *notify-view*] [**acl** *acl-number*]

其中主要参数说明如下。

- *group-name*:组名,为 1～32 个字符的字符串,区分大小写。
- authentication:指明对报文进行认证但不加密。
- privacy:指明对报文进行认证和加密。
- read-view *read-view*:只读视图名,为 1～32 个字符的字符串。默认值为 ViewDefault。
- write-view *write-view*:读写视图名,为 1～32 个字符的字符串。默认情况下,未配置读写视图,即 NMS 不能对设备的所有 MIB 对象进行写操作。
- notify-view*notify-view*:可以发 Trap 消息的视图名,为 1～32 个字符的字符串。默认情况下,未配置 Trap 消息视图,即 Agent 不会向 NMS 发送 Trap 信息。

(2) 创建 SNMPv3 用户:SNMv3 是基于用户的安全访问控制的,因此需要配置 SNMPv3 的用户信息。SNMPv3 用户属于一个 SNMPv3 组,该组的属性决定了该用户的一些安全和访问控制属性,与该用户是否配置安全参数无关。执行下列命令可以创建 SNMP 用户:

[H3C]snmp-agent usm-user v3 *user-name group-name* [{cipher|simple} authentication-mode {md5|sha} *auth-password* [privacy-mode {aes128|des56} *priv-password*]] [acl *acl-number*]

其中主要参数说明如下。

- *user-name*：用户名，为1～32个字符的字符串，区分大小写。
- *group-name*：该用户对应的组名，为1～32个字符的字符串，区分大小写。
- cipher：以密文方式设置认证密码和加密密码。当使用十六进制字符作为密文密码时可以使用 snmp-agent calculate-password 命令来计算获得。
- simple：以明文方式设置认证密码和加密密码。
- authentication-mode：指明安全模式为需要认证。MD5 算法的计算速度比 SHA 算法快，而 SHA 算法的安全强度比 MD5 算法高。
- *auth-password*：认证密码，区分大小写。采用明文设置认证密码时，认证密码的长度范围是1～64个字符。若采用密文设置认证密码时，如果选择 md5 参数，则 auth-password 为32个十六进制字符构成的字符串；如果选择 sha 参数，则 auth-password 为40个十六进制字符构成的字符串。
- privacy-mode：指明安全模式为需要加密。加密算法的安全性由高到低是：AES、DES，安全性高的加密算法实现机制复杂，运算速度慢。对于普通的安全要求，DES 算法就可以满足需要。
- *priv-password*：加密密码。若采用明文设置加密密码时，priv-password 表示明文密码，为1～64个字符的字符串。若采用密文设置加密密码时，priv-password 表示密文密码。如果选择认证模式为 md5 参数，则 priv-password 为32个十六进制字符构成的字符串；如果选择认证模式为 sha 参数，则 priv-password 为40个十六进制字符构成的字符串。

22.4.2 SNMP 配置示例

要求网管使用 SNMPv3 管理设备，用户名为 bob，该用户的访问要求认证加密，并且该用户对 MIB-2 中的非 atTable 内的节点有读或写权限，配置如下：

```
[H3C]snmp-agent mib-view included bobview mib-2
[H3C]snmp-agent mib-view excluded bobview atTable
[H3C]snmp-agent group v3 bobgroup privacy read-view bobview write-view bobview
[H3C]snmp-agent usm-user v3 bob bobgroup simple authentication-mode md5 bobauthkey privacy-mode
des56 bobprivkey
```

在该配置实例中，首先配置了一个视图 bobview，该视图包含了 MIB-2 中除 atTable 子树外的所有节点。

然后定义了一个 v3 组 bobgroup，该组能够对 bobview 视图内的节点有读写权限，并且使用参数 privacy 指定了该组的安全级别为 AuthPriv。

最后定义一个 v3 用户 bob，属于 bobgroup 组，并且配置该用户的鉴别密码和加密密码。

通过上述配置后，NMS 就可以使用 bob 用户以鉴别加密的方式对设备 bobview 视图内的节点进行读写访问了。

22.5 本章总结

(1) SNMP 简单灵活，广泛应用于 IP 网络管理领域，成为 IP 网络管理的事实标准。

(2) SNMP 是网络管理的一系列标准，包括 SNMP 协议、SMI 和 MIB 等。

(3) SNMP 目前存在3个版本，SNMPv3 提供了较高安全性，是目前 SNMP 的现行标准。

22.6　习题和答案

22.6.1　习题

(1) ISO定义的网络管理的基本功能包括(　　)。

A. 故障管理　　B. 配置管理　　C. 计费管理　　D. 性能管理

(2) 以下关于SNMP的描述中，正确的是(　　)。

A. SNMPv1采用基于团体名的身份认证方式

B. SNMPv2增加了管理器之间的通信和数据块传送功能

C. SNMPv2c采用了加密和认证的安全机制

D. SNMPv3定义了安全机制和访问控制规则

(3) 以下关于MIB的描述中，正确的是(　　)。

A. MIB是一种树形结构

B. MIB中每个节点都有全局唯一的一个名字，并且在同一个父节点下的子节点编号不能重复

C. 在MIB中，只有叶子节点是可管理节点，叶子节点要么只读，要么可以读写

D. MIB树中的标量节点在设备中唯一对应一个值，因此访问的时候不需要携带索引

(4) (　　)PDU类型不是SNMPv1的。

A. GetRequest　　B. GetNextRequest

C. GetBulkRequest　　D. Inform

(5) 关于SNMPv3消息鉴别，下列说法正确的是(　　)。

A. 消息鉴别只针对数据部分，其他部分不进行鉴别

B. 消息鉴别是对整个消息体进行鉴别的

C. 消息鉴别的作用是防止数据被窃听

D. 消息鉴别的作用是防止数据被恶意篡改

22.6.2　习题答案

(1) ABCD　(2) ABD　(3) AB　(4) CD　(5) BD

第23章

LLDP 技术

随着数据网络的发展，网络上的设备种类日益繁多。为了使不同厂商的设备能够在网络中相互发现并交互各自的系统及配置信息，需要有一个标准的信息交流平台。

在这种背景下，IEEE 制定了 LLDP(Link Layer Discovery Protocol，链路层发现协议)，提供了一种标准的链路层发现方式。设备可以将其主要能力、管理地址、设备标识、接口标识等信息组织成不同的 TLV，并封装在 LLDPDU(Link Layer Discovery Protocol Data Unit，链路层发现协议数据单元)中发布给与自己直连的邻居，邻居收到这些信息后将其以标准 MIB 的形式保存起来，以供网络管理系统查询及判断链路的通信状况。

23.1 本章目标

学习完本课程，应该能够：

- 掌握 LLDP 基本工作原理；
- 掌握 LLDP 常用 TLV 属性；
- 了解 LLDP-MED 属性；
- 掌握 LLDP 基本配置。

23.2 LLDP 简介

为了便于网络管理和维护，大多数设备厂商都制定了自己的链路层发现协议。但当多个厂商的设备联合组网时，这些私有的协议都将无能为力。因此制定一种能够在多个厂商设备间互操作的链路层发现协议变得迫在眉睫。LLDP 因此诞生并提供如下主要功能来解决网络维护管理的难题。

(1) 运行 LLDP 的网络设备以标准的方式发现并利用网络物理拓扑信息。例如，设备 A 和设备 B 连接，通过 LLDP 协议，在设备 A 上就可以知道对端的设备名称、MAC 地址、管理地址、端口名称、端口速率、是否支持聚合、是否支持 PoE、是否具有二层网桥功能、是否具有三层路由功能等信息。

(2) LLDP MED(Media Endpoint Discovery，媒体终端发现)方案可以直接提供信息给网络管理系统，帮助定位不一致或错误问题。LLDP-MED TLV 为 VoIP 提供了许多高级的应用，包括基本配置、网络策略配置、地址信息以及目录管理等，满足了语音设备的不同生产厂商在成本有效、易部署、易管理等方面的要求，为语音设备的生产者、销售者以及使用者提供了便利。

LLDP 协议的设计目的是发布信息给远端设备，使其可以建立关于网路拓扑的管理信息库。LLDP 并不会修改对端设备的配置，也不会对对端设备产生任何控制，也就是说，LLDP

为上层提供了链路发现的方法,但对发现的链路问题,并不提供解决方法。

23.3 LLDP基本工作原理

23.3.1 LLDP的端口工作模式

如图23-1所示,LLDP有4种端口工作模式以满足不同的应用场景,在4种工作模式下端口的具体工作情况如下。

(1) TxRx:端口既发送也接收LLDP报文;TxRx模式是默认模式,正常运行LLDP的设备之间都运行在TxRx模式。

(2) Tx:端口只发送不接收LLDP报文;此模式下,发布自身信息,不保存邻居信息。

(3) Rx:端口只接收不发送LLDP报文;此模式下,保存邻居信息,不发布自身信息。

(4) Disable:端口既不发送也不接收LLDP报文;此模式下,不发布自身信息,也不保存邻居信息。

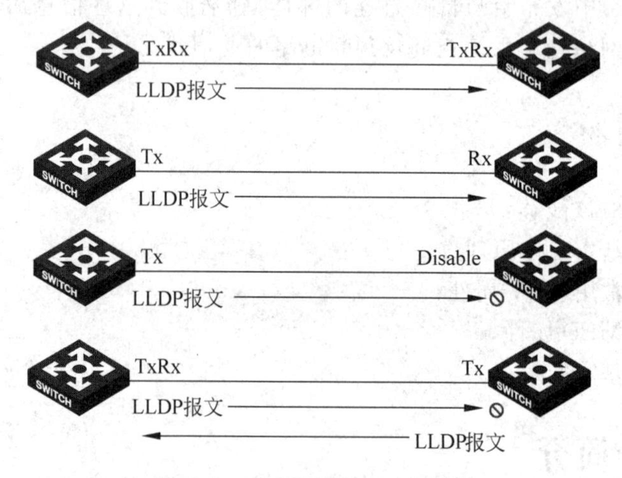

图23-1 LLDP的端口工作模式

管理员可以为每个端口选择任何一种收发模式,以适应不同的需求。LLDP邻居间的报文交互没有确认机制,发送方发送报文后并不需要等待对方应答。同理,接收方接收到报文后也不用返回应答报文。

23.3.2 LLDP报文的发送

LLDP根据端口的工作模式决定报文的收发执行,如图23-2所示,只有端口工作在TxRx或Tx模式时,端口才可以执行报文的发送,其LLDP报文的发送规则如下。

(1) 快速发送:为了支持LLDP MED,LLDP支持快速发送机制。在链路UP、发送使能、发现新邻居等情况下,端口将按照1s的时间间隔发送一定数量的LLDP报文,以保证尽快建立邻居关系。

(2) 周期发送:正常情况下,设备将在端口上周期性地发送LLDP报文以维持邻居关系,发送周期可配置,默认为30s。

(3) 延迟发送:当本地信息库里的信息变化时,会触发LLDP报文发送,这样邻居可以及时更新远端信息。但如果信息频繁变化,会导致LLDP大量发送,为避免这种情况,使用令牌桶机制对LLDP报文发送作限速处理。目前默认限制发送报文速率的令牌桶大小为5。

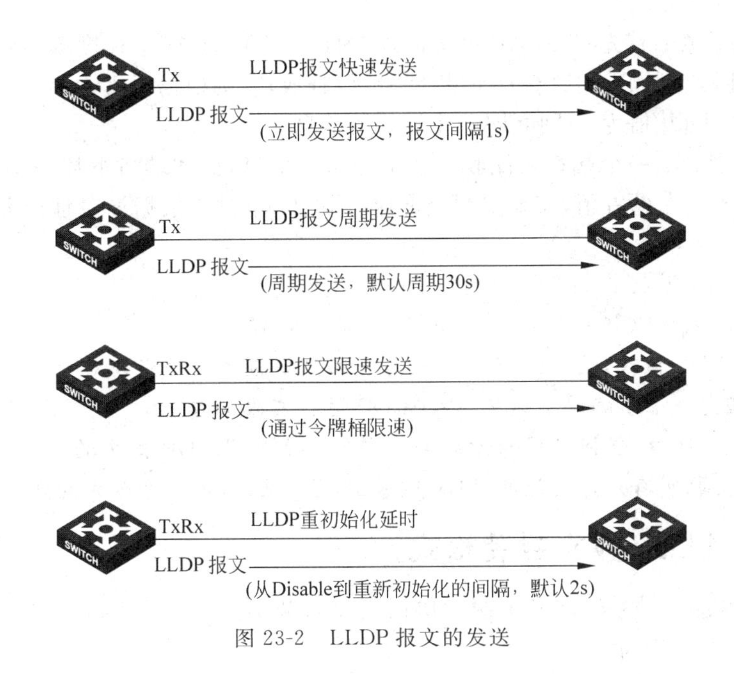

图 23-2 LLDP 报文的发送

(4) 重初始化延时：为避免链路动荡时 LLDP 发送状态机的频繁初始化，发送状态机变为非发送状态时，需要等待一定的延时才执行重新初始化。此延时定时器默认为 2s。

(5) 发送 Shutdown 帧：当 LLDP 关闭或从发送模式切换为 Disable 或 Rx 模式时，需要发送 Shutdown 帧。该报文只包含必要的必选 TLV，且其中的 TTL TLV 的 Value 字段值为 0。

(6) 发送统计：统计本端口发送的 LLDP 报文数量。

23.3.3 LLDP 报文的接收

如图 23-3 所示，只有端口工作在 TxRx 或者 Rx 模式，端口才可以执行报文接收，其 LLDP 报文的接收处理规则如下。

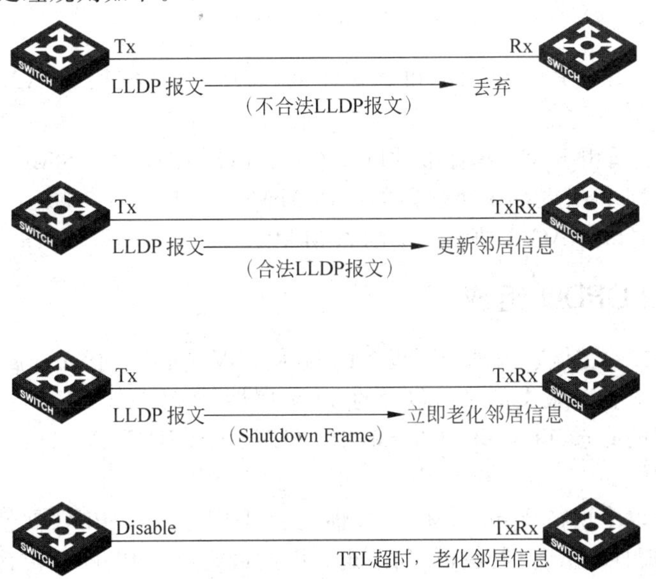

图 23-3 LLDP 报文的接收

(1) 合法性检查：首先对LLDP报文格式、内容、TLV的顺序、长度等信息进行合法性检查。如果合法性检查失败，则丢弃；如果合法性检查成功，则根据报文内容建立或更新邻居信息。如果报文的TTL值为0，则立即老化该邻居信息。

(2) 多邻居处理：一个端口可能收到多个邻居的信息，比如端口下挂一个HUB。在这种情况下，防止资源被大量占用，需要限制允许接收的邻居数量，根据设备性能和实际需要可以灵活配置。

(3) 接收统计：对接收的有效或无效LLDP报文进行统计。

注意：LLDP报文只能在邻居设备间交互，不能被邻居转发，报文不带802.1Q Tag。如果设备不运行LLDP协议，则LLDP报文作为普通数据报文被转发。对于聚合端口，LLDP可以在聚合组的任何一个子端口上运行，即LLDP运行在聚合特性之下。LLDP协议只能运行在设备的二层以太网口，任何可以阻塞端口的特性不影响LLDP报文的收发。LLDP报文每次发送，都必须提取所有允许发送的TLV封装到报文里，而不是增量式的发送。

23.3.4 LLDP报文封装格式

LLDP作为链路层协议，定义了两种协议报文封装类型：SNAP和Ethernet Ⅱ。两种报文封装格式如图23-4所示。

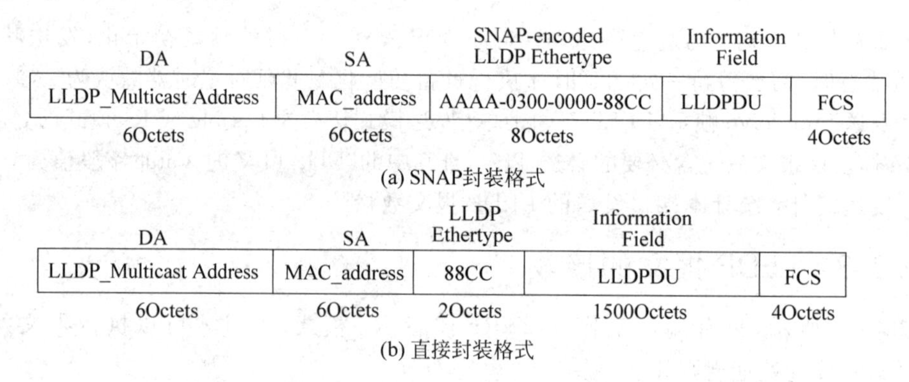

图23-4 LLDP报文的封装格式

(1) SNAP封装：适用于FDDI和令牌环网，其中LLC字段为AAAA03，SNAP字段为0x00000088CC。

(2) 直接封装：适用于802.3标准的以太网，其Type字段为0x88CC。

两种格式的LLDP报文都采用保留的组播MAC：01-80-c2-00-00-0e为协议报文的目的MAC，发送端口的端口MAC为协议报文的源MAC。

23.3.5 LLDPDU组成

LLDP协议报文的主体字段携带了设备的各种TLV属性，包括必选属性和可选属性。必选属性是每个LLDP协议报文都必须包含的TLV属性，而且必选TLV在报文中有严格的先后顺序。目前规定的必选TLV有：Chassis ID TLV、Port ID TLV、Time to Live TLV、End of LLDPDU TLV。

可选属性则要求出现在Time to Live属性之后、End of LLDPDU属性之前，但每个协议报文中可选TLV属性的数量则没有任何限定。因此最终LLDPDU中包含的TLV属性格式则如图23-5所示，首先是Chassis ID TLV，接着是Port ID TLV和Time to Live TLV，之后是任意数量的可选TLV并以End of LLDPDU TLV结束。

Chassis ID TLV	Port ID TLV	Time to Live TLV	Optional TLV	…	Optional TLV	End of LLDPDU TLV
M	M	M				M

M—Mandatory；TLV—必选TLV

图 23-5 LLDPDU 组成

如果接收者发现必选 TLV 在 LLDPDU 中的先后顺序与上述格式不吻合或者某个 TLV 重复出现，将视为非法报文而丢弃。End of LLDP TLV 作为 LLDPDU 的结束标记，该 TLV 之后的报文内容也不会被处理。

23.3.6 LLDP TLV 分类

如图 23-6 所示，LLDP TLV 分为两类，基本 TLV 和组织定义 TLV。基本 TLV 描述基本的网络管理信息，是 LLDP 提供的基本功能。组织定义 TLV 是标准化组织（比如 IEEE 802.1 和 IEEE 802.3）或其他机构，为特定媒介或协议定义的扩展 TLV。

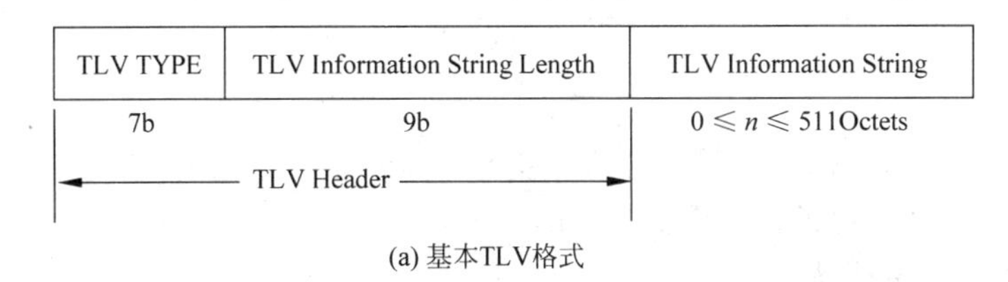

(a) 基本TLV格式

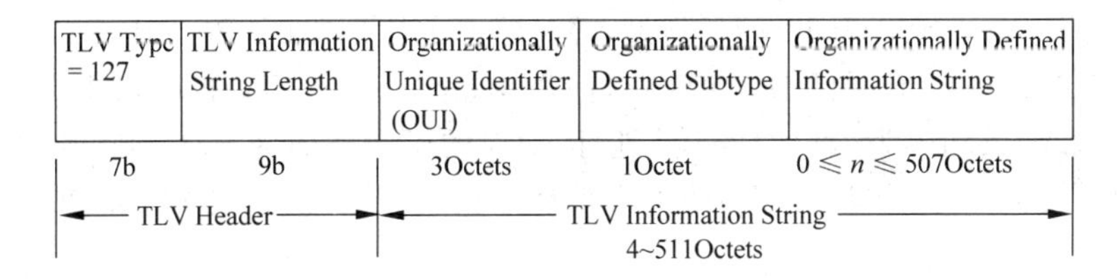

(b) 组织定义TLV格式

图 23-6 LLDP TLV 的分类

基本 TLV 类型的取值范围是 0～8，包含 4 个必选 TLV 和 5 个可选 TLV。必选 TLV 包括 End of LLDPDU、Chassis ID TLV、Port ID TLV、Time to Live TLV；可选 TLV 包括 Port Description TLV、System Name TLV、System Description TLV、System Capabilities TLV、Management Address。

组织定义 TLV，类型值固定为 127。每个组织都由 OUI（Organizationally Unique Identifier，组织唯一标识）标识。组织定义 TLV 的子类型值指示该 TLV 的信息类型。H3C 目前实现的组织定义 TLV 有 IEEE 802.1 组织 TLV、IEEE 802.3 组织 TLV、MED TLV。

23.3.7 必选基本 TLV 介绍

在基本 TLV 里面又分为必选 TLV 和可选 TLV，其中必选 TLV 在 LLDPDU 报文格式中已经提及，目前有如图 23-7 所示 4 个必选基本 TLV。

（1）Chassis ID TLV：必选的基本 TLV。TLV 类型为 1，信息字符串长度在 2 到 256 之间，信息域的第一个字节表示 Chassis ID 的子类型，后面是 Chassis ID 描述。Chassis ID TLV

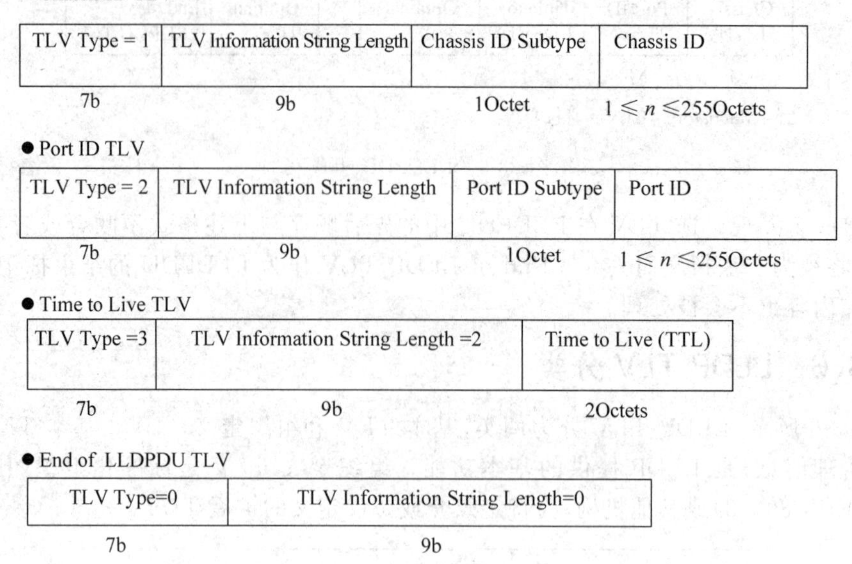

图 23-7 必选基本 TLV 介绍

是 LLDPDU 中的第一个 TLV。按照不同的分类原则，可以分成多个子类型，H3C 使用桥 MAC 描述 Chassis ID，对应的子类型值为 4。LLDP 邻居关系维持过程中，发送的 LLDPDU 中的 Chassis ID TLV 应该保持不变。

(2) Port ID TLV：必选的基本 TLV。TLV 类型为 2，信息字符串长度在 2 到 256 之间，信息域的第一个字节表示 Port ID 的子类型，往后是 Port ID 描述。Port ID TLV 是 LLDPDU 中的第二个 TLV。按照不同的分类原则，可以分成多个子类型，如果 LLDPDU 中携带有 LLDP-MED TLV，其内容为端口的 MAC 地址，对应的子类型值为 3；否则，其内容为端口的名称，对应的子类型值为 5。LLDP 邻居关系维持过程中，端口发送的 LLDPDU 中的 Port ID TLV 应该保持不变。

(3) Time to Live TLV：必选的基本 TLV。TLV 类型为 3，信息字符串长度为 2，信息域是 0～65 535 之间的一个整数。Time to Live TLV 是 LLDPDU 中的第三个 TLV。TTL 表示接收信息的设备保存此邻居信息的时间，即信息的有效时间，到时后信息将被老化。TLV 为 0(比如 Shutdown 帧)，表示立即老化当前邻居信息。一般的，TTL 取值为 LLDP 报文基本发送周期的倍数，默认是 4 倍。比如 LLDP 报文基本发送周期为30s，那么，对应的 LLDP 报文中的 TTL 值为 120s。当然这个倍数(乘数)的值也是可配置的。

(4) End of LLDPDU TLV：是必选基本 TLV。TLV 类型为 0，TLV 信息字符串长度也为 0，没有信息域，由全 0 的两个字节组成。该 TLV 是 LLDPDU 的最后一个 TLV，标志 LLDPDU 的结束。一些 802 的 MAC 系统要求帧的数据长度必须满足一个最小值，如果用户数据小于该长度，报文在封装过程中会在数据的后面增加填充数据，以满足最小长度的要求，End of LLDPDU TLV 可以防止填充数据被识别成 LLDP 报文内容。

23.3.8 可选基本 TLV 介绍

可选基本 TLV 作为必选基本 TLV 的补充，用于更充分地描述设备的系统和端口信息。目前主要包含如图 23-8 所示的 5 个可选基本 TLV。

(1) Port Description TLV：TLV 类型为 4。该 TLV 允许网管通告 IEEE 802 局域网站

● Port Description TLV

TLV Type = 4 7b	TLV Information String Length 9b	Port Description $0 \leqslant n \leqslant 255$Octets

● System Name TLV

TLV Type = 5 7b	TLV Information String Length 9b	System Name $0 \leqslant n \leqslant 255$Octets

● System Description TLV

TLV Type = 6 7b	TLV Information String Length 9b	System Description $0 \leqslant n \leqslant 255$Octets

● System Capabilities TLV

TLV Type = 7 7b	TLV Information String Length 9b	System Capabilities 2Octets	Enabled Capabilities 2Octets

● Management Address TLV

TLV Type =8 7b	TLV Information String Length 9b	Management Address String Length 1Octet	Management Address Subtype 1Octet	Management Address 1~31Octets	Interface Numbering Subtype 1Octet	Interface Number 4Octets	OID String Length 1Octet	Object Identifier 0~128 Octets

图 23-8 可选基本 TLV 介绍

点的端口描述信息。在 LLDPDU 中,端口描述 TLV 不能多于一个。

(2) System Name TLV: TLV 类型为 5。该 TLV 允许网管通告系统名。在 LLDPDU 中,系统名 TLV 不能多于一个。

(3) System Description TLV: TLV 类型为 6。该 TLV 允许网管通告系统描述。在 LLDPDU 中,系统描述 TLV 不能多于一个。

(4) System Capabilities TLV: TLV 类型为 7。该 TLV 通告系统的主要能力,以及系统的主要能力是否开启。在 LLDPDU 中,系统描述 TLV 不能多于一个。系统的主要能力用一个 2B 的 bit 影射表表示。比如影射表 0 序的第 bit 位为 1 表示集线器功能,bit 为 2 表示网桥功能,bit 为 3 表示无线 AP 功能,bit 为 4 表示路由器功能等。影射表中相应的 bit 位的值为 1,表示开启该功能。

(5) Management Address TLV: TLV 类型为 8。该 TLV 表示和本地 LLDP 代理(运行 LLDP 的协议实体)相关的管理地址,网络管理者可以通过该地址对设备进行访问和控制。该 TLV 还提供了 LLDP 运行端口的端口号和管理地址相关的 OID。OID 是用来标识与管理地址相关的硬件或协议实体的类型,一个 LLDPDU 可以携带多个互不重复的管理地址 TLV。

23.3.9 组织定义 TLV 介绍

不同的组织可以根据自己的需要定义自己的 TLV,并按照组织 TLV 封装格式封装发送以实现组织能力属性的通告和发现。目前有 IEEE 802.1、IEEE 802.3 等组织定义了自己的 TLV。

IEEE 802.1 组织定义 TLV 主要用于描述虚拟局域网的各种相关属性,其 OUI 标识为 0080C2,目前包括如图 23-9 所示的 Port VLAN ID TLV、Port and Protocol VLAN ID TLV、VLAN Name TLV、Protocol Identity TLV 等。

(1) Port VLAN ID TLV: 子类型为 1,用于通告端口的 PVID(Port VLAN Identifier,端

● IEEE 802.1组织定义格式

TLV Type =127	TLV Information String Length	00-80-C2 (802.1 OUI)	802.1 Subtype	802.1 Defined Information String

● IEEE 802.1组织定义TLV类型

IEEE 802.1 Subtype	TLV Name
0	Reserved
1	Port VLAN ID
2	Port and Protocol VLAN ID
3	VLAN Name
4	Protocolldentity
...	...

图 23-9 IEEE 802.1 组织定义 TLV 介绍

口 VLAN 标识)，在 LLDPDU 中最多包含一个 Port VLAN ID TLV。

(2) Port and Protocol VLAN ID TLV：子类型为 2，用于通告端口是否支持协议 VLAN，是否启动协议 VLAN、协议 VLAN ID，LLDPDU 可以包含多个不同的 Port and Protocol VLAN ID TLV。如果 LLDP 报文中包含不支持协议 VLAN 但开启协议 VLAN 的矛盾信息，则该报文将作为错误报文丢弃。

(3) VLAN Name TLV：子类型为 3，用于通告站点所配置的任何 VLAN 的名称。一个 LLDPDU 可以携带多个互不重复的 VLAN Name TLV。

(4) Protocol Identity TLV：子类型为 4，用于通告端口支持的协议类型，该 TLV 的协议标识字段包含协议二层地址头后面的 N 个字节，这些信息应该能使报文的接收者识别出该协议的类型和版本号。目前 H3C 公司的设备可以接收并识别协议标识 TLV，但不主动发送该 TLV。

IEEE 802.3 组织定义 TLV 主要用于描述 IEEE 802.3 局域网端口相关的各种属性，其 OUI 标识为 00120F。目前包括如图 23-10 所示的 MAC/PHY Configuration/Status TLV、Power Via MDI TLV、Maximum Frame Size TLV。

● IEEE 802.3组织定义TLV格式

TLV Type =127	TLV Information String Length	00-12-0F (802.3 OUI)	802.3 Subtype	802.3 Defined Information String

● IEEE 803.3组织定义TLV类型

IEEE 802.3 Subtype	TLV Name
0	Reserved
1	MAC/PHY Configuration/Status
2	Power Via MDI
4	Maximum Frame Size
...	...

图 23-10 IEEE 802.3 组织定义 TLV

(1) MAC/PHY Configuration/Status TLV：子类型为1，该TLV发布端口支持的速率和双工，是否支持自动协商，当前自动协商状态（是否使能），当前的速率和双工状态。在一个LLDPDU中至多包含一个该类型。

(2) Power Via MDI TLV：子类型为2，供电能力TLV。在一个LLDPDU中至多包含一个该TLV。

(3) Maximum Frame Size TLV：子类型为4，表示端口的MAC和物理层所支持的最大帧长度。

除上述组织定义TLV外，媒体终端发现协议（MED）也增加了响应的TLV。LLDP MED区分网络链接设备（如交换机）和媒体终端设备（如IP电话），媒体终端设备又可以分成3类，分别是MED一般终端、MED媒体终端和MED通信设备终端。每种设备发布和接收TLV的能力不同，作用也不同。

为了让媒体终端设备能够快速响应，LLDP-MED使用快速开始机制，即网络连接设备连接的媒体终端设备上线时（链路UP），需要启动快速发送机制，立即发送一定数量（数目可自行配置）带有LLDP-MED TLV的LLDP报文，而不是等待发送周期到时再发送报文。

为了节省LLDPDU的空间，只有当设备发现连接的是具有LLDP-MED能力的媒体终端设备时（根据接收到的报文中是否携带LLDP MED Capability TLV以及该TLV中的MED设备类型字段来判断），才开始发送带有LLDP-MED TLV的报文。

LLDP-MED TLV使用TIA（Telecommunications Industry Association，电信工业协会）的OUI：0012BB。目前使用的TLV子类型有11个，如图23-11所示，取值1～11，12～255预留。

TLV Type = 127	TLV Information String Length	00-12-BB (TIA OUI)	LLDP-MED Subtype	LLDP-MED Defined Information String

MED TLV Subtype	TLV Name
1	LLDP-MED Capabilities
2	Network Policy
3	Location Identification
4	Extended Power-via-MDI
5	Hardware Revision
6	Firmware Revision
7	Software Revision
8	Serial Number
9	Manufacturer Name
10	Model Name
11	Asset ID
12~255	Reserved for Future Standardization

图23-11 LLDP-MED TLV格式与类型

其中广泛应用的MED TLV有如下几种。

(1) LLDP-MED Capabilities TLV：网络设备用该TLV来标识其所支持的各种LLDP-MED TLV，TLV子类型为1。所有的终端设备应该同时支持LLDP-MED Capabilities TLV的发送和接收，而LLDP-MED网络连接设备可以有选择地发送该TLV，但应当能接收该TLV。在LLDPDU中，该TLV最多只能有一个。

(2) Network Policy TLV：网络连接设备和终端设备表征端口的VLAN类型、VLAN ID以及二三层与具体的应用类型相关的优先级，TLV子类型为2。该TLV，网络连接设备必须发送,终端设备只需接收。在LLDPDU中,可以发布多个不同的Network Policy TLV。

(3) Location Identification TLV：网络连接设备使用该TLV发布合适的位置标识信息,供终端在基于位置的应用中使用。TLV子类型为3,一个LLDPDU最多只能包含一个该TLV。该TLV,网络连接设备必须发送,终端设备只需接收。

(4) Extended Power-via-MDI TLV：该TLV允许发布设备能源相关的信息(依照IEEE 802.3af)。TLV子类型为4,一个LLDPDU最多只能包含一个该TLV,网络连接设备和终端设备必须都要支持发送和接收。

23.4 LLDP基本配置

23.4.1 使能LLDP功能

全局使能LLDP功能后,设备才会把LLDP报文作为协议报文处理,否则设备将LLDP报文当作业务报文转发。全局使能LLDP功能的命令是：

```
[H3C]lldp global enable
```

默认情况下,全局LLDP使能之后,端口上的LLDP也处于使能状态,如果需要在特定端口上关闭和重新使能可以使用端口视图下的命令进行单独控制。端口视图下使能LLDP的命令是：

```
[H3C-GigabitEthernet1/0/1]lldp enable
```

开启LLDP功能后,需要配置合适的LLDP端口工作模式,支持4种工作模式：

```
[H3C-GigabitEthernet1/0/1]lldp admin-status {disable|rx|tx|txrx}
```

其中参数说明如下。

- disable：端口工作在Disable模式,此模式下端口既不接收也不发送LLDP报文。
- rx：端口工作在Rx模式,此模式下端口不发送LLDP报文但接收LLDP报文。
- tx：端口工作在Tx模式,此模式下端口只发送LLDP报文但不接收LLDP报文。
- txrx：端口工作在TxRx模式,此模式下端口既发送也接收LLDP报文。

23.4.2 配置LLDP全局参数

系统视图下配置快速发送报文数,快速发送报文个数默认值为3,取值范围为1～10：

```
[H3C]lldp fast-count count
```

系统视图下配置TTL乘数,TTL乘数默认值为4,取值范围为2～10：

```
[H3C]lldp hold-multiplier value
```

系统视图下配置LLDP trap定时器,默认值为30s,取值范围为5～3600：

```
[H3C]lldp timer notification-interval interval
```

系统视图下配置LLDP重初始化延时计时器,默认值为2s,取值范围为1～10：

```
[H3C]lldp timer reinit-delay delay
```

系统视图下配置LLDP报文发送周期,默认值为30s,取值范围为5～32 768：

```
[H3C]lldp timer tx-interval interval
```

23.4.3 配置端口 LLDP 运行参数

端口视图下配置 LLDP 报文的封装格式为 SNAP 封装，默认情况下，LLDP 报文的封装格式为 Ethernet Ⅱ 格式：

[H3C-GigabitEthernet1/0/1] **lldp encapsulation snap**

端口视图下配置允许发送的 TLV 类型：

[H3C-GigabitEthernet1/0/1] **lldp tlv-enable {basic-tlv {all | port-description | system-capability | system-description | system-name | management-address-tlv** [*ip-address*]} | **dot1-tlv {all | port-vlan-id | link-aggregation | dcbx | protocol-vlan-id** [vlan-id] | **vlan-name** [vlan-id] | **management-vid** [*mvlan-id*]} | **dot3-tlv {all | mac-physic | max-frame-size | power} | med-tlv {all | capability | inventory | network-policy | power-over-ethernet | location-id {civic-address** device-type country-code {ca-type ca-value }<1-10> | **elin-address** tel-*number* }}}

主要参数含义如下。

- basic-tlv：基本可选 TLV。
- dot1-tlv：IEEE 802.1 组织定义 TLV。
- dot3-tlv：IEEE 802.3 组织定义 TLV。
- med-tlv：LLDP-MED TLV。如果禁止发布 802.3 的组织定义的 MAC/PHY Configuration/Status TLV，则 LLDP-MED TLV 将不会被发布，不论其是否被允许发布；如果禁止发布 LLDP-MED Capabilities TLV，则其他 LLDP-MED TLV 将不会被发布，不论其是否被允许发布。

端口视图下启动 LLDP trap 功能：

[H3C-GigabitEthernet1/0/1] **lldp notification remote-change enable**

23.4.4 LLDP 的显示与调试

配置完 LLDP 后，可以通过 display lldp local-information 命令查看 LLDP 本地信息库信息。

```
[H3C]display lldp local-information
Global LLDP local-information:
 Chassis ID                   : 70ba-ef6a-76f9
 System name                  : H3C
 System description           : H3C Comware Platform Software, Software Version 7.1.045,
                                Release 2311P04
                                H3C S5820V2-54QS-GE
                                Copyright (c) 2004-2014 Hangzhou H3C Tech. Co., Ltd. All
                                rights reserved.
 System capabilities supported : Bridge, Router, Customer Bridge, Service Bridge
 System capabilities enabled   : Bridge, Router, Customer Bridge

 MED information:
 Device class                  : Connectivity device
 MED inventory information of master board:
 HardwareRev                   : Ver.A
 FirmwareRev                   : 132
 SoftwareRev                   : 7.1.045 Release 2311P04
 SerialNum                     : 210235A0XAH148000037
 Manufacturer name             : H3C
 Model name                    : H3C S5820V2-54QS-GE
 Asset tracking identifier     : Unknown
```

```
LLDP local-information of port 1[GigabitEthernet1/0/1]:
 Port ID type                    : Interface name
 Port ID                         : GigabitEthernet1/0/1
 Port description                : GigabitEthernet1/0/1 Interface
 LLDP agent nearest-bridge management address:
 Management address type              : IPv4
 Management address                   : 1.1.1.1
 Management address interface type    : IfIndex
 Management address interface ID      : 971
 Management address OID               : 0
 LLDP agent nearest-nontpmr management address:
 Management address type              : IPv4
 Management address                   : 1.1.1.1
 Management address interface type    : IfIndex
 Management address interface ID      : 971
 Management address OID               : 0
 LLDP agent nearest-customer management address:
 Management address type              : IPv4
 Management address                   : 1.1.1.1
 Management address interface type    : IfIndex
 Management address interface ID      : 971
 Management address OID               : 0
 DCBX Control info:
  Oper version                        : Standard
 DCBX ETS configuration info:
  CBS                                 : False
  Max TCs                             : 8
  CoS     Local Priority        Percentage        TSA
   0           2                   6              ETS
   1           0                   2              ETS
   2           1                   4              ETS
   3           3                   8              ETS
   4           4                   9              ETS
   5           5                   17             ETS
   6           6                   25             ETS
   7           7                   29             ETS
 DCBX ETS recommendation info:
  CoS     Local Priority        Percentage        TSA
   0           2                   6              ETS
   1           0                   2              ETS
   2           1                   4              ETS
   3           3                   8              ETS
   4           4                   9              ETS
   5           5                   17             ETS
   6           6                   25             ETS
   7           7                   29             ETS
 DCBX PFC info:
  P0-0     P1-0     P2-0     P3-0     P4-0     P5-0     P6-0     P7-0
  Number of traffic classes supported  : 8
  Value of MBC                         : 0
 Port VLAN ID(PVID)                    : 1
 Port and protocol VLAN ID(PPVID)      : 0
 Port and protocol VLAN supported      : No
 Port and protocol VLAN enabled        : No
```

```
  VLAN name of VLAN 1                    : VLAN 0001
  Management VLAN ID                     : 0
  Link aggregation supported             : Yes
  Link aggregation enabled               : No
  Aggregation port ID                    : 0
  Auto-negotiation supported             : Yes
  Auto-negotiation enabled               : Yes
  OperMau                                : Speed(1000)/Duplex(Full)
  Power port class                       : PSE
  PSE power supported                    : No
  PSE power enabled                      : No
  PSE pairs control ability              : No
  Power pairs                            : Signal
  Port power classification              : Class 0
  Maximum frame size                     : 10000
```

通过以上信息可以知道 LLDP 本地的全局和端口信息，这些信息包括全局的 MED 信息，端口下的端口信息、VLAN 信息、IEEE 802.3 局域网端口信息、LLDP-MED 信息等。

可以通过 display lldp neighbor-information 命令显示邻居的简单信息：

```
<H3C>display lldp neighbor-information verbose
LLDP neighbor-information of port 1[GigabitEthernet1/0/1]:
LLDP agent nearest-bridge:
  LLDP neighbor index : 1
  Update time         : 0 days, 11 hours, 59 minutes, 16 seconds
  Chassis type        : MAC address
  Chassis ID          : 0023-8928-74ae
  Port ID type        : Interface name
  Port ID             : GigabitEthernet1/0/1
  Time to live        : 120
  Port description    : GigabitEthernet1/0/1 Interface
  System name         : 5800
  System description  : H3C Comware Platform Software, Software Version 5.20, Rel
                          ease 1808P27
                          H3C S5800-60C-PWR
                          Copyright (c) 2004-2014 Hangzhou H3C Tech. Co., Ltd. All
                          rights reserved.
  System capabilities supported : Bridge, Router
  System capabilities enabled   : Bridge, Router
  Port VLAN ID(PVID)                    : 1
  Port and protocol VLAN ID(PPVID)      : 0
  Port and protocol VLAN supported      : Yes
  Port and protocol VLAN enabled        : No
  VLAN name of VLAN 1                   : 1
  Link aggregation supported            : Yes
  Link aggregation enabled              : No
  Aggregation port ID                   : 0
  Auto-negotiation supported            : Yes
  Auto-negotiation enabled              : Yes
  OperMau                               : Speed(1000)/Duplex(Full)
  Power port class                      : PSE
  PSE power supported                   : Yes
  PSE power enabled                     : No
  PSE pairs control ability             : No
  Power pairs                           : Signal
  Port power classification             : Class 0
```

```
 Maximum frame size                    : 10000
```

可以通过 display lldp neighbor-information 命令显示邻居的简单信息：

```
<H3C>display lldp neighbor-information
LLDP neighbor-information of port 1[GigabitEthernet1/0/1]:
LLDP agent nearest-bridge:
 LLDP neighbor index : 1
 ChassisID/subtype    : 0023-8928-74ae/MAC address
 PortID/subtype       : GigabitEthernet1/0/1/Interface name
 Capabilities         : Bridge, Router
```

可以按列表显示邻居信息：

```
<H3C>display lldp neighbor-information list
Chassis ID : * ---- Nearest nontpmr bridge neighbor
             # ---- Nearest customer bridge neighbor
             Default ---- Nearest bridge neighbor
System Name          Local Interface      Chassis ID        Port ID
5800                 GE1/0/1              0023-8928-74ae    GigabitEthernet1/0/1
```

可以通过 display lldp statistics 察看 LLDP 的各种统计信息：

```
<H3C>display lldp statistics
LLDP statistics global information:
LLDP neighbor information last change time:0 days, 11 hours, 59 minutes, 16 seconds
The number of LLDP neighbor information inserted : 2
The number of LLDP neighbor information deleted  : 1
The number of LLDP neighbor information dropped  : 0
The number of LLDP neighbor information aged out : 0

LLDP statistics information of port 1 [GigabitEthernet1/0/1]:
LLDP agent nearest-bridge:
The number of LLDP frames transmitted             : 101
The number of LLDP frames received                : 64
The number of LLDP frames discarded               : 0
The number of LLDP error frames                   : 0
The number of LLDP TLVs discarded                 : 0
The number of LLDP TLVs unrecognized              : 0
The number of LLDP neighbor information aged out  : 0
The number of CDP frames transmitted              : 0
The number of CDP frames received                 : 0
The number of CDP frames discarded                : 0
The number of CDP error frames                    : 0

LLDP agent nearest-nontpmr:
The number of LLDP frames transmitted             : 0
The number of LLDP frames received                : 0
The number of LLDP frames discarded               : 0
The number of LLDP error frames                   : 0
The number of LLDP TLVs discarded                 : 0
The number of LLDP TLVs unrecognized              : 0
The number of LLDP neighbor information aged out  : 0
The number of CDP frames transmitted              : 0
The number of CDP frames received                 : 0
The number of CDP frames discarded                : 0
The number of CDP error frames                    : 0
```

```
LLDP agent nearest-customer:
The number of LLDP frames transmitted              : 0
The number of LLDP frames received                 : 0
The number of LLDP frames discarded                : 0
The number of LLDP error frames                    : 0
The number of LLDP TLVs discarded                  : 0
The number of LLDP TLVs unrecognized               : 0
The number of LLDP neighbor information aged out: 0
The number of CDP frames transmitted               : 0
The number of CDP frames received                  : 0
The number of CDP frames discarded                 : 0
The number of CDP error frames                     : 0
```

通过 display lldp status 命令查看 LLDP 模块状态，主要包括 LLDP 全局和端口下的启动情况，当前系统的邻居的总数，邻居信息库最近一次的变化时间，LLDP 全局配置参数，端口配置情况，端口邻居统计等：

```
<H3C>display lldp status
Global status of LLDP: Enable
Bridge mode of LLDP: customer-bridge
The current number of LLDP neighbors: 1
The current number of CDP neighbors: 0
LLDP neighbor information last changed time: 0 days, 11 hours, 59 minutes, 16 seconds
Transmit interval                  : 30s
Fast transmit interval             : 1s
Transmit max credit                : 5
Hold multiplier                    : 4
Reinit delay                       : 2s
Trap interval                      : 30s
Fast start times                   : 4

LLDP status information of port 1 [GigabitEthernet1/0/1]:
LLDP agent nearest-bridge:
Port status of LLDP                : Enable
Admin status                       : TX_RX
Trap flag                          : No
MED trap flag                      : No
Polling interval                   : 0s
Number of LLDP neighbors           : 1
Number of MED neighbors            : 0
Number of CDP neighbors            : 0
Number of sent optional TLV        : 10
Number of received unknown TLV : 0

LLDP agent nearest-nontpmr:
Port status of LLDP                : Enable
Admin status                       : Disable
Trap flag                          : No
MED trap flag                      : No
Polling interval                   : 0s
Number of LLDP neighbors           : 0
Number of MED neighbors            : 0
Number of CDP neighbors            : 0
Number of sent optional TLV        : 0
Number of received unknown TLV : 0
```

```
LLDP agent nearest-customer:
Port status of LLDP              : Enable
Admin status                     : Disable
Trap flag                        : No
MED trap flag                    : No
Polling interval                 : 0s
Number of LLDP neighbors         : 0
Number of MED neighbors          : 0
Number of CDP neighbors          : 0
Number of sent optional TLV      : 0
Number of received unknown TLV : 0
```

通过 display lldp tlv-config 命令显示各个端口下的 TLV 发送配置：

```
<H3C>display lldp tlv-config
LLDP tlv-config of port 1[GigabitEthernet1/0/1]:
LLDP agent nearest-bridge:
NAME                                 STATUS      DEFAULT
Basic optional TLV:
 Port Description TLV                YES         YES
 System Name TLV                     YES         YES
 System Description TLV              YES         YES
 System Capabilities TLV             YES         YES
 Management Address TLV              YES         YES
IEEE 802.1 extend TLV:
 Port VLAN ID TLV                    YES         YES
 Port And Protocol VLAN ID TLV       NO          NO
 VLAN Name TLV                       NO          NO
 DCBX TLV                            NO          NO
 EVB TLV                             NO          NO
 Link Aggregation TLV                YES         YES
 Management VID TLV                  NO          NO
IEEE 802.3 extend TLV:
 MAC-Physic TLV                      YES         YES
 Power via MDI TLV                   YES         YES
 Maximum Frame Size TLV              YES         YES
LLDP-MED extend TLV:
 Capabilities TLV                    YES         YES
 Network Policy TLV                  YES         YES
 Location Identification TLV         NO          NO
 Extended Power via MDI TLV          YES         YES
 Inventory TLV                       YES         YES

LLDP agent nearest-nontpmr:
NAME                                 STATUS      DEFAULT
Basic optional TLV:
 Port Description TLV                NO          NO
 System Name TLV                     NO          NO
 System Description TLV              NO          NO
 System Capabilities TLV             NO          NO
 Management Address TLV              NO          NO
IEEE 802.1 extend TLV:
 Port VLAN ID TLV                    NO          NO
 Port And Protocol VLAN ID TLV       NO          NO
 VLAN Name TLV                       NO          NO
 DCBX TLV                            NO          NO
```

```
  EVB TLV                             YES         YES
  Link Aggregation TLV                NO          NO
  Management VID TLV                  NO          NO
 IEEE 802.3 extend TLV:
  MAC-Physic TLV                      NO          NO
  Power via MDI TLV                   NO          NO
  Maximum Frame Size TLV              NO          NO
 LLDP-MED extend TLV:
  Capabilities TLV                    NO          NO
  Network Policy TLV                  NO          NO
  Location Identification TLV         NO          NO
  Extended Power via MDI TLV          NO          NO
  Inventory TLV                       NO          NO

 LLDP agent nearest-customer:
 NAME                                 STATUS      DEFAULT
 Basic optional TLV:
  Port Description TLV                YES         YES
  System Name TLV                     YES         YES
  System Description TLV              YES         YES
  System Capabilities TLV             YES         YES
  Management Address TLV              YES         YES
 IEEE 802.1 extend TLV:
  Port VLAN ID TLV                    YES         YES
  Port And Protocol VLAN ID TLV       NO          NO
  VLAN Name TLV                       NO          NO
  DCBX TLV                            NO          NO
  EVB TLV                             NO          NO
  Link Aggregation TLV                YES         YES
  Management VID TLV                  NO          NO
 IEEE 802.3 extend TLV:
  MAC-Physic TLV                      NO          NO
  Power via MDI TLV                   NO          NO
  Maximum Frame Size TLV              NO          NO
 LLDP-MED extend TLV:
  Capabilities TLV                    NO          NO
  Network Policy TLV                  NO          NO
  Location Identification TLV         NO          NO
  Extended Power via MDI TLV          NO          NO
  Inventory TLV                       NO          NO
```

可以通过 debug 调试命令，观察 LLDP 协议实体运行过程，包括协议状态机的变化、收发包信息、协议运行过程中的相关事件、各种错误等：

```
<H3C>debugging lldp error
<H3C>debugging lldp event
<H3C>debugging lldp fsm
<H3C>debugging lldp packet
<H3C>terminal debugging
The current terminal is enabled to display debugging logs.
<H3C>terminal monitor
The current terminal is enabled to display logs.
*Jan  1 12:41:00:825 2011 H3C LLDP/7/Event: Thread proc: type=1, subtype=0, curque=3.

*Jan  1 12:41:00:829 2011 H3C LLDP/7/Event: Thread proc: type=1, subtype=0, curque=2.
```

```
* Jan  1 12:41:00:833 2011 H3C LLDP/7/Event: Thread proc: type=1, subtype=0, curque=1.

* Jan  1 12:41:00:836 2011 H3C LLDP/7/Event: Thread proc: type=1, subtype=0, curque=0.

* Jan  1 12:41:11:949 2011 H3C LLDP/7/Packet received:
Interface GigabitEthernet1/0/1 nearest-bridge; Length is 318.
 Chassis type          : MAC address
 Chassis ID            : 0023-8928-74ae
 Port ID type          : Interface name
 Port ID               : GigabitEthernet1/0/1
 Time to live          : 120

* Jan  1 12:41:11:949 2011 H3C LLDP/7/Fsm: Port GigabitEthernet1/0/1 <IfIndex 1> nearest-bridge: Receive state machine change from LLDP_RX_WAIT state to EVT: FRAME_RCVD state
* Jan  1 12:41:12:609 2011 H3C LLDP/7/Fsm: Port GigabitEthernet1/0/1 <IfIndex 1> nearest-bridge: Send state machine change from LLDP_TX_IDLE state to LLDP_TX_INFO_FRAME state
* Jan  1 12:41:12:610 2011 H3C LLDP/7/Event: Thread proc: type=1, subtype=0, curque=0.

* Jan  1 12:41:12:612 2011 H3C LLDP/7/Packet sent:
Interface GigabitEthernet1/0/1 nearest-bridge; Length is 312.
 Chassis type          : MAC address
 Chassis ID            : 70ba-ef6a-76f9
 Port ID type          : Interface name
 Port ID               : GigabitEthernet1/0/1
 Time to live          : 120

* Jan  1 12:41:12:612 2011 H3C LLDP/7/Fsm: Port GigabitEthernet1/0/1 <IfIndex 1> nearest-bridge: Send state machine change from LLDP_TX_INFO_FRAME state to LLDP_TX_IDLE state

* Jan  1 12:41:29:610 2011 H3C LLDP/7/Event: Thread proc: type=1, subtype=0, curque=0.

* Jan  1 12:41:29:614 2011 H3C LLDP/7/Event: Thread proc: type=1, subtype=0, curque=1.

* Jan  1 12:41:29:616 2011 H3C LLDP/7/Event: Thread proc: type=1, subtype=0, curque=0.

* Jan  1 12:41:30:609 2011 H3C LLDP/7/Event: Thread proc: type=1, subtype=0, curque=1.

* Jan  1 12:41:30:613 2011 H3C LLDP/7/Event: Thread proc: type=1, subtype=0, curque=55.

* Jan  1 12:41:30:617 2011 H3C LLDP/7/Event: Thread proc: type=1, subtype=0, curque=54.

* Jan  1 12:41:30:620 2011 H3C LLDP/7/Event: Thread proc: type=1, subtype=0, curque=53.

* Jan  1 12:41:30:624 2011 H3C LLDP/7/Event: Thread proc: type=1, subtype=0, curque=52.

* Jan  1 12:41:30:629 2011 H3C LLDP/7/Event: Thread proc: type=1, subtype=0, curque=51.
```

23.4.5 LLDP 配置示例

图 23-12 中，网络设备默认发送各种基本和组织定义 TLV。其中 SWA 设备发布的管理地址为 1.0.0.1，应该做如下配置：

```
[SWA]lldp global enable
[SWA-GigabitEthernet1/0/2]lldp enable
[SWA-GigabitEthernet1/0/2]lldp tlv-enable basic-tlv management-address-tlv 1.0.0.1
```

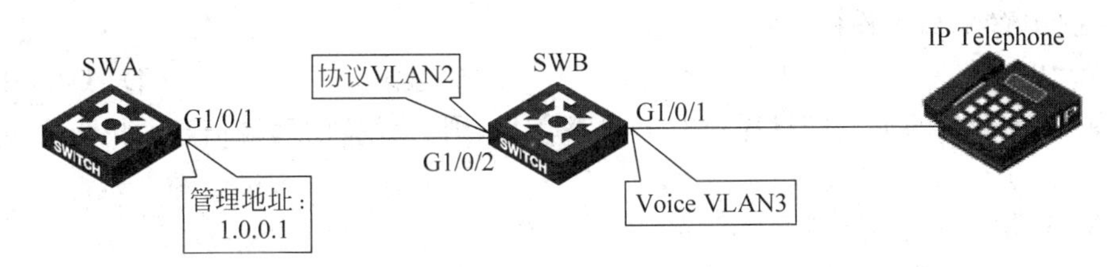

图 23-12 LLDP 配置举例

SWB 设备和 SWA 设备的连接端口属于配置协议 VLAN2，并且通过 802.1 组织定义 TLV 发布该信息，应该做如下配置：

```
[SWB]lldp global enable
[SWB-GigabitEthernet1/0/2]lldp enable
[SWB-GigabitEthernet1/0/2]vlan 2
[SWB-vlan2]protocol-vlan at
[SWB-GigabitEthernet1/0/2]port link-type hybrid
[SWB-GigabitEthernet1/0/2]port hybrid vlan 2 tagged
[SWB-GigabitEthernet1/0/2]port hybrid protocol-vlan vlan 2 all
[SWB-GigabitEthernet1/0/2]lldp tlv-enable dot1-tlv protocol-vlan-id 2
```

SWB 设备的 G1/0/1 端口连接 IP 电话提供接入服务，交换机通过 LLDP 将 Voice VLAN 信息通报给话机：

```
[SWB-GigabitEthernet1/0/1]lldp enable
[SWB-GigabitEthernet1/0/1]port link-type trunk
[SWB-GigabitEthernet1/0/1]port trunk permit vlan 3
[SWB-GigabitEthernet1/0/1]lldp tlv-enable med-tlv network policy 3
```

23.5 本章总结

(1) LLDP 为不同厂商设备组网提供统一的拓扑发现和交互系统配置信息平台。

(2) LLDP 提供两种封装格式，对应不同的网络类型。

(3) LLDPPDU 由 4 种必选 TLV 和若干可选 TLV 组成。

(4) LLDP TLV 包括基本 TLV、组织定义 TLV、LLDP-MED 扩展 TLV。

(5) LLDP 工作模式包括 TxRx、Tx、Rx、Disable。

(6) LLDP 支持快速开始发送和基本周期发送。

23.6 习题和答案

23.6.1 习题

(1) LLDP 报文中必须包含(　　)。

A. Chassis ID TLV　　B. Port ID TLV

C. Time to Live TLV　　D. System Name TLV

(2) (　　)TLV 在 LLDPBPDU 中可以存在多个。

A. Time to Live TLV　　B. End of LLDPDU TLV

C. Port and Protocol VLAN ID　　D. Network Policy TLV

(3) LLDP 的端口工作模式有(　　)。

A. TxRx　　B. Tx　　C. Rx　　D. Default

(4) 如果 A 设备的远端信息库里有 B 设备信息，则 B 设备的远端信息库里也会有 A 设备的信息。(　　)

A. 正确　　B. 错误

(5) STP 的阻塞端口也能接收和发送 LLDP 报文。(　　)

A. 正确　　B. 错误

(6) 链路聚合的逻辑口可以支持 LLDP 协议。(　　)

A. 正确　　B. 错误

23.6.2 习题答案

(1) ABC　(2) CD　(3) ABC　(4) B　(5) A　(6) B

第24章

镜 像 技 术

在日常网络维护过程中，掌握网络中转发传输的是什么流量，流量从哪个网络节点出发到哪个网络节点终止，目前网络带宽占用实际比例是多少，是一个网络管理员最为关心的事情，也是必须关心的事情。镜像技术就是掌握上述信息的一种重要辅助手段。

另外在IT技术日益发达和广泛应用的今天，对重要数据网络和公共信息网络进行安全审查也显得尤为重要。尽管这些任务大多都交给防火墙、IPS、IDS等安全设备，但将流量送给某些安全设备也需要采用镜像技术来完成报文的复制，使得在监控信息的同时不影响业务的正常开展。

24.1 本章目标

学习完本课程，应该能够：

- 了解目前的几种镜像方法；
- 掌握端口镜像的操作；
- 掌握远程镜像的原理和操作；
- 掌握流镜像的操作。

24.2 镜像技术概述和原理

24.2.1 镜像技术简介

如图24-1所示，镜像就是将指定端口的报文或者符合指定规则的报文复制到目的端口。用户可利用镜像技术，进行网络监管和故障排除。其中镜像技术中应用最为广泛、实现最为简单的当属端口镜像，为了便于认识镜像技术，首先介绍端口镜像中涉及的几个基本概念。

(1) 源端口：源端口是被监控的端口，用户可以对通过该端口的报文进行监控和分析。

(2) 目的端口：目的端口也可称为监控端口，该端口将接收到的报文转发到数据监测设备，以便对报文进行监控和分析。

(3) 镜像的方向：端口镜像的方向分为入方向、出方向和双向。

① 入方向：仅对源端口接收的报文进行镜像。

② 出方向：仅对源端口发送的报文进行镜像。

③ 双向：对源端口接收和发送的报文都进行镜像。

24.2.2 镜像分类

按照镜像技术实现机制的不同可以被划分为端口镜像和流镜像。在端口镜像中，可以根据镜像源端口和目的端口所在位置的不同进一步划分成本地镜像和远程镜像。

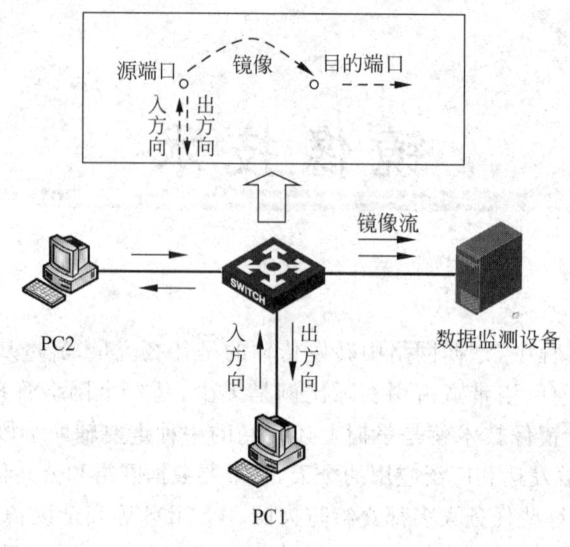

图 24-1 镜像技术简介

(1) 本地端口镜像：是指将设备的一个或多个端口(源端口)的报文复制到本设备的一个监视端口(目的端口)，用于报文的监视和分析。其中，源端口和目的端口必须在同一台设备上。

(2) 远程端口镜像：是指将设备的一个或多个端口的报文复制并通过中间网络设备转发到指定目的交换机上的目的端口。它突破了源端口和目的端口必须在同一台设备上的限制，使源端口和目的端口间可以跨越多个网络设备。

(3) 流镜像：是指通过 ACL 等规则将具有某特征的数据流复制到目的端口。它通过 QoS 策略实现，即使用流分类技术来定义需要被镜像的报文的匹配条件，再通过配置流行为将符合条件的报文镜像至指定的方向。因此流镜像可以避免过多的冗余流量被复制到目的端口。

24.2.3 本地端口镜像

本地端口镜像是最为简单的镜像技术，H3C 网络设备通过本地镜像组的方式来实现。如图 24-2 所示，同一个镜像组可以包含一个或多个镜像源端口，但只能有一个镜像目的端口，且可以根据实际需要指定源端口上被镜像报文的方向。当完成端口镜像的源端口和目的端口配置之后，交换机按照正常的转发规则转发所有报文外，还在所有镜像源端口根据实际配置的镜像方向将报文复制到镜像目的端口。

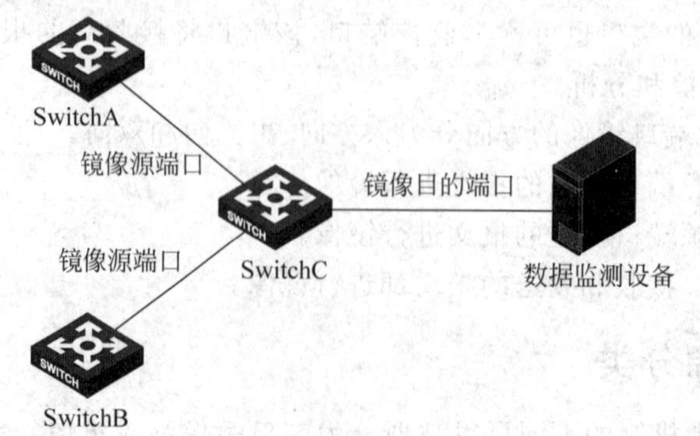

图 24-2 本地端口镜像

由于源端口可以是多个，因此在做本地端口镜像时需要注意实际被镜像流量不要超过目的端口的物理带宽，否则容易导致镜像报文因拥塞而丢弃。同时由于镜像目的端口将发送大量的被镜像报文，因此此端口不宜用作正常业务转发。

24.2.4　远程端口镜像

远程端口镜像通过远程源镜像组和远程目的镜像组互相配合的方式实现。如图 24-3 所示，在整个远程端口镜像过程中，源设备负责将源端口的报文在特定 VLAN 内通过出端口转发出去。网络中间设备在指定的 VLAN 内将报文转发到目的设备。目的设备从指定 VLAN 内接收镜像报文并转发给目的端口。完成远程镜像至少包含源设备和目的设备，大多数情况下还存在中间设备。

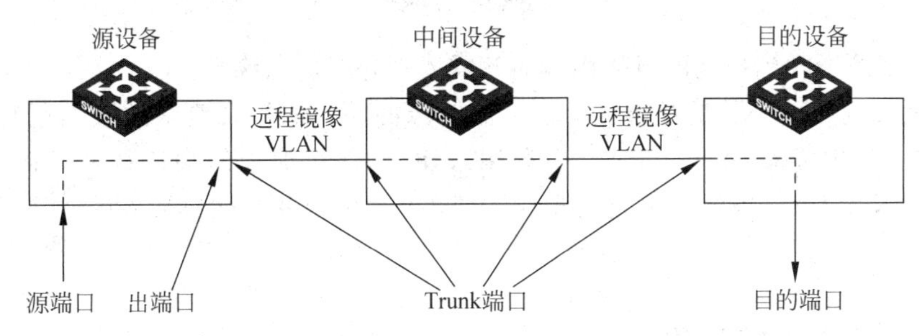

图 24-3　远程端口镜像

(1) 源设备：源端口所在的设备，用户需要在源设备上创建远程源镜像组。本设备负责将源端口的报文复制一份，在远程镜像 VLAN 中通过出端口将报文转发出去，传输给中间设备或目的设备。

(2) 中间设备：网络中处于源设备和目的设备之间的设备。中间设备负责将镜像报文传输给下一个中间设备或目的设备。如果源设备与目的设备直接相连，则不存在中间设备。用户需要确保远程镜像 VLAN 内源设备到目的设备的二层互通性，且在实现端口的双向镜像时需要保证中间设备可以禁止该 VLAN 内 MAC 地址的学习，从而可以正常地将镜像报文从一个端口转发到另一个端口。

(3) 目的设备：远程镜像目的端口所在的设备，用户需要在目的设备上创建远程目的镜像组。目的设备收到报文后，比较报文的 VLAN ID 和远程目的镜像组的远程镜像 VLAN 是否相同，如果相同，则将该报文通过镜像目的端口转发给监控设备。

24.2.5　流镜像

流镜像，即将指定的数据包复制到用户指定的目的地，以进行网络检测和故障排除。如图 24-4 所示，将主机 1.1.1.1 发送给主机 3.3.3.3 的数据流镜像给数据检测设备。它相对于端口镜像的优势在于镜像操作可以区分具体某个端口的那一部分数据流，而不是整个端口的全部数据流，如图中所示的主机 1.1.1.1 发送给主机 2.2.2.2 的数据流经过相同的端口进入交换机，但并没有被镜像到目标主机。

流镜像根据实际镜像的目标不同可以分为如下 3 种。

(1) 流镜像到端口：是把通过配置了流镜像的端口的符合要求的数据包复制一份，然后发送到目的端口。

(2) 流镜像到 CPU：是把通过配置了流镜像的端口的符合要求的数据包复制一份，然后发送到 CPU 以供分析诊断。在特定的条件下可以通过将流量镜像到 CPU，并通过设备的

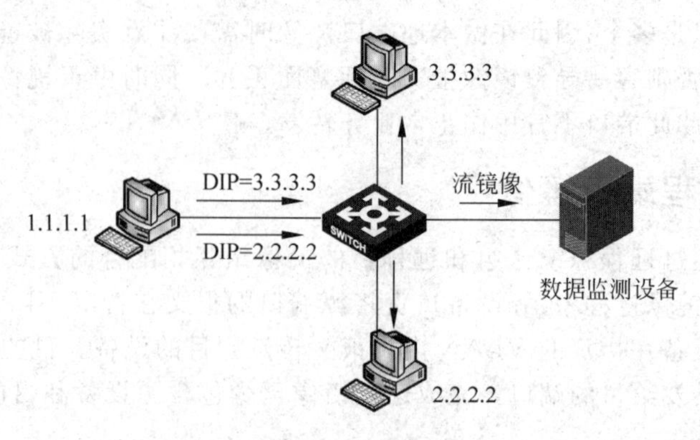

图 24-4 流镜像

debugging 命令查看收到报文的具体内容而不需要额外的监控终端。

(3) 流镜像到 VLAN：是把通过配置了流镜像的端口的符合要求的数据包复制一份，然后发送到 VLAN 中广播，如果 VLAN 中有端口加入，那么加入的端口就可以接收到镜像报文，如果 VLAN 不存在，也可以预先配置，等 VLAN 被创建并有端口加入后，流镜像可以自动生效。

24.3 配置端口镜像

24.3.1 端口镜像配置命令

端口镜像的配置可分为如下 3 个步骤。

(1) 在系统视图下创建本地镜像组。mirroring-group local 命令用来创建一个本地镜像组。

[H3C]**mirroring-group** *group-id* **local**

group-id 表示端口镜像组的组号。不同的产品取值范围不同，具体取值范围参考相关产品配套手册。

(2) 在系统视图或者端口视图下配置源端口。mirroring-group mirroring-port 命令用来为镜像组配置源端口。

[H3C]**mirroring-group** *group-id* **mirroring-port** *interface-list* **{both|inbound|outbound}**
[H3C-GigabitEthernet1/0/1]**mirroring-group** *group-id* **mirroring-port {both|inbound|outbound}**

其中主要参数说明如下。

- *group-id*：端口镜像组的组号，在配置此命令前必须保证此镜像组已经创建。
- *minterface-list*：端口列表，表示一个或多个端口。表示方式为 *interface-list* = {*interface-type interface-number* [to *interface-type interface-number*]} <1-8>。其中，*interface-type interface-number* 为端口类型和端口编号。<1-8>表示前面的参数最多可以输入 8 次。当使用 to 参数配置端口范围时，起始端口和终止端口必须是相同设备上相同类型的端口，且终止端口的端口编号必须大于等于起始端口的端口编号。
- both：表示对端口接收和发送的报文都进行镜像。
- inbound：表示仅对端口接收的报文进行镜像。

• outbound：表示仅对端口发送的报文进行镜像。

(3) 可在系统视图或者端口视图下配置目的端口。mirroring-group monitor-port 命令用来为镜像组配置目的端口。

[H3C] **mirroring-group** *group-id* **monitor-port** *interface-type interface-number*
[H3C-GigabitEthernet1/0/1] **mirroring-group** *group-id* **monitor-port**

其中主要参数说明如下。

• *group-id*：端口镜像组的组号，在配置此命令前必须保证此镜像组已经创建。
• *interface-type interface-number*：目的端口。其中，interface-type 为端口类型，interface-number 为端口号。

同一镜像组只能配置一个镜像目的端口，要想修改镜像组的目的端口必须先删除原有目的端口。

24.3.2 端口镜像配置示例

在如图 24-5 所示的组网中，在交换机 SwitchC 上通过本地端口镜像将端口 GigabitEthernel/0/1 和 GigabitEthernel/0/2 两个端口的双向流量镜像到目的端口 GigabitEthernel/0/3，以实现对两个部门之间流量的监控。

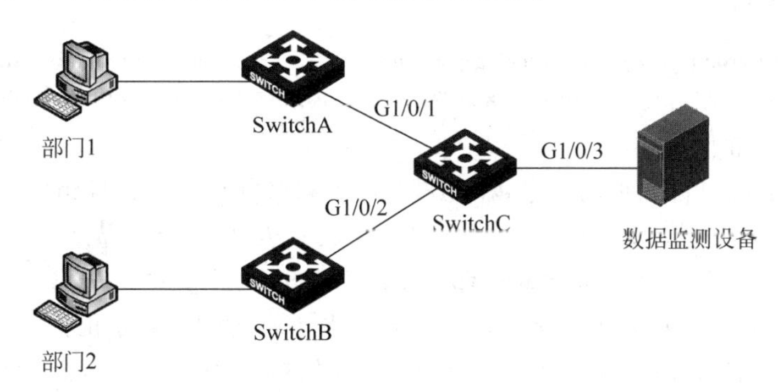

图 24-5 端口镜像配置示例

创建本地镜像组 1。

[SwitchC] mirroring-group 1 local

配置镜像源，对端口 GigabitEthernel/0/1 和端口 GigabitEthernel/0/2 的入/出数据流进行镜像。

[SwitchC] mirroring-group 1 mirroring-port tGigabitEtherne 1/0/1 GigabitEtherne 1/0/2 both

配置 GigabitEthernel/0/3 为镜像目的端口，即监控端口。

[SwitchC] mirroring-group 1 monitor-portGigabitEtherne 1/0/3

24.4 配置远程镜像

24.4.1 远程镜像配置任务

远程端口镜像需要分别在源设备、目的设备和中间设备上配置，具体配置任务包括如下内容。

(1) 在源设备上配置远程源镜像组：首先需要在系统视图下创建远程源镜像组，然后为镜像组配置源端口、出端口和 Proble VLAN。

(2) 配置中间设备：中间设备只需要在指定 VLAN 内禁止 MAC 地址学习并将互联端口配置为 Trunk 端口且允许指定 VLAN 通过。

(3) 在目的设备上配置目的镜像组：首先需要在系统视图下创建远程目的镜像组，然后为镜像组配置目的端口和 Proble VLAN。

24.4.2 配置源设备

远程镜像的源设备配置分为如下 4 个步骤。

(1) 在系统视图下创建远程源镜像组。mirroring-group remote-source 命令用来创建一个远程源镜像组。

[H3C]**mirroring-group** *group-id* **remote-source**

其中参数 *group-id* 为端口镜像组的组号，不同的产品取值范围不同，具体取值范围参考相关产品配套手册。

(2) 在系统视图或者端口视图下配置源端口。mirroring-group mirroring-port 命令用来为镜像组配置源端口。

[H3C]**mirroring-group** *group-id* **mirroring-port** *interface-list* **{inbound|outbound|both}**
[H3C-GigabitEthernet 1/0/17] **mirroring-group** *group-id* **mirroring-port {inbound|outbound|both}**

其中参数说明如下。

- *group-id*：端口镜像组的组号，在配置此命令前必须保证此镜像组已经创建。
- *interface-list*：端口列表，表示多个端口。表示方式为 interface-list＝{**interface-type** *interface-number* [**to interface-type** *interface-number*]}&＜1-8＞。其中，**interface-type** 为端口类型，*interface-number* 为端口号。&＜1-8＞表示前面的参数最多可以输入 8 次。当使用 to 参数配置端口范围时，起始端口和终止端口必须是相同设备上相同类型的端口，且终止端口的端口编号必须大于等于起始端口的端口编号。
- both：表示对端口接收和发送的报文都进行镜像。
- inbound：表示仅对端口接收的报文进行镜像。
- outbound：表示仅对端口发送的报文进行镜像。

(3) 可在系统视图或者端口视图下配置出端口。mirroring-group monitor-egress 命令用来为镜像组配置出端口。

[H3C]**mirroring-group** *group-id* **monitor-egress** *interface-type interface-number*
[H3C-GigabitEthernet 1/0/18]**mirroring-group** *group-id* **monitor-egress**

其中主要参数说明如下。

- *group-id*：端口镜像组的组号，在配置此命令前必须保证此镜像组已经创建。
- *interface-type interface-number*：表示出端口。其中，*interface-type interface-number* 为端口类型和端口编号。

(4) 在系统视图下创建远程镜像 VLAN。mirroring-group remote-probe vlan 命令用来配置远程镜像 VLAN。

[H3C]**mirroring-group** *groupid* **remote-probe vlan** *vlan-id*

其中主要参数说明如下。

- *group-id*：端口镜像组的组号，在配置此命令前必须保证此镜像组已经创建。
- *vlan-id*：远程镜像 VLAN ID，该 VLAN 必须已经存在并且为静态 VLAN。被配置成远程镜像 VLAN 后，该 VLAN 不能直接删除，必须先删除远程镜像 VLAN 的配置才能够删除这个 VLAN。

24.4.3 配置中间设备

远程镜像的中间设备配置可分为如下两个步骤。

(1) 在 VLAN 视图下配置远程镜像 VLAN 禁止 MAC 地址学习功能。

```
[H3C-vlan2] undo mac-address mac-learning enable
```

(2) 将与源设备/目的设备相连的端口设置为 Trunk 属性，并允许远程镜像 VLAN 通过。

```
[H3C-GigabitEtherne 1/0/20] port link-type {trunk|Hybrid|access}
[H3C-GigabitEtherne1/0/20] port trunk permit vlan vlan-id
```

24.4.4 配置目的设备

远程镜像的目的设备配置可分为如下 4 个步骤。

(1) 在系统视图下创建远程目的镜像组。mirroring-group remote-destination 命令用来创建一个远程目的镜像组。

```
[H3C] mirroring-group group-id remote-destination
```

其中参数 *group-id* 为端口镜像组的组号。

(2) 在系统视图下创建远程镜像 VLAN。mirroring-group remote-probe vlan 命令用来为远程源镜像组或者远程目的镜像组配置远程镜像 VLAN。

```
[H3C] mirroring-group groupid remote-probe vlan vlan-id
```

其中主要参数说明如下。

- *group-id*：端口镜像组的组号，在配置此命令前必须保证此镜像组已经创建。
- *vlan-id*：远程镜像 VLAN ID，该 VLAN 必须已经存在并且为静态 VLAN。被配置成远程镜像 VLAN 后，该 VLAN 不能直接删除，必须先删除远程镜像 VLAN 的配置才能够删除这个 VLAN。

(3) 在系统视图或者端口视图下配置目的端口。mirroring-group monitor-port 命令用来为镜像组配置目的端口。

```
[H3C] mirroring-group group-id monitor-port interface-type interface-number
```

其中主要参数说明如下。

- *group-id*：端口镜像组的组号，在配置此命令前必须保证此镜像组已经创建。
- *interface-type interface-number*：目的端口，其中，interface-type 为端口类型，*interface-number* 为端口号。

(4) 将目的端口加入远程镜像 VLAN 中。

```
[H3C-GigabitEthernet 1/0/21] port access vlan vlan-id
```

24.4.5 远程镜像配置示例

在如图 24-6 所示的组网中，采用远程镜像技术集中远程监控 SwitchA 的某些端口流量，以满足监控管理设备的集中部署。在 SwitchA 上配置远程镜像源并通过 G1/0/3 端口转发到

Probe VLAN 内,通过中间设备最终转发到目的设备并镜像到数据检测设备的链接端口 G1/0/2。

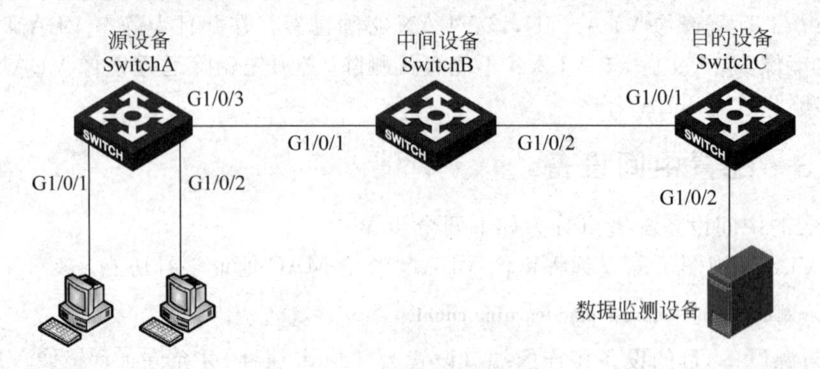

图 24-6　远程镜像配置示例

1. 配置源设备 SwitchA

创建远程源镜像组 1。

```
[SwitchA]mirroring-group 1 remote-source
```

创建静态 VLAN2,配置 VLAN2 为远程镜像 VLAN。

```
[SwitchA] vlan 2
[SwitchA] mirroring-group 1 remote-probe vlan 2
```

对端口 GigabitEthernet1/0/1 和 GigabitEthernet1/0/2 的入方向数据流量进行镜像。

```
[SwitchA]mirroring-group 1 mirroring-portGigabitEthernet 1/0/1 GigabitEthernet 1/0/2 inbound
```

配置端口 GigabitEthernet1/0/3 为出端口。

```
[SwitchA] mirroring-group 1monitor-egress GigabitEthernet 1/0/4
```

设置端口 GigabitEthernet1/0/3 的 Trunk 属性,并允许远程镜像 VLAN 通过。

```
[SwitchA]interface GigabitEthernet 1/0/3
[SwitchA-GigabitEthernet1/0/3]port link-type trunk
[SwitchA-GigabitEthernet1/0/3]port trunk permit vlan 2
```

2. 配置中间设备 SwitchB

配置端口 GigabitEthernet1/0/1 和 GigabitEthernet1/0/2 的 Trunk 属性,并允许远程镜像 VLAN 通过,在远程镜像 VLAN 中禁止 MAC 地址学习。

```
[SwitchB]vlan 2
[SwitchB-vlan2]undo mac-address mac-learning enable
[SwitchB] interface GigabitEthernet 1/0/1
[SwitchB-GigabitEthernet1/0/1] port link-type trunk
[SwitchB-GigabitEthernet1/0/1] port trunk permit vlan 2
[SwitchB] interface GigabitEthernet 1/0/2
[SwitchB-GigabitEthernet1/0/2] port link-type trunk
[SwitchB-GigabitEthernet1/0/2] port trunk permit vlan 2
```

3. 配置目的设备 SwitchC

配置端口 GigabitEthernet1/0/1 的 Trunk 属性,并允许远程镜像 VLAN 通过。

```
[SwitchC] interface GigabitEthernet 1/0/1
[SwitchC-GigabitEthernet1/0/1]port link-type trunk
[SwitchC-GigabitEthernet1/0/1]port trunk permit vlan 2
```

创建远程目的镜像组 1。

```
[SwitchC]mirroring-group 1 remote-destination
```

创建静态 VLAN2,配置 VLAN2 为远程镜像 VLAN。

```
[SwitchC]vlan 2
[SwitchC]mirroring-group 1 remote-probe vlan 2
```

配置镜像目的端口。

```
[SwitchC] mirroring-group 1 monitor-portGigabitEthernet 1/0/2
```

配置镜像目的端口允许远程镜像 VLAN 通过。

```
[SwitchC]interface GigabitEthernet 1/0/2
[SwitchC-GigabitEthernet 1/0/2]port access vlan 2
```

24.5 配置流镜像

24.5.1 流镜像配置命令

流镜像的配置可分为如下 6 个步骤,其具体配置参数含义详细参考 QoS Policy 的配置。

(1) 在系统视图下创建 ACL 并进入相应 ACL 视图。具体命令如下:

[H3C]**acl number** *acl-number*

(2) 在 ACL 视图下定义规则(以基本 ACL 2000 为例)。

[H3C-acl-basic-2000]**rule** [*rule-id*] {**deny**|**permit**} [**counting**|**fragment**|**logging**|**source** {*sour-addr sour-wildcard*|**any**}|**time-range** *time-range-name*]

(3) 在系统视图下创建流,并在流视图下定义匹配报文的规则。具体命令如下:

[H3C]**traffic classifier** *classifier-name* [**operator** {**and**|**or**}]
[H3C-classifier-1]**if-match** *match-criteria*

(4) 在系统视图下创建流行为,并在流行为视图下配置流镜像目的端口。

[H3C]**traffic behavior** *behavior-name*
[H3C-behavior-1] **mirror-to interface interface-type** *interface-number*

(5) 在系统视图下创建策略,并在策略中为类指定流行为,使类与流行为关联。

[H3C]**qos policy** *policy-name*
[H3C-qospolicy-policy-name]**classifier** *classifier-name* **behavior** *behavior-name*

(6) 在端口视图下,把 QoS 策略应用到端口上。

[H3C-GigabitEthernet 1/0/1]**qos apply policy** *policy-name* **inbound**

24.5.2 流镜像配置示例

流镜像可以更加精细地检测到指定数据流量,尽量减少检测设备接收的数据流量,以降低对检测设备的压力。如图 24-7 所示,在 Switch 上配置流镜像可以准确匹配某个指定主机(HostA)发送的数据流量到 G1/0/2 端口所连接的数据监测设备,而不需要将端口 E1/0/1 下所有的主机发送的流量都镜像到目的端口 G1/0/2。详细配置步骤和参考命令如下。

配置基本 ACL 2000,匹配源 IP 地址为 192.168.0.1 的报文。

```
[Switch]acl number 2000
[Switch-acl-basic-2000]rule permit source 192.168.0.1 0
```

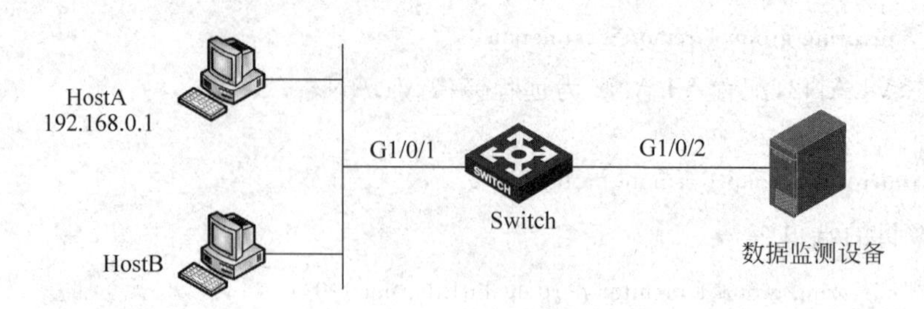

图 24-7 流镜像配置示例

```
[Switch-acl-basic-2000]quit
```

配置流分类规则，使用基本 ACL 2000 进行流分类。

```
[Switch]traffic classfier 1
[Switch-classifier-1]if-match acl 2000
```

配置流行为，定义流镜像到 GigabitEthernet 1/0/2 的动作。

```
[Switch] traffic behavior 1
[Switch-behavior-1] mirror-to interface GigabitEthernet 1/0/2
```

配置 QoS 策略 1，为流分类 1 指定流行为 1。

```
[Switch]qos policy 1
[Switch-policy-1]classifier 1 behavior 1
```

将 QoS 策略应用到端口 GigabitEthernet 1/0/1 上。

```
[Switch-GigabitEthernet1/0/1]qos apply policy 1 inbound
```

24.6 镜像显示及注意事项

镜像配置完成之后，为了方面检查配置的完整性，设备提供相关命令用于检查配置镜像组的配置。display mirroring-group 命令用来显示端口镜像组的信息，可以指定镜像组显示，也可以分类别显示或全部显示。如果显示所有镜像组则按照镜像组号的大小顺序进行。该命令可在任意视图下执行。

[H3C]**display mirroring-group** {*groupid* | **all** | **local** | **remote-destination** | **remote-source**}

其中主要参数说明如下。

- *group-id*：显示指定镜像组的组号。
- all：显示所有镜像组。
- local：显示本地镜像组。
- remote-destination：远程目的镜像组。
- remote-source：远程源镜像组。

由于同一设备支持多种镜像技术和多个镜像组，在配置镜像时需要注意如下事项：

- 一个镜像组可以配置多个源端口，但只能配置一个目的端口；
- 远程镜像 VLAN 必须为已经创建的静态 VLAN；
- 远程镜像 VLAN 不要做其他用途，仅用于远程镜像；
- 在对源端口双向的数据流进行镜像的情况下，远程镜像 VLAN 最好关闭 MAC 地址学习。

24.7 本章总结

(1) 镜像可分为本地端口镜像、远程端口镜像和流镜像。
(2) 端口镜像通过镜像组方式实现,流镜像通过 QoS 来实现。
(3) 镜像 VLAN 和镜像目的端口不要做其他用途。
(4) 镜像目的端口不要开启 STP 相关协议。

24.8 习题和答案

24.8.1 习题

(1) 镜像源端口最多可以有(　　)个。
A. 1　　B. 2　　C. 4　　D. 没有限制
(2) 聚合端口也可以作为镜像源端口。(　　)
A. 正确　　B. 错误
(3) 端口镜像的方向有(　　)、(　　)、(　　)。
(4) 远程镜像中,Probe VLAN 内应该禁止 MAC 地址学习。(　　)
A. 正确　　B. 错误

24.8.2 习题答案

(1) D　(2) A　(3) inbound、outbound、both　(4) A

第25章

NTP

网络设备记录的日志信息是网络状态监控和网络故障定位的重要依据,保证其具备严格的先后顺序是非常必要的。频繁配置设备时间会耗费管理员的大量精力,且不论配置得如何频繁如何细心,都无法确保各设备的时钟分秒不差。

要满足这种网络设备保持时间一致性的需求,需要利用NTP协议在各设备之间自动同步时间,使所有设备的时间都达到一致。NTP在其他诸多方面也都有着广泛应用。

25.1 本章目标

学习完本课程,应该能够:

- 了解NTP的基本功能和工作原理;
- 熟悉NTP的各种工作模式;
- 熟练掌握NTP的配置方法。

25.2 NTP简介

25.2.1 NTP的作用

对于网络中的各网络设备来说,如果依靠管理员手动输入命令来修改系统时钟,不但工作量巨大,而且不能保证时钟的精确性。相反,通过NTP自动同步,可以很快将网络设备的时钟同步,同时也能保证很高的精度。

NTP(Network Time Protocol,网络时间协议)由RFC 1305规定,是用来在分布式时间服务器和客户端之间进行时间同步的协议。NTP基于UDP进行传输,使用的UDP端口号为123。

使用NTP的目的是对网络内所有具有时钟的设备进行时钟同步,使网络内所有设备的时钟保持一致,从而使设备能够提供基于统一时间的多种应用。

运行NTP的本地系统,既可以接受来自其他时钟源的同步,又可以作为时钟源同步其他的时钟,并且可以和其他设备互相同步。

NTP主要应用于需要网络中所有设备时钟保持一致的场合,具体如下。

(1) 在网络管理中,对于从不同设备采集来的日志信息、调试信息进行分析的时候,需要以时间作为参照依据。

(2) 计费系统要求所有设备的时钟保持一致。

(3) 定时重启网络中的所有设备,要求所有设备的时钟保持一致。

(4) 多个系统协同处理同一个比较复杂的事件时,为保证正确的执行顺序,多个系统必须参考同一时钟。

(5) 在备份服务器和客户端之间进行增量备份时，要求备份服务器和所有客户端之间的时钟同步。

NTP 协议最早由美国 Delaware 大学的 Mills 教授设计提出，到目前为止经历了 5 个版本：v0(RFC 958)、v1(RFC 1059)、v2(RFC 1119)、v3(RFC 1305)、v4(RFC 5905)。

NTP v3 相对前 3 个版本，并没有对协议做重大改进，也没有撤销以前的版本及已经商用的部署，而是在继承原有结构的情况下，提出了在高速的 Gigabit 网络中如何部署更合理、更稳定、更精确的商业模型。比如完善了校验字段，降低了丢包、重传对同步的影响，修改本地时间算法来保证稳定与精确等。

最新的 NTP 版本是 NTP v4，它继承自 RFC 1305 所描述的 NTP v3。网络时间同步技术将向更高精度、更强的兼容性和多平台的适应性方向发展。

25.2.2 NTP 基本架构

在实际网络中 NTP 采用 Client/Server 结构运行，但服务器和客户端的概念是相对的，提供时间标准的设备称为时间服务器，接收时间服务的设备称为客户端。作为客户端的 NTP 设备同时还可以作为其他 NTP 设备的服务器。因此相互进行时钟同步的各网络设备最终组成树状网络结构，从时钟服务器的根到各分支逐级进行时钟同步。

NTP 采用分层(Stratum)的方法来定义时钟的准确性。NTP 设备的时钟层数越大，说明时钟精度越低。实际网络中，通常将从权威时钟(如原子时钟)获得时钟同步的 NTP 服务器的层数设置为 1，并将其作为主参考时钟源，用于同步网络中其他设备的时钟。网络中的设备与主参考时钟源的 NTP 距离，即 NTP 同步链上 NTP 服务器的数目，决定了设备上时钟的层数。如果网络没有权威时钟，网络设备也可以配置本地时钟作为参考时钟，作为网络时钟源。如果设备自身没有本地时钟也还未能与上级时钟源同步，则该设备不能作为时钟参考为下级 NTP 客户端提供时钟服务。

根据 C/S 结构和时钟分层方法可知，实际网络中的 NTP 组网结构可以简化为如图 25-1 所示的典型结构。在网络的最核心设定 NTP 的最高时钟源，依次按照网络结构向下逐级同步，直至网络边缘。

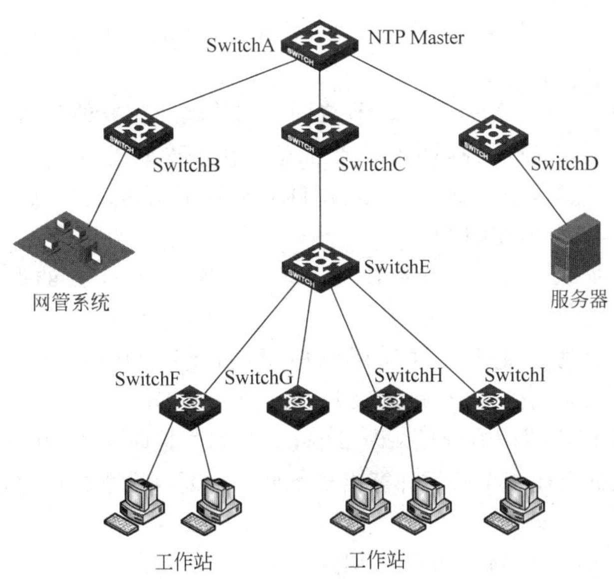

图 25-1 NTP 典型组网

25.3 NTP 原理

25.3.1 NTP 工作过程

NTP 的基本工作原理如图 25-2 所示。Device A 和 Device B 通过网络相连，它们都有自己独立的系统时钟，需要通过 NTP 实现各自系统时钟的自动同步。为了便于理解，作如下假设。

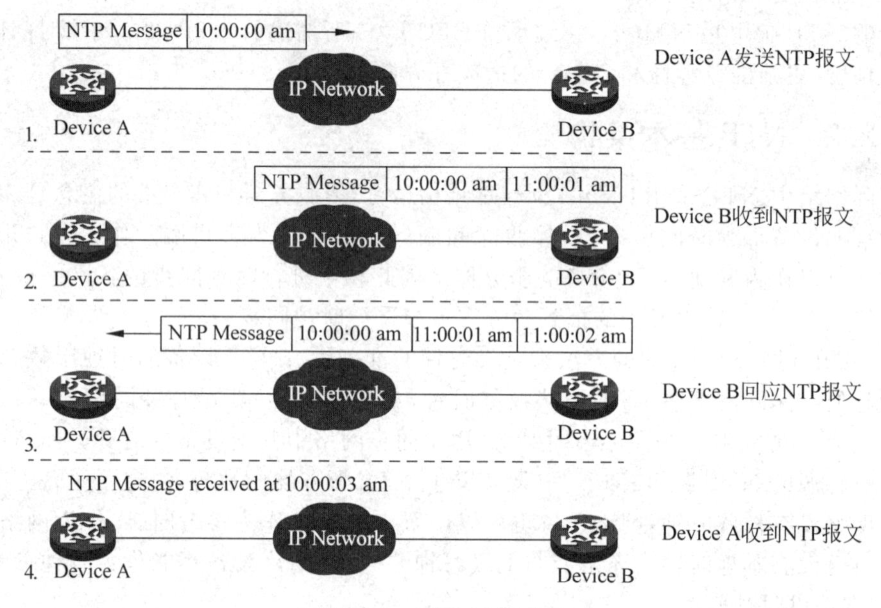

图 25-2 NTP 工作过程

(1) 在 Device A 和 Device B 的系统时钟同步之前，Device A 的时钟设定为 10:00:00 am，Device B 的时钟设定为 11:00:00 am。

(2) Device B 作为 NTP 时间服务器，即 Device A 将使自己的时钟与 Device B 的时钟同步。

(3) NTP 报文在 Device A 和 Device B 之间单向传输所需要的时间为 1s。

在上述假设情况下，系统时钟同步的一个完整工作过程描述如下。

(1) Device A 首先发送一个 NTP 报文给 Device B，该报文包含它离开 Device A 时的时间戳，该时间戳为 10:00:00 am(T1)。

(2) 当此 NTP 报文到达 Device B 时，Device B 加上自己的时间戳，该时间戳为 11:00:01 am(T2)。

(3) Device B 正确处理此报文并返回响应报文，此 NTP 响应报文离开 Device B 时，Device B 再加上自己的时间戳，该时间戳为 11:00:02 am(T3)。

(4) 当 Device A 接收到该响应报文时，Device A 的本地时间为 10:00:03 am(T4)。

(5) Device A 根据上述 4 个时间计算出如下两个重要参数并据此设定自己的时钟从而达到时间同步。

NTP 报文的往返时延 Delay=(T4－T1)－(T3－T2)=2s

Device A 相对 Device B 的时间差 Offset=[(T2－T1)+(T3－T4)]÷2=1h。

以上内容只是对 NTP 工作原理的一个粗略描述，实际计算过程相对要复杂得多，具体计算过程以及算法请参阅 RFC 1305。

25.3.2 NTP 报文结构

NTP 有两种不同类型的报文，一种是时钟同步报文，另一种是控制报文。控制报文仅用于需要网络管理的场合，它对于时钟同步功能来说并不是必需的，因此本章不做详细介绍。

NTP 时钟同步报文基于 UDP 传送，其格式如图 25-3 所示。其中主要字段解释如下。

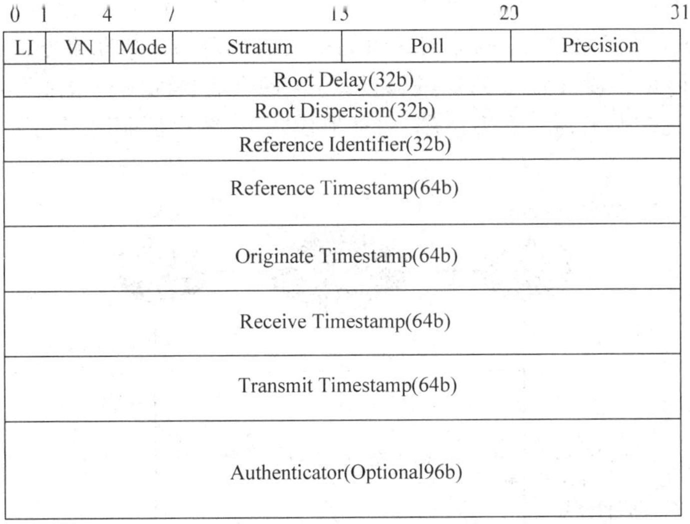

0	1	4	7	15	23	31
LI	VN	Mode	Stratum	Poll	Precision	
Root Delay(32b)						
Root Dispersion(32b)						
Reference Identifier(32b)						
Reference Timestamp(64b)						
Originate Timestamp(64b)						
Receive Timestamp(64b)						
Transmit Timestamp(64b)						
Authenticator(Optional96b)						

图 25-3 NTP 报文结构

- LI(Leap Indicator)：长度为 2b，值为 11 时表示告警状态，时钟未被同步。为其他值时 NTP 本身不做处理。
- VN(Version Number)：长度为 3b，表示 NTP 的版本号，目前的最新版本为 3。
- Mode：长度为 3b，表示 NTP 的工作模式。其中，0 未定义，1 表示主动对等体模式，2 表示被动对等体模式，3 表示客户端模式，4 表示服务器模式，5 表示广播模式或组播模式，6 表示此报文为 NTP 控制报文，7 预留给内部使用。
- Stratum：长度为 8b，表示系统时钟的层数，取值范围为 1～16，它定义了时钟的准确度。层数为 1 的时钟准确度最高，准确度从 1 到 16 依次递减，层数为 16 的时钟处于未同步状态，不能作为参考时钟。
- Poll：轮询时间，即两个连续 NTP 报文之间的时间间隔。
- Precision：系统时钟的精度。
- Root Delay：本地到主参考时钟源的往返时间。
- Root Dispersion：系统时钟相对于主参考时钟的最大误差。
- Reference Identifier：参考时钟源的标识。
- Reference Timestamp：系统时钟最后一次被设定或更新的时间。
- Originate Timestamp：NTP 请求报文离开发送端时发送端的本地时间。
- Receive Timestamp：NTP 请求报文到达接收端时接收端的本地时间。
- Transmit Timestamp：应答报文离开应答者时应答者的本地时间。
- Authenticator：验证信息。

25.3.3 NTP 工作模式

网络设备可以采用多种 NTP 工作模式与时钟源或者客户端进行时钟同步，目前可选择的 NTP 工作模式有客户端/服务器模式、对等体模式、广播模式、组播模式。

用户可以根据需要选择合适的工作模式。在不能确定服务器或对等体 IP 地址、网络中需要同步的设备很多等情况下，可以通过广播或组播模式实现时钟同步；服务器和对等体模式中，设备从指定的服务器或对等体获得时钟同步，增加了时钟的可靠性。

如图 25-4 所示，在客户端/服务器模式中，客户端向服务器发送时钟同步报文，报文中的 Mode 字段设置为 3(客户模式)。服务器端收到报文后会自动工作在服务器模式，并发送应答报文，报文中的 Mode 字段设置为 4(服务器模式)。客户端收到应答报文后，进行时钟过滤和选择，并同步到优选的服务器。在客户端/服务器模式下，客户端能同步到服务器，而服务器无法同步到客户端。

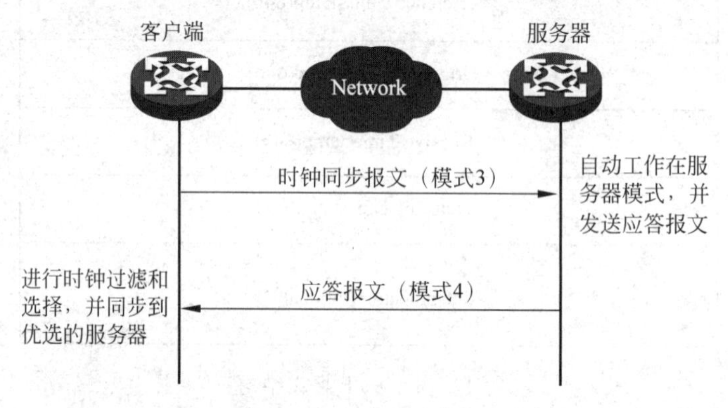

图 25-4 客户端/服务器模式

如图 25-5 所示，在对等体模式中，主动对等体和被动对等体之间首先交互 Mode 字段为 3(客户端模式)和 4(服务器模式)的 NTP 报文。之后，主动对等体向被动对等体发送时钟同步报文，报文中的 Mode 字段设置为 1(主动对等体)，被动对等体收到报文后自动工作在被动对等体模式，并发送应答报文，报文中的 Mode 字段设置为 2(被动对等体)。经过报文的交互，对等体模式建立起来。主动对等体和被动对等体可以互相同步。如果双方的时钟都已经同步，则以层数小的时钟为准。

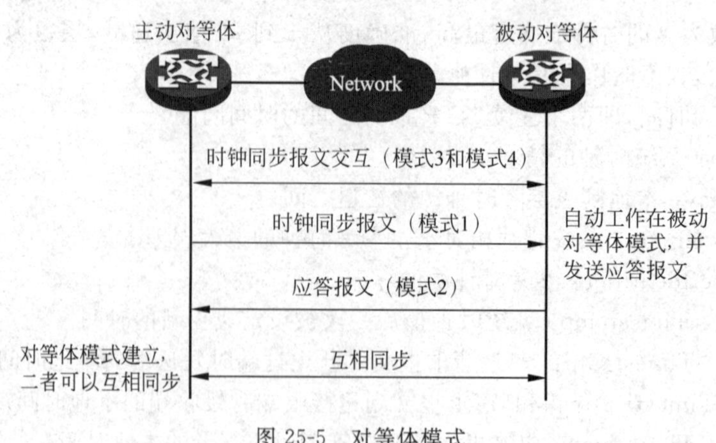

图 25-5 对等体模式

如图 25-6 所示，在广播模式中，服务器端周期性地向广播地址 255.255.255.255 发送时钟同步报文，报文中的 Mode 字段设置为 5(广播模式)。客户端侦听来自服务器的广播报文。当客户端接收到第一个广播报文后，客户端与服务器交互 Mode 字段为 3(客户端模式)和 4(服务器模式)的 NTP 报文，以获得客户端与服务器间的网络延迟。之后，客户端就进入广播客户端模式，继续侦听广播报文的到来，根据到来的广播报文对系统时钟进行同步。

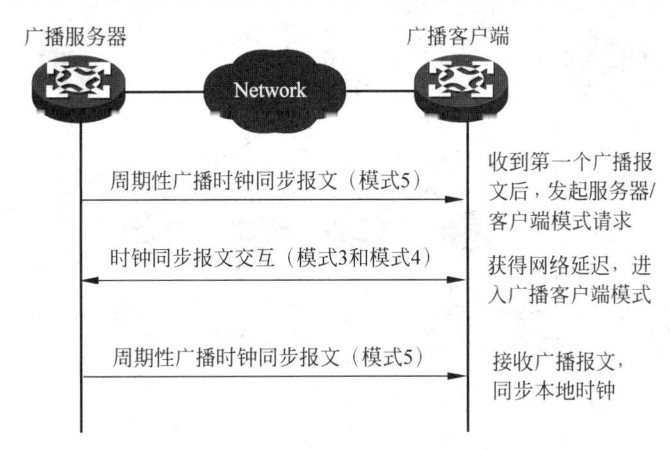

图 25-6 广播模式

如图 25-7 所示，在组播模式中，服务器端周期性地向用户配置的组播地址(若用户没有配置组播地址，则使用默认的 NTP 组播地址 224.0.1.1)发送时钟同步报文，报文中的 Mode 字段设置为 5(组播模式)。客户端侦听来自服务器的组播报文。当客户端接收到第一个组播报文后，客户端与服务器交互 Mode 字段为 3(客户模式)和 4(服务器模式)的 NTP 报文，以获得客户端与服务器间的网络延迟。之后，客户端就进入组播客户模式，继续侦听组播报文的到来，根据到来的组播报文对系统时钟进行同步。

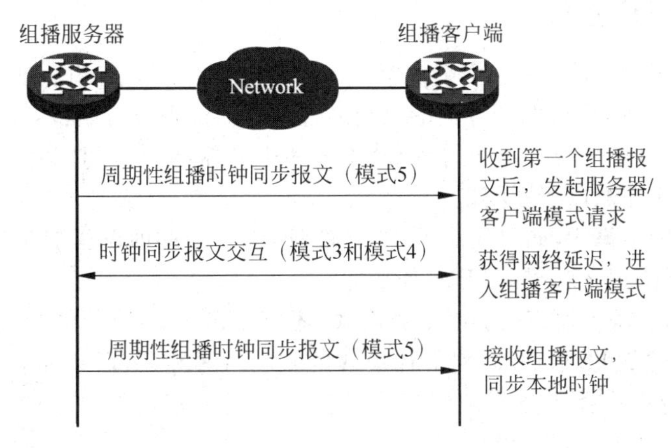

图 25-7 组播模式

25.3.4 NTP 部署示例

在实际 NTP 部署中，可以根据网络拓扑选择恰当的模式来配置 NTP。通常可以选择核心设备作为最高级的 NTP 时钟源，部分单点连接的网络设备之间采用对等体模式，局部星形拓扑连接的设备采用广播模式或客户端/服务器模式。

例如，在图 25-8 所示的网络拓扑中推荐采用如下方案。

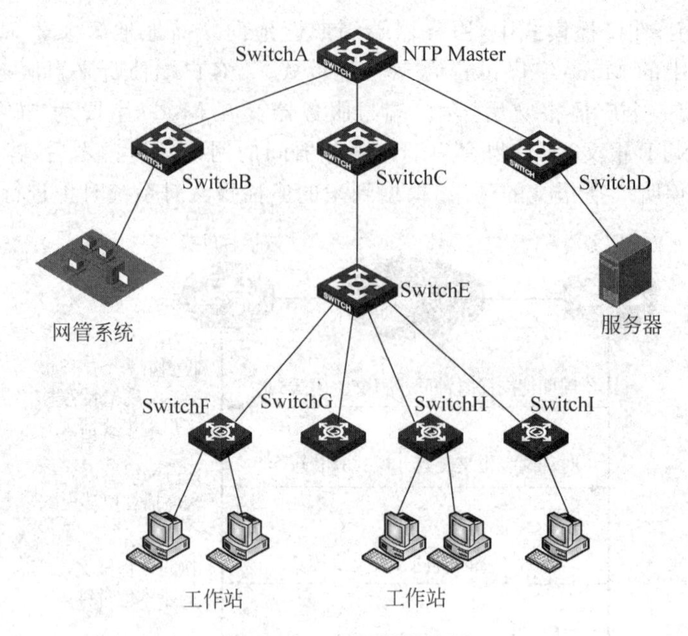

图 25-8 NTP 部署示例

(1) SwitchA 为 NTP Master 即时钟源，SwitchB、SwitchC、SwitchD 作为客户端，指向 SwitchA 的地址与其同步。它们工作在客户端/服务器模式。

(2) SwitchC 与 SwitchE 工作在对等体模式，可互为备份。

(3) SwitchE 是 SwitchF、SwitchG、SwitchH、SwitchI 的连接中心，选择广播或组播模式则相对简单。以 SwitchE 作为广播服务器为其他设备提供时钟同步源，其他设备作为客户端同步 SwitchE 的时钟。

25.3.5 NTP 验证

在一些对安全性要求较高的网络中，运行 NTP 协议时需要启用验证功能。通过客户端和服务器端的密码验证，可以保证客户端只与通过验证的设备进行同步，提高网络安全性。

NTP 验证功能可以分为客户端的 NTP 验证和服务器端的 NTP 验证两个部分。在应用 NTP 验证功能时，应注意以下原则。

(1) 对于所有同步模式，如果使能了 NTP 验证功能，应同时配置验证密钥并将密钥设为可信密钥；否则，无法正常启用 NTP 验证功能。

(2) 对于客户端/服务器模式和对等体模式，还应在客户端(对等体模式中的主动对等体)将指定密钥与对应的 NTP 服务器(对等体模式的被动对等体)关联；对于广播服务器模式和组播服务器模式，应在广播服务器或组播服务器上将指定密钥与对应的 NTP 服务器关联。否则，无法正常启用 NTP 验证功能。

(3) 对于客户端/服务器同步模式，如果客户端没有成功启用 NTP 验证功能，不论服务器端是否使能 NTP 验证，客户端均可以与服务器端同步；如果客户端上成功启用了 NTP 验证功能，则客户端只会同步到提供可信密钥的服务器，如果服务器提供的密钥不是可信的密钥，那么客户端不会与其同步。

(4) 对于所有同步模式，服务器端的配置与客户端的配置应保持一致。

25.4 NTP基本配置

25.4.1 NTP配置命令

实际网络中，通常将从权威时钟（如原子时钟）获得时钟同步的NTP服务器的层数设置为1，并将其作为主参考时钟源同步网络中其他设备的时钟。网络中的设备与主参考时钟源的NTP距离，即NTP同步链上NTP服务器的数目，决定了设备上时钟的层数。在NTP的网络中必须存在至少一个NTP服务器或者说NTP时钟源。

当网络没有标准的时钟源作为NTP服务器时，可以选择具有本地实时时钟的网络设备作为时钟服务器或时钟源。在被选定的网络设备上配置本地时钟作为参考源后，即可作为NTP服务器为NTP客户端提供时钟同步。但在大型网络中须谨慎配置设备参考本地时钟，以免导致网络中设备的时钟错误。其配置设备参考本地时钟的命令为：

[H3C]**ntp-service refclock-master** [*ip-address*] [*stratum*]

其中参数*ip-address*只能配置为127.127.1.u，u的取值范围为0～3，表示NTP的进程ID。参数*stratum*为本地时钟所处的层数，取值范围为1～15，默认值为8。

网络中有了可以同步的时钟源之后，即可在NTP客户端上配置如下命令进行时钟同步：

[H3C]**ntp-service unicast-server** {*server-name* | *ip-address*} [**authentication-keyid** *keyid* | **priority** | **source** *interface-type interface-number* | **version** *number*]

其中主要参数说明如下。

- *server-name*：NTP服务器的主机名。
- *ip-address*：NTP服务器的IP地址。
- vpn-instance *vpn-instance-name*：指定NTP服务器所属的VPN，为1～31个字符的字符串，区分大小写。如果未指定本参数，则表示NTP服务器位于公网中。
- authentication-keyid：配置NTP验证中向对端发送报文时使用的key ID。
- priority：指定此参数可以在同等条件下，优先同步此服务器的时钟。
- source *interface-type interface-number*：指定发送NTP报文的源接口。
- version：指定NTP运行的版本号，默认为4。

同一个NTP客户端可以重复配置此命令指定多个NTP服务器，客户端依据时钟优选来选择最优的时钟源。

当设备采用对等体模式进行NTP时钟同步时，需要在主动对等体上指定被动对等体。被动对等体上需要执行ntp-service enable命令来开启NTP服务，否则被动对等体不会处理来自主动对等体的NTP报文。同时保证主动对等体和被动对等体的时钟至少要有一个处于同步状态，否则它们的时间都将无法同步。

配置主动对等体的Peer的具体命令为：

[H3C]**ntp-service unicast-peer** {*peer-name* | *ip-address*} [**vpn-instance** *vpn-instance-name*] [**authentication-keyid** *keyid* | **priority** | **source** *interface-type interface-number* | **version** *number*]

其中参数*ip-address*为被动对等体的IP地址。

对于对等体模式中的被动对等体没有固定的配置，要么选择配置参考本地时钟，要么选择NTP的任何一种工作模式并正确同步即可。

多次执行ntp-service unicast-peer命令配置多个被动对等体可以提供时钟同步的备份。

在 NTP 广播模式下，需要配置一个 NTP 广播服务器。NTP 广播服务器周期性地向外发送本地广播的 NTP 报文，工作在 NTP 广播客户端模式的设备将回应这个报文，从而开始时钟同步。

NTP 广播服务器的使能和指定 NTP 广播报文的发送接口通过如下配置命令完成，并且只有当服务器自己的时钟已经同步后，才能为广播客户端提供时钟同步服务。具体配置命令为：

[H3C]**ntp-service enable**
[H3C-Vlan-interface]**ntp-service broadcast-server [authentication-keyid** *keyid* | **version** *number*]

NTP 广播客户端的使能和指定广播报文的接收接口通过执行如下命令即可：

[H3C]**ntp-service enable**
[H3C-Vlan-interface]**ntp-service broadcast-client**

在 NTP 组播模式下，NTP 组播服务器以组播形式周期性地发送时钟同步报文，工作在 NTP 组播客户端模式的设备收到 NTP 组播报文后响应此报文，从而开始时钟同步。

NTP 组播服务器只有当其时钟同步后，才能去同步组播客户端。配置组播服务器的具体命令为：

[H3C]**ntp-service enable**
[H3C-Vlan-interface]**ntp-service multicast-server** [*ip-address*] [**authentication-keyid** *keyid* | **ttl** *ttl-number* | **version** *number*]

其中参数 *ip-address* 为组播 IP 地址，取值范围为 224.0.1.0～224.0.1.255，默认值为 224.0.1.1。参数 *ttl-number* 为组播报文的生存周期，默认参数为 16，可取值范围为 1～255。

NTP 组播客户端的使能和指定组播报文的接收接口通过执行如下命令即可：

[H3C]**ntp-service enable**
[H3C-Vlan-interface] **ntp-service multicast-client** [*ip-address*]

其中参数 *ip-address* 为组播 IP 地址，取值范围为 224.0.1.0～224.0.1.255，默认值为 224.0.1.1。为了正确地接收 NTP 组播服务器的报文，客户端和服务器必须配置相同的组播 IP。

在完成 NTP 各种工作模式的配置之后，可以采用设备提供的维护命令检查 NTP 服务的工作状态。常用的维护命令有显示 NTP 会话和 NTP 服务的状态。如执行 display ntp-service session 命令显示的 NTP 会话信息如下：

```
[H3C]display  ntp-service  sessions
      source          reference         stra reach poll  now offset  delay disper
*******************************************************************************
[12345]1.1.1.1        127.127.1.0         2     1   64    7 -9.600 1.8920 0.0610
Notes: 1 source(master), 2 source(peer), 3 selected, 4 candidate, 5 configured.

Total sessions: 1
```

要先检查设备是否已经处于同步状态可以使用 display ntp-service status 命令。

```
[H3C]display  ntp-service  status
Clock status:synchronized
Clock stratum:3
System peer:1.1.1.1
Local mode:client
Reference clock ID:1.1.1.1
Leap indicator:00
```

```
Clock jitter:0.004456s
Stability:0.000 pps
Clock precision:2^-15
Root delay:1.89209 ms
Root dispersion:24.84131 ms
Reference time:d82ec5c3.2d451c6c  Sun,Dec  7 2014 12:25:39.176
```

25.4.2 NTP 配置示例

NTP 的配置相对简单，在基本连通性配置完成的情况下，只需要少量命令即可让 NTP 正常工作起来，达到网络设备的时间全网同步。此处以 NTP 的服务器/客户端模式为例，介绍两个网络设备进行时钟同步的配置。

首先需要在网络中选择其中一台设备作为时钟服务器。在如图 25-9 所示的组网中，选择 SWA 作为时钟服务器。注意由于作为时钟服务器的网络设备必须自己的时钟已经同步或者存在本地时钟，因此 SWA 必须是具有本地时钟的网络设备。

图 25-9 NTP 配置示例

在 SWA 上使能 NTP 服务且配置参考本地时钟，并制定时钟层数为 2。

```
[SWA]ntp-service enable
[SWA]ntp-service refclock-master 2
```

然后在 SWB 上使能 NTP 服务且配置 NTP 服务器，并制定服务器地址为 SWA 的接口 IP。

```
[SWA]ntp-service enable
[SWB] ntp-service unicast-server 1.0.1.11
```

完成上述配置之后，即可使用 NTP 维护显示命令显示 SWB 的时钟同步状态。

```
[SWB]display  ntp-service  status
Clock status:synchronized
Clock stratum:3
System peer:1.0.1.11
Local mode:client
Reference clock ID:1.0.1.11
Leap indicator:00
Clock jitter:0.004456 s
Stability:0.000 pps
Clock precision:2^-15
Root delay:1.89209 ms
Root dispersion:24.84131 ms
Reference time:d82ec5c3.2d451c6c  Sun,Dec  7 2014 12:25:39.176
```

从中可以确认 SWB 已经同步，当前时钟层数为 3，在 SWA 的时钟层数上增加了 1，还有更详细的时钟参考源、时钟精度等参数。

25.5 本章总结

(1) NTP 的网络应用和发展。

(2) NTP 时钟同步工作原理。

(3) NTP 的工作模式及其正确选择。

(4) NTP 的配置和维护。

25.6 习题和答案

25.6.1 习题

(1) NTP 的当前常用版本是(　　)。

A. v0　　B. v1　　C. v2　　D. v3

(2) NTP 的工作模式有(　　)。

A. 客户端/服务器模式　　B. 广播模式

C. 组播模式　　D. 对等体模式

(3) NTP 的时钟层数为(　　)表示时钟未同步。

(4) 在对等体模式下,主动对等体可以同步被动对等体,被动对等体也可以同步主动对等体。(　　)

A. 正确　　B. 错误

(5) 请简述 NTP 客户端/服务器模式下 NTP 时钟同步的过程。

25.6.2 习题答案

(1) D　(2) ABCD　(3) 16　(4) A　(5) 略

附录

课程实践

实验1　VLAN
实验2　Private VLAN
实验3　VLAN静态路由
实验4　RSTP
实验5　MSTP
实验6　链路聚合
实验7　Smart Link & Monitor Link
实验8　RRPP
实验9　VRRP
实验10　IRF
实验11　端口接入控制
实验12　网络访问控制
实验13　SSH
实验14　SNMP
实验15　镜像技术
实验16　NTP

实验1

VLAN

1.1 实验内容与目标

完成本实验,应该能够:

- 掌握基于协议的 VLAN 基本配置方法;
- 掌握基于 IP 子网的 VLAN 基本配置方法。

1.2 实验组网图

实验组网如图 1-1 所示。

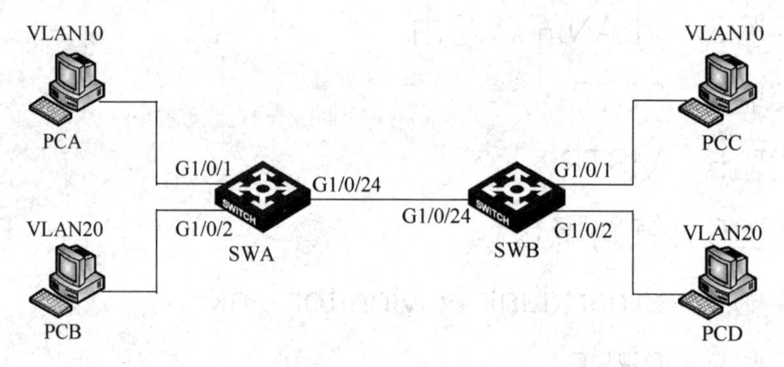

图 1-1 实验组网

1.3 实验设备与版本

本实验所需的主要设备与版本如表 1-1 所示。

表 1-1 实验设备与版本

名称和型号	版　本	数量	描　述
S5820V2	CMW 7.1.035-R2311	2	
PC	Windows XP SP2	4	
第 5 类 UTP 以太网连接线	—	5	

1.4 实验过程

实验任务1：基于协议的VLAN配置

实验组网如图1-1所示，本实验任务通过在交换机上配置IPv4和IPv6协议与相应VLAN关联，让交换机能够按照设定的协议为数据帧分配VLAN标签(Tag)，使网络中基于IPv4地址和IPv6地址的主机能分别进行通信。用户物理位置移动时，即使更换了交换机连接PC的端口，PC所属的VLAN也不会改变。通过本实验，能够学会交换机上基于协议的VLAN配置。

步骤1：建立物理连接

将PC(或终端)的串口通过标准Console电缆与交换机的Console口连接。电缆的RJ-45头一端连接交换机的Console口，9针RS-232接口一端连接计算机的串行口。

检查设备的软件版本及配置信息，确保各设备软件版本符合要求，所有配置为初始状态。如果配置不符合要求，请在用户视图下擦除设备中的配置文件，然后重启设备以使系统采用默认的配置参数进行初始化。

步骤2：配置基于协议的VLAN

首先配置SWA。

在SWA上创建VLAN10和VLAN20，分别匹配IPv4和IPv6协议模板。请在下面的空格中写出完整的配置命令：

```
[SWA]vlan 10
[SWA-vlan10]______________________________(匹配IPv4协议模板)
[SWA]vlan 20
[SWA-vlan20]______________________________(匹配IPv6协议模板)
```

在SWA上执行______________________命令查看当前所有协议VLAN的协议信息及协议的索引，然后根据输出结果补充表1-2内容。

表1-2 命令显示相关信息表

VLAN ID	Protocol Index	Protocol Type

在SWA上设置端口GigabitEthernet1/0/1和GigabitEthernet1/0/2为Hybrid链路端口，允许VLAN10和VLAN20不带标签(Untagged)通过，并且与VLAN10的协议模板0和VLAN20的协议模板0绑定。请在下面的空格中填写完整的配置命令：

```
[SWA]interface GigabitEthernet1 /0/1
[SWA-GigabitEthernet1/0/1]port link-type __________
[SWA-GigabitEthernet1/0/1]port ________________________
[SWA-GigabitEthernet1/0/1]port ________________________(和VLAN10的协议模板0绑定)
[SWA-GigabitEthernet1/0/1]port ________________________(和VLAN20的协议模板0绑定)
[SWA]interface Ethernet 1/0/2
[SWA-GigabitEthernet1/0/2]port link-type __________
[SWA-GigabitEthernet1/0/2]port ________________________
```

[SWA-GigabitEthernet1/0/2]port ____________（和 VLAN10 的协议模板 0 绑定）
[SWA-GigabitEthernet1/0/2]port ____________（和 VLAN20 的协议模板 0 绑定）

在 SWA 上配置端口 GigabitEthernet1/0/24 为 Trunk 链路端口，并且允许 VLAN10 和 VLAN20 通过。请在下面的空格中写出完整的配置命令：

[SWA]interface GigabitEthernet 1/0/24
[SWA-GigabitEthernet1/0/24]port link-type ______
[SWA-GigabitEthernet1/0/24]port ____________

然后配置 SWB。

在 SWB 上创建 VLAN10 和 VLAN20，分别匹配 IPv4 和 IPv6 协议模板。请在下面的空格中写出完整的配置命令：

[SWB]vlan 10
[SWB-vlan10]____________（匹配 IPv4 协议模板）
[SWB]vlan 20
[SWB-vlan20]____________（匹配 IPv6 协议模板）

在 SWB 上执行____________命令查看当前所有协议 VLAN 的协议信息及协议的索引，然后根据输出结果补充表 1-3 内容。

表 1-3 命令显示相关信息表

VLAN ID	Protocol Index	Protocol Type

在 SWB 上设置端口 GigabitEthernet1/0/1 和 GigabitEthernet1/0/2 为 Hybrid 链路端口，允许 VLAN10 和 VLAN20 不带标签(Untagged)通过，并且与 VLAN10 的协议模板 0 和 VLAN20 的协议模板 0 绑定。请在下面的空格中填写完整的配置命令：

[SWB]interface GigabitEthernet 1/0/1
[SWB-GigabitEthernet1/0/1]port link-type ______
[SWB-GigabitEthernet1/0/1]port ____________
[SWB-GigabitEthernet1/0/1]port ____________（和 VLAN10 的协议模板 0 绑定）
[SWB-GigabitEthernet1/0/1]port ____________（和 VLAN20 的协议模板 0 绑定）
[SWB]interface GigabitEthernet 1/0/2
[SWB-GigabitEthernet1/0/2]port link-type ______
[SWB-GigabitEthernet1/0/2]port ____________
[SWB-GigabitEthernet1/0/2]port ____________（和 VLAN10 的协议模板 0 绑定）
[SWB-GigabitEthernet1/0/2]port ____________（和 VLAN20 的协议模板 0 绑定）

在 SWB 上配置端口 GigabitEthernet1/0/24 为 Trunk 链路端口，并且允许 VLAN10 和 VLAN20 通过。请在下面的空格中写出完整的配置命令：

[SWB]interface GigabitEthernet 1/0/24
[SWB-GigabitEthernet1/0/24]port link-type ______
[SWB-GigabitEthernet1/0/24]port ____________

步骤 3：测试 VLAN 内的互通

在 PC 上配置 IP 地址，通过 PING 命令来测试处于相同 VLAN 内的 PC 能否互通。

表 1-4 列出 Windows XP 常用的 IPv6 配置命令。

表 1-4　Windows XP 常用 IPv6 配置命令

命　　令	解　　释
C:\>ipv6 install	安装 IPv6 协议栈
C:\>ipv6 uninstall	卸载 IPv6 协议栈
C:\>ipv6 if	查看所有接口详细信息
C:\>ipv6 if 6	查看 6 号接口详细信息
C:\>ipv6 adu 6/2001::1	为 6 号接口配置 IP 地址
C:\>ipv6 adu 6/2000::1 life 0	删除接口 6 的 IP 地址
C:\>ipv6 rtu::/0 6/2001::2	为接口 6 配置路由
C:\>ipv6 rtu::/0 6/2001::2 life 0	删除接口的路由
C:\>ipv6 ifd 5	删除接口 5
C:\>ipv6 reset	恢复默认配置，删除其他的接口，及所有的手动 IP、路由表项

按表 1-5 所示在 PC 上配置 IP 地址，下面列出了 PCB 和 PCD 配置 IPv6 地址的过程。

表 1-5　IP 地址列表

设备名称	IP 地址	网关
PCA	192.168.1.1	—
PCB	2001::1	—
PCC	192.168.1.2	—
PCD	2001::2	—

PCB 配置 IPv6：

```
C:\Documents and Settings\Administrator>ipv6 install
Installing...
Succeeded.
C:\Documents and Settings\Administrator>ipv6 if
Interface 6: Ethernet: 本地连接 8
  Guid {B93B60EA-C85B-4B1D-9B00-C811104C2863}
  zones: link 6 site 2
  uses Neighbor Discovery
  uses Router Discovery
 link-layer address: 00-16-ec-71-ea-50
 preferred link-local fe80::216:ecff:fe71:ea50, life infinite

C:\Documents and Settings\Administrator>ipv6 adu 6/2001::1

C:\Documents and Settings\Administrator>ipv6 if 6
Interface 6: Ethernet: 本地连接 8
  Guid {B93B60EA-C85B-4B1D-9B00-C811104C2863}
  zones: link 6 site 2
  uses Neighbor Discovery
  uses Router Discovery
  link-layer address: 00-16-ec-71-ea-50
    preferred global 2001::1, life infinite (manual)
    preferred link-local fe80::216:ecff:fe71:ea50, life infinite
```

PCD 配置 IPv6：

```
C:\Documents and Settings\Administrator>ipv6 install
Installing...
```

```
Succeeded.

C:\Documents and Settings\Administrator>ipv6 if
Interface 6: Ethernet: 本地连接 7
  Guid {BF140E09-C31A-4854-A5EC-CA04E922121C}
  zones: link 6 site 2
  uses Neighbor Discovery
  uses Router Discovery
  link-layer address: 00-13-46-ec-31-7d
    preferred link-local fe80::213:46ff:feec:317d, life infinite

C:\Documents and Settings\Administrator>ipv6 adu 6/2001::2

C:\Documents and Settings\Administrator>ipv6 if 6
Interface 6: Ethernet: 本地连接 7
  Guid {BF140E09-C31A-4854-A5EC-CA04E922121C}
  zones: link 6 site 2
  uses Neighbor Discovery
  uses Router Discovery
  link-layer address: 00-13-46-ec-31-7d
    preferred global 2001::2, life infinite (manual)
```

在PCB上用PING命令来测试与PCD能否互通，其结果应该是________(能/不能)互通。

在SWA上执行____________________________命令查看SWA的MAC地址表，然后根据此输出结果补充表1-6内容。

表1-6 SWA的MAC地址表

MAC Addr	VLAN ID	State	Port Index	Aging Time(s)

从以上信息可以看出，PCB和PCD的MAC地址在VLAN20内学习到了。因为PCB和PCD默认启用IPv4协议，所以PCB和PCD的MAC地址也会学习到VLAN10内，这个不是我们关注的焦点，我们关注的焦点是交换机根据PCB和PCD的IPv6地址匹配到了IPv6协议模板，给数据帧分配了VLAN20的标签(Tag)。

步骤4：更换SWA连接PCB的端口

把SWA连接PCB的端口由GigabitEthernet1/0/2更换为GigabitEthernet1/0/6，设置GigabitEthernet1/0/6为Hybrid链路端口，允许VLAN10和VLAN20不带标签(Untagged)通过，并且与VLAN10的协议模板0和VLAN20的协议模板0绑定。请在下面的空格中填写完整的配置命令：

```
[SWA]interface GigabitEthernet 1/0/6
[SWA-GigabitEthernet1/0/6] port link-type ________
```

[SWA-GigabitEthernet1/0/6] port ____________________
[SWA-GigabitEthernet1/0/6] port ____________________(和 VLAN10 的协议模板 0 绑定)
[SWA-GigabitEthernet1/0/6] port ____________________(和 VLAN20 的协议模板 0 绑定)

在 SWA 上执行________________________命令查看 SWA 的 MAC 地址表,然后根据此输出结果补充表 1-7 内容。

表 1-7 SWA 的 MAC 地址表

MAC Addr	VLAN ID	State	Port Index	Aging Time(s)

在 PCB 上用 PING 命令来测试与 PCD 能否互通,其结果应该是________(能/不能)互通。

说明:基于协议划分 VLAN 和基于 MAC 地址划分 VLAN 的优点一样。

实验任务 2:基于 IP 子网的 VLAN 配置

实验组网如图 1-1 所示,本实验任务通过在交换机上配置两个 IP 子网与相应 VLAN 关联,让交换机能够按照设定的 IP 子网为数据帧分配 VLAN 标签(Tag),从而使处于相同 VLAN 内的 PC 可以互通。用户物理位置移动时,即使更换了交换机连接 PC 的端口,PC 所属的 VLAN 也不会改变。通过本实验,能够学会交换机上基于 IP 子网的 VLAN 配置。

步骤 1:建立物理连接

将 PC(或终端)的串口通过标准 Console 电缆与交换机的 Console 口连接。电缆的 RJ-45 头一端连接交换机的 Console 口,9 针 RS-232 接口一端连接计算机的串行口。

检查设备的软件版本及配置信息,确保各设备软件版本符合要求,所有配置为初始状态。如果配置不符合要求,请在用户视图下擦除设备中的配置文件,然后重启设备以使系统采用默认的配置参数进行初始化。

步骤 2:配置基于 IP 子网的 VLAN

首先配置 SWA。

在 SWA 上创建 VLAN10 和 VLAN20,分别与 IP 网段 10.10.10.0/24 和 IP 网段 20.20.20.0/24 关联。请在下面的空格中写出完整的配置命令:

[SWA]vlan 10
[SWA-vlan10]____________________________
[SWA]vlan 20
[SWA-vlan20]____________________________

在 SWA 上执行________________________命令查看 VLAN 上配置的 IP 子网信息及 IP 子网的索引,然后根据输出结果补充表 1-8 内容。

表 1-8 命令显示相关信息表

VLAN ID	Subnet Index	IP Address	Subnet Mask

在 SWA 上设置端口 GigabitEthernet1/0/1 和 GigabitEthernet1/0/2 为 Hybrid 链路端口，允许 VLAN10 和 VLAN20 不带标签（Untagged）通过，并且在端口上与 VLAN10 和 VLAN20 的子网进行关联。请在下面的空格中写出完整的配置命令：

[SWA]interface GigabitEthernet 1/0/1
[SWA-GigabitEthernet1/0/1]port link-type ________
[SWA-GigabitEthernet1/0/1]port ______________________________
[SWA-GigabitEthernet1/0/1]port ______________________________（与 IP 子网 VLAN10 关联）
[SWA-GigabitEthernet1/0/1]port ______________________________（与 IP 子网 VLAN20 关联）
[SWA]interface Ethernet 1/0/2
[SWA-GigabitEthernet1/0/2]port link-type __________
[SWA-GigabitEthernet1/0/2]port ______________________________
[SWA-GigabitEthernet1/0/2]port ______________________________（与 IP 子网 VLAN10 关联）
[SWA-GigabitEthernet1/0/2]port ______________________________（与 IP 子网 VLAN20 关联）

在 SWA 上配置端口 GigabitGigabitEthernet1/0/24 为 Trunk 链路端口，并且允许 VLAN10 和 VLAN20 通过。请在下面的空格中写出完整的配置命令：

[SWA]interface GigabitEthernet 1/0/24
[SWA-GigabitEthernet1/0/24]port link-type __________
[SWA-GigabitEthernet1/0/24]port ______________________________

然后配置 SWB。

在 SWB 上创建 VLAN10 和 VLAN20，分别与 IP 网段 10.10.10.0/24 和 IP 网段 20.20.20.0/24 关联。请在下面的空格中写出完整的配置命令：

[SWB]vlan 10
[SWB-vlan10]____
[SWB]vlan 20
[SWB-vlan20]____

在 SWB 上执行 ____________________________________ 命令查看 VLAN 上配置的 IP 子网信息及 IP 子网的索引，然后根据输出结果补充表 1-9 内容。

表 1-9　命令显示相关信息表

VLAN ID	Subnet Index	IP Address	Subnet Mask

在 SWB 上设置端口 GigabitEthernet1/0/1 和 GigabitEthernet1/0/2 为 Hybrid 链路端口，允许 VLAN10 和 VLAN20 不带标签（Untagged）通过，并且在端口上与 VLAN10 和 VLAN20 的子网进行关联。请在下面的空格中写出完整的配置命令：

[SWB]interface GigabitEthernet 1/0/1
[SWB-GigabitEthernet1/0/1]port link-type __________
[SWB-GigabitEthernet1/0/1]port ______________________________
[SWB-GigabitEthernet1/0/1]port ______________________________（与 IP 子网 VLAN10 关联）
[SWB-GigabitEthernet1/0/1]port ______________________________（与 IP 子网 VLAN20 关联）
[SWB]interface Ethernet 1/0/2
[SWB-GigabitEthernet1/0/2]port link-type __________
[SWB-GigabitEthernet1/0/2]port ______________________________
[SWB-GigabitEthernet1/0/2]port ______________________________（与 IP 子网 VLAN10 关联）
[SWB-GigabitEthernet1/0/2]port ______________________________（与 IP 子网 VLAN20 关联）

在 SWB 上配置端口 GigabitEthernet1/0/24 为 Trunk 链路端口，并且允许 VLAN10 和 VLAN20 通过。请在下面的空格中写出完整的配置命令：

```
[SWB]interface GigabitEthernet 1/0/24
[SWB-GigabitEthernet1/0/24]port link-type __________
[SWB-GigabitEthernet1/0/24]port ______________________________
```

步骤 3：测试 VLAN 内的互通

在 PC 上配置 IP 地址，通过 PING 命令来测试处于相同 VLAN 内的 PC 能否互通。

按表 1-10 所示在 PC 上配置 IP 地址。

表 1-10 IP 地址列表

设备名称	IP 地址	网关
PCA	10.10.10.1	—
PCB	20.20.20.1	—
PCC	10.10.10.2	—
PCD	20.20.20.2	—

在 PCA 上用 PING 命令来测试与 PCC 能否互通，其结果应该是________(能/不能)互通。

在 SWA 上执行______________________________命令查看 SWA 的 MAC 地址表，然后根据此输出结果补充表 1-11 内容。

表 1-11 SWA 的 MAC 地址表

MAC Addr	VLAN ID	State	Port Index	Aging Time(s)

在 SWB 上执行______________________________命令查看 SWB 的 MAC 地址表，然后根据此输出结果补充表 1-12 内容。

表 1-12 SWB 的 MAC 地址表

MAC Addr	VLAN ID	State	Port Index	Aging Time(s)

从以上信息可以看出，SWA 和 SWB 的 GigabitEthernet1/0/1 端口学习到的 MAC 地址都在 VLAN ____内，而 PCA 和 PCC 分别接在 SWA 和 SWB 的 GigabitEthernet1/0/1 端口，且它们的 IP 地址都是 10.10.10.0/24 网段，从而可以推断，交换机把 10.10.10.0/24 网段的 IP 地址划分到了 VLAN ____。PCB 和 PCD 同理，不再赘述。

步骤 4：更换 SWA 连接 PCA 的端口

把 SWA 连接 PCA 的端口由 GigabitEthernet1/0/1 更换为 GigabitEthernet1/0/6，设置端口 GigabitEthernet1/0/6 为 Hybrid 链路端口，允许 VLAN10 和 VLAN20 不带标签

(Untagged)通过，并且在端口上与VLAN10和VLAN20的子网进行关联。请在下面的空格中填写完整的配置命令：

[SWA]interface GigabitEthernet 1/0/6
[SWA-GigabitEthernet1/0/6]port link-type ________
[SWA-GigabitEthernet1/0/6]port ____________________
[SWA-GigabitEthernet1/0/6]port ____________________(与IP子网VLAN10关联)
[SWA-GigabitEthernet1/0/6]port ____________________(与IP子网VLAN20关联)

在SWA上执行____________________命令查看SWA的MAC地址表，然后根据此输出结果补充表1-13内容。

表1-13　SWA的MAC地址表

MAC Addr	VLAN ID	State	Port Index	Aging Time(s)

在PCA上用PING命令来测试与PCC能否互通，其结果应该是________(能/不能)互通。

说明：基于IP子网划分VLAN和基于MAC地址划分VLAN的优点一样。

1.5　实验中的命令列表

表1-14给出了实验任务中用到的命令。

表1-14　实验中的命令列表

命　　令	描　　述
vlan *vlan-id*	创建VLAN并进入VLAN视图
port link-type {access|hybrid|trunk}	设置端口的链路类型
port trunk permit vlan {*vlan-id-list*|all}	允许指定的VLAN通过当前Trunk端口
port hybrid pvid vlan *vlan-id*	设置Hybrid端口的默认VLAN ID
port hybrid vlan *vlan-id-list* {tagged|untagged}	设置指定的VLAN通过当前Hybrid端口是否打标签
display mac-address	查看交换机MAC地址表信息
mac-vlan mac-address *mac-address* [mask *mac-mask*] vlan *vlan-id* [priority *pri*]	设置MAC地址所对应的VLAN以及其优先级
protocol-vlan [*protocol-index*] {at|ipv4|ipv6|ipx {ethernetii|llc|raw|snap}|mode {ethernetii etype *etype-id*|llc {dsap *dsap-id* [ssap *ssap-id*]|ssap *ssap-id*}|snap etype *etype-id*}}	配置当前VLAN与指定的协议模板关联
display protocol-vlan vlan {*vlan-id1* [to *vlan-id2*]|all}	查看协议VLAN的协议信息及协议的索引
port hybrid protocol-vlan vlan *vlan-id* {*protocol-index* [to *protocol-end*]|all}	配置当前Hybrid端口与基于协议的VLAN关联
ip-subnet-vlan [*ip-subnet-index*] ip *ip-address* [*mask*]	配置当前VLAN与指定的IP子网或IP地址关联
display ip-subnet-vlan vlan {*vlan-id* [to *vlan-id*]|all}	查看IP子网VLAN的IP子网信息及IP子网的索引

续表

命　　令	描　　述
port hybrid ip-subnet-vlan vlan *vlan-id*	设置当前 Hybrid 端口与指定的基于 IP 子网的 VLAN 相关联

1.6 思考题

在实验任务一中，如果 4 台 PC 的 IP 地址在同一网段，那么 PCA 和 PCB 可以互通吗？

答：可以互通，因为在 SWA 上端口 GigabitGigabitEthernet1/0/1 和 GigabitGigabitEthernet1/0/2 是 Hybrid 链路端口，且这两个端口都允许 VLAN10 和 VLAN20 不带标签(Untagged)通过。

实验2

Private VLAN

2.1 实验内容与目标

完成本实验，应该能够：

- 掌握 Private VLAN 特性及工作原理；
- 掌握 Private VLAN 的基本配置方法。

2.2 实验组网图

实验组网如图 2-1 所示。

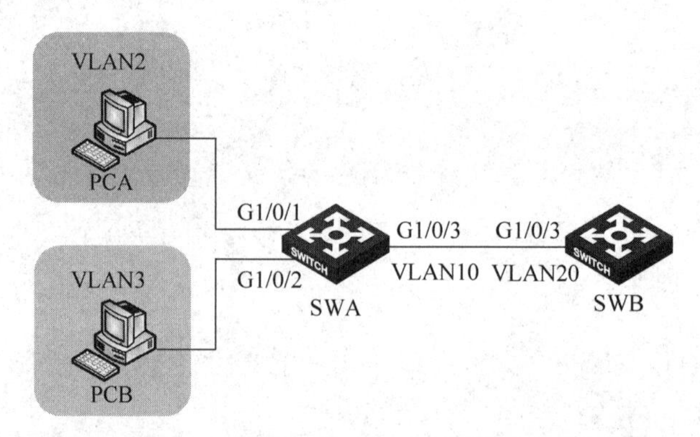

图 2-1 Private VLAN 实验组网

2.3 实验设备与版本

本实验所需的主要设备与版本如表 2-1 所示。

表 2-1 实验设备与版本

名称和型号	版　本	数量	描　述
S5820V2	CMW 7.1.035-R2311	2	
PC	Windows XP SP2	2	
第 5 类 UTP 以太网连接线	—	3	

2.4 实验过程

实验任务：Private VLAN 的配置

实验组网如图 2-1 所示，本实验任务通过在交换机上配置 Primary VLAN 和 Secondary VLAN，使得 Secondary VLAN 间不能互通，但每个 Secondary VLAN 都可以和 Primary VLAN 互通。通过本实验，能够掌握 Private VLAN 的特性和工作原理，并且能够学会交换机上 Private VLAN 的基本配置。

步骤 1：建立物理连接

将 PC(或终端)的串口通过标准 Console 电缆与交换机的 Console 口连接。电缆的 RJ-45 头一端连接交换机的 Console 口，9 针 RS-232 接口一端连接计算机的串行口。

检查设备的软件版本及配置信息，确保各设备软件版本符合要求，所有配置为初始状态。如果配置不符合要求，请在用户视图下擦除设备中的配置文件，然后重启设备以使系统采用默认的配置参数进行初始化。

步骤 2：配置 Primary VLAN

在 SWA 上创建 VLAN2、VLAN3 和 VLAN10，将 PCA 所连接的端口 GigabitEhernet1/0/1 添加到 VLAN2 中，将 PCB 所连接的端口 GigabitEhernet1/0/2 添加到 VLAN3 中，将 SWA 连接 SWB 的端口 GigabitEhernet1/0/3 添加到 VLAN10 中。设置 VLAN10 为 Primary VLAN，VLAN2 和 VLAN3 为 Secondary VLAN，配置 Primary VLAN 和 Secondary VLAN 间的映射关系。请在下面的空格中写出完整的配置命令：

[SWA]vlan 2
[SWA-vlan2]port ____________________
[SWA]vlan 3
[SWA-vlan3]port ____________________
[SWA]vlan 10
[SWA-vlan10]port ____________________
[SWA-vlan10]______________________（设置 VLAN10 为 Primary VLAN）
[SWA-vlan10]__________________________（配置 Primary VLAN 和 Secondary VLAN 间的映射关系）
[SWA]interface GigabitEthernet 1/0/3
[SWA-GigabitEthernet1/0/3]（配置上行接口）
[SWA]interface GigabitEthernet 1/0/1
[SWA-GigabitEthernet1/0/1]（配置下联 host 主机接口）
[SWA]interface GigabitEthernet 1/0/2
[SWA-GigabitEthernet1/0/2]（配置下联 host 主机接口）

配置完成后，在 SWA 上执行__________________________命令查看当前配置，请在下面的空格中写出相关接口下完整的配置结果：

interface GigabitEthernet1/0/1
____
____
____
____

```
#
interface GigabitEthernet1/0/2
________________________________
________________________________
________________________________
________________________________
#
interface GigabitEthernet1/0/3
________________________________
________________________________
________________________________
________________________________
```

在 SWA 上执行________________命令，查看 Primary VLAN 和 Secondary VLAN 的映射关系以及 Primary VLAN 和 Secondary VLAN 映射关系的端口，通过执行该命令后的输出信息显示可以看到 VLAN2 包含了端口________________，VLAN3 包含了端口________________，VLAN10 中包含了端口________________，且数据帧都是以________(tagged/untagged)的形式通过端口的。

从以上信息可以看出，Private VLAN 实际上是通过交换机 Hybrid 链路端口的灵活属性来实现的。即交换机通过批处理的方式配置一系列的 Hybrid 端口，并对来自不同 VLAN 的数据帧进行是否打 VLAN 标签处理，从而达到 Secondary VLAN 和 Primary VLAN ________(互通/隔离)，但 Secondary VLAN 之间________(互通/隔离)的目的。

步骤 3：Secondary VLAN 互通测试

按表 2-2 所示在 PC 上配置 IP 地址，通过 PING 命令来测试处于不同 Secondary VLAN 间的 PC 能否互通。

表 2-2 IP 地址列表

设备名称	接口	IP 地址	网关
PCA	—	192.168.1.1	—
PCB	—	192.168.1.2	—
SWB	Vlan-interface20	192.168.1.3	—

配置完成后，在 PCA 上用 PING 命令来测试与 PCB 能否互通，其结果应该是________(能/不能)互通。

步骤 4：Secondary VLAN 和 Primary VLAN 互通测试

在 SWB 上创建 VLAN20，将 SWB 连接 SWA 的端口 GigabitEhernet1/0/3 添加到 VLAN20 中，并按表 2-2 所示给 VLAN20 的虚接口配置 IP 地址 192.168.1.3/24。请在下面的空格中填写完整的配置命令：

```
[SWB]vlan 20
[SWB-vlan20]port ________________
[SWB]interface ________________
[SWB-Vlan-interface20]ip address ________________
```

配置完成后，在 SWB 上系统视图下用 PING 命令来测试与 PCA 和 PCB 能否互通，其结果应该是 SWB 与 PCA ________(能/不能)互通,SWB 与 PCB ________(能/不能)互通。

步骤 5:查看 SWA 和 SWB 的 MAC 地址表

在 SWA 上执行________________________________命令查看 SWA 的 MAC 地址表,然后根据此输出结果补充表 2-3 内容。

表 2-3 SWA 的 MAC 地址表

MAC Addr	VLAN ID	State	Port Index	Aging Time(s)

从表 2-3 的信息可以看出,PCA 的 MAC 被学习到了 VLAN ________和 VLAN ________中,PCB 的 MAC 地址被学习到了 VLAN ________和 VLAN ________中。

在 SWB 上执行________________________________命令查看 SWB 的 ARP 地址表,然后根据此输出结果补充表 2-4 内容。

表 2-4 SWB 的 ARP 表

IP Address	MAC Address	VLAN ID	Interface	Aging	Type

从表 2-4 中可以看到,ARP 表中对应的 Type 值为 D 表示:________________________。

在 SWB 上执行__________________________命令查看 SWB 的 MAC 地址表,然后根据此输出结果补充表 2-5 内容。

表 2-5 SWB 的 MAC 地址表

MAC Addr	VLAN ID	State	Port Index	Aging Time(s)

从表 2-5 的信息可以看出,对 SWB 来说,PCA 和 PCB 相当于在 VLAN ________内,对 SWA 上的 VLAN ________和 VLAN ________不可见。

步骤 6:配置本地代理 ARP

如果想让 PCA 和 PCB 互通,需要在 SWB 的 VLAN20 虚接口上开启本地代理 ARP 功能。请在下面的空格中写出完整的配置命令:

[SWB]interface ____________________________

[SWB-Vlan-interface20]____________________________

此时,在 PCA 上用 PING 命令来测试与 PCB 能否互通,其结果应该是________(能/不能)互通。

2.5 实验中的命令列表

表 2-6 给出了实验任务中用到的命令。

表 2-6 实验中的命令列表

命　令	描　述
private-vlan primary Primary VLAN	设置一个 VLAN 的类型为 Primary VLAN Primary VLAN
private-vlan secondary *vlan-id-list* Primary VLAN *Primary VLAN*	添加 Secondary VLAN 到 Primary VLAN Primary VLAN
display private-vlan [primary-vlan-id] Primary VLAN *Primary VLAN*	显示 Primary VLAN 和其包含的 Secondary VLAN 的信息 Primary VLAN
interface vlan-interface *vlan-interface-id*	进入指定的 VLAN 接口视图
ip address *ip-address* {*mask*|*mask-length*} [sub]	配置某个 VLAN 虚接口的 IP 地址和掩码
display arp	查看 ARP 表项

2.6 思考题

(1) 如果在 SWB 上再创建 VLAN4,作为 Secondary VLAN,把端口 GigabitEhernet1/0/1 添加到 VLAN4 中；把 VLAN20 设置为 Primary VLAN,设置 VLAN20 和 VLAN4 的映射关系；在 SWB 的端口 GigabitEhernet1/0/1 接一台 PCC,地址设置为 192.168.1.4/24,PCA 和 PCC 之间可以互通吗?

答：可以互通,因为对 SWB 来说,PCA 相当于在 VLAN20 内,VLAN20 和 VLAN4 是可以互通的,所以 PCA 和 PCC 可以互通。

(2) 如果在 SWA 上给 VLAN10 的虚接口配置 IP 地址为 192.168.1.10/24,那么 SWA 可以 PING 通 PCA 吗?

答：不可以,因为交换机内部是有 VLAN 标签的。

实验3

VLAN静态路由

3.1 实验内容与目标

完成本实验，应该能够：

- 掌握交换机 VLAN 间路由转发的基本原理；
- 掌握交换机静态路由、默认路由的配置方法；
- 掌握查看交换机路由表的基本命令。

3.2 实验组网图

实验组网如图 3-1 所示。

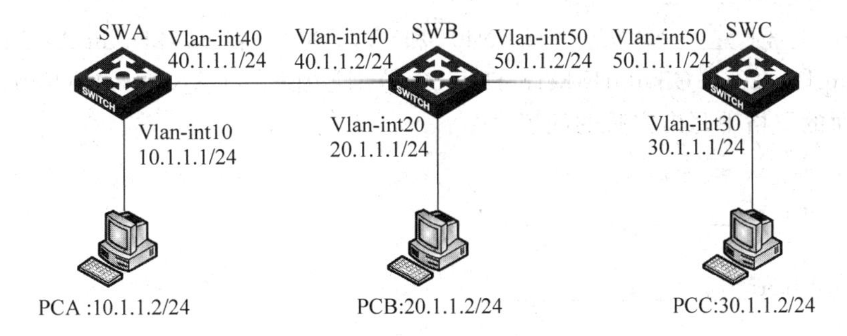

图 3-1 VLAN 间静态路由实验组网

3.3 实验设备与版本

本实验所需的主要设备与版本如表 3-1 所示。

表 3-1 实验设备与版本

名称和型号	版　本	数量	描　述
S5820V2	CMW 7.1.035-R2311	3	
PC	Windows XP SP2	3	
第 5 类 UTP 以太网连接线	—	5	

3.4 实验过程

实验任务：静态路由配置

实验组网如图3-1所示，本实验主要是通过在交换机上配置静态路由，从而达到PC之间能够互访的目的。通过本实验，能够掌握交换机上静态路由和默认路由的配置。

步骤1：建立物理连接

将PC(或终端)的串口通过标准Console电缆与交换机的Console口连接。电缆的RJ-45头一端连接交换机的Console口，9针RS-232接口一端连接计算机的串行口。

检查设备的软件版本及配置信息，确保各设备软件版本符合要求，所有配置为初始状态。如果配置不符合要求，请在用户视图下擦除设备中的配置文件，然后重启设备以使系统采用默认的配置参数进行初始化。

步骤2：配置VLAN虚接口和IP地址

在SWA上创建VLAN10和VLAN40，将端口GigabitEthernet1/0/1和GigabitEthernet1/0/24分别添加到VLAN10和VLAN40中。请在下面的空格中写出完整的配置命令：

```
[SWA]vlan 10
[SWA-vlan10]port ____________________
[SWA]vlan 40
[SWA-vlan40]port ____________________
```

在SWB上创建VLAN20、VLAN40和VLAN50，将端口GigabitEthernet1/0/1、GigabitEthernet1/0/23和GigabitEthernet1/0/24分别添加到VLAN20、VLAN40和VLAN50中。请在下面的空格中写出完整的配置命令：

```
[SWB]vlan 20
[SWB-vlan20]port ____________________
[SWB]vlan 40
[SWB-vlan40]port ____________________
[SWB]vlan 50
[SWB-vlan50]port ____________________
```

在SWC上创建VLAN30和VLAN50，将端口GigabitEthernet1/0/1和GigabitEthernet1/0/24分别添加到VLAN30和VLAN50中。请在下面的空格中写出完整的配置命令：

```
[SWC]vlan 30
[SWC-vlan30]port ____________________
[SWC]vlan 50
[SWC-vlan50]port ____________________
```

按表3-2所示在交换机上给各VLAN虚接口分别配置IP地址。请在下面的空格中写出完整的配置命令。

表3-2 IP地址列表

设备名称	接　口	IP地址	网　关
SWA	Vlan-interface10	10.1.1.1/24	—
	Vlan-interface40	40.1.1.1/24	—

续表

设备名称	接　口	IP 地址	网　关
SWB	Vlan-interface20	20.1.1.1/24	—
	Vlan-interface40	40.1.1.2/24	—
	Vlan-interface50	50.1.1.2/24	—
SWC	Vlan-interface30	30.1.1.1/24	—
	Vlan-interface50	50.1.1.1/24	—
PCA	—	10.1.1.2/24	10.1.1.1
PCB	—	20.1.1.2/24	20.1.1.1
PCC	—	30.1.1.2/24	30.1.1.1

首先配置 SWA。

```
[SWA]interface Vlan-interface 10
[SWA-Vlan-interface10]ip ________________________________
[SWA]interface Vlan-interface 40
[SWA-Vlan-interface40]ip ________________________________
```

然后配置 SWB。

```
[SWB]interface Vlan-interface 20
[SWB-Vlan-interface20]ip ________________________________
[SWB]interface Vlan-interface 40
[SWB-Vlan-interface40]ip ________________________________
[SWB]interface Vlan-interface 50
[SWB-Vlan-interface50]ip ________________________________
```

最后配置 SWC。

```
[SWC]interface Vlan-interface 30
[SWC-Vlan-interface30]ip ________________________________
[SWC]interface Vlan-interface 50
[SWC-Vlan-interface50]ip ________________________________
```

步骤 3：配置静态路由

在 SWA 上配置默认路由，下一跳地址分别为 40.1.1.2。请在下面的空格中写出完整的配置命令：

[SWA]____

在 SWB 上配置两条静态路由，目的地址为 10.1.1.0/24 的下一跳 IP 地址为 40.1.1.1，目的地址为 30.1.1.0/24 的下一跳 IP 地址为 50.1.1.1。请在下面的空格中写出完整的配置命令：

[SWB]____
[SWB]____

在 SWC 上配置默认路由，下一跳地址分别为 50.1.1.2。请在下面的空格中写出完整的配置命令：

[SWC]____

____

注意：在配置静态路由时，建议不要直接指定广播类型接口为出接口（如 VLAN 接口等)。因为广播类型的接口,会导致出现多个下一跳,无法唯一确定下一跳。在某些特殊应用中,如果必须配置广播接口(如 VLAN 接口等)为出接口,则必须同时指定其对应的下一跳地址。

配置完成后,查看各交换机的路由表。例如,在 SWB 上执行________________命令查看路由表,由该命令输出结果可知,SWB 上配置了两条静态路由后,路由表中除了直连路由,又生成两条静态路由,默认优先级为________。

按表 3-2 所示在 PC 上配置 IP 地址和网关,在 PCA 上用 PING 命令来测试到 PCB 和 PCC 的互通性,其结果应该是 PCA 与 PCB ________(能/不能)互通,PCA 和 PCC ________(能/不能)互通。

3.5 实验中的命令列表

实验中涉及的相关命令如表 3-3 所示。

表 3-3 实验中的命令列表

命 令	描 述
ip route-static *dest-address* {*mask* | *mask-length*} {*next-hop-address* | *interface-type interface-number next-hop-address*}	配置静态路由目的网段(包括子网掩码或掩码长度)及下一跳地址或出接口和下一跳地址
display ip routing-table	查看路由表中当前激活路由的摘要信息

3.6 思考题

在 SWA 和 SWC 上可以配置默认路由,也可以配置静态路由,在 SWB 上是否可以不配置静态路由,只配置两条默认路由?

答:不可以,因为如果在 SWA 或 SWC 上配置了默认路由,在 SWB 上配置默认路由容易导致路由环路;如果在 SWA 和 SWC 上配置静态路由,在 SWB 上配置两条默认路由,会导致 PCA 和 PCC 之间路由不通。

实验4

RSTP

4.1 实验内容与目标

完成本实验,应该能够:

- 掌握 RSTP 的基本配置方法;
- 掌握 RSTP 的基本维护和查看命令。

4.2 实验组网图

实验组网如图 4-1 所示。

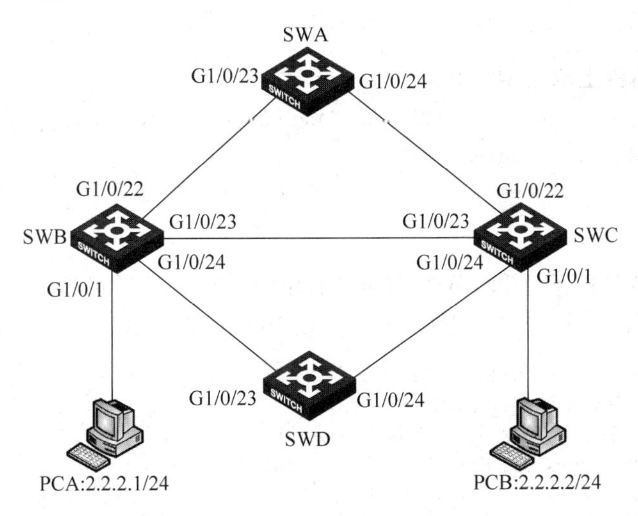

图 4-1　RSTP 实验组网

4.3 实验设备与版本

本实验所需的主要设备与版本如表 4-1 所示。

表 4-1　实验设备与版本

名称和型号	版　　本	数量	描　　述
S5820V2	CMW710-R2311	4	
PC	Windows XP SP2	2	
第 5 类 UTP 以太网连接线	—	7	

4.4 实验过程

实验任务1：在交换机上配置RSTP

步骤1：查看环路引起的广播风暴对网络的影响

按照实验环境组网图连接交换机，交换机各端口均属于VLAN1，PCA的IP地址为2.2.2.1/24，PCB的IP地址配置为2.2.2.2/24。

由于网络中存在环路，此时可以看到交换机的所有互联端口以及连接主机的端口的指示灯均快速闪动，表示形成了广播风暴。此时PCA无法PING通PCB。

```
C:\Documents and Settings\wakin>ping 2.2.2.2
Pinging 2.2.2.2 with 32 bytes of data:
Request timed out.
Request timed out.
Request timed out.
Request timed out.

Ping statistics for 2.2.2.2:
    Packets:Sent=4,Received=0,Lost=4 (100% loss),
```

原因是________________________________。

步骤2：在交换机上启用RSTP

在SWA上通过命令________配置生成树协议的模式为RSTP，通过命令________在交换机上使能生成树协议。

```
[SWA] _______
[SWA] _______
```

SWB、SWC、SWD的配置和SWA相同。启用生成树协议后可以看到交换机各端口指示灯停止快速闪动，网络恢复正常。此时PCA可以PING通PCB。

```
C:\Documents and Settings\wakin>ping 2.2.2.2
Pinging 2.2.2.2 with 32 bytes of data:
Reply from 2.2.2.2:bytes=32 time<1ms TTL=128
Reply from 2.2.2.2:bytes=32 time<1ms TTL=128
Reply from 2.2.2.2:bytes=32 time<1ms TTL=128
Reply from 2.2.2.2:bytes=32 time<1ms TTL=128

Ping statistics for 2.2.2.2:
    Packets:Sent=4,Received=4,Lost=0 (0% loss),
Approximate round trip times in milli-seconds:
    Minimum=0ms,Maximum=0ms,Average=0ms
```

原因是________________________________。

步骤3：查看网络中的根桥

在SWA上运行________________________________命令查看根桥信息。

可以得知网络中根桥的ID为________________________，SWA的根端口为________________，SWA到达根桥的路径开销为________。

同样在SWB上查看根桥信息，可以得知SWB的根端口为________________________，

SWB到达根桥的路径开销为________。

同样在SWC上查看根桥信息，可以得知SWC的根端口为________________________，SWC到达根桥的路径开销为________。

同样在SWD上查看根桥信息，可知SWD的根端口为________，到达根桥的路径开销为________。

用______________________________命令查看交换机MAC地址，验证其与根桥MAC地址之间的关系。

步骤4.查看各交换机端口的角色

通过命令________________可以查看交换机各端口的STP状态以及端口角色。

查看SWC的各端口状态以及端口角色，可以看到SWC的端口________________为________端口，状态为________________；端口________________为________端口，状态为________________。查看SWD的各端口状态以及端口角色，可以看到SWD的端口________________为________端口，状态为________________；端口________________为________端口，状态为________________。

步骤5：查看STP详细信息

通过命令________________查看STP的详细信息，包含全局参数如根桥ID、根路径开销、STP定时器参数等信息，还包含接口参数端口开销、端口角色、端口优先级等参数。

查看SWD的STP的详细信息，可以看到SWD的根桥ID为________，根路径开销为________________；STP定时器参数为______________________________。

实验任务2：修改交换机的桥优先级

通过修改交换机的桥优先级，可以指定网络中的某台交换机作为网络中的根桥。

步骤1：修改SWB的桥优先级

使用命令________将SWB的桥优先级设置为0：

[SWB] ________

步骤2：查看当前网络中的根桥

在SWB上查看根桥信息：

可以看到，SWB到达根桥路径为________，即SWB成为网络中新的根桥。

查看SWB的MAC地址，可以看到SWB的MAC地址即为当前根桥ID中的MAC地址。

此时，在其他网桥上通过命令________也可以看到网络中新的根桥为SWB。

例如在SWD上进行查看发现，当前根桥为________，SWD的根端口为________，到达根桥的路径开销为________。

实验任务3：修改端口开销

通过修改端口开销，可以影响交换机端口的角色。

步骤1：配置SWD端口GE1/0/23的端口开销值

在端口视图通过命令________可以修改端口的开销值。本例中，将SWD当前根端口GE1/0/23的端口开销从默认值20修改为100。

[SWD-GigabitEthernet1/0/23] ________

步骤2：查看SWD端口角色的变化

此时通过命令________查看SWD的端口角色和状态。

可以看到,原根端口 GE1/0/23 转变为________端口,原因为________;端口 GE1/0/24 转变为________端口,原因为________。

实验任务 4: 配置边缘端口

步骤 1: 没有配置边缘端口时,查看端口的状态转移过程

在没有配置边缘端口时,SWB 的端口 GE1/0/1 和 SWC 的端口 GE1/0/1 需要经过 2 倍的 Forwarding Delay 时间,即默认 30s 的时间才能转变为 Forwarding 状态。

保持 PCA PING PCB,断开 PCA 或 PCB 的连接,然后再恢复连接,则两台主机需要等待默认 30s 的时间才能 PING 通对方。

步骤 2: 配置 SWB 的端口 GE1/0/1 为边缘端口

在端口视图通过命令________可以将端口设置为边缘端口。配置边缘端口之前需要确认该端口连接的设备为终端设备而非交换机。

配置 SWB 的端口 GE1/0/1 为边缘端口:

```
[SWB-GigabitEthernet1/0/1] ________
```

配置 SWC 的端口 GE1/0/1 为边缘端口:

```
[SWC-GigabitEthernet1/0/1] ________
```

再次进行测试。保持 PCA PING PCB,断开 PCA 或 PCB 的连接,然后再恢复连接,可以发现两台主机立即可以 PING 通对方,即边缘端口可以立即进入 Forwarding 状态。

4.5 实验中的命令列表

本实验中涉及的命令如表 4-2 所示。

表 4-2 实验中的命令列表

命　　令	描　　述
stp global enable	全局使能 STP
stp mode {stp|rstp|pvst|mstp}	切换 STP 的工作模式
stp priority *bridge-priority*	配置交换机的优先级
stp cost *cost*	配置端口开销
stp edged-port	配置边缘端口
displaystp [interface *interface_list*] [brief]	查看 STP 信息
display stp root	查看根桥信息

4.6 思考题

(1) RSTP 中非根桥可以主动从指定端口发送 BPDU,是否正确?

答: 正确。

(2) P/A 机制中,下游网桥回应的 Agreement 消息,是否由下游网桥生成?

答: 错,Agreement 信息复制自上游发送的 Proposal 消息,并且将 Agreement 位置位。

实验5

MSTP

5.1 实验内容与目标

完成本实验,应该能够:

- 掌握 MSTP 的基本配置方法;
- 掌握 MSTP 的基本维护和查看命令。

5.2 实验组网图

实验组网如图 5-1 所示。

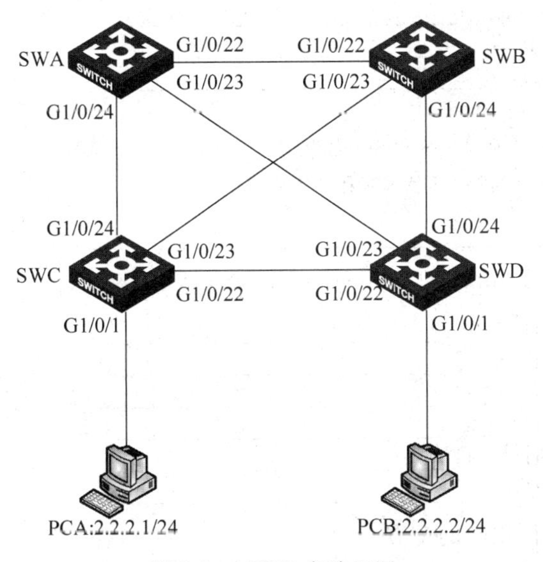

图 5-1 MSTP 实验组网

5.3 实验设备与版本

本实验所需的主要设备与版本如表 5-1 所示。

表 5-1 实验设备与版本

名称和型号	版　　本	数量	描　　述
S5820V2	CMW710-R2311	4	

续表

名称和型号	版　本	数量	描　述
PC	Windows XP SP2	2	
第5类UTP以太网连接线	—	8	

5.4 实验过程

实验任务：MSTP的配置

步骤1：在交换机上配置MSTP

按照实验组网图连接设备和PC。

将交换机生成树模式切换为MSTP。在交换机上进行MST域视图的相关配置，包括域名、修订级别、VLAN与实例映射关系，并激活区域配置。例如，在SWA上配置3个MST实例，instance2、instance3和instance4，并分别将VLAN2、VLAN3、VLAN4映射到这3个MST实例。相关配置如下，请补全命令：

```
[SWA] ______________________________
[SWA] stp region-configuration
[SWA-mst-region] region-name example
[SWA-mst-region] instance ______________________________
[SWA-mst-region] instance ______________________________
[SWA-mst-region] instance ______________________________
[SWA-mst-region] revision-level 0
[SWA-mst-region] active region-configuration
```

在SWA上创建VLAN2、VLAN3和VLAN4：

```
[SWA] __________________________________________________
```

将互连端口配置为Trunk端口，并允许VLAN1、VLAN2、VLAN3、VLAN4通过：

```
[SWA-GigabitEthernet1/0/22] ______________________________
[SWA-GigabitEthernet1/0/22] ______________________________
[SWA-GigabitEthernet1/0/23] ______________________________
[SWA-GigabitEthernet1/0/23] ______________________________
[SWA-GigabitEthernet1/0/24] ______________________________
[SWA-GigabitEthernet1/0/24] ______________________________
```

在其他交换机上进行相同的配置。

将SWC和SWD连接PC的端口E1/0/1配置为边缘端口，并将端口加入VLAN2。

```
[SWC-GigabitEthernet1/0/1] ______________________________
[SWC-GigabitEthernet1/0/1] ______________________________
[SWD-GigabitEthernet1/0/1] ______________________________
[SWD-GigabitEthernet1/0/1] ______________________________
```

步骤2：查看网络中的根桥

通过命令查看网络中的根桥，请补全命令：

```
<SWA>______________________________
<SWB>______________________________
<SWC>______________________________
```

<SWD>________________________

此时各实例的根桥为____________________________。

步骤 3：查看各交换机端口的 STP 状态和角色

查看各交换机的端口角色，请补全命令：

<SWA>________________________
<SWB>________________________
<SWC>________________________
<SWD>________________________

此时，SWA 各端口在所有实例中的角色是相同还是不同呢？SWB、SWC、SWD 呢？

步骤 4：为不同实例指定不同的首选根桥和备份根桥

指定 SWB 为 MSTI 实例 2 的首选根桥，SWC 为 MSTI 实例 3 的首选根桥，SWD 为 MSTI 实例 4 的首选根桥，请补全命令：

[SWB] ________________________
[SWC] ________________________
[SWD] ________________________

步骤 5：查看当前各实例的根桥

通过命令查看各实例的根桥信息。例如，在 SWD 上查看根桥，请补全命令：

[SWD] ________________________

可以看到对于 MST 实例 0，SWD 的________端口为根端口，通过查看 MAC 地址可以确认________为 MST 实例 0 的根桥；对于 MST 实例 2，SWD 的________端口为根端口，根桥为________；对于 MST 实例 3，SWD 的________端口为根端口，根桥为________；对于 MST 实例 4，________为根桥。

步骤 6：查看当前各交换机端口的 STP 状态和角色

通过命令查看当前交换机端口的角色和状态。例如，在 SWD 上查看端口 STP 角色和状态信息。请补全命令：

[SWD] ________________________

此时，SWD 各端口在所有实例中的角色是相同还是不同呢？SWA、SWB、SWC 呢？

可以看到，由于为不同实例指定了不同的根桥，导致端口在不同的实例具有不同的角色并处于不同的状态。VLAN2、VLAN3、VLAN4 的数据流将走不同的路径，从而实现了不同 VLAN 数据流量的负载分担。

步骤 7：查看 STP 详细信息

通过命令查看 STP 详细信息。例如，查看 SWD 的 STP 详细信息如下，请补全命令：

[SWD]________________________

此命令输出包含 CIST 参数以及每一个 MST 实例的参数。

CIST 的参数包含 CIST 总根、外部路径开销、IST 根桥、内部路径开销、CIST 根端口等信息。

MST 实例的参数包含全局参数和端口参数。全局参数包含域根桥 ID、Master 桥 ID、域根端口 ID 和到达域根的路径开销值等信息。端口参数包含端口在该实例中的端口角色、端口优先级、指定端口等信息。

5.5 实验中的命令列表

实验中涉及的命令如表 5-2 所示。

表 5-2　实验中的命令列表

命　　令	描　　述
stp region-configuration	进入 MST 区域配置视图
region-name *name*	配置域名
revision-level *level*	配置修订级别
instance *instance-id* vlan *vlan-list*	配置 VLAN 和实例的映射
active region-configuration	激活区域配置
stp instance *instance-id* root primary	为实例配置首选根桥
stp instance *instance-id* root secondary	为实例配置备份根桥

5.6 思考题

(1) 各个 MST 实例进行计算时，是否需要分别交互各实例的 BPDU？

答：不需要，MST 域内进行生成树计算时，只有一种 BPDU，即 MST BPDU。该 BPDU 既包含了 CIST 计算参数，也包含了 MST 计算参数，当 CIST 计算完成时，各 MST 实例也计算完成。

(2) Master 端口在 MST 实例中有什么作用？

答：各 MST 实例的流量，均通过 Master 端口到达域外。

实验6

链路聚合

6.1 实验内容与目标

完成本实验,应该能够:

- 掌握二层静态聚合配置方法;
- 掌握二层动态聚合配置方法。

6.2 实验组网图

实验组网如图 6-1 所示,由 2 台 S5820V2-54QS-GE(SWA、SWB)交换机、2 台主机(HostA、HostB)组成,互连方式和 IP 地址分配参见图 6-1。

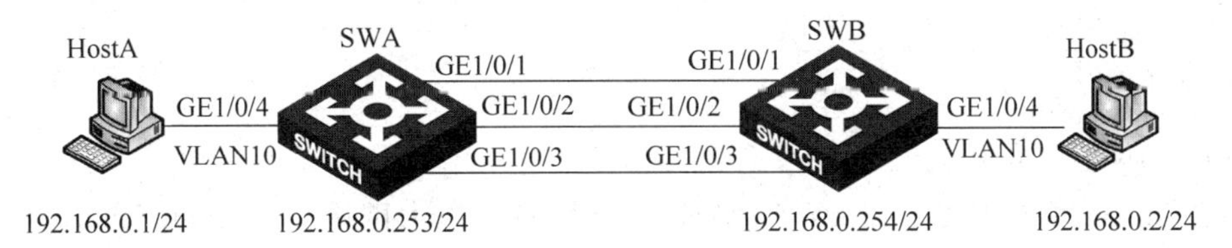

图 6-1 链路聚合实验环境图

SWA 与 SWB 通过各自的以太网端口 GigabitEthernet1/0/1～GigabitEthernet1/0/3 相互连接。HostA、HostB 通过以太网线路分别连接 SWA、SWB 各自的以太网端口 GigabitEthernet1/0/4。

6.3 实验设备与版本

本实验所需的主要设备与版本如表 6-1 所示。

表 6-1 实验设备与版本

名称和型号	版　本	数量	描　述
S5820V2-54QS-GE	CMW7.1.045-R2311	2	
PC	Windows XP SP2	2	
第 5 类 UTP 以太网连接线	—	5	直通线

6.4 实验过程

实验任务1：配置二层静态聚合

本实验任务主要是通过配置静态链路聚合，实现数据流量在各成员端口间的分担，并采用源MAC地址与目的MAC地址相结合的聚合负载分担模式。

步骤1：搭建实验环境

首先，依照图示搭建实验环境，完成交换机SWA与SWB的链路连接。配置主机HostA的IP地址为192.168.0.1/24，网关为192.168.0.253；配置主机HostB的IP地址为192.168.0.2/24，网关为192.168.0.254。

步骤2：基本配置

完成VLAN基本配置。在SWA上配置VLAN10，添加端口GigabitEthernet 1/0/4，配置VLAN接口的IP地址为192.168.0.253/24。在SWB上配置VLAN10，添加端口GigabitEthernet 1/0/4，配置VLAN接口的IP地址为192.168.0.254/24。请在下面的空格中补充完整的命令：

```
[SWA]vlan ____________________
[SWA-vlan10] ____________________
[SWA]int vlan 10
[SWA-Vlan-interface10] ____________________

[SWB]vlan ____________________
[SWB-vlan10] ____________________
[SWB]int vlan 10
[SWB-Vlan-interface10] ____________________
```

完成Trunk基本配置。在SWA、SWB上配置各自以太网端口GigabitEthernet1/0/1～GigabitEthernet1/0/3的链路类型为Trunk类型，允许指定的VLAN1、VLAN10通过当前Trunk端口。请在下面的空格中补充完整的命令：

```
[SWA]interface GigabitEthernet 1/0/1
[SWA-GigabitEthernet1/0/1]shutdown
[SWA-GigabitEthernet1/0/1] ____________________
[SWA-GigabitEthernet1/0/1] ____________________
[SWA]interface GigabitEthernet 1/0/2
[SWA-GigabitEthernet1/0/2]shutdown
[SWA-GigabitEthernet1/0/2] ____________________
[SWA-GigabitEthernet1/0/2] ____________________
[SWA]interface GigabitEthernet 1/0/3
[SWA-GigabitEthernet1/0/3]shutdown
[SWA-GigabitEthernet1/0/3] ____________________
[SWA-GigabitEthernet1/0/3] ____________________

[SWB]interface GigabitEthernet 1/0/1
[SWB-GigabitEthernet1/0/1]shutdown
[SWB-GigabitEthernet1/0/1] ____________________
[SWB-GigabitEthernet1/0/1] ____________________
[SWB]interface GigabitEthernet 1/0/2
[SWB-GigabitEthernet1/0/2]shutdown
[SWB-GigabitEthernet1/0/2] ____________________
```

```
[SWB-GigabitEthernet1/0/2] ____________________
[SWB]interface GigabitEthernet 1/0/3
[SWB-GigabitEthernet1/0/3]shutdown
[SWB-GigabitEthernet1/0/3] ____________________
[SWB-GigabitEthernet1/0/3] ____________________
```

注意：为了避免广播风暴，请 Shutdown 交换机上相关端口。

步骤 3：配置二层静态聚合

在 SWA 上创建二层聚合端口 1，并采用默认静态聚合模式。在 Bridge-Aggregation 端口下配置，与聚合组中端口下配置一致。请在下面的空格中补充完整的命令.

```
[SWA]interface ____________________
[SWA-Bridge-Aggregation1] ____________________
[SWA-Bridge-Aggregation1] ____________________
```

在 SWA 上分别将端口 GigabitEthernet1/0/1 至 GigabitEthernet1/0/3 加入静态聚合组 1 中。请在下面的空格中补充完整的命令：

```
[SWA] interface gigabitethernet1/0/1
[SWA-GigabitEthernet1/0/1] ____________________
[SWA] interface gigabitethernet1/0/2
[SWA-GigabitEthernet1/0/2] ____________________
[SWA] interface gigabitethernet1/0/3
[SWA-GigabitEthernet1/0/3] ____________________
```

在 SWB 上创建二层聚合端口 1，并采用默认静态聚合模式。在 Bridge-Aggregation 端口下配置，与聚合组中端口下配置一致。请在下面的空格中补充完整的命令：

```
[SWB]interface ____________________
[SWB-Bridge-Aggregation1] ____________________
[SWB-Bridge-Aggregation1] ____________________
```

在 SWB 上分别将端口 GigabitEthernet1/0/1 至 GigabitEthernet1/0/3 加入静态聚合组 1 中。请在下面的空格中补充完整的命令：

```
[SWB] interface gigabitethernet 1/0/1
[SWB-GigabitEthernet1/0/1] ____________________
[SWB] interface gigabitethernet 1/0/2
[SWB-GigabitEthernet1/0/2] ____________________
[SWB] interface gigabitethernet 1/0/3
[SWB-GigabitEthernet1/0/3] ____________________
```

打开 SWA、SWB 上的聚合端口。请在下面的空格中补充完整的命令：

```
[SWA]interface GigabitEthernet 1/0/1
[SWA-GigabitEthernet1/0/1] ____________________
[SWA]interface GigabitEthernet 1/0/2
[SWA-GigabitEthernet1/0/2] ____________________
[SWA]interface GigabitEthernet 1/0/3

[SWA-GigabitEthernet1/0/3] ____________________
[SWB]interface GigabitEthernet 1/0/1
[SWB-GigabitEthernet1/0/1] ____________________
[SWB]interface GigabitEthernet 1/0/2
[SWB-GigabitEthernet1/0/2] ____________________
[SWB]interface GigabitEthernet 1/0/3
[SWB-GigabitEthernet1/0/3] ____________________
```

由配置可见，在SWA、SWB上分别配置了创建二层静态聚合端口1，形成了二层聚合端口。

步骤4：测试连通性

在HostA上PING HostB，此时应该________(能/不能)PING通，证明二层静态聚合配置________(成功/不成功)。

步骤5：检查二层聚合端口

完成上一步骤后，立即在SWA上检查二层聚合端口表项。请在下面的空格中补充完整的命令：

```
[SWA]display ________________
Bridge-Aggregation1
current state:________________
IP Packet Frame Type:PKTFMT_ETHNT_2,Hardware Address:000f-e207-f2e0
Description:Bridge-Aggregation1 Interface
Bandwidth:3000000kbps
________________,full-duplex mode
Link speed type is autonegotiation,link duplex type is autonegotiation
PVID:1
Port link-type:trunk
  VLAN passing   :1(default vlan),10
  VLAN permitted:1(default vlan),10
  Trunk port encapsulation:IEEE 802.1q
```

从显示信息中可以看出，该二层聚合端口已经____________，端口速率____________。

查看端口的链路聚合详细信息。请在下面的空格中补充完整的命令：

```
[SWA]display ________________
Loadsharing Type:Shar -- Loadsharing,NonS -- Non-Loadsharing
Port Status:S -- Selected,U -- Unselected,I -- Individual
Flags:    A -- LACP_Activity,B -- LACP_Timeout,C -- Aggregation,
          D -- Synchronization,E -- Collecting,F -- Distributing,
          G -- Defaulted,H -- Expired
Aggregation Interface:________________
Aggregation Mode:________________
Loadsharing Type:Shar
  Port                Status   Priority Oper-Key
--------------------------------------------------------------------------------
  GE1/0/1
  GE1/0/2
  GE1/0/3
```

可以看到聚合组模式为________________，端口GigabitEthernet1/0/1至GigabitEthernet1/0/3成了________________。

步骤6：检查二层静态聚合冗余

在SWA上，关闭GigabitEthernet1/0/1。

```
[SWA]interface GigabitEthernet 1/0/1
[SWA-GigabitEthernet1/0/1]shutdown
```

同时在HostA上PING HostB，此时应该________(能/不能)PING通，证明二层静态聚合________(受/不受)关闭GigabitEthernet1/0/1影响。

在SWA上检查二层聚合端口表项，请在下面的空格中补充完整的命令：

```
[SWA]display ________________
```

```
Bridge-Aggregation1
current state:____________________
IP Packet Frame Type:PKTFMT_ETHNT_2, Hardware Address:000f-e207-f2e0
Description:Bridge-Aggregation1 Interface
Bandwidth:2000000kbps
____________________, full-duplex mode
Link speed type is autonegotiation, link duplex type is autonegotiation
PVID:1
Port link-type:trunk
  VLAN passing   :1(default vlan), 10
  VLAN permitted:1(default vlan), 10
  Trunk port encapsulation:IEEE 802.1q
```

从显示信息中可以看出，该二层聚合端口已经____________，端口速率____________。

查看端口的链路聚合详细信息。请在下面的空格中补充完整的命令：

```
[SWA]display ____________________
Loadsharing Type:Shar -- Loadsharing, NonS -- Non-Loadsharing
Port Status:S -- Selected, U -- Unselected, I -- Individual
Flags:    A -- LACP_Activity, B -- LACP_Timeout, C -- Aggregation,
          D -- Synchronization, E -- Collecting, F -- Distributing,
          G -- Defaulted, H -- Expired
Aggregate Interface:
Aggregation Mode:
Loadsharing Type:Shar
  Port                  Status   Priority Oper-Key
--------------------------------------------------------------------------------
  GE1/0/1
  GE1/0/2
  GE1/0/3
```

可以看到端口 GigabitEthernet1/0/1 为____________________端口，GigabitEthernet1/0/2 至 GigabitEthernet1/0/3 成了____________________端口，证明二层静态聚合支持冗余功能。

步骤 7：恢复配置

在 SWA、SWB 上删除所有配置。

```
<SWA>reset saved-configuration
The saved configuration file will be erased. Are you sure? [Y/N]:y
Configuration file in flash is being cleared.
Please wait ...
⋮
 Configuration file is cleared.
<SWB>reset saved-configuration
The saved configuration file will be erased. Are you sure? [Y/N]:y
Configuration file in flash is being cleared.
Please wait ...
⋮
 Configuration file is cleared.
```

实验任务 2：配置二层动态聚合

本实验任务主要是通过配置动态链路聚合，实现数据流量在各成员端口间的分担，并采用源 MAC 地址与目的 MAC 地址相结合的聚合负载分担模式。

步骤1：搭建实验环境

首先，依照图示搭建实验环境，完成交换机SWA与SWB的链路连接。配置主机HostA的IP地址为192.168.0.1/24，网关为192.168.0.253；配置主机HostB的IP地址为192.168.0.2/24，网关为192.168.0.254。

步骤2：基本配置

完成VLAN基本配置。在SWA上配置VLAN10，添加端口GigabitEthernet 1/0/4，配置VLAN接口的IP地址为192.168.0.253/24。在SWB上配置VLAN10，添加端口GigabitEthernet 1/0/4，配置VLAN接口的IP地址为192.168.0.254/24。请在下面的空格中补充完整的命令：

```
[SWA]vlan ____________________
[SWA-vlan10] ____________________
[SWA]int vlan 10
[SWA-Vlan-interface10] ____________________
[SWB]vlan ____________________
[SWB-vlan10] ____________________
[SWB]int vlan 10
[SWB-Vlan-interface10] ____________________
```

完成Trunk基本配置。在SWA、SWB上配置各自以太网端口GigabitEthernet1/0/1～GigabitEthernet1/0/3的链路类型为Trunk类型，允许指定的VLAN1、VLAN10通过当前Trunk端口。请在下面的空格中补充完整的命令：

```
[SWA]interface GigabitEthernet 1/0/1
[SWA-GigabitEthernet1/0/1]shutdown
[SWA-GigabitEthernet1/0/1] ____________________
[SWA-GigabitEthernet1/0/1] ____________________
[SWA]interface GigabitEthernet 1/0/2
[SWA-GigabitEthernet1/0/2]shutdown
[SWA-GigabitEthernet1/0/2] ____________________
[SWA-GigabitEthernet1/0/2] ____________________
[SWA]interface GigabitEthernet 1/0/3
[SWA-GigabitEthernet1/0/3]shutdown
[SWA-GigabitEthernet1/0/3] ____________________
[SWA-GigabitEthernet1/0/3] ____________________

[SWB]interface GigabitEthernet 1/0/1
[SWB-GigabitEthernet1/0/1]shutdown
[SWB-GigabitEthernet1/0/1] ____________________
[SWB-GigabitEthernet1/0/1] ____________________
[SWB]interface GigabitEthernet 1/0/2
[SWB-GigabitEthernet1/0/2]shutdown
[SWB-GigabitEthernet1/0/2] ____________________
[SWB-GigabitEthernet1/0/2] ____________________
[SWB]interface GigabitEthernet 1/0/3
[SWB-GigabitEthernet1/0/3]shutdown
[SWB-GigabitEthernet1/0/3] ____________________
[SWB-GigabitEthernet1/0/3] ____________________
```

注意：为了避免广播风暴，请Shutdown交换机上相关端口。

步骤3：配置二层动态聚合

在SWA上创建二层聚合端口1，并采用动态聚合模式。在Bridge-Aggregation端口下配置，与聚合组中端口下配置一致。请在下面的空格中补充完整的命令：

[SWA]interface ____________

[SWA-Bridge-Aggregation1] ____________

[SWA-Bridge-Aggregation1] ____________

[SWA-Bridge-Aggregation1] ____________

在 SWA 上分别将端口 GigabitEthernet1/0/1 至 GigabitEthernet1/0/3 加入动态聚合组 1 中。请在下面的空格中补充完整的命令：

[SWA] interface gigabitethernet1/0/1

[SWA-GigabitEthernet1/0/1] ____________

[SWA] interface gigabitethernet1/0/2

[SWA-GigabitEthernet1/0/2] ____________

[SWA] interface gigabitethernet1/0/3

[SWA-GigabitEthernet1/0/3] ____________

在 SWB 上创建二层聚合端口 1,并采用动态聚合模式。在 Bridge-Aggregation 端口下配置,与聚合组中端口下配置一致。请在下面的空格中补充完整的命令：

[SWB]interface ____________

[SWB-Bridge-Aggregation1] ____________

[SWB-Bridge-Aggregation1] ____________

[SWB-Bridge-Aggregation1] ____________

在 SWB 上分别将端口 GigabitEthernet1/0/1 至 GigabitEthernet1/0/3 加入动态聚合组 1 中。请在下面的空格中补充完整的命令：

[SWB] interface gigabitethernet 1/0/1

[SWB-GigabitEthernet1/0/1] ____________

[SWB] interface gigabitethernet 1/0/2

[SWB-GigabitEthernet1/0/2] ____________

[SWB] interface gigabitethernet 1/0/3

[SWB-GigabitEthernet1/0/3] ____________

打开 SWA、SWB 上的聚合端口。请在下面的空格中补充完整的命令：

[SWA]interface GigabitEthernet 1/0/1

[SWA-GigabitEthernet1/0/1] ____________

[SWA]interface GigabitEthernet 1/0/2

[SWA-GigabitEthernet1/0/2] ____________

[SWA]interface GigabitEthernet 1/0/3

[SWA-GigabitEthernet1/0/3] ____________

[SWB]interface GigabitEthernet 1/0/1

[SWB-GigabitEthernet1/0/1] ____________

[SWB]interface GigabitEthernet 1/0/2

[SWB-GigabitEthernet1/0/2] ____________

[SWB]interface GigabitEthernet 1/0/3

[SWB-GigabitEthernet1/0/3] ____________

由配置可见,在 SWA、SWB 上分别配置了创建二层动态聚合端口 1,形成了二层聚合端口。

步骤 4：测试连通性

在 HostA 上 PING HostB,此时应该________(能/不能)PING 通,证明二层动态聚合配置________(成功/不成功)。

步骤 5：检查二层聚合端口

完成上一步骤后,立即在 SWA 上检查二层聚合端口表项,请在下面的空格中补充完整的命令：

```
[SWA]display ____________________
Bridge-Aggregation1
current state: ____________________
IP Packet Frame Type:PKTFMT_ETHNT_2, Hardware Address:000f-e207-f2e0
Description:Bridge-Aggregation1 Interface
Bandwidth:3000000kbps
____________________, full-duplex mode
Link speed type is autonegotiation, link duplex type is autonegotiation
PVID:1
Port link-type:trunk
  VLAN passing   :1(default vlan),10
      VLAN permitted:1(default vlan),10
  Trunk port encapsulation:IEEE 802.1q
```

从显示信息中可以看出，该二层聚合端口已经______________，端口速率____________。查看端口的链路聚合详细信息。请在下面的空格中补充完整的命令：

```
[SWA]display ____________________

Loadsharing Type: Shar -- Loadsharing, NonS -- Non-Loadsharing
Port Status: S -- Selected, U -- Unselected, I -- Individual
Flags:   A -- LACP_Activity, B -- LACP_Timeout, C -- Aggregation,
         D -- Synchronization, E -- Collecting, F -- Distributing,
         G -- Defaulted, H -- Expired

Aggregation Interface: ____________________
Aggregation Mode: ____________________
Loadsharing Type: Shar
System ID: 0x8000, 000f-e245-6bc0
Local:
Port                Status   Priority Oper-Key  Flag
--------------------------------------------------------------------------------
  GE1/0/1        ____________________      1         {ACDEF}
  GE1/0/2        ____________________      1         {ACDEF}
  GE1/0/3        ____________________      1         {ACDEF}
Remote:
  Actor                 Partner Priority Oper-Key  SystemID             Flag
--------------------------------------------------------------------------------
  GE1/0/1              1        32768     1        0x8000, 70ba-ef6a-865c {ACDEF}
  GE1/0/2              2        32768     1        0x8000, 70ba-ef6a-865c {ACDEF}
  GE1/0/3              3        32768     1        0x8000, 70ba-ef6a-865c {ACDEF}
```

可以看到聚合组模式为______________________，端口 GigabitEthernet1/0/1 至 GigabitEthernet1/0/3 成了______________________端口。

步骤 6：检查二层动态聚合冗余

在 SWA 上，关闭 GigabitEthernet1/0/1。

```
[SWA]interface GigabitEthernet 1/0/1
[SWA-GigabitEthernet1/0/1]shutdown
```

同时在 HostA 上 PING HostB，此时应该________(能/不能)PING 通，证明二层动态聚合________(受/不受)关闭 GigabitEthernet1/0/1 影响。

在 SWA 上检查二层聚合端口表项，请在下面的空格中补充完整的命令：

```
[SWA]display ____________________
Bridge-Aggregation1
current state: ____________________
IP Packet Frame Type:PKTFMT_ETHNT_2, Hardware Address:000f-e207-f2e0
Description:Bridge-Aggregation1 Interface
Bandwidth:2000000kbps
____________________, full-duplex mode
Link speed type is autonegotiation, link duplex type is autonegotiation
PVID:1
Port link-type:trunk
  VLAN passing   :1(default vlan),10
  VLAN permitted:1(default vlan),10
  Trunk port encapsulation:IEEE 802.1q
```

从显示信息中可以看出，该二层聚合端口已经____________，端口速率______________。查看端口的链路聚合详细信息。请在下面的空格中补充完整的命令：

```
[SWA]display ____________________
Loadsharing Type: Shar -- Loadsharing, NonS -- Non-Loadsharing
Port Status: S -- Selected, U -- Unselected, I -- Individual
Flags:   A -- LACP_Activity, B -- LACP_Timeout, C -- Aggregation,
         D -- Synchronization, E -- Collecting, F -- Distributing,
         G -- Defaulted, H -- Expired

Aggregation Interface: ____________________
Aggregation Mode: ____________________
Loadsharing Type: Shar
System ID: 0x8000, 70ba-ef6a-73d1
Local:
  Port              Status   Priority Oper-Key   Flag
--------------------------------------------------------------------------------
  GE1/0/1              1         {AC}
  GE1/0/2              1         {ACDEF}
  GE1/0/3              1         {ACDEF}
Remote:
  Actor             Partner Priority Oper-Key   SystemID               Flag
--------------------------------------------------------------------------------
  GE1/0/1           1       32768    1          0x8000, 70ba-ef6a-865c {ACEF}
  GE1/0/2           2       32768    1          0x8000, 70ba-ef6a-865c {ACDEF}
  GE1/0/3           3       32768    1          0x8000, 70ba-ef6a-865c {ACDEF}
```

可以看到端口 GigabitEthernet1/0/1 为____________________端口，GigabitEthernet1/0/2 至 GigabitEthernet1/0/3 成了____________________端口，证明二层静态聚合支持冗余功能。

步骤 7：恢复配置

在 SWA、SWB 上删除所有配置。

```
<SWA>reset saved-configuration
The saved configuration file will be erased. Are you sure? [Y/N]:y
Configuration file in flash is being cleared.
Please wait ...
 :
 Configuration file is cleared.
```

```
<SWB>reset saved-configuration
The saved configuration file will be erased. Are you sure? [Y/N]:y
Configuration file in flash is being cleared.
Please wait ...
⋮
 Configuration file is cleared.
```

6.5 实验中的命令列表

实验中涉及的命令如表 6-2 所示。

表 6-2 实验中的命令列表

命　令	描　述
interface bridge-aggregation interface-number	创建二层聚合端口后，系统自动生成二层聚合组，且聚合组工作在静态聚合模式下
link-aggregation mode dynamic	配置聚合组工作在动态聚合模式下
port link-aggregation group *number*	以太网端口视图下，将以太网端口加入聚合组
display interface [*bridge-aggregation interface-number*]	显示聚合端口的信息
display link-aggregation verbose [*bridge-aggregation* [*interface-number*]]	显示指定聚合组的详细信息

6.6 思考题

在本实验中聚合端口配置不一致，能否聚合成功？

答：同一聚合组中，如果成员端口与聚合端口的第二类配置不同，那么该成员端口将不能成为 Selected 端口。需要手动修改一致。比如端口隔离、QinQ 配置、VLAN 配置、MAC 地址学习配置都属于第二类配置。

有一些配置称为“第一类配置”，此类配置可以在聚合端口和成员端口上配置，但是不会参与操作 Key 的计算，比如 GVRP、MSTP 等，对链路汇聚没有影响。

由于成员端口上第二类配置的改变可能导致其选中状态发生变化，进而对业务产生影响，因此当在成员端口上进行第二类配置时，系统将给出提示信息，由用户来决定该配置是否继续进行。

Smart Link & Monitor Link

7.1 实验内容与目标

完成本实验,应该能够:

- 掌握 Smart Link 配置方法;
- 掌握 Smart Link & Monitor Link 配置方法。

7.2 实验组网图

实验组网如图 7-1 所示,互连方式和 IP 地址分配参见图 7-1。

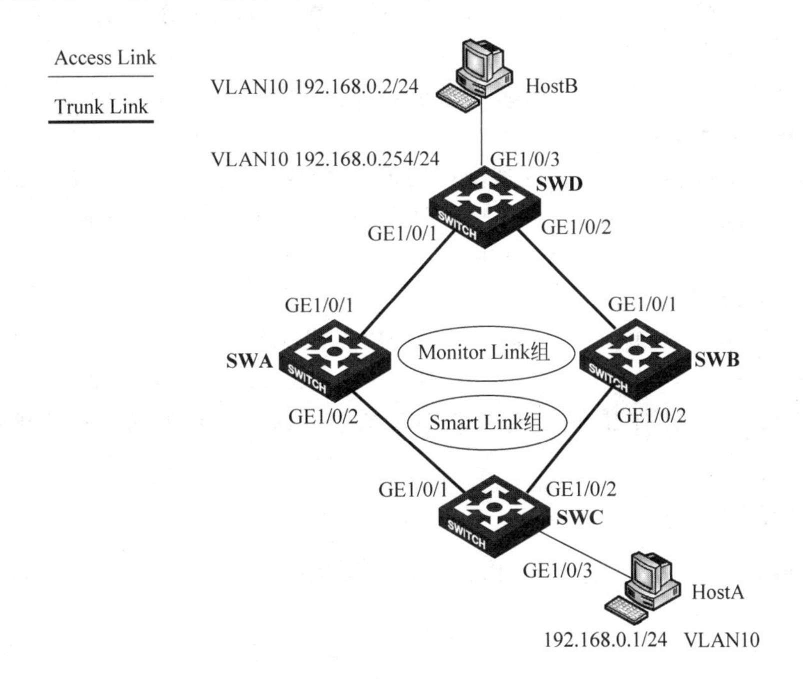

图 7-1 Smart Link & Monitor Link 实验环境图

SWA、SWB、SWC、SWD 通过各自的以太网端口相互连接。HostA、HostB 通过以太网线路分别连接 SWC、SWD 各自的以太网端口。

本组网模拟了实际组网中涉及的 Smart Link & Monitor Link 主要应用。

7.3 实验设备与版本

本实验所需的主要设备与版本如表 7-1 所示。

表 7-1 实验设备与版本

名称和型号	版 本	数量	描 述
S5820V2-54QS-GE	CMW7.1.045-R2311	4	
PC	Windows XP SP2	2	
第 5 类 UTP 以太网连接线	—	6	直通线

7.4 实验过程

实验任务 1：配置 Smart Link

本实验任务主要是通过配置 Smart Link，实现 HostA 访问 HostB。HostA 的默认网关为 192.168.0.254/24。

SWC 双上行到 SWD，双上行链路进行灵活备份，在 VLAN1 内发送和接收 Flush 报文。保护所有 VLAN。SWC GigabitEthernet1/0/1 为主端口，GigabitEthernet1/0/2 为副端口；SWA、SWB 能接收 Flush 报文。

当 SWA、SWB、SWC 之间链路出现故障时，HostA 发送给 HostB 的报文不受影响。

步骤 1：搭建实验环境

首先，依照图示搭建实验环境，完成交换机 SWA、SWB、SWC、SWD 的链路连接。配置主机 HostA 的 IP 地址为 192.168.0.1/24，网关为 192.168.0.254/24；配置主机 HostB 的 IP 地址为 192.168.0.2/24，网关为 192.168.0.254/24。

步骤 2：基本配置

完成 VLAN 基本配置。在 SWA、SWB、SWC、SWD 上配置 VLAN10。在 SWC 上为 VLAN10 添加端口 GigabitEthernet 1/0/3。在 SWD 上为 VLAN10 添加端口 GigabitEthernet 1/0/3，配置 VLAN 接口的 IP 地址为 192.168.0.254/24。请在下面的空格中补充完整的命令：

```
[SWA]vlan ____________

[SWB]vlan ____________

[SWC]vlan ____________
[SWC-vlan10] ____________

[SWD]vlan ____________
[SWD]int vlan 10
[SWD-Vlan-interface10] ____________
[SWD]vlan ____________
[SWD-vlan10] ____________
```

完成基本配置。在 SWA、SWB、SWC、SWD 上配置各自以太网端口 GigabitEthernet1/0/1～GigabitEthernet1/0/2 的链路类型为 Trunk 类型，允许所有 VLAN 通过当前 Trunk 端口。请

在下面的空格中补充完整的命令：

```
[SWA]interface GigabitEthernet 1/0/1
[SWA-GigabitEthernet1/0/1]undo stp enable
[SWA-GigabitEthernet1/0/1] ____________________
[SWA-GigabitEthernet1/0/1] ____________________
[SWA]interface GigabitEthernet 1/0/2
[SWA-GigabitEthernet1/0/2]undo stp enable
[SWA-GigabitEthernet1/0/2] ____________________
[SWA-GigabitEthernet1/0/2] ____________________

[SWB]interface GigabitEthernet 1/0/1
[SWB-GigabitEthernet1/0/1]undo stp enable
[SWB-GigabitEthernet1/0/1] ____________________
[SWB-GigabitEthernet1/0/1] ____________________
[SWB]interface GigabitEthernet 1/0/2
[SWB-GigabitEthernet1/0/2]undo stp enable
[SWB-GigabitEthernet1/0/2] ____________________
[SWB-GigabitEthernet1/0/2] ____________________

[SWC]interface GigabitEthernet 1/0/1
[SWC-GigabitEthernet1/0/1]undo stp enable
[SWC-GigabitEthernet1/0/1] ____________________
[SWC-GigabitEthernet1/0/1] ____________________
[SWC]interface GigabitEthernet 1/0/2
[SWC-GigabitEthernet1/0/2]undo stp enable
[SWC-GigabitEthernet1/0/2] ____________________
[SWC-GigabitEthernet1/0/2] ____________________

[SWD]interface GigabitEthernet 1/0/1
[SWD-GigabitEthernet1/0/1]undo stp enable
[SWD-GigabitEthernet1/0/1] ____________________
[SWD-GigabitEthernet1/0/1] ____________________
[SWD]interface GigabitEthernet 1/0/2
[SWD-GigabitEthernet1/0/2]undo stp enable
[SWD-GigabitEthernet1/0/2] ____________________
[SWD-GigabitEthernet1/0/2] ____________________
```

步骤 3：配置 Smart Link

在 SWC 上，创建 Smart Link 组 1，并配置其保护 VLAN 为所有 VLAN。请在下面的空格中补充完整的命令：

```
[SWC] ____________________
[SWC-smlk-group1] ____________________
```

配置 Smart Link 组 1 的主端口为 GigabitEthernet1/0/1，副端口为 GigabitEthernet1/0/2。请在下面的空格中补充完整的命令：

```
[SWC-smlk-group1] ____________________
[SWC-smlk-group1] ____________________
```

在 SWC 上，在 Smart Link 组 1 中使能发送 Flush 报文的功能，在 VLAN 1 内发送和接收 Flush 报文。请在下面的空格中补充完整的命令：

```
[SWC-smlk-group1] ____________________
```

在 SWA 上，分别在端口 GigabitEthernet1/0/1、GigabitEthernet1/0/2 上使能接收 Flush

报文的功能。请在下面的空格中补充完整的命令：

```
[SWA]interface GigabitEthernet 1/0/1
[SWA-GigabitEthernet1/0/1] ________________
[SWA] interface GigabitEthernet 1/0/2
[SWA-GigabitEthernet1/0/2] ________________
```

在 SWB 上，分别在端口 GigabitEthernet1/0/1、GigabitEthernet1/0/2 上使能接收 Flush 报文的功能。请在下面的空格中补充完整的命令：

```
[SWB]interface GigabitEthernet 1/0/1
[SWB-GigabitEthernet1/0/1] ________________
[SWB] interface GigabitEthernet 1/0/2
[SWB-GigabitEthernet1/0/2] ________________
```

在 SWD 上，分别在端口 GigabitEthernet1/0/1、GigabitEthernet1/0/2 上使能接收 Flush 报文的功能。请在下面的空格中补充完整的命令：

```
[SWD]interface GigabitEthernet 1/0/1
[SWD-GigabitEthernet1/0/1] ________________
[SWD] interface GigabitEthernet 1/0/2
[SWD-GigabitEthernet1/0/2] ________________
```

由配置可见，SWC 双上行到 SWD，双上行链路进行灵活备份，在 VLAN1 内发送和接收 Flush 报文。

步骤 4：测试连通性

在 HostA 上 PING HostB，此时应该________（能/不能）PING 通。

在 HostA 上 tracert HostB，此时的路径为____。

此时 Smart Link 组应该________（已经实现/没有实现）。

步骤 5：检查 Smart Link 组

完成上一步骤后，在 SWC 上检查 Smart Link 组状态，请在下面的空格中补充完整的命令：

```
Smart link group 1 information:
  Device ID          : 70ba-ef6a-6f7a
  Preemption mode    : NONE
  Preemption delay   : 1(s)
  Control VLAN       : 1
  Protected VLAN     : Reference Instance 0 to 32

  Member                    Role        State    Flush-count        Last-flush-time
  ------------------------------------------------------------------------------------
  GE1/0/1                   2                    22:43:12 2014/10/31
  GE1/0/2                   0                    NA
```

从显示信息中可以看出，SWC 创建了 Smart Link 组 1，主端口为____________________，副端口为____________________。

在 SWC 上，关闭与 SWA 相连端口 GigabitEthernet1/0/1。

```
[SWC]interface GigabitEthernet 1/0/1
[SWC-GigabitEthernet1/0/1]shutdown
```

在 SWA 上检查 Smart Link 状态，请在下面的空格中补充完整的命令：

```
<SWA>display smart-link flush
```

```
 Received flush packets                    : 1
 Receiving interface of the last flush packet :
 Receiving time of the last flush packet   : 00:05:12 2014/11/01
 Device ID of the last flush packet        : 70ba-ef6a-6f7a
 Control VLAN of the last flush packet     : 1
```

从显示信息中可以看出，SWA 上从____________________收到了 Flush 报文。

在 SWB 上检查 Smart Link 状态，请在下面的空格中补充完整的命令：

```
<SWB>display smart-link flush
 Received flush packets                    : 1
 Receiving interface of the last flush packet :
 Receiving time of the last flush packet   : 22:52:01 2014/10/31
 Device ID of the last flush packet        : 70ba-ef6a-6f7a
 Control VLAN of the last flush packet     : 1
```

从显示信息中可以看出，SWB 上从____________________收到了 Flush 报文。

在 SWD 上检查 Smart Link 状态，请在下面的空格中补充完整的命令：

```
<SWD>display smart-link flush
 Received flush packets                    : 1
 Receiving interface of the last flush packet :
 Receiving time of the last flush packet   : 23:19:15 2014/10/31
 Device ID of the last flush packet        : 70ba-ef6a-6f7a
 Control VLAN of the last flush packet     : 1
```

从显示信息中可以看出，SWD 上从____________________收到了 Flush 报文。

步骤 6：检查 Smart Link 特性

同时在 HostA 上 PING HostB，此时应该__________(能/不能)PING 通。

结果证明关闭 GigabitEthernet1/0/1 端口后，Smart Link __________(生效/不生效)。

从显示信息中可以看出，当 SWC 与 SWA 之间链路出现故障时，HostA 发送给 HostB 的报文不受影响。在 SWC 上检查 Smart Link 状态，请在下面的空格中补充完整的命令：

```
<SWC>display ____________________

Smart link group 1 information:
  Device ID         : 70ba-ef6a-6f7a
  Preemption mode : NONE
  Preemption delay : 1(s)
  Control VLAN      : 1
  Protected VLAN : Reference Instance 0 to 32

  Member              Role      State   Flush-count    Last-flush-time
  ---------------------------------------------------------------------------
  GE1/0/1              2                 22:43:12 2014/10/31
  GE1/0/2              1                 00:05:42 2014/11/01
```

从显示信息中可以看出，SWC 主端口____________________出现故障后，副端口为____________________进入转发状态，Smart Link 运行正常。

步骤 7：恢复配置

在 SWA、SWB、SWC、SWD 上删除所有配置。

```
<SWA>reset saved-configuration
The saved configuration file will be erased. Are you sure? [Y/N]:y
Configuration file in flash is being cleared.
```

```
Please wait …
⋮
 Configuration file is cleared.
<SWB>reset saved-configuration
The saved configuration file will be erased. Are you sure? [Y/N]:y
Configuration file in flash is being cleared.
Please wait …
⋮
 Configuration file is cleared.
<SWC>reset saved-configuration
The saved configuration file will be erased. Are you sure? [Y/N]:y
Configuration file in flash is being cleared.
Please wait …
⋮
 Configuration file is cleared.
<SWD>reset saved-configuration
The saved configuration file will be erased. Are you sure? [Y/N]:y
Configuration file in flash is being cleared.
Please wait …
⋮
 Configuration file is cleared.
```

实验任务 2：配置 Smart Link & Monitor Link

本实验任务主要是通过配置 Smart Link & Monitor Link，实现 HostA 访问 HostB。HostA 的默认网关为 192.168.0.254/24。

SWC 双上行到 SWD，双上行链路进行灵活备份，在 VLAN1 内发送和接收 Flush 报文。保护所有 VLAN。SWC GigabitEthernet1/0/1 为主端口，GigabitEthernet1/0/2 为副端口。

SWA、SWB 能接收 Flush 报文，且配置 Monitor Link 组。当设备 SWD 上的端口 GigabitEthernet1/0/1 或 GigabitEthernet1/0/2 发生故障 DOWN 掉后，接入设备 SWC 能感知链路故障并完成 Smart Link 组的双上行备份链路切换。

当 SWA、SWB、SWD 之间链路出现故障时，HostA 发送给 HostB 的报文不受影响。

步骤 1：搭建实验环境

首先，依照图示搭建实验环境，完成交换机 SWA、SWB、SWC、SWD 的链路连接。配置主机 HostA 的 IP 地址为 192.168.0.1/24，网关为 192.168.0.254/24；配置主机 HostB 的 IP 地址为 192.168.0.2/24，网关为 192.168.0.254/24。

步骤 2：基本配置

完成 VLAN 基本配置。在 SWA、SWB、SWC、SWD 上配置 VLAN10。在 SWC 上为 VLAN10 添加端口 GigabitEthernet 1/0/3。在 SWD 上为 VLAN10 添加端口 GigabitEthernet 1/0/3，配置 VLAN 接口的 IP 地址为 192.168.0.254/24。请在下面的空格中补充完整的命令：

```
[SWA]vlan ____________________

[SWB]vlan ____________________

[SWC]vlan ____________________
[SWC-vlan10] ____________________

[SWD]vlan ____________________
```

```
[SWD]int vlan 10
[SWD-Vlan-interface10] ____________________
[SWD]vlan ____________________
[SWD-vlan10] ____________________
```

完成 Trunk 基本配置。在 SWA、SWB、SWC、SWD 上配置各自以太网端口 GigabitEthernet1/0/1～GigabitEthernet1/0/2 的链路类型为 Trunk 类型，允许所有 VLAN 通过当前 Trunk 端口。请在下面的空格中补充完整的命令：

```
[SWA]interface GigabitEthernet 1/0/1
[SWA-GigabitEthernet1/0/1]undo stp enable
[SWA-GigabitEthernet1/0/1] ____________________
[SWA-GigabitEthernet1/0/1] ____________________
[SWA]interface GigabitEthernet 1/0/2
[SWA-GigabitEthernet1/0/2]undo stp enable
[SWA-GigabitEthernet1/0/2] ____________________
[SWA-GigabitEthernet1/0/2] ____________________

[SWB]interface GigabitEthernet 1/0/1
[SWB-GigabitEthernet1/0/1]undo stp enable
[SWB-GigabitEthernet1/0/1] ____________________
[SWB-GigabitEthernet1/0/1] ____________________
[SWB]interface GigabitEthernet 1/0/2
[SWB-GigabitEthernet1/0/2]undo stp enable
[SWB-GigabitEthernet1/0/2] ____________________
[SWB-GigabitEthernet1/0/2] ____________________

[SWC]interface GigabitEthernet 1/0/1
[SWC-GigabitEthernet1/0/1]undo stp enable
[SWC-GigabitEthernet1/0/1] ____________________
[SWC-GigabitEthernet1/0/1] ____________________
[SWC]interface GigabitEthernet 1/0/2
[SWC-GigabitEthernet1/0/2]undo stp enable
[SWC-GigabitEthernet1/0/2] ____________________
[SWC-GigabitEthernet1/0/2] ____________________

[SWD]interface GigabitEthernet 1/0/1
[SWD-GigabitEthernet1/0/1]undo stp enable
[SWD-GigabitEthernet1/0/1] ____________________
[SWD-GigabitEthernet1/0/1] ____________________
[SWD]interface GigabitEthernet 1/0/2
[SWD-GigabitEthernet1/0/2]undo stp enable
[SWD-GigabitEthernet1/0/2] ____________________
[SWD-GigabitEthernet1/0/2] ____________________
```

步骤3：配置 Smart Link & Monitor Link

在 SWC 上，创建 Smart Link 组 1，并配置其保护 VLAN 为所有 VLAN。

```
[SWC] ____________________
[SWC-smlk-group1] ____________________
```

配置 Smart Link 组 1 的主端口为 GigabitEthernet1/0/1，副端口为 GigabitEthernet1/0/2。

```
[SWC-smlk-group1] ____________________
[SWC-smlk-group1] ____________________
```

在 SWC 上，在 Smart Link 组 1 中使能发送 Flush 报文的功能，在 VLAN 1 内发送和接收

Flush 报文。

```
[SWC-smlk-group1] ________________
```

在 SWA 上，分别在端口 GigabitEthernet1/0/1、GigabitEthernet1/0/2 上使能接收 Flush 报文的功能。

```
[SWA]interface GigabitEthernet 1/0/1
[SWA-GigabitEthernet1/0/1] ________________
[SWA] interface GigabitEthernet 1/0/2
[SWA-GigabitEthernet1/0/2] ________________
```

在 SWA 上，创建 Monitor Link 组 1。

```
[SWA] ________________
```

在 SWA 上，配置 Monitor Link 组 1 的上行链路为端口 GigabitEthernet1/0/1，下行链路为端口 GigabitEthernet1/0/2。

```
[SWA-mtlk-group1] ________________
[SWA-mtlk-group1] ________________
```

在 SWB 上，分别在端口 GigabitEthernet1/0/1、GigabitEthernet1/0/2 上使能接收 Flush 报文的功能。

```
[SWB]interface GigabitEthernet 1/0/1
[SWB-GigabitEthernet1/0/1] ________________
[SWB] interface GigabitEthernet 1/0/2
[SWB-GigabitEthernet1/0/2] ________________
```

在 SWB 上，创建 Monitor Link 组 1。

```
[SWB] ________________
```

在 SWB 上，配置 Monitor Link 组 1 的上行链路为端口 GigabitEthernet1/0/1，下行链路为端口 GigabitEthernet1/0/2。

```
[SWB-mtlk-group1] ________________
[SWB-mtlk-group1] ________________
```

在 SWD 上，分别在端口 GigabitEthernet1/0/1、GigabitEthernet1/0/2 上使能接收 Flush 报文的功能。

```
[SWD]interface GigabitEthernet 1/0/1
[SWD-GigabitEthernet1/0/1] ________________
[SWD] interface GigabitEthernet 1/0/2
[SWD-GigabitEthernet1/0/2] ________________
```

由配置可见，SWC 双上行到 SWD，双上行链路进行灵活备份，在 VLAN1 内发送和接收 Flush 报文，保护所有 VLAN。

SWA、SWB 能接收 Flush 报文，且配置 Monitor Link 组。当设备 SWD 上的端口 GigabitEthernet1/0/1 或 GigabitEthernet1/0/2 发生故障 DOWN 掉后，接入设备 SWC 能感知链路故障并完成 Smart Link 组的双上行备份链路切换。

步骤 4：测试连通性

在 HostA 上 PING HostB，此时应该________(能/不能)PING 通。

在 HostA 上 tracert HostB，此时的路径为____。

此时 Smart Link & Monitor Link 组应该________(已经实现/没有实现)。

步骤 5:检查 Smart Link & Monitor Link 组

完成上一步骤后,在 SWC 上检查 Smart Link 组状态:

```
[SWC]display ________
Smart link group 1 information:
  Device ID          : 70ba-ef6a-6f7a
  Preemption mode : NONE
  Preemption delay : 1(s)
  Control VLAN     : 1
  Protected VLAN : Reference Instance 0 to 32

  Member                    Role       State    Flush-count       Last-flush-time
  ----------------------------------------------------------------------------
  GE1/0/1                   3                   00:12:47 2014/11/01
  GE1/0/2                   1                   00:05:42 2014/11/01
```

从显示信息中可以看出,SWC 创建了 Smart Link 组 1,主端口为__________________,副端口为__________________。

在 SWA 上检查 Smart Link & Monitor Link 状态。

```
<SWA>display monitor-link group 1
Monitor link group 1 information:
  Group status         : UP
  Downlink up-delay  : 0(s)
  Last-up-time          : 00:15:21 2014/11/01
  Last-down-time       : —

  Member                 Role         Status
  -------------------------------------------
  GE1/0/1
  GE1/0/2

<SWA>display smart-link flush
Received flush packets                          : 1
 Receiving interface of the last flush packet :
 Receiving time of the last flush packet   : 00:05:12 2014/11/01
 Device ID of the last flush packet          : 70ba-ef6a-6f7a
 Control VLAN of the last flush packet   : 1
```

从显示信息中可以看出,SWA 上创建了 Monitor Link 组 1,上行链路端口为_________,下行链路端口为_________。从_________收到了 Flush 报文。

在 SWB 上检查 Smart Link & Monitor Link 状态。

```
<SWB>display monitor-link group 1
Monitor link group 1 information:
  Group status         : UP
  Downlink up-delay  : 0(s)
  Last-up-time          : 22:57:20 2014/10/31
  Last-down-time       : —

  Member                 Role         Status
  -------------------------------------------
  GE1/0/1
  GE1/0/2

<SWB>display smart-link flush
```

```
 Received flush packets                         : 2
 Receiving interface of the last flush packet :
 Receiving time of the last flush packet      : 22:59:06 2014/10/31
 Device ID of the last flush packet           : 70ba-ef6a-6f7a
 Control VLAN of the last flush packet        : 1
```

从显示信息中可以看出,SWB 上创建了 Monitor Link 组 1,上行链路端口为__________,下行链路端口为__________。从__________收到了 Flush 报文。

在 SWD 上检查 Smart Link 状态。

```
<SWD>display smart-link flush
 Received flush packets                         : 2
 Receiving interface of the last flush packet:
 Receiving time of the last flush packet        : 23:26:20 2014/10/31
 Device ID of the last flush packet             : 70ba-ef6a-6f7a
 Control VLAN of the last flush packet          : 1
```

从显示信息中可以看出,SWD 上从__________________收到了 Flush 报文。

步骤 6:检查 Smart Link & Monitor Link 特性

在 SWA 上,关闭与 SWD 相连端口 GigabitEthernet1/0/1。

```
[SWA]interface GigabitEthernet1/0/1
[SWA-GigabitEthernet1/0/1]shutdown
```

同时在 HostA 上 PING HostB,此时应该________(能/不能)PING 通。

结果证明在 SWA 上,关闭与 SWD 相连端口 GigabitEthernet1/0/1 后,Smart Link & Monitor Link ________(生效/不生效)。

从显示信息中可以看出,当 SWD 与 SWA 之间链路出现故障时,HostA 发送给 HostB 的报文不受影响。在 SWC 上检查 Smart Link 状态:

```
<SWC>display smart-link group 1
Smart link group 1 information:
  Device ID         : 70ba-ef6a-6f7a
  Preemption mode : NONE
  Preemption delay : 1(s)
  Control VLAN     : 1
  Protected VLAN : Reference Instance 0 to 32

  Member                    Role        State    Flush-count      Last-flush-time
  --------------------------------------------------------------------------------
  GE1/0/1                                          3          00:12:47 2014/11/01
  GE1/0/2                                          2          00:21:17 2014/11/01
```

在 SWA 上检查 Monitor Link 状态:

```
<SWA>display monitor-link group 1
Monitor link group 1 information:
  Group status          : DOWN
  Downlink up-delay   : 0(s)
  Last-up-time          : 00:15:21 2014/11/01
  Last-down-time       : 00:20:47 2014/11/01

  Member                    Role         Status
  -----------------------------------------------
  GE1/0/1
  GE1/0/2
```

从显示信息中可以看出,SWA 上与 SWD 相连端口 GigabitEthernet1/0/1 出现故障后,

Smart Link & Monitor Link 生效，SWC 副端口为____________进入转发状态，Smart Link & Monitor Link 运行正常。

步骤 7：恢复配置

在 SWA、SWB、SWC、SWD 上删除所有配置。

```
<SWA>reset saved-configuration
The saved configuration file will be erased. Are you sure? [Y/N]:y
Configuration file in flash is being cleared.
Please wait ...
 ⋮
 Configuration file is cleared.
<SWB>reset saved-configuration
The saved configuration file will be erased. Are you sure? [Y/N]:y
Configuration file in flash is being cleared.
Please wait ...
 ⋮
 Configuration file is cleared.
<SWC>reset saved-configuration
The saved configuration file will be erased. Are you sure? [Y/N]:y
Configuration file in flash is being cleared.
Please wait ...
 ⋮
 Configuration file is cleared.
<SWD>reset saved-configuration
The saved configuration file will be erased. Are you sure? [Y/N]:y
Configuration file in flash is being cleared.
Please wait ...
 ⋮
 Configuration file is cleared.
```

7.5 实验中的命令列表

实验中涉及的相关命令如表 7-2 所示。

表 7-2 实验中的命令列表

命 令	描 述
smart-link group *group-id*	创建 Smart Link 组，并进入 Smart Link 组视图
protected-vlan reference-instance *instance-id-list*	配置 Smart Link 组的保护 VLAN
port *interface-type interface-number* {***primary*** | ***secondary***} ***port smart-link group*** *group-id* {***primary*** | ***secondary***}	配置 Smart Link 组的成员端口
preemption mode role	配置抢占模式为角色抢占模式
flush enable [***control-vlan*** *vlan-id*]	使能发送 Flush 报文的功能
monitor-link group *group-id*	创建 Monitor Link 组，并进入 Monitor Link 组视图

续表

命　令	描　述
port *interface-type interface-number* **uplink** **port monitor-link group** *group-id* **uplink**	配置 Monitor Link 组上行链路
port *interface-type interface-number* **downlink** **port monitor-link group** *group-id* **downlink**	配置 Monitor Link 组下行链路
display smart-link group {*group-id* | **all**}	查看 Smart Link 组的信息
display smart-link flush	查看设备收到的 Flush 报文信息
display monitor-link group {*group-id* | **all**}	查看 Monitor Link 组的信息

7.6 思考题

在本实验中,如果用户为不同 Smart Link 组配置相同的控制 VLAN,是否可行?

答:用户需要为不同的 Smart Link 组配置不同的控制 VLAN,且用户需要保证控制 VLAN 存在,Smart Link 组的端口允许控制 VLAN 的报文通过。

用户不要将已配置为控制 VLAN 的 VLAN 删除,否则会影响 Flush 报文的发送。

实验8

RRPP

8.1 实验内容与目标

完成本实验，应该能够：

- 掌握单环拓扑配置方法；
- 掌握相交环拓扑配置方法。

8.2 实验组网图

实验组网如图 8-1 所示，互连方式和 IP 地址分配参见图 8-1。

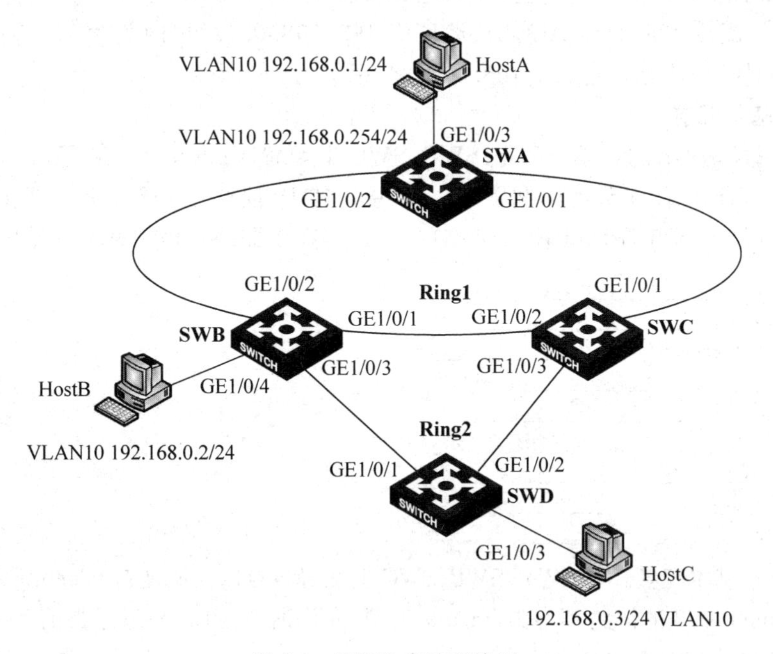

图 8-1 RRPP 实验环境图

SWA、SWB、SWC、SWD 通过各自的以太网端口相互连接。HostA、HostB、HostC 通过以太网线路分别连接 SWA、SWB、SWD 各自的以太网端口。

8.3 实验设备与版本

本实验所需的主要设备与版本如表 8-1 所示。

表 8-1 实验设备与版本

名称和型号	版 本	数量	描 述
S5820V2-54QS-GE	CMW7.1.045-R2418P06	4	
PC	Windows XP SP2	3	
第 5 类 UTP 以太网连接线	—	7	直通线

8.4 实验过程

实验任务 1：配置 RRPP 单环拓扑

本实验任务主要是通过配置 RRPP 单环拓扑，实现 HostA 访问 HostB。HostA 的默认网关为 192.168.0.254/24。

SWA、SWB、SWC 构成 RRPP 域 1，该域的控制 VLAN 为 VLAN4092，保护所有 VLAN。SWA 为主环的主节点，GigabitEthernet1/0/1 为主端口，GigabitEthernet1/0/2 为副端口；SWB 为主环的传输节点；SWC 为主环的传输节点。主环和子环的定时器都取默认值。

当 SWA、SWB、SWC 之间链路出现故障时，HostA 发送给 HostB 的报文不受影响。

步骤 1：搭建实验环境

首先，依照图 8-1 所示搭建实验环境，完成交换机 SWA、SWB、SWC 的链路连接，不需要与 SWD 连接。配置主机 HostA 的 IP 地址为 192.168.0.1/24，网关为 192.168.0.254/24；配置主机 HostB 的 IP 地址为 192.168.0.2/24，网关为 192.168.0.254/24。

步骤 2：基本配置

完成 VLAN 基本配置。在 SWA、SWB、SWC 上配置 VLAN10。在 SWA 上为 VLAN10 添加端口 GigabitEthernet 1/0/3，配置 VLAN 接口的 IP 地址为 192.168.0.254/24。在 SWB 上为 VLAN10 添加端口 GigabitEthernet 1/0/4。请在下面的空格中补充完整的命令：

```
[SWA]vlan ____________________
[SWA]int vlan ____________________
[SWA-Vlan-interface10] ____________________
[SWA]vlan ____________________
[SWA-vlan10] ____________________

[SWB]vlan ____________________
[SWB-vlan10] ____________________
[SWC]vlan ____________________
```

完成 Trunk 基本配置。在 SWA、SWB、SWC 上配置各自以太网端口 GigabitEthernet1/0/1～GigabitEthernet1/0/2 的链路类型为 Trunk 类型，允许所有 VLAN 通过当前 Trunk 端口。请在下面的空格中补充完整的命令：

```
[SWA]interface GigabitEthernet 1/0/1
[SWA-GigabitEthernet1/0/1]undo stp enable
[SWA-GigabitEthernet1/0/1] ____________________
[SWA-GigabitEthernet1/0/1] ____________________
[SWA-GigabitEthernet1/0/1] qos trust dot1p
[SWA]interface GigabitEthernet 1/0/2
[SWA-GigabitEthernet1/0/2]undo stp enable
[SWA-GigabitEthernet1/0/2] ____________________
```

```
[SWA-GigabitEthernet1/0/2] ____________________
[SWA-GigabitEthernet1/0/2]qos trust dot1p

[SWB]interface GigabitEthernet 1/0/1
[SWB-GigabitEthernet1/0/1]undo stp enable
[SWB-GigabitEthernet1/0/1] ____________________
[SWB-GigabitEthernet1/0/1] ____________________
[SWB-GigabitEthernet1/0/1]qos trust dot1p
[SWB]interface GigabitEthernet 1/0/2
[SWB-GigabitEthernet1/0/2]undo stp enable
[SWB-GigabitEthernet1/0/2] ____________________
[SWB-GigabitEthernet1/0/2] ____________________
[SWB-GigabitEthernet1/0/2]qos trust dot1p

[SWC]interface GigabitEthernet 1/0/1
[SWC-GigabitEthernet1/0/1]undo stp enable
[SWC-GigabitEthernet1/0/1] ____________________
[SWC-GigabitEthernet1/0/1] ____________________
[SWC-GigabitEthernet1/0/1]qos trust dot1p
[SWC]interface GigabitEthernet 1/0/2
[SWC-GigabitEthernet1/0/2]undo stp enable
[SWC-GigabitEthernet1/0/2] ____________________
[SWC-GigabitEthernet1/0/2] ____________________
[SWC-GigabitEthernet1/0/2]qos trust dot1p
```

步骤3：配置RRPP单环拓扑

在SWA上，创建RRPP域1，将VLAN4092配置为该域的控制VLAN，并将MSTP实例0到32所映射的VLAN配置为该域的保护VLAN，保护所有VLAN。请在下面的空格中补充完整的命令：

```
[SWA]rrpp domain ____________________
[SWA-rrpp-domain1] ____________________
[SWA-rrpp-domain1] ____________________
```

配置SWA为主环1的主节点，主端口为GigabitEthernet1/0/1，副端口为GigabitEthernet1/0/2，并使能该环。请在下面的空格中补充完整的命令：

```
[SWA-rrpp-domain1] ____________________
[SWA-rrpp-domain1] ____________________
```

在SWA上，使能RRPP协议。请在下面的空格中补充完整的命令：

```
[SWA] ____________________
```

在SWB上，创建RRPP域1，将VLAN4092配置为该域的控制VLAN，并将MSTP实例0到32所映射的VLAN配置为该域的保护VLAN，保护所有VLAN。请在下面的空格中补充完整的命令：

```
[SWB]rrpp domain ____________________
[SWB-rrpp-domain1] ____________________
[SWB-rrpp-domain1] ____________________
```

配置SWB为主环1的传输节点，主端口为GigabitEthernet1/0/1，副端口为GigabitEthernet1/0/2，并使能该环。

```
[SWB-rrpp-domain1] ____________________
[SWB-rrpp-domain1] ____________________
```

在 SWB 上，使能 RRPP 协议。请在下面的空格中补充完整的命令：

[SWB] ________________

在 SWC 上，创建 RRPP 域 1，将 VLAN4092 配置为该域的控制 VLAN，并将 MSTP 实例 0 到 32 所映射的 VLAN 配置为该域的保护 VLAN，保护所有 VLAN。请在下面的空格中补充完整的命令：

```
[SWC]rrpp domain ________________
[SWC-rrpp-domain1] ________________
[SWC-rrpp-domain1] ________________
```

配置 SWC 为主环 1 的传输节点，主端口为 GigabitEthernet1/0/1，副端口为 GigabitEthernet1/0/2，并使能该环。请在下面的空格中补充完整的命令：

```
[SWC-rrpp-domain1] ________________
[SWC-rrpp-domain1] ________________
```

在 SWC 上，使能 RRPP 协议。请在下面的空格中补充完整的命令：

[SWC] ________________

由配置可见，在 SWA、SWB、SWC 上分别配置了创建 RRPP Ring 1，形成了 RRPP 环。

步骤 4：测试连通性

在 HostA 上 PING HostB，此时应该________(能/不能)PING 通。

在 HostA 上 tracert HostB，此时的路径为____。

此时 RRPP 单环应该________(已经实现/没有实现)。

步骤 5：检查 RRPP 端口

完成上一步骤后，在 SWA、SWB、SWC 上检查 RRPP 状态，请在下面的空格中补充完整的命令：

```
[SWA]dis rrpp verbose domain 1
Domain ID        : 1
 Control VLAN    : Primary 4092, Secondary 4093
 Protected VLAN  : Reference instance 0 to 32
 Hello timer     : 1 seconds, Fail timer: 3 seconds
 Fast detection status: Disabled
 Fast-Hello timer : 20 ms, Fast-Fail timer: 60 ms
 Fast-Edge-Hello timer: 10 ms, Fast-Edge-Fail timer: 30 ms

 Ring ID         : 1
 Ring level      : 0
 Node mode       :
 Ring state      : Complete
 Enable status   : Yes, Active status: Yes
 Primary port:                        Port status: UP
 Secondary port:                      Port status: BLOCKED
```

从显示信息中可以看出，SWA 为 RRPP Ring 1 ____________，主端口为__________，副端口为____________。请在下面的空格中补充完整的命令：

```
<SWB>dis rrpp verbose domain 1
Domain ID        : 1
 Control VLAN    : Primary 4092, Secondary 4093
 Protected VLAN  : Reference instance 0 to 32
```

```
  Hello timer         : 1 seconds, Fail timer: 3 seconds
  Fast detection status: Disabled
  Fast-Hello timer : 20 ms, Fast-Fail timer: 60 ms
  Fast-Edge-Hello timer: 10 ms, Fast-Edge-Fail timer: 30 ms

  Ring ID             : 1
  Ring level          : 0
  Node mode           :
  Ring state          : -
  Enable status       : Yes, Active status: Yes
  Primary port:                     Port status: UP
  Secondary port:                   Port status: UP
```

从显示信息中可以看出，SWB 为 RRPP Ring1 ____________，主端口为____________，副端口为____________。请在下面的空格中补充完整的命令：

```
<SWC>dis rrpp verbose domain 1
Domain ID             : 1
  Control VLAN        : Primary 4092, Secondary 4093
  Protected VLAN : Reference instance 0 to 32
  Hello timer         : 1 seconds, Fail timer: 3 seconds
  Fast detection status: Disabled
  Fast-Hello timer : 20 ms, Fast-Fail timer: 60 ms
  Fast-Edge-Hello timer: 10 ms, Fast-Edge-Fail timer: 30 ms

  Ring ID             : 1
  Ring level          : 0
  Node mode           :
  Ring state          : -
  Enable status       : Yes, Active status: Yes
  Primary port:                     Port status: UP
  Secondary port:                   Port status: UP
```

从显示信息中可以看出，SWC 为 RRPP Ring1 ____________，主端口为____________，副端口为____________。

步骤 6：检查 RRPP 特性

在 SWA 上，关闭与 SWC 相连端口 GigabitEthernet1/0/1。

```
[SWA]interface GigabitEthernet 1/0/1
[SWA-GigabitEthernet1/0/1]shutdown
```

同时在 HostA 上 PING HostB，此时应该________(能/不能)PING 通。

结果证明关闭 GigabitEthernet1/0/2 端口后，RRRP ________(生效/不生效)。

从显示信息中可以看出，当 SWA 与 SWC 之间链路出现故障时，HostA 发送给 HostB 的报文不受影响。在 SWA 上检查 RRPP 状态，请在下面的空格中补充完整的命令：

```
[SWA]dis rrpp verbose domain 1
Domain ID             : 1
  Control VLAN        : Primary 4092, Secondary 4093
  Protected VLAN : Reference instance 0 to 32
  Hello timer         : 1 seconds, Fail timer: 3 seconds
  Fast detection status: Disabled
  Fast-Hello timer : 20 ms, Fast-Fail timer: 60 ms
  Fast-Edge-Hello timer: 10 ms, Fast-Edge-Fail timer: 30 ms

  Ring ID             : 1
```

```
Ring level          : 0
Node mode           :
Ring state          : Failed
Enable status       : Yes, Active status: Yes
Primary port:                      Port status: DOWN
Secondary port:                    Port status: UP
```

从显示信息中可以看出，SWA 主端口 GigabitEthernet1/0/1 出现故障后，副端口 ________________ 进入转发状态，RRPP 单环运行正常。

步骤 7：恢复配置

在 SWA、SWB、SWC 上删除所有配置。

```
<SWA>reset saved-configuration
The saved configuration file will be erased. Are you sure? [Y/N]:y
Configuration file in flash is being cleared.
Please wait ...
⋮
 Configuration file is cleared.
<SWB>reset saved-configuration
The saved configuration file will be erased. Are you sure? [Y/N]:y
Configuration file in flash is being cleared.
Please wait ...
⋮
 Configuration file is cleared.
<SWC>reset saved-configuration
The saved configuration file will be erased. Are you sure? [Y/N]:y
Configuration file in flash is being cleared.
Please wait ...
⋮
 Configuration file is cleared.
```

实验任务 2：配置 RRPP 相交环拓扑

本实验任务主要是通过配置 RRPP 相交环拓扑，实现 HostA 访问 HostB、HostC。HostA 的默认网关为 192.168.0.254/24。

SWA、SWB、SWC、SWD 构成 RRPP 域 1，该域的控制 VLAN 为 VLAN4092，保护所有 VLAN。SWA、SWB、SWC 构成主环 1，SWB、SWC 和 SWD 构成子环 2。SWA 为主环的主节点，GigabitEthernet1/0/1 为主端口，GigabitEthernet1/0/2 为副端口；SWD 为子环的主节点，GigabitEthernet1/0/1 为主端口，GigabitEthernet1/0/2 为副端口；SWB 为主环的传输节点和子环的边缘节点，GigabitEthernet1/0/3 为边缘端口；SWC 为主环的传输节点和子环的辅助边缘节点，GigabitEthernet1/0/3 为边缘端口。主环和子环的定时器都取默认值。

当 SWA、SWB、SWC、SWD 之间链路出现故障时，HostA 发送给 HostB、HostC 的报文不受影响。

步骤 1：搭建实验环境

首先，依照图 8-1 所示搭建实验环境，完成交换机 SWA、SWB、SWC、SWD 的链路连接。配置主机 HostA 的 IP 地址为 192.168.0.1/24，网关为 192.168.0.254/24；配置主机 HostB 的 IP 地址为 192.168.0.2/24，网关为 192.168.0.254/24；配置主机 HostC 的 IP 地址为 192.168.0.3/24，网关为 192.168.0.254/24。

步骤 2：基本配置

完成 VLAN 基本配置。在 SWA、SWB、SWC、SWD 上配置 VLAN10。在 SWA 上为

VLAN10 添加端口 GigabitEthernet 1/0/3，配置 VLAN 接口的 IP 地址为 192.168.0.254/24。在 SWB 上为 VLAN10 添加端口 GigabitEthernet 1/0/4。在 SWD 上为 VLAN10 添加端口 GigabitEthernet 1/0/4。请在下面的空格中补充完整的命令：

```
[SWA]vlan 10
[SWA]int vlan ____________________
[SWA-Vlan-interface10] ____________________
[SWA]vlan ____________________
[SWA-vlan100] ____________________

[SWB]vlan ____________________
[SWB-vlan10] ____________________

[SWC]vlan ____________________

[SWD]vlan ____________________
[SWD-vlan10] ____________________
```

完成 Trunk 基本配置。在 SWA、SWB、SWC、SWD 上配置各自以太网端口 GigabitEthernet1/0/1～GigabitEthernet1/0/2 的链路类型为 Trunk 类型，允许所有 VLAN 通过当前 Trunk 端口。请在下面的空格中补充完整的命令：

```
[SWA]interface GigabitEthernet 1/0/1
[SWA-GigabitEthernet1/0/1]undo stp enable
[SWA-GigabitEthernet1/0/1] ____________________
[SWA-GigabitEthernet1/0/1] ____________________
[SWA-GigabitEthernet1/0/1]qos trust dot1p
[SWA]interface GigabitEthernet 1/0/2
[SWA-GigabitEthernet1/0/2]undo stp enable
[SWA-GigabitEthernet1/0/2] ____________________
[SWA-GigabitEthernet1/0/2] ____________________
[SWA-GigabitEthernet1/0/2]qos trust dot1p

[SWB]interface GigabitEthernet 1/0/1
[SWB-GigabitEthernet1/0/1]undo stp enable
[SWB-GigabitEthernet1/0/1] ____________________
[SWB-GigabitEthernet1/0/1] ____________________
[SWB-GigabitEthernet1/0/1]qos trust dot1p
[SWB]interface GigabitEthernet 1/0/2
[SWB-GigabitEthernet1/0/2]undo stp enable
[SWB-GigabitEthernet1/0/2] ____________________
[SWB-GigabitEthernet1/0/2] ____________________
[SWB-GigabitEthernet1/0/2]qos trust dot1p
[SWB]interface GigabitEthernet 1/0/3
[SWB-GigabitEthernet1/0/3]undo stp enable
[SWB-GigabitEthernet1/0/3] ____________________
[SWB-GigabitEthernet1/0/3] ____________________
[SWB-GigabitEthernet1/0/3]qos trust dot1p

[SWC]interface GigabitEthernet 1/0/1
[SWC-GigabitEthernet1/0/1]undo stp enable
[SWC-GigabitEthernet1/0/1] ____________________
[SWC-GigabitEthernet1/0/1] ____________________
[SWC-GigabitEthernet1/0/1]qos trust dot1p
[SWC]interface GigabitEthernet 1/0/2
```

```
[SWC-GigabitEthernet1/0/2]undo stp enable
[SWC-GigabitEthernet1/0/2] ____________________
[SWC-GigabitEthernet1/0/2] ____________________
[SWC-GigabitEthernet1/0/2]qos trust dot1p
[SWC]interface GigabitEthernet 1/0/3
[SWC-GigabitEthernet1/0/3]undo stp enable
[SWC-GigabitEthernet1/0/3] ____________________
[SWC-GigabitEthernet1/0/3] ____________________
[SWC-GigabitEthernet1/0/3]qos trust dot1p

[SWD]interface GigabitEthernet 1/0/1
[SWD-GigabitEthernet1/0/1]undo stp enable
[SWD-GigabitEthernet1/0/1] ____________________
[SWD-GigabitEthernet1/0/1] ____________________
[SWD-GigabitEthernet1/0/1]qos trust dot1p
[SWD]interface GigabitEthernet 1/0/2
[SWD-GigabitEthernet1/0/2]undo stp enable
[SWD-GigabitEthernet1/0/2] ____________________
[SWD-GigabitEthernet1/0/2] ____________________
[SWD-GigabitEthernet1/0/2]qos trust dot1p
```

步骤3：配置RRPP相交环拓扑

在SWA上，创建RRPP域1，将VLAN4092配置为该域的控制VLAN，并将MSTP实例0到32所映射的VLAN配置为该域的保护VLAN，保护所有VLAN。请在下面的空格中补充完整的命令：

```
[SWA]rrpp domain ____________________
[SWA-rrpp-domain1] ____________________
[SWA-rrpp-domain1] ____________________
```

配置SWA为主环1的主节点，主端口为GigabitEthernet1/0/1，副端口为GigabitEthernet1/0/2，并使能该环。请在下面的空格中补充完整的命令：

```
[SWA-rrpp-domain1] ____________________
[SWA-rrpp-domain1] ____________________
```

在SWA上，使能RRPP协议。请在下面的空格中补充完整的命令：

```
[SWA] ____________________
```

在SWB上，创建RRPP域1，将VLAN4092配置为该域的控制VLAN，并将MSTP实例0到32所映射的VLAN配置为该域的保护VLAN，保护所有VLAN。请在下面的空格中补充完整的命令：

```
[SWB]rrpp domain ____________________
[SWB-rrpp-domain1] ____________________
[SWB-rrpp-domain1] ____________________
```

配置SWB为主环1的传输节点，主端口为GigabitEthernet1/0/1，副端口为GigabitEthernet1/0/2，并使能该环。请在下面的空格中补充完整的命令：

```
[SWB-rrpp-domain1] ____________________
[SWB-rrpp-domain1] ____________________
```

配置本SWB为子环2的边缘节点，边缘端口为GigabitEthernet1/0/3，并使能该环。请在下面的空格中补充完整的命令：

```
[SWB-rrpp-domain1] ____________________
```

[SWB-rrpp-domain1] ____________________

在 SWB 上，使能 RRPP 协议。请在下面的空格中补充完整的命令：

[SWB] ____________________

在 SWC 上，创建 RRPP 域 1，将 VLAN4092 配置为该域的控制 VLAN，并将 MSTP 实例 0 到 32 所映射的 VLAN 配置为该域的保护 VLAN，保护所有 VLAN。请在下面的空格中补充完整的命令：

[SWC] rrpp domain ____________________
[SWC-rrpp-domain1] ____________________
[SWC-rrpp-domain1] ____________________

配置 SWC 为主环 1 的传输节点，主端口为 GigabitEthernet1/0/1，副端口为 GigabitEthernet1/0/2，并使能该环。请在下面的空格中补充完整的命令：

[SWC-rrpp-domain1] ____________________
[SWC-rrpp-domain1] ____________________

配置 SWC 为子环 2 的辅助边缘节点，边缘端口为 GigabitEthernet1/0/3，并使能该环。请在下面的空格中补充完整的命令：

[SWC-rrpp-domain1]____________________
[SWC-rrpp-domain1]____________________

在 SWC 上，使能 RRPP 协议。请在下面的空格中补充完整的命令：

[SWC] ____________________

在 SWD 上，创建 RRPP 域 1，将 VLAN4092 配置为该域的控制 VLAN，并将 MSTP 实例 0 到 32 所映射的 VLAN 配置为该域的保护 VLAN，保护所有 VLAN。请在下面的空格中补充完整的命令：

[SWD] rrpp domain ____________________
[SWD-rrpp-domain1] ____________________
[SWD-rrpp-domain1] ____________________

配置 SWD 为主环 2 的主节点，主端口为 GigabitEthernet1/0/1，副端口为 GigabitEthernet1/0/2，并使能该环。请在下面的空格中补充完整的命令：

[SWD-rrpp-domain1] ____________________
[SWD-rrpp-domain1] ____________________

在 SWD 上，使能 RRPP 协议。请在下面的空格中补充完整的命令：

[SWD] ____________________

由配置可见，在 SWA、SWB、SWC、SWD 上分别配置了创建 RRPP Ring0、RRPP Ring1，形成了 RRPP 相交环。

步骤 4：测试连通性

在 HostA 上 PING HostB，此时应该________（能/不能）PING 通。

在 HostC 上 PING HostB，此时应该________（能/不能）PING 通。

结果显示 RRPP 相交环________（已经实现/没有实现）。

步骤 5：检查 RRPP 端口

完成上一步骤后，在 SWA、SWB、SWC、SWD 上检查 RRPP 状态，请在下面的空格中补充完整的命令：

```
[SWA]dis rrpp verbose domain 1
Domain ID          : 1
 Control VLAN      : Primary 4092, Secondary 4093
 Protected VLAN : Reference instance 0 to 32
 Hello timer       : 1 seconds, Fail timer: 3 seconds
 Fast detection status: Disabled
 Fast-Hello timer : 20 ms, Fast-Fail timer: 60 ms
 Fast-Edge-Hello timer: 10 ms, Fast-Edge-Fail timer: 30 ms

 Ring ID           : 1
 Ring level        : 0
 Node mode         :
 Ring state        : Complete
 Enable status     : Yes, Active status: Yes
 Primary port:              Port status: UP
 Secondary port:            Port status: BLOCKED
```

从显示信息中可以看出,SWA 为 RRPP Ring1 ____________,主端口为____________,副端口为____________。请在下面的空格中补充完整的命令：

```
<SWB>dis rrpp verbose domain 1
Domain ID          : 1
 Control VLAN      : Primary 4092, Secondary 4093
 Protected VLAN : Reference instance 0 to 32
 Hello timer       : 1 seconds, Fail timer: 3 seconds
 Fast detection status: Disabled
 Fast-Hello timer : 20 ms, Fast-Fail timer: 60 ms
 Fast-Edge-Hello timer: 10 ms, Fast-Edge-Fail timer: 30 ms

 Ring ID           : 1
 Ring level        : 0
 Node mode         :
 Ring state        : -
 Enable status     : Yes, Active status: Yes
 Primary port:              Port status: UP
 Secondary port:            Port status: UP

 Ring ID           : 2
 Ring level        : 1
 Node mode         : Edge
 Ring state        : -
 Enable status     : Yes, Active status: Yes
 Common port:               Port status: UP
     Port status   : UP
 Edge port:                 Port status: UP
```

从显示信息中可以看出,SWB 为 RRPP Ring1 ____________,主端口为____________,副端口为____________。SWB 为子环 Ring2 的____________,____________为边缘端口。请在下面的空格中补充完整的命令：

```
<SWC>dis rrpp verbose domain 1
Domain ID          : 1
 Control VLAN      : Primary 4092, Secondary 4093
 Protected VLAN : Reference instance 0 to 32
 Hello timer       : 1 seconds, Fail timer: 3 seconds
 Fast detection status: Disabled
```

```
Fast-Hello timer : 20 ms, Fast-Fail timer: 60 ms
Fast-Edge-Hello timer: 10 ms, Fast-Edge-Fail timer: 30 ms

Ring ID         : 1
Ring level      : 0
Node mode       :
Ring state      : -
Enable status   : Yes, Active status: Yes
Primary port:            Port status: UP
Secondary port:          Port status: UP

Ring ID         : 2
Ring level      : 1
Node mode       :
Ring state      : -
Enable status   : Yes, Active status: Yes
Common port:             Port status: UP
   Port status  : UP
Edge port:               Port status: UP
```

从显示信息中可以看出,SWC 为 RRPP Ring1 ____________,主端口为____________,副端口为____________。SWC 为子环 Ring2 的____________,____________为边缘端口。请在下面的空格中补充完整的命令:

```
<SWD>dis rrpp verbose domain 1
Domain ID          : 1
 Control VLAN      : Primary 4092, Secondary 4093
 Protected VLAN    : Reference instance 0 to 32
 Hello timer       : 1 seconds, Fail timer: 3 seconds
 Fast detection status: Disabled
 Fast-Hello timer  : 20 ms, Fast-Fail timer: 60 ms
 Fast-Edge-Hello timer: 10 ms, Fast-Edge-Fail timer: 30 ms

 Ring ID           : 2
 Ring level        : 1
 Node mode         :
 Ring state        : Complete
 Enable status     : Yes, Active status: Yes
 Primary port:            Port status: UP
 Secondary port:          Port status: BLOCKED
```

从显示信息中可以看出,SWD 为 RRPP Ring2 ____________,主端口为____________,副端口为____________。

步骤 6:检查 RRPP 特性

在 SWA 上,关闭与 SWC 相连端口 GigabitEthernet1/0/1。

```
[SWA]interface GigabitEthernet 1/0/1
[SWA-GigabitEthernet1/0/1]shutdown
```

同时在 HostA 上 PING HostB,此时应该________(能/不能)PING 通。

同时在 HostC 上 PING HostB,此时应该________(能/不能)PING 通。

结果证明关闭 GigabitEthernet1/0/2 端口后,RRRP ________(生效/不生效)。

从显示信息中可以看出,当 SWA 与 SWC 之间链路出现故障时,HostA 发送给 HostB 的报文不受影响。在 SWA 上检查 RRPP 状态,请在下面的空格中补充完整的命令:

```
[SWA]dis rrpp verbose domain 1
Domain ID          : 1
 Control VLAN      : Primary 4092, Secondary 4093
 Protected VLAN : Reference instance 0 to 32
 Hello timer       : 1 seconds, Fail timer: 3 seconds
 Fast detection status: Disabled
 Fast-Hello timer : 20 ms, Fast-Fail timer: 60 ms
 Fast-Edge-Hello timer: 10 ms, Fast-Edge-Fail timer: 30 ms

 Ring ID           : 1
 Ring level        : 0
 Node mode         :
 Ring state        : Failed
 Enable status     : Yes, Active status: Yes
 Primary port:               Port status: DOWN
 Secondary port:             Port status: UP
```

从显示信息中可以看出，SWA 主端口 GigabitEthernet1/0/1 出现故障后，副端口____________________进入转发状态，RRPP 相交环运行正常。

恢复 SWA 主端口后，在 SWD 上，关闭与 SWB 相连端口 GigabitEthernet1/0/1。

```
[SWD]interface GigabitEthernet 1/0/1
[SWD-GigabitEthernet1/0/1]shutdown
```

同时在 HostA 上 PING HostB，此时应该________(能/不能)PING 通。

同时在 HostC 上 PING HostB，此时应该________(能/不能)PING 通。

结果证明关闭 GigabitEthernet1/0/1 端口后，RRRP ________(生效/不生效)。

从显示信息中可以看出，当 SWC 与 SWD 之间链路出现故障时，HostA、HostC 发送给 HostB 的报文不受影响。在 SWD 上检查 RRPP 状态，请在下面的空格中补充完整的命令：

```
[SWD-GigabitEthernet1/0/1]dis rrpp verbose domain 1
Domain ID          : 1
 Control VLAN      : Primary 4092, Secondary 4093
 Protected VLAN : Reference instance 0 to 32
 Hello timer       : 1 seconds, Fail timer: 3 seconds
 Fast detection status: Disabled
 Fast-Hello timer : 20 ms, Fast-Fail timer: 60 ms
 Fast-Edge-Hello timer: 10 ms, Fast-Edge-Fail timer: 30 ms

 Ring ID           : 2
 Ring level        : 1
 Node mode         :
 Ring state        : Failed
 Enable status     : Yes, Active status: Yes
 Primary port:               Port status: DOWN
 Secondary port:             Port status: UP
```

从显示信息中可以看出，SWD 主端口 GigabitEthernet1/0/1 出现故障后，副端口____________________进入转发状态，RRPP 相交环运行正常。

步骤 7：恢复配置

在 SWA、SWB、SWC、SWD 上删除所有配置。

```
<SWA>reset saved-configuration
```

```
The saved configuration file will be erased. Are you sure? [Y/N]:y
Configuration file in flash is being cleared.
Please wait ...
⋮
 Configuration file is cleared.
<SWB>reset saved-configuration
The saved configuration file will be erased. Are you sure? [Y/N]:y
Configuration file in flash is being cleared.
Please wait ...
!
  Configuration file is cleared.
<SWC>reset saved-configuration
The saved configuration file will be erased. Are you sure? [Y/N]:y
Configuration file in flash is being cleared.
Please wait ...
⋮
  Configuration file is cleared.
<SWD>reset saved-configuration
The saved configuration file will be erased. Are you sure? [Y/N]:y
Configuration file in flash is being cleared.
Please wait ...
⋮
  Configuration file is cleared.
```

8.5 实验中的命令列表

实验中涉及的相关命令如表 8-2 所示。

表 8-2 实验中的命令列表

命　令	描　述
rrpp domain *domain-id*	创建 RRPP 域,并进入 RRPP 域视图
control-vlan *vlan-id*	指定 RRPP 域的控制 VLAN
protected-vlan reference-instance *instance-id-list*	配置 RRPP 域的保护 VLAN
ring *ring-id* ***node-mode master*** [***primary-port*** *interface-type interface-number*] [***secondary-port*** *interface-type interface-number*] ***level*** *level-value*	指定当前设备为 Ring 的主节点,并指定主端口和副端口
ring *ring-id* ***node-mode transit*** [***primary-port*** *interface-type interface-number*] [***secondary-port*** *interface-type interface-number*] ***level*** *level-value*	指定当前设备为 Ring 的传输节点,并指定主端口和副端口
ring *ring-id* ***node-mode edge*** [***edge-port*** *interface-type interface-number*]	指定当前设备为子环的边缘节点,并指定边缘端口
ring ring-id ***node-mode assistant-edge*** [***edge-port*** *interface-type interface-number*]	指定当前设备为子环的辅助边缘节点,并指定边缘端口
ring *ring-id* ***enable***	使能 RRPP 环
rrppenable	使能 RRPP 协议
rrpp ring-group *ring-group-id*	创建 RRPP 环组,并进入环组视图
domain *domain-id* ***ring*** *ring-id-list*	将子环加入环组
displayrrpp verbose domain *domain-id* [***ring*** *ring-id*]	显示 RRPP 配置的详细信息

8.6 思考题

在本实验中,如果用户想在一个没有配置 RRPP 功能的设备上透传 RRPP 协议报文,需要如何配置?

答:如果用户想在一个没有配置 RRPP 功能的设备上透传 RRPP 协议报文,需保证该设备上只有接入 RRPP 环的两个端口允许所在 RRPP 环对应的控制 VLAN 的报文通过,而其他端口不允许控制 VLAN 的报文通过。否则,其他 VLAN 的报文可能通过透传进入控制 VLAN,对 RRPP 环产生冲击。同时必须配置该设备接入 RRPP 环的两个端口信任报文的 IEEE 802.1p 优先级。不要将接入 RRPP 环的端口的默认 VLAN 设置为 RRPP 控制 VLAN 或者子控制 VLAN,以免影响协议报文正常收发。

VRRP

9.1 实验内容与目标

完成本实验,应该能够:

- 掌握 VRRP 单备份组配置方法;
- 掌握 VRRP 监视接口配置方法;
- 掌握 VRRP 多备份组配置方法。

9.2 实验组网图

实验组网如图 9-1 所示,互连方式和 IP 地址分配参见图 9-1。

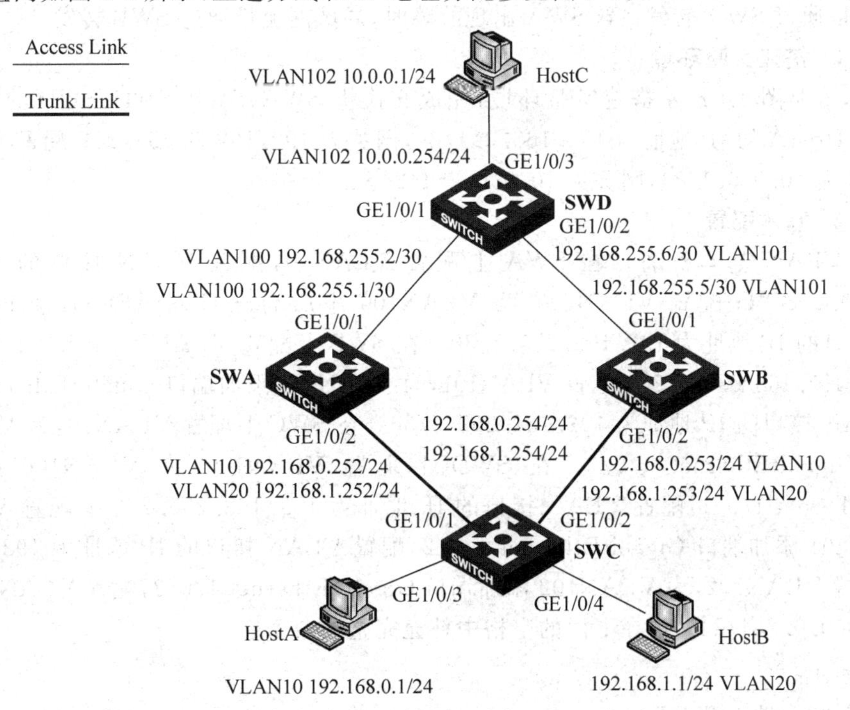

图 9-1 VRRP 实验环境图

SWA 与 SWB 通过各自的以太网端口 GigabitEthernet1/0/1～GigabitEthernet1/0/2 相互连接 SWC、SWD。HostA、HostB、HostC 通过以太网线路分别连接 SWC、SWD 各自的以太网端口。

本组网模拟了实际组网中涉及的 VRRP 主要应用。

9.3 实验设备与版本

本实验所需的主要设备与版本如表 9-1 所示。

表 9-1 实验设备与版本

名称和型号	版　本	数量	描　述
S5820V2-54QS-GE	CMW7.1.045-R2311	4	
PC	Windows XP SP2	3	
第5类 UTP 以太网连接线	—	7	直通线

9.4 实验过程

实验任务1：配置 VRRP 单备份组

本实验任务主要是通过配置 VRRP 单备份组，实现 HostA 访问 HostC。HostA 的默认网关为 192.168.0.254/24。

SWA 和 SWB 属于虚拟 IP 地址为 192.168.0.254/24 的备份组 1。当 SWA 正常工作时，局域网流量通过 SWA 转发；当 SWA 出现故障时，局域网流量通过 SWB 转发。

步骤1：搭建实验环境

首先，依照图 9-1 所示搭建实验环境，完成交换机 SWA、SWB、SWC、SWD 的链路连接。配置主机 HostA 的 IP 地址为 192.168.0.1/24，网关为 192.168.0.254/24；配置主机 HostC 的 IP 地址为 10.0.0.1/24，网关为 10.0.0.254/24。

步骤2：基本配置

完成 VLAN 基本配置。在 SWA 上配置 VLAN10，配置 VLAN 接口的 IP 地址为 192.168.0.252/24；配置 VLAN100，为 VLAN100 添加端口 GigabitEthernet 1/0/1，配置 VLAN 接口的 IP 地址为 192.168.255.1/30。在 SWB 上配置 VLAN10，配置 VLAN 接口的 IP 地址为 192.168.0.253/24；配置 VLAN101，为 VLAN101 添加端口 GigabitEthernet 1/0/1，配置 VLAN 接口的 IP 地址为 192.168.255.5/30。在 SWC 上配置 VLAN10，为 VLAN10 添加端口 GigabitEthernet 1/0/3。在 SWD 上配置 VLAN100，为 VLAN100 添加端口 GigabitEthernet 1/0/1，配置 VLAN 接口的 IP 地址为 192.168.255.2/30；配置 VLAN101，为 VLAN101 添加端口 GigabitEthernet 1/0/2，配置 VLAN 接口的 IP 地址为 192.168.255.6/30；配置 VLAN102，为 VLAN102 添加端口 GigabitEthernet 1/0/3，配置 VLAN 接口的 IP 地址为 10.0.0.254/24。请在下面的空格中补充完整的命令：

```
[SWA]vlan ____________________
[SWA]int vlan ____________________
[SWA-Vlan-interface10] ____________________
[SWA]vlan ____________________
[SWA-vlan100] ____________________
[SWA]int vlan ____________________
[SWA-Vlan-interface100] ____________________
```

```
[SWB]vlan ____________________
[SWB]int vlan ____________________
[SWB-Vlan-interface10] ____________________
[SWB]vlan ____________________
[SWB-vlan101] ____________________
[SWB]int vlan ____________________
[SWB-Vlan-interface101] ____________________

[SWC]vlan ____________________
[SWC-vlan10] ____________________

[SWD]vlan ____________________
[SWD-vlan100] ____________________
[SWD]int vlan ____________________
[SWD-Vlan-interface100] ____________________
[SWD]vlan ____________________
[SWD-vlan101] ____________________
[SWD]int vlan ____________________
[SWD-Vlan-interface101] ____________________
[SWD]vlan ____________________
[SWD-vlan102] ____________________
[SWD]int vlan ____________________
[SWD-Vlan-interface102] ____________________
```

关闭 STP 配置。

```
[SWA]interface GigabitEthernet 1/0/1
[SWA-GigabitEthernet1/0/1]undo stp enable
[SWB]interface GigabitEthernet 1/0/1
[SWB-GigabitEthernet1/0/1]undo stp enable
[SWD]interface GigabitEthernet 1/0/1
[SWD-GigabitEthernet1/0/1]undo stp enable
[SWD]interface GigabitEthernet 1/0/2
[SWD-GigabitEthernet1/0/2]undo stp enable
```

完成 Trunk 基本配置。在 SWA、SWB、SWC 上配置各自以太网端口 GigabitEthernet1/0/1～GigabitEthernet1/0/2 的链路类型为 Trunk 类型，允许 VLAN10 通过当前 Trunk 端口。请在下面的空格中补充完整的命令：

```
[SWA]interface GigabitEthernet 1/0/2
[SWA-GigabitEthernet1/0/2] ____________________
[SWA-GigabitEthernet1/0/2] ____________________

[SWB]interface GigabitEthernet 1/0/2
[SWB-GigabitEthernet1/0/2] ____________________
[SWB-GigabitEthernet1/0/2] ____________________

[SWC]interface GigabitEthernet 1/0/1
[SWC-GigabitEthernet 1/0/1] ____________________
[SWC-GigabitEthernet 1/0/1] ____________________
[SWC]interface GigabitEthernet 1/0/2
[SWC-GigabitEthernet 1/0/2] ____________________
[SWC-GigabitEthernet 1/0/2] ____________________
```

完成路由基本配置。在 SWA、SWB、SWD 上配置 RIP，让 HostA、HostC 所在网段能够互通。

```
[SWA]rip 1
[SWA-rip-1]version 2
[SWA-rip-1]undo summary
[SWA-rip-1]network 192.168.0.0
[SWA-rip-1]network 192.168.255.0
[SWA-rip-1]silent-interface Vlan-interface 10

[SWB]rip 1
[SWB-rip-1]version 2
[SWB-rip-1]undo summary
[SWB-rip-1]network 192.168.0.0
[SWB-rip-1]network 192.168.255.0
[SWB-rip-1]silent-interface Vlan-interface 10

[SWD]rip 1
[SWD-rip-1]version 2
[SWD-rip-1]undo summary
[SWD-rip-1]network 10.0.0.0
[SWD-rip-1]network 192.168.255.0
```

步骤3：配置VRRP单备份组

在SWA上，创建VRRP单备份组1，并配置备份组1的虚拟IP地址为192.168.0.254/24。请在下面的空格中补充完整的命令：

```
[SWA]interface Vlan-interface 10
[SWA-Vlan-interface10] ____________________
```

在SWA上，设置在备份组1中的优先级为120。设置SWA工作在抢占方式。请在下面的空格中补充完整的命令：

```
[SWA-Vlan-interface10] ____________________
[SWA-Vlan-interface10] ____________________
```

在SWB上，创建VRRP单备份组1，并配置备份组1的虚拟IP地址为192.168.0.254/24。请在下面的空格中补充完整的命令：

```
[SWB]interface Vlan-interface 10
[SWB-Vlan-interface10] ____________________
```

在SWB上，设置在备份组1中的优先级为100。设置SWB工作在抢占方式。请在下面的空格中补充完整的命令：

```
[SWB-Vlan-interface10] ____________________
[SWB-Vlan-interface10] ____________________
```

由配置可见，在SWA、SWB上分别创建VRRP单备份组1，形成了VRRP端口。

步骤4：测试连通性

在HostA上PING HostC，此时应该________(能/不能)PING通。

在HostA上tracert HostC，此时的路径为____。

步骤5：检查VRRP端口

完成上一步骤后，在SWA、SWB上检查VRRP端口表项，请在下面的空格中补充完整的命令：

```
<SWA>dis vrrp verbose
```

```
IPv4 Virtual Router Information:
 Running Mode              : Standard
 Total number of virtual routers : 1
   Interface Vlan-interface10
     VRID                : 1                 Adver Timer    : 100
     Admin Status        : Up                State          :
     Config Pri          : 120               Running Pri    : 120
     Preempt Mode        : Yes               Delay Time     : 0
     Auth Type           : None
     Virtual IP          :
     Virtual MAC         : 0000-5e00-0101
     Master IP           : 192.168.0.252
```

从显示信息中可以看出，SWA 为 VRRP 单备份组 1 ________________ 设备，备份组 1 的虚拟 IP 地址为________________。请在下面的空格中补充完整的命令：

```
IPv4 Virtual Router Information:
 Running Mode              : Standard
 Total number of virtual routers : 1
   Interface Vlan-interface10
     VRID                : 1                 Adver Timer    : 100
     Admin Status        : Up                State          :
     Config Pri          : 100               Running Pri    : 100
     Preempt Mode        : Yes               Delay Time     : 0
     Become Master       : 2960ms left
     Auth Type           : None
     Virtual IP          :
     Master IP           : 192.168.0.252
```

从显示信息中可以看出，SWB 为 VRRP 单备份组 1 ________________ 设备，备份组 1 的虚拟 IP 地址为________________。

步骤 6：检查 VRRP 特性

在 SWA 上，关闭与 SWC 相连端口 GigabitEthernet1/0/2。

```
[SWA]interface GigabitEthernet 1/0/2
[SWA-GigabitEthernet1/0/2]shutdown
```

同时在 HostA 上 PING HostC，此时应该________（能/不能）PING 通，且________（有/无）报文被丢弃。结果证明关闭 GigabitEthernet1/0/2 端口后，VRRP ________（生效/未生效）。

在 HostA 上 tracert HostC，此时的路径为____。

从显示信息中可以看出，________________。在 SWB 上检查 VRRP 端口表项，请在下面的空格中补充完整的命令：

```
<SWB>dis vrrp verbose
IPv4 Virtual Router Information:
 Running Mode              : Standard
 Total number of virtual routers : 1
   Interface Vlan-interface10
     VRID                : 1                 Adver Timer    : 100
     Admin Status        : Up                State          :
     Config Pri          : 100               Running Pri    : 100
     Preempt Mode        : Yes               Delay Time     : 0
     Auth Type           : None
```

```
Virtual IP          :
Virtual MAC         : 0000-5e00-0101
Master IP           : 192.168.0.253
```

从显示信息中可以看出,SWB为VRRP单备份组1 ________________ 设备,备份组1的虚拟IP地址为________________,VRRP状态切换正常。

步骤7:恢复配置

在SWA、SWB、SWC、SWD上删除所有配置。

```
<SWA>reset saved-configuration
The saved configuration file will be erased. Are you sure? [Y/N]:y
Configuration file in flash is being cleared.
Please wait ...
⋮
 Configuration file is cleared.
<SWB>reset saved-configuration
The saved configuration file will be erased. Are you sure? [Y/N]:y
Configuration file in flash is being cleared.
Please wait ...
⋮
 Configuration file is cleared.
<SWC>reset saved-configuration
The saved configuration file will be erased. Are you sure? [Y/N]:y
Configuration file in flash is being cleared.
Please wait ...
⋮
 Configuration file is cleared.
<SWD>reset saved-configuration
The saved configuration file will be erased. Are you sure? [Y/N]:y
Configuration file in flash is being cleared.
Please wait ...
⋮
 Configuration file is cleared.
```

实验任务2:配置VRRP监视接口

本实验任务主要是通过配置VRRP单备份组监视接口功能,实现HostA访问HostC。HostA的默认网关为192.168.0.254/24。

SWA和SWB属于虚拟IP地址为192.168.0.254/24的备份组1。当SWA正常工作时,HostA发送给HostC的报文通过SWA转发。当SWA上行SWD的VLAN接口不可用时,HostA发送给HostC的报文通过SWB转发。

步骤1:搭建实验环境

首先,依照图9-1所示搭建实验环境,完成交换机SWA、SWB、SWC、SWD的链路连接。配置主机HostA的IP地址为192.168.0.1/24,网关为192.168.0.254/24;配置主机HostC的IP地址为10.0.0.1/24,网关为10.0.0.254/24。

步骤2:基本配置

完成VLAN基本配置。在SWA上配置VLAN10,配置VLAN接口的IP地址为192.168.0.252/2;配置VLAN100,为VLAN100添加端口GigabitEthernet 1/0/1,配置VLAN接口的IP地址为192.168.255.1/30。在SWB上配置VLAN10,配置VLAN接口的

IP 地址为 192.168.0.253/24；配置 VLAN101，为 VLAN101 添加端口 GigabitEthernet 1/0/1，配置 VLAN 接口的 IP 地址为 192.168.255.5/30。在 SWC 上配置 VLAN10，为 VLAN10 添加端口 GigabitEthernet 1/0/3。在 SWD 上配置 VLAN100，为 VLAN100 添加端口 GigabitEthernet 1/0/1，配置 VLAN 接口的 IP 地址为 192.168.255.2/30；配置 VLAN101，为 VLAN101 添加端口 GigabitEthernet 1/0/2，配置 VLAN 接口的 IP 地址为 192.168.255.6/30；配置 VLAN102，为 VLAN102 添加端口 GigabitEthernet 1/0/3，配置 VLAN 接口的 IP 地址为 10.0.0.254/24。请在下面的空格中补充完整的命令：

```
[SWA]vlan ____________________
[SWA]int vlan ____________________
[SWA-Vlan-interface10] ____________________
[SWA]vlan ____________________
[SWA-vlan100] ____________________
[SWA]int vlan ____________________
[SWA-Vlan-interface100] ____________________

[SWB]vlan ____________________
[SWB]int vlan ____________________
[SWB-Vlan-interface10] ____________________
[SWB]vlan ____________________
[SWB-vlan101] ____________________
[SWB]int vlan ____________________
[SWB-Vlan-interface101] ____________________

[SWC]vlan ____________________
[SWC-vlan10] ____________________
[SWD]vlan ____________________
[SWD-vlan100] ____________________
[SWD]int vlan ____________________
[SWD-Vlan-interface100] ____________________
[SWD]vlan ____________________
[SWD-vlan101] ____________________
[SWD]int vlan ____________________
[SWD-Vlan-interface101] ____________________
[SWD]vlan ____________________
[SWD-vlan102] ____________________
[SWD]int vlan ____________________
[SWD-Vlan-interface102] ____________________
```

完成 Trunk 基本配置。在 SWA、SWB、SWC 上配置各自以太网端口 GigabitEthernet1/0/1～GigabitEthernet1/0/2 的链路类型为 Trunk 类型，允许 VLAN10 通过当前 Trunk 端口。请在下面的空格中补充完整的命令：

```
[SWA]interface GigabitEthernet 1/0/2
[SWA-GigabitEthernet1/0/2] ____________________
[SWA-GigabitEthernet1/0/2] ____________________

[SWB]interface GigabitEthernet 1/0/2
[SWB-GigabitEthernet1/0/2] ____________________
[SWB-GigabitEthernet1/0/2] ____________________

[SWC]interface GigabitEthernet 1/0/1
[SWC-GigabitEthernet 1/0/1] ____________________
[SWC-GigabitEthernet 1/0/1] ____________________
```

```
[SWC]interface GigabitEthernet 1/0/2
[SWC-GigabitEthernet 1/0/2] ____________________
[SWC-GigabitEthernet 1/0/2] ____________________
```

关闭 STP 配置。

```
[SWA]interface GigabitEthernet 1/0/1
[SWA-GigabitEthernet1/0/1]undo stp enable
[SWB]interface GigabitEthernet 1/0/1
[SWB-GigabitEthernet1/0/1]undo stp enable
[SWD]interface GigabitEthernet 1/0/1
[SWD-GigabitEthernet1/0/1]undo stp enable
[SWD]interface GigabitEthernet 1/0/2
[SWD-GigabitEthernet1/0/2]undo stp enable
```

完成路由基本配置。在 SWA、SWB、SWD 上配置 RIP，让 HostA、HostC 所在网段能够互通。

```
[SWA]rip 1
[SWA-rip-1]version 2
[SWA-rip-1]undo summary
[SWA-rip-1]network 192.168.0.0
[SWA-rip-1]network 192.168.255.0
[SWA-rip-1]silent-interface Vlan-interface 10

[SWB]rip 1
[SWB-rip-1]version 2
[SWB-rip-1]undo summary
[SWB-rip-1]network 192.168.0.0
[SWB-rip-1]network 192.168.255.0
[SWB-rip-1]silent-interface Vlan-interface 10

[SWD]rip 1
[SWD-rip-1]version 2
[SWD-rip-1]undo summary
[SWD-rip-1]network 10.0.0.0
[SWD-rip-1]network 192.168.255.0
```

步骤 3：配置 VRRP 单备份组

在 SWA 上，创建 VRRP 单备份组 1，并配置备份组 1 的虚拟 IP 地址为 192.168.0.254/24。请在下面的空格中补充完整的命令：

```
[SWA]interface Vlan-interface 10
[SWA-Vlan-interface10] ____________________
```

在 SWA 上，设置在备份组 1 中的优先级为 120。设置 SWA 工作在抢占方式。请在下面的空格中补充完整的命令：

```
[SWA-Vlan-interface10] ____________________
[SWA-Vlan-interface10] ____________________
```

在 SWB 上，创建 VRRP 单备份组 1，并配置备份组 1 的虚拟 IP 地址为 192.168.0.254/24。请在下面的空格中补充完整的命令：

```
[SWB]interface Vlan-interface 10
[SWB-Vlan-interface10] ____________________
```

在 SWB 上，设置在备份组 1 中的优先级为 100。设置 SWB 工作在抢占方式。请在下面的空格中补充完整的命令：

```
[SWB-Vlan-interface10] ____________________
[SWB-Vlan-interface10] ____________________
```

由配置可见，在SWA、SWB上分别创建VRRP单备份组1，形成了VRRP端口。

步骤4：测试连通性

在HostA上PING HostC，此时应该________(能/不能)PING通。

在HostA上tracert HostC，此时的路径为____

____

步骤5：检查VRRP端口

完成上一步骤后，在SWA、SWB上检查VRRP端口表项，请在下面的空格中补充完整的命令：

```
<SWA>dis vrrp verbose
IPv4 Virtual Router Information:
 Running Mode              : Standard
 Total number of virtual routers : 1
   Interface Vlan-interface10
     VRID           : 1                   Adver Timer   : 100
     Admin Status   : Up                  State         :
     Config Pri     : 120                 Running Pri   : 120
     Preempt Mode   : Yes                 Delay Time    : 0
     Auth Type      : None
     Virtual IP     :
     Virtual MAC    : 0000-5e00-0101
     Master IP      : 192.168.0.252
```

从显示信息中可以看出，SWA为VRRP单备份组1 ____________________设备，备份组1的虚拟IP地址为____________________。请在下面的空格中补充完整的命令：

```
<SWB>dis vrrp verbose
IPv4 Virtual Router Information:
 Running Mode              : Standard
 Total number of virtual routers : 1
   Interface Vlan-interface10
     VRID           : 1                   Adver Timer   : 100
     Admin Status   : Up                  State         :
     Config Pri     : 100                 Running Pri   : 100
     Preempt Mode   : Yes                 Delay Time    : 0
     Become Master  : 2920ms left
     Auth Type      : None
     Virtual IP     :
     Master IP      : 192.168.0.252
```

从显示信息中可以看出，SWB为VRRP单备份组1 ____________________设备，备份组1的虚拟IP地址为____________________。

步骤6：配置VRRP监视接口，检查VRRP特性

在SWA上，设置VRRP监视接口，请在下面的空格中补充完整的命令：

```
[SWA] track 1
[SWA]int vlan 10
[SWA-Vlan-interface10] ____________________
```

在SWA上，关闭与SWD相连的VLAN100。

```
[SWA]int vlan 100
[SWA-Vlan-interface100]shutdown
```

同时在 HostA 上 PING HostC，此时应该________(能/不能)PING 通。结果证明关闭 VRRP 监视接口，VRRP 状态________(发生/没有发生)迁移。

在 HostA 上 tracert HostC，此时的路径为____。

在 SWB 上检查 VRRP 端口表项，请在下面的空格中补充完整的命令：

```
<SWB>dis vrrp verbose
IPv4 Virtual Router Information:
 Running Mode        : Standard
 Total number of virtual routers : 1
   Interface Vlan-interface10
     VRID            : 1                Adver Timer  : 100
     Admin Status    : Up               State        : Master
     Config Pri      : 100              Running Pri  : 100
     Preempt Mode    : Yes              Delay Time   : 0
     Auth Type       : None
     Virtual IP      : 192.168.0.254
     Virtual MAC     : 0000-5e00-0101
     Master IP       : 192.168.0.253
```

从显示信息中可以看出，SWB 为 VRRP 单备份组 1 ____________设备，备份组 1 的虚拟 IP 地址为____________，VRRP 状态切换正常，VRRP 监视接口功能正常。

步骤 7：恢复配置

在 SWA、SWB、SWC、SWD 上删除所有配置。

```
<SWA>reset saved-configuration
The saved configuration file will be erased. Are you sure? [Y/N]:y
Configuration file in flash is being cleared.
Please wait ...
 ⋮
 Configuration file is cleared.
<SWB>reset saved-configuration
The saved configuration file will be erased. Are you sure? [Y/N]:y
Configuration file in flash is being cleared.
Please wait ...
 ⋮
 Configuration file is cleared.
<SWC>reset saved-configuration
The saved configuration file will be erased. Are you sure? [Y/N]:y
Configuration file in flash is being cleared.
Please wait ...
 ⋮
 Configuration file is cleared.
<SWD>reset saved-configuration
The saved configuration file will be erased. Are you sure? [Y/N]:y
Configuration file in flash is being cleared.
Please wait ...
 ⋮
 Configuration file is cleared.
```

实验任务 3：配置 VRRP 双备份组

本实验任务主要是通过配置 VRRP 双备份组，实现 HostA、HostB 访问 HostC。HostA 的默认网关为 192.168.0.254/24。

SWA 和 SWB 属于虚拟 IP 地址为 192.168.0.254/24 的备份组 1、虚拟 IP 地址为 192.168.1.254/24 的备份组 2。当 SWA 正常工作时，HostA 发送给 HostC 的报文通过 SWA 转发，HostB 发送给 HostC 的报文通过 SWB 转发。当 SWB 出现故障时，HostA 发送给 HostC 的报文通过 SWA 转发，HostB 发送给 HostC 的报文通过 SWA 转发。

步骤 1：搭建实验环境

首先，依照图 9-1 所示搭建实验环境，完成交换机 SWA、SWB、SWC、SWD 的链路连接。配置主机 HostA 的 IP 地址为 192.168.0.1/24，网关为 192.168.0.254/24；配置主机 HostC 的 IP 地址为 10.0.0.1/24，网关为 10.0.0.254/24；配置主机 HostB 的 IP 地址为 192.168.1.1/24，网关为 192.168.1.254/24。

步骤 2：基本配置

完成 VLAN 基本配置。在 SWA 上配置 VLAN10，配置 VLAN 接口的 IP 地址为 192.168.0.252/24；配置 VLAN20，配置 VLAN 接口的 IP 地址为 192.168.1.252/24；配置 VLAN100，为 VLAN100 添加端口 GigabitEthernet 1/0/1，配置 VLAN 接口的 IP 地址为 192.168.255.1/30。在 SWB 上配置 VLAN10，配置 VLAN 接口的 IP 地址为 192.168.0.253/24；配置 VLAN20，配置 VLAN 接口的 IP 地址为 192.168.1.253/24；配置 VLAN101，为 VLAN101 添加端口 GigabitEthernet 1/0/1，配置 VLAN 接口的 IP 地址为 192.168.255.5/30。在 SWC 上配置 VLAN10，为 VLAN10 添加端口 GigabitEthernet 1/0/3；配置 VLAN20，为 VLAN10 添加端口 GigabitEthernet 1/0/4。在 SWD 上配置 VLAN100，为 VLAN100 添加端口 GigabitEthernet 1/0/1，配置 VLAN 接口的 IP 地址为 192.168.255.2/30；配置 VLAN101，为 VLAN101 添加端口 GigabitEthernet 1/0/2，配置 VLAN 接口的 IP 地址为 192.168.255.6/30；配置 VLAN102，为 VLAN102 添加端口 GigabitEthernet 1/0/3，配置 VLAN 接口的 IP 地址为 10.0.0.254/24。请在下面的空格中补充完整的命令：

```
[SWA]vlan ____________________
[SWA]int vlan ____________________
[SWA-Vlan-interface10] ____________________
[SWA]vlan ____________________
[SWA]int vlan ____________________
[SWA-Vlan-interface20] ____________________
[SWA]vlan ____________________
[SWA-vlan100] ____________________
[SWA]int vlan ____________________
[SWA-Vlan-interface100] ____________________

[SWB]vlan ____________________
[SWB]int vlan ____________________
[SWB-Vlan-interface10] ____________________
[SWB]vlan ____________________
[SWB]int vlan ____________________
[SWB-Vlan-interface20] ____________________
[SWB]vlan ____________________
[SWB-vlan101] ____________________
[SWB]int vlan ____________________
[SWB-Vlan-interface101] ____________________

[SWC]vlan ____________________
[SWC-vlan10] ____________________
[SWC]vlan ____________________
[SWC-vlan20] ____________________
```

```
[SWD]vlan ____________________
[SWD-vlan100] ____________________
[SWD]int vlan ____________________
[SWD-Vlan-interface100] ____________________
[SWD]vlan ____________________
[SWD-vlan101] ____________________
[SWD]int vlan ____________________
[SWD-Vlan-interface101] ____________________
[SWD]vlan ____________________
[SWD-vlan102] ____________________
[SWD]int vlan ____________________
[SWD-Vlan-interface102] ____________________
```

关闭 STP 配置。

```
[SWA]interface GigabitEthernet 1/0/1
[SWA-GigabitEthernet1/0/1]undo stp enable
[SWB]interface GigabitEthernet 1/0/1
[SWB-GigabitEthernet1/0/1]undo stp enable
[SWD]interface GigabitEthernet 1/0/1
[SWD-GigabitEthernet1/0/1]undo stp enable
[SWD]interface GigabitEthernet 1/0/2
[SWD-GigabitEthernet1/0/2]undo stp enable
```

完成 Trunk 基本配置。在 SWA、SWB、SWC 上配置各自以太网端口 GigabitEthernet1/0/1～GigabitEthernet1/0/2 的链路类型为 Trunk 类型，允许 VLAN10、VLAN20 通过当前 Trunk 端口。请在下面的空格中补充完整的命令：

```
[SWA]interface GigabitEthernet 1/0/2
[SWA-GigabitEthernet1/0/2] ____________________
[SWA-GigabitEthernet1/0/2] ____________________

[SWB]interface GigabitEthernet 1/0/2
[SWB-GigabitEthernet1/0/2] ____________________
[SWB-GigabitEthernet1/0/2] ____________________

[SWC]interface GigabitEthernet 1/0/1
[SWC-GigabitEthernet 1/0/1] ____________________
[SWC-GigabitEthernet 1/0/1] ____________________
[SWC]interface GigabitEthernet 1/0/2
[SWC-GigabitEthernet 1/0/2] ____________________
[SWC-GigabitEthernet 1/0/2] ____________________
```

完成路由基本配置。在 SWA、SWB、SWD 上配置 RIP，让 HostA、HostB、HostC 所在网段能够互通。

```
[SWA]rip 1
[SWA-rip-1]version 2
[SWA-rip-1]undo summary
[SWA-rip-1]network 192.168.0.0
[SWA-rip-1]network 192.168.1.0
[SWA-rip-1]network 192.168.255.0
[SWA-rip-1]silent-interface Vlan-interface10
[SWA-rip-1]silent-interface Vlan-interface20

[SWB]rip 1
```

```
[SWB-rip-1]version 2
[SWB-rip-1]undo summary
[SWB-rip-1]network 192.168.0.0
[SWB-rip-1]network 192.168.1.0
[SWB-rip-1]network 192.168.255.0
[SWB-rip-1]silent-interface Vlan-interface10
[SWB-rip-1]silent-interface Vlan-interface20

[SWD]rip 1
[SWD-rip-1]version 2
[SWD-rip-1]undo summary
[SWD-rip-1]network 10.0.0.0
[SWD-rip-1]network 192.168.255.0
```

步骤 3：配置 VRRP 双备份组

在 SWA 上，创建 VRRP 单备份组 1，并配置备份组 1 的虚拟 IP 地址为 192.168.0.254/24。在 SWA 上，创建 VRRP 单备份组 2，并配置备份组 2 的虚拟 IP 地址为 192.168.1.254/24。请在下面的空格中补充完整的命令：

```
[SWA]interface Vlan-interface10
[SWA-Vlan-interface10] ____________________
[SWA]interface Vlan-interface20
[SWA-Vlan-interface20] ____________________
```

在 SWA 上，设置在备份组 1 中的优先级为 120，设置在备份组 2 中的优先级为 100。设置 SWA 工作在抢占方式。请在下面的空格中补充完整的命令：

```
[SWA]interface Vlan-interface10
[SWA-Vlan-interface10] ____________________
[SWA-Vlan-interface10] ____________________
[SWA]interface Vlan-interface20
[SWA-Vlan-interface20] ____________________
[SWA-Vlan-interface20] ____________________
```

在 SWB 上，创建 VRRP 单备份组 1，并配置备份组 1 的虚拟 IP 地址为 192.168.0.254/24。在 SWB 上，创建 VRRP 单备份组 2，并配置备份组 2 的虚拟 IP 地址为 192.168.1.254/24。请在下面的空格中补充完整的命令：

```
[SWB]interface Vlan-interface10
[SWB-Vlan-interface10] ____________________
[SWB]interface Vlan-interface20
[SWB-Vlan-interface20] ____________________
```

在 SWB 上，设置在备份组 1 中的优先级为 100，设置在备份组 2 中的优先级为 120。设置 SWB 工作在抢占方式。请在下面的空格中补充完整的命令：

```
[SWB]interface Vlan-interface10
[SWB-Vlan-interface10] ____________________
[SWB-Vlan-interface10] ____________________
[SWB]interface Vlan-interface20
[SWB-Vlan-interface20] ____________________
[SWB-Vlan-interface20] ____________________
```

由配置可见，在 SWA、SWB 上分别创建 VRRP 单备份组 1、VRRP 单备份组 2，形成了 VRRP 端口。

步骤 4：测试连通性

在 HostA 上 PING HostC，此时应该________(能/不能)PING 通。

在 HostA 上 tracert HostC，此时的路径为____。

在 HostB 上 PING HostC，此时应该________(能/不能)PING 通。

在 HostB 上 tracert HostC，此时的路径为____。

步骤 5：检查 VRRP 端口

完成上一步骤后，在 SWA、SWB 上检查 VRRP 端口表项，请在下面的空格中补充完整的命令：

```
<SWA>dis vrrp verbose
IPv4 Virtual Router Information:
 Running Mode              : Standard
 Total number of virtual routers : 2
   Interface Vlan-interface10
     VRID            : 1                    Adver Timer   : 100
     Admin Status    : Up                   State         :
     Config Pri      : 120                  Running Pri   : 120
     Preempt Mode    : Yes                  Delay Time    : 0
     Auth Type       : None
     Virtual IP      :
     Virtual MAC     : 0000-5e00-0101
     Master IP       : 192.168.0.252

   Interface Vlan-interface20
     VRID            : 2                    Adver Timer   : 100
     Admin Status    : Up                   State         :
     Config Pri      : 100                  Running Pri   : 100
     Preempt Mode    : Yes                  Delay Time    : 0
     Become Master   : 3100ms left
     Auth Type       : None
     Virtual IP      :
     Master IP       : 192.168.1.253
```

从显示信息中可以看出，SWA 为 VRRP 单备份组 1________________设备，备份组 1 的虚拟 IP 地址为________________。SWA 为 VRRP 单备份组 2________________设备，备份组 2 的虚拟 IP 地址为________________。请在下面的空格中补充完整的命令：

```
<SWB>dis vrrp verbose
IPv4 Virtual Router Information:
 Running Mode              : Standard
 Total number of virtual routers : 2
   Interface Vlan-interface10
     VRID            : 1                    Adver Timer   : 100
     Admin Status    : Up                   State         :
     Config Pri      : 100                  Running Pri   : 100
     Preempt Mode    : Yes                  Delay Time    : 0
     Become Master   : 3560ms left
     Auth Type       : None
     Virtual IP      :
     Master IP       : 192.168.0.252
```

```
  Interface Vlan-interface20
    VRID             : 2                  Adver Timer   : 100
    Admin Status     : Up                 State         :
    Config Pri       : 120                Running Pri   : 120
    Preempt Mode     : Yes                Delay Time    : 0
    Auth Type        : None
    Virtual IP       :
    Virtual MAC      : 0000-5e00-0102
    Master IP        : 192.168.1.253
```

从显示信息中可以看出，SWB为VRRP单备份组1 ________________ 设备，备份组1的虚拟IP地址为________________。SWB为VRRP单备份组2 ________________ 设备，备份组2的虚拟IP地址为________________。

步骤6：检查VRRP特性

在SWB上，关闭与SWC相连端口GigabitEthernet1/0/2。

```
[SWB]interface GigabitEthernet 1/0/2
[SWB-GigabitEthernet1/0/2]shutdown
```

同时在HostB上PING HostC，此时应该________(能/不能)PING通。

结果显示，________________。证明关闭GigabitEthernet1/0/2端口后，VRRP生效。

在HostB上tracert HostC，此时的路径为____。

在HostA上tracert HostC，此时的路径为____。

从显示信息中可以看出，当SWB出现故障时，________________。在SWA上检查VRRP端口表项，请在下面的空格中补充完整的命令：

```
<SWA>dis vrrp verbose
IPv4 Virtual Router Information:
 Running Mode          : Standard
 Total number of virtual routers : 2
   Interface Vlan-interface10
     VRID             : 1                  Adver Timer   : 100
     Admin Status     : Up                 State         :
     Config Pri       : 120                Running Pri   : 120
     Preempt Mode     : Yes                Delay Time    : 0
     Auth Type        : None
     Virtual IP       :
     Virtual MAC      : 0000-5e00-0101
     Master IP        : 192.168.0.252

   Interface Vlan-interface20
     VRID             : 2                  Adver Timer   : 100
     Admin Status     : Up                 State         :
     Config Pri       : 100                Running Pri   : 100
     Preempt Mode     : Yes                Delay Time    : 0
     Auth Type        : None
     Virtual IP       :
     Virtual MAC      : 0000-5e00-0102
     Master IP        : 192.168.1.252
```

从显示信息中可以看出，SWA为VRRP单备份组1 ________________ 设备，备份组1的虚拟IP地址为________________。SWA为VRRP单备份组2 ________________ 设备，备份组2的虚拟IP地址为________________，VRRP状态切换正常。

步骤7：恢复配置

在SWA、SWB、SWC、SWD上删除所有配置。

```
<SWA>reset saved-configuration
The saved configuration file will be erased. Are you sure? [Y/N]:y
Configuration file in flash is being cleared.
Please wait ...
 ⋮
 Configuration file is cleared.
<SWB>reset saved-configuration
The saved configuration file will be erased. Are you sure? [Y/N]:y
Configuration file in flash is being cleared.
Please wait ...
 ⋮
 Configuration file is cleared.
<SWC>reset saved-configuration
The saved configuration file will be erased. Are you sure? [Y/N]:y
Configuration file in flash is being cleared.
Please wait ...
 ⋮
 Configuration file is cleared.
<SWD>reset saved-configuration
The saved configuration file will be erased. Are you sure? [Y/N]:y
Configuration file in flash is being cleared.
Please wait ...
 ⋮
 Configuration file is cleared.
```

9.5 实验中的命令列表

实验中涉及的相关命令如表9-2所示。

表9-2 实验中的命令列表

命令	描述
vrrp vrid *virtual-router-id* **virtual-ip** *virtual-address*	创建备份组，并配置备份组的虚拟IP地址
vrrp vrid *virtual-router-id* **priority** *priority-value*	配置路由器在备份组中的优先级
vrrp vrid virtual-router-id **preempt-mode** [**timer delay** *delay-value*]	配置备份组中的路由器工作在抢占方式，并配置抢占延迟时间
track *track-entry-number* **interface** *interface-type interface-number*	配置Track项
vrrp vrid *virtual-router-id* **track** *track-entry-number* [**reduced** *priority-reduced* | **switchover**]	配置监视指定的Track项
vrrp vrid *virtual-router-id* **authentication-mode** { **md5** | **simple** } *key*	配置备份组发送和接收VRRP报文的认证方式和认证字
vrrp vrid *virtual-router-id* **timer advertise** *adver-interval*	配置备份组中Master路由器发送VRRP通告报文的时间间隔
displayvrrp [**verbose**] [**interface** *interface-type interface-number* [**vrid** *virtual-router-id*]]	显示VRRP备份组的状态信息

9.6 思考题

在本实验中,配置的虚拟IP地址和接口IP地址不在同一网段,VRRP能否配置成功?

答:配置的虚拟IP地址和接口IP地址在同一网段,且为合法的主机地址时,备份组才能够正常工作。否则,如果配置的虚拟IP地址和接口IP地址不在同一网段,或为接口IP地址所在网段的网络地址或网络广播地址,虽然可以配置成功,但是备份组会始终处于Initialize状态,此状态下VRRP不起作用。

实验10

IRF

10.1 实验内容与目标

完成本实验,应该能够掌握 IRF 堆叠配置方法。

10.2 实验组网图

实验组网如图 10-1 所示,由 4 台 S5820V2-54QS-GE 交换机、2 台主机(HostA、HostB)组成,互连方式和 IP 地址分配参见图 10-1。

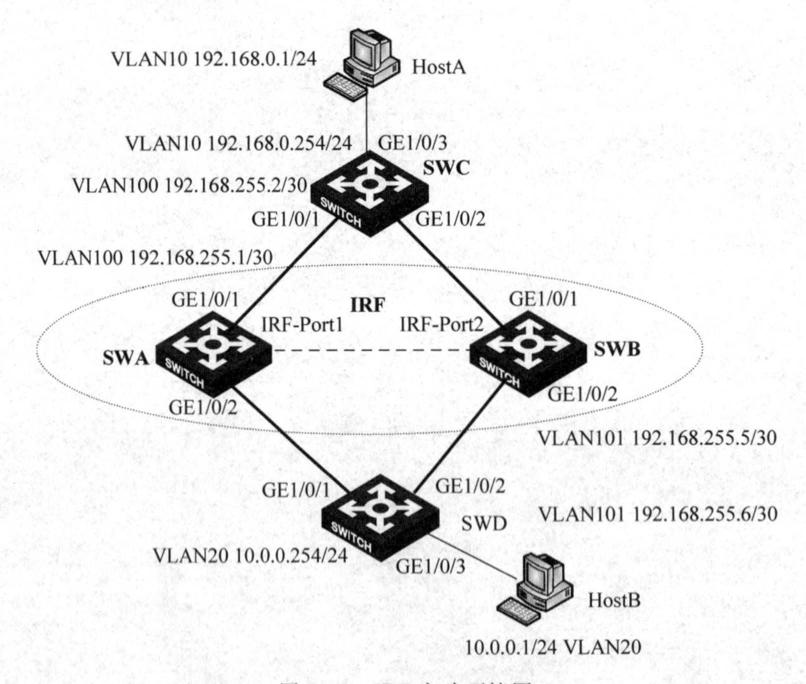

图 10-1 IRF 实验环境图

SWA、SWB 通过万兆模块连接。SWA、SWB、SWC、SWD 通过各自的以太网端口相互连接。HostA、HostB 通过以太网线路分别连接 SWC、SWD 各自的以太网端口。

本组网模拟了实际组网中涉及的 IRF 主要应用。

10.3 实验设备与版本

本实验所需的主要设备与版本如表10-1所示。

表10-1 实验设备与版本

名称和型号	版　本	数量	描　述
S5820V2-54QS-GE	CMW7.1.045-R2311	4	
PC	Windows XP SP2	2	
SFP+电缆	—	1	
第5类UTP以太网连接线	—	6	直通线

10.4 实验过程

实验任务：配置IRF堆叠

本实验任务主要是通过配置IRF堆叠，实现HostA访问HostB。HostA的默认网关为192.168.0.254/24。

SWA、SWB构成IRF堆叠，分别配置成员编号为1、2，采用万兆模块作为堆叠模块，SWA的Ten-GigabitEthernet1/0/49连接SWB的Ten-GigabitEthernet1/0/49。

当SWA或SWB出现故障时，IRF堆叠生效，HostA发送给HostB的报文不受影响。

步骤1：搭建实验环境

首先，依照图10-1所示搭建实验环境，完成交换机SWA、SWB、SWC、SWD的链路连接(注意堆叠电缆除外)。配置主机HostA的IP地址为192.168.0.1/24，网关为192.168.0.254/24；配置主机HostB的IP地址为10.0.0.1/24，网关为10.0.0.254/24。

步骤2：配置IRF堆叠

在SWA上，关闭需要使用的IRF物理端口，和同一组中其他端口(同一组中的所有端口用途必须相同，即当组内某一端口与IRF端口绑定后，该组中其他端口也必须与IRF端口绑定，不能再作为普通业务端口使用，反之亦然)。

```
[SWA]interface Ten-GigabitEthernet 1/0/49
[SWA-Ten-GigabitEthernet1/0/49]shutdown
[SWA]interface Ten-GigabitEthernet 1/0/50
[SWA-Ten-GigabitEthernet1/0/50]shutdown
[SWA]interface Ten-GigabitEthernet 1/0/51
[SWA-Ten-GigabitEthernet1/0/51]shutdown
[SWA]interface Ten-GigabitEthernet 1/0/52
[SWA-Ten-GigabitEthernet1/0/52]shutdown
```

在SWA上，绑定设备的逻辑堆叠口IRF-Port1和物理堆叠口，同时使能当前设备的堆叠功能和激活IRF端口下的配置。请在下面的空格中补充完整的命令：

```
[SWA]irf-port 1/1
[SWA-irf-port1/1] ____________________
[SWA-irf-port1/1] ____________________
[SWA-irf-port1/1] ____________________
[SWA-irf-port1/1] ____________________
```

```
[SWA]interface Ten-GigabitEthernet 1/0/49
[SWA-Ten-GigabitEthernet1/0/49]undo shutdown
[SWA]irf-port-configuration ____________________
```

在 SWA 上，配置 IRF 设备的成员编号为 1。请在下面的空格中补充完整的命令：

```
[SWA]irf member 1 ____________________
Warning:Renumbering the switch number may result in configuration change or loss. Continue?[Y/N]:y
```

在 SWB 上，关闭需要使用的 IRF 物理端口，和同一组中其他端口（同一组中的所有端口用途必须相同，即当组内某一端口与 IRF 端口绑定后，该组中其他端口也必须与 IRF 端口绑定，不能再作为普通业务端口使用，反之亦然）。

```
[SWB]interface Ten-GigabitEthernet 1/0/49
[SWB-Ten-GigabitEthernet1/0/49]shutdown
[SWB]interface Ten-GigabitEthernet 1/0/50
[SWB-Ten-GigabitEthernet1/0/50]shutdown
[SWB]interface Ten-GigabitEthernet 1/0/51
[SWB-Ten-GigabitEthernet1/0/51]shutdown
[SWB]interface Ten-GigabitEthernet 1/0/52
[SWB-Ten-GigabitEthernet1/0/52]shutdown
```

在 SWB 上，绑定设备的逻辑堆叠口 IRF-Port2 和物理堆叠口，同时使能当前设备的堆叠功能和激活 IRF 端口下的配置。请在下面的空格中补充完整的命令：

```
[SWB]irf-port 1/2
[SWB-irf-port1/2] ____________________
[SWB-irf-port1/2] ____________________
[SWB-irf-port1/2] ____________________
[SWB-irf-port1/2] ____________________
[SWB]interface Ten-GigabitEthernet 1/0/49
[SWB-Ten-GigabitEthernet1/0/49]undo shutdown
[SWB]irf-port-configuration ____________________
```

在 SWB 上，配置 IRF 设备的成员编号为 2。请在下面的空格中补充完整的命令：

```
[SWB]irf member 1 ____________________
Warning:Renumbering the switch number may result in configuration change or loss. Continue?[Y/N]:y
```

重启 SWB，并保存配置，重启后 SWB 加入 IRF。

```
<SWB>reboot
Start to check configuration with next startup configuration file, please wait.........DONE!
Current configuration may be lost after the reboot, save current configuration? [Y/N]:y
Please input the file name(*.cfg)[flash:/startup.cfg]
(To leave the existing filename unchanged, press the enter key):
flash:/startup.cfg exists, overwrite? [Y/N]:y
Validating file. Please wait...
Saved the current configuration to mainboard device successfully.
This command will reboot the device. Continue? [Y/N]:y
Now rebooting, please wait...
```

步骤 3：基本配置

重命名 SWA 为 SWA_NEW。

```
[SWA]sysname SWA_NEW
```

启用 STP。在 SWA_NEW、SWC、SWD 上配置 STP。请在下面的空格中补充完整的命令：

[SWA_NEW] ____________________
[SWC] ____________________
[SWD] ____________________

完成VLAN基本配置。在SWA_NEW上配置VLAN100,配置VLAN接口的IP地址为192.168.255.1/30;配置VLAN101,配置VLAN接口的IP地址为192.168.255.5/30。在SWC上配置VLAN10,为VLAN10添加端口GigabitEthernet 1/0/3,配置VLAN接口的IP地址为192.168.0.254/24;配置VLAN100,配置VLAN接口的IP地址为192.168.255.2/30。在SWD上配置VLAN20,为VLAN20添加端口GigabitEthernet 1/0/3,配置VLAN接口的IP地址为10.0.0.254/24;配置VLAN101,配置VLAN接口的IP地址为192.168.255.6/30。请在下面的空格中补充完整的命令:

[SWA_NEW]vlan ____________________
[SWA_NEW]int vlan ____________________
[SWA_NEW-Vlan-interface100] ____________________
[SWA_NEW]vlan ____________________
[SWA_NEW]int vlan ____________________
[SWA_NEW-Vlan-interface101] ____________________

[SWC]vlan ____________________
[SWC-vlan10] ____________________
[SWC]int vlan ____________________
[SWC-Vlan-interface10] ____________________
[SWC]vlan ____________________
[SWC]int vlan ____________________
[SWC-Vlan-interface100] ____________________

[SWD]vlan ____________________
[SWD-vlan20] ____________________
[SWD]int vlan ____________________
[SWD-Vlan-interface20] ____________________
[SWD]vlan ____________________
[SWD]int vlan ____________________
[SWD-Vlan-interface101] ____________________

完成Trunk基本配置。在SWA_NEW、SWC、SWD上配置各自以太网端口GigabitEthernet1/0/1~GigabitEthernet2/0/2的链路类型为Trunk类型,允许所有VLAN通过当前Trunk端口。请在下面的空格中补充完整的命令:

[SWA_NEW]interface GigabitEthernet 1/0/1
[SWA_NEW-GigabitEthernet1/0/1] ____________________
[SWA_NEW-GigabitEthernet1/0/1] ____________________
[SWA_NEW]interface GigabitEthernet 1/0/2
[SWA_NEW-GigabitEthernet1/0/2] ____________________
[SWA_NEW-GigabitEthernet1/0/2] ____________________
[SWA_NEW]interface GigabitEthernet 2/0/1
[SWA_NEW-GigabitEthernet2/0/1] ____________________
[SWA_NEW-GigabitEthernet2/0/1] ____________________
[SWA_NEW]interface GigabitEthernet 2/0/2
[SWA_NEW-GigabitEthernet2/0/2] ____________________
[SWA_NEW-GigabitEthernet2/0/2] ____________________

[SWC]interface GigabitEthernet 1/0/1
[SWC-GigabitEthernet1/0/1] ____________________

```
[SWC-GigabitEthernet1/0/1] ________________
[SWC]interface GigabitEthernet 1/0/2
[SWC-GigabitEthernet1/0/2] ________________
[SWC-GigabitEthernet1/0/2] ________________

[SWD]interface GigabitEthernet 1/0/1
[SWD-GigabitEthernet1/0/1] ________________
[SWD-GigabitEthernet1/0/1] ________________
[SWD]interface GigabitEthernet 1/0/2
[SWD-GigabitEthernet1/0/2] ________________
[SWD-GigabitEthernet1/0/2] ________________
```

完成路由基本配置。在SWA_NEW、SWC、SWD上配置RIP，让HostA、HostB所在网段能够互通。

```
[SWA_NEW]rip 1
[SWA_NEW-rip-1]version 2
[SWA_NEW-rip-1]undo summary
[SWA_NEW-rip-1]network 192.168.255.0

[SWC]rip 1
[SWC-rip-1]version 2
[SWC-rip-1]undo summary
[SWC-rip-1]network 192.168.0.0
[SWC-rip-1]network 192.168.255.0

[SWD]rip 1
[SWD-rip-1]version 2
[SWD-rip-1]undo summary
[SWD-rip-1]network 10.0.0.0
[SWD-rip-1]network 192.168.255.0
```

步骤4：测试连通性

在HostA上PING HostB，此时应该________(能/不能)PING通。

在HostA上tracert HostB，此时的路径为____。

结果显示IRF堆叠____________(已经实现/没有实现)。

步骤5：检查IRF堆叠

完成上一步骤后，在SWA_NEW上检查IRF堆叠状态，请在下面的空格中补充完整的命令：

```
<SWA_NEW>display irf
MemberID    Role    Priority    CPU-Mac         Description
 *+1        Master   1          70ba-ef6a-73d2  ---
   2        Standby  1          70ba-ef6a-865d  ---
--------------------------------------------------------------
 * indicates the device is the master.
 + indicates the device through which the user logs in.

 The Bridge MAC of the IRF is : 70ba-ef6a-73d1
 Auto upgrade                 : yes
 Mac persistent               : 6 min
 Domain ID                    : 0
```

```
<SWA_NEW>display irf topology
                              Topology Info
-------------------------------------------------------------------------
              IRF-Port1                  IRF-Port2
MemberID      Link        neighbor       Link        neighbor      Belong To
2             DIS         ---            UP          1             70ba-ef6a-73d2
1             UP          2              DIS         ---           70ba-ef6a-73d2

<SWA_NEW>display irf configuration
MemberID NewID     IRF-Port1                       IRF-Port2
1        1         disable



2        2         disable
```

从显示信息中可以看出，SWA 为 IRF 堆叠________________节点，SWB 为 IRF 堆叠________________节点。SWA 的 IRF-PORT1 为________________，SWA 的 IRF-PORT2 为________________。

步骤 6：检查 IRF 堆叠特性

关闭 SWA 电源。同时在 HostA 上 PING HostB，现象是____________________。

结果证明关闭 SWA 交换机后，IRF 堆叠________________（失效/继续生效）。

在 SWA_NEW 上检查 IRF 状态，请在下面的空格中补充完整的命令：

```
<SWA_NEW>display irf
MemberID     Role      Priority    CPU-Mac            Description
 *+2         Master    1           70ba-ef6a-865d
--------------------------------------------------------------------
 * indicates the device is the master.
 + indicates the device through which the user logs in.

 The Bridge MAC of the IRF is : 70ba-ef6a-73d1
 Auto upgrade                 : yes
 Mac persistent               : 6 min
 Domain ID                    : 0
<SWA_NEW>display irf topology
                              Topology Info
--------------------------------------------------------------------
              IRF-Port1                  IRF-Port2
MemberID      Link        neighbor       Link        neighbor      Belong To
2             DIS         ---                        ---           70ba-ef6a-865d

<SWA_NEW>
```

从显示信息中可以看出，________________，IRF 堆叠运行正常。

步骤 7：恢复配置

在 SWA、SWB、SWC、SWD 上删除所有配置。注意 SWA 和 SWB 上的 IRF 相关配置必须使用 undo 命令单独操作。

```
<SWA>reset saved-configuration
The saved configuration file will be erased. Are you sure? [Y/N]:y
Configuration file in flash is being cleared.
Please wait ...
⋮
```

```
 Configuration file is cleared.
<SWA>system
[SWA]undo irf member 1 renumber
Warning: Renumbering the switch number may result in configuration change or loss. Continue?(Y/N)y
[SWA]undo irf member 1 irf-port 1
<SWB>reset saved-configuration
The saved configuration file will be erased. Are you sure? [Y/N]:y
Configuration file in flash is being cleared.
Please wait ...
 ⋮
 Configuration file is cleared.
<SWB>system
[SWB]undo irf member 2 renumber
Warning: Renumbering the switch number may result in configuration change or loss. Continue?(Y/N)y
[SWB]undo irf member 2 irf-port 2
<SWC>reset saved-configuration
The saved configuration file will be erased. Are you sure? [Y/N]:y
Configuration file in flash is being cleared.
Please wait ...
 ⋮
 Configuration file is cleared.
<SWD>reset saved-configuration
The saved configuration file will be erased. Are you sure? [Y/N]:y
Configuration file in flash is being cleared.
Please wait ...
 ⋮
 Configuration file is cleared.
```

10.5 实验中的命令列表

实验中涉及的相关命令如表 10-2 所示。

表 10-2 实验中的命令列表

命　　令	描　　述
irf-port *member-id* / *port-number*	创建 IRF 端口并进入 IRF 端口视图
port group interface *interface-type interface-number*	绑定设备的 IRF 端口和 IRF 物理端口，同时使能当前设备的堆叠功能
irf member *member-id* **renumber** *new-member-id*	配置成员编号
irf-port-configuration active	激活设备上所有 IRF 端口下的配置
display *irf configuration*	显示本堆叠中所有设备的预配置信息
displayirf topology	查看本堆叠的拓扑信息

10.6 思考题

在本实验中，IRF 端口可以任意指定吗？

答：以本配置中此命令为例。

```
[SWA_NEW]irf-port1/1
[SWA_NEW-irf-port1/1] port group interface Ten-GigabitEthernet 1/0/49
[SWA_NEW]irf-port1/2
```

```
[SWA_NEW-irf-port1/2] port group interface Ten-GigabitEthernet 1/0/50
```

这个 irf-port 1 表示逻辑口 1，也可称为左口，port 2 表示物理口。这个 irf-port 2 表示逻辑口 2，也可称为右口，Ten-GigabitEthernet 表示物理口。

两台进行堆叠的设备需要左口和右口互连，否则堆叠可能无法成功，且 member 值需要与交换机显示的一致。

实验11

端口接入控制

11.1 实验内容与目标

完成本实验，应该能够：

- 掌握 IEEE 802.1x 认证基于 MAC/Port 认证的配置和验证方法，掌握 IEEE 802.1x 下发 Guest VLAN 和动态 VLAN 的配置和验证方法；
- 掌握 MAC 地址认证采用本地和远程两种认证方式的配置和验证方法；
- 掌握端口安全 autoLearn、userLoginWithOUI、macAddress or User Login Secure Ext 3 种模式的配置和验证方法。

11.2 实验组网图

实验组网如图 11-1 所示，互连方式和 IP 地址分配参见图 11-1。

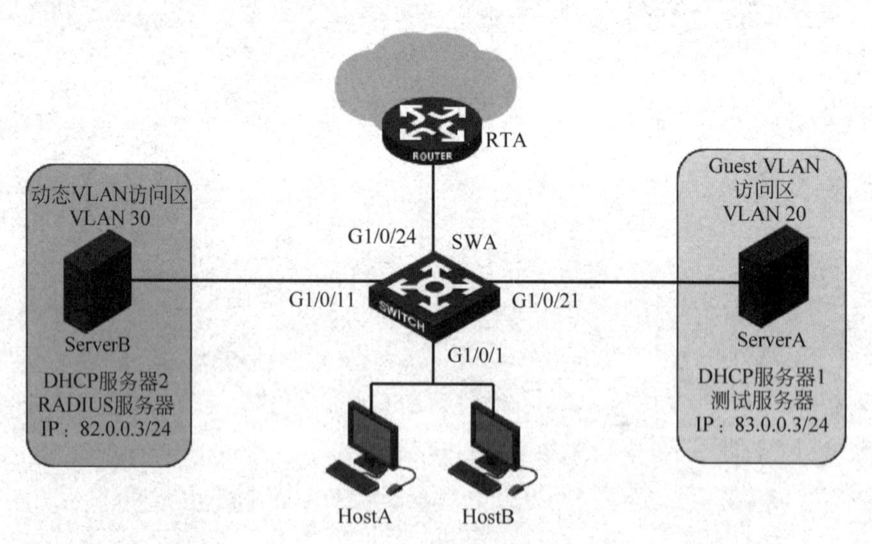

图 11-1　端口接入控制实验组网

11.3 实验设备及版本

本实验所需的主要设备及版本如表 11-1 所示。

表 11-1　实验设备及版本

名称和型号	版　　本	数量	描　　述
S5820V2	CMW 7.1.045-R2422P01	1	作为提供认证服务的交换机
三层交换机或路由器	—	1	作为 RTA 模拟 Internet
主机	Windows XP SP2	2	安装 iNode 客户端作为认证客户端
主机	Windows XP SP2	1	作为 RADIUS 服务器和 DHCP 服务器 2
主机	Windows XP SP2	1	作为测试服务器和 DHCP 服务器 1
第 5 类 UTP 以太网连接线	—	10	

11.4　实验过程

实验任务 1：IEEE 802.1x 认证实验

步骤 1：搭建实验环境

依照图 11-1 所示搭建实验环境，其中 RADIUS 服务器采用标准 RADIUS 服务器软件，例如可以使用 H3C iMC 智能管理中心软件。在 RADIUS 服务器上创建用户 test@h3c.com，密码 abc。HostA 和 HostB 安装 iNode 智能客户端软件。

在 SWA 上将端口 G1/0/11 划入 VLAN30，将 G1/0/21 划入 VLAN20，将 G1/0/24 划入 VLAN40。

按照表 11-2 所示完成各实验设备的 VLAN 接口和 IP 地址的配置。HostA 和 HostB 的 IP 地址采用 DHCP 动态申请，分别在 DHCP 服务器上设置地址池，使得 HostA 和 HostB 加入 Guest VLAN 时，通过 DHCP 服务器 1 分配 IP 地址分别为 83.0.0.11/24 和 83.0.0.12/24，可以访问 Guest VLAN 内的服务器等资源；使得 HostA 和 HostB 认证通过加入动态 VLAN 后，通过 DHCP 服务器 2 分配 IP 地址分别为 121.1.1.11/24 和 121.1.1.12/24，网关为121.1.1.1。

表 11-2　IP 地址分配表

设备名	接口	地址/掩码	网　　关
SWA	VLAN10	121.1.1.1/24	—
	VLAN20	83.0.0.1/24	—
	VLAN30	82.0.0.1/24	—
	VLAN40	1.1.1.1/8	—
ServerA	—	83.0.0.3/24	83.0.0.1
ServerB	—	82.0.0.3/24	82.0.0.1
RTA	G0/1	1.1.1.2/8	—

RTA 用于模拟 Internet 网络，请正确配置 RTA 的 IP 地址和路由，建议配置静态路由，可以到达实验所涉及的 83.0.0.0/24 和 121.1.1.0/24 两个网段。

步骤 2：配置基于 MAC 的 IEEE 802.1x 认证

首先在 SWA 配置 RADIUS 方案 h3c.com，并指定认证服务器和计费服务器以及认证服务器的 Key，请将完整的配置命令填写在如下空格中。

[SWA]______________________________

[SWA-radius-h3c.com]______________________________

[SWA-radius-h3c.com]________________
[SWA-radius-h3c.com]________________
[SWA-radius-h3c.com]________________
[SWA-radius-h3c.com]user-name-format with-domain
[SWA-radius-h3c.com]quit

在SWA创建Domain h3c.com,并引用RADIUS方案h3c.com为域的认证、授权和计费方案,请将完整的配置命令填写在如下空格中。

[SWA]________________
[SWA-isp-h3c.com]________________
[SWA-isp-h3c.com]________________
[SWA-isp-h3c.com]________________

在SWA全局和HostA所在的端口G1/0/1上启用IEEE 802.1x协议,请将完整的配置命令填写在下面的空格中。

____

____

设置IEEE 802.1x认证方法为EAP,请将完整的配置命令填写在下面的空格中。

____

在端口模式下设置端口接入控制方式为macbased,并将端口加入VLAN10,请将完整的配置命令填写在下面的空格中。

[SWA-GigabitEthernet1/0/1]________________
[SWA-GigabitEthernet1/0/1]________________

步骤3:安装客户端并创建IEEE 802.1x认证连接

首先在测试用的PC上安装iNode客户端软件,安装过程请依照安装向导默认设置完成。

然后在iNode智能客户端软件管理界面新建IEEE 802.1x认证连接。在智能客户端管理软件的菜单上选择"文件"→"新建连接"命令,管理软件将弹出"新建连接向导"窗口,如图11-2所示,单击"下一步"按钮进入"选择认证协议"窗口,选择本实验采用的"802.1x协议"(如图11-3)后单击"下一步"按钮进入"选择连接类型"窗口,选择"普通连接"选项(如图11-4)后单击"下一步"按钮进入"账户信息"配置窗口,输入用户名test@h3c.com和密码abc(如图11-5)

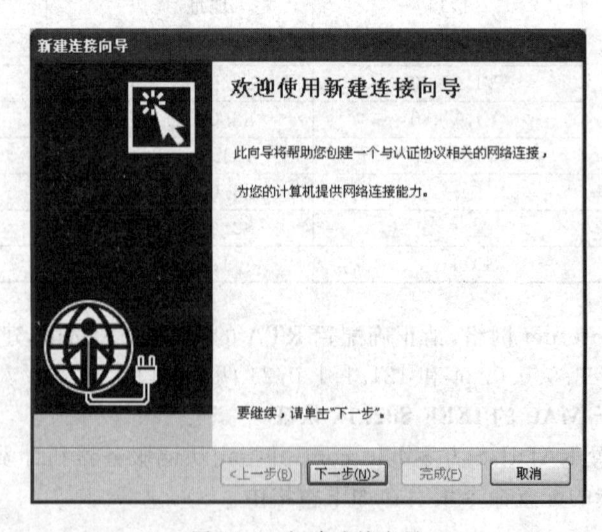

图11-2 新建连接向导

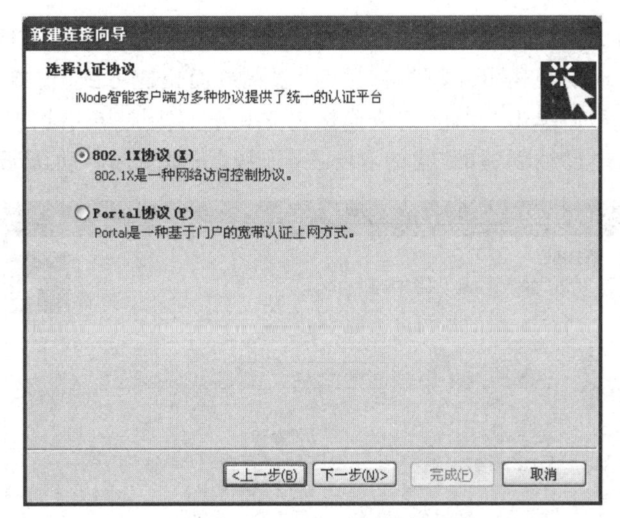

新建连接向导
选择认证协议
iNode智能客户端为多种协议提供了统一的认证平台
802.1X协议(X)
802.1X是一种网络访问控制协议。
Portal协议(P)
Portal是一种基于门户的宽带认证上网方式。
<上一步(B)
下一步(N)>
完成(F)
取消

图 11-3　选择认证协议

新建连接向导
选择连接类型
协议当前所支持的连接类型
普通连接(C)
您将需要一个用户名和密码来创建新的连接。
快速认证连接(Q)
使用特定的用户名和密码来创建新的连接。
单点登录连接(O)
登录Windows期间，使用登录Windows的用户信息（用户只需输入一次）先进行网络接入认证，然后再做Windows的登录。
<上一步(B)
下一步(N)>
完成(F)
取消

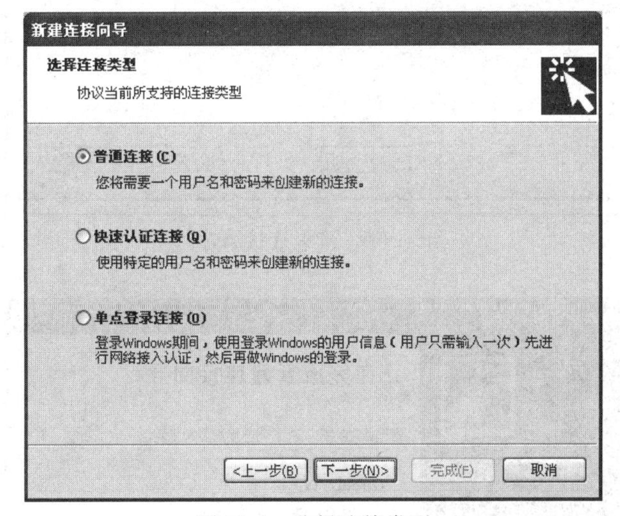

图 11-4　选择连接类型

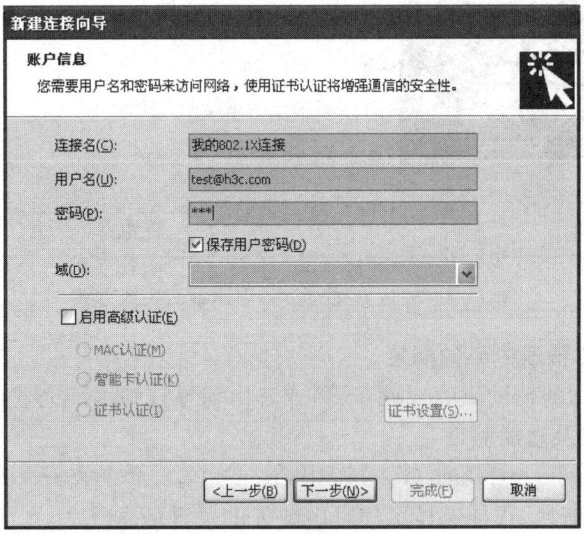

新建连接向导
账户信息
您需要用户名和密码来访问网络，使用证书认证将增强通信的安全性。
连接名(C):
我的802.1X连接
用户名(U):
test@h3c.com
密码(P):
***
保存用户密码(D)
域(D):
启用高级认证(E)
MAC认证(M)
智能卡认证(K)
证书认证(I)
证书设置(S)...
<上一步(B)
下一步(N)>
完成(F)
取消

图 11-5　配置账户信息

后单击“下一步”按钮进入“连接属性”配置窗口，选择对应的网卡并取消选中所有“用户选项”前的复选框(如图 11-6)后单击“完成”按钮进入“创建桌面快捷方式”窗口，选择创建桌面快捷方式复选框(如图 11-7)后单击“创建”完成连接建立和桌面快捷方式的创建。之后在实验过程中可以直接在桌面双击已经创建的“我的 802.1x 连接”快捷图标启动认证客户端。

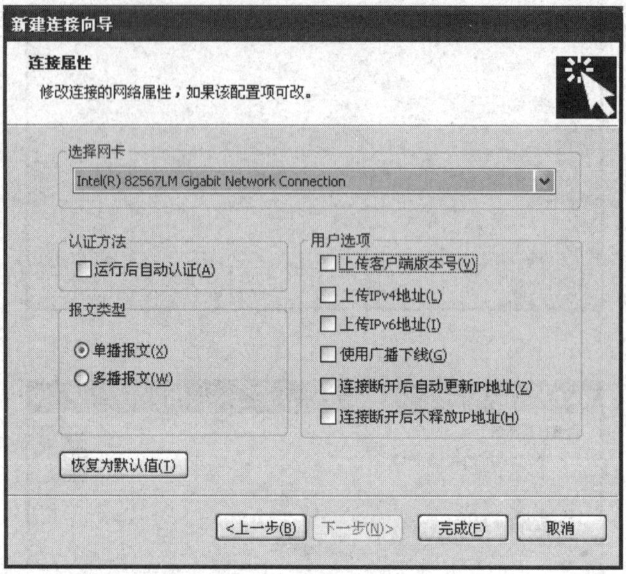

图 11-6 选择连接属性

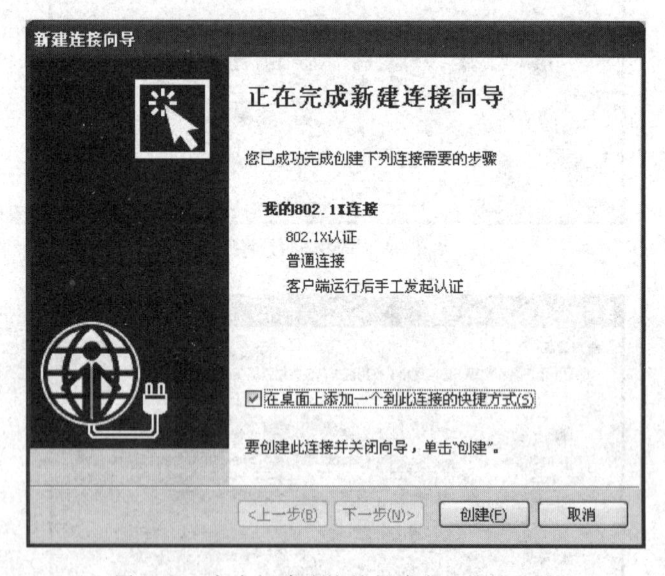

图 11-7 完成新建连接并创建桌面快捷方式

步骤 4：IMC 智能管理中心的配置

请在实验指导教师的辅助下完成此步骤，或者由辅导教师事前完成此步骤。

步骤 5：检查配置及功能验证

请使用 display dot1x interface GigabitEthernet 1/0/1 命令查看 HostA 所在端口及全局的 IEEE 802.1x 配置信息，并补充显示信息中缺失的关键信息。

```
<SWA>display dot1x interface GigabitEthernet 1/0/1
Global 802.1x parameters:
    802.1x authentication                    : ________________
    EAP authentication                       : ________________
    Max-tx period                            : 30 s
    Handshake period                         : 15 s
    Quiet timer                              : Disabled
        Quiet period                         : 60 s
    Supp timeout                             : 30 s
    Server timeout                           : 100 s
    Reauth period                            : 3600 s
    Max auth requests                        : 2
    SmartOn supp timeout                     : 30 s
    SmartOn retry counts                     : 3
    EAD assistant function                   : Disabled
        EAD timeout                          : 30 min
    Domain delimiter                         : @
  Max 802.1x users                           : 4294967295 per slot
  Online 802.1x users                        : 1
GigabitEthernet1/0/1  is link-up
    802.1x authentication                    : ________________
    Handshake                                : Enabled
    Handshake reply                          : Disabled
    Handshake security                       : Disabled
    Unicast trigger                          : Disabled
    Periodic reauth                          : Disabled
    Port role                                : Authenticator
    Authorization mode                       : Auto
    Port access control                      : ________________
    Multicast trigger                        : Enabled
    Mandatory auth domain                    : Not configured
    Guest VLAN                               : Not configured
    Auth-Fail VLAN                           : Not configured
    Critical VLAN                            : Not configured
    Re-auth server-unreachable               : Logoff
    Max online users                         : 4294967295
    SmartOn                                  : Disabled

    EAPOL packets                            : Tx 162, Rx 92
    Sent EAP Request/Identity packets        : 113
         EAP Request/Challenge packets       : 4
         EAP Success packets                 : 1
         EAP Failure packets                 : 44
    Received EAPOL Start packets             : 22
             EAPOL LogOff packets            : 16
             EAP Response/Identity packets   : 50
             EAP Response/Challenge packets  : 4
             Error packets                   : 0
    Online 802.1x users                      : 1
          MAC address       Auth state
          4437-e6ab-7df0    Authenticated
```

请执行适合的命令查看 RADIUS 方案信息，并在下面的空格处填写完整的显示命令：

____

请执行适合的命令查看 ISP 域配置信息，并在下面的空格处填写完整的显示命令：

____

此时在 HostA 或 HostB 上执行 PING 命令检测网关可达性，请将 PING 命令执行结果填写在下面空格中。

____

通过 Hub 或二层交换机将 HostA 和 HostB 同时接入 SWA 的 G1/0/1 端口后，在 HostA 上双击步骤三中创建的快捷图标并输入用户名和密码进行认证。此时认证成功吗？请将认证结果填写在下面的空格中。

____

认证成功后在 HostA 和 HostB 主机上执行 PING 命令，再次检测网关可达性，请将 HostA 和 HostB 的显示结果填入下面对应的空格。

____

____

为什么？

____

如何才能使得 HostB 也能够访问网络？

____

步骤 6：下发 Guest VLAN 功能验证

在 SWA 设置端口接入控制方式为 portbased，设置 Guest VLAN 为 20，恢复端口 PVID 为 VLAN1。

```
[SWA]vlan20
[SWA-vlan20]quit
[SWA]int GigabitEthernet 1/0/1
[SWA-GigabitEthernet1/0/1]dot1x port-method portbased
[SWA-GigabitEthernet1/0/1]dot1x guest-vlan 20
[SWA-GigabitEthernet1/0/1]undo port access vlan
```

请再次执行 display dot1x interface GigabitEthernet 1/0/1 命令查看 HostA 所在端口 G1/0/1 当前的 802.1x 配置信息并将下面缺失的关键信息补充完整。

```
Global 802.1x parameters:
   802.1x authentication              : Enabled
   EAP authentication                 : Enabled
   Max-tx period                      : 30 s
   Handshake period                   : 15 s
   Quiet timer                        : Disabled
       Quiet period                   : 60 s
   Supp timeout                       : 30 s
   Server timeout                     : 100 s
   Reauth period                      : 3600 s
   Max auth requests                  : 2
   SmartOn supp timeout               : 30 s
   SmartOn retry counts               : 3
   EAD assistant function             : Disabled
       EAD timeout                    : 30 min
   Domain delimiter                   : @
```

```
Max 802.1x users                              : 4294967295 per slot
Online 802.1x users                           : 0
GigabitEthernet1/0/1   is link-up
  802.1x authentication                       : Enabled
  Handshake                                   : Enabled
  Handshake reply                             : Disabled
  Handshake security                          : Disabled
  Unicast trigger                             : Disabled
  Periodic reauth                             : Disabled
  Port role                                   : Authenticator
  Authorization mode                          : Auto
  Port access control                         : ____________________
  Multicast trigger                           : Enabled
  Mandatory auth domain                       : Not configured
  Guest VLAN                                  : 20
  Auth-Fail VLAN                              : Not configured
  Critical VLAN                               : Not configured
  Re-auth server-unreachable                  : Logoff
  Max online users                            : 4294967295
  SmartOn                                     : Disabled

  EAPOL packets                               : Tx 353, Rx 274
  Sent EAP Request/Identity packets           : 346
       EAP Request/Challenge packets          : 3
       EAP Success packets                    : 1
       EAP Failure packets                    : 3
  Received EAPOL Start packets                : 2
           EAPOL LogOff packets               : 2
           EAP Response/Identity packets      : 267
           EAP Response/Challenge packets     : 3
           Error packets                      : 0
  Online 802.1x users                         : 0
```

通过命令 display interface GigabitEthernet 1/0/1 可以查看到当前 G1/0/1 端口所属 VLAN，请将显示信息中缺失的关键信息补充完整。

```
[SWA]display interface GigabitEthernet 1/0/1
GigabitEthernet1/0/1
Current state: UP
Line protocol state: UP
IP packet frame type: Ethernet II, hardware address: 70ba-ef6a-8035
Description: GigabitEthernet1/0/1 Interface
Bandwidth: 1000000 kbps
Loopback is not set
Media type is twisted pair
port hardware type is 1000_BASE_T
1000Mbps-speed mode, full-duplex mode
Link speed type is autonegotiation, link duplex type is autonegotiation
Flow-control is not enabled
Maximum frame length: 10000
Allow jumbo frames to pass
Broadcast max-ratio: 100%
Multicast max-ratio: 100%
Unicast max-ratio: 100%
PVID: 1
MDI type: Automdix
```

```
Port link-type: Access
 Tagged VLANs:    None
 Untagged VLANs: ____________________
Port priority: 0
Last clearing of counters: Never
 Peak input rate: 27 bytes/sec, at 2011-01-01 05:43:58
 Peak output rate: 142 bytes/sec, at 2011-01-01 06:38:13
 Last 300 second input: 0 packets/sec 2 bytes/sec 0%
 Last 300 second output: 0 packets/sec 19 bytes/sec 0%
 Input (total):   358 packets, 30520 bytes
          272 unicasts, 70 broadcasts, 16 multicasts, 0 pauses
 Input (normal):   358 packets, - bytes
          272 unicasts, 70 broadcasts, 16 multicasts, 0 pauses
 Input:   0 input errors, 0 runts, 0 giants, 0 throttles
          0 CRC, 0 frame, - overruns, 0 aborts
          - ignored, - parity errors
 Output (total): 1861 packets, 245719 bytes
          181 unicasts, 551 broadcasts, 1129 multicasts, 0 pauses
 Output (normal): 1861 packets, - bytes
          181 unicasts, 551 broadcasts, 1129 multicasts, 0 pauses
 Output: 0 output errors, - underruns, - buffer failures
         0 aborts, 0 deferred, 0 collisions, 0 late collisions
          0 lost carrier, - no carrier
```

等待约1min后，再次执行命令 display interface GigabitEthernet 1/0/1 确认当前 G1/0/1 端口所属 VLAN，请将显示信息中缺失的信息补充完整。

```
[SWA]display interface GigabitEthernet 1/0/1
GigabitEthernet1/0/1
Current state: UP
Line protocol state: UP
IP packet frame type: Ethernet II, hardware address: 70ba-ef6a-8035
Description: GigabitEthernet1/0/1 Interface
Bandwidth: 1000000 kbps
Loopback is not set
Media type is twisted pair
port hardware type is 1000_BASE_T
1000Mbps-speed mode, full-duplex mode
Link speed type is autonegotiation, link duplex type is autonegotiation
Flow-control is not enabled
Maximum frame length: 10000
Allow jumbo frames to pass
Broadcast max-ratio: 100%
Multicast max-ratio: 100%
Unicast max-ratio: 100%
PVID: 20
MDI type: Automdix
Port link-type: Access
 Tagged VLANs:    None
 Untagged VLANs: ____________________
Port priority: 0
Last clearing of counters: Never
 Peak input rate: 27 bytes/sec, at 2011-01-01 05:43:58
 Peak output rate: 142 bytes/sec, at 2011-01-01 06:38:13
 Last 300 second input: 0 packets/sec 0 bytes/sec 0%
 Last 300 second output: 0 packets/sec 15 bytes/sec 0%
```

```
Input (total):  360 packets, 30831 bytes
          272 unicasts, 72 broadcasts, 16 multicasts, 0 pauses
Input (normal):  360 packets, - bytes
          272 unicasts, 72 broadcasts, 16 multicasts, 0 pauses
Input:  0 input errors, 0 runts, 0 giants, 0 throttles
          0 CRC, 0 frame, - overruns, 0 aborts
          - ignored, - parity errors
Output (total): 1937 packets, 257499 bytes
          181 unicasts, 551 broadcasts, 1205 multicasts, 0 pauses
Output (normal): 1937 packets, - bytes
          181 unicasts, 551 broadcasts, 1205 multicasts, 0 pauses
Output: 0 output errors, - underruns, - buffer failures
          0 aborts, 0 deferred, 0 collisions, 0 late collisions
          0 lost carrier, - no carrier
```

此时，在 HostA 和 HostB 上执行 PING 命令检测 Guest VLAN 内的服务器(83.0.0.3)是否可达，并将测试结果填入下面的空格中。

HostA：____

HostB：____

步骤 7：下发动态 VLAN 功能验证

在上一实验步骤的基础上，在 RADIUS 服务器上设置用户 test@h3c.com 的 RADIUS 属性 Tunnel-Private-Group-ID 且 value 为 10，即下发 VLAN ID 10 给用户 test@h3c.com。HostA 使用 iNode 客户端软件发起 IEEE 802.1x 认证，认证用户名为 test@h3c.com，通过 display connection 命令可以查看所有在线用户情况，相关显示信息参考如下：

```
<SWA>display dot1x connection
Slot ID: 1
User MAC address: 0015-e9a6-7cfe
Access interface: Ten-GigabitEthernet1/0/1
Username: test@h3c.com
Authentication domain: h3c.com
Authentication method: CHAP
Initial VLAN: 1
Authorization untagged VLAN: N/A
Authorization tagged VLAN list: 10
Authorization ACL ID: 3001
Authorization user profile: N/A
Termination action: Default
Session timeout period: 2 s
Online from: 2016/03/02 13:14:15
Online duration: 0h 2m 15s
Total connections: 1.
```

通过 display connection username *username* 命令查看指定上线用户的详细信息参考如下：

```
<SWA>display connection username test@h3c.com
Slot ID: 1
User MAC address: 0015-e9a6-7cfe
Access interface: GigabitEthernet1/0/1
Username: test@h3c.com
Authentication domain: h3c.com
Authentication method: CHAP
Initial VLAN: 1
```

```
Authorization untagged VLAN: 10
Authorization tagged VLAN list: N/A
Authorization ACL ID: N/A
Authorization user profile: N/A
Authorization URL: N/A
Termination action: Default
Session timeout period: 86400 s
Online from: 2013/01/15 06:23:38
Online duration: 0h 0m 28s

Total connections: 1
```

执行命令 display interface GigabitEthernet 1/0/1 并补充如下缺失信息。

```
<SWA> display interface GigabitEthernet 1/0/1

GigabitEthernet1/0/1
Current state: UP
Line protocol state: UP
IP packet frame type: Ethernet Ⅱ, hardware address: 84d9-31ca-5e4e
Description: GigabitEthernet1/0/1 Interface
Bandwidth: 1000000 kbps
Loopback is not set
Media type is twisted pair
Port hardware type is 1000_BASE_T
1000Mbps-speed mode, full-duplex mode
Link speed type is autonegotiation, link duplex type is autonegotiation
Flow-control is not enabled
Maximum frame length: 9216
Allow jumbo frames to pass
Broadcast max-ratio: 100%
Multicast max-ratio: 100%
Unicast max-ratio: 100%
PVID: ______________
MDI type: Automdix
Port link-type: Access
 Tagged VLANs:    None
 Untagged VLANs: ______________
Port priority: 0
Last link flapping: 0 hours 1 minutes 18 seconds
Last clearing of counters: Never
 Peak input rate: 293 bytes/sec, at 2016-01-15 06:23:44
 Peak output rate: 19 bytes/sec, at 2016-01-15 06:23:44
 Last 300 second input: 3 packets/sec 355 bytes/sec 0%
 Last 300 second output: 0 packets/sec 19 bytes/sec 0%
 Input (total):  3057 packets, 278796 bytes
          5 unicasts, 2460 broadcasts, 592 multicasts, 0 pauses
 Input (normal):  3057 packets, - bytes
          5 unicasts, 2460 broadcasts, 592 multicasts, 0 pauses
 Input:  0 input errors, 0 runts, 0 giants, 0 throttles
          0 CRC, 0 frame, - overruns, 0 aborts
          - ignored, - parity errors
 Output (total): 101 packets, 18967 bytes
          7 unicasts, 0 broadcasts, 94 multicasts, 0 pauses
 Output (normal): 101 packets, - bytes
          7 unicasts, 0 broadcasts, 94 multicasts, 0 pauses
```

```
Output: 0 output errors, - underruns, - buffer failures
        0 aborts, 0 deferred, 0 collisions, 0 late collisions
        0 lost carrier, - no carrier
```

再次使用 PING 命令检测 HostA 是否可以访问 Internet 网络，即 PING 121.1.1.1。将执行结果填入如下空格中。

____

保持 HostA 状态不变的情况下，在 HostB 上同样执行 PING 121.1.1.1 时，其执行结果呢？为什么？

____

____

步骤 8：恢复配置

在 SWA 的全局和端口关闭 802.1x 协议相关配置。

```
<SWA>system-view
[SWA]undo dot1x
[SWA]interface G1/0/1
[SWA-GigabitEthernet1/0/1]undo dot1x port-method
[SWA-GigabitEthernet1/0/1]undo dot1x guest-vlan
[SWA-GigabitEthernet1/0/1]undo dot1x
[SWA-GigabitEthernet1/0/1]quit
```

实验任务 2：MAC 地址认证实验

步骤 1：搭建实验环境

搭建实验环境，如同任务一中的步骤一。

步骤 2：配置 MAC 地址本地认证

在 SWA 配置 MAC 地址认证使用的本地用户，并将完整的配置命令填入下面的空格中。

```
<SWA>system-view
[SWA]______________________________
[SWA-luser-network-mac]service-type ________
[SWA-luser-network-mac]____________________
```

在 SWA 配置 ISP 域，域名为 hh3c.com，并设置认证、授权、计费为本地策略。请将完整的配置命令填入下面的空格中。

____

____

____

____

在 SWA 全局和 HostA 所在的端口 G1/0/1 上启用 MAC 地址认证特性，并将完整的配置命令填入下面的空格中。

____

____

____

在 SWA 上配置 MAC 地址认证所使用的认证域为 hh3c.com，并将完整的配置命令填入下面的空格中。

____

在SWA上执行如下命令使MAC认证用户采用固定用户名和密码并将端口加入VLAN10。

```
[SWA]mac-authentication user-name-format fixed account mac password simple 123456
[SWA]interface GigabitEthernet 1/0/1
[SWA-GigabitEthernet1/0/1]port access vlan 10
```

步骤3：检查配置及功能验证

在HostA上PING网关，触发MAC地址认证，请把观察到的结果记录在下面的空格中。

____

____

____

____

执行命令display mac-authentication connection interface GigabitEthernet 1/0/1查看认证信息参考如下：

```
<SWA>display mac-authentication connection interface G1/0/1
Slot ID:1
User MAC address:4437-e6ab-7df0
Access interface:GigabitEthernet1/0/1
Username:________
Authentication domain:____________________
Initial VLAN:10
Authorization untagged VLAN:N/A
Authorization tagged VLAN:N/A
Authorization ACL ID:N/A
Authorization user profile:N/A
Termination action:N/A
Session timeout period:N/A
Online from:2016/01/02 02:09:00
Online duration:0h 1m 46s
Total 1 connections matched.
```

用display mac-authentication interface GigabiEthernet 1/0/1命令查看HostA所在G1/0/1端口及全局的MAC地址认证配置信息并补充如下空格处缺失的信息：

```
<SWA>display mac-authentication interface G1/0/1
Global MAC authentication parameters:
   MAC authentication            : Enabled
   Username format               : ______________________________
           Username              : mac
           Password              : ******
   Offline detect period         : 300 s
   Quiet period                  : 60 s
   Server timeout                : 100 s
   Authentication domain         : ____________________
 Max MAC-auth users              : 4294967295 per slot
 Online MAC-auth users           : ________

 Silent MAC users:
          MAC address         VLAN ID  From port                Port index

 GigabitEthernet1/0/1   is link-up
   MAC authentication            : Enabled
```

```
Carry User-IP                    : Disabled
Authentication domain            : Not configured
Auth-delay timer                 : Disabled
Re-auth server-unreachable       : Logoff
Guest VLAN                       : Not configured
Guest VLAN auth-period           : 30
Critical VLAN                    : Not configured
Host mode                        : Single VLAN
Offline detection                : Enabled
Max online users                 : 4294967295
Authentication attempts          : successful 7, failed 4
Current online users             : 1
        MAC address          Auth state
        4437-e6ab-7df0       Authenticated
```

步骤4：配置MAC地址远程认证

在RADIUS服务器上完成用户MAC地址集中认证用户test@h3c.com的用户名和密码设置。

在SWA配置MAC地址远程认证使用的AAA方案和ISP域，域名为h3c.com，设置用户采用EAP认证方法，其参考命令如下：

```
[SWA]radius scheme h3c.com
[SWA-radius-h3c.com]primary authentication 82.0.0.3
[SWA-radius-h3c.com]primary accounting 82.0.0.3
[SWA-radius-h3c.com]key authentication simple expert
[SWA-radius-h3c.com]key accounting simple expert
[SWA-radius-h3c.com]user-name-format with-domain
[SWA-radius-h3c.com]quit
[SWA]domain h3c.com
[SWA-isp-h3c.com]authentication lan-access radius-scheme h3c.com
[SWA-isp-h3c.com]authorization lan-access radius-scheme h3c.com
[SWA-isp-h3c.com]accounting lan-access radius-scheme h3c.com
[SWA-isp-h3c.com]quit
[SWA]dot1x authentication-method eap
```

在SWA全局和HostA所在的端口G1/0/1上启用MAC地址认证特性，配置MAC地址认证的用户名和密码，及使用的认证域，将端口加入VLAN10。

```
[SWA]mac-authentication
[SWA]mac-authentication user-name-format fixed accounttest password simple test
[SWA]mac-authentication domain h3c.com
[SWA]vlan 10
[SWA-vlan10]quit
[SWA]interface GigabitEthernet 1/0/1
[SWA-GigabitEthernet1/0/1]port access vlan 10
[SWA-GigabitEthernet1/0/1]mac-authentication
```

步骤5：检查配置及功能验证

在HostA上PING网关，触发MAC地址认证成功，确认HostA是否可以访问网络并把结果记录在下面的空格中。

____

通过命令display mac-authentication connection interface GigabitEthernet 1/0/1查看到HostA用户是否已经在线，并把结果记录在下面的空格中。

____

通过 display mac-authentication interface GigabitEthernet 1/0/1 命令查看 HostA 所在 G1/0/1 端口及全局的 MAC 地址认证配置信息并完善如下显示信息。

```
<SWA>display mac-authentication interface G1/0/1
Global MAC authentication parameters:
   MAC authentication              : Enabled
   Username format                 : Fixed account
           Username                : test
           Password                : ******
   Offline detect period           : 300 s
   Quiet period                    : 60 s
   Server timeout                  : 100 s
   Authentication domain           : ____________
 Max MAC-auth users                : 4294967295 per slot
 Online MAC-auth users             : 1

 Silent MAC users:
          MAC address       VLAN ID   From port              Port index

 GigabitEthernet1/0/1   is link-up
   MAC authentication              : Enabled
   Carry User-IP                   : Disabled
   Authentication domain           : Not configured
   Auth-delay timer                : Disabled
   Re-auth server-unreachable      : Logoff
   Guest VLAN                      : Not configured
   Guest VLAN auth-period          : 30
   Critical VLAN                   : Not configured
   Host mode                       : Single VLAN
   Offline detection               : Enabled
   Max online users                : 4294967295
   Authentication attempts         : successful 25, failed 11
   Current online users            : 1
          MAC address            Auth state
          4437-e6ab-7df0        Authenticated
```

步骤 6：恢复配置

在 SWA 上使用如下命令删除 MAC 地址认证相关配置。

```
[SWA]undo mac-authentication
[SWA] interface GigabitEthernet 1/0/1
[SWA-GigabitEthernet1/0/1]undo mac-authentication
```

实验任务 3：端口安全实验

步骤 1：搭建实验环境

搭建实验环境，如同任务一中的步骤一(但请注意，在实验操作前，请不要连接 HostB)。

步骤 2：配置端口安全 autoLearn 模式

在 SWA 上全局使能端口安全功能将完整的命令记录在如下空格中。

____

____

设置端口允许的最大安全 MAC 地址数为 1，设置端口安全模式为 autoLearn，设置触发入侵检测特性后的保护动作为暂时关闭端口，关闭时间为 30s 并将完整的命令记录在如下空格中。

____

____

____

____

____

____

步骤3：检查配置及功能验证

配置完成后，请使用 display port-security interface GigabitEthernet 1/0/1 命令显示端口安全配置情况并补充如下空格处的信息。

```
<SWA>display port-security interface GigabitEthernet 1/0/1
Port security parameters:
   Port security                  : ____________
   AutoLearn aging time           : 0 min
   Disableport timeout            : 30 s
   MAC move                       : Denied
   Authorization fail             : Online
 NAS-ID profile is not configured
   OUI value list                 :

 GigabitEthernet1/0/1 is link-up
   Port mode                      : ____________
   NeedToKnow mode                : Disabled
   Intrusion protection mode      : DisablePortTemporarily
   Security MAC address attribute
       Learning mode              : Sticky
       Aging type                 : Periodical
   Max secure MAC addresses       : 1
   Current secure MAC addresses   : 0
   Authorization                  : Permitted
   NAS-ID profile is not configured
```

此时在 HostA 上执行 PING 测试检测网关可达性并将检测结果记录在下面的空格中。

____

____

____

____

请在 G1/0/1 端口下执行 display this 命令并补充下面空格处的信息。

```
[SWA-GigabitEthernet1/0/1]display this
#
interface GigabitEthernet1/0/1
 port link-mode bridge
 port access vlan 10
 port-security max-mac-count 1
 port-security port-mode autolearn
port-security intrusion-mode disableport-temporarily
______________________________________
#
return
```

当G1/0/1端口学习到的MAC地址数达到1后，请使用命令display port-security interface GigabitEthernet 1/0/1查看端口信息并补充如下空格处的信息。

```
<SWA>display port-security interface GigabitEthernet 1/0/1
Port security parameters:
   Port security                      : Enabled
   AutoLearn aging time               : 0 min
   Disableport timeout                : 30 s
   MAC move                           : Denied
   Authorization fail                 : Online
 NAS-ID profile is not configured
   OUI value list                     :

 GigabitEthernet1/0/1 is link-up
   Port mode                          : ______________
   NeedToKnow mode                    : Disabled
   Intrusion protection mode          : DisablePortTemporarily
   Security MAC address attribute
       Learning mode                  : Sticky
       Aging type                     : Periodical
   Max secure MAC addresses           : 1
   Current secure MAC addresses       : 1
   Authorization                      : Permitted
   NAS-ID profile is not configured
```

在实验组网中为了能够满足同一端口下多个MAC地址的情况，请使用Hub连接HostA和HostB，然后接入S5820v2交换机的指定端口G1/0/1下，在端口已经学习到HostA的安全MAC后，再在HostB上执行PING网关操作，请记录设备显示终端输出的信息在下面的空格中。

____

____

____

____

步骤4：配置端口安全userLoginWithOUI模式

保持RADIUS服务器上认证用户名、密码配置不变。

在SWA配置IEEE 802.1x认证使用的AAA方案和ISP域，域名为h3c.com，设置用户采用EAP认证方法。其参考命令如下：

```
[SWA]radius scheme h3c.com
[SWA-radius-h3c.com]primary authentication 82.0.0.3
[SWA-radius-h3c.com]primary accounting 82.0.0.3
[SWA-radius-h3c.com]key authentication simple expert
[SWA-radius-h3c.com]key accounting simple expert
[SWA-radius-h3c.com]user-name-format with-domain
[SWA-radius-h3c.com]quit
[SWA]domain h3c.com
[SWA-isp-h3c.com]authentication lan-access radius-scheme h3c.com
[SWA-isp-h3c.com]authorization lan-access radius-scheme h3c.com
[SWA-isp-h3c.com]accounting lan-access radius-scheme h3c.com
[SWA-isp-h3c.com]quit
[SWA]dot1x authentication-method eap
```

在SWA上使能端口安全功能，将HostB的MAC添加为OUI地址并记录完整的配置命令在如下空格中。

____

____

____

在 SWA 的 G1/0/1 端口上设置安全模式为 userlogin-withoui 并记录完整的配置命令于空格中。

____

步骤 6. 检查配置及功能验证

配置完成后，请使用 display port-security interface GigabitEthernet 1/0/1 命令显示端口安全配置信息并完善如下信息：

```
<SWA>display port-security interface GigabitEthernet 1/0/1
Port security parameters:
   Port security                  : Enabled
   AutoLearn aging time           : 0 min
   Disableport timeout            : 30 s
   MAC move                       : Denied
   Authorization fail             : Online
 NAS-ID profile is not configured
   OUI value list                 :
       Index :   1        Value   : 000f1f

 GigabitEthernet1/0/1 is link-up
   Port mode                      : ____________________
   NeedToKnow mode                : Disabled
   Intrusion protection mode      : ____________________
   Security MAC address attribute
       Learning mode              : Sticky
       Aging type                 : Periodical
   Max secure MAC addresses       : Not configured
   Current secure MAC addresses   : 1
   Authorization                  : Permitted
   NAS-ID profile is not configured
```

此时通过命令 display dot1x connection 查看 IEEE 802.1x 用户的情况，并将结果记录在如下空格中。

____

____

____

____

请在 SWA 上执行命令 display mac-address 查看到端口 G1/0/1 学习到的 MAC 地址，并将结果记录在如下空格中。

____

____

端口 G1/0/1 上学习到 HostB 的 MAC 地址了吗？

____

步骤 6：配置端口安全 userLoginSecureOrMacExt 模式

保持 RADIUS 服务器上认证用户名、密码配置不变。

在 SWA 配置 MAC 认证使用的本地用户和 ISP 域，域名为 hh3c.com，配置 MAC 地址认证的用户名和密码，及使用的认证域。其参考命令如下：

```
<SWA>system-view
[SWA]local-user mac class network
[SWA-luser-network-mac]service-type lan-access
[SWA-luser-network-mac]password simple 123456
[SWA-luser-network-mac]quit
[SWA]domainhh3c.com
[SWA-isp-hh3c.com]authentication lan-accesslocal
[SWA-isp-hh3c.com]authorization lan-accesslocal
[SWA-isp-hh3c.com]accounting lan-access local
[SWA-isp-hh3c.com]quit
[SWA]mac-authentication user-name-format fixed account mac password simple 123456
[SWA]mac-authentication domain hh3c.com
```

在 SWA 配置 802.1x 认证使用的 AAA 方案和 ISP 域，域名为 h3c.com，设置用户采用 CHAP 认证方法。其参考命令如下：

```
[SWA]radiusscheme h3c.com
[SWA-radius-h3c.com]primary authentication 82.0.0.3
[SWA-radius-h3c.com]primary accounting 82.0.0.3
[SWA-radius-h3c.com]key authentication simple expert
[SWA-radius-h3c.com]key accounting simple expert
[SWA-radius-h3c.com]user-name-format with-domain
[SWA-radius-h3c.com]quit
[SWA]domain h3c.com
[SWA-isp-h3c.com]authentication lan-access radius-scheme h3c.com
[SWA-isp-h3c.com]authorization lan-access radius-scheme h3c.com
[SWA-isp-h3c.com]accounting lan-access radius-scheme h3c.com
[SWA-isp-h3c.com]quit
[SWA]dot1x authentication-method chap
```

在 SWA 上使能端口安全功能，设置端口安全模式为 userlogin-secure-or-mac-ext：

```
<SWA>system-view
[SWA]port-security enable
[SWA]interface GigabitEthernet 1/0/1
[SWA-GigabitEthernet1/0/1]port-security port-mode userlogin-secure-or-mac-ext [SWA-GigabitEthernet1/0/1]quit
```

步骤 7：配置检查及功能验证

配置完成后，请使用 display port-security interface GigabitEthernet 1/0/1 命令显示端口安全配置情况并补充如下空格中的信息。

```
<SWA>display port-security interface GigabitEthernet 1/0/1
Port security parameters:
   Port security                   : Enabled
   AutoLearn aging time            : 0 min
   Disableport timeout             : 30 s
   MAC move                        : Denied
   Authorization fail              : Online
  NAS-ID profile is not configured
   OUI value list                  :
       Index :  1        Value     : 4437e6

 GigabitEthernet1/0/1 is link-up
```

```
Port mode                       : ____________________
NeedToKnow mode                 : Disabled
Intrusion protection mode       : NoAction
Security MAC address attribute
    Learning mode               : Sticky
    Aging type                  : Periodical
Max secure MAC addresses        : Not configured
Current secure MAC addresses    : 0
Authorization                   : Permitted
NAS-ID profile is not configured
```

在 HostA 上进行 MAC 地址认证，将认证结果记录在如下空格中。

____

请执行命令 display mac-authentication connection 查看认证信息并将查看结果记录在如下空格中。

____

然后在 HostA 上进行 IEEE 8021. x 认证，并将认证结果记录在如下空格中。

____

为什么会出现这样的结果？

____

步骤 8：恢复配置

在 SWA 上删除本次实验的所有认证相关配置。

```
[SWA]undo port-security enable
[SWA]undo local-user mac class network
[SWA]undo domain hh3c.com
[SWA]undo domain h3c.com
[SWA]undo radius scheme h3c.com
[SWA]interface G1/0/1
[SWA-GigabitEthernet1/0/1]undo port-security port-mode
```

11.5　实验中的命令列表

实验中涉及的相关命令如表 11-3 所示。

表 11-3　实验中的命令列表

命　　令	描　　述
radius scheme *radius-scheme-name*	创建 RADIUS 方案并进入其视图
domain *isp-name*	创建 ISP 域并进入其视图
local-user *user-name* [class {manage|network}]	创建本地用户并进入其视图
dot1x	开启全局或指定端口上的 IEEE 802.1x 特性
dot1x authentication-method {**chap**|**eap**|**pap**}	设置 IEEE 802.1x 用户认证方法
dot1x port-method {**macbased** | **portbased**} [**interface** *interface-list*]	设置端口接入控制方式
mac-authentication	开启全局或指定端口上的 MAC 地址认证特性
mac-authentication user-name-format {**fixed** [**account** *name*] [**password** {**cipher**|**simple**} *password*]|**mac-address** [{**with-hyphen**|**without-hyphen**} [**lowercase**|**uppercase**]]}	设置 MAC 地址认证的用户名和密码

续表

命令	描述
mac-authentication domain *domain-name*	配置 MAC 地址认证用户使用的认证域
port-security enable	全局开启端口安全特性
port-security max-mac-count *count-value*	配置端口允许的最大安全 MAC 地址数
port-security port-mode { **autolearn** | **mac-authentication** | **mac-else-userlogin-secure** | **mac-else-userlogin-secure-ext** | **secure** | **userlogin** | **userlogin-secure** | **userlogin-secure-ext** | **userlogin-secure-or-mac** | **userlogin-secure-or-mac-ext** | **userlogin-withoui**}	配置端口安全模式
port-security intrusion-mode { **blockmac** | **disableport** | **disableport-temporarily**}	配置入侵检测特性

11.6 思考题

(1) IEEE 802.1x 认证采用基于 MAC 方式时,该端口下的所有接入用户均需要单独认证吗?

答:是的,所有接入用户单独认证通过后,才能访问 Internet 网络,一个用户上/下线不会影响其他在线用户。

(2) 在验证 MAC 地址本地认证时,是否可以设置用户采用 EAP 认证方法?

答:不可以,本地认证只支持 CHAP 和 PAP 认证方法,不支持 EAP 认证方法。

(3) 端口安全 macAddressOrUserLoginSecureExt 模式时,用户进行 MAC 认证成功后仍然可以再进行 IEEE 802.1x 认证吗?

答:可以,由于 IEEE 802.1x 认证优先级大于 MAC 地址认证,用户 MAC 认证成功后,再进行 IEEE 802.1x 认证,仍然可以认证成功。

实验12

网络访问控制

12.1 实验内容与目标

完成本实验，应该能够：

- 掌握 IEEE 802.1x 认证并进行 EAD 安全检查配置方法；
- 掌握 EAD 隔离区/安全区配置方法；
- Portal 扩展功能认证配置方法。

12.2 实验组网图

实验组网如图 12-1 所示，由 1 台安全联动交换机 SWA(S5820V2)、1 台路由器 RTA、2 台 PC(HostA、HostB)，以及 iMC 服务器 ServerA、隔离区可选服务器 ServerB 组成。

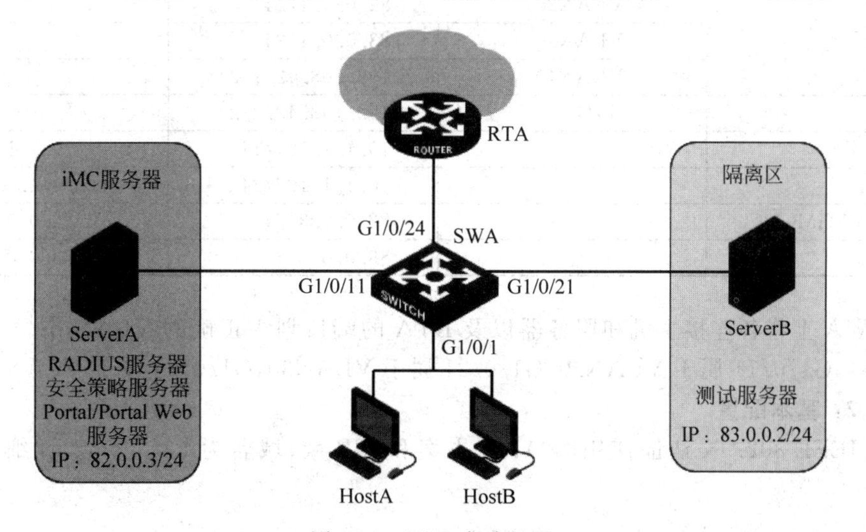

图 12-1　EAD 实验组网

12.3 实验设备及版本

本实验所需的主要设备及版本如表 12-1 所示。

表 12-1 实验设备及版本

名称和型号	版　　本	数量	描　　述
S5820V2	CMW 7.1.045-R2422P01	1	作为安全联动接入交换机
PC＋iNode 认证客户端	Windows XP SP2＋	1	作为认证客户端
MSR 路由器	CMW7.1	1	模拟 Internet
iMC 服务器	3.20-R2602P06	1	安装 iMC 软件作为认证服务器和安全策略服务器
隔离区可选服务器	—	1	作为隔离区的服务器
第 5 类 UTP 以太网连接线	—	10	其中包括交叉线 2 根

12.4 实验过程

实验任务 1：用户进行 IEEE 802.1x 认证并执行 EAD 安全检查

步骤 1：搭建实验环境

首先，依照图 12-1 所示搭建实验环境，连接各设备并安装好相应的应用软件，按照表 12-2 所示配置好各 PC 和服务器以及设备的接口 IP 地址。

表 12-2 接口和 IP 地址

设 备 名 称	接口	IP 地址	网关
SWA	VLAN1	10.1.1.1/24	—
	VLAN20	82.0.0.1/24	—
	VLAN30	83.0.0.1/24	—
	VLAN40	192.168.42.1/24	—
RTA	G0/1	192.168.42.2/24	—
HostA	—	10.1.1.101/24	10.1.1.1
HostB	—	10.1.1.102/24	10.1.1.1
ServerA(iMC)	—	82.0.0.3/24	82.0.0.1
ServerB	—	83.0.0.2/24	83.0.0.1

在 SWA 上将各连接主机和服务器以及 RTA 的端口划入正确的 VLAN 中。G1/0/1 属于 VLAN1，G1/0/11 属于 VLAN20，G1/0/21 属于 VLAN30，G1/0/24 属于 VLAN40。

步骤 2：基本配置

配置 IEEE 802.1x 认证使用的 AAA 方案和 ISP 域，域名为 h3c.com。详细参考命令如下：

```
[SWA]radius scheme h3c.com
[SWA-radius-h3c.com]primary authentication 82.0.0.3
[SWA-radius-h3c.com]primary accounting 82.0.0.3
[SWA-radius-h3c.com]key authentication simple expert
[SWA-radius-h3c.com]key accounting simple expert

[SWA-radius-h3c.com]security-policy-server 82.0.0.3
[SWA-radius-h3c.com]user-name-format with-domain
[SWA-radius-h3c.com]quit
[SWA]domain h3c.com
[SWA-isp-h3c.com]authentication lan-access radius-scheme h3c.com
```

```
[SWA-isp-h3c.com]authorization lan-access radius-scheme h3c.com
[SWA-isp-h3c.com]accounting lan-access radius-scheme h3c.com
```

在 SWA 全局和 HostA 所在的端口 G1/0/1 上启用 IEEE 802.1x 认证，并记录完整的配置命令。

____

____

____

步骤 3：检查配置正确性

请用 display radius scheme *h3c.com* 命令查看 AAA 方案信息并补充如下信息：

```
[SWA]display radius scheme h3c.com
RADIUS scheme name: h3c.com
  Index: 1
  Primary Auth Server:
    Host name: Not Configured
    IP   : ______________                         Port: 1812    State: Active
    VPN  : Not configured
  Primary Acct Server:
    Host name: Not Configured
    IP   : ______________                         Port: 1813    State: Active
    VPN  : Not configured
  Security Policy Server:
    Server: 0      IP: 82.0.0.3          VPN: Not configured

  Accounting-On function                      : Disabled
    Retransmission times                      : 50
    Retransmission interval(seconds)          : 3
  Timeout Interval(seconds)                   : 3
  Retransmission Times                        : 3
  Retransmission Times for Accounting Update  : 5
  Server Quiet Period(minutes)                : 5
  Realtime Accounting Interval(minutes)       : 12
  NAS IP Address                              : Not configured
  VPN                                         : Not configured
  User Name Format                            : __________________
  Data flow unit                              : Byte
  Packet unit                                 : One
  Attribute 15 check-mode                     : Strict
```

用 display domain *h3c.com* 命令查看 ISP 域配置信息：

```
[SWA]display domain h3c.com
Domain:h3c.com
 State: Active
 lan-access Authentication   Scheme:  radius:______________
 lan-access Authorization    Scheme:  radius:______________
 lan-access Accounting       Scheme:  radius:______________
 default Authentication      Scheme:  local
 default Authorization       Scheme:  local
 default Accounting          Scheme:  local
 Authorization attributes :
  Idle-cut : Disable
```

还可以用 display dot1x interface GigabitEthernet 1/0/1 命令查看 HostA 所在 G1/0/1

端口的 IEEE 802.1x 信息。

步骤 4：安装并创建 IEEE 802.1x 认证连接

此步骤操作请参考端口接入控制实验中的客户端安装和使用步骤。

步骤 5：配置 IMC 服务器

请在实验指导教师辅助下完成此步骤，或者由指导教师事前完成此步骤。iMC 服务器配置用户的安全策略，并检查设备是否运行了 calc.exe 进程（Windows 系统自带的计算器程序）。

步骤 6：客户端发起 IEEE 802.1x 认证

HostA 使用 iNode 客户端软件发起 IEEE 802.1x 认证，认证用户名为 test@h3c.com。

（1）在 HostA 上运行计算器进程 calc.exe，然后运行 iNode 客户端进行 IEEE 802.1x 认证，请将认证结果和提示信息记录在如下空格中。

____

____

____

（2）将 HostA 上运行的 calc.exe 进程关闭后重新发起认证，请将认证结果和提示信息记录在如下空格中。

____

____

____

____

步骤 7：检查表项及调试信息

用户上线成功后，请执行 display dot1x connection interface GigabitEthernet 1/0/1 命令查看用户上线情况并将看到的关键用户信息记录在如下空格中。

____

____

____

____

如果用户在认证过程中出现问题，需要使用哪些调试命令进行问题分析定位？请记录使用的调试命令在如下空格中。

____

____

____

实验任务 2：使用 EAD 隔离模式进行安全检查

HostA 客户端在安全检查不通过时，允许访问隔离区 83.0.0.0/24，访问有限的服务器资源；修复完毕后重新进行认证，安全检查通过后，允许访问安全区，即允许访问整个网络。

步骤 1：在 SWA 上创建隔离/安全 ACL

创建隔离 ACL 3000，允许被隔离用户访问认证服务器和隔离区：

```
[SWA] acl number 3000
[SWA-acl-adv-3000] rule 1 permit ip destination 82.0.0.3 0
[SWA-acl-adv-3000] rule 2 permit ip destination 83.0.0.2 0
[SWA-acl-adv-3000] rule 3 deny ip
```

创建安全 ACL 3100，允许认证成功的用户访问所有资源：

```
[SWA] acl number 3100
[SWA-acl-adv-3100] rule 1 permit ip
```

步骤 2：配置 IMC 服务器

请在实验指导教师辅助下完成此步骤或者由指导教师事前完成此步骤。用户名密码保持实验任务一中的配置不变，修改此用户对应服务的配置，修改安全策略的安全级别为隔离模式，对于安全检查不通过的用户下发隔离 ACL，安全检查合格的用户下发安全 ACL。

步骤 3：客户端发起 IEEE 802.1x 认证，安全检查不通过后被隔离

在 HostA 上打开 calc.exe 应用进程，然后使用 iNode 客户端软件发起 IEEE 802.1x 认证，认证用户名为 test@h3c.com。请将认证结果和提示信息记录在下面的空格中。

____

____

____

____

请在 HostA 上执行 PING 命令检测是否可以访问 RTA 和隔离区，并将检测结果记录在下面的空格中。

____

____

此时在 SWA 上执行 display dot1x connection interface GigabitEthernet 1/0/1 命令查看用户上线情况：

```
[SWA]display dot1x connection interface GigabitEthernet 1/0/1
Slot ID:1
User MAC address:4437-e6ab 7df0
Access interface:GigabitEthernet1/0/1
Username:test@h3c.com
Authentication domain:h3c.com
Authentication method:CHAP
Initial VLAN:1
Authorization untagged VLAN:N/A
Authorization tagged VLAN list:N/A
Authorization ACL ID:__________
Authorization user profile:N/A
Termination action:N/A
Session timeout period:N/A
Online from:2011/01/01 00:47:10
Online duration:0h 2m 11s
Total 1 connections matched.
```

步骤 4：客户端发起 IEEE 802.1x 认证，安全检查通过后访问网络

关闭 HostA 上的 calc.exe 应用进程后，使用 iNode 客户端软件发起 IEEE 802.1x 认证，认证用户名为 test@h3c.com，请确认认证结果和提示信息，并将其记录在如下空格中。

____

____

____

____

在 SWA 上执行 display dot1x connection interface GigabitEthernet 1/0/1 命令查看用户上线情况：

```
[SWA]display dot1x connection interface GigabitEthernet 1/0/1
```

```
Slot ID:1
User MAC address:4437-e6ab-7df0
Access interface:GigabitEthernet1/0/1
Username:test@h3c.com
Authentication domain:h3c.com
Authentication method:CHAP
Initial VLAN:1
Authorization untagged VLAN:N/A
Authorization tagged VLAN list:N/A
Authorization ACL ID:________
Authorization user profile:N/A
Termination action:N/A
Session timeout period:N/A
Online from:2011/01/01 00:47:10
Online duration:3h 12m 51s
Total 1 connections matched.
```

在 HostA 上执行 PING 操作，检测 RTA 和隔离区的可达性并将检测结果记录在如下空白处。

____

____

____

____

步骤 5：恢复配置

在 SWA 上删除 IEEE 802.1x 相关配置。

```
[SWA] interface GigabitEthernet 1/0/1
[SWA-GigabitEthernet1/0/1] undo dot1x
```

实验任务 3：用户进行 Portal 认证并执行安全检查

步骤 1：搭建实验环境

本实验环境连接和配置同实验任务一。

步骤 2：基本配置

首先配置 Portal 认证使用的 AAA 方案和 ISP 域，域名为 h3c.com，并将如下配置命令补充完整。

```
[SWA] domain h3c.com
[SWA-isp-h3c.com] authentication ____________________ h3c.com
[SWA-isp-h3c.com] authorization ____________________ h3c.com
[SWA-isp-h3c.com] accounting ____________________ h3c.com
```

配置 Portal 认证服务器：名称为 h3c.com，IP 地址为 82.0.0.3，密钥为明文 expert，监听 Portal 报文的端口为 50100。

____

____

____

____

配置 Portal Web 服务器的 URL 为 http://82.0.0.3:8080/portal。

____

____

____

进入 HostB 接入端口所在的 VLAN 接口视图，启用 Portal 协议，采用三层认证方式，使用 ISP h3c.com 作为 Portal 强制认证域并配置 BAS-IP 为 82.0.0.1，将完整的配置命令记录在下面的空格中。

____

____

____

____

最后配置隔离/安全 ACL。

```
[SWA] acl number 3000
[SWA-acl-adv-3000] rule 1 permit ip destination 83.0.0.2 0
[SWA-acl-adv-3000] rule 2 deny ip
[SWA-acl-adv-3000] quit
[SWA] acl number 3100
[SWA-acl-adv-3100] rule 1 permit ip
[SWA-acl-adv-3100] quit
```

步骤 3：检查配置正确性

在 SWA 上执行 display portal server 命令并根据显示结果补充如下信息：

```
[SWA] display portal server
Portal server:h3c.com
  IP                          : ____________
  VPN instance                : Not configured
  Port                        : ____________
  Server detection            : Not configured
  User synchronization        : Not configured
  Status                      : Up
```

在 SWA 上执行 display portal web-server 命令并根据显示结果补充如下信息：

```
[SWA] display portal web-server
Portal Web server: h3c.com
  URL                         : ______________________
  URL parameters              : Not configured
  VPN instance                : Not configured
  Server detection            : Not configured
  IPv4 Status                 : Up
  IPv6 Status                 : Up
```

执行 display portal interface Vlan-interface *id* 显示 VLAN 接口下 Portal 协议的配置并补充如下信息：

```
[SWA]display portal interface Vlan-interface 1
Portal information of Vlan-interface1
     Nas id profile: Not configured
 IPv4:
     Portal status: ________________
     Authentication type:________________
     Portal Web server:________________
     Authentication domain:________________
     Bas-ip:________________
     User detection: Not configured
     Action for server detection:
         Server type    Server name                          Action
         --             --                                   --
     Layer3 source network:
```

```
            IP address                       Mask

        Destination authenticate subnet:
            IP address                       Mask
    IPv6:
        Portal status: Disabled
        Authentication type: Disabled
        Portal Web server: Not configured
        Authentication domain: Not configured
        Bas-ipv6: Not configured
        User detection: Not configured
        Action for server detection:
            Server type     Server name                       Action
            --              --                                --
        Layer3 source network:
            IP address                                        Prefix length

        Destination authenticate subnet:
            IP address                                        Prefix length
```

步骤4：配置IMC服务器

请在实验指导教师的辅助下完成此步骤或者由指导教师事前完成此步骤。

除前一实验任务中已经配置的认证用户和安全策略外，本实验任务中还需要配置Portal服务器。

步骤5：创建Portal认证连接

在iNode智能客户端软件管理界面新建Portal认证连接。在智能客户端管理软件的菜单上选择“文件”→“新建连接”命令，管理软件将弹出“新建连接向导”窗口(图12-2)，单击“下一步”按钮进入“选择认证协议”窗口，选择本实验采用的“Portal协议”(图12-3)，然后单击“下一步”按钮进入“选择连接类型”窗口，选择“普通连接”选项(图12-4)并单击“下一步”按钮，进入“Portal连接基本属性”窗口，输入连接名称、用户名和密码(图12-5)后单击“下一步”按钮完成Portal认证连接的创建。后续实验验证过程中直接在iNode智能客户端管理界面单击快捷图标即可发起Portal认证。

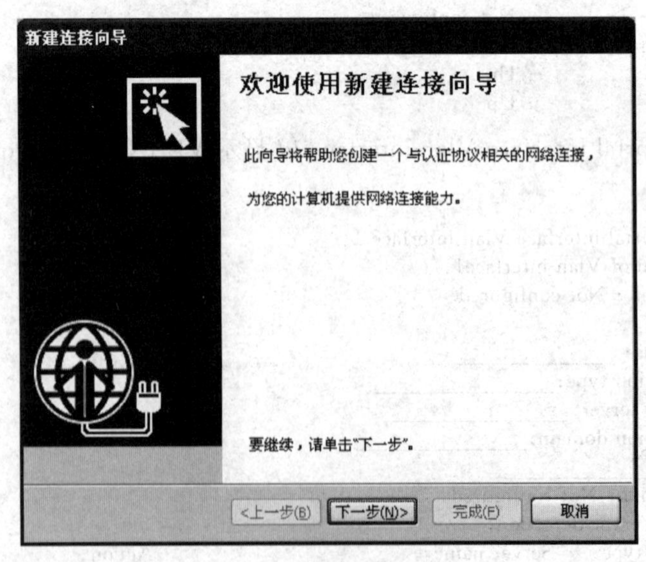

图12-2 新建连接向导

新建连接向导
选择认证协议
iNode智能客户端为多种协议提供了统一的认证平台
802.1X协议(X)
802.1X是一种网络访问控制协议。
Portal协议(P)
Portal是一种基于门户的宽带认证上网方式。
<上一步(B)
下一步(N)>
完成(F)
取消

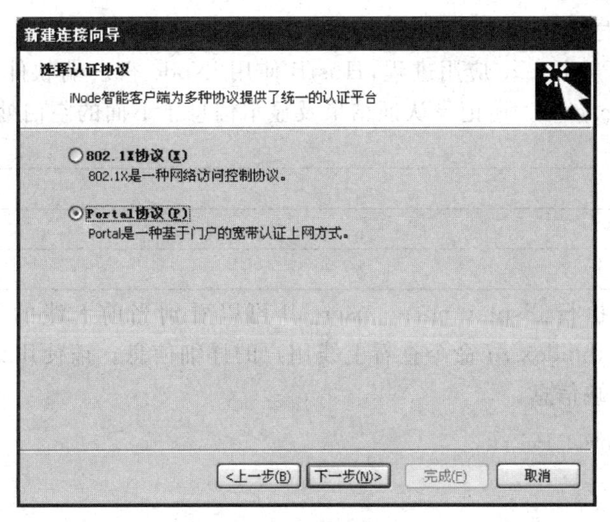

图 12-3 选择认证协议

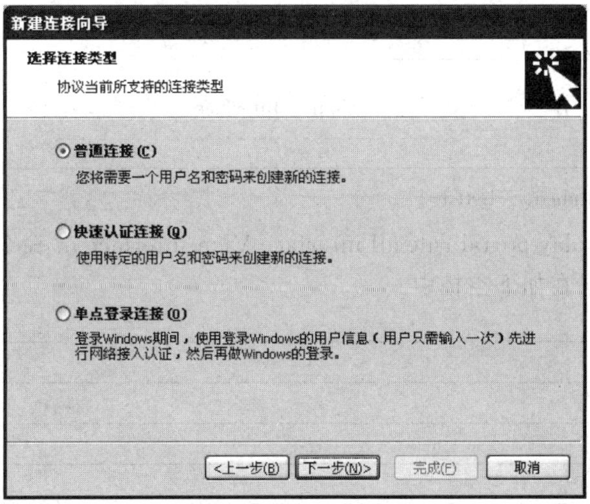

新建连接向导
选择连接类型
协议当前所支持的连接类型
普通连接(C)
您将需要一个用户名和密码来创建新的连接。
快速认证连接(Q)
使用特定的用户名和密码来创建新的连接。
单点登录连接(O)
登录Windows期间，使用登录Windows的用户信息(用户只需输入一次)先进行网络接入认证，然后再做Windows的登录。
<上一步(B)
下一步(N)>
完成(F)
取消

图 12-4 选择连接类型

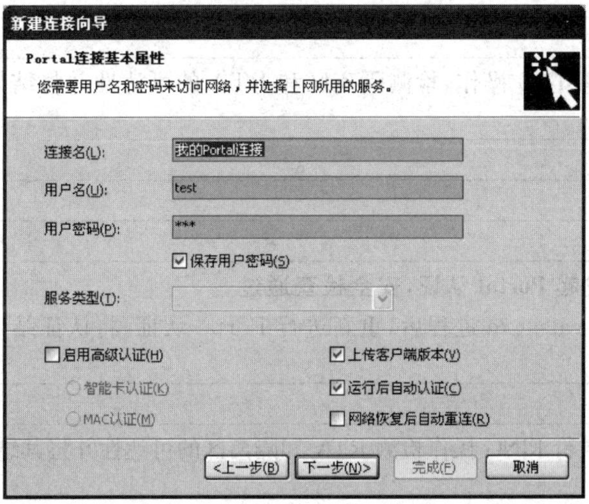

新建连接向导
Portal连接基本属性
您需要用户名和密码来访问网络，并选择上网所用的服务。
连接名(L):
我的Portal连接
用户名(U):
test
用户密码(P):
***
保存用户密码(S)
服务类型(T):
启用高级认证(H)
智能卡认证(K)
MAC认证(M)
上传客户端版本(V)
运行后自动认证(C)
网络恢复后自动重连(R)
<上一步(B)
下一步(N)>
完成(F)
取消

图 12-5 Portal 连接基本属性

步骤6：客户端发起 Portal 认证，安全检查不合格被隔离

在 HostB 上打开 calc.exe 应用进程，HostB 使用 iNode 客户端软件发起 Portal 认证，认证用户名为 test@h3c.com。请记录认证结果及显示信息于下面的空白处。

____

____

____

____

此时在 SWA 上执行 display portal user all 可以看到当前上线的 Portal 用户，并通过 display connection ucibindex *id* 命令查看上线用户的详细信息。请使用如上命令检查在线用户状态并补充如下空缺信息。

```
<SWA>display portal user all

Total portal users: 1
Username: test@h3c.com
  Portal server: h3c.com
  State: Online
  Authorization ACL: ________________
  VPN instance: --
MAC                  IP                  Vlan   Interface
 ----------------------------------------------------------------------
_____________________________________________________________________________

 Total 1 user(s) matched, 1 listed.
```

在设备上执行 display portal rule all interface Vlan-interface *id* 命令，将 VLAN 端口下发的 ACL Rule 规则记录在如下空格中。

____

____

____

____

____

____

____

____

在 HostB 上执行 PING 操作，检测隔离区和 RTA 的可达性并将结果记录在如下空格中。

____

____

____

____

步骤7：客户端发起 Portal 认证，安全检查通过

在 HostB 上关闭 calc.exe 进程后，重新进行 Portal 认证，将认证结果记录在如下空白处。

____

____

再次在 HostB 上执行 PING 操作检测 RTA 和隔离区的可达性并将其结果记录在如下空白处。

____

____

如果用户在认证过程中出现问题，可以使用的Portal调试命令是什么？请将完整命令记录在下面的空格中。

____

____

____

12.5 实验中的命令列表

实验中涉及的相关命令如表12-3所示。

表12-3 实验中的命令列表

命 令	描 述
radius scheme *radius-scheme-name*	创建RADIUS方案并进入其视图
domain *isp-name*	创建ISP域并进入其视图
dot1x	开启全局或指定端口上的IEEE 802.1x特性
portal server *server-name*	创建Portal认证服务器，并进入Portal认证服务器视图
ip *ipv4-address*	指定Portal认证服务器的IPv4地址
port *port-id*	配置接入设备主动向Portal认证服务器发送Portal报文时使用的UDP端口号
portal web-server *server-name*	创建Portal Web服务器，并进入Portal Web服务器视图
url *url-string*	指定Portal Web服务器的URL
portal enable method {**direct**|**layer3**|**redhcp**}	使能Portal认证，并指定认证方式
portal [**ipv6**] **apply web-server** *server-name* [**fail-permit**]	在接口上引用Portal Web服务器
portal bas-ip *ipv4-address*	设置发送给Portal认证服务器的Portal报文中的BAS-IP
portal domain *domain-name*	配置接口上Portal用户的强制认证域

12.6 思考题

(1) 为什么显示在线用户时，用户名都是一长串字符？

答：这是由于在iMC服务器的用户认证策略中选择了“屏蔽非H3C客户端”所致，当把此选项去掉后，用户再上线，看到的就是test@h3c.com了。

(2) 是否可以使用IE作为Portal认证客户端？

答：使用IE客户端将不能完成Portal扩展功能，即不能进行安全检查，用户始终下发的是隔离ACL。

(3) Portal认证配置中接口下Portal强制认证域是否必须配置？

答：属于可选配置。从指定接口上接入的Portal用户将按照如下先后顺序选择认证域：接口上配置的强制ISP域→用户名中指定的ISP域→系统默认的ISP域。

实验13

SSH

13.1 实验内容与目标

完成本实验,应该能够:

- 掌握 SSH Server 的配置方法;
- 掌握 SSH Client 的配置方法;
- 掌握 SFTP Server 的配置方法;
- 掌握 SFTP Client 的配置方法。

13.2 实验组网图

实验组网如图 13-1 所示,配置 SwitchA 作为 SSH 客户端,采用 SSH 协议登录到 SwitchB 上。SSH 用户采用的认证方式为 publickey 认证,公钥算法为 RSA。SwitchA 作为 SFTP 客户端,采用 SFTP 协议登录到 SwitchB 上。SFTP 用户采用的认证方式为 password 认证。

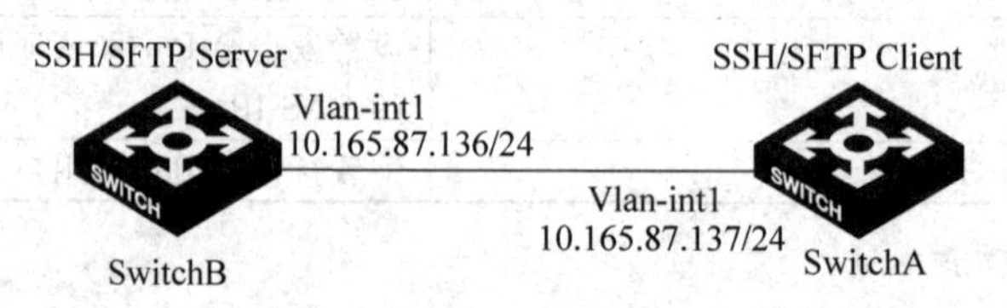

图 13-1 SSH 实验环境图

13.3 实验设备与版本

本实验所需的主要设备与版本如表 13-1 所示。

表 13-1 设备与版本

名称和型号	版本	数量	描述
S5820v2	CMW 7.1.035-R2422P01	2	
PC	Windows XP SP2	1	
第 5 类 UTP 以太网连接线	—	6	直通线

13.4 实验过程

实验任务1：SSH客户端登录到服务器端

步骤1：配置SSH客户端SwitchA

配置VLAN接口1的IP地址。

```
<SwitchA> system-view
[SwitchA] interface vlan-interface 1
[SwitchA-Vlan-interface1] ip address 10.165.87.137 255.255.255.0
[SwitchA-Vlan-interface1] quit
```

请在SwitchA上生成RSA密钥对并将完整的配置命令记录在如下空格中。

____

将生成的RSA主机公钥导出到指定文件key.pub中并将完整的配置命令记录在下面的空格中，之后将key.pub文件上传到SSH Server上。

____

步骤2：配置SSH服务器SwitchB

在SwitchB上生成RSA密钥对，启动SSH服务器将完整的配置命令记录在下面的空格中。

____

____

____

配置VLAN接口1的IP地址，客户端将通过该地址连接SSH服务器。

```
[SwitchB] interface vlan-interface 1
[SwitchB-Vlan-interface1] ip address 10.165.87.136 255.255.255.0
[SwitchB-Vlan-interface1] quit
```

设置SSH客户端登录用户界面的认证方式为AAA认证。

```
[SwitchB] line vty 0 63
[SwitchB-line-vty0-63] authentication-mode scheme
```

设置SwitchB上远程用户登录协议为SSH，并将配置命令记录在下面的空格中。

____

从文件key.pub中导入远端的公钥并将完整的配置命令记录在如下空格中。

____

创建设备管理类本地用户client002，并设置服务类型为SSH，用户角色为network-admin，并将配置命令记录在下面的空格中。

____

____

____

设置SSH用户client002的认证方式为publickey，并指定公钥为导入的公钥。将完整的配置命令记录在下面的空格中。

____

____

步骤3：检查连通性

请在SwitchA上检测SwitchB的虚接口IP地址可达性并将结果记录在下面的空格中。

步骤4：登录到服务器端

在SwitchA上使用ssh2命令登录SwitchB并将登录结果记录在下面的空格中。

步骤5：检查SSH相关表项，能查看到有SSH登录用户

在SwitchB上显示SSH连接状态并将显示信息记录在下面的空格中。

步骤6：指定SSH client的源IP

在SwitchA上指定SSH client的源IP为SwitchB不可达IP(如2.2.2.2)之后再次登录SwitchB，并将配置命令和登录结果记录在下面的空格中。

在SwitchA上重新指定SSH client的源IP为可达IP(如10.165.87.137)之后再次登录SwitchB，并将配置命令和登录结果记录在下面的空格中。

实验任务2：SFTP客户端登录到服务器端

步骤1：配置SFTP服务器SwitchB

在SwitchB上生成RSA密钥对，并启动SSH服务器。将相关的完整配置命令记录在下面的空格中。

在SwitchB上启动SFTP服务器并将完整的配置命令记录在下面的空格中。

配置VLAN接口1的IP地址，客户端将通过该地址连接SSH服务器。

```
[SwitchB] interface vlan-interface 1
[SwitchB-Vlan-interface1] ip address 10.165.87.136 255.255.255.0
[SwitchB-Vlan-interface1] quit
```

设置 SSH 客户端登录用户界面的认证方式为 AAA 认证。

```
[SwitchB] line vty 0 63
[SwitchB-line-vty0-63] authentication-mode scheme
```

设置 SwitchB 上远程用户登录协议为 SSH。

```
[SwitchB-line-vty0-63] protocol inbound ssh
[SwitchB-line-vty0-63] quit
```

创建本地用户 testssh。

```
[SwitchB] local-user testssh class manage
[SwitchB-luser-manage-testssh] password simple aabbcc
[SwitchB-luser-manage-testssh] service-type ssh
[SwitchB-luser-manage-testssh] authorization-attribute user-role network-admin
[SwitchB-luser-manage-testssh] quit
```

配置 SSH 用户认证方式为 password，服务类型为 SFTP，并将完整的配置命令记录在下面的空格中。

____

步骤 2：检查连通性

在 SwitchA 上对 SwitchB 虚接口 1 做 PING 操作并将 PING 结果记录在下面的空格中。

____

____

____

步骤 3：SFTP 客户端登录服务器

在 SwitchA 上执行 sftp 命令登录 SwitchB，其执行命令参考如下：

```
sftp 10.165.87.136
```

根据提示输入用户名 testssh、密码 aabbcc，并将登录结果记录在下面的空格中。

____

____

____

步骤 4：SFTP 客户端做 get 操作

在 SFTP 客户端界面执行 get 命令从服务器端上下载文件(如 test. cfg)，并将 get 命令执行结果记录在下面的空格中。

____

____

____

____

步骤 5：SFTP 客户端做 delete 操作

在 SFTP 客户端界面执行 remove 命令删除服务器端的某个文件，并将 remove 命令执行结果记录在下面的空格中。

____

____

____

____

13.5 实验中的命令列表

实验中涉及的相关命令如表13-2所示。

表13-2 实验中的命令列表

命 令	描 述
public-key local creatersa	创建本地RSA密钥
public-key local exportrsa ssh2 *filename*	导出本地密钥到指定文件
public-key peer *client-name* **import sshkey** *filename*	导入指定文件的密钥
ssh client source ip *ip-address*	指定SSH客户端源IP
displayssh server session	显示SSH会话
local-user *user-name* [**class** {**manage**|**network**}]	用来添加本地用户,并进入本地用户视图
ssh user *username* **service-type sftp authentication-type** {**any**|**password**|**password-publickey**|**publickey**}	配置SSH用户及类型
authorization-attribute {**acl** *acl-number* | **idle-cut** *minute* | **user-profile** *profile-name* | **user-role** *role-name* | **vlan** *vlanid* | **work-directory** *directory-name*}	用来设置本地用户或用户组的授权属性
ssh server enable	使能SSH服务器
sftp server enable	使能SFTP服务器
ssh2 *ip-adress*	登录SSH2服务器
sftp *ip-address*	登录SFTP服务器

13.6 思考题

(1) SSH1与SSH2的主要区别是什么?

答:SSH2采用了一种新的算法,比SSH1更好、更安全,SSH1与SSH2协议并不兼容,这意味着SSH1的客户端不能与运行SSH2的服务器连接。

(2) H3C系列交换机支持的SSH客户端包括哪些?

答:目前经过H3C测试验证的客户端包括H3C交换机本身,Putty软件及部分Secure CRT软件。除此之外还有其他SSH客户端软件,如SSHWinClient、WinScp、WRQ Reflection等软件需要谨慎使用。需要注意的是:由于H3C设备采用标准的PKCS格式对密钥进行存储和解读,故不支持“从puttygen产生公钥→用sshkey工具转换→命令行粘贴”的复制方式,只能通过文件导入。

实验14

SNMP

14.1 实验内容与目标

完成本实验，应该能够：

- 掌握 SNMP v1/v2c/v3 的基本配置；
- 了解 SNMP 协议的基本工作原理。

14.2 实验组网图

实验组网如图 14-1 所示，PC 通过网线直接连接到 S5820V2 的 G1/0/1 端口。

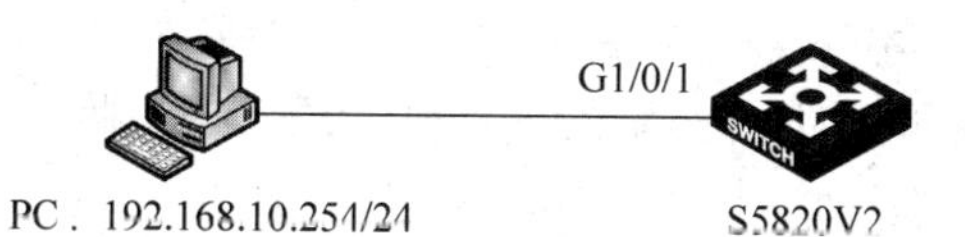

图 14-1 实验组网图

14.3 实验设备及版本

本实验所需的主要设备及版本如表 14-1 所示。

表 14-1 实验设备及版本

名称和型号	版　本	数量	描　述
S5820V2	Version 7.1.035，Release 2207	1	
PC	Windows XP SP2	1	NMS，用于配置和安装 MIB Browser
第 5 类 UTP 以太网连接线	—	1	连接 PC 与 S5820V2 交换机

14.4 实验过程

实验任务 1：SNMP v1/v2c 基本配置

图 14-1 中安装了 MIB Browser 的 NMS 能够通过 SNMP 协议 v1/v2c 与交换机 S5820V2 通信，其中读团体名为 public，写团体名为 private。交换机 S5820V2 允许向网管工作站(NMS)发送 Trap 报文，使用的团体名为 public。

步骤1：搭建实验环境

PC的IP地址为192.168.10.254/24，在PC上安装MIB Browser软件。

步骤2：基本配置

在交换机上为接口Vlan-interface 1配置IP地址为192.168.10.14，确保在交换机上能够PING通192.168.10.254。其参考命令如下：

```
[H3C]interface Vlan-interface 1
[H3C-Vlan-interface1]ip address 192.168.10.14 24
```

步骤3：启用SNMP Agent服务

在S5820V2交换机上启动SNMP Agent服务并将完整的命令记录在下面的空格中。

____

____

注意：执行snmp-agent的任何一条配置命令，也将启动SNMP Agent。但是，相应配置命令的undo形式不能启动SNMP Agent。

步骤4：配置团体名

在S5820V2交换机上配置只读团体名public和读写团体名private，并将完整的命令记录在下面的空格中。

____

____

步骤5：配置SNMP版本

在S5820V2交换机上配置当前使用的SNMP版本为v1版本，并将完整的命令记录在下面的空格中。

____

步骤6：设置交换机的联系人和位置信息

在S5820V2交换机上配置SNMP联系人和位置信息并将完整的命令记录在下面的空格中。

____

____

____

步骤7：配置Trap功能

在交换机上使能Trap发送功能，并将完整的命令记录在下面的空格中。

____

在交换机上设置接收SNMP Trap报文的目的主机为192.168.10.254，发送Trap的团体名为public，并将完整的命令记录在下面的空格中。

____

步骤8：在NMS上启用并配置MIB Browser软件

运行MIB Browser软件并设定管理设备S5820V2交换机的管理地址，记录管理地址设定窗口的名称在下面的空格中。

____

在SNMP Protocol Preferences窗口选择协议版本为SNMPv1，并配置只读团体名和读写团体名分别为public和private，其他参数使用系统默认值，并记录“SNMP协议Protocol Preferences”窗口的菜单访问路径在下面的空格中。

____

通过执行 SNMP→Contact 命令测试 SNMP Agent 是否可以被访问，并将测试结果记录在下面的表格中。

____。

通过 MIB Browser 工具 set 动作给 S5820V2 交换机配置 sysname 为 LSW5820V2，并将设定窗口显示的 OID 值记录在下面的空格中。

____

然后在设备上采用 CLI 管理界面显示设备名称，并将命令行显示的 sysname 记录在下面的空格中。

____

在交换机上通过连接其他 PC 或终端让其另外的端口状态为 UP，然后在 MIB Browser 中执行 Tool→Trap Ringer Console 命令打开 SNMP Trap Ringer Console 窗口查看 NMS 是否成功收到端口 UP 的 Trap 信息，并将 SNMP Trap Ringer Console 显示的结果记录在下面的空格中。

____

____

注意：SNMPv2c 版本的配置与 SNMPv1 基本一致，只需要将交换机和 NMS 上 MIB Browser 软件的 SNMP 协议版本配置为 v2c 即可。

实验任务 2：SNMPv3 配置

图 14-1 中安装了 MIB Browser 的 NMS 能够通过 SNMP 协议 v3 与交换机 S5820V2 通信，用户 user 属于 usergroup 组，用户 user 只能读写节点 interfaces(OID 为 1.3.6.1.2.1.2)下的对象，不可以访问其他 MIB 对象，认证方式为 MD5，认证密码为 h3cswitch，加密算法为 DES56，加密密码是 h3csnmpv3，并且只有 IP 地址为 192.168.10.254 的 NMS 才能访问 S5820V2。

步骤 1：搭建实验环境

PC 的 IP 地址为 192.168.10.254/24，PC 上安装 MIB Browser 软件。

步骤 2：基本配置

在交换机上为 VLAN1 配置 IP 地址为 192.168.10.14，确保在交换机上能够 PING 通 192.168.10.254，其参考命令如下：

```
[H3C]interface Vlan-interface 1
[H3C-Vlan-interface1]ip address 192.168.10.14 24
```

步骤 3：启用 SNMPv3

在 S5820V2 上启动 SNMP Agent 服务并设定 SNMP 协议版本为 v3，将完整的命令记录在下面的空格中。

____

____

请使用版本查询命令确认设备启动的 SNMP 协议版本并将显示命令和显示结果记录在下面的空格中。

____

步骤 4：设置访问权限

用户组 usergroup 只能读写节点 interfaces(OID 为 1.3.6.1.2.1.2)下的对象，不可以访

问其他 MIB 对象。用户 user 属于 usergroup 组，认证方式为 MD5，认证密码为 h3cswitch，加密算法为 DES56，加密密码是 h3csnmpv3，并且只有 IP 地址为 192.168.10.254 的 NMS 才能访问 S5820V2。

首先配置 SNMP 视图，MIB 视图名称为 myview，包含 interfaces 组下的对象。将完整的配置命令记录在下面的空格中。

____

其次配置基本 ACL 2000，规则为只允许源地址为 192.168.10.254 的主机通过，其参考命令如下：

____

____

然后配置 SNMPv3 group，名称为 usergroup，安全级别为 AuthPriv，并且属于该组的用户只能读写 myview 视图下的节点。将完整的配置命令记录在下面的空格中。

____

最后配置 SNMPv3 用户 user，该用户属于 usergroup 组，认证方式为 MD5，认证密码为 h3cswitch，加密算法为 DES56，加密密码是 h3csnmpv3，并且只有 IP 地址为 192.168.10.254 的 NMS 才能访问交换机。将完整的配置命令记录在下面的空格中。

____

步骤 5：启动并配置 MIB Browser

首先在 SNMP Protocol Preferences 界面选择 SNMPv3，并单击相应的按钮增加 SNMP v3 用户。

打开增加用户的界面，在 User profile name 处填入________，在 Security user name 处填入________，并单击 Change Password 按钮进行认证和加密密码设置。其中认证协议应选择________，加密协议应选择________。

完成上述配置后，可以使用 MIB Browser 对交换机进行访问了。

请通过 MIB Browser 工具修改 S5820V2 交换机的 sysname 为 LSW5820V2，然后在命令行界面查看设备的 sysname 并将显示结果记录在下面的空格中。

____

____

请通过 MIB Browser 工具获取设备的接口名称列表 IfDesc 并将结果记录在下面的空格中。

____

____

14.5 实验中的命令列表

实验中涉及的相关实验命令如表 14-2 所示。

表 14-2 实验中的命令列表

命 令	描 述
snmp-agent	
snmp-agent community {read|write} [simple|cipher] ***community-name*** [mib-view ***view-name***] [acl ***acl-number***]	设置 SNMP 团体字

续表

命　　令	描　　述
snmp-agent sys-info {contact ***sys-contact*** | location ***sys-location*** | version {all|{v1|v2c|v3} * }}	设置系统信息
snmp-agent mib-view {excluded | included} ***view-name oid-tree*** [mask ***mask-value***]	创建或更新 MIB 视图内容
snmp-agent group v3 ***group-name*** [authentication|privacy] [read-view ***read-view***] [write-view ***write-view***] [notify-view ***notify-view***] [acl ***acl-number***]	设置一个 SNMP 组
snmp-agent usm-user v3 ***user-name group-name*** [{cipher | simple} authentication-mode {md5|sha} ***auth-password*** [privacy-mode {aes128 |des56} ***priv-password***]] [acl ***acl-number***]	为一个 SNMP 组添加一个新用户
snmp-agent trap enable [configuration| ***protocol*** | standard [authentication| coldstart|linkdown|linkup|warmstart] * |system]	在全局下开启 Trap 功能
snmp-agent target-host trap address udp-domain {***ip-address*** | ipv6 ***ipv6-address***} [udp-port ***port-number***] [vpn-instance ***vpn-instance-name***] params securityname ***security-string*** [v1|v2c|v3 [authentication |privacy]]	设置 Trap 目标主机属性

14.6 思考题

(1) 在实验任务一中，如果使用 public 用户访问 snmpUsmMIB，是否可以进行读操作？

答：不可以。原因是在实验任务一中配置的 public 使用的是默认视图 ViewDefault，而视图 ViewDefault 是不包含 snmpUsmMIB 的。

(2) 在实验任务二中，如果配置的 SNMPv3 usergroup 组的安全级别为 AuthNoPriv，那么当 user 用户访问交换机的时候，是否可以使用错误的加密密码访问？是否可以不使用加密的方法访问？

答：不能使用错误的加密密码访问。原因是当使用错误的加密密码时，访问报文的安全级别是 AuthPriv，VACM 检查时，根据安全级别等信息查找视图名的时候，将会查找失败，导致访问错误。如果不使用加密方法访问，可以访问成功，因为 user 用户所属的组是没有加密的。

(3) 在实验任务二中，如果将 ACL 2000 配置在 group 命令后，而配置用户命令后不带 ACL 参数，是否可以实现相同的功能？这两种方法有什么不同？

答：可以实现相同的功能。将 ACL 配置在组上面，所有属于该组的用户都受到该 ACL 的限制；而配置在用户上面，只有该用户受到 ACL 限制，该组的其他用户不受限制。

实验15

镜像技术

15.1 实验内容与目标

完成本实验,应该能够:

- 掌握本地端口镜像的基本配置;
- 掌握远程端口镜像的基本配置。

15.2 实验组网图

本地端口镜像实验组网如图 15-1 所示。数据监测设备为 PCC。在 SWA 上配置本地端口镜像,将 G1/0/1 的入向报文镜像到 G1/0/2。

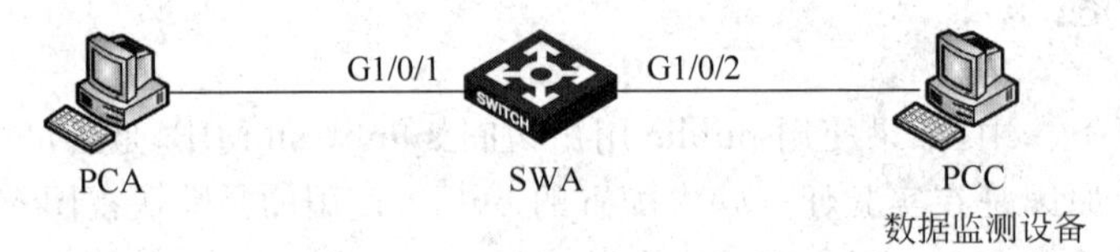

图 15-1 本地端口镜像实验组网

远程端口镜像实验组网如图 15-2 所示。数据监测设备为 PCC。在 SWA 和 SWB 上配置远程端口镜像,将 SWA 的 G1/0/1 和 G1/0/2 的入报文镜像到 SWB 的 G1/0/2。

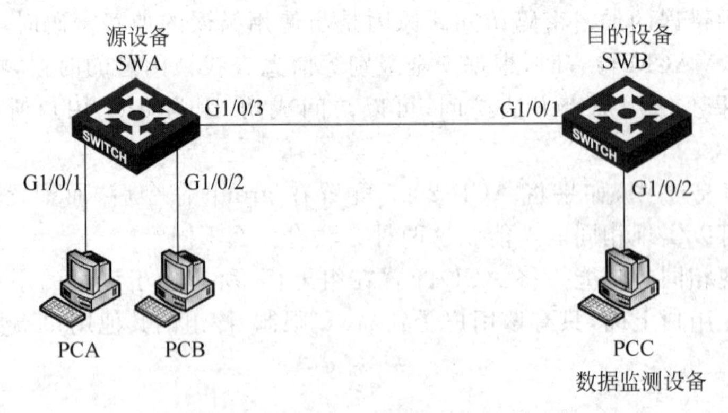

图 15-2 远程端口镜像实验组网

15.3 实验设备及版本

本实验所需的主要设备及版本如表 15-1 所示。

表 15-1 实验设备及版本

名称和型号	版 本	数量	描 述
S5820V2	Version 7.1.035,Release 2207	2	
PC	Windows XP SP2	3	
第5类UTP以太网连接线	—	4	

15.4 实验过程

实验任务1：本地端口镜像实验

步骤1：搭建实验环境

首先，依照图15-1所示搭建实验环境，并在PCC上安装抓包软件(如Wireshark或Sniffer)。

步骤2：基本配置

配置SWA的接口IP地址：

```
[SWA]interface Vlan-interface 1
[SWA-Vlan-interface1]ip address 192.168.10.1 24
```

配置PCA的IP地址为192.168.10.2/24并设定其网关为192.168.10.1。

步骤3：检查连通性

在PCA上应用PING命令检测SWA的VLAN接口可达性，此时应该可达。如果不可达，请确认PCA和SWA的IP地址正确性。

步骤4：配置本地端口镜像

在SWA上创建一个本地镜像组并将配置命令记录在下面的空格中。

____

指定镜像组的源端口为GigabitEthernet 1/0/1并设定镜像方向为inbound，将配置命令记录在下面的空格中。

____

指定镜像组的监控端口为GigabitEthernet 1/0/2并将配置命令记录在下面的空格中。

____

步骤5：显示镜像组信息

用display mirroring-group命令查看步骤四中配置的镜像组信息并将显示的关键信息记录在下面的空格中。

____

____

____

____

步骤6：镜像抓包

在PCA上PING SWA，同时在PCC运行抓包工具(如Wireshark)抓包，并将抓包工具显示窗口看到的报文信息简要记录在下面的空格中。

____

____

实验任务 2：远程端口镜像实验

步骤 1：搭建实验环境

首先，依照图 15-2 所示搭建实验环境，并在 PCC 上安装抓包软件（如 Wireshark 或 Sniffer）。

步骤 2：基本配置

配置 SWA 的接口 IP 地址：

```
[SWA]interface Vlan-interface 1
[SWA-Vlan-interface1]ip address 192.168.10.1 24
```

配置 PCA 的 IP 地址为 192.168.10.2/24。配置 PCB 的接口 IP 地址为 192.168.10.3/24。

步骤 3：检查连通性

分别在 PCA 和 PCB 上应用 PING 命令测试 SWA 的可达性，确保 PC 和 SWA 可以连通。

步骤 4：配置远程端口镜像

在源设备 SWA 上创建远程源镜像组并将配置命令记录在下面的空格中。

____

在原设备 SWA 上创建 VLAN10 并将其配置为远程镜像组的 Probe VLAN，将配置命令记录在下面的空格中。

____

____

____

为远程源镜像组配置源端口 GigabitEthernet1/0/1 和 GigabitEthernet1/0/2 以及出端口 Ethernet1/0/3，并将配置命令记录在下面的空格中。

____

____

配置 GigabitEthernet1/0/3 为 Trunk 端口，并且允许 VLAN10 的报文通过，然后将配置命令记录在下面的空格中。

____

____

____

在目的设备 SWB 上创建远程目的镜像组并将配置命令记录在下面的空格中。

____

创建 VLAN10 并将其配置为远程镜像组的 Probe VLAN，然后将配置命令记录在下面的空格中。

____

____

____

为远程目的镜像组配置监控端口 GigabitEthernet1/0/2 并将配置命令记录在下面的空格中。

____

将 GigabitEthernet1/0/2 端口加入 VLAN10 中并将配置命令记录在下面的空格中。

____

____

配置 GigabitEthernet1/0/1 为 Trunk 端口，并且允许 VLAN10 的报文通过，然后将配置命令记录在下面的空格中。

____

____

____

步骤 5：显示镜像组信息

用 display mirroring-group 命令分别在 SWA 和 SWB 上查看步骤四中配置的镜像组信息并将关键信息记录在如下空格中。

____

____

____

____

步骤 6：镜像抓包

在 PCA 和 PCB 上同时 PING SWA，在 PCC 上运行 Wireshark 抓包并将其结果记录在如下空格中。

____

____

15.5　实验中的命令列表

实验中涉及的相关命令如表 15-2 所示。

表 15-2　实验中的命令列表

命　　令	描　　述
mirroring-group *groupid* {**local**|**remote-destination**|**remote-source**}	创建一个镜像组
mirroring-group *groupid* **mirroring-port** *interface-list* {**both**|**inbound**|**outbound**}	为镜像组配置源端口
mirroring-group *groupid* **monitor-port** *interface-type interface-number*	为镜像组配置目的端口
mirroring-group *groupid* **monitor-egress** *interface-type interface-number*	为远程源镜像组配置出口
mirroring-group *groupid* **remote-probe vlan** *vlan-id*	为远程源镜像组或者远程目的镜像组配置远程镜像 VLAN
display mirroring-group {*groupid*|**all**|**local**|**remote-destination**|**remote-source**}	显示端口镜像组的信息

15.6　思考题

(1) 镜像目的端口和镜像源端口需要在同一 VLAN 中吗？

答：本地镜像目的端口和源端口可以不在同一 VLAN 中，事实上对目的端口所在 VLAN 没有限制；远程镜像目的端口需要在远程镜像 VLAN 中。

(2) 如果远程端口镜像实验中，将源端口配置为对双向报文镜像，会有什么影响？

答：可能有部分报文不能镜像成功。镜像报文进入目的设备或中间设备，镜像报文的源 MAC 会学习到相应的 Trunk 口上。如果双向报文中有部分报文目的 MAC 等于另一部分报文的源 MAC，则这些报文会被丢弃。但是如果中间交换机和目的交换机支持在 Probe VLAN 内禁止 MAC 地址学习，则不存在限制。

实验16

NTP

16.1 实验内容与目标

完成本实验,应该能够:

- 掌握 NTP 的基本配置;
- 了解 NTP 的基本工作原理。

16.2 实验组网图

实验组网如图 16-1 所示。

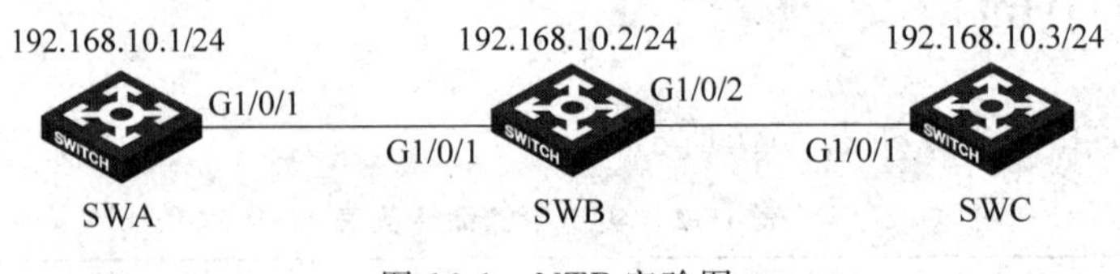

图 16-1　NTP 实验图

16.3 实验设备与版本

本实验中所需的设备与版本如表 16-1 所示。

表 16-1　实验设备与版本

名称和型号	版　　本	数量	描　　述
S5820V2	Version 7.1.035,Release 2207	3	
PC	Windows XP SP2	1	
第 5 类 UTP 以太网连接线	—	2	

16.4 实验过程

实验任务 1:NTP 服务器/客户机模式和对等体模式基本配置

配置 SWA 为 NTP Server,SWB 工作在 NTP 客户机模式,SWC 工作在 NTP 对等体模式,SWC 为主动对等体,SWB 为被动对等体。

步骤 1：搭建实验环境

按照图 16-1 所示搭建实验环境，并根据如下信息配置设备的基本配置。

配置各设备接口 IP 地址如下：

- 交换机 SWA Vlan 1：192.168.10.1/24
- 交换机 SWB Vlan 1：192.168.10.2/24
- 交换机 SWC Vlan 1：192.168.10.3/24

步骤 2：配置 NTP 时钟源

在 SWA 上设置本地时钟作为参考时钟，层数为 1，并将完整的配置命令记录在下面的空格中。

____

配置完成后使用 display ntp-service status 命令显示 NTP 时钟的信息，并将时钟状态、时钟层数等关键信息记录在下面的空格中。

____

____

____

步骤 3：配置交换机 SWB 的 NTP 工作在客户机模式

在交换机 SWB 上配置 NTP 工作在客户机模式，其时钟服务器为已经配置好的时钟参考源 SWA，并将配置命令记录在下面的空格中。

____

配置完成后使用 display ntp-service status 命令显示 SWB 的 NTP 时钟信息，并将时钟状态、时钟层数、时钟源以及时钟精度记录在下面的空格中。

____

____

____

____

使用 display ntp-service sessions verbose 命令显示 NTP 会话的详细信息，并将 SWB 的 NTP 时钟模式和时钟服务器的时钟模式记录在下面的空格中。

____

____

____

____

步骤 4：配置交换机 SWC 的 NTP 工作在对等体模式

配置 SWC 工作在主动对等体模式，SWB 工作在被动对等体模式。首先配置交换机 SWC 工作在 NTP 对等体模式，并将配置命令记录在下面的空格中。

____

配置完成后使用 display ntp-service status 命令显示 SWC 的 NTP 信息，并记录 SWC 的时钟状态、时钟层数以及时钟参考源等信息在下面的空格中。

____

____

____

使用 display ntp-service sessions verbose 命令显示相关信息，并完善如下显示信息。

```
[SWC]display ntp-service sessions verbose
 Clock source: ________________
 Session ID: ________________
 Clock stratum: ________________
 Clock status:  configured, master, sane, valid
 Reference clock ID: ________________
 VPN instance: Not specified
 Local mode: ________________, local poll interval: 6
 Peer mode: ________________, peer poll interval: 6
 Offset: 13.721ms, roundtrip delay: 1.7395ms, dispersion: 2.4108ms
 Root roundtrip delay: 1.6021ms, root dispersion: 164.58ms
 Reachabilities:31, sync distance: 0.2764
 Precision: 2^-15, version: 4, source interface: Not specified
 Reftime: d82ef9f7.1caaceff     Sun, Dec  7 2014 16:08:23.111
 Orgtime: d82efa20.a6c4530c   Sun, Dec  7 2014 16:09:04.651
 Rcvtime: d82efa20.df220438   Sun, Dec  7 2014 16:09:04.871
 Xmttime: d82efa20.df220438   Sun, Dec  7 2014 16:09:04.871
 Roundtrip delay samples: 3.936 1.785 1.861 2.075 2.639 2.243 3.067 1.739
 Offset samples: 218.05 157.85 112.61 59.91 66.68 62.99 20.83 13.72
 Filter order: 7    1    2    3    5    4    6    0

 Total sessions: 1
```

实验任务2：带身份验证的NTP服务器/客户机模式和对等体模式基本配置

为了防止未授权的NTP时钟同步，可以在实验任务一的基础上启用密码认证功能。当启用密码认证功能后，只有通过了密码认证后才能同步时钟。

步骤1：配置SWB上的NTP身份验证功能

在SWB上启动身份验证并配置可信密钥，然后将配置命令记录在下面的空格中。

____

____

____

步骤2：在SWB上将指定密钥与NTP服务器关联

配置NTP服务器为SWA且采用前面步骤配置的可信密钥进行验证，同时将配置命令记录在下面的空格中。

____

使用display ntp-service status查看NTP的状态，并将此时SWB的时钟同步状态以及时钟层数记录在下面的空格中。

____

____

____

步骤3：在SWA上使能NTP身份验证功能

在SWA上启动身份验证并配置可信密钥，使用和SWB相同的Key，同时将完整的配置命令记录在下面的空格中。

____

____

____

配置完成后在 SWB 上使用 display ntp-service status 查看 NTP 的状态，并将 SWB 的时钟状态和时钟层数记录在下面的空格中。

____

____

____

步骤 4：配置 SWC 的使能 NTP 身份验证功能

在配置验证之前使用 display ntp-service status 查看 NTP 的状态，并将 SWC 的时钟状态和时钟层数记录在下面的空格中。

____

____

____

在 SWC 上配置 NTP 验证密钥并指定可信密钥和 SWB 上配置的密钥 Key 相同，将指定密钥与 NTP 服务器关联，同时将完整的配置命令记录在下面的空格中。

____

____

____

____

配置完成后在 SWC 上使用 display ntp-service status 查看 NTP 的状态，并将 SWC 的时钟同步状态和时钟层数记录在下面的空格中。

____

____

____

16.5 实验中的命令列表

实验中涉及的相关命令如表 16-2 所示。

表 16-2 实验中的命令列表

命　令	描　述
ntp-service refclock-master [ip-address] [stratum]	设置本地时钟作为参考时钟，可以为其他设备提供同步时间
ntp-service unicast-server {*server-name* | *ip-address*} [**version** *number* | **authentication-keyid** *keyid*]	客户/服务器模式，在客户端指定设备的 NTP 服务器
ntp-service unicast-peer {*peer-name* | *ip-address*} [**version** *number* | **authentication-key** *keyid*]	对等体模式下，在主动对等体上指定被动对等体
ntp-service authentication enable	使能 NTP 身份验证功能
ntp-service authentication-keyid *keyid* **authentication-mode md5** {**cipher** | **simple**} *value*	配置 NTP 验证密钥
ntp-service reliable authentication-keyid *keyid*	配置指定密钥为可信密钥
displayntp-service sessions [**verbose**]	显示 NTP 服务维护的会话信息
displayntp-service status	显示 NTP 服务的状态信息

16.6 思考题

(1) NTP被动对等体可以同步主动对等体的时钟吗?

答:可以,对于时钟对等体可以相互同步时钟。

(2) S5820V2系列交换机在没有同步到参考时钟源的情况下能够作为其他NTP设备的时钟参考源吗?

答:可以,因为S5820V2有本地实时时钟,能以本地时钟作为参考源对外提供时钟参考。

参 考 文 献

[1] 新华三 http://www.h3c.com/cn/
[2] 新华三大学 http://www.h3c.com/cn/Training/
[3] 新华三服务 http://www.h3c.com/cn/Service/